JN437903

군사학 총서 제 1 권

군사 협상론

MILITARY NEGOTIATION THEORY

김 성 진

백산서당

THEORY OF MILITARY NEGOTIATION
FOR MILITARY STUDIES

Kim Sung Jin

2020
BAIKSAN Publishing House

추 천 사

김성진 교수의 『군사협상론』은 본인의 40여 년에 걸친 軍 및 공무원 생활을 되돌아보게 한다. 육군사관학교, 고등군사반, 육군대학 등에서도 「군사협상론」은 수업하지 않았고, 단지 美 육군대학원에서 「협상론」을 수업한 기억만 갖고 있다. 「군사협상론」이라는 용어 자체가 군사학도들에게 다소 생소하고 어렵게 느껴질 수 있겠다는 생각이 드는 이유다.

사회적 동물인 인간은 일상생활을 하면서 이해관계가 서로 다른 다양한 사람들과의 갈등과 분쟁, 협력 등을 통해 살아간다고 할 수 있다. 그러한 측면에서 우리들의 일상생활은 협상의 연속이라고 표현할 수도 있지 않을까 싶다. 김성진 교수의 『군사협상론』은 직업군인으로서나, 군사 전문가로서 다수의 이해 당사자 사이에 발생하는 문제나 의제(Agenda)를 협상하는 데 실질적인 도움이 되리라고 생각한다. 본인이 평생 수많은 협상을 해오는 과정에서 기억에 남는 한 가지 일화(逸話)를 소개해 본다.

미국은 2001년 9·11테러를 현실로 접한 다음 '테러와의 전쟁'을 선포하면서 아프가니스탄을 공격하여 탈레반 정권을 무너뜨렸고, 2003년 이라크의 사담 후세인 정권을 무너뜨리려고 공격하였다. 당시 미국은 이라크에서의 전쟁이 길어지게 되자 한국에 전투부대의 파병(派兵)을 요청하였다. 정부는 韓·美 동맹의 중요성과 국제 사회가 공동으로 대처하고 있는 테러리즘의 거부, 전쟁지역 평화재건 등을 명분으로 국회 동의를 거쳐 2004년 2월 3,200명 규모의 자이툰사단 파병을 결정하였다. 이때 본인은 자이툰사단 작전부사단장 보직을 부여받았다.

자이툰사단은 파병(派兵)지역에 주둔지를 확보하기 위해 駐 이라크 한국대사와 함께 아르빌 지방자치 정부와 협상하였다. 우리의 최종 목표는 쿠르드 지방자치 정부가 위치한 아르빌 지역에서 가장 안전하면서도 평화재건 임무를 잘 수행할 수 있는 지역에 주둔하는 것이었다. 그러나, 그들은 의외로 부정적인 인식이 강했다. 아르빌에 주둔하는 자체를 반대하면서, 군이 주둔하겠다면, 시내에서 70km 떨어진 산속에 주둔하라는 것이었다. 그 배경에는 쿠르드족의 슬픈 역사가 있었다. 쿠르드족은 전 세계 약 3천만~4천만 명이 살고 있지만, 독립 국가가 없다 보니 2등 국민 취급을 받아왔고, 1980년대의 이란-이라크 전쟁 간 사담 후세인은 쿠르드족을 이란의 첩자라면서 약 10만 명을 대량 살상하였다. 이런 과거로 외국군에 대한 불신은 뿌리가 깊었다. 그들은 한국군의 주둔을 평화재건 활동이 아닌 군사작전으로 오해하여 거부 입장을 강력하게 피력하였다. 하지만 본인은 실망하지 않고 다양한 방법으로 한국군의 파병이 쿠르드 정부에 실질적인 도움이 됨을 인식시켰다. 결국, 쿠르드 정부는 주민들을 직접 지원할 수 있도록 아르빌 지역에 인접하고 있는 안전한 비행장을 추천해주었고, 최대한의 지원까지 약속하였다. 얼마나 큰 반전인가?

협상을 진행하는 과정에서 당사자 간의 이해와 신뢰(Trust), 소통(Communication)의 중요성을 다시금 인식하게 되었고, 이는 그간 한국군이 해외 파병 과정에서 국제 사회에 깊은 신뢰를 얻은 결과와도 연계되었다고 생각한다. 우리는 지구촌 시대를 살아가는 과정에서 개인에서부터 국가 간의 갈등을 해결 · 극복, 조정 및 협상할 사안(事案)이 넘쳐난다. 韓 · 美 동맹 간 불필요한 마찰과 오해의 해소, 민 · 관 · 군 통합방위 차원에서의 상호 협력 등 일상생활에서부터 기업, 軍과 국가에 이르기까지 협상의제(Agenda)가 참으로 많다는 점을 인식할 때, 이 책과 김성진 교수의 강의, 실질적인 토의 진행 사례 등은 협상 업무와 기본 개념을 이해하는 데 상당한 도움이 되리라 생각한다.

무엇보다 김성진 교수의 열정과 노력에 찬사를 보낸다. 軍 생활을 하면서 주경야독(晝耕夜讀)으로 박사학위를 취득하였고, 학생들 강의와 지도에 바쁜데도 지방과 서울을 오가며 각종 세미나 토론과 칼럼 기고, 이 책을 시작으로 군사학 총서(叢書)인 ② 전쟁사와 무기체계론. ③ 세계전쟁사, ④ 국가위기관리론, ⑤ 군사전략론, ⑥ 군사혁신론, ⑦ 군비통제론을 차례로 발간한다는 열정과 추진력이 놀랍기만 하다.

예비역 육군 중장(정치학박사)
최 종 일

프롤로그

『군사협상론』은 군사대학교와 민간대학교의 군사학과 및 부사관학과, 군장학생, 각 군 사관학교 생도, 그리고 초급 연구자 등을 대상으로 작성한 군사학 총서(叢書) 제1호다. 협상에 관한 기본적 원리와 과정, 갖추어야 할 태도 및 자세 등의 토대(土臺)를 정립하는 데 조금이나마 도움이 될 수 있도록 메라비언(55:38:7) 법칙을 적용하여 구성하였다.

처음으로 수업에 참여하는 학생들에게 "협상론이 무엇이라고 생각하는가?"라고 물어보면, 열이면 열, 백이면 백 모두가 "자신에게 해당하는 얘기가 아니다."라며 고개를 흔든다. 조금 공부한 학생은 "국가(정부)나 정치 · 경제 · 이념적 집단, 기업의 노조(勞組) 등에서 하는 특별한 행위?"라고 목소리를 높인다. 이후 수업을 해나가다 보면, 이들의 생각이 "어! 이거 나의 얘기네?, 내 주변의 얘기네?"라는 인식으로 바뀌어 있음을 느끼게 된다. 왜냐하면, "주변의 다양한 주제로 재미있게 토의"를 하게 된다면서 스스로 신기해하기 때문이다. 처음에 너무 어렵다는 선입견이 있다 보니 "왜! 우리에게 필요도 없는 과목을 배워야 하지!"에 대한 의구심으로 접근하는 것을 느끼지만, "아! 일상생활에서 알고 있으면 도움이 될 수 있구나!"라고 변화했음이 느껴질 때면 '보람과 미래가 희망적'이라는 문장을 떠올리곤 한다.

인간은 사회적 존재로서 가정과 학교, 직장과 공공기관, 지역 · 국제 사회를 막론하고 어디에서나 '갈등'과 '분쟁'의 씨앗을 품고 살아간다. 이 과정에서 필요한 단어가 바로 '협상(Negotiation)'이다. 독자에게 "일상생활이 협상이라는 데 동의하는가?"라고 묻고 싶다. 가정과 학교, 기업체와 정부, 사회라는 환경 속에서 삶을 영위해 나가는 동안 '협상이라는 존재'는 우리 생활의 전체(全體)이자 전부(全部)이다. 하지만 일상생활 어디에나 있다는 사실을 느끼기는 어렵다. 부모님에게서 용돈을 타내기 위한 밀당과 읍소(泣訴) 또는 외고집, 중고 컴퓨터를 살 때의 가격 흥정, 재래시장에서 물건을 사고파는 거래 등을 협상으로 생각하는 독자(讀者)는 거의 없다. 뉴스에서 국가 대 국가, 국가 또는 비국가 집단(폭력집단), 이해관계 집단(stake-holder)의 강요, 대기업의 노조 파업 등을 자주 접하게 되면서 특정 집단의 영역으로 인식되어 버렸다. 어느 순간 개인보다 국가나 단체, 특정 영역에 종사하는 전문가들의 전유물(專有物)이 되어버렸다. 독자들이 일상생활에서 무심코 사용하는 양보, 타협, 포기, 설득, 협잡(swindle), 강압과 강요, 강제, 협박 및 공갈, 갈등과 분쟁 등이 모두 협상과 관련된 용어임을 되새겨야 한다. '가장 전문가로 누구를 손꼽을 수 있는가?' 바로 어린아이임을 이해하여야 한다. 왜! 그런 결론을 내는지는 학습을 통해 이해하게 될 것이다.

미국은 국가협상과 군사 분야 상당 부분을 일반에 공개하고, 사후검토(AAR)를 통해 차후(此後)에 대비하고 있다. 하지만 한국군은 사후(事後)에도 잘 공개하지 않다 보니 '군사협상'이라는 용어 자체가 일반에게는 생소하게 들린다. 그래서 저자는 이 책의 최종 상태(End-state)를 군사협상이라는 전문분야에 국한하지 않고 군사집단과 사회에 이바지하는 신분이 되었을 때 갖추어야 할 협상 전반에 관한 기본 원리와 절차를 이해하는데 두었다.

이제 갓 변호사가 된 A의 목표는 제일 유명하고 승률이 큰 변호사가 되는 것이었다. 이를 위해 A는 수임률과 성공률이 95% 이상인 두 대표변호사의 법정 변론(辯論, pleading)을 열정적으로 찾아다녔다. 하지만, 두 변호사의 패턴은 생각 이상으로 상당히 혼란스럽게 만들었다. B는 논리에 기반한 설득으로 승률이 높았지만, C는 강압적이고 고압적 방식이었기 때문이다. 그러나 A가 "변론이란 일정한 법칙이 중요한 게 아니라 기본적인 패턴에 자신만의 기법, 노력으로 얻어지는 것"이라는 점을 인식하면서 승률이 가장 높은 변호사 중의 한 사람이 되었다.

기존에 출간된 협상 관련 자료들의 내용을 살펴보았다. 대다수 현실에 바로 적용할 수 있는 사례를 중심으로 잘 작성되어 있었다. 위기관리와 재해・재난, 인질납치, 테러 위기 등을 비롯하여 안보(security)나 수사(criminal investigation)와 관련한 전문영역에 특화된 내용도 다수 있었다. 다만, 군사학도나 초급 연구자의 경우 기본적으로 일정한 지적(知的) 수준에 도달하지 못하면, 이해하기 어렵다고 결론지었다. 따라서 초급 군사학도와 군사학 연구자에게 협상의 기본적인 의미와 절차, 협상 방식과 기법(技法)을 올바르게 안내할 수 있는 지침서를 제공하고 싶었다. 군사협상의 특성상 구체적인 내용을 공개하기 어려운 한계도 있지만, 원리와 의미를 먼저 이해하면, 접근할 때 다소 쉬울 듯하였다. 따라서 기본 원리와 절차, 사고방식, 태도 등을 예시(豫示)로 포함하고 story-telling 형식으로 작성하였다.

본 교재의 특징은 일곱 가지로 정리할 수 있다. 먼저, 효과적인 학습이 진행될 수 있도록 학습 개요와 선행 과제를 핵심적으로 정리하고, 사례 풀이를 통해 자연스럽게 이해하도록 구성하였다. 학습 이전(以前)에 이해 및 탐구가 필요한 사항은 매 장(章)의 앞부분에 제시하였다.

둘째, 협상 환경이 전통적인 안보 측면에서의 위기와 위기관리・대응 구조와 무관하지 않다는 특성을 고려하여 하인리히(1:29:300) 법칙과 나비효과(Butterfly Effect)・미러링 효과(Mirroring Effect)를 접목하였고, 메라비언(55:38:7) 법칙을 포함하였다.

셋째, 딱딱하지 않도록 군사적・비군사적 측면, 일상에서 접할 수 있는 사례 등을 다양하게 상정하였다. 이를 통해 초급 간부와 군사학도가 갖추어야 할 기본 덕목(德目)과 기법(技法)이 자연스럽게 이해되도록 배려하였다.

넷째, 내용적 특성을 고려하여 다양한 사례로 예시(例示)하되, 풀이하는 과정에서 정답이 보이지 않도록 장(章) 마지막 부분에다가 정답 해설과 풀이를 정리하였다.

다섯째, 각종 사례와 교훈 등 현황 자료는 최대한 검증(檢證)하였다. 각주는 추가적인 설명이나, 명확한 출처가 필요할 때만 적시(摘示)하였다. '초국가적(超國家的) 위협' 분야 중 경찰과 軍 조직의 협상팀 구성과 임무 등은 실무적으로 필요하기에 조금 더 상세하게 다루었다.

여섯째, 발표 및 토의 사례는 네 가지이다. 위기관리와 협상의 교과서로 평가받는 美-蘇 간 쿠바 미사일 위기사태, 미국의 일방적인 주도로 진행된 판문점 도끼 만행사태, 고려 시대 서희 장군의 강동 6주 반환 협상, 6·25전쟁 시에 완패(完敗)한 휴전 협상사례를 주제(Agenda)로 포함하였다.

마지막으로, 국가 이름은 시대에 따라 바뀌지만, 해당연도마다 국가 이름이 바뀌다 보면, 혼란스러울 수 있다고 판단하였다. 따라서 국가 명칭은 같은 용어로 정리하는 게 효율적이라고 판단하여 '중공'은 '중국', '러시아'는 '소련', '거란(요)'은 '거란'으로 명칭을 통일하였다.

본 교재는 군사 전문가가 되기 위해 노력하는 군사학도와 초급 연구자들에게 협상의 기초와 기본 원리를 올바르게 이해시켜 합리적 논거(reasonable Argument)를 정립(正立)하는 데 도움이 되었으면 하고, 협상이 어떻게 진행되는지를 이해하는 안내서가 되었으면 한다.

관련 분야에 대한 전문적 경험과 높은 식견으로 초점집단인터뷰(FGI)와 자문(諮問)에 적극적으로 응해주신 軍의 선·후배님과 관련된 전문가분들께 감사드리고, 특히 평생의 벗과 전문가로 우뚝 선 아들에게 고마움을 표현하면서, 성원해주신 한국융합안보연구원 이홍기 이사장(예 육군대장, 정치학박사)님과 최종일 군단장(예 육군중장, 前 레바논 대사, 前 국정원 3차장, 정치학박사)님, 교재 출간에 노력해주신 백산서당에 감사드린다.

2020년, 연구실에서

강의 진행계획

기대 역량

1. 군사협상에 대한 개념 이해를 바탕으로 창의성을 배양시키고, 탄력적인 사고방식과 기본 인식을 바탕으로 한다.
2. 일반협상과 군사협상에 대한 차이점과 의미를 이해함으로써 미래 군사 전문가로서 군사협상을 대하는 기초 지식과 처리 기법을 이해하도록 한다.

탐구 개요

1. 군사협상의 연구목적 및 연구방법, 그리고 각종 위기의 배경과 원인을 이해하고, 협상 교훈을 도출하여 군사협상에 대한 인식과 올바른 국가관 형성을 배양하기 위한 과정이다.

진행과 평가방법

1. 진행방법: 강의 50%, 토의/토론 30% 개인/팀별 발표 20%
2. 평가방법: 출·결석 10%, 과제 20%, 참여도 10%,
   중간·기말고사 각 30%

교과 목표

1. 군사협상의 연구목적과 방법, 각종 위기관리의 배경·원인을 이해하고 관련 협상사례의 탐구를 통해 유의미한 교훈의 도출 능력을 배양함으로써 군사협상에 관한 이해력을 제고시키는 데 있다.
2. 위기관리 상황에서 군사협상 기법에 관한 이해와 수행 간의 진행 기법, 협상 분야에 대한 기초 지식의 습득과 활용 능력을 제고시키는 데 있다.

강의 운영

군사협상에 관한 이론적 배경과 관련 지식의 습득을 쉽게 하도록 핵심 위주로 진행한다. 동영상 자료는 사전에 확보하여 적절하게 활용함으로써 객관적 사실에 대한 이해도를 증대시켜 이해·활용 능력이 전반적으로 제고될 수 있도록 진행한다.
발표 및 토의를 활성화하여 미래 리더로서 갖춰야 할 사고방식과 태도, 상황에 대한 처리기법 등을 인식하도록 학습을 진행한다. 事前에 과제를 부여하되, 희망하는 학생을 먼저 지정하여 발표 및 토의를 진행한다.

강의 진행

구 분	주요 과제	구 분	주요 과제
1과제	협상의 일반적인 개념과 특성 이해	7과제	美-蘇 간 쿠바 미사일 사태 관련 사례 연구Ⅱ
2과제	군사협상의 한계와 협상 기법 이해	8과제	판문점 도끼 만행사태 관련 사례 연구Ⅰ
3과제	군사협상의 사례와 협상 전략	9과제	판문점 도끼 만행사태 관련 사례 연구Ⅱ
4과제	초국가적 위협 하에서의 협상 전략 개요 Ⅰ	10과제	서희 장군의 강동 6주 반환 사례 연구Ⅰ
5과제	해외 한국인에 대한 인질납치 테러 사례와 협상 전략	11과제	서희 장군의 강동 6주 반환 사례 연구Ⅱ
		12과제	6·25전쟁 시 휴전 협상사례 연구Ⅰ
6과제	美-蘇 간 쿠바 미사일 사태 관련 사례 연구Ⅰ	13과제	6·25전쟁 시 휴전 협상사례 연구Ⅱ

참고할 사항

일반적 의미의 협상 개념과 연계시켜 군사협상에 관한 기본 원리를 이해시키고, 기초 수준을 전반적으로 제고시킨다. 특히 기본적인 군사협상 능력을 배양하는 데 중점을 두고 진행하므로 토론 및 질의에 적극적으로 동참하려는 학생의 의지와 태도가 바람직하다.

차 례

√ 사전에 이해 및 탐구해야 할 과제는?

<그림 차례>

<표 차례>

도 입 위기-위기관리-협상이란 무엇인지, 어떠한 관계인지에 대하여 이해합시다.

강의 전 요구되는 사항

1. 위기와 위기관리, 협상(協商)의 일반적 정의와 개념은?
2. 협상과 흥정, 설득, 타협, 절충, 거래는 어떠한 관계를 맺고 있다고 생각하는가?
3. 분쟁이 발생하기 이전과 발생한 이후의 협상에 차이가 있다면?
4. 위기와 위기관리, 협상의 특징과 상관관계는 무엇인지, 어떤 단계에서 활성화하는지를 이해하시오.
5. 협상(Negotiation)과 협상력(bargaining power 또는 political leverage)은 어떻게 구분할 수 있는가?
6. 협상의 성과에 영향을 미치는 5대 요소는 무엇인가?
7. 협상에서 가치의 창출과 배분의 관계에 대하여 이해하시오.
8. 동양인-서양인의 의사소통 특징과 차이점은 무엇인가?
9. 협상 전략의 종류 4가지와 각기 특징을 이해하시오.
10. 군사 협상가가 갖추어야 할 기본 자질과 조건은 무엇인가?
11. 군사 협상가로서 갖추어야 할 기본 요소 8가지를 이해하시오.
12. 협상의 성공 가능성을 높이는 3대 요건은 무엇인가?
13. 한국인들의 협상 성과 창출이 한계를 못 넘는 4가지 원인은?
14. 협상의 3단계에 대하여 이해하시오.
15. 협상 준비에 필요한 9가지의 기본원칙은?
16. 협상할 때 기본적으로 지향해야 할 두 가지는 무엇인가?
17. 군사 협상의 '삼십육계(三十六計)'를 이해하시오.
18. 일반 기업의 협상 기법 '구계(九計)'를 이해하시오.

제1장

협상(協商)의 개요

제1절 협상의 개념과 특징

제2절 군사협상가로서 갖추어야 할 기본적인 구비요건

제3절 군사협상의 한계와 협상 기법 이해

제 1 절

협상의 개념과 특징

1. 협상과 위기 협상의 일반적 정의와 특징

1.1. 협상의 일반적인 정의와 개념

협상(協商, negotiation)은 서양에서와 동양에서의 해석에 다소의 차이점이 있다. 라틴어인 'negotium(neg+otium)'으로 영어로 해석하면, 휴식이 아니라는 의미의 'not leisure'를 의미한다. 즉 휴식이 아니라 일이나 사업을 뜻하고 있다. 협상은 일이나 사업이었으며, 사업은 협상이었다. 프랑스어로 보면, 'negociacion'으로 'dealing with people'로 사람 다루기 또는 사람과의 거래를 의미하고 있다. 서양의 관점에서 보면 사람이 혼자 생활할 수 없다는 사회적 측면에 중점을 두고 있으며, 사람들을 이어줄 필요 불가결한 매개체로 해석하고 있다.

한자(漢字)로 해석하면, 협상(協商)의 '협'은 '화할 협(協)'으로 '여러 사람이 힘을 합친다'라는 뜻이고, 협상의 '상'은 '헤아릴 상(商)'으로 '안에 있는 것을 밖에서 헤아려 안다.'라는 뜻이다. 즉, 동양에서의 협상은 협상자들이 서로 힘을 합하여 문제나 동기 또는 목적 등을 헤아려 이해하자는 뜻이다. 동양의 관점으로 보면 상대방을 이해하고 배려하여 협상해야 한다는 데 중점을 두고 있다. 따라서 협상이란 국가나 기업 간의 사업에만 국한되는 게 아니라 사람들의 전반적인 관계를 포괄적으로 포함하고 있음을 이해하여야 한다.

협상은 언제나 위기와 맞물려 움직이는 생물(生物)이다. 따라서 상대방의 생각을 나에게 유리하도록 바꿔 행동하게 만드는 기술이지만, 기교(技巧)나 재주보다는 사람과 가치(value), 감정

(emotion)의 공감과 인식을 통해서만 성공적인 협상으로의 진행이 가능함을 인식하여야 한다. 의사소통의 관점에서 본다면, 이해당사자들이 욕구를 충족시키기 위하여 상대방으로부터 최선을 이익을 얻어내기 위하여 상대방을 설득하는 소통의 과정이라고 할 수 있다. 美 펜실베이니아 대학교의 리처드 쉘(Richard Shell) 교수는 "협상은 자신이 협상 상대로부터 무엇을 얻고자 하거나, 상대가 자신으로부터 무엇을 얻고자 할 때 발생하는 상호 작용적인 의사소통 과정이다", 모란과 해리스(R. Moran, & P. Harris)는 "협상은 상호 이익이 되는 합의에 도달하기 위해 둘 또는 그 이상의 당사자가 양방향 의사소통을 통하여 갈등과 의견의 차이를 축소하거나, 해소하게 해 상호 만족할 만한 수준으로의 합의에 이르는 과정"으로 정의하고 있다.[1] 요약하면, 협상이란 "생각이 다른 둘 이상의 상대가 무엇을 타결하기 위하여 협의하는 행위"로 정리할 수 있다.

협상은 언어를 주수단으로 진행하는 의사소통(표현언어)으로 볼 수 있지만, 실제 협상을 진행하는 과정에서 행동언어(몸짓)와 표정 언어(얼굴색의 변화와 표정), 복장 등의 비언어적 행위가 중요하게 작용할 때도 많이 있음을 인식할 필요가 있다.[2] 협상에 들어가기 전에 우리가 일상적으로 사용하는 용어 가운데 별다른 이해나 의미를 부여하지 않고 사용하고 있는 용어들을 먼저 이해하여 스스로 정립시킬 필요가 있다. 아래의 <그림 1-1>은 일상생활에서 협상이란 용어와 혼용하여 흔히 사용하고 있는 용어이다.

〈그림 1-1〉 협상과 혼용하여 사용되고 있는 용어

---

1) Shell G. R., *Bargaining For Advantage Negotiation Strategies for reasonable People* Viking 1999, p. 6.; Moran R & Harris P., *Managing Cultural Differences Leadership Strategies for A New World of Business* Gulf Professional Publishing Houston 1999, p. 54.

2) 협상을 이해하기 위해서는 미국에서 1998년도에 개봉된 영화 『The Negotiator』, 2014년도에 개봉된 『Captain Phillips』, 그리고 한국에서 2016년도에 방영된 드라마 『피리 부는 사나이』, 2018년에 개봉한 영화 『협상』, 을 보면 이해하는 데 도움이 되지 않을까 싶다. TV 선전에 이따금 나오는 김두한의 '4딸라'라는 문구도 협상의 한 부분임을 이해하였으면 한다.

먼저, 흥정(興定, bargain)이란 물건을 사거나 팔기 위해 서로 값을 부르고 정하는 행위를 의미한다. 유사한 용어가 거래(trade)인데 흥정이 유형적인 측면을 중심으로 한다면, 거래는 유형적인 측면과 아울러 친분 등의 인간관계를 포함하는 확대된 의미임을 이해하여야 한다. 결과적으로 흥정과 거래는 어떠한 문제를 자신에게 유리하도록 수작을 거는 행위 전반을 비유하고 있다. 타협(妥協, compromise)은 서로 양보하면서 협의하는 것이지만, 일방에 일정 부분을 강요당하거나, 일방이 강요하는 측면이 강하여 대다수 결말이 좋지 않고 후환이 초래될 수 있음을 명심하여야 한다. 절충(折衷, middle-ground)은 서로 다른 의견이나 생각을 조절하여 알맞게 맞추어나가는 과정을 의미하고 있으며, 타협에 비해서는 다소 긍정적인 의미로 볼 수 있다. 설득(說得, persuade)은 상대가 이쪽 편의 뜻을 따라오도록 잘 타이르거나, 깨우쳐주는 행위를 의미하고 있다. 이러한 용어들이 협상과 연관되어 사용되고 있음을 이해하여야 한다.

또한, 협상은 일반적으로 협의나 교섭(交涉, bargaining), 상담이나 담판(談判)으로도 불리며, 국가나 기업 간의 갈등이나 분쟁이 발생 시 해결하는 수단으로 이해되고 있다. 그러나 실제로는 주로 이미 발생한 갈등이나 분쟁을 해결하려는 방법으로 사용하고 있다. 아래의 <표 1-1>은 일반적으로 접할 수 있는 국가 간의 분쟁 이전·이후에 협상을 진행한 사례이다.

〈표 1-1〉 분쟁 이전(①)과 분쟁 이후(②)의 협상사례

사례 ①-1) 뮌헨협상	**사례** ①-2) 캠프 데이비드 협정(1978)
사례 ②-1) 6·25전쟁 휴전 협상	**사례** ②-2) 북한 핵 협상

사례①-1의 뮌헨협상은 현재의 평화만 바라다가 히틀러에 당한 협상이었으며, 사례①-2에서도 지미 카터 대통령이 이집트의 안와르 엘 사다트(Anwar El Sadat, 1918~1981) 대통령과 이스라엘의 메나헴 베긴(Menachem Begin, 1913~1992) 수상과 협정을 맺었지만, 시간이 쫓겨 미봉책으로 마감하여 현재도 문제로 남아 있다. 사례②-1은 전쟁이 이미 진행되는 과정에서 진행되었고, 사례②-2는 북한이 핵무기 보유를 천명한 이후에 진행함으로써 실익을 거두지 못하고 있음은 시사하는 바가 크지 않나 싶다. 우리가 겪고 있는 북핵 문제를 해결하기 위한 6자 회담의 경우 이미 갖추어져 있는 북한의 핵 보유라는 국제적 분쟁을 해결하기 위한 협상이기 때문이다.

아울러 이러한 국가 또는 기업 간의 큰 의미에서의 협상도 있지만, 우리가 일상생활에서 접하게 되는 친구 관계나 사소한 일상용품을 비롯하여 물건을 사고파는 행위에서도 협상이 진행되고 있다는 점을 군사학도나 초급 연구자들이 먼저 인식할 필요가 있다. 다시 말해 협상이란 어떠한

특별한 위치나 직책에 있는 사람들만이 하는 게 아니라 평범한 우리의 일상에서도 아무 생각 없이 반복하고 있다는 말이다.

1.2. 군사협상의 일반적인 정의와 개념

군사협상이란 군에서 이루어지는 협상의 전반을 의미하며, 정치적 측면과 무관하게 움직일 수는 없다. 국가적 차원에서도 정치·경제·사회·군사적 측면의 모든 위기와 위기관리 단계에 포함되어 움직이고 있다. 학습자들이 명심하여야 할 점은 아무리 강력한 군사력을 보유한 국가라도 어떠한 분쟁이 발생했을 때 전쟁이라는 수단이나 방법을 사용하여 모든 문제를 해결하려는 칼잡이로 사용하기는 어렵다는 점이다. 전쟁이라는 수단을 쓰지 않고도 위기관리를 잘하여 국가의 이익을 창출할 수 있다면, 굳이 전쟁을 시작할 필요는 없다는 관점에서이다. 반면에 전쟁을 예방하지 못하거나, 평시의 위기관리에 실패하여 핵무기에 의한 전쟁이나 재래식 전쟁이 발발하는 경우에는 국제 사회의 지탄(指彈)과 국민의 원성이 폭발하게 될 것이다. 이는 전쟁으로 부담하여야 하는 비용이 과중하게 될 때 경제적 부담이 여러 가지의 악영향을 미치기 때문임은 일반적인 사실이다. 따라서 국가위기관리론에서 학습하는 위기(crisis)란 무엇인가에 대하여 먼저 알아볼 필요가 있다.

美 프린스턴대학의 에드워드 L. 모스(Edward L. Morse) 교수는 "위기란 회복 또는 죽음의 사이에서 가능성이 있는 방향으로 움직이는 결정적인 변화를 묘사하는 의학용어로, 정치적 위기는 어떠한 정치체제의 존속에 영향을 미치게 하거나, 상호작용하는 패턴의 안정성을 추구하는 격렬한 정치적 상호 작용"으로, 윌리엄 D. 코플린 교수(William D. Coplin)는 "위기란 어떠한 상황이 해당 체제 내에서 하나의 또는 그 이상 국가와의 관계에 전환점을 나타내는 것으로서 한 나라에 있어서 느껴질 수 있는 상태"로 정의하고 있다.[3] 웹스터(Webster, 2000) 사전은 협상을 "토의나 토론, 타협 등의 방법으로 어떠한 문제나 사안을 조정하거나, 해결하는 것(to arrange for or bring about through conference, discussion, and compromise)"으로 정의하고 있다. 요약하면, "협상은 다수의 당사자가 각자가 만족할 수 있는 결과를 도출하기 위하여 토의나 토론 등의 수단과 방식을

3) R. C. North, O. R. Holsi, M. G. Zaninovich and D. A. Zinnes, Content Analysis, 1963, p. 4.; Edward L. Morse, "Crisis Diplomacy, Interdependence, and the Politics of International Economic Relations", Raymond Tander and R. H. Ullman(ed.), "Theory and Policy in International Relations", 1972, p. 126.; 사회복지의 측면에서는 다소 다른 의미로 해석하고 있다. 정서적 변화와 고통을 겪는 내부적 경험, 기존의 사회제도에서 어떠한 필수적 기능을 와해시키는 파국적 사건이라는 두 가지의 의미로 사용하고 있다. 이를 해결하기 위한 새로운 대처 기재(coping mechanisms)를 찾아내면 위기를 해소할 수 있다.

통해 긍정적인 결론을 도출하는 과정"이다.

위기상황이란 일상적으로 대응할 수 있는 메커니즘이 실패한 심리적 항상성(恒常性)의 급격한 파열로 고통과 기능적 장애가 존재하는 상태로서 "시간적인 급박함과 상황적 위태로움을 특징으로 하는 중대한 전환기적 상황"으로 정리할 수 있다. 어떠한 사건(상황)이 정상적으로 진행되다가 갑작스럽게 난관에 봉착함으로써 즉각적인 대처(對處)가 요구되는 상황으로 사건(상황)의 전개 과정에서 잘못 대처하면 파국(破局)으로 치닫게 되어 결정적인 국면으로의 전환이 필요한 시점이자 고비(the climax)임을 의미하고 있다. 위기관리(crisis management)란 국가가 전쟁을 선택할 것인지, 아니면 평화적 해결을 선택할 것인지에 관하여 결정해야 하는 전환적 국면을 의미하고 있다. 이를 해소하려는 적극적인 방법과 수단을 '협상'으로 본다.

위기 협상은 국민의 생명과 신체, 재산 등의 가치가 타인에 의해 침해받거나, 받게 될 명백하고 긴박한 위험에 처해있거나, 혹은 현재 침해를 받고 있어 국가의 경찰권을 포함한 국가 차원의 신속한 권한 발동과 개입을 요구받는 매우 급한 위기 상황 속에서 법 집행기관과 침해하는 주체(국가나 특정 집단 또는 단체, 개인)나 사태의 관련자 사이에 이루어지는 대화를 통하여 문제를 해결해 나가는 과정으로 볼 수 있다.

군조직은 군사안보전략을 행동으로 뒷받침하는 폭력집단으로서 국가의 전통적인 안보 위협에 행동으로 즉각 반응하도록 전문화되어 있는 조직으로 예방-대비-대응의 주축(主軸)이다. 따라서 상당한 정도의 집중력과 판단·결단력이 필요하며, 즉각적인 행동이 요구된다. 하지만, 무턱대고 행동으로 시행하기 이전에 국가이익과 국민의 생명, 안전을 위해 무엇이 우선인지를 면밀하게 살펴보아야 한다. 이를 위하여 군사협상에 대한 이해와 기본적인 절차 숙지가 필요한 것이다. 위기 협상(crisis negotiation)은 우발적(accidental)이거나 돌발적(burst)인 사태(상황)에 직면했을 때 반대하는 사람들과 같이 명확하고 공정한 의사소통(communication)을 통하여 거래와 타협, 설득하되, 때에 따라서는 강압 또는 강요, 양보 등의 수단을 통하여 상호 수용할 수 있는 결정에 도달할 수 있도록 조정하는 과정이다.

2. 위기와 위기관리, 협상과 협상력의 상관관계 및 차이점 비교

2.1. 위기와 위기관리, 협상의 특징과 상관관계

통상적으로 위기는 발생 직전이나 초기에 징조(徵兆, sign)가 보이던지, 암시(暗示, hint) 현상에서부터 위기관리가 가라앉아 진정(鎭靜, quiet)되는 국면에 이르기까지의 다섯 가지의 단계를 거치면서 진행된다. 여기에서 유념해야 할 점은 위기가 고조되는 과정에서 대응이나 조치에 필요한 일정한 틀이나 패턴은 존재하지 않는다. 다시 말해 일반적으로 인식하고 있는 통상적인 매뉴얼에 기초한 과정을 거치지 않는 경우가 많이 발생하며, 어떨 때는 아예 건너뛰기도 한다는 특성을 보이기도 한다. 따라서 이러한 현상들을 고려할 경우 반드시 알고리즘(algorithm)이 존재한다고 볼 수는 없다는 점에 유의하여야 한다.[4] <그림 1-2>는 위기와 위기관리, 협상의 상관 관계이다.

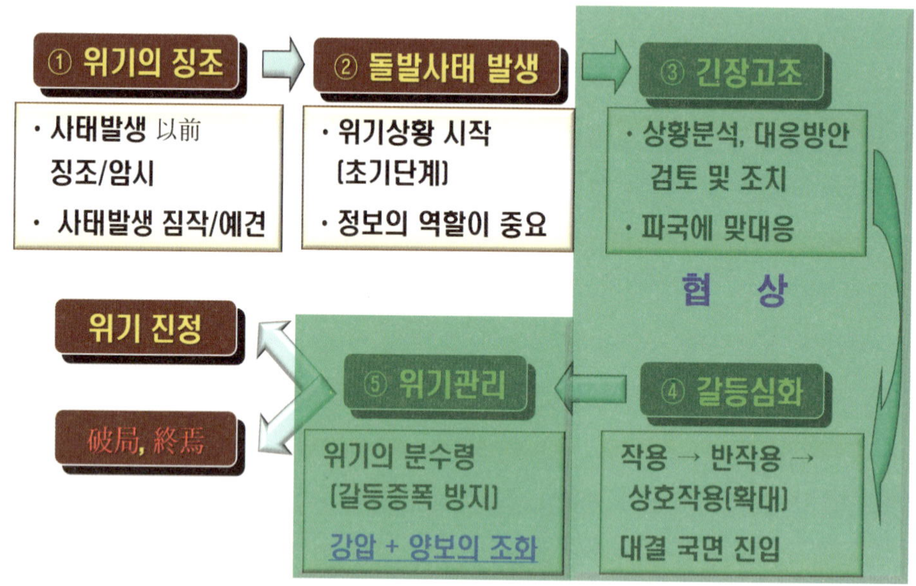

〈그림 1-2〉 위기와 위기관리, 협상의 상관관계

① 위기사태 발생 이전에 나타나는 징조(徵兆)와 암시(暗示)는 대형 사고는 도미노처럼 순차적으로 발생하기 때문에 하인리히의 1:29:300의 법칙으로 정리할 수 있다.[5] 이는 2014년 세월호 침몰

4) 알고리즘(algorithm)은 어떤 주어진 문제를 풀거나, 해결하는 절차 또는 계산하는 방법을 뜻하는데, 입력된 자료에서 원하는 부분의 출력을 유도하는 규칙의 집합체를 의미하고 있다.

5) 하인리히 법칙(Heinrich's law)은 1931년 미 보험회사의 손실통제 부서에 근무하는 하인리히(Herbert William Heinrich)가 산업재해 자료를 분석하는 과정에서 찾아낸 통계학적 규칙을 의미한다. 한 건의 대형 사고가 발생하기 이전에 평균적으로 29회 정도의 작은 사고가 발생하게 되고, 300회 정도의 잠재적인 징후들이 나타난다는 사실을 검증한 법칙으로 대형 사고 대다수는 예고된 재앙임을 주장하고 있다. 최근에는 공사현장에서의 산업재해뿐만 아니라 다양한 자연재해 및 사회·경제적 위기 상황에서도 널리 인용되고 있는 법칙이다. 대형 사고는 도미노식으로 발생하는데, 이를 5단계로 구분하고 있다. 제1단계는 사회적 환경과 선천적인 결함으로 볼 수 있는 유전적 요소이며, 제2단계는 개인적인 결함, 제3단계는 불안전한 행동 및 상태를, 제4단계는 사고의 발생, 제5단계는 재해 및 사고로 이어진다. 여기에서 제3단계인 불안전한 행동 및 상태만 제거할 경우 사고를 미리 방지할 수 있다는 개념이다.

사고에서도 알 수 있는 바와 같이 미리 예견되었던 업무 태만, 안전교육 및 훈련 미비, 정비 불량 등의 일부 사소해 보이는 전조(前兆)에 대하여 적극적인 대응이 없었기 때문이었음은 일반적인 사실이다. ② 돌발사태는 위기상황의 초기 단계로서 유용한 정보(intelligence)의 수집 활동과 역할이 상당히 중요하다. ③ 긴장이 고조되는 단계에서는 상황 분석과 그에 따는 적절한 대응방안을 검토 및 조치함으로써 파국(破局)을 맞지 않도록 대응하여야 하고, ④ 분쟁이나 갈등이 심화할 경우 워게임 식의 작용-반작용-상호작용을 확대하는 등을 통해 맞대결 국면으로 진입하여야 하며, ⑤ 절차와 단계를 거치면서 갈등의 증폭(增幅)을 방지하기 위하여 강압 또는 양보, 타협 등의 수단을 통하여 균형이 유지되도록 노력한다. 이 단계를 거치는 과정에서 본다면, ③ 긴장 고조 단계에서 위기 상황이 종결되거나, 진정될 때까지의 전(全) 단계에서 위기 협상이 이루어진다고 보면 된다. 다시 말해 위기상황에서의 협상 전략은 일정한 규칙(rule)이 없는 비정형화된 게임임을 명심하여야 한다. 따라서 협상은 위기라는 용어와 떼려야 뗄 수 없는 불가분의 관계이다.

2.2. 협상과 협상력(bargaining power)에 관한 이해

협상력을 한마디로 표현하면, "상대방의 믿음을 유리한 방향으로 변경시킬 수 있는 능력"을 의미한다. 협상력의 원천은 바로 자신을 구속할 힘이 있느냐, 없느냐의 측면에서 바라볼 수 있다. 아래의 <표 1-2>는 국가나 개인, 기업의 협상사례이다.

〈표 1-2〉 국가-개인-노사협상 사례

사례 1) 국가 간 협상사례

* 국가 간 통상 협상이나 정치적 협상을 불문하고 협상을 진행하는 과정에서 "우리가 양보할 수 있는 것은 000밖에 없소!"라고 강력하게 제안하였을 때 이 제안이 힘을 얻기 위해서는 전(全) 국민적 지지나 해당 정부(정권)의 존립 여부에 결정적인 위협으로 인식되도록 환경이나 여건을 조성하여야 한다.

사례 2) 개인 간 협상사례

* 절도 혐의를 받는 판사가 말하기를(曰) "내가 도둑질했다면, 나의 판사직을 내놓겠소!"라고 선언했을 때 그것은 거짓이 아닐 가능성이 크다.

사례 3) 노사(勞社) 간 협상사례

* "파업 기간에는 무노동 무임금 원칙을 적용한다."라는 사용자 측의 제안이 구속력을 가지기 위해서는? 노조의 입장에서 사용자 측이 충분히 구속할 힘을 가졌다고 믿으면 파업 기간을 줄이게 될 것이고, 믿지 않으면 파업 기간은 장기적으로 진행될 것이다.

구속할 힘이 있을 때 목표를 달성할 수 있는 시너지(synergy) 효과는 극대화된다. 이를 토대로 협상을 잘하려면, 네 가지를 기본적으로 갖추어야 한다. 먼저, 협상의 상대방이 누구인지? 를 이해해야 한다. 둘째, 협상의 결정권자(decider)나 영향력을 미치는 자가 누구인지? 를 인식해야 한다. 셋째, 어떤 수준으로 대화를 진행해야 할는지? 를 이해하여야 한다. 넷째 어느 시점에 협상을 끝맺어야 하는지? 가 명확해야 한다. 이를 이해하지 못한 상태에서 진행하였다가 실패한 사례가 바로 제2차 세계대전을 불러온 뮌헨회담(1938)을 들 수 있다. 아래의 <그림 1-3>은 뮌헨회담의 참석자들과 체임벌린 수상이다.

〈그림 1-3〉 뮌헨회담(1938) 참석자들과 체임벌린 수상

프랑스의 달라디에와 영국의 체임벌린(Neville Arthur Chamberlain, 1869~1940) 수상 등은 유럽이 또다시 전쟁에 휘말리는 것을 원치 않는다는 감성적 측면에만 치우쳐 히틀러(Adolf Hitler,

1889~1945)가 제시한 "향후 영국과 독일 간의 모든 분규는 전쟁에 의하지 않고 협상을 통해 해결한다."라는 종이쪽지 한 장에 휘둘리다가 제2차 세계대전이라는 충격과 참혹함을 불러왔음은 역사적인 사실이다. 협상력을 높이는 데 있어서 중요한 키-워드(key-word)는 네 가지이다.

첫째, 협상에는 반드시 상대방이 존재한다. 협상은 혼자서 할 수 없기에 상호의존성(independence)을 중요하게 느껴야 한다. 상호의존성만 잘 이해하더라도 협상의 80%는 이해하였다고 보아도 무방할 것이다. 따라서 역지사지(易地思之)의 심정으로 상대방의 신발에 나의 발을 직접 넣어보려는 노력이 필요하다.

둘째, 협상의 최종 목표는 타결이므로 이에 관한 기대가 쌍방이 공동으로 일치하여야 한다. 협상을 실패로 끝내기 위해 협상을 진행하는 국가나 집단, 사람은 없기 때문이다. 이때 자신의 견해와 의견을 전달하는 주수단은 '말'이다. 따라서 상대방의 '오는 말'과 자신의 '가는 말'을 세밀하게 계획하고 준비할 필요가 있다.

셋째, 협상은 타결에 대한 기대치(expectation)가 중요하기 때문에 사람의 심리와 연관되는 전략과 전술이 있다. 타결을 이루기 위해서는 협상참여자(parties)들이 먼저 결과에 만족하여야 한다. 여기에서 핵심은 제삼자의 의견이 아니라 협상참여자들의 의견 일치가 필요하다는 점에 있다. 따라서 스스로 충실하여야 한다.

넷째, 협상은 여러 번 반복적인 단계를 거치면서 이루어지기 때문에 과정(process)이 중요하다. 이를 위해 협상은 한 번에 끝나거나, 같은 협상이 계속 이루어지는 게 아니라 협상의 성과를 창출하기 위해 사전에 실무 차원에서부터 긴밀한 접촉을 통하여 지정된 분야와 항목에 대하여 조율(調律)하는 과정을 거치게 된다.

이는 사전협상-본협상-후속 협상 단계로 이루어진다. 이마저도 한 차례로 끝나는 게 아니라 같은 협상을 반복하여 진행할 수 있다는 점을 이해하여야 한다. 이때 가능한 win-win으로 끝맺는 게 좋다. 여기에서 핵심은 win-win이라고 하여 반드시 1:1 배분(allocation) 방식이 아니라는 점이다.[6] 역량에 따라 1:9가

6) 배분(配分, allocation)과 분배(分配, distribution)라는 용어는 경제학 용어로서 배분(allocation)은 사람, 자본, 자연자원

될 수 있고, 4:6이 될 수 있음을 이해하여야 한다. 본협상을 잘되도록 하기 위한 실무협상은 바로 사전협상을 하기 이전(以前)과 협상하는 과정 내에서 이루어진다. 아래의 <그림 1-4>는 북-미 간 핵 협상에서 사전(事前) 협상과 본협상 그림이다.

〈그림 1-4〉 미-북 간 단계별 핵 협상 과정

누구를 막론하고 협상을 잘하고 싶어 한다. 협상을 잘한다는 것은 상대로부터 가능한 많은 성과를 얻어낸다는 것을 말한다. 현실적으로 이러한 성과는 다양한 요인과 환경에 의해 영향을 받고 있다. 아래의 <그림 1-5>는 협상 성과를 달성하는데 결정적 영향을 미치는 5대 요소이다.

〈그림 1-5〉 협상 성과에 결정적인 영향을 미치는 5대 요소

등이 어떤 메커니즘에 의해 경제 주체들에게 나누어지는 것을 뜻하고, 분배(distribution)는 생산물이 해당하는 사회의 구성원에게 나누어지는 과정을 뜻한다.

협상의 성과를 얻기 위해서는 명확한 목표를 설정하여야 하고, 협상력을 제고시켜야 하며, 올바른 관계로 설정해야 하고, 창조적인 배트나(BATNA)를 수립하고, 가능한 정확한 정보(information → intelligence)를 수집하고 분석하여야 한다. 아래의 <표 1-3>은 학습자들의 협상에 대한 이해력 수준을 판단해보기 위한 내용이다.

〈표 1-3〉 협상에 대한 이해력 수준 평가(예시)

문제 1) 제시한 항목 중 협상에 관한 의미로 옳다고 생각되는 것은?

① 협상의 성공을 위해서는 쌍방이 서로 주고받아야 한다.

② 협상은 특성상 win-win 하는 게임이 될 수 없다.

③ 협상은 흥정의 또 다른 말이다.

④ 협상을 잘한다는 것은 천성적으로 타고나야 하는 게 아니다.

⑤ 나 자신과의 싸움도 또 다른 협상이다.

협상에는 반드시 다양하고 수많은 흥정(興定, bargain)의 요소가 있다. 협상을 잘하기 위해서는 주고받는 흥정을 잘할 필요가 있다. 즉, 적절한 시점에 양보를 주고받을 필요도 있다는 뜻이다. 그러나 흥정의 요소가 없는 협상이 더 많이 있음도 알아야 한다. 다시 말해, 협상을 잘하면 흥정을 잘할 수 있지만, 흥정을 잘한다고 협상을 잘할 수는 없다. 아래의 <표 1-4>를 통해 단어의 의미를 알아보자.

〈표 1-4〉 Trust와 Belief의 의미 이해

문제 2) 협상에서 서로의 몫을 결정하는 것은 기대치가 있기 때문이다.
이때의 믿음(신뢰)은 어떤 단어가 적합한가?

① Trust ② Belief ③ confidence ④ faith

두 영어 단어가 믿음의 의미임은 알 수 있다. 그러나 의미를 잘 이해하고 사용해야 한다는 의미에서 제시하였다.

2.3. 협상하기 이전(以前)에 검토 및 준비해야 할 기본 요소

국가 간의 협상이나 협상 의제(Agenda)가 경제적 측면에서 큰 의미가 있는 기업 간 협상을 시작할 때 통상 공식협상과 비공식 협상이 있다. 협상의 종결 과정을 공식적으로 끝낸다는 점에서 '공식(公式)'의 형태를 띠지만, 이에 못지않게 비공식 협상이나 접촉은 상당히 중요하다. 비공식 협상은 공식협상이 개시되기 전이나 협상을 진행하는 과정에서 휴식 시간 등을 이용하여 협상 사안에 대한 직접적인 대화 대신 협상자 서로의 인간관계를 중심으로 진행된다. 이러한 비공식 접촉은 만찬이나 커피 브레이크(coffee break) 타임 등 보다 더 자유스러운 분위기에서 대화를 나눈다는 장점을 갖고 있다. 이러한 공식·비공식 협상이나 접촉을 시작하기 이전부터 검토하거나, 준비할 기본적인 요소는 총 일곱 가지의 요소로 정리할 수 있다. 아래의 <그림 1-6>은 협상 이전에 검토 및 준비할 요소이다.

〈그림 1-6〉 협상 이전(以前)에 검토 및 준비가 필요한 요소

① '배트나(BATNA)'는 'Alternatives To a Negotiated Agreement'의 약자이다.[7] 상대방과의 협상이 결렬되거나, 실패했을 때 선택할 수 있는 최상 또는 최선의 대안(代案)을 의미한다. 이는 두 가지 측면에서 정리할 수 있다. 첫째, 과학적 측면으로 쌍방 간에 받아들일 수 있는 것이 무엇인지, 어떠한 것이 서로 바람직한지를 비교 평가할 수 있어야 한다. 그러나 이를 위해서는 두 가지가 선행되어야 하는데 쉽지 않은 문제이다. ①-1은 자신과 상대의 배트나가 무

①-1: 과학적 측면
(다양한 대안적 합의)

①-2: 예술적 측면
(창조적 · 상대적 가치)

7) 배트나와 유사한 개념으로 '폴백(fall back)'이 있다. 그러나 이는 협상이 실패할 경우 자신에게 발생하는 '단순한 결과(result)'만을 의미한다. 협상을 진행하면서 자신의 폴백은 커질수록 불리하게 되고, 작아질수록 유리하게 된다. 반면에 배트나는 '대안(代案, alternative)'을 의미하는 것으로 협상을 중단하거나, 협상 대상자의 전환, 법에 호소한다거나 노조의 경우 협상을 그만두고 파업으로 돌입하는 등을 의미하므로 두 용어의 의미가 상당히 다르다는 점을 이해하여야 한다.

엇인지를 알아야 하고, ①-2는 자신의 배트나가 분명하지 않을 때 어느 시점에서 합의해야 할는지, 협상을 실패로 간주하고 끝내야 할 시점을 결정해야 한다. 둘째, 예술적 측면에서 창조적이거나 상대적으로 가치를 높일 수 있는 대안을 마련하도록 접근하는 방법이다. 아예 새롭거나, 상대의 배트나와 비교될 정도로 완전히 전환하는 방식도 바람직하다. 아래의 <표 1-5>는 배트나 중 예술적 가치의 대표적인 사례이다.

〈표 1-5〉 예술적 가치 중 창조적·상대적 가치의 대표적인 사례(예시)

사례 1) 창조적 가치: 군사적 → 경제적 측면으로 전환하는 방안

* 서울의 청계천 복원 협상 사례(2002)
* 군사적 대치 → 소 500마리 전달 또는 개성공단 건설 등으로 전환

사례 2) 상대적 가치: 어촌과 농(산)촌 간의 물물교환 방식

* 어촌 : 물고기 → 농·축산물
* 농(산)촌 : 농·축산물 → 물고기

조금만 고민하더라도 현실적으로 다양한 대처 방안의 준비가 창조적 측면에서 가능하다. ② 협상참여자(parties)는 누가, 어떤 단체(집단)가 협상장에 참여하는지? 알아야 한다. 이는 협상을 진행하는 데 있어서 핵심 요소임을 이해하여야 한다. 왜냐하면, 협상에 결정적인 영향력을 미치는 사람(집단 또는 단체)이 협상하는 현장에 없을 수 있기 때문이다. 이럴 때 현장에 있는 대리인(agent)에게만 집중한다면, 십중팔구 실패할 가능성이 커진다.

예를 들어보자. 새 차를 사기 위해 차량 판매장을 방문하였다. 이때 판매사원과 매니저가 누군지를 구분한다면, 훨씬 저렴하게 구매할 수 있다. 그 이유는 판매사원은 고객에게 차량 금액에 대한 재량권을 가지고 있지 않다. 그러나 매니저는 가격에 대한 실질적인 결정권을 당연히 갖고 있다. 판매사원은 오직 고객과의 대화를 통해 고객이 차량을 구매하는데 지급할 수 있는 최대의 금액을 밝혀내고자 노력할 뿐이다. 반면에 매니저는 자신이 제시할 수 있는 최저가격대를 갖고 있으며, 이는 자신이 가진 권한이자 역할이므로 판매 사원에게 알릴 필요도 없고, 알릴 의무도 없다. 따라서 고객이 차량을 훨씬 좋은 조건으로 구매하기 위해서는 보이지 않지만, 매니저라는 실질적인 의사결정권자가 현장에 있는지를 파악

하는 게 최저금액으로 구매하는 데 상당한 도움을 준다.

조금 달리해 보자. 협상은 진행하려는 대상이 타당한지를 먼저 검토해야 한다. 예를 들면, 생명체의 죽음이나 자연에 관한 법칙, 부모와 자식(또는 스승과 제자) 사이의 도리 등은 협상 대상이 되지 않는다는 점을 먼저 이해해야 한다. 세상에서 아무리 탁월한 협상가라도 자연의 법칙이나 인륜의 도리를 수정 및 변경하기는 불가능하기 때문이다. 이외에 발생하는 대부분의 분쟁(dispute)이나 갈등(conflict)은 협상으로서 만족할 만한 대상이라는 점을 전제(前提)하고 들어가기로 한다.

이제부터 판단하고 생각하는데 조금 더 이해하기 쉽도록 협상과 스타일의 의미를 추가로 이해할 기회를 얻기로 한다. 두 가지 형태의 문제를 해결하는 방식으로 문제에 접근해 보자. 먼저, 아래의 <표 1-6>은 문제를 해결하는 과정에서 협상 간 뚜렷한 목적의 설정이 얼마나 중요한지 느껴볼 수 있을 것이며, <표 1-7>은 상대의 협상 스타일과 연계함이 중요함을 느껴볼 수 있도록 제시하였다.

〈표 1–6〉 뚜렷한 목적 설정이 필요한 협상 사례

상황 1) 새로운 기회를 만들어야 한다!

A 씨는 유명강사를 꿈꾸고 있으나, 좀처럼 기회가 오지 않고 있다. 어느 날 00 기업에서 강의 요청이 들어왔다. 다만, 무명(無名)이므로 강사료는 시간당 10만 원밖에 줄 수 없다고 한다. A 씨는 깊은 고민에 빠졌다. 기회는 왔지만, 강사료가 너무 저렴하기 때문이다. 강의 의뢰자는 '이번에는 저렴하게 강의하지만, 업계에 소문나게 되면, 더 높은 강사료를 받을 수 있을 것이다.'라고 하면서 수락할 것을 요구한다. 여러분은 어떻게 하겠는가?

① 강사료가 너무 저렴하니 의뢰받은 강의는 할 수 없다고 거절한다.
② 강사료가 너무 저렴하니 조금 더 올려달라고 한다.
③ 시작이 반이니 일단 이번에는 이 강사료로 시작한다.
④ 비록 알려지지 않은 상태이지만, 좋은 강의를 진행할 테니 강사료를 두 배 이상으로 해달라고 요청한다.

상황 2) 목적과 감정을 조화시켜야 한다!

"아니. 이게 뭐야?" 맛있다는 레스토랑에 知人과 저녁 식사를 하러 갔다가 발생한 일이다. 우선 주문을 받는 종업원이 퉁명스럽다.

상황 2) 계속

스파게티를 주문하였는데, 식은 것을 서비스하고, 주문한 음료수도 다른 종류를 가져왔다. 불쾌한 감정이 폭발할 것만 같다. 여러분은 어떻게 하겠는가?

① 화를 내면서 그 자리에서 잘못한 종업원을 나무란다.

② 먹지 않고 두말없이 그 레스토랑을 빠져 나온다.(식사 비용 미지급)

③ 오늘은 운이 없구나! 라고 생각하면서 그냥 그대로 먹는다.

④ 담담하게 매니저를 호출한다.

상황 3) 주도권을 잃지 않아야 한다!

당신은 백화점 아웃도어 매장에서 일하는 판매 매니저이다. 고객이 상품 가격이 왜! 이렇게 비싸냐고 하면서 깎아달라고 요구하는데, 불만이 대단하다. 그러나 고객은 불만을 표현하면서도 구체적으로 어떻게 해달라는 요구는 하지 않고 있다. 여러분은 어떻게 하겠는가?

① 결정한 정찰가격이니 깎아줄 수 없다고 잘라 말한다.

② 물건을 파는 것이 좋으므로 고객의 관점에서 조금 깎아준다.

③ 고객에게 어느 정도면 적당한 가격인가를 물어본다.

④ 제시한 가격을 왜! 마음에 들어 하지 않는지 그 이유를 물어본다.

상황 4) 정확하게 요구하여야 한다!

출장으로 늦게 뉴욕에 도착하였다. 000 공항에서 지하철로 예약한 호텔*(인터넷으로 먼저 예약, 숙박료 100$ 지급)*에 들어오니 벌써 23:00시다. 프런트에 예약 안내서를 제시하니 Room-Key를 내어준다. 들어가 보니 지하에 있는 데다가 창문도 없고, 천장은 허리를 펴기도 어려울 지경이다. 게다가 낡은 침대와 오래된 책상 하나로도 꽉 차서 휴대한 가방을 내려놓을 수도 없다. 방이 아닌 창고라는 생각이 들면서 불쾌해지기 시작했다. 여러분은 어떻게 하겠는가?

① 방이 마음에 들지 않는다고 냉정히 말하고 방을 바꿔달라고 요구한다.

② 방이 얼마나 더럽고 비좁은지를 프런트에 상세하게 설명한 다음
방을 바꿔 달라고 요구한다.

③ 매니저에게 화를 내면서 방을 바꿔 달라고 요구한다.

④ 아예 포기하고 다른 호텔에 방이 있는지 알아본다.

상황 5-1) 포기하지 말고 실수를 두려워하지 마라!

당신은 중고차량 거래인이다. 중고차를 팔러 나온 고객과 차량 가격에 대하여 오랫동안 얘기 중이다. 당신은 100만 원을 생각하고 있는데, 車主는 한사코 150만 원은 받아야 한다고 주장한다. 설득하다 지친 당신은 100만 원 이상은 줄 수 없다고 결정하였고, 車主는 그냥 되돌아가고 있다.

*** 문제 1: 중고차 거래인의 태도를 어떻게 보아야 할까?**

① 맞는 태도이다. ② 틀렸다. ③ 틀릴 때도 있다.

상황 5-2) 포기하지 말고 실수를 두려워하지 마라!

*** 문제 2: 이 장면을 지켜보던 다른 직원 曰, "저 車는 한정 제작된 車라서 200만 원 이상의 가치가 있는 거야." 이때 당신의 직업을 고려 시 재빨리 따라가서 실망하고 돌아가는 車主를 붙잡아야 한다. 하지만 무엇이라고 말을 걸면서 재협상을 시작하는 것이 좋을까?**

① 상대에게 이유를 말하지 않고 한 번 더 의논하자고 말한다.

② 자신이 차 종류를 잘못 파악했다고 말하고 다시 의논하자고 말한다.

③ 왜! 150만 원을 요구했는지 궁금하다면서 다시 물어본다.

상황 5-3) 포기하지 말고 실수를 두려워하지 마라!

*** 문제 3: 그 차주가 우연히 들린 일회성 고객이 아니라 자신과 앞으로도 자주 만나고 정기 고객으로 될 가능성이 크다면, 당신은 어떻게 행동하는 것이 좋을까?**

① 상대에게 이유를 말하지 않고 한 번 더 의논하자고 말한다.

② 자신이 차 종류를 잘못 파악해 미안하다고 말하고 다시 의논해볼 수 없겠느냐고 말한다.

③ 왜! 150만 원을 요구했는지 궁금하다면서 다시 물어본다.

상황을 해결하기 위해서는 우선 문항의 앞에 제시된 핵심 문장을 이해하고 접근하여야 한다. '문제에 답이 있다.'라는 말은 바로 이러한 상황을 의미하는구나! 라고 생각하면 된다. 목적과 감정의 조화가 필요하며, 상대에게 정확하게 요구하거나, 주도권(主導權)의 중요성, 그리고 세 차례에 걸쳐 유사한 상황에서 변화하면서 연계될 수 있는 문제를 풀이하는 과정에서 왜! 이런 상황이 주어진 것인지 스스로 이해하게 될 것이다.

〈표 1-7〉 상대의 협상 스타일과 연계한 협상사례

상황 6) 권한 위임 법칙의 중요성을 이해하라!

A는 중소기업을 운영하는 CEO이다. 부품 조달을 위해 관련 기업들과 수많은 협상을 진행하고 있기에 협상전문가인 B가 전담하도록 지정하고 재량권을 부여했다. 그런데 사사건건 A에게 보고(의논)를 하여 매우 피곤한 실정이다. 그러다 보니 A(CEO) 자신이 "차라리 내가 협상의 전면에 나서볼까?"라는 생각을 하고 있다.

*** 문제 1) 이러한 A의 생각과 태도에 대하여 여러분은 어떻게 생각하고 있는가?**

① 그럴 수도 있다.

② 최종 책임자가 전면에 나서는 것은 좋지 않다.

③ B에게 의견을 물어본다.

④ 외부의 자문을 받아본다.

아무리 탁월한 재능을 가진 사람도 혼자서 모든 사안(事案)을 처리하기는 불가능하다. '권한 위임의 법칙(law of empowerment)'을 사용하는 이유는 최종 의사결정권자의 처지가 난처해지기 알맞기 때문이다. 시어도어 루스벨트((Theodore Roosevelt, 1858~1919)는 "가장 훌륭한 CEO는 뛰어난 감각으로 훌륭한 인재를 뽑아서 자신이 원하는 일을 시키고, 그들이 그 일을 하는 동안에 불필요한 간섭을 하지 않도록 스스로 절제할 수 있는 사람이다."라고 하면서 권한 위임의 중요성과 필요성을 일깨워주고 있다. CEO나 리더가 권한의 위임을 꺼리는 이유는 세 가지 이유에 근거한다. 첫째, 자기 자리를 유지하고 싶은 욕구가 많을 때, 둘째, 변화에 대한 저항 심리가 있을 때, 셋째, 자의식(self-consciousness)은 강한데 자존감(self-worth)은 떨어져 있기 때문이다. 주변에서 자신을 어떻게 바라보는지에 대한 걱정이 많아서 섣불리 앞에 나서지 못한다. 반면에 자존감이 강한 사람은 자신과 자신이 부여받았다고 믿는 소명의식(calling occupation), 그리고 구성원들을 믿기에 사소한 것에 얽매이지 않고 자신 있게 앞장설 수 있다. 따라서 리더십에서도 강조하고 있지만, '긍정적인 권한 위임은 리더의 영향력을 더욱 확장한다.'라는 의미를 이해하여야 한다.

상황 7) 협력 또는 공격형!

상대방을 잘 알지 못하는 초면(初面)인 10명이 원탁 테이블에 앉아있다. 어떤 사람이 나타나 이들에게 다음과 같은 제안을 한다. "여러분의 맞은편에 앉아있는 사람을 일어나게 하여 당신의 의자 뒤에 서도록 설득한다면, 설득에 성공한 그 사람에게 10만 원을 주겠다. 단, 처음으로 성공한 두 사람에게만 주기로 한다."

* **문제 2: 여러분이 이 테이블에 앉아있다면, 과연 어떤 태도를 취할 것이며, 각 번호에 따라 느껴지는 협상 스타일은?**

① 말도 안 되는 제안이라고 생각하며, 그대로 앉아 움직이지 않겠다.

② 상대방에게 자신의 뒤에 와서 서면, 10만 원을 주겠다고 제안한다.

③ 자신이 먼저 상대방이 움직이기 전에 의자 뒤에 서면서 제안한다.
'우리 돈을 나누어 가집시다'

④ 재빠르게 먼저 상대방에게 자신의 의자 뒤에 서라고 부탁하며, 돈은 나중에 나누겠다고 제안한다.

위의 여러 문제를 풀이하는 과정에서 느끼는 점이 있으면 좋겠다. 협상참여자가 협상에 대한 목적을 명확하게 설정하고, 상대방의 협상 스타일을 조기에 판단 및 평가하여 효율적인 대처방안을 마련할 때 협상의 성과는 훌륭하게 달성할 수 있다.

그러나 좋은 협상가가 되기 위해서는 최소한 여섯 가지 요건은 기본적으로 갖추어야 한다. 첫째, 진정한 협상력의 원천은 자기 자신임을 이해하고 있는 사람이어야 한다. 인격적으로 존경받고 신뢰할 수 있는 자격을 갖추어야 함은 기본이다. 둘째, 상대방의 관점에서 냉정하게 생각하고 대처(對處)할 수 있는 능력을 갖춘 사람이어야 한다. 다시 말해 역지사지(易地思之)하는 입장과 태도를 제대로 갖추어야 한다. 셋째, 의사소통(communication) 능력을 갖춘 사람이어야 한다. 자기 생각을 상대방이 오해하지 않도록 정확하게 단어와 문장을 전달하는 능력을 갖추어야 한다. 넷째, 창의력(creativity)이 풍부한 사람이어야 한다. 쌍방이 만족할 수 있는 제3의 영역을 보유해야 한다. 다섯째, 협상의 결과와 관계없이 파트너를 동료로 만들 수 있는 사람이어야 한다. 사람과 가치를 우선시하는 의식과 자세를 갖추어야 한다는 의미이다. 마지막으로 협상 이후에도 협력관계를 지속하고 우호적으로 관리할 수 있는 사람이어야 한다. 협상의 진정한 끝맺음이란 그 결과를 지속하여 이행하는 것이기에 관계를 유지할 필요가 있음을 인식할 줄 알아야 함은 기본적으로 갖추어져 있어야 한다.

'최강의 협상가는 어린아이들'이라는데 동의할 수 있겠는가? 아래의 <표 1-8>의 엄마와 어린아이가 진행한 협상사례에 대해 알아보자.

〈표 1-8〉의 엄마와 어린아이의 협상사례

상황 8) 어린아이의 목표가 '몇백 원짜리의 과자'라고 해보자.

결과적으로 엄마가 아이에게 과자를 사주는 이외에는 어떠한 배트나노 소용이 없음을 주변에서 볼 수 있을 것이다. 어린아이의 생각에는 오직 '과자'만 목표로 인식하고 있으므로 다른 어떠한 협상 조건의 변경이나, 수정이 필요하지 않다. 엄마가 어떠한 말로 협박·공갈을 퍼붓던지, 다른 목표를 제시하면서 달래는지에 관계없이 오로지 과자에만 집중하기 때문에 결국 과자를 사주어야 상황이 종결된다.

어린아이들은 세 가지 측면에서 최강이다. 먼저, 콜라든, 장난감이든, 과자이든, 패스트 푸드를 불문하고 자신들의 최종 목표는 확고하고 분명하다. 둘째, 목적이 분명하기에 양보는 일절 없다. 마지막으로, 결국은 엄마가 자신을 이기지 못할 것임을 알고 있다는 점이다. 어린아이들은 단순하지만, 자신의 상대방을 정확하게 알고 있다. 이는 명확한 목표를 설정해야 한다는 표현의 다른 의미로 단순한 사례이지만, 학습 과정에서 기본적으로 깨우쳐야 하는 시사점이다.

③ 이해관계(interests, stake)가 걸려있으면, 해당 집단의 핵심이 되는 이해관계 혹은 우선순위가 무엇인지? 를 알아야 한다. 눈에 보이는 현상 및 사실보다는 협상의 이면(裏面)에 숨겨져 있는 이해관계를 파악하는 것이 성과를 유리하게 만드는 중요한 요소이다.

요즈음 사회에서 드라마나 영화에서도 가끔 나오는 기업의 인수합병(M&A, merger and acquisition)을 사례로 들어보자. 인수합병이라면, 기업을 단순히 인수하고 합병하는 것으로 끝나는 것일까? 아닐 것이다. 내부적으로는 세금, 관련 시스템의 흡수 및 통합의 수준 또는 여부, 합병의 만료 시기, 인수하는 대금(代金)의 지급 방식과 수준, 종업원들을 계승할지와 규모 및 대상, 노조 문제 등을 비롯한 다양하고 복잡한 문제에 직면하게 된다.[8] 따라서 협상 전략은 변화하는 환경과 목표를 충분히 고려하여 반영하여야 하고, 거기에 적응할 수 있어야 한다는 점이다. 다시 말해 상황에 대한 정확한 인식이 가장 중요하다. 이는 軍 조직의 위기상황 조치 및 대응

8) 최근 불거진 제주 항공과 이스타 항공 간의 갈등과 혼란을 통해서도 여실히 느낄 수 있다.

시에도 적용되는 기본적인 원칙임을 명심하여야 한다.

④ 가치(Value)에서는 어떻게 창조되고 획득할 수 있는가? 를 알아야 한다. 아래의 <그림 1-7>은 가치의 창출과 배분의 관계를 예시(例示)한 내용이다.

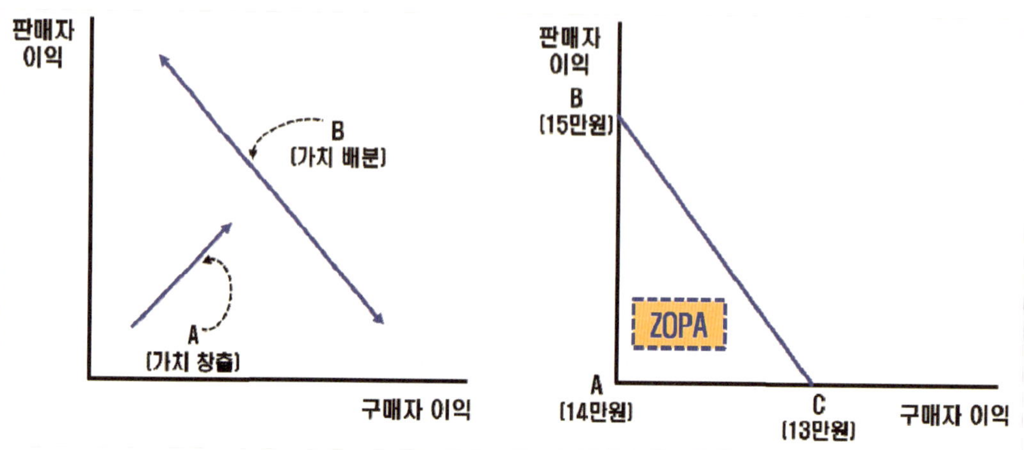

〈그림 1-7〉 가치의 창출과 배분의 관계(예시)

좌측의 그림에서 보는 바와 같이 파란색 직선 A가 동북 방향으로 진출할수록 얻을 수 있는 가치(이익)는 높아지며, 이를 가치의 창출로 본다. 직선 B가 위로 움직이게 될 때 판매자가 이익을 보게 되고, 직선 B가 아래로 갈수록 구매자가 이익을 보게 된다. 이를 가치의 배분으로 본다. 이러한 현상은 서로의 인식과 견해의 차이에서 발생하는 것으로 공통점 때문에 발생하는 것이 아님에 유념하여야 한다.9)

우측의 그림에서 보는 바와 같이 판매자와 구매자가 거래나 흥정을 하는 과정에서 판매자는 최고 가격은 15만 원, 최저 가격은 11만 원으로 판단하고 있다. 구매자는 최대 지급할 수 있는 가격을 14만 원으로 판단하고 있다고 하자. 여기에서 합리적인 가격의 기준은 14만 원(A)이다. 따라서 매매는 14만 원에 이루어진다. 여기에서 세금 제도에 따라 1만 원의 세금 감면 혜택을 쌍방이 받을 수 있다. 결과적으로 판매자는 최고의 가격인 15만 원(B)에 판매한 결과가 되고, 구매자는 세금 감면으로 애초에 생각했던 14만 원(A)보다 저렴한 13만 원(C)에 구매할 수 있게 된다. 따라서 14만 원을 기준으로 하여 15만 원(B)과 13만 원(C) 사이에서 세금 감면 혜택을

9) '인식과 견해의 차이'는 가치에 대한 평가, 기대에 대한 평가, 할인율에 대한 평가, 위험에 대한 평가 등 다양한 내용으로 포함할 수 있다. 뒤편에서 협상 전략의 종류를 상세하게 다루겠지만, 먼저 예를 든다면, 새로운 가치를 창출할 때 positive 전략 즉, win-win 게임이 되는 것이다. 만들어진 가치를 나누는 것으로 이해할 때 Zero-sum 전략 즉, win-lose 게임이 된다.

서로 나누어 가질 수 있는 가능한 범위를 '조파(ZOPA)'라고 한다.[10] 이러한 '조파'가 이루어질 수 있는 것은 쌍방이 혜택을 볼 수 있기 때문이다.

⑤ 장벽(Barriers)은 협상을 가로막고 있는 요인은 무엇인가? 그리고 이를 극복하는 방법을 찾는 데 있다. 아래의 <그림 1-8>은 장벽(Barriers)의 세 가지 측면과 대표적인 행동이다.

구 분	전략적 측면	심리적 측면	제도적 측면
대표적 행동	과잉(Over)된 표정 · 행위	부정적 감정 · 선입견 등	기존의 한계

〈그림 1-8〉 장벽(Barriers)의 종류와 대표적인 행동

먼저, 전략적으로 표출하는 과잉(過剩, over)된 표정과 행위를 들 수 있다. 과잉이란 판매자가 구매자에게 특정한 상품을 판매할 때 구매자가 제시한 금액을 받아들일 마음이 있으면서도 판매 금액을 높이기 위하여 처음에는 난색(難色)을 보이는 방법이나. 나반, 심리적 측면에서 볼 때 판매자에 대한 구매자의 선입견(先入見)이 긍정적이거나, 아니면 편견 또는 부정적 이미지에 따라 감정이 격화될 수 있음을 이해하여야 한다. 제도적 측면은 기존에 있던 규칙(rule)에서 벗어나 새로운 판매 정책이나 제도를 제시하는 방법인데, 상당한 모험과 용기가 동반되어야 한다는 점도 인식해야 한다.

이를 극복하기 위해서는 전략적 측면에서 지나치게 요구하거나, 유도하는 행위를 지양(止揚)해야 하며, 구매자의 심리에 부정적 감정과 선입견 등이 생기지 않도록 노력하여야 한다. 제도적 측면에서도 창조적이고 상대적인 가치를 창출할 수 있도록 노력할 때 제기된 문제와 장벽을 극복할 수 있다.

⑥ 힘(Power)이 어떻게?, 어떠한 과정을 거쳐 개입할 수 있고, 결과에 어떠한 영향을 미치고 있는가?를 정확하게 알아야 한다.[11] 아래의 <표 1-9> 프로야구 선수의 연봉 협상사례를 통해 알아보자.

---

10) '조파(ZOPA)'는 'Zone of possible Agreement'의 약자로 '협상에서 쌍방이 동시에 수용할 수 있는 영역'을 의미하는데, 쌍방이 서로 혜택을 볼 수 있는 영역이다. 다만, ① 당사자 간 합의가 가능한 B와 C가 A보다 낮기 때문이기도 하지만, ② 쌍방이 똑같이 이익을 볼 수는 없다. ③ 파이를 늘리고 파이를 나누는 것은 같은 과정의 부분임을 이해하여야 한다.

11) 힘(Power)의 의미는 학자들에 따라 다양하게 해석되고 있다. 학습의 목적상 협상력이라고 할 때 협상참여자의 배트나(BATNA)에 대한 강약(强弱)으로 간주(看做)되기도 한다. 하지만 배트나의 강약이 바로 협상력의 강약임을 의미하지는 않는다.

〈표 1-9〉 프로야구 선수의 연봉 협상사례

상황 9) 나는 프로야구 선수이고 현재 구단과 연봉 협상 중이다. 야구 선수가 구단과 연봉을 협상할 때 다른 구단으로부터 좋은 제의를 받는 것이 배트나(BATNA)이다. 그러나 이 제의를 받은 사실만으로 구단과의 연봉 협상에서 협상력이 강화되는 것은 아니다. 여기에서 협상을 유리하게 이끌기 위해서는 세 가지 정도는 기본적으로 전제되어야 한다. ① 상대가 누구인지? ② 상대의 배트나를 언제 알게 되었는지, 그 시점은? ③ 상대는 그 배트나를 어떻게 인식하고 있는 것인지, 그 수준은?

여기에서 좋은 배트나를 협상력을 높이는 방향으로 연계시키기 위해서는 두 가지의 조건이 맞물려 돌아가야 한다.

첫째, 내가 좋은 배트나를 가지고 있음을 구단이 알아야 한다.

둘째, 연봉 협상을 시작하기 이전(以前)에 구단에서 내가 좋은 배트나(다른 구단으로부터 더 좋은 조건의 연봉을 제의받은 사실)를 갖고 있다는 사실을 확인하여야 한다. 확인이 되지 않았을 경우 그냥 하나의 정보에 불과하게 됨을 유념하여야 한다.

⑦ 윤리(Ethics) 측면에서 협상은 참여하는 사람이나 집단이 있기에 사용하는 전략이나 전술과 관련된 규칙과 원칙이 있다. 따라서 책임 있게 행동하기 위해서는 다섯 가지 질문을 통해 자신을 다잡을 수 있어야 한다. 아래의 <그림 1-9>는 협상을 시작하기 이전(以前)에 내부적으로 정리해야 할 다섯 가지의 질문이다.

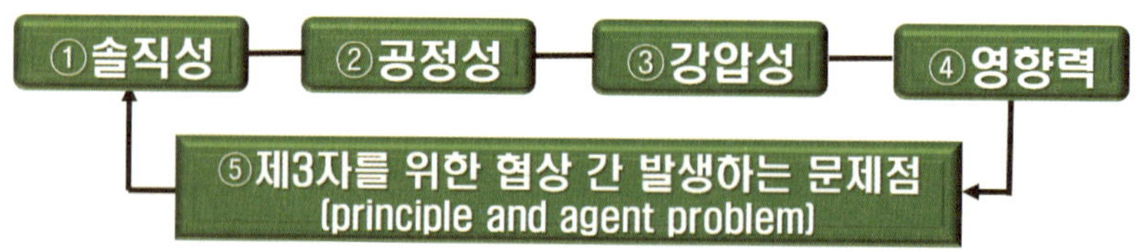

〈그림 1-9〉 협상 이전(以前) 정리해야 할 다섯 가지의 내부 질문

먼저, 솔직성이다. 협상 현장에서 얘기할 수 있음에도 침묵을 지킨다거나, 일반적인 의미의 얘기를 과장되게 포장 또는 잘못된 의미로 말하는 것 사이에는 분명한 구분이 있어야 한다. 공정

성은 합의된 사항들이 어느 정도의 형평성을 유지하고 있는가? 를 보아야 한다. 여기에 거짓이나 과장(誇張, exaggeration)함이 없어야 한다. 그리고 어느 정도의 강압적 측면을 사용할 것인가? 아니면, 사용할 가능성이 있는가? 또는 사용하였는가? 를 보아야 한다. 이는 미국 로널드 트럼프 대통령의 정제(refine) 또는 절제(resect)되지 않은 상태로 공개되는 튀는 언동(言動)을 떠올리면 이해가 될 것이다.

협상의 결과가 제삼자에게 미치는 영향력은 어느 정도인가?, 제삼자를 위해 협상을 진행할 경우 발생하는 문제점은 무엇인가? 에 대하여 깊이 있는 고민과 준비를 가다듬을 필요가 있다. 협상을 잘하기 위해서는 자신에게 충실해야 함과 동시에 상대에게 집중해야 함을 명심해야 한다. 세부적인 내용과 사례는 군사협상의 노-하우 '삼십육계(三十六計)'와 일반 기업에서 공통으로 성과를 보이는 협상 노-하우 '구계(九計)'를 통해 상세히 알아보기로 한다. 아래의 <표 1-10>의 두 가지 사례를 통해 협상에서 중요한 결정적인 요소가 무엇인지를 알아보자.

〈표 1-10〉 세 가지의 실제 협상 사례(예시)

사례 1) 테헤란 주재 美 대사관 인질 점거 사건(1979)[12]

◆ 원인 및 주요 경과

1979년 11월 4일, 이란의 수도 테헤란에서 혁명적인 학생들 40여 명이 美 대사관을 무단으로 점거한 사건이다. 이를 통해 직원 53명이 인질로 붙잡혔다. 환자 1명은 먼저 석방되었으나, 나머지는 구금되었다.

1980년 4월 24일, 미군의 이란 인질 구출 작전은 실패로 돌아갔다.

<u> 독수리 발톱 작전(Eagle Claw Operation)</u>*

<u>→ 델타포스 요원 8명 사망 등으로 국제적 위신 추락</u>

1981년, 알제리의 중재로 미국 내 이란 자산(資産)의 동결조치를 해제하기로 합의한 이후 인질은 석방되었다.

◆ 현상 분석

① 美 대사관과 정부: 협상의 전문가 집단(working-group)이 구성, 많은 정보 보유, 조직과 시스템이 활동 등

② 이란 학생: 조직력, 체계적인 정보망 未 존재, 정부와 불통(不通)

* 협상 자체에 대한 이해가 결여, 기본적인 협상 구조는 미구축

결론적으로 "외형적으로 강하게 보이는 게 오히려 약하고, 외형적으로 약하게 보이는 게 오히려 강하다"는 점을 이해할 수 있다. 당시 美 지미 카터 대통령은 협상 과정에서 이란 정부의 태도를 오판하여 일방적으로 밀어붙이는 과정에서 이란 내에 있는 급진 강경파들의 분노를 자극하였다. 악화 일로에 있던 인질 사태는 실권자(實權者)인 호메이니의 완화된 요구 조건으로 돌파구가 처음으로 마련되었다. 그러나 이러한 과정에서 지미 카터 대통령은 재선에 실패하였고, 로널드 W. 레이건(Ronald W. Reagan, 1911~2004)이 차기 대통령으로 당선되었다. 지미 카터 대통령은 이란 인질 사태가 해결되지 않고 지체되는 가운데 자신의 퇴임 시기가 다가오게 되자, 로널드 W. 레이건과 의논하여 '굿-가이, 배드-가이(Good-guy, Bad-guy) 전술'을 계획하였다.[13)]

이란 주재 미 대사관 인질 사건(1979.11.4.)

당시 지미 카터 대통령이 이란에 보낸 메시지의 주요 내용을 요약하면 이런 내용이다. "내가 당신이라면, 이 문제는 내가 대통령으로 있을 때 해결하겠소. 새로 들어오는 팀과 해결하려는 자세는 바람직하지 않을 것 같소. 이들 중 새로운 대통령은 전직 카우보이 출신 배우로 존 웨인(John Wayne, 1907~1979)처럼 세계의 정의를 책임진다고 생각하는 사람이오. 부통령은 전직 CIA 국장이고, 국무장관은 강경한 알렉산더 헤이그요. 이 사람들은 다른 어떤 사람들보다 과격한 스타일이오. 그들이 어떻게 할지는 더 말할 필요가 없을 것 같소" 새로운 대통령인 로널드 W. 레이건도 지미 카터와 같은 전술을 폈다. "내가 당신이라면, 이 사건은 카터와 해결할 것이오. 카터는 점잖은 사람이니까. 내가 백악관에 들어가 이 사건을 해결하는 방식을 당신은 절대 좋아하지 않을 것이오" 로널드 W. 레이건과 지미 카터의 이러한 팀워크는 결과적으로 이란이 로널드 W. 레이건이 취임하기 직전인 1981년 1월에 억류된 지 444일 만에 비로소 인질 사태가 해결되었다.

여기에서 명심해야 할 키-워드는 협상에서 반드시 하나의 입장이어야만 할 필요가 없음을 이해하여야 한다. 적절하게 역할을 분담하되, 상대와 계속 접촉해야 하는 사람은 좋은 자(Good-guy) 역할을 맡고, 아닌 사람은 나쁜 자(Bad-guy) 역할을 맡으면 된다. 좋은 역할자는 상대와 심리적인

12) 테헤란에 주재하는 美 대사관 인질 점거사건을 쉽게 이해하려면, 2012년도에 개봉된 미국 영화 『아르고』를 보면 도움이 되지 않을까 싶다. 같은 내용은 아니지만, 바로 테헤란의 美 대사관 인질 사건을 배경으로 하여 극화한 작품이기 때문에 어느 정도 인질 구출 작전을 이해하는 데 도움이 된다.

13) Good-guy Bad-guy 전술이란 협상 전략에서 가장 기본적인 전술의 하나이다. 역할을 분담한다. 한 사람은 좋은 역할인 Good-guy를, 다른 한 사람은 나쁜 역할인 Bad-guy를 한다.

연결의 끈을 유지하면서 협력하여 나쁜 역할자를 설득해보자고 유도한다. 역설적으로 상대가 굿-가이 배드-가이 전술을 쓸 경우는 배드-가이를 배제하거나, 배드-가이로 인해 협상이 결렬될 수 있음을 적극적으로 제기하는 전술이 필요함을 인식하여야 한다. 아래의 <표 1-11> 아프가니스탄에서 발생했던 인질납치 사례를 알아보자.

〈표 1-11〉 아프가니스탄에서 발생한 인질납치 사례

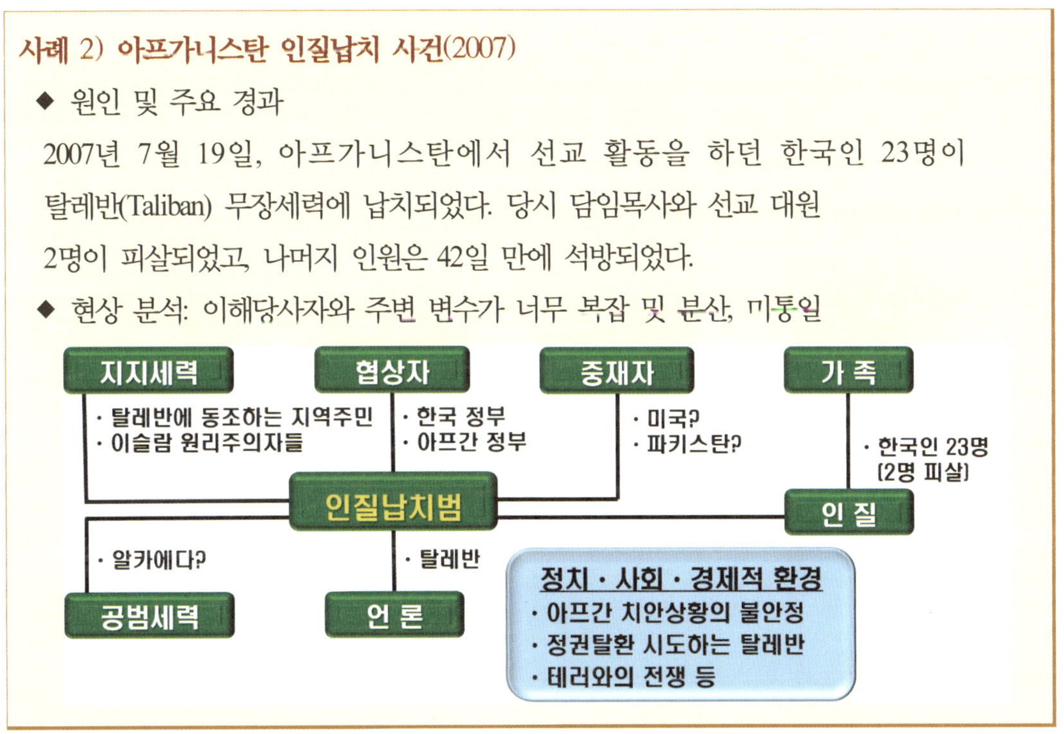

아프간 인질 납치사건(2007.7.19.)

아프가니스탄 인질 사건은 한국 정부가 테러범들과 협상을 진행하는 과정에서 원칙과 기준이 없는 협상을 진행함으로써 국제적인 비판을 자초(自招)한 측면이 크다. 테러범과는 협상하지 않는다는 국제 기준을 미준수하여 미국과 독일, 캐나다 등으로부터 한국에 대한 비판적 인식을 초래하였다. 특히 국정원 요원의 신상이 무분별하게 언론에 노출하는 생뚱맞은 행위를 하였고, 현금 2,000만$ 이상의 몸값을 지급하는 선례를 남기는 등 프로답지 않은 협상 행위는 어처구니없는 실패사례였다. 또한, 국내에서도 무분별하고 무책임한 해외 선교 활동에 대한 비판을 고조시켰다.

3. 협상 전략의 공통 요소와 한계점

협상을 성공시키기 위해 준비하는 전략에는 여러 가지가 있다. 위기관리에서도 학습하는 내용이지만, 협상 과정에서 예외 없이 발생하는 유사한 요소가 협상에 도움이 될 수도, 제한을 가져올 수도 있다는 점이다. 아래의 <그림 1-10>은 협상 전략의 공통 요소와 한계를 도식화한 내용이다.

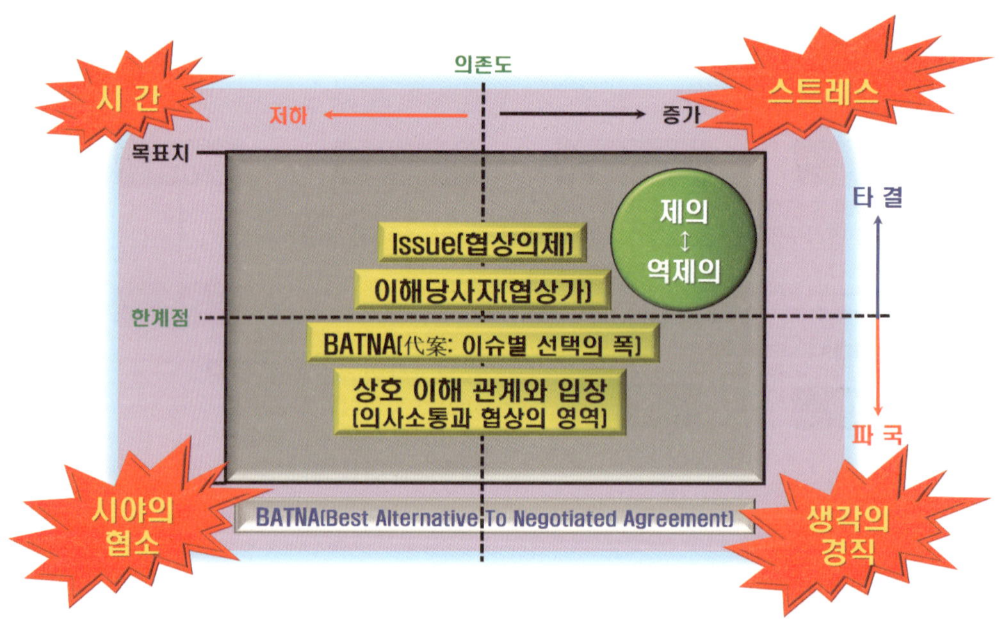

〈그림 1-10〉 협상 전략의 공통 요소와 한계

사사분면(四四分面) 그래프에서 횡적 중간선은 한계점을 나타내고, 종적 중간선은 의존도가 저하되거나, 증가하는 것을 나타낸다. 하지만 위기관리에서 나타나는 제한요인이 협상 과정에도 유사하게 나타나게 된다. 협상은 종결 기간이 궁극적으로 정해지게 되기에 압박받을 수밖에 없는 시간적 여유는 심리적·물리적 스트레스를 재촉하고, 조급해지는 과정에서 생각은 경직(硬直, stiffness)되고, 넓고 멀리 내다보아야 할 시야(視野)가 좁아지는 현상은 공통 요인으로 생각해야 한다.

한계점을 넘어서 목표치(문제를 타결)를 달성하되, 의존도가 증가하거나, 저하(低下)시키지 않기 위해 중간 부분에 있는 이슈(협상의제) 등의 네 가지 분야에 오롯이 집중하여야 한다. 먼저, 이슈(Issue)는 국가나 집단적 차원에서 의제(Agenda)를 결정할 필요가 있는 경우에 준비한다. 협상가(협상참여자)는 두 가지의 유형으로 구분한다. 첫째는 최종 목표만 설정하고 나머지는 '융통성을 부여하는 유형'이고, 두 번째는 아예 융통성을 부여하지 않는 '아바타형'으로 나뉜다. 이러한 사항을 해결해 나가는 과정에서 마지막 보루인 최선의 대안(對案)인 배트나(BATNA)가 어느 정도의 수준까지 양보할 수 있는지를 지정함이 바람직하다.

협상의 종류와 방식은 다양하지만, 협상을 성공적으로 진행하기 위해서는 상대와의 대화나 의사소통 방식이 일방적인지 또는 양방향인지에 대한 인식을 먼저 이해하고 시작하여야 한다. 이는 서양인과 동양인인지와 미국인인지, 일본인인지에 따라 의사소통 방식에 차이가 존재하기 때문이다. 아래의 <표 1-12>를 통해 프랑스 유학생과 한국 학생들이 협상 대화를 하는 과정에서 느껴지는 의사소통 방식의 차이점을 알아보도록 하자.

〈표 1-12〉 프랑스 유학생과 한국 학생의 의사소통 간 갈등 사례

프랑스 유학생들과 한국 학생들이 두 팀으로 나뉘어 협상과 관련한 대화(Negotiation Simulate)를 진행하고 있다. 실제 상황과 같이 진행하는 협상은 점차 분위기가 고조되었다. 그런데 한국 학생팀이 갑자기 "도저히 유학생 팀하고는 협상을 더는 진행할 수 없다"라고 중지를 선언했다. 이들의 주장은 자신들이 얘기하는데, 중간에 말을 끊고 유학생들의 주장을 한다는 것이다. 프랑스 유학생 팀의 대화 차단(interruptive) 방식에 대하여 강한 거부감을 보이는 것이다. **문제1)** 왜! 이러한 문제가 불거지는 것일까?

여기에 대한 해답은 아래의 <그림 1-11>에서와 같이 서양인과 동양인의 인식 및 의사소통(communication) 방식과 그 차이점에서 찾을 수 있다.[14]

14) 안세영, 『협상사례 중심 글로벌 협상 전략(개정4판)』 (서울: 박영사, 2011), pp. 230~231.

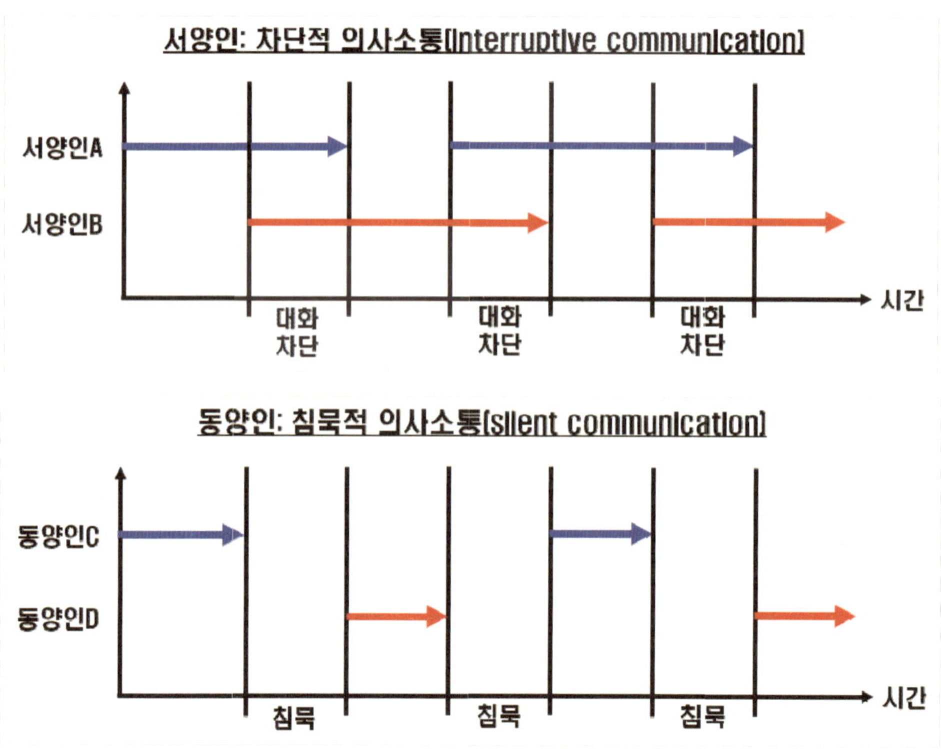

〈그림 1-11〉 서양인과 동양인의 의사소통 방식의 차이점

서양인 A와 서양인 B, 동양인 C와 동양인 D가 협상 실습을 진행하면서 의사를 소통하는 방식에 차이가 있음을 알 수 있다. A와 B의 경우는 차단적인 의사소통(interruptive communication) 방식을 사용하고 있는 반면에 C와 D의 경우는 침묵하는 의사소통(silent communication) 방식을 사용하고 있기 때문이다.

A의 경우는 B의 말이 끝나기 전에 대화를 차단한다. 당연히 B도 A의 말이 끝나기 전에 대화를 차단한다. 차단적인 의사소통 문화에 익숙한 서양인들은 상대와의 대화 가운데서도 서로 작용(interactive)하는 반사적인 행동을 통해 협상을 진행하는 방식에 익숙해져 있다. 이들은 서로 대화가 끝나기 전에 상대의 말을 차단하는 행동을 불쾌하게 생각하는 게 아니라 협상 목표를 달성하기 위한 열정(ardor)이라고 생각한다.

반면에 동양인의 경우는 상대가 다 말한 다음에 자신의 견해를 정리하여 말을 하는 침묵하는 의사소통에 익숙해져 있다. C가 말하고 난 다음 D가 자신의 견해를 설명하는데, 여기에는 상대의 대화와 자신의 대화를 하는 시간 사이에 일종의 '서로 생각할 시간' 즉, '침묵(silent)'이 필요하다는 것이다. 동양인의 경우에 이러한 침묵을 대화하는 데 있어서의 일부로 판단한다.

동양인의 시각에서 서양의 대화 방식은 상당한 결례(lack of courtesy)로 보일 수밖에 없다. 그러나 서양인의 시각에서 동양인의 '침묵(silent)'은 의사소통에 실패했거나, 단절된 것으로 인식하기 쉽다. 실제 중국이나 인도네시아를 비롯한 동남아 국가에 협상가들은 협상 간 전략적 침묵을 자신들만의 독특한 협상 전술로 활용하여 성과를 달성하고 있다는 점을 인식해야 한다. 아래의 <표 1-13>의 미국인과 일본인의 대화를 통해 의사소통 방식에 대한 차이점을 알아보도록 하자.

〈표 1-13〉 미국인과 일본인 화법(話法)의 특징

미국인 A와 일본인 B는 같은 사무실에서 근무하는 동료이다. 겨울이 되자 미국인 A는 사무실이 추워서 열려 있는 창문을 닫고 싶었다. 그런데 창문은 일본인 B가 가까운 위치에 있었다. 따라서 일본인 B에게 창문을 닫아 달라고 부탁해야 창문을 닫는 게 가능하였다. 문제1) 이때 A와 B 사이에 의사소통 간 예상되는 문제는 무엇일까?

여기에 대한 해답은 아래의 <그림 1-12>에서와 같이 미국인과 일본인의 인식 및 의사소통(communication) 방식에서 찾아볼 수 있다.

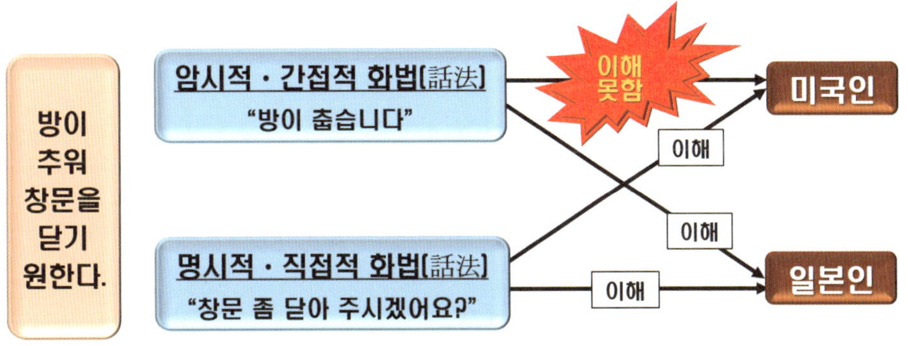

〈그림 1-12〉 미국인과 일본인의 인식 및 의사소통 방식의 차이점

이때 미국인 A의 의사 표현 방식에는 명시적이고 직접적인 미국식 화법(話法)과 암시적이고 간접적인 방식을 선호하는 일본식 화법이 있다. 여기에서 미국인 A가 "창문 좀 닫아주시겠어요?"라고 말하면, 둘 다 메시지의 내용을 이해하기가 쉽다. 그런데 문제는 일본식 화법인 암시적이고 간접적인 방식인 "방이 춥네요"라고 얘기하는 경우이다. 이와 같은 화법을 구사하게 되면, 일본인이나 한국인의 경우는 미국인 A의 말뜻을 이해하고 창문을 닫게 될 것이다. 그러나 직접적인

화법의 미국인 또는 유럽인은 A의 암시하는 말뜻을 이해하기가 쉽지만은 않다.

4. 협상 전략의 종류와 특징

탁월한 협상가는 협상의 본질을 정확하게 이해하고 인간의 심리가 어떻게 작동하는가를 근본적으로 이해하는 사람이다. 협상테이블의 근본 원리를 잘 이해하는 사람이 목표를 성공적으로 수행하는 승리자(winner)가 될 가능성은 커진다. 일반적으로 협상의 종류는 네 가지로 구분할 수 있다. 아래의 <그림 1-13>은 협상 전략의 종류다.

〈그림 1-13〉 협상 전략의 종류

먼저, 네거티브(Negative) 협상은 lose-lose 게임으로 진행할수록 쌍방이 모두 손해를 보는 협상을 의미한다. 예를 들면, 마을 주민들은 한 마을에 화학 공장과 비료공장이 동시에 있다 보니 환경도 나빠졌지만, 언제 폭발할지 몰라 전전긍긍하고 있었다. 도저히 환경이 개선될 여지가 없어지자 주민 대표들은 조합을 만들어 정 안되면 다른 공장이라도 들어오게 해달라고 지자체에 강력하게 항의와 민원을 전달하는 등 큰 노력을 기울였다. 얼마 후 지자체에서도 직종(職種, occupation)이 다른 공장을 마을에 건설하는 것으로 발표하였다. 마을 주민들은 '우리가 이겼다, 이제 한숨 돌리고 마을이 더욱 발전할 수 있도록 서로 노력합시다'라고 환호하였다. 그러나 이후에 들어온 소식은 주민들을 더 암울하고 침묵에 빠지게 했다. 화약공장을 새로 짓는다는 것이다. 결과적으로 마을 주민들의 환경 개선과 새로운 수익 창출 노력은 무위(無爲)로 돌아간 데다 화약이라는 더 나쁜 환경을 조성하고 말았다. 이처럼 협상할수록 쌍방이 손해를 보는 협상의 전형적인 사례가 네거티브 협상이다.

분배적(Distributive) 협상은 일명 Zero-sum 또는 win-lose 게임이나 1.0 협상으로 불리며, 더하면 항상 영(0)이 되는 결과가 나온다. 예를 들면, 학습자들이 많이 선호하는 피자(pizza)를 생각해보자. 피자는 여덟 조각으로 나뉜다. 두 명의 친구가 앉아 피자 한 판을 먹는다. 친구 A는 행동이 느리고 천천히 먹지만 B는 손도 빠르고 먹성도 좋아 친구 A가 1개 조각을 먹는 사이에 3개 조각을 먹고 결국 친구 A가 2조각을 먹는 동안 친구 B는 6조각을 먹어버렸다. 결과적으로 이는 한정된 범위 안에서 누가 더 많이 먹느냐는 법칙이다.

통합적(Integrative) 협상은 일명 positive-game 또는 win-win 게임이나 2.0 협상으로 불리며, 특정한 일방만 유리한 게 아니라 쌍방 모두에게 유리한 결과를 가져올 수 있다.
예를 들면, 최근 우리 주변에서 많이 볼 수 있지만, 한방 병원과 양방 병원 간의 협력(collaboration) 추세를 들 수 있다. 이러한 협력 방식이 시너지(synergy) 효과를 발휘하고 있음은 일반적인 사실이다.

가치 중심(Value-centered) 협상은 3.0 협상으로 불리며, '사람'과 '가치'를 우선시하는 협상이다. 예를 들면, 아인슈타인(Albert Einstein, 1879~1955) 박사의 얘기다. 1930년대 美 프린스턴 대학교의 플렉스너 원장은 세계 최고의 싱크 탱크를 만들겠다는 신념으로 유명한 학자들을 스카우트하기 시작했다. 이들 중의 1명이 바로 아인슈타인 박사이다. 당시 아인슈타인은 유명인사라기 보다는 장래가 촉망되는 학자로 인정받고 있었다. 플렉스너 대학원장은 아인슈타인과 연락하였다. 아래의 <표 1-14>는 플렉스너 학장과 아인슈타인 교수 간의 주고받은 메시지이다.

〈표 1-14〉 프린스턴 대학원장과 아인슈타인 박사가 주고받은 메시지

◆ 플렉스너 대학원장 : 연봉을 얼마나 드리면, 우리 학교로 오시겠습니까?
◆ 아인슈타인 : "제가 더 적게 받아야 한다고 생각하지 않으신다면,
3,000$를 주세요" → 대학원장은 고민하다가 파격적인 1만$로 결정
* 당시 美 대학교 교수들의 평균 연봉: 7,000$
☆ 아인슈타인은 다른 좋은 조건에도 불구하고 평생 프린스턴대학에 근무

결과적으로 협상은 기교(art)나 기술(technic)이 아니라 '사람'과 '가치(value)'가 무엇인지를 인식할 줄 아는 것이 중요하다.

제 2 절

군사협상가로서 갖추어야 할 기본적인 구비요건

1. 군사협상가로서의 기초 자질(資質)과 조건

박제상(363~419)

한반도의 최초 협상가로는 누구를 손꼽을 수 있을까? 5세기 초, 신라 눌지왕 시대의 박제상(363~419)이다. 눌지왕의 동생인 복호와 미사흔 왕자를 구출하기 위하여 등용된 인물이다. 삼국사기에 따르면, "박제상은 언행이 일치하고, 절개가 굳고, 지략이 풍부하며, 신라에 대한 충성심이 남다른 인물"로 평가하고 있다.[15)]

아무리 좋은 칼(名劍)이라도 잘 다룰만한 솜씨나 자신의 능력을 향상하지 않는다면, 아무 소용이 없는 것과 같이 협상도 마찬가지이다. 아무리 사전 준비를 철저히 하고 치밀하게 전략을 수립하였더라도 진행하는 협상가의 기본 자질이 많이 떨어질 때는 협상을 성공적으로 진행할 수 없다. 실제 협상을 진행하는 주체는 자료나 도구가 아니라 사람이기 때문이다. 따라서 뛰어난 협상가가 필수적으로 갖추어야 할 기본 조건이 "사람을 이해할 줄 알아야 하고, 확고한 신념과 편견이 없어야 하며, 전문성과 차분하게 판단할 수 있는 통찰력과 순발력"을 갖추고 있어야 한다.

간단한 사례를 통해 알아보자. 물건을 사고파는 과정에서 구매자나 판매자가 아무리 협상 기술이 뛰어나다고 하여도 해당 상품의 특성이나, 정확한 가격을 알지 못한다면, 매매 협상을 성공적으로 마무리 지을 수 없다. 다시 말해 협상을 잘하기 위해서는 협상 기술(skill 또는 technic)이 뛰어난 것만으로는 충분하다고 할 수 없다. 반드시 협상 사안에 대한 전문성(expertise)과 의제(Agenda), 목표(Goal)에 대한 이해가 필요함을 인식하여야 한다.

15) 『三國史記 第四十五卷(삼국사기 제45권)』 列傳 第五(열전 제05), 151. 朴堤上(박제상),; 장창은, 『신라 상고기(上古期) 정치변동과 고구려 관계』 (서울: 신서원, 2008), pp. 253~154.; 박제상의 협상가적 자질은 현대 美 FBI의 협상가 6대 선발조건에도 부합된다. 6대 선발조건을 요약하면, 첫째, 자기 통제 및 감정의 절제 능력이 뛰어난 자, 둘째, 스트레스 상황에서도 평정심을 유지하고 침착한 자, 셋째, 대화 및 의사소통 기술이 뛰어난 자, 넷째, 차분하고 자신감이 있는 자, 다섯째, 상대방의 말을 주의 깊게 잘 듣는 자, 마지막으로 팀워크(Team-work)가 좋은 자이다(황세웅, 『위기협상론(개정판)』 (인천: 진영사, 2018), pp. 480~481.).

2. 군사협상가가 갖춰야 할 8가지의 기본 요소

협상가의 자질은 선천적으로 타고나기도 하지만, 후천적인 학습을 통하여 얼마든지 배양하고 향상할 수 있다. 역사적으로 살펴보아도 선천적인 재능이 있었지만, 충분한 노력이 뒤따르지 않을 때 그 재능을 꽃피우지 못한 사례가 너무도 많이 있음은 일반적인 사실이다. 따라서 협상의 기본과 원리를 먼저 이해하여야 한다. 아래의 <표 1-15>는 군사협상가가 되기 위해 기본적으로 갖추어야 할 8가지의 요소이다.

〈표 1-15〉 군사협상가가 기본적으로 갖추어야 할 8가지

① 어떠한 상황과 결과에도 책임을 질 수 있어야 한다.
② 스스로 인내(忍耐, patience)하며 끈기가 있어야 한다.
③ 이해력(the comprehensive faculty)이 뛰어나야 한다.
④ 인간관계(personal relations)가 원만해야 한다.
⑤ 때로는 과감하면서도 맺고 끊음(determination)이 분명하여야 한다.
⑥ 어느 순간이라도 마지막까지 노력을 멈추지 말아야 한다.
⑦ 시사(時事, current events)와 일반 상식을 비롯한 견문(knowledge 또는 experience)이 풍부해야 한다.
⑧ 의사소통(communication)이 원활하여야 한다.

① 사회생활을 하면서 개인적 · 공적인 관계는 어디에서나 항시 존재하고 있다. 이때 개인적인 협상일 때는 책임을 지지 않으려고 해도 질 수밖에 없다. 그러나 조직이나 집단을 대표할 때는 조금 다르다. 따라서 협상가에 요구되는 제1 덕목이 바로 '책임감과 의무감(responsibility & accountability)'이다. 아무리 뛰어난 협상력과 재능을 가진 사람이라도 책임 · 의무감이 없다면, 조직을 대표하거나, 중요한 협상에 나설 자격이 없다. 협상가는 그 협상을 끝까지 잘 마무리할 수 있도록 노력해야 하고 결과까지 책임을 질 수 있는 사람이어야 한다. 그리고 주어진 권한을 소신껏 행사할 수 있는 인물이어야 한다. 적당히 책임만 면하려는 의식과 대충 외양(appearance)

만 갖추려는 태도는 상대에게 신뢰를 줄 수 없을 뿐만 아니라 조직에 필요한 성과도 얻을 수 없고, 자칫 협상 결과에 대한 상대의 오해를 불러올 수도 있음을 명심하여야 한다. 책임감과 의무감으로 무장한 협상가는 열정적이고 성실하게 신뢰를 바탕으로 아래와 같이 행동하면서 사고(思考)할 수 있을 것이다.

첫째, 열(熱)과 성(誠)을 다하되, 긍정적인 자세와 열린 마음으로 상대의 의견을 경청한다.

둘째, 모든 진행 상황을 예측 및 준비, 재확인하는 등을 통해 허점이 발생하지 않도록 점검한다.

셋째, 모든 진행 과정과 결과는 문서로 꼼꼼하게 정리하여 적시에 제공 및 활용할 수 있게끔 준비한다.

넷째, 협상 과정의 전반(全般)에 걸쳐 협상 상대와의 약속은 사소한 것일지라도 확실하게 준수한다.

다섯째, 현장에서 대답하기 어려운 부분이 생기면, 솔직하게 인정하고 양해를 구하려고 노력한다.

여섯째, 협상가 자신의 잘못일 경우 솔직하게 인정하고 양해를 구하며, 일관성 있게 대화하고 행동한다.

② 협상은 주어진 짧은 시간에 마감하기가 어렵고, 장기간이 필요하므로 인내와 끈기가 요구된다. 그래서 어떠한 종류의 협상이라도 인내와 끈기와의 싸움으로 표현되기도 한다. 최근 韓-美 간 진행되고 있는 방위비 협상에서 나타나고 있는 치열한 밀당과 줄다리기의 반복을 통해서도 알 수 있다. 강렬한 인상과 인내심을 보여줄 때 상대는 쉽게 포기하지 않을 것으로 생각하여 먼저 한발 물러서는 경우도 종종 있음을 기억해야 한다. 아래의 <표 1-16> 미군의 베트남 전쟁 종식을 위한 파리 협상사례를 통해 알아보자.

〈표 1-16〉 미군의 베트남 전쟁 종식을 위한 파리 협상사례

사례) 미군의 베트남 전쟁 종식과 관련한 美-북베트남 간의 파리 협상 미국은 제삼의 장소에서 협상하기로 약속한 다음 그 도시에서 가장 좋은 호텔을 예약(2주)하였다. 그리고 베트남 협상팀들이 어디에 숙박하는지에 관한 정보를 수집하였다. 그런데 베트남 협상팀은 호텔에 여장을 푼 게 아니라 근처 빌라를 계약(2년)했다. 이를 확인한 미국 협상팀은 바로 베트남이 내놓은 조건대로 결정하고 바로 철수하였다. 문제) 미국 협상팀은 왜! 의제를 논의해보지도 않고 동의하였을까?

베트남 협상팀이 미국 협상팀처럼 시간을 정해놓고 협상을 하려는 게 아니라 '한번 해보자!'라는 적극적인 의지와 인내를 보여주었기 때문에 미국 협상팀은 이러한 베트남을 상대로 협상을 해보았자 결과는 뻔하다고 전문가 그룹(working-group)에서 결론지었기 때문에 일찌감치 포기한 것이다. 그만큼 협상에 임하는 강렬한 의지와 끈기는 상대방을 주눅 들게 한다.

③ 이해력(the comprehensive faculty)은 협상 의제(Agenda)의 핵심과 상대방의 의중을 꿰뚫을 수 있는 통찰력을 뜻한다. 협상과 관련된 정보의 수집 수준과 협상 상대가 제기하는 의견에 대한 이해력이 부족할 경우 "자다가 봉창 두드리는" 이야기로 변질(變質)될 수 있다. 따라서 이해력을 높이기 위해서는 협상 분야 전반에 관하여 폭넓은 식견을 갖추고 있어야 한다. 이러한 식견은 하루아침에 만들어지는 게 아니기에 영역별 전문 협상가가 되기 위해서는 반드시 필요한 핵심 요소임을 이해해야 한다.

④ 인간관계(personal relation)는 상대와의 갈등과 이견(異見)을 조정하고 이해관계를 협의하는 지름길이다. 그래서 요즈음 정치권에서 자주 회자(膾炙)되고 있는 바와 같이 "합리적인 성격과 원만한 대인관계"가 필요하다. 누구든지 좌충우돌식의 독선적이고 강압적인 성향을 지닌 사람과의 협상을 달가워할 사람은 없다. 이러한 부류는 갈등을 해소하거나 봉합하는 게 아니라 오히려 갈등을 증폭시킬 게 뻔하기 때문이다. 반면에 인간관계가 원만한 사람은 대다수 합리적이고 공평한 사고방식을 가진 사람이기에 대부분 협상가로서 적격으로 평가한다.

⑤ 협상가는 과감하면서도 맺고 끊음이 분명하여야 한다. 이는 지지부진하게 진행되는 협상 분위기를 극적으로 반전(反轉)시킬 수 있기 때문이다. 협상이란 하나를 주어야 그 이상을 얻을 수 있음을 알아야 한다. 과감하게 결단하지 못하면, 상대측의 의구심은 점차 커지게 되고 협상은 의도하지 않은 방향으로 흘러가기 쉽다. 따라서 과감한 시도와 맺고 끊을 수 있는 결단력이 복잡하고 미묘하게 얽히고설킨 문제들을 간단명료하게 정리할 수 있는 능력과 자신감으로 느껴지게 한다. 이를 위해서는 첫째, 협상이 진행되는 상황이나 흐름을 정확하게 파악해야 한다. 그래야 결단할 시기와 내용을 적절한 시기에 포착해 낼 수 있다. 둘째, 무엇을 내주어야 하고 무엇을 요구해야 할지 끊임없이 판단해야 한다. 그 결과는 빠르게 손익계산서로 뽑아서 이익과 손실이 무엇인가를 판단할 수 있어야 한다. 그래야 결단할 수 있다. 마지막으로 자신이 내린 결정을 믿어야 한다.

⑥ 협상가는 마지막까지 협상을 위해 최선의 노력을 집중해야 한다. 상대에 대한 정보를 수집·분석하고, 의사소통 방식과 기법을 부단히 연구하여야 하며, 가상 시나리오를 통해 충분히 연습하고 또 연습하여야 한다. 협상 진행 과정에서 예절을 이행하기 위해 노력함은 기본이다. 이를 위해서는 첫째, 공동의 관심사는 무엇인지, 협상의 기반은 무엇인지에 관하여 세밀하게

파악하고 연구하여야 한다. 둘째, 상대의 접근 방식과 배트나(BATNA)가 무엇인지를 파악하여 대비한다. "지피지기(知彼知己)면 백전불태(百戰不殆)"임을 항상 염두에 둘 필요가 있다. 셋째, 협상 간 예상되는 갈등과 이견에 대한 해결책을 사전에 마련한다. 넷째, 제2, 제3의 배트나를 개발하여야 한다. 이는 협상을 좀 더 생산적·발전적으로 주도하는 비결이다. 다섯째, 정확한 정보를 바탕으로 하는 다양한 가상 시나리오를 작성하여 반복적으로 협상에 적용하면서 보완 작업도 계속한다. 여섯째, 군내(軍內) 전문 지원팀은 24시간 대기하면서 돌발 상황에 대비한다. 준비된 대로 되지 않음은 당연한 사실로 만고(萬古)의 진리이다. 일곱째, 상대에 관한 정보 수집은 입체적으로 전개하되, 필요한 투자는 아끼지 말아야 한다. 여덟째, 상대 협상자가 누구인지, 그의 권한과 위상을 최대한 정확하게 파악한다. 이면(裏面)의 최종 결정권자가 누구인지를 알면 더 좋다. 파악 수준을 높이기 위해서는 군조직 이외에 권위가 있는 기관을 활용한다. 마지막으로 상대의 의사결정 방식과 조직 문화도 파악하여야 한다. 주어진 대로 진행하는 방식인지, 융통성이 있는지, 독단적인 결정인지, 협상 팀원들과의 토의 진행 결과인지 등등

⑦ 풍부한 견문(見聞)은 기본이다. 외국군의 경우 특이한 관습이나, 언어 습관 등에 정통해야 대화를 유연하고 친밀성 있게 주도할 수 있다. 특히 불필요하거나 치명적인 오해나 실수를 미리 방지할 수 있는 장점도 있다.

⑧ 의사소통(communication)에 있어서 언어의 구사 수준과 화법(話法), 이해력과 표현력 등은 기본적으로 갖추어야 한다. 이를 위해서는 첫째, 협상을 시작하는 초기에는 날씨와 건강 등의 가벼운 화제로 쌍방 간 긴장감을 해소하고 분위기를 조성한다. 둘째, 관련 문서는 양식에 맞도록 논리 정연하면서도 간단명료하게 요점(要點) 위주로 작성한다. 셋째, 분명하지 않은 내용은 상대의 확인을 반드시 거쳐서 분명한 표현으로 작성하되, 제기할 법한 예상 질문은 미리 파악하여 답변을 준비한다. 넷째, 상대의 입장을 충분히 고려한 상태에서 프리젠테이션(presentation)을 작성하고 전달해야 한다. 다섯째, 자신의 의견을 말하기 전에 상대의 의견을 충분하게 청취하고 진심으로 귀를 기울여야 한다. 여섯째, 협상 전체를 좌우할 수 있는 핵심적인 용어나 문구는 의미를 분명하게 적시한다. 분쟁의 소지가 다분하기에 대충 넘어가고 나서 나중에 불거지게 되면, 다른 문제로까지 비화(飛火)될 우려가 크기 때문이다. 일곱째, 협상에서 주고받는 발언은 주기적으로 반복하여 확인, 입증하여야 하고, 합의된 사항은 녹취 또는 기록으로 남겨 근거로 삼아야 다음 협상에서도 활용할 수 있다.

이처럼 군사협상가로서의 기본을 갖추기 위해서는 의사소통의 방법과 기법을 잘 다듬어야 한다. 아래의 <그림 1-14>는 협상팀의 의사결정 패턴을 이해하기 쉽도록 정리한 내용이다.

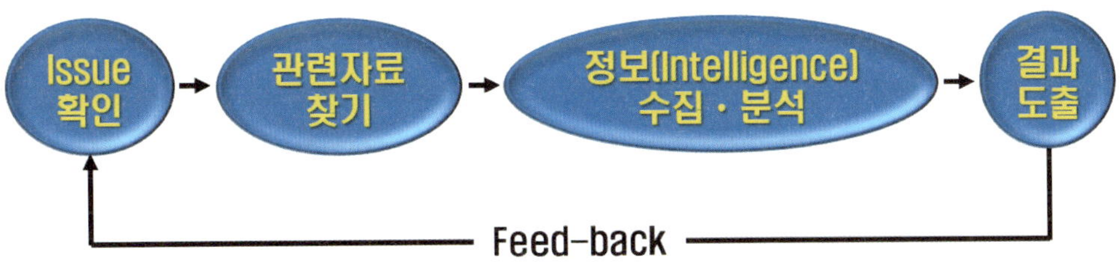

〈그림 1-14〉 협상팀의 의사결정 방식

협상을 진행하는 과정에서 실무 그룹(working-group)의 역할과 의사결정 단계는 여러 의견으로 분산되어 있을 때 다수결로 해결하는 방식이 되어서는 안 된다. 민주적인 의사결정을 따르기보다 "무엇이 최선의 의사결정인가?" 즉, 합리적인 의사결정 여부에 주목하여야 한다. 마지막까지 의견이 모이지 않아도 다수결보다는 협상팀장이 결단을 내리는 것이 더 합리적일 수 있다는 점이다. 개별적인 생각이 나름대로 긍정적일 수도 이해할 수 있는 부분도 있겠지만, 협상은 이해하거나, 긍정적이라고 두리뭉실하게 넘어갈 수 있는 환경이 아니다. 국가나 조직에 심대한 피해를 불러올 수 있기 때문이다. 이때 협상팀장이 결단 시 실무 그룹의 반응은 평소 협상팀장의 리더십 수준에 따라 결정될 것이다.

3. 군사협상가로 성공하기 위해 준비되어야 할 7가지 기본 요소

협상가들은 종종 내 · 외부로부터 진행한 협상이 성공하였는지를 어떻게 평가할 수 있는가? 라는 질문을 받는 경우가 있다. 대답하기 쉽지 않은 문제이다. 2004년 미국에서 제작된 영화 『크래시(Crash)』의 사례를 통해 알아보자. 당시 이 영화는 2005년 국내 영화사가 7500만 원이라는 저렴한 가격에 사들이려고 시도하였다. 당시에는 아카데미상 후보가 발표되기 전이었기에 저렴한 금액으로 협상할 수 있었다. 이런 와중에 국내 영화관에서는 흥행의 불투명성으로 인해 상영하기가 곤란하였다. 이에 해당 영화사는 "미국행 왕복 비행기 푯값만 주면 그냥 넘기겠다!"라고 시도하였지만, 이마저도 여의치 않았다. 해당 영화사 역시 부채가 많아 힘든 상태였기에 상당히 곤혹스러운 지경이었다. 그러던 차에 『크래시(Crash)』가 아카데미상을 받는 영예를 안게 되면서 전화위복이 되었다. 간단한 사례이지만, 협상의 성공 여부는 당장 협상이 타결된 결과만으로 평가하기는 어렵지 않을까 싶다. 협상을 끝낸 당시의 상황과 협상이 종결된 이후의 상황이 항상 가변적(可變的)이기 때문이다.

다만, 어떠한 상황이나 여건을 막론하고 협상을 진행하면서 왕도(王道)라는 것은 있다. 협상의 기본을 이해하고 실제 생활에 그대로 활용하면서 자신의 것으로 소화하고, 경험과 개인적인 특성, 성향을 반영할 수 있도록 노력함이 바로 그것이다. 특히 협상에서 기본 요소를 활용할 때 창의력과 인내력을 반드시 결부(結付)시켜야 한다. 항상 생각에 생각을 거듭하여 정리하고, 또 생각하여 정리하여야 한다. 성공적인 협상가는 만들어지는 것이지 처음부터 갖고 태어나는 게 아니다. 따라서 누구든지 노력하면 성공적인 협상가가 될 수 있다는 점을 강조하고 싶다. 통상적으로 협상의 진행은 win-win을 전제(前提)로 한다. 군사협상에서 성공하기 위해 갖추어야 할 기본 요소는 일곱 가지로 정리할 수 있다.

첫째, 자신과 상대방의 이해관계(interest relation)를 정확하게 파악한다. 협상을 진행하다가 갑자기 어려움에 부딪히는 가장 큰 이유는 자신의 견해만을 고집하기 때문이기 쉽다. 따라서 협상의 목표가 win-lose인지, win-win인지 준비단계에서부터 명확한 개념의 정립이 필요하다.

둘째, 협상을 시작 전 다양하고 풍부한 의제(Agenda)와 배트나(BATNA)를 개발한다. 의제는 협상의 목표를 향하는 과정에서 꼭 필요한 재료이다. 서로에게 이득이 되는 의제를 가능한 한 많이 교환하고 소통함으로써 협상에 성공했을 때 잠재적 이익은 극대화할 수 있다. 따라서 의제를 어느 정도의 범위와 폭으로 다양하게 준비하는지에 따라서 상대의 요구와 반대 요구에 효과적인 대응이 가능한지 결정된다.

셋째, 협상의 과정과 절차는 서로에게 만족스러워야 한다. 전(全) 과정이 진행되는 동안 상호 존중하는 미덕(美德)을 발휘하여야 하고, 상대의 어떠한 주장도 편견 없이 열린 마음으로 받아들여야 한다. 이는 중동지역의 평화를 위해 미국의 지미 카터 대통령이 주도한 캠프 데이비드 협정(Camp David Accords, 1978) 사례를 통해 명확하게 이해할 수 있을 것이다.

넷째, 협의 결과는 서면으로 작성하되, 현실적이고 실현 가능성이 담보되어야 한다. 협상은 이상(idea)을 논쟁하는 자리가 아니다. 실천 가능한 현실을 허심탄회하게 논하고, 이를 해소 및 극복하는 기회가 되도록 만들어야 한다.

다섯째, 어느 한쪽에서 의구심을 갖지 않도록 공평한 의사소통이 이루어져야 한다. 어느 한쪽만이 주도하는 일방적인 의사 전달 방식이 아니라 서로의 의견을 허심탄회하게 교환하는 대화의 방식으로 진행하여야 한다.

여섯째, 서로의 관계가 발전될 수 있는 계기로 만들어야 한다. 성공적인 협상 즉, 협상의 성과가 보장되려면, 서로의 이익이 극대화되어야 하고 협상이 종결된 이후에도 서로의 관계는 지속하여 발전 및 유지되어야 한다.

여기에는 인간적인 감정의 요소가 상당한 수준으로 작동하기도 한다. 다만, 상대를 너무 편안하게 여긴 나머지 다음에 어리석다는 평가가 나올 만큼 양보하는 측면으로 발전된다거나, 과도한 자신감에 스스로 몰입되어 버리는 요인이 되어서는 안 된다. 아래의 <표 1-17>은 쌍방이 갖는 긍정적・부정적인 감정이 가져올 수 있는 효과를 정리한 내용이다.

〈표 1-17〉 긍정적・부정적인 감정이 협상에 미치는 영향

구 분	부정적인 감정	긍정적인 감정
관 계 (relationship)	・불신(不信)의 긴장관계 ・제한적, 충돌하는 의사소통	・신뢰하는 협력관계 ・공개적, 원활한 의사소통
관심(interest)	・무시, 극단적 요구에 집착, 마지못해 양보 및 수용(受容)	・상호 관심사 이해
선택(option)	・모 아니면, 도를 선택 ・상호 관심 사항의 일부를 나양하게 선택	・선택 시 쌍방의 이익 여부에 대한 의구심 ・노력하면, 이익이라는 긍정적인 기대감
합리성 (rationality)	・서로 옳고 그르다는 기싸움 ・상대에게 당할 수 있다는 두려움	・선택한 결과나 이유에 대한 공정한 기준 마련, 느낌이 존재
배트나 (BATNA)	・자신의 대안이 나빠도 합의 거부	・쌍방의 대안 중 최선의 안을 선택
책임성 (accountability)	・불행 및 실행이 불가능한 합의 거부 ・합의나 결렬 후회	・명확, 실행이 가능, 현실적인 의무를 정리 ・합의에 만족-지원-옹호

감정은 관심을 충족시키는 새로운 방법을 찾는 측면이던지, 불안해진 인간관계를 개선하기 위해서든지, 협상 목적을 성취하기에 유용한 방법이다. 특히 긍정적 감정은 관심을 충족시킬뿐더러 쌍방 간의 관계도 강화해준다. 반면에 이용당할지 모른다는 두려움과 강박 관념을 줄여주는 역할도 한다. 감정을 갖지 않는 것은 불가능하다. 따라서 협상에 긍정적인 작용을 할 수 있는 방향으로 상황을 전환하여야 한다.

일곱째, 필요할 경우 협상의 성공에만 집착하지 말고, 결렬될 수도 있음을 인식하여야 한다. 협상은 목적을 달성하는 데 필요로 하는 것을 얻기 위한 수단에 불과하다. 따라서 협상을 목적 자체로 인식하면 안 됨을 명심해야 한다.

2001년 금강산에서 열렸던 제6차 남북 장관급 회담에서 당시의 통일부 장관이 협상의 결렬을

선언하고 '빈손으로 귀국'하였던 사례를 통해서 알아보자. 당시 협상을 통일부 장관이 결렬시켰다는 보고를 받은 최고위층의 분노 게이지가 엄청나게 상승하여 통일부 장관이 최고위층의 얼굴도 보지 못하고 통일특보에게 사표를 제출했다고 하는 일화를 되새겨 보면, 얼마나 어리석은 일들이 자연스럽게 일어나고 있는지를 알 수 있다. 남-북 사이의 협상은 한순간에 종결을 지을 수 있는 역사적·민족적·정서적 측면이 복잡하게 얽히고설켜 있다. 이를 무시하고 할 때마다 합의하려 한다면, 도리어 북한에 커다란 약점을 잡힐 수밖에 없게 될 것이다.

4. 협상의 성공 가능성을 높일 수 있는 3대 요건

협상을 성공시키기 위해서는 정보(intelligence)와 적절한 타이밍(timming), 영향력(power)이다. 아래의 <그림 1-15>는 협상의 성공을 위해 갖추어야 할 3대 조건이다.

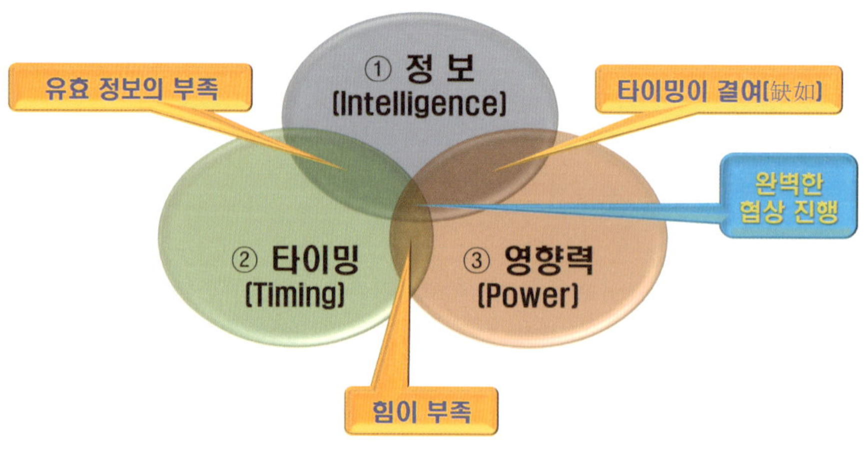

〈그림 1-15〉 협상의 성공을 위한 3대 조건

협상이 성공하려면, 위 그림에서 보는 바와 같이 정보와 타이밍, 그리고 영향력이 잘 조화를 이룰 때 완벽한 협상 진행과 성공적인 마무리가 가능하다. 그러나 각 분야에서 유효한 정보의 수집과 분석이 제대로 진행되지 못하면, 나머지 조건도 충분한 활용이 불가능할 것이다. 정보와 영향력은 갖추었으나, 타이밍이 맞지 않을 경우와 협상에 영향을 미치는 힘이 부족하거나, 상대의 영향력이 어떻게 압력을 행사할 것인지를 정확하게 파악하지 못한다면, 자신이 준비한 영향력은 발휘하기 어렵게 될 것이다. 여기서 타이밍의 의미는 '기회를 포착한다.'라는 의미도 있지만,

'시간의 충분한 확보와 실효성'이라는 의미를 포함하고 있음을 이해하여야 한다.

① 정보(intelligence)는 협상을 위한 기초 재료로서 양질의 정보가 수집되어야 전략과 영향력도 발휘할 수 있으므로 유효한 정보의 수준에 따라 효율성과 가치는 높아진다. 협상 의제(Agenda)나 의사결정권자를 비롯한 협상참여자에 관한 정보는 다양한 경로를 활용하여 수집하여야 한다. 언론매체나 권위가 있는 정보원, 예전의 협상 기록 및 문서 등은 중요한 스모킹-건(smoking-gun)이 될 수 있다. 특히 관련되는 협상참여자나 전문가의 조언은 빼놓을 수 없는 수집원이다. 상대가 준비한 의제와 내용이 얼마나 영향을 미칠 수 있는 수준인가를 상당히 집요하게 파고 들어가야 한다. 이에 기초하여 상대에게 어느 정도까지 양보하거나 태도를 고수할 것인지 결정할 수 있기 때문이다.

정보는 야구에서 가장 중요한 포지션인 '투수'와 같은 존재로 보아야 한다. 야구게임에서 선발투수가 일찍 무너지면 9회에 마무리 투수가 나오기 전까지 중간 계투 요원이 많이 포진하고 있는 팀이 유리해진다. 쓸만한 중간 계투 요원이 없으면, 상대 팀보다 빨리 최후 카드를 꺼내 보일 수밖에 없다는 점에서 야구 게임과 같다고 보면 된다. 이렇게 되면 상대 팀에게 모든 수를 읽히게 되어 상대 팀을 이길 수 없음은 당연하다.

또한, 유용한 정보의 수집과 분석 시스템은 협상을 시작하기 이전(以前)에만 필요한 게 아니다. 협상은 단기간에 끝날 수도 있지만, 통상적으로 몇 년 이상 진행하기 때문이다. 따라서 시시각각으로 변화하는 정보 상황을 추적할 수 없다면, 정보가 필요 없게 된다. 정보의 수집과 분석 활동은 협상이 완전히 종결되고, 합의된 사항의 이행(履行)이 끝날 때까지 계속되어야 함을 반드시 인식하여야 한다.

② 정보가 기초 양념이라면, 타이밍은 주어진 양념을 잘 섞어주고 활용하게 해주는 용광로와 같다. 시간을 확보하지 못하거나, 확보하고서도 효율적으로 활용하지 못한다면, 아무리 좋은 정보라도 소용이 없다. 시간은 붙잡을 수 없기에 한 번 놓치게 되면, 절대 되돌릴 수 없음을 인식하여야 한다. 따라서 타이밍 측면에서 '시간의 효율적인 운용'과 '적절하게 타이밍을 포착'하는 노력은 상당한 무게감을 가지고 실천하여야 한다. 협상 이전에 준비하고 진행하기 위한 모든 노력은 효율적인 시간 사용으로 자신에게 유리하게 하기 위함이므로 진행하는 과정에서 우선순위를 판단하는 데 상당히 중요한 작업임을 명심해야 시간의 적절한 분배도 가능해진다. 그러나 협상 과정에서는 협상 상대나 의제, 상황이 수시로 바뀌기 때문에 자신에게 유리하도록 적절한

타이밍을 만들 수 없고, 저절로 만들어지는 법도 없다.

협상에서 사용하고 있는 '템포(tempo) 조절 또는 밀당(tug of war)'이라는 말은 '상대를 밀고 당기는 기술'을 의미한다. 상황이 자신에게 유리할 때는 상대에게 여유를 주지 않고 숨돌릴 틈이 없이 몰아붙이고, 자신에게 불리할 때는 한껏 뜸을 들이면서 상황의 반전(反轉)을 노리는 것이 바로 템포를 조절하는 방법임을 기억해야 한다. 우리 속담에 '바쁠수록 돌아가라'라는 말이 있음을 기억할 것이다. 무조건 서두른다고 하여 좋은 것만은 아니며, 시간을 효과적으로 사용한다는 의미도 아니다. 신중해야 하며, 확신이 서지 않으면 아무리 급하게 진행되더라도 최대한 결정을 유보(留保)할 때가 있어야 한다. 짧은 시간이 주어지더라도 조금 더 알아본 다음에 결정하거나, 행동에 들어가도 절대 늦지 않음은 경험해본 협상가는 알고 느낄 수 있다.

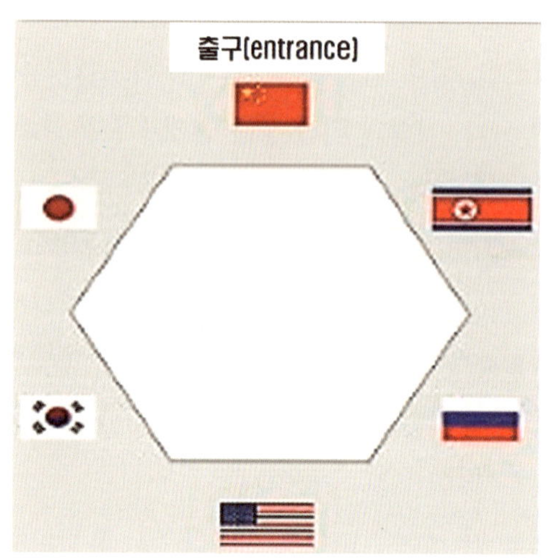

타이밍의 핵심은 키-워드는 '분할(分割)'과 '신속성(迅速性)'이며, 신속성은 분할을 통해서만이 가능하다는 점을 반드시 인식해야 한다.

③ 영향력은 상대에게 미치는 압력을 의미하며, 통상적인 무력(武力)의 개념과는 다르다. 대의명분(도덕적 우월성)이나 상대가 자신에게 기대하는 이익의 정도, 협상이 결렬되었을 때 발생하게 되는 손실의 정도는 영향력의 정도를 결정하는 중요한 요소이다. 최근 일본 아베 총리가 한국 위안부와 징용 배상금 판결, 교과서 문제 등에서 다양한 반한적(反韓的) 행태를 보이고 협상은 외면하면서 국민으로부터 많은 반감을 불러일으키고 있다. 영향력은 협상을 자기 페이스대로 끌고 나갈 수 있는 주도권을 확보해주고, 상대의 무리한 요구를 반박하거나 허점을 지적할 수 있는 전문지식은 한층 더 힘을 가질 수 있게 한다. 성과를 거두기 위해서는 일정 부분 투자가 필요하며, 상대가 모호한 의제로 고집을 피울 때 관례(慣例)나 경험 등의 선례(先例)를 활용할 수 있도록 하는 힘도 발휘하게 해준다. 주목하여야 할 사실은 궁극적으로는 쌍방이 win-win 해야 한다는 기본적인 원리에 벗어나서는 성과를 달성하기 어렵다.

제 3 절

군사협상의 한계와 협상 기법 이해

1. 한국인들의 협상 성과 창출의 한계

협상은 정당하게 자신의 몸을 지키려는 방어적 본능이거나, 상대의 정당한 몫을 빼앗아 자신에게 주어진 몫 이상을 챙기려는 공격적 본능이라고 할 수 있다. 협상 과정에서 명심하여야 할 사항은 흔히 재래시장에서 물건값을 깎으려는 흥정(bargaining)과 협상(Negotiation)에서 의미하는 흥정은 조금 의미가 다르다. '값을 깎는다'라는 의미의 '흥정(bargaining)'은 자신의 이익을 극대화하기 위해 상대에게 다양한 수단을 써 영향을 미치는 과정이다. 반면에 '협상(Negotiation)'은 쌍방 또는 다자 간의 이해관계가 대립 및 갈등을 일으키는 현상을 해소하고 합의점을 끌어내는 과정이다. 다시 말해 이해관계의 공통분모를 찾아내는 과정으로 그 의미를 함축(含蓄)할 수 있다.

물론 모든 협상가(Negotiator)가 공통분모를 찾기 위해 협상을 진행하는 것만은 아니다. 상대에게 피해나 손상을 입히고 적대감으로 협상에 임하기도 한다. 또한 자신(집단)이 의도하는 주장을 정당화하기 위한 구실(명분)을 찾고, 우위를 차지하기 위해서이거나, 시간을 벌기 위해, 또는 상대를 기만(欺瞞)하기 위해 거짓으로 협상에 임하기도 한다는 것은 일반적인 사실이다. 아래의 <그림 1-16>은 한국인들의 협상 진행과 결과적 특성을 간략하게 정리한 내용이다.

〈그림 1-16〉 한국인들의 협상 진행과 결과적 특성

국가 간 정치 · 경제 · 안보 문제가 발생하면, 우여곡절 끝에 협상이 진행되더라도 왜! 마지막에는 대다수 의문을 제기하게 되고 네 탓, 내 탓이라는 진실 공방이 벌어지게 되는 것일까? 아래의 <표 1-18>은 한국인들의 협상 성과 창출의 한계가 있을 수밖에 없는 현실을 네 가지 측면으로 정리하였다.

〈표 1-18〉 한국인의 협상 성과 창출에 한계를 불러오는 네 가지

① 정상적인 단계 및 과정을 거쳐 훈련된 협상가(Negotiator)가 없다.
② 협상(Negotiation)과 협상력(Negotiation Power)에 대한 이해와 이해력이 부족하다.
③ 대외 협상을 지원하는 협상 문화가 활성화되어 있지 않다.
④ 한국만의 독특한 감성적(Pathos)인 협상 문화가 존재하고 있다.

김종필 중정부장-오히라 日 외상

① 1962~1965년까지 진행되었던 한·일 협정 사례를 알아보자. 1961년 5월 16일 군사쿠데타로 권력을 획득한 박정희 정부는 일본으로부터 차관(借款) 도입을 시도한다. 1962년 11월 13일 당시 중앙정보부장이던 김종필이 귀국하는 길에 일본 하네다 공항에서 기자들에게 공개적으로 한 말이 "~ 독도에서 금(金)이 나오는 것도 아니고 갈매기 똥마저도 없는데 폭파해 버리자고 말했다."라는 언급이다. 이후 국내에서 '독도 폭파론자'라는 항의를 상당 기간 받았다. 협상에 대한 이해가 미흡한 시대였지만, 자기 생각을 여과 없이 공개함으로써 외교적 협상 성과와 국민 여론에 부정적인 문제를 발생시킨 것이다. 이후 1965년 1월 11일 당시 국무총리인 정일권이 일본의 고노 건설 대신과 밀약(密約)을 하고, 12월 18일에 비준서를 교환하게 된다. 당시 "앞으로 해결해야 한다는 문장을 일단 해결로 간주한다." 라는 미봉책은 최근까지도 문제로 이어지고 있다. 이때 야기된 문제점을 세 가지로 요약한다면, 첫째, 韓·日 합방이 원칙적으로 무효임을 명시하지 않음으로써 한국 위상의 상승은 불가능해졌다. 둘째, 1966년 해제된 美 외교문서에 근거하면, 김종필 중정부장이 문제 해결을 위해 먼저 독도를 폭파하자는 제안을 했다는 점이다. 셋째, 2000년에 해제된 CIA 보고서에 따르면, 협상을 전후하여 일본의 6개 대기업에서 한국의 모(某)정당에 6,600만$(한화 746억 원)의 정치자금을 지원했다는 점이다.

이외에도 어업협상이나 韓·美 FTA 협상을 진행하는 과정에서도 아쉬운 점이 많이 있다. 최근

많이 개선되었지만, 대다수의 협상 대표는 공무원이다. 공무원이라는 자체가 잘못되었다는 게 아니다. 민간분야에 종사하고 있더라도 전문 협상가가 있으면, 성과를 위해서는 활용함이 바람직하다는 것이다. 공무원의 경우 대다수가 순환보직으로 인해 전문적인 협상교육을 받기에는 한계가 발생한다. 이러한 환경에서 좋은 결과를 기대한다는 것은 '연목구어(緣木求魚)'라고 할만하다. 한국이 외환위기(IMF, 1997) 때 민간기업의 매각 협상에 동참했던 한 인사가 비공식적 자리에서 한 발언은 우리의 숨겨진 현실을 방증(傍證)하는 부분이지 않을까 싶다 "기업 매각이 뭔지 알리가 있나요? 하지만 지금 돌아보니 이제는 뭔지 감이 잡힙니다." 국가 위기 때는 몰랐으나, 뒤늦게 알았다는 말의 의미는?, 국가에 발생한 위기사태가 자신의 연습장이라는 착각을 버려야 한다.

"외규장각 의궤 반환 협상 실패한 협상"
-YTN뉴스; 다음뉴스(2011.4.13.)-

"외규장각 의궤 145년만의 귀환 의미는?"
-뉴시스; 시사IN(2011.6.13.)-

"파리 외규장각 도서 반환 협상의 문제점"
-역사교육연구회; 조선시대사학회; 한국미술사학회; 한국산업기술사학회; 한국역사연구회; 세계국제법협회 한국공법학회(2011.11.3.)-

"김외교, 외규장각 의궤 환수 국내유공자 포상"
-아시아경제신문(2011.9.27.)-

② 2001년에 진행되었던 외규장각 문화재 반환 협상사례를 알아보자.[16] 당시 협상에 임하는 한국 협상팀의 인식을 정리하자면 이렇다. "프랑스가 병인양요 때 약탈해간 297책 의궤를 돌려받는 것은 협상의 문제이기에 전쟁과는 다르게 대화를 요구하는 것이다. 따라서 서로 주고받는 것이 원칙이다. ~ 명분론에 의지하려면, 어떠한 협상도 해서는 안 된다. 협상이란 어차피 주고받는 게임이기 때문이다." 이러한 인식에 기초하고 진행한 협상 결과는 "프랑스에서 빌려보기로 하고, 대신 한국의 문화재를 다시 프랑스에 빌려주기로 한다."라는 이상한 내용으로 종결지었다. 그리고는 성공적이라면서 홍보하였고, 특정 공무원에게 외교부 장관 표창을 수여하는 등으로 논란의 중심에 서기도 하였다. 아래의 <그림 1-17>은 韓-프랑스 간 최종 합의문의 핵심 부분을 발췌한 내용이다.

---

16) 병인양요는 프랑스가 대원군의 천주교 탄압을 보복하기 위해 1866년 9월에 전함 7척과 군사 1,000여 명이 강화도로 침입한 사건으로 정족산성 전투에서 조선군에 패배하자 철수하면서 외규장각에 있던 왕실 관련 도서 359점을 약탈해간 사건을 뜻한다. 외규장각은 1782년 2월, 정조(正祖)가 왕실 관련 서적을 보관할 목적으로 강화도에 설치한 도서관이다.

프랑스와의 외규장각 의궤 반환 관련 합의문(요약)

- 제3조: 2015년에서 2016년 사이 한국문화재를 주제로 한 전시를 위해 의궤들이 사용될 수 있도록 한다.
- 제4조: 프랑스의 한국에 대한 의궤 대여는 유일한 성격을 지니고 문화재 반환 관련 분쟁에 대한 최종적인 성격이 된다.
- 제5조: ~의궤를 전시할 때는 프랑스의 동의를 받도록 한다.
- 제6조: ~의궤 대여를 위한 모든 비용은 한국이 부담하도록 한다.

〈그림 1-17〉 韓-프랑스 간 외규장각 의궤 반환 관련 최종 합의문

당시 프랑스에 외규장각 의궤가 있다는 것을 알린 최초의 주인공은 역사학자인 박병선(1928~2011) 박사였다.[17] 이후 박병선 박사는 "처음 협상을 할 때부터 시간이 다소 걸리더라도 임대가 아닌 반환으로 못을 박고 협상을 추진하거나, 대여 방식을 고집하지 말고 우리의 소유권을 인정받은 뒤 보관을 프랑스에서 하도록 하는 방안이 더 나았다."라면서 아쉬워한 바 있다. 협상의 성과를 달성하기 위해 주고받는 것도 당연히 필요하다. 하지만, 때에 따라서는 주고받지 않는 것이 필요할 때가 있고, 또 그것이 예상외로 좋은 결과로 나타날 수 있다는 점을 고려하지 않았다. 바로 자충수(自充手)를 둔 사례가 이것이다. 프랑스와의 의궤 반환 협상은 실패로 종결시키는 게 가장 잘한 협상으로 평가받을 수 있었다는 것이 최근의 연구 자료에 나타나 있다.

③ 대외 통상 협상은 협상가만 협상하는 게 아니라 국민 여론과 분위기가 협상 과정과 전략을 수립하는 데 많이 반영되곤 한다. 통상 협상은 국민 전체가 단체로 협상에 임하는 것과 같다는 점이다. 1997년의 韓·美 FTA 협상사례를 알아보자. 당시의 국회 활동을 보면, 신속하게 협상할 수 있는 권한과 같은 중요한 안건에 대한 입법 절차는 진행하지 않았고, 상대국에 대한 특정 협상의제와 관련한 대정부 질문이나 건의안은 더더욱 없었다. 협상이 종료된 이후 국회에서 해당 장관을 참석시키고 협상 과정에서의 문제점과 향후 구조 조정 계획을 따지면서 '왜! 제대로 못 했느냐?', '당장 재협상하라!'라는 등 등의 비판과 불만에만 골몰하였던 현상을 기억할 것이다. 아래의 <그림 1-18>은 한국 사회의 협상 지원 활동 분위기와 수준을 요약한 그림이고, <그림 1-19>는 당시의 언론에 실린 모습이다.

17) 박병선 박사는 프랑스 국립도서관 사서(司書)로 근무하면서 1972년 세계에서 가장 오래된 금속활자본인 "백운화상 초록 직지심체요절"을 발굴하였고, 1975년에 외규장각 의궤를 발견하였다. 이후 권고사직을 당했으며, 1991년 서울대학교 규장각에 근무하던 중 처음으로 프랑스가 소유하고 있는 외규장각 의궤의 반환을 주장하기 시작하였다. 실제 2009년 12월 4일 프랑스 파리의 행정법원 판결에서 프랑스 정부가 보유 중인 한국의 외규장각 도서는 약탈한 것임을 공식적으로 인정받은 바 있다.

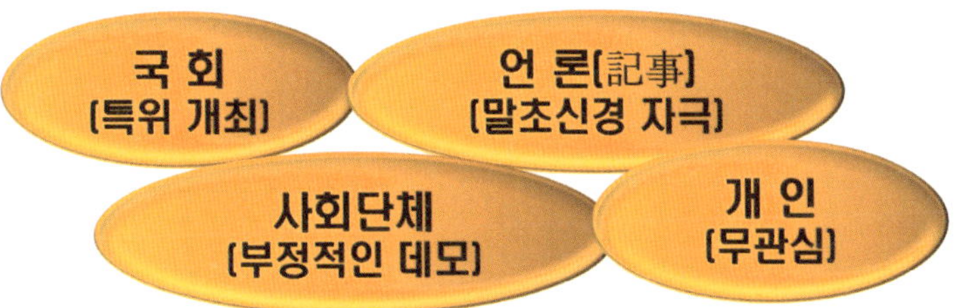

〈그림 1-18〉 한국 사회의 협상 지원 활동 분위기와 수준

〈그림 1-19〉 한국 협상 지원문화의 아쉬운 현실

언론도 객관적인 사실을 냉철하게 따지지 않고 은폐나 거짓말이라는 말초신경을 자극하는 기사 외에는 국민의 다양한 의견 수렴이나 여론을 긍정적으로 결집하려는 노력이 없었다. 미국인들의 경우는 통상 협상을 진행하는 과정에서 해당 외교관이나 관련 부서에 편지나 팩스, 메일, 방문 항의 등을 통해 다양한 방법으로 의견을 개진하는 문화가 형성되어 있다. 이는 대외 통상 협상에 상당한 영향력을 발휘하게 하며, 정부에 상당한 힘을 실어준다. 반면에 한국의 일부 시민계층은 긍정적이지 못한 현상을 부풀려 제기함으로써 정부의 노력과 대외적인 영향력을 반감시키는 데 그쳤다는 점은 두고두고 아쉬운 부분이다. 대외 통상(通商) 협상에서 중요한 Key-word는 무엇일까? 당연히 국민의 위임을 받은 해당 정부부서와 협상전문가들이 잘해야 하겠지만, 국민의 결집된 의견(분위기)과 태도가 가장 중요함을 인식하여야 한다.

④ 한국인들의 내면에는 'Pathos(感性)'와 같이 비합리적인 속성(屬性)이 존재하고 있다. 정치적 사건을 예로 들어보면, 1992년 대통령 선거를 앞둔 시점에 발생하였던 부산의 '초원 복국집 사건'을 기억할 것이다. 당시 민자당의 김영삼 후보가 대통령에 당선하도록 행동하기 위해 부산지역 출신 인사들이 가진 비밀회동에서 "우리가 남이가! 이번에 안되면 00 다리에 빠져 죽자. 민간에서부터 지역감정을 부추겨야 해."라는 대화록이 공개되면서 세상에 알려졌고, 선거 사상 가장 악의적인

지역감정 선동 사례로 기록되었다. 아래의 <그림 1-20>은 한국인들이 일반적으로 가지고 있는 속성이다.

〈그림 1-20〉 한국인 고유의 독특한 속성

한국인 고유의 파토스(Pathos)적 속성은 합리적이지 않은 경우가 대부분을 차지한다고 볼 수 있다. 저자가 현역으로 합참에 근무할 때 업무 협조를 위해 연합사를 자주 출입했다. 이때 교통수칙의 사례에서 의미 있는 모습을 느낀 적이 한두 번이 아니다. 연합사 외부에서 운행하는 차량은 기회만 있으면, 끼어들기가 일쑤임은 주지의 사실이다. 그런데 연합사 내부로만 들어오면, 끼어들기 일쑤인 한국인 차량이 스스로 교통신호를 잘 지킨다는 점이다. 궁금해하였더니 관계자 왈(曰) "영내에서 차량을 과속하거나, 신호를 지키지 않으면, 곧바로 미군 헌병(MP)이 현장에서 체포하거나, 반복되면, 출입을 통제당하는 등의 불이익으로 돌아온다." 정해진 법이나 규칙이 바로 이래서 필요한 것임을 현장에서 깨우친 순간이었다.

흑백논리 등의 분위기에 익숙한 사회에서 활동하는 협상가는 중립적인 위치를 잘 지킬 필요가 있다. 어느 한쪽에 치우쳐서는 양 당사자가 동시에 만족하지 못하게 되기에 대안을 찾기 어려워진다. 어느 정치가가 너무 진지하게 노사협상에 임하는 동료 의원에게 돌아서며 한 말이 생각난다. "자식! 혼자서 잘난 척하는구먼!" 이는 한국 사회에서 기회주의자나 회색분자로 낙인찍히기가 십상이다. 적이 아니면, 동지라는 이분법이 적용되고 있기 때문이다. 따라서 어렵겠지만, 황희 정승처럼 "자네도 옳고 다른 자네도 옳으이"라는 중립적 태도가 필요함도 이해해야 한다. 아래의 <표 1-19>는 한국사회의 현실에서 부족한 속성을 보완하는 데 필요한 Key-word에 관한 문제를 알아보자.

〈표 1-19〉 한국 사회 현실에서 부족한 속성 보완에 필요한 Key-word

문제1) 한국사회의 현실에서 부족한 객관적 속성을 보완하기 위해 필요한 Key-word는 무엇일까?
① 양보와 포용 ② 협상(타협) ③ 상대의 신발에 나의 발 넣어보기

2. 협상 단계의 기본 이해

Spangle & Isenhart(2003)는 "협상의 최종 목표는 어떠한 합의라도 결정된다고 끝나는 게 아니라 합의가 없는 것보다는 합의하는 게 훨씬 자신에게 유리한 결과를 가져올 수 있게 만드는 합의에 도달하는 것"이라고 주장하였다. 다양한 관점에서 바라볼 수 있지만, 통상 아래의 <그림 1-21>과 같이 5단계로 이루어진다고 할 수 있다.

〈그림 1-21〉 협상이 일반적으로 이루어지는 5단계

협상 진행 단계는 협상이 진행되는 과정에서 조금 더 세부적인 과정을 거치게 되며, 아래의 <그림 1-22>는 조금 더 구체적으로 정리하였다.

〈그림 1-22〉 협상이 일반적으로 이루어지는 5단계

협상의 진행 단계를 중심으로 보면, 민간협상이나 군사협상을 불문하고 대부분 3단계로 이루어진다. 내부협상을 통해 의견을 취합한 다음 사전협상 또는 예비협상이 원만하게 이루어지면, 다음 단계인 본협상 단계로 구체화하게 된다. 본협상에서 확정된 의제에 따라 후속 협상을 진행하면서 법적・실무적 차원 등에서 다시 세밀하게 해당 부분과 관련 영역으로 구분하여 진행하고 있다. 여기에서 후속 협상은 한 번으로 종결되지 않고 여러 차례에 걸쳐 진행된다. 이러한 단계의 구분을 통해 철저한 준비가 가능하게 되고, 자신이 원하는 대로 협상을 주도할 수 있다. 물론 많은 시간을 준비한다고 하여 효과가 정비례하지는 않는다는 사실과 단계의 구분이 생각만큼 명확하게 이루어진다는 보장이 확정적이지 않다는 사실은 이해할 필요가 있다. 아래의 <그림 1-23>은 협상의 3단계를 정리한 내용이다.

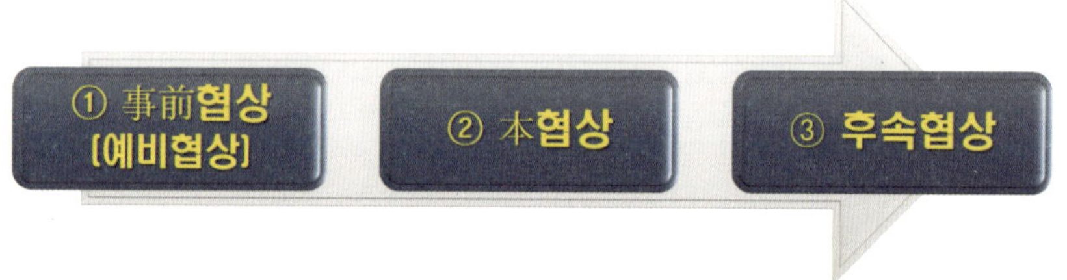

〈그림 1–23〉 협상의 3단계

① 사전협상의 의미는 본협상 이전에 실무 차원에서 이루어지는 모든 논의를 의미하는 것으로 핵심은 본협상이 잘 진행되도록 하는 데 있다. 명심해야 할 사항은 협상이 시작되었다고 하여 모든 갈등과 대립이 완전히 해소되기는 어렵다. 그러나 최소한 갈등과 대립을 완화(緩和)시킬 가능성은 그만큼 커진다는 점이다. 사전협상을 진행하였으나, 본협상이 성사되지 않을 때는 무역 전쟁이나 물리적 전쟁으로 확산하기 쉽다. 사회적 측면에서 볼 때 사회적 갈등과 공권력이 투입되는 현실, 개인적인 갈등일 때는 폭력 행사나 그에 따른 처벌 등도 뒤따를 수 있다.

② 본협상의 의미는 일반적으로 우리가 언론매체에서 접하고 있는 협상을 본협상으로 보면 된다. 본협상에서는 협상전문가(집단)의 모든 협상 전략과 방법을 사용하여 유리한 방향으로 진행하려는 노력이 중요하다. 다만, 단기적 차원의 이익을 극대화하려다 상대의 감정을 자극하거나, 자존심을 상하게 하는 전략은 금물이다. 다시 말해 협상의 대상과 성격에 따라 방법(전략)을 선택적・탄력적으로 활용함이 바람직하다. 아래의 <표 1-20>의 한국인과 외국인 협상 방식의 차이점을 해결하여 보자.

〈표 1-20〉 한국인과 외국인 협상 방식의 차이점

문제2) 한국인과 외국인의 협상 방식에서의 차이점과 특징은 무엇일까?
① 탄력적 → 비탄력적　② 비탄력적 → 탄력적　③ 비탄력적 + 탄력적

③ 후속 협상의 의미는 합의된 결론들을 확정하고 마무리하는 단계로 이해하면 될 듯싶다. 마무리가 잘되지 않으면 협상 전체가 제대로 진행되었다고 평가하기 어렵다. 본협상에서 시간을 끌던 수많은 쟁점이 해소되고, 상대와 자신이 동시에 만족하는 성과를 얻으면, '끝났구나!'라고 생각하지 않을 이유가 없다. 그러나 그것은 섣부른 생각이라고 감히 단언(斷言)한다. 구체적인 사례는 아래의 단계별 바람직한 태도 및 자세에서 다루었다.

앞에서 설명한 대로 3단계를 잘 진행하기 위해서는 바람직한 태도와 자세가 확립되어 있어야 한다. 아래의 <그림 1-24>는 협상 단계별 바람직한 태도와 자세를 정리하였다.

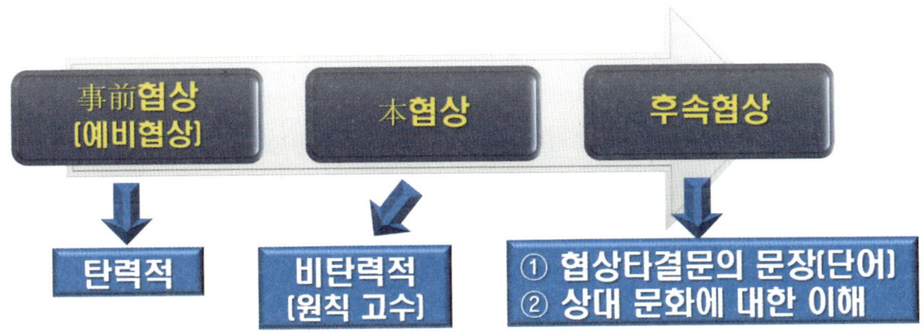

〈그림 1-24〉 협상 단계별 바람직한 태도와 자세

사전협상을 진행하는 목적은 본협상을 순조롭게 진행하기 위함이다. 따라서 탄력적·수용적인 태도가 본협상으로 견인(牽引)하는 데 효과적이다. 검토할 수 있는 최대한의 의제를 검토할 수 있도록 하여야 관련되는 정보를 준비하고, 대비할 수 있다. 이는 상대가 협상에 본격적으로 나오게 하는 데도 중요한 역할을 한다. 상대와 자신이 왜! 갈등이나 충돌, 대립각을 세우는지, 상대가 왜! 이런 주장을 하고 있는지, 나는 왜! 그런 상대의 주장을 받아들일 수 있는지, 없는지를 객관적으로 이해하려는 태도가 필요하다.

본협상은 탄력적일 경우 상대가 목적을 달성하기 위해 무리한 요구를 해올 가능성이 커진다. 이때 거절한다면, 협상이 실패할 확률이 그만큼 높아진다. 이는 자신이 자초(自招)한 결과이다.

따라서 사전협상과 다르게 본협상에서는 원칙을 고수하여야 한다. 사전협상에서 이미 상대의 의견을 모두 수용하는 자세를 취했기 때문이다.

후속 협상에서는 두 가지를 반드시 인식하여야 한다. 첫째, 협상 타결문의 문장이나 단어에 유의해야 한다. 법률 조문(條文)을 작성하는 과정에서 예기치 못한 어려움에 직면할 수 있기 때문이다. 아래의 <표 1-21> 사례를 통해 알아보자.

〈표 1-21〉 A 국가와 B 국가의 농산물 시장 개방 협상사례

상황) A 국가와 B 국가가 합의한 항목 ① 양국은 원칙적으로 시장을 개방한다. ② 시범적으로 다음 해부터 'a handful of items'이 수준으로 시장을 개방하기로 한다.

②번 항목의 'a handful of items'에 대한 국가 간 인식(이해)의 차이는 문제를 불거지게 만든다. A 국가는 이를 한주먹에 쥘 정도의 '20~30개 품목'으로 판단하고 있는 반면에 시장 개방을 요구하는 처지의 B 국가는 '200~300개 품목'으로 이해하고 있었다, 결국 A 국가는 B 국가의 요구를 수용할 수밖에 없었다. A 국가가 예상치 못한 변수를 만나 손해를 감수하기에 이르렀다. 둘째, 해당 국가나 집단의 문화에 대한 이해가 필요하다. 아래의 <표 1-22> 한국과 프랑스 와인 기업 간의 사례를 통해 알아보자.

〈표 1-22〉 한국 기업과 프랑스 와인(wine) 기업과의 협상사례

상황) 프랑스에 진출한 한국의 와인(wine) 기업이 오랜 기간에 걸친 협상에 공을 들인 끝에 드디어 공동 투자 원칙에 합의하였다. 다음날 조인식을 하기로 하면서 합의에 만족한 프랑스 측 CEO는 韓 측 일행을 자신의 집으로 초청하였다. 이는 프랑스 문화권에서는 상대에 대한 극진한 예우였다. 그러나 만찬을 진행하는 과정에서 국제 감각과 프랑스 문화를 소홀하게 인식하고 있던 韓측 협상자 1명이 결례(缺禮)를 범하였다. 프랑스 CEO 부인이 직접 만든 요리에 자신이 양념을 추가하여 넣는다거나, 와인을 소주처럼 원-샷(One-Shot) 하는 등의 행태를 보인 것이다. ☆ 다음 날 예정되었던 협상 조인식은 무기한 연기되었다.

3. 협상의 기본 법칙과 단계별 협상 전략

3.1. 협상의 기본 법칙과 원리

협상을 진행하는 과정에서 전략(strategy)은 무엇보다 중요한 핵심 Key-word이다. 전략을 준비하지 않은 상태에서 협상에 임하거나, 잘못된 전략으로 협상에 임하면 결과적으로 낭패(狼狽)를 당하기 일쑤다. 전략의 수립과 실효성 여부에 따라 협상에서의 주도권 여부가 결정된다고 하여도 과언(過言)이 아닐 것이다. 협상 전략은 상대와 목적에 따라 다양한 예상 시나리오를 만들어 활용하여야 한다. 협상은 결코 자신(집단)이 원하는 대로 진행될 수 없기 때문이다. 따라서 기본적으로 1993년 퓨리트(Pruitt)와 카느베일(Carnevale) 박사가 주장한 5대 협상 전략 패턴을 학습할 필요가 있다. 최근의 협상 전략은 이 전략들을 추가로 세분화시키거나, 발전시켜온 산물로 이해하면 된다.

협상은 쌍방(다자) 간의 합의 결과에 따라 이익을 남길 수 있는 공간이 생기게 되고 이를 통해 서로 다른 수준의 이익을 취하게 됨을 주장하고 있다. 아래의 <그림 1-25>는 퓨리트(Pruitt)와 카느베일(Carnevale)의 상호 이익 공간을 정리한 도표이다.

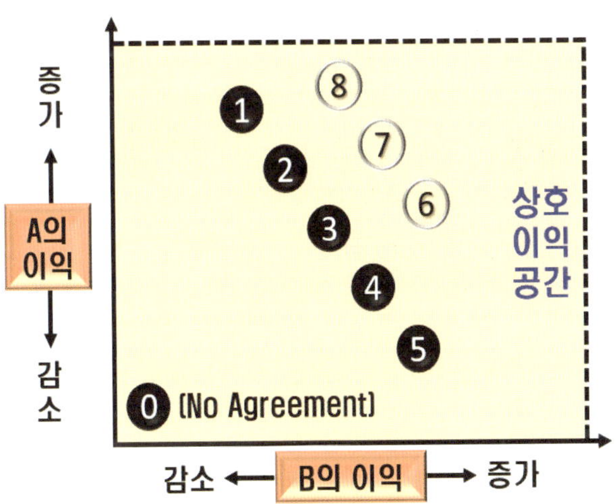

〈그림 1-25〉 퓨리트(Pruitt)와 카느베일(Carnevale)의 상호 이익 공간

각자의 협상 전략에 따라 반응(action)과 역반응(reaction)을 거듭하면서 점차 합의에 이르게 된다. 이때 쌍방이 합의한 결과는 항상 동등한 비율로 이익을 갖게 되는 게 아니라 서로 다른 배분적 이익을 얻게 된다. 쌍방의 이해 차이는 위 그림에서와같이 상호 이익 공간(joint utility space)을 통해 획득할 수 있다. 가로와 세로 축선은 A와 B 협상자가 얻을 수 있는 이익의 수준이다. 공간에 존재하는 검은색 점들은 일반적인 협상 과정을 통해 얻어질 수 있는 지점을 나타내는 것이고, 흰색 점들은 창조적인 사고(思考)와 배트나(BATNA)에 의해 얻을 수 있는 지점을 나타내고 있다.

검은 점 1과 5는 A에게 이익이 될수록 B는 손해가 발생할 것이고, 반대로 B에게 이익이 되면, A는 오히려 손해가 발생할 것이다. 통상적으로는 2~4번 지점에서 합의가 이루어진다. 여기에서 단순하게 타협에 의한 합의보다 더 높은 수준에서 상호 이익을 합의할 수 있는데, 이를 '통합적 합의(integrative agreement)'라고 부른다. 검은 점 0(零)은 쌍방이 합의에 이르지 못할 때 나타나며, 'NA(No Agreement)'라고 한다.

이러한 상호 이익 공간은 쌍방 모두가 이익을 얻는 것이 가능한 경우로 볼 수 있다. 이를 통합적 잠재력(integrative potential)이라고 한다. 이렇게 협상참여자들이 합의에 이르기까지 나타나는 양상은 다섯 가지 패턴으로 구분하고 있다. 아래의 <그림 1-26>은 퓨리트(Pruitt)와 카느베일(Carnevale)의 5대 협상 전략 패턴을 정리한 내용이다.

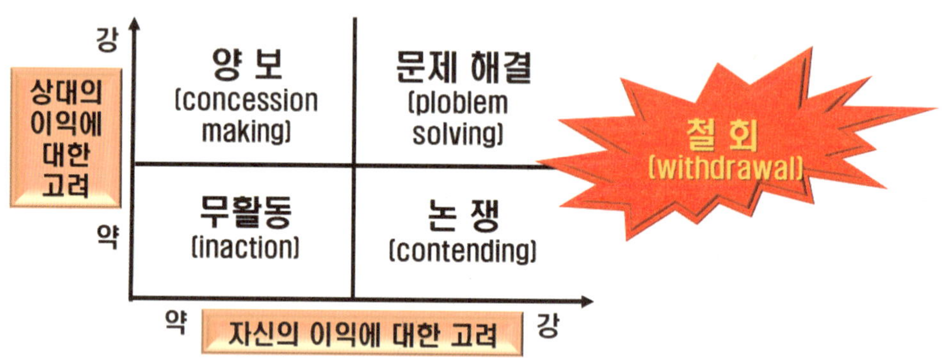

〈그림 1-26〉 퓨리트(Pruitt)와 카느베일(Carnevale)의 5대 협상 전략 패턴

가로 축선은 자신의 이익에 대한 고려를, 세로 축선은 상대 이익에 대한 고려의 강도를 오른쪽이나 위 방향으로 갈수록 강하게 되고, 왼쪽이나 아래로 갈수록 약화를 나타내고 있다. 상대 이익에 무감각하면서 자신의 이익을 강하게 고려할수록 논쟁적이기 쉽다. 반면에 상대 이익에

대한 고려는 높으나, 자신의 이익에 대한 고려가 낮으면 양보하기도 쉬울 것이다. 그리고 상대 이익과 자신의 이익에 대한 고려가 모두 낮다면, 무활동(inaction)이 될 것이고, 상대와 자신의 이익 모두를 강하게 고려한다면, 문제 해결 가능성은 점점 더 커지게 된다. 반면에 자신의 손해를 볼 게 없다는 식의 이기적이고 독단적인 태도를 견지할 경우 협상은 철회되거나, 결렬(breakdown) 순서를 밟게 된다.18)

3.2. 협상의 성공을 위해 준비해야 할 9가지의 기본 법칙

협상에 성공하려면, 자신과 상대 모두의 자질이 협상의 성공 여부에 상당한 영향을 미친다고 일반적으로 생각한다. 상대가 이기적(利己的)이지 않을뿐더러 특별하게 매력적인 개성이나 성향을 지니고 있지 않은 상태에서 자신은 기만적(欺瞞的)인 행동으로 상대를 현혹할 수 있다면, 협상을 유리하게 진행할 수 있다는 착각에 빠지기 쉽다.

한국 CEO들의 경우 협상가가 가져야 할 자질에 대한 정의는 정형화시킬 만큼 뚜렷해 보이지 않는다. 풍부한 경험, 신뢰와 끈기 등을 중요시하고 있지만, 정작 협상을 진행하는데 필요한 전략이나 전술은 상대적으로 소홀하게 인식하고 있다는 정황(情況)들은 다수의 자료 등을 통해 느낄 수 있다. 다시 말해, 정확한 정보(intelligence)에 근거한 논리적이고 합리적인 전략이나 전술보다 개인적인 신뢰(trust)와 끈끈한 인간관계에 무게의 중심을 두고 있다는 편이 정확한 표현이 아닐까 싶다. 이는 일본 CEO의 경우와도 별반 다르지 않다.

한국 기업의 경우 외국 기업과 협상할 때 그들의 상관습(商慣習) 즉, 갈등이 발생할 때 대처하는 방식, 상대국의 대리인(Agent) 활용 방법, 현지에 있는 은행과의 거래 방식, 계약 체결 간 문장과 단어에 대한 의미와 효력 발생에 대한 차이점 파악 등을 중요하게 인식하고 준비한다. 군사협상도 마찬가지로서 아래의 <표 1-23>은 협상을 준비하는 과정에서 필요한 9가지의 기본 법칙이다.

18) 이외에도 포가스(Forgas, 1988)는 협상 전략을 ① 협상 이전에 전략을 준비하지 않고 전개되는 상황과 의제(Agenda)에 따라 즉흥적으로 대응한다는 무작위(random) 전략, ② 상대가 양보하도록 설득하되, 상대가 자신을 설득하는 노력은 제지(制止)하는 경쟁(competition) 전략, ③ 상대 의견이 설혹 합리적일지라도 무조건 반대하면서 상황에 대응하는 맞대응(tit-for-tat) 전략, ④ 양보와 타협을 통해 쌍방이 모두 만족을 느끼게 하는 협조(cooperation) 전략의 네 가지로 분류하고 있고, 쉘(Shell, 1999)은 협상 절차를 ① 전략의 준비, ② 정보의 교환, ③ 협상 개시와 양보 ④ 협상 종료와 계약의 4단계로 이루어진다고 주장하고 있다.

〈표 1-23〉 협상을 준비할 때 필요한 9가지의 기본 법칙

① 게임을 하는 것처럼 즐겨라!
② 상대에게 주눅 들지 말고 사물(事物)을 있는 그대로 보라!
③ 매사 상대의 입장을 염두(念頭)에 두고 행위를 해야 한다!
④ 대화하라! 그리고 그런 메커니즘(mechanism)을 만들어라!
⑤ 대화하는 기술(skill)에 숙달해라!
⑥ 내가 옳고 상대방이 틀린 게 아니다!
⑦ 교착은 언제든지 발생한다. 창조적 배트나(BATNA)를 가져라!
⑧ 내용보다 행동(style)이 중요함을 이해하라!
⑨ 내부에 정상적으로 작동하는 협상 시스템을 구축하라!

① 사소한 것에 목숨을 걸지 말라는 의미이다. 자신이 어떠한 일을 중요시한다는 모습이나, 행동 또는 표정이 상대에게 보이는 순간 그 협상은 자신에게 유리하게 전개되기 어렵다. 아래의 <표 1-24>의 사례를 통해 알아보자.

〈표 1-24〉 고서점에서 자신이 찾던 책을 저렴하게 구매하려면?

문제1) 고서점(古書店)에 책을 사러 갔는데 서고(書庫)에서 애타게 찾던 책을 드디어 발견하였다. 이때 책을 가장 저렴하게 구매하려면?
① 바로 서점 주인에게 내가 찾던 책이니 좀 싸게 해달라고 조른다.
② 서점 주인에게 다가가 적극적으로 이 책은 얼마인가요?라고 물어본다.
③ 다른 책을 한 권 고른 다음 계산하는 과정에서 무심하게 “어! 이 책도 한 번 읽어볼까?”라면서 슬쩍 계산서에 포함시킨다.

책을 구매하는 과정에서 자신이 책에 대한 욕심이 크다는 행동이나 표현을 주인이 알아차리는 순간부터 가격은 당연히 높아질 수밖에 없다. 한 걸음 물러나 순간순간을 즐겨야 한다는 점을 잊지 말아야 한다.

② 자신이 처해있는 처지가 어떻게 전개될지라도 상대나 사물에 대한 선입견(先入見) 또는 편견(偏見)을 갖지 말아야 한다. 예를 들어 어떠한 유형이나 수준에서 협상을 진행하더라도 자신

과 동등한 직급이나 레벨(level)을 만나기는 어렵다. 상대 협상가가 사장(CEO)일 경우 자연스럽게 위축되거나, 눈치를 보게 될 것이 분명하고, 자신보다 나이가 어리거나, 아래 직급으로 평가할 경우 자연스럽게 허세(虛勢)나 과시 욕구가 드러날 수 있기 때문이다. 협상가는 직책의 문제가 아니라 의제(Agenda)가 중요할 뿐이다. 협상가는 어느 직책과 마주하던지 협상가일 뿐임을 잊지 말아야 한다.

③ 상대와 처지를 바꿔서 생각할 줄 알아야 한다. 즉, 상대가 나에게 해주기 원하는 대로 상대에게도 해주어야 한다. 다시 말해, 상대의 감정과 자존심을 건드리는 말과 행동은 최대한 하지 않아야 한다. 그래서 협상 현장에서는 곧잘 이런 말이 회자(膾炙)되곤 한다. "자신의 발을 상대의 신발에 넣어보라!" 아래의 <표 1-25>의 적절하게 돈 나누기 협상사례를 통해 조금 더 깊이 들어가 보자.

〈표 1-25〉 적절하게 돈 나누기 협상사례

상황) A는 중견기업에 다니고 있다. 어느 날 직장 상사가 A를 포함한 2명에게 돈 10,000원을 적절하게 나눠보라고 지시하면서 A에게 사장의 말을 전달한다. "두 사람은 10,000원을 나누되, A 당신은 반드시 6,000원 이상을 가져야 한다. 그렇지 않으면, 당신은 해고될 것이다."

문제2) 여러분이 A의 입장이라면, 어떤 행동을 취하겠는가?

* A: 00기업체 직원, B: 외부인

① 게임을 하는 것처럼 즐긴다.

② 주눅 들지 말고 사물(事物)을 있는 그대로 본다.

일반적으로 A의 입장이라면, 설득이나 협박 및 공갈, 호소나 눈물이 생각날 것이다.[19] 그러나 여기에서의 키-워드는 "문제를 달리 볼 줄 알아야 한다."라는 점이다. 첫째, 10,000원이라는 협상의 한계에 목매지 않아야 한다. 둘째, 협상 타결의 범위를 보이지 않는 범위까지 늘려야 한다. 다시 말해 어떻게 하면 내가 B보다 2,000원 많은 6,000원을 가질 수 있을까? 라는 데서 어떻게 하면, 내가 어떻게 하여야 6,000원을 가져오는 대신 B의 불이익을 해소해줄 수 있을까? 라고 생각하는 사고(思考)의 전환이 필요하다는 점을 반드시 명심해야 한다.[20]

19) 설득은 이해심이 많은 경우엔 문제가 안 된다. 협박이나 공갈은 A가 B보다 우월한 지위에 있을 때 가능하다. 그러나 여기에서는 Give & Take가 가장 타당한 해법으로 보인다. 같은 직장이 아니기 때문이다.

④ 대화는 '가슴'으로 해야 한다. 진정한 대화란 자기 생각을 솔직하게 털어놓는 것이다. 협상 의도를 분명히 하면서도 상대의 생각을 존중하고 공통의 목적을 향해 나아가는 모습이어야 한다. 아래의 <표 1-26> 아시아 축구 4강의 신화를 창출한 히딩크 감독의 사례를 통해 알아보자.

〈표 1-26〉 아시아 축구 4강의 신화를 창출한 히딩크 감독의 사례

상황) 히딩크 감독은 4강 신화의 주역이다. 처음 부임하면서 파악하려고 노력한 것이 한국 축구의 고질병(弊害)은 무엇인가? 이었다. 일반적으로 골(goal)을 넣기 위해서는 공(ball)을 잘 넣을 수 있는 가까운 지점에 있는 선수에게 패스해주어야 하지만, 당시의 분위기는 그렇지 않았다. 같은 학교 출신 선배가 어디에 있던 그 선배에게 패스하는 분위기였다. 결과적으로 한국대표팀은 골을 넣을 수 없는 분위기였고, 이는 한국 축구가 침체 일로를 겪고 있는 대표적인 사례의 하나였다. 이후 히딩크 감독은 식사시간에 같은 학교 출신과 앉도록 하지 않고 축구계 선·후배들이 같이 격의 없이 어울리고 대화하도록 강제하였다. 결국, 4강 신화를 달성한 히딩크는 성공한 감독이 되었다.

⑤ 협상에서 대화하는 '기술(skill)'이 중요하다는 점은 누구나 알고 있다. 그러나 여기에서 주목할 점은 '기술'이라는 단어가 '배움'을 전제로 하고 있다는 점이다. 다시 말해, 대화하는 기법을 배워야 한다.

첫째, 솔직(honest)해야 한다. 상대는 자신의 허세(虛勢)나 과시 욕구가 있는지를 금방 알아차린다. 솔직하게 대화하면, 전략적으로 손해되지 않을까? 하는 협상가들이 많다. 아니다. 천만의 만만의 말씀이다.

둘째, 대화의 방향성(directivity)이다. 대화하는 중간에 가끔 방향이 맞는지 등을 파악하는 노력이 필요하고 방향이 어긋나 있으면 자연스럽게 방향을 다시 조정해야 한다. 자신의 주장만 하는 게 아닌지, 거부나 공격적 반응은 보이지 않는지에 관한 확인 및 조정도 필요하다. 이때 다른 방향으로 흘러가고 있다고 느껴지면, 전략적으로 잠시 '휴식(break time)'하는 등을 활용하는 것도 좋은 방법의 하나다.

셋째, 유연(soft)하여야 한다. 타협하지 않고 상대의 주장이나 입장을 전혀 고려하지 않는 배타

20) A가 6,000원을 갖는 대신 B에게 상품권이나 일정 기간 출퇴근 차량(카풀) 혜택을 제공하는 등 다른 관점으로의 수단을 강구(講究)할 수 있다면, 생각 이상의 호의적 관계는 물론이거니와, 다른 관계를 맺는 과정에서 또 다른 시너지 효과(synergy effect)까지 얻을 수 있음에 유념하여야 한다.

적인 태도를 고수한다면, 협상은 이미 실패한 것과 마찬가지다. 이는 일반적으로 인간관계를 맺을 때도 적용되는 원리임을 이해해야 한다. 아래의 <표 1-27>은 중고 피아노를 판매하기 위한 사례이다.

〈표 1-27〉 중고 피아노 팔기 사례

상황) 집에서 사용하던 중고 피아노를 팔려고 집 앞에 내놓았다. 어떤 이웃 사람이 관심을 두고 지켜보다가 피아노의 가격이 얼마면 팔겠느냐? 라고 물어보고 있다.

문제3) 여러분의 입장이라면, 어떤 행동을 취하겠는가?

① 당신이 받을 수 있다고 생각하는 최대 가격으로 얘기한다.
② 팔기 위해 최대한 가격을 낮춰 얘기한다.
③ 상대방이 염두에 두고 있는 가격이 얼마인지 물어본다.
④ 부인의 핑계를 대면서 최소 얼마는 받아야 한다고 둘러댄다.

⑥ 협상이 끝나가는 시점에 어느 일방이 불만스럽다거나, 상대에게 당했다는 느낌이 들게 된다면, 무언가 잘못된 협상이다. 상대의 입장과 견해(見解)가 자신과 다른 것이지 틀렸거나, 일방적으로 당한 게 아니라는 점을 반드시 인식시켜야 한다. 다시 말해 상대와 자신의 의견과 목표 차이를 해소하기 위해 협상이 존재하고 있음을 명심하여야 한다.

⑦ 아무리 호의적·긍정적인 상대라도 해당 국가(집단)의 목적이 있으므로 어차피 교착(膠着) 현상은 언제라도 발생할 수 있다. 다시 말해, 의견의 불일치나 다른 방향으로의 관점과 이해의 차이를 좁혀 상호 만족하기 위해서는 창조성(creativity)이 필요함을 이해해야 한다.

⑧ 성과를 내기 위해서는 '무엇을 말하는가?'가 중요한 게 아니라 '어떻게 행동(style)하는가?'가 더 중요함을 명심하여야 한다. 다시 말해, 내부적으로 유리한 고지를 선점하기 위하여 최신 정보를 수집-분석-전파-재평가-재수집을 하는 등의 반복적인 피드-백(feed-back)을 통해 융통성 있게 움직이면서도 상대에게는 일관성이 있는 행동을 보여주어야 한다는 의미이다. 호수에 조용하게 떠 있는 백조가 아름다움을 보이기 위해서는 조용히 떠 있는 게 아니라 엄청난 속도로 발을 움직이는 각고의 노력이 있었기에 아름다움을 외부로 보여줄 수 있고 유지할 수 있다는 사실과 같다고 보면 된다.

⑨ 국가 또는 집단(단체) 간의 협상은 개인을 위하는 게 아니라 자신이 속한 국가(집단)를 위해 하는 것이기에 정상적이고 올바르게 작동할 수 있는 협상 시스템을 구축하는 데 노력하여야

한다. 이때 협상 시스템을 내실보다 외형적·형식적으로만 구성하게 된다면, 어차피 협상의 성과는 기대할 수 없음이 그간의 많은 사례를 통해 증명되고 있음도 인식할 필요가 있다. 최근 자주 접하는 정치권의 협상 방식은 어제와 오늘만의 현상이 아니지만, 올바른 협상 패턴이 아님을 반드시 명심해야 한다. 자신들의 이익을 위해 모인 진영(camp) 간 일방적인 논리의 주장이나 압박, 이해집단의 의사를 대변하는 각축전(角逐戰, hot contest)에 불과하기 때문이다. 이런 상황이다 보니 스텝(step)마저 꼬이고 있음을 예리하게 직시(直視)할 수 있어야 한다. 아래의 <그림 1-27>은 국가 차원의 협상 시스템 구축을 예시(例示)한 도표이다.

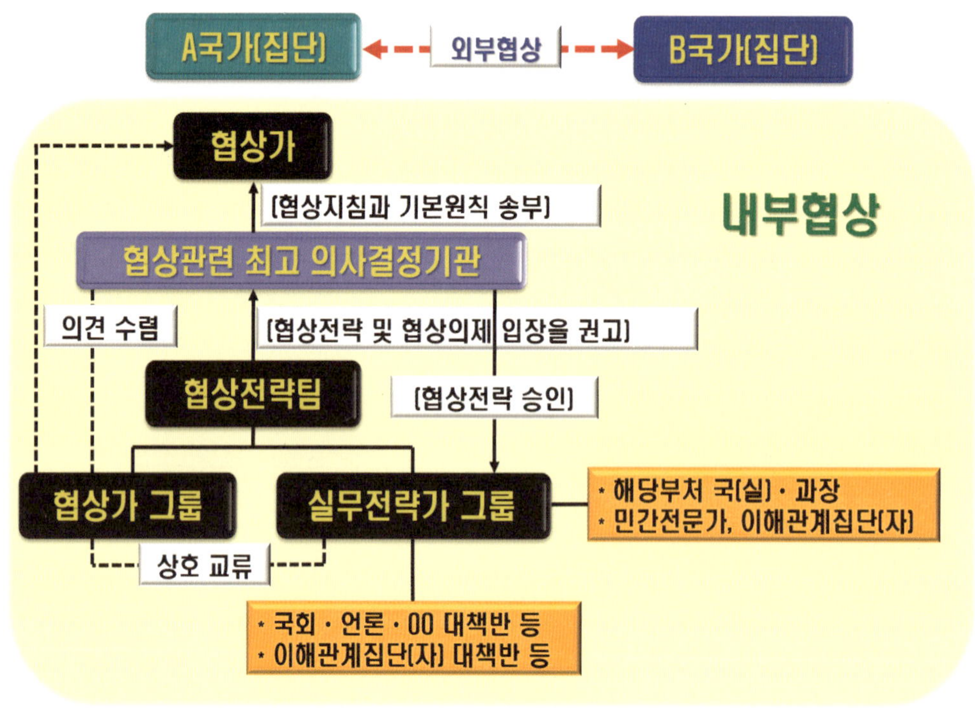

〈그림 1-27〉 국가 차원에서 구축된 협상 시스템(예시)

A 국가(집단)와 B 국가(집단)가 협상을 진행할 경우 가장 먼저 내부 협상팀이 꾸려진다. 협상팀에는 대표하는 협상참여자가 있지만, 혼자만의 힘이 아니라 협상팀의 주도로 협상가 그룹과 실무그룹(working-group)이 상호 소통하면서 해당 그룹별로 별도의 실무팀을 가동하고 이를 종합하여 협상과 관련한 최고 의사결정 기관에 승인과 건의를 반복하게 된다. 이 와중에도 협상가 그룹과 최고 의사결정 기관은 수시로 소통할 수 있도록 채널을 갖추고 언제, 어느 때라도 항시 소통할 수 있어야 한다. 이는 軍 조직에서의 위기관리 및 대응, 상황 조치 시에도 마찬가지로 적용하여야

한다. 지시를 받은 것만 진행한다거나, 지시하는 일방적 태도로만 지휘통제실을 운영한다거나, 직책을 활용할 경우 위기관리·대응, 상황 조치는 열이면 열, 백이면 백을 불문하고 종결하기가 불가능하였음은 저자(著者)가 체득한 결론이다.

이러한 과정에서 협상 전략을 승인하면서 현장에 있는 협상참여자에게는 협상 전략과 협상 의제(Agenda)에 대한 의견을 전하게 된다. 모든 과정과 시스템은 어느 팀이 이견(異見)을 제기하면, 전체가 같이 검토하고 조정하는 분위기가 마련되어야 한다. 내부의 협상 시스템이 원활하고 활성화되면, 그 힘이 협상에 작용하여 강력한 협상력(bargaining power)으로 영향력을 발휘하게 한다. 아래의 <그림 1-28>은 실제 협상 과정에서 구체적으로 적용되는 절차로 Yes와 No에 따라 반복적으로 진행되거나, 바로 이어질 수 있다.

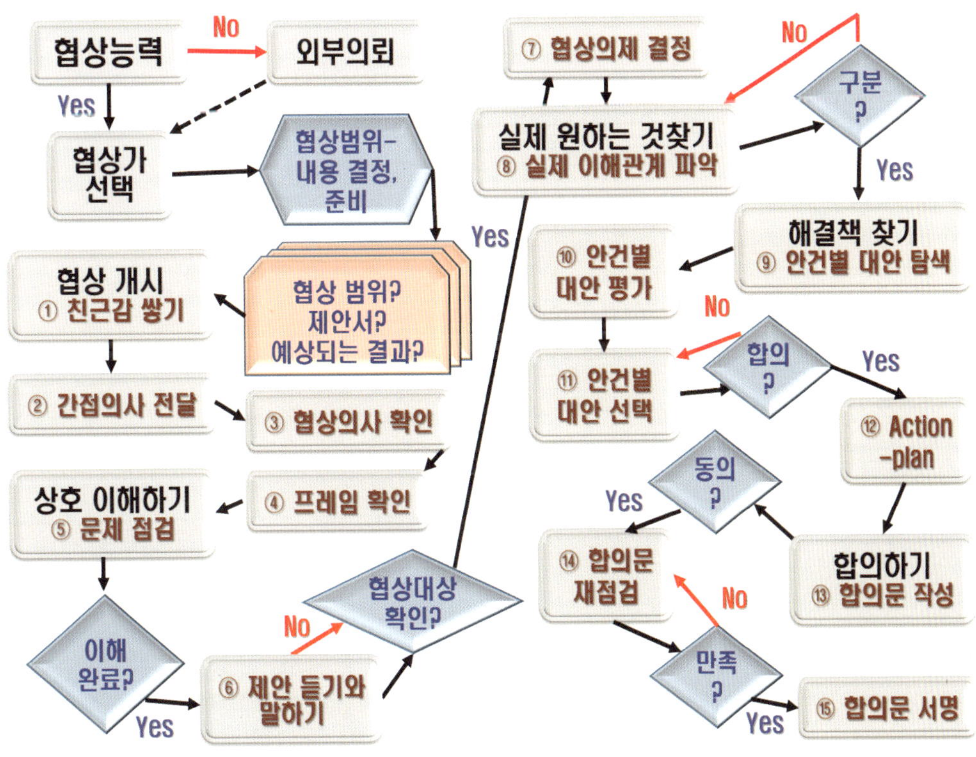

〈그림 1-28〉 협상 과정에서 보이는 구체적인 진행 절차

협상 목표와 협상력(bargaining power 또는 political leverage)이 요구되는 정도에 따라 해당 영역의 전문 협상가를 선정하거나, 외부의 전문 협상가에 의뢰하게 된다. 이때부터는 상황의 전개나 진행 과정에 따라 결렬과 교착, 또는 정상적인 합의를 달성하기 위해 집중하게 된다. 명심하여야

할 사실은 마지막까지 세밀하게 확인하고 정중한 예의를 갖추지 않으면, 낭패 보기가 쉽다는 점에 있다.

3.3. 사전협상–본협상–후속 협상 단계에서 갖추어야 할 전략 이해

3.3.1. 사전(事前) 협상 단계에서의 5가지 전략

사전협상에서 핵심 요소(key-word)는 될 수 있는 대로 상대에게 '베푼다.'라는 인식을 심어주면서 분위기를 자연스럽게 우월감(sense of superiority)이 생기도록 만드는 데 있다. 누구나 경쟁자로 느낄 때는 긴장하지만, 자신이 상대보다 우월하다고 느끼는 순간부터 도와주려는 마음이 본능적으로 일어나게 됨을 이해하여야 한다. 아래의 <표 1-28>은 사전협상 단계에 필요한 5가지의 협상 전략이다.

〈표 1–28〉 사전협상 단계에 필요한 5가지 협상 전략

① 협상 준비를 제대로 해라! 즉, 필요한 정보를 최대한 수집하라! ② 수집한 정보(intelligence)는 객관적 근거로 만들어서 상대에게 제시하라! ③ 준비단계에서부터 공략(攻略)할 목표는 명확하게 정해라! ④ 상황보다 상황을 바라보는 인식(perception)이 중요함을 기억하라! ⑤ 단순하게 협상을 타결하기 위해 조바심을 내는 모습은 절대 보이지 말아야 한다!

① 특별한 비법이나 방법은 없다. 협상이 시작되기 이전에 준비하는 수준과 정도를 보면, 협상 결과는 쉽게 예측할 수 있다. 따라서 많은 정보를 지속적・반복적으로 수집하고 준비해야 한다. 주의할 점이 있다면, '자기만족(self-contentment)'에 빠질 때가 가장 위험한 순간이다. 십중팔구 '자만(自慢, hubris)'이기 쉽기 때문이다. 가장 중요한 수집 대상은 과거의 성공 및 실패한 사례와 협상 대상자의 내용에 관한 정보이다. 즉, 기호도, 가족관계, 지인(知人)의 범위와 폭, 특수종교 여부, 취미 등이며, 외국인일 경우는 해당 국가의 문화(culture)와 관습(custom), 인종, 예법 등도 중요한 요소로 포함할 필요가 있다.

② 객관적이고 합리적인 근거(reasonable argument)가 있어야 비로소 자신의 주장이 상대에게도 설득력이 있도록 만든다. 아래의 <표 1-29>는 프로야구 구단 선수들이 연봉을 협상할 경우 보이는 유형이다.

〈표 1-29〉 프로야구 구단이 연봉 협상 간 선호하는 선수의 유형

문제4) 프로야구 구단과 선수들 간 연봉 협상을 진행하고 있다. 구단의 협상 대표들이 가장 선호하는 야구 선수 유형은? ① 예의 바른 선수　　② 구단에 연봉 결정권을 일임한 선수 ③ 무작정 자신의 연봉을 대폭 올려달라는 선수 ④ 자신의 연봉이 올라가야 하는 객관적 자료(수치)를 제시하는 선수

③ 협상에 대한 자신만의 목표를 설정한다. 목표가 설정되지 않았을 경우 '원칙 없는 협상'이 진행될 수 있기 때문이다. 협상에서 제일 위험한 상태가 '어떻게 되겠지!'라는 막연한 심정으로 협상에 임하면, 성과를 달성하기는 어렵다. 목표에 대한 감(感)이 없기 때문이다. 통상적으로 얘기하는 '반드시 타결하고야 만다!'라고 압박하는 듯한 목표는 정상적인 목표가 아니다. 왜! 그럴까? 기억해야 할 사실은 사람의 이성(reason)과 감정(emotion)을 저울질하는 예민한 게임이 바로 협상이기 때문에 그렇다.

④ 협상에서는 '사실(fact)'도 중요하지만, '인식(perception)'이 더 중요하다. 다시 말해, 상대에 대한 협상력도 중요하지만, 양(兩) 협상참여자가 상대에 대하여 어떠한 인식에서 접근하느냐가 더 중요하다. 아래의 <표 1-30>은 남자가 연인에게 고백하는 일반적인 사례를 통해 알아보자.

〈표 1-30〉 남자가 연인에게 고백하는 일반적인 사례

상황) 남자(A)가 짝사랑하는 여자(B)에게 "나의 사랑을 네가 받아주지 않으면, 죽어버릴 거야!"라고 고백하였다. 과연 남자(A)의 고백은 여자(B)에게 어떤 효과가 발휘될 것인가? 아니면, 발휘하지 못할 것인가?

여기에서 A의 고백이 B에게 효과를 발휘하기 위해서는 하나의 전제(前提)가 담보되어야 한다. B가 A를 어떻게 생각하고 있다거나, 바라보는 인식의 정도에 따라서 효과의 발휘 여부는 정해진다. 두 가지 경우로 나타날 수 있다. 먼저, B가 A의 고백을 진심이라고 생각한다면, 최소한 A를 죽게 내버려 두지는 않을 것이다. 둘째, B가 평소 A를 허풍쟁이나 진실하지 않은 사람으로 생각하고 있었다면, A의 고백은 별다른 효과를 나타내지 못하게 되고 자신이 죽어버린다는 고백을 이행하게 될 거라는 판단에 이를 수 있다.

⑤ 누구나 협상 대표가 되면, "내가 협상 대표로 있는 이상 실패는 있을 수 없다"라는 결기에 찬 마음가짐으로 임하기가 십상이다. 그러나 모든 문제의 출발점이 바로 이 순간이다. 다시 말해 협상 결과가 자신이 속한 국가(집단)의 원칙을 침해하는 사례의 발생을 예측할 수 있거나, 자신에게 유리한 상황으로 만들 수 없을 경우라면, 차라리 협상을 결렬로 몰아가는 게 도움이 될 수 있음을 이해하여야 한다. 특히 협상을 성공시키는 것만이 사전협상의 목표가 아니라는 점도 분명히 인식하여야 한다. 무리하게 협상을 타결짓기보다는 원칙을 지키는 정공법(正攻法)으로 접근하는 게 단기적으로는 실패로 끝날지 모르지만, 차후 협상을 진행하는 데 유리하다는 점을 인식하여야 한다.

3.3.2. 본(本) 협상 단계에서의 5가지 전략

본협상 단계의 핵심 요소(key-word)는 협상력을 최대한 발휘하는 것이다. 아래의 <표 1-31>은 본협상 단계에 필요한 13가지의 협상 전략이다.

〈표 1-31〉 본협상 단계에 필요한 13가지 협상 전략

① 인내하고 또 인내하라!
② 협상의 대안(BATNA)을 준비하라!
③ 협상 시한(時限)을 최대한 활용하라!
④ 상대가 주장하는 이면(裏面)을 빠르게 읽어내라!
⑤ 장기적 관점에서 협상을 진행하라!
⑥ 상대가 'No'라는 말에 당황하거나, 겁먹지 마라!
⑦ 최종 책임자는 마지막 즈음에 협상에 나서라!
⑧ 협상 내용은 반드시 문서로 남겨라!
⑨ 상대의 약점(아킬레스건)은 가능한 한 건드리지 마라!
⑩ 섣불리 말하지 마라! 침묵(silence)의 의미를 되새겨라!
⑪ 직접적인 감정(emotion) 표출은 삼가고, 될 수 있으면 진중한 태도를 보이고 섣불리 화내지 마라!
⑫ 양보하지 마라! 하지만 적절하게 양보해라!
⑬ 진지한 협상을 위해 최대한 면대면(面對面)으로 진행하라!

① 협상 간 갈등과 교착은 당연한 순서라고 앞에서 설명한 바 있다. 협상은 서로가 양보할 수 없는 중요한 게임이므로 각기 설정한 목표가 달성되지 않는 한 떠날 수 없다. 갈등과 교착 상황에서 섣부른 실망과 분노를 표출하거나, 절망하는 모습을 상대에게 보이는 순간 주도권은 넘어갈 것이고 협상력은 당연히 떨어진다고 생각해야 한다.

② 고전적인 방법은 한쪽의 배트나가 상대적으로 불리하다는 사실이 쌍방 쌍방에게 알려지도록 해야 한다. 그래야 배트나의 존재가 협상을 진행하는 데 영향을 끼치게 만들 수 있다는 점을 드러낼 수 있다.

③ 종종 최종 시한을 앞두고 타결되는 것은 시한을 넘기면 쌍방 모두가 손해를 보기 때문이다. 이는 최근의 한국 사회에서 일어나는 노사협상이나 임금 타결, 국회 예산 심의 등을 통해서도 느낄 수 있다. 이때도 정보(intelligence)의 중요성은 높다. 상대가 시한을 걱정하고 있다면, 내가 알아야 하고, 내가 가진 최종 시한을 상대는 모르게 해야 한다. 아래의 <표 1-32>는 중국 기업과 한국 기업 간 가전제품에 대한 협업(collaboration)과 공동생산(partnership)과 관련된 협상 사례이다.

〈표 1-32〉 중국-한국 기업 간 협업· 공동생산 관련 협상사례

상황) 중국은 협상을 진행할 때 지연전술 즉, '만만디 전술'을 잘 활용한다.[21] 한국 기업이 중국 기업과 가전제품을 협업(Collaboration) 및 공동생산하기 위해 방문하였다. 도착한 첫날 융숭한 대접을 받은 한국 협상팀은 감사한 마음뿐이었다. 그러나 다음날도, 또 그다음 날도, 향응이 계속되면서 한국 협상팀의 속은 타들어 갔다. 협상팀이 기업 CEO로부터 부여받은 기간은 한 달 남짓인데, 속절없이 날짜만 흘러가고 있었기 때문이다. 처음에는 마냥 좋아하다가 점차 마음이 급해진 한국 협상팀은 중국 협상팀을 재촉하여 정해놓은 기간에 맞추기 위해 조급하게 계약을 성사시켰다.

문제5) 한국 협상팀의 성과는 무엇이고, 문제점은 무엇일까?

---

21) '만만디(慢慢的) 전술'은 중국 원나라 주원장이 잘 사용하였던 '최대한 천천히' 움직이는 전술로 마음이 급한 상대를 조급하게 만들기 딱 좋은 전술이다. 마오쩌둥이 창안한 '지구전(持久戰)'도 만만디 전술의 일종이다. 지난 사례를 들자면, 美中 간 무역전쟁이 한창일 때 미국의 트럼프 대통령은 '콰이콰디(빨리빨리)'를 외쳤지만, 중국의 시진핑 국가주석은 '만만디(천천히)' 전술을 고수하였다.

④ ①번의 '인내하고 또 인내하라'라는 내용과도 연계되는 내용으로 갈등과 교착 국면(局面)이 발생하였을 때 아무런 조치도 취하지 않는 것은 어리석다는 의미와 같다. 상대와 자신이 공통으로 진정 원하는 게 무엇인지를 고민하여 반드시 답을 만들어내야 한다. 아래의 <표 1-33>은 A 기업의 구매담당자 사례이다.

〈표 1-33〉 기업 구매-판매담당자 간 갑작스러운 협상 교착 사례

상황) A 기업 구매담당자가 필요한 물품을 구매하기 위해 B 기업 판매담당자와 가격 인하(引下) 협상을 진행하고 있다. 대화(對話)가 순조롭게 진행되고 있는 와중에 갑자기 B 기업 판매담당자가 더 이상의 가격 인하는 불가능하다면서 정색을 하고 불필요한 고집을 피우고 있다. **문제6)** 왜! B 기업 판매담당자는 갑작스럽게 고집을 피우게 되었을까?

⑤ 개인의 성격에 따라 상황이 달라질 수 있으므로 모든 사람이 합리적으로 행동한다는 전제(前提)가 성립할 때만 사용이 가능한 전략이다. 일회성으로 협상을 진행할 경우 비정상적인 현상과 또 다른 후유증이 생길 수 있다. 따라서 추가 협상을 진행할 필요가 없더라도 강제와 강요, 압박과 협박, 사기 외에도 많은 부정적인 사례가 발생할 여지가 있음은 꼭 인식하여야 한다.

⑥ 협상에서 'No'라는 의미를 너무 진지하게 받아들일 필요는 없다. 주로 협상을 시작한다는 의미로 많이 사용하기 때문이다. 다시 말해, 완전한 거부나 부정의 의미가 아니라 제안한 가격이나 의제(Agenda) 또는 협상에 임하는 상대의 태도가 마음에 들지 않는다는 우회적 표현일 수 있기 때문이다.

⑦ 개인일 경우 누군가를 대리하여 진행할 것이고, 사회적 갈등 해소와 관련된 협상이라면, 그들이 속해있는 집단(단체)을 대리하는 것이다. 국가 간 협상이라면, 직업외교관이나 협상전문가 등이 정부를 대리하여 진행한다고 볼 수 있다. 최종 책임자는 첫째, 협상과 관련한 훈련에 적응되지 않은 경우가 많을 것이고, 둘째, 협상의 과정을 객관적으로 판단하려면, 직접 협상장에 등장할 경우 그러한 판단과정 자체가 어려워질 수 있다. 따라서 협상의 교착 상태가 심각하여 진전(進展)이 어렵다고 판단될 때만 나서겠다는 인식이 필요하다.

⑧ 우리가 일상생활에서 주로 사용하게 되는 재래식 시장과 백화점이나 대형 할인점에서 물건을 구매할 때 가격표가 붙어 있을 때 느끼는 인식의 정도와 재래시장에 갔을 때 가격표가 붙어 있지 않았을 때 느끼게 되는 느낌을 생각해보면 알 수 있다.[22] 먼저, 지금은 드물지만, 과거의

재래식 시장에 갔을 때 가격표 붙어 있지 않으니, 당장 가격부터 깎자는 사례가 자주 일어났다. 반면에 백화점(대형 할인점) 가격은 초기부터 정찰제라는 인식이 굳어져 있다 보니 깎으려는 생각 자체를 하지 않는다. 협상도 마찬가지이다. 구두(口頭)로만 결정할 경우 차후에 문제가 발생했을 때 근거나 법적 책임을 따르게 하기가 불가능하다. 따라서 반드시 협상 간 중요한 과정이나 결과가 필요한 시점 또는 시기가 되면, 쌍방이 서로 의견을 교환하여 결론적으로 문서로 작성한 다음 이를 공식적인 기록 및 근거로 남겨둘 필요가 있다.[23)]

⑨ 상대의 약점은 절대 건드리지 말아야 한다. 상대의 약점을 파악하는 것까지는 좋으나, 그것을 아무 생각 없이 단순하게 협상을 이기려는 마음에서 정당하지 않은 수단으로 사용하게 될 때 단기적으로는 이익이 될지 모르지만, 장기적으로는 분명히 손해(damage)임을 알아야 한다. 아래의 <표 1-34>를 통해 무심코 행동한 결례로 인해 일정 기간이 지난 다음에 결정적인 손해를 본 노사협상의 사례를 알아보자.

---

22) '메라비언 법칙(Rule of Mehrabian)'은 '55:38:7 법칙'으로도 불린다. 시각의 효과가 55%, 청각 효과가 38%, 내용을 봄으로써 느끼게 되는 효과는 7%라는 것이다. 각종 목적의 프레젠테이션을 비롯하여 보고서나 강의할 때도 간략한 영상이나 그림 등을 활용하는 것은 바로 이 때문이다.

23) 6·25전쟁 시 휴전협상의 진행 과정에서 미국은 휴전협상 한국군 대표로 백선엽 장군을 선정하였으나, 협상장에 발도 붙이지 못했고, 협상 과정에서도 배제당했다. 이승만 前 대통령은 미국의 항의하면서 여러 가지의 문제를 만든 결과 휴전협정에 한국군 대표는 참석하지 못했다. 이는 어떠한 경우에라도 근거로 남길 수 있는 문서 작성에 반드시 참석해야 했다. 정부가 추진하는 '종전(終戰)선언' 또는 '평화협정(Peace treaty)'을 추진하는 과정에서 대의적 명분도 일부나마 건질 수 있었기에 아쉬움도 크다. 김성진의 "아직 끝나지 않은 6·25전쟁(휴전협상)의 소회(one's impression)," 『경제포커스(https://post.naver.com/viewer/postView.nhn?memberNo=565676&volumeNo=28428565)』(2020. 6. 2.)을 참고하기 바란다.

〈표 1-34〉 무심코 한 결례로 결정적인 손해를 본 노조원의 사례

상황) 모 기업에서 일어난 사례이다. 노사협상을 시작하기 전에 양측의 상견례가 있는 자리였다. A 상무가 습관적으로 다리를 떠는 것을 본 노조 간부가 말하기를(曰) "A 상무, 다리 좀 떨지 마쇼!" A 상무는 엄청나게 자존심이 상했지만, 그 자리에서는 꾹 참았다. 이후 노조 협상이 성공적으로 끝난 다음 A 상무는 마음에 새겨두고 있다가 자신이 주관하는 중요한 회의에 해당 노조 간부를 아예 배제했다. 이미 각본이 짜여 있어 뭐라고 항의할 수도 없었다.

⑩ 섣불리 말하지 말고 침묵(silence)하라는 것은 말(言)보다 기술(skill)이 중요하다는 의미이다. 같은 말이라도 어법(語法)과 방식에 따라 상당한 차이가 발생한다. 따라서 무슨 말을 해야 할지 모를 경우는 불필요한 말로 실패의 원인을 일으키기보다는 침묵을 지키는 게 도움이 된다. 입을 다물고 상대의 말을 끝까지 경청(listen)하면서 자신이 해야 할 말을 마음속으로 정리하거나, 애매할 경우 그냥 고개만 끄덕이는 게 백 번의 말보다는 훨씬 효과적이다. 따라서 애매하다면, 하기보다 듣는 쪽을 선택하는 게 좋다.[24)]

⑪ 직접적인 감정 표출은 절대 삼가야 한다. 화를 내면, 감정을 절제하기 어렵기에 이성적인 의사소통이 불가능함을 스스로 인정하게 된다. 또한, 내심이 표출되어 상대의 페이스에 말려들기 쉽다. 이로 인해 국가나 기업 협상에도 상당한 손해가 발생한다. 이를 방지하기 위해서는 어떠한 상황과 국면에서도 포커페이스(poker face)를 유지할 수 있어야 한다.[25)] 포커페이스는 '개인의 심정이 드러나 있지 않은 얼굴이나 상태'를 뜻하는 말로 '경험과 지식이 혼합된 통찰력(insight)'이 필요하며, 협상교육 시 협상가의 첫 번째 자질이 바로 '포커페이스'이다. 상황이 바뀌어도 무표정하거나, 마음의

24) '굿-가이 배드-가이(Good-guy Bad-guy) 작전'은 수사 간 심문하는 방법이기도 하다. 2008년 개봉된 강철중 검사가 나오는 영화 『공공의 적』에서 수사하는 과정에 바로 이 수사 방법을 적용하고 있다. 한 사람은 거칠게, 한 사람은 부드럽고 따뜻하게 대함으로써 피의자의 굳게 닫힌 마음을 자연스럽게 여는 방식이다.

25) '포커페이스(poker face)'는 포커 용어로서 '상대에게 내면의 생각이나 마음을 아무것도 드러나지 않도록 무표정하게 짓는 얼굴'을 뜻한다. 협상에서는 알면서 모르는 척, 몰라도 아는 척하는 드러내는 행위를 뜻하지만, 한편으로는 계산된 감정(emotion)의 표출도 중요하다.

동요를 나타내지 않는 상태임을 이해하여야 한다.

⑫ 양보하지 말라고 하면서 다시 적절하게 양보해야 한다는 말은 이해하는데 상당한 혼란을 가져올 수 있다. 아래의 <표 1-35>를 통해 문제를 풀이하면서 이해하는 시간을 가져보자.

〈표 1-35〉 상대에게 양보하지 말고, 적절한 양보는 필요하다는 의미

문제7) '상대에게 양보하지 마라, 하지만 적절하게 양보하라'라는 문장의 의미를 어떻게 해석하는지 아래의 유형에서 고른다면?

① 상대방이 양보하기 전에 먼저 양보해야 한다는 말이다.

② 협상에서는 전혀 적절하지 않은 말이다.

③ 현실적으로 어리석은 짓이다.

④ 쉽게 양보할 수 없지만, 협상이 아주 많이 꼬일 경우는 양보할 수 있다는 인식이 저변(底邊, 밑바닥)에 깔려있다.

문제8) 오랜 시간에 걸쳐 협상을 진행하였는데도 아무런 진전이 없다. 따라서 협상을 진전(進展)시키기 위해 먼저 조금 양보하려고 한다. 여러분은 이에 대하여 어떻게 생각하는가?

① 협상을 타결하기 위해 좋은 계기가 될 수 있다.

② 상황에 따라 판단을 달리해야 한다.

③ 바보같이 어리석은 짓이다.

④ 심각한 교착 상태로 협상 타결이 어려운 경우에만 선택해야 한다.

협상은 상호 의존(interdependence)을 특징으로 하고 있으며, 아무런 대가(代價) 없이 먼저 양보할 경우 상대가 더 많은 것을 요구할 수 있다는 점을 기본적으로 인식해야 한다. 여기에서 '적절하게 양보하라'라는 의미는 상대가 자신에게 일방적으로 양보할 경우 어떻게 할 것인지?에 관한 대처 방법을 고민하라는 의미이다. 상대 스스로가 무슨 제안을 하는지 제대로 이해하지 못하면서 얘기하는 때도 있기 때문이다. 상대가 이해하지 못할 양보를 하고 있다고 판단될 경우 선뜻 그 양보안을 받지 말고 하루(24H) 정도는 양보안을 제시한 상대가 다시 객관적 판단을 해보도록 시간적 여유를 부여하는 것이다. 이후에도 양보할 의사(意思)에 변동이 없다면, 그대로 수용해도 무방하다. 이렇게 하는 이유는 복잡하게 보이겠지만, 어차피 정상적인 양보안이 아닐 경우 자의적이던, 자의적이지 않던 재협상은 불가피하다. 다시 해야 하는 과정이 더욱 험난하므로 이를

예방하는 차원으로 이해하면 될 듯싶다.

⑬ 때때로 쌍방이 직접 마주 앉지 않고 진행하는 팩스나 전화, E-메일 등은 거의 효과가 없다. 가능한 면대면(面對面) 방식이어야 한다. 과거에 협상이 교착 상태일 때는 상대가 먼저 움직이기를 기다렸다가 마지 못한 듯이 응답하는 등을 통해 자존심을 세우기도 하였다. 그러나 시대와 환경이 변화하면서 유능한 협상가는 '상대가 고집을 피우거나, 고의로 회피하더라도 먼저 전화와 접촉을 시도하는 사람'이라는 점을 명심하여야 한다.

3.3.3. 후속 협상 단계에서의 3가지 전략

후속 협상은 사전협상과 본협상을 거쳐오면서 많은 변화가 있기에 해당 분야의 전문가들조차도 시시각각 변화되는 상황에 대응하기는 상당히 벅차다. 그러나 이러한 어려운 여건 속에서도 사전에 준비하였던 협상 절차와 전략의 기본원칙, 틀(tool)을 잊어버리면 안 된다. 집에서 가끔 라면을 끓일 때 라면의 조리법과 다르게 해보거나, 조급한 마음에 물이 끓지도 않는데 라면을 넣으면 퍼지거나, 라면 특유의 맛은 날 수 없음을 경험해 봤을 것이다. 협상은 더더욱 마찬가지이다. 후속 협상은 협상 이전에 준비단계를 거치면서 각종 관련 정보의 수집과 협상 전략을 완성한 후 실무진의 사전(예비)협상과 본협상에서 합의를 이룬 결과를 마무리 짓는 과정이다. 아래의 <표 1-36>은 후속 협상 단계에 필요한 3가지 전략이다.

〈표 1-36〉 후속 협상 단계에 필요한 3가지 전략

① 진정한 협상의 끝은 공식적인 서명이 이루어지는 순간이다. ② 서명할 때까지도 재협상의 가능성을 염두(念頭)에 두어야 한다. ③ 협상은 '관계의 형성'임을 잊지 말아야 한다.

① 협상가 대다수가 가진 생각이라고 하여도 과언(過言)이 아니다. 협상의 타결을 후회하게 만드는 비공식석상에서의 조그마한 실수, 조그마한 단어 하나를 소홀하게 취급하여 실패로 돌아간 사례는 무수하게 많이 있다.

② 본협상에서 합의한 다음 공식 서명하는 단계에서도 무엇인가 잘못이 발견될 때, 쌍방(다자)간의 외교적 관계에 문제가 야기될 때, 장기적으로 재협상 여지를 남겨두는 게 이로울 수 있음을 잊지 말아야 한다.

③ 장기적 관점에서 협상 상대와 친밀한 관계를 지속하여 형성하려는 노력이 필요하다. 이러한 3가지의 전략적 인식은 기본적으로 갖추어야 하지만, '다 된 밥에 코 빠트린다.'라는 말과 같이 협상 마지막에 실패하는 사례가 생각 이상으로 많이 발생하게 됨을 반드시 기억해야 한다. 아래의 <표 1-37>은 협상이 실패하는 3가지의 원인을 대화 형식으로 정리한 내용이다.

〈표 1–37〉 협상이 실패하는 3가지 원인

① "내일 협정식만 남았으니 이제 다 끝났군요."
② "그동안 수고하셨습니다. 내일 서명만 하면 되겠네요."
③ "이제 서명만 남았으니 오늘은 모두 허리끈을 풀고 즐깁시다."

앞의 <표 1-22>에서 프랑스 기업과의 와인 협상에서 성공적인 본협상을 마무리하고 서명하기 하루 전에 열린 프랑스 CEO가 주최한 만찬에서 범한 결례로 인해 그때까지 잘 다져놓았던 신뢰와 모든 협상이 결렬되게 만든 결정적인 원인임을 느낄 수 있었을 것이다. 협상에 참여하는 모든 구성원과 관련 구성원들은 "협상이 끝난 뒤의 사후(事後) 관리가 협상을 진행할 때보다 더 중요"하다는 점을 항시 잊지 말아야 한다.

4. 군사협상의 한계와 협상 기법(技法) '삼십육계(三十六計)'

4.1. 군사협상의 한계

군사협상은 일반협상과 다르게 현실적인 어려움과 한계가 더 많이 존재하고 있다. 이러한 현실은 여느 국가를 불문하고 대다수 비슷한 입장일 것으로 생각한다. 다시 말해 국가 간 처해있는 처지와 인식 정도에 따라 해석하는데 차이가 발생한다는 점과 국가 내부적 시각에서 정부의 정치적 입장과 군의 존재 의미와 가치가 항상 같을 수 없기 때문이다.[26] 다만, 한국의 경우 분단된 상태이다 보니 다른 국가에 비해 경직·배타적인 관점에서 이를 바라보는 경향이 많이 있다.

26) 국가 간의 입장에는 여러 가지의 변수가 있지만, 통상 첫째, 국가의 계산 방식이나, 둘째, 자존심과 명예의 존재 여부, 셋째, 공정성과 감정의 중간에서 불어 닥치는 회오리바람의 정도, 넷째, 긴장의 지속성(sustainability)이나 연속성(continuity)으로 말미암아 발생하는 예민함의 정도에 달려있다.

최근의 대표적인 사례가 2015년에 발생하였던 경기도 파주에 있는 제1보병사단 지역에서 발생한 북한군 목함지뢰 폭발사건이라고 할 수 있다. 당시 정부의 국가안보실장 주도로 진행되었던 군사 협상사례의 이모저모를 복기(復棋)해 봄으로써 당시의 내면(內面)적인 문제점은 무엇이었고, 취약요인은 어떤 것이었는지에 관하여 알아보기로 하자.

아래의 <그림 1-29>는 당시 비무장지대(DMZ)에서 폭발한 북한군 목함지뢰와 관련한 요도이고, <그림1-30>은 폭발 당시 시간대별 상황의 전개 과정을 간략하게 정리한 내용이다.

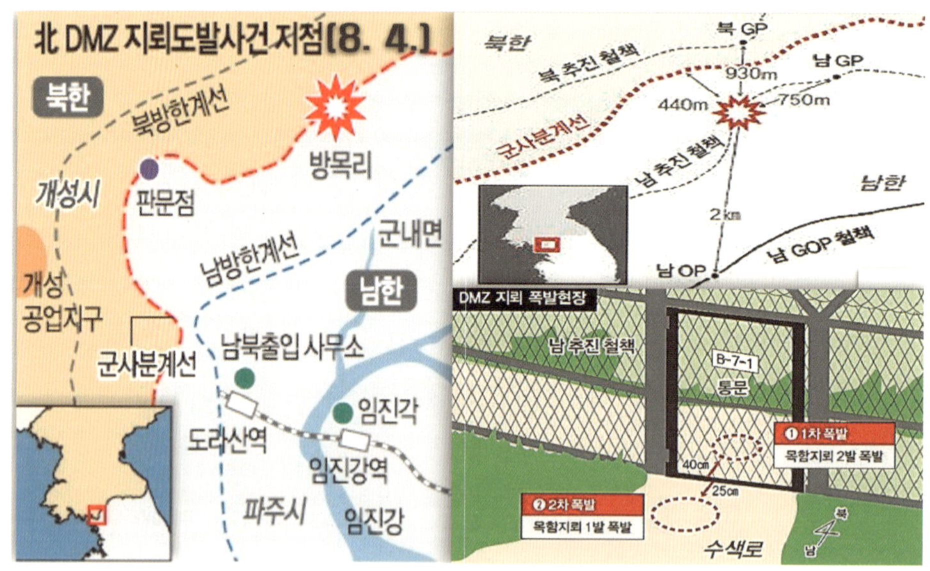

〈그림 1-29〉 북한군 목함지뢰 폭발사건 개요

〈그림 1-30〉 폭발사건 당시 시간대별 상황의 전개 과정

2015년 8월 4일 07:40 분 경, 군사분계선 이남(以南) 440m 지점에서의 북한군 목함지뢰 폭발사건이다. 당일 바로 뉴스로 보도한 언론도 있었지만, 3개 방송국이 최초 보도한 시기는 6일이 지난 8월 10일이었다.[27]

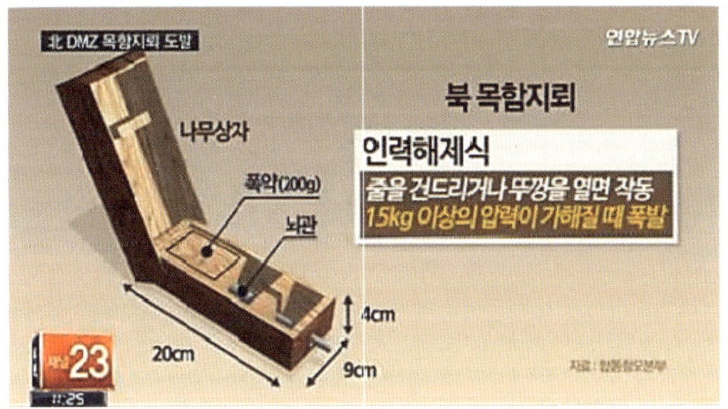

목함지뢰가 폭발한 이후 3주간에 걸쳐 일촉즉발의 위기상황은 계속 고조되었고, 남북 간 협상도 막바지에 이르러서야 극적으로 돌파구를 찾았다는 내용이 정부 측의 대국민 발표로 진행되었다. 이때 다룬 의제(Agenda)는 세 가지였다. 이산가족 상봉과 민간 교류, 그리고 확성기 방송 중지였다. 이로 인해 다수 국민은 혼란스러웠다. "북한군이 설치한 목함지뢰의 폭발로 애꿎은 국군장병이 희생되었는데, 왜! 갑자기 이산가족과 민간 교류가 나오며, 확성기 방송은 왜! 갑자기 중단하는 거지?"라는 의문이었다. 아래의 <표 1-38>은 당시 정부에서 발표한 남북 공동발표문 내용이다.

〈표 1-38〉 북한군 목함지뢰 폭발 당시의 남북 공동발표문

1. 남과 북은 남북관계를 개선하기 위한 당국 회담을 서울 또는 평양에서 이른 시일 내에 개최하며 앞으로 여러 분야의 대화와 협상을 진행해 나가기로 하였다.
2. 북측은 최근 군사분계선 비무장지대 남측지역에서 발생한 지뢰 폭발로 남측 군인들이 상처를 입은 것에 대하여 유감을 표명하였다.
3. 남측은 비정상적인 사태가 발생하지 않는 한 군사분계선 일대에서 모든 확성기 방송을 8월 25일 12시부터 중단하기로 하였다.
4. 북측은 준전시 상태를 해제하기로 하였다.
5. 남과 북은 올해 추석을 계기로 이산가족 상봉을 진행하고 이를 위한 적십자 실무 접촉을 9월 초에 갖기로 하였다.
5. 남과 북은 다양한 분야에서 민간 교류를 활성화하기로 했다.

27) 각 방송국은 국방부의 엠바고(embargo, 보도를 일정 시간 유보하는 것) 요청에 따른 것이라고 하였지만, 그간 언론이 행하여온 경향과 고유의 속성을 고려 시 다소 의아스러운 분위기였다.

당시 군 내부와 전문가들 사이에서도 갑작스러운 확성기 중단에 대하여 의아스럽다거나, 긍정적이지 않은 여론이 많았다. 여기에는 협상의 의미와 목적, 의제 선정에서 상당한 모호성(ambiguity)이 숨겨져 있다. 아래의 <표 1-39>는 남북 고위급 협상의 수준에 관한 이해를 돕기 위한 내용이다.

〈표 1-39〉 남북 고위급 협상의 수준에 관한 이해

문제9) 북한군의 목함지뢰 폭발사건의 결과로 진행된 남북 고위급 협상은 정도와 수준은 어디에 해당한다고 생각하는가?

① 네거티브(Negative) 협상　　② 1.0 협상

③ 2.0 협상　　④ 3.0 협상

협상이란 '마인드 컨트롤(Mind-control)과 정교한 기술(skill)이 필요한 매우 어렵고 복잡한 과정'임을 반드시 인식하고 있어야 한다. 다시 한번 협상 용어에 대한 정리를 해보면, 아래의 <그림 1-31>에서 보는 바와 같이 협상의 대상에는 여러 가지가 있다.

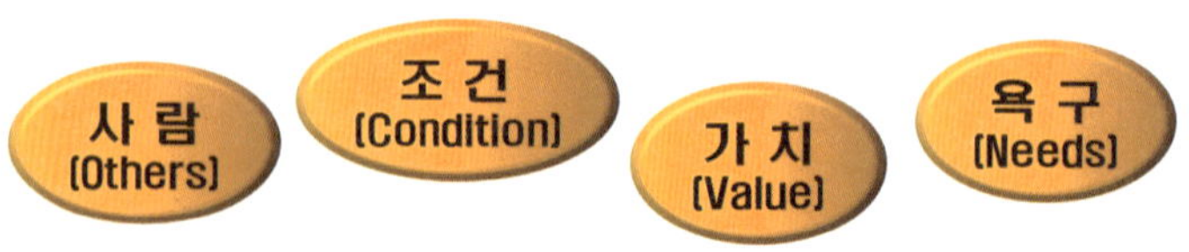

〈그림 1-31〉 협상의 대상

이외에도 다양한 대상을 꼽을 수 있겠지만, 가장 중요한 두 가지는 '사람'과 '가치'를 보라는 것이다. '조건'과 '욕구'는 당시의 필요 때문에 일회성이나 가식(假飾, 거짓으로 꾸밈)으로 변질하여 버릴 수 있지만, '사람'과 '가치'는 지속적이고 시너지 효과를 동반하는 성과를 가져오게 한다. 아래의 <그림 1-32>는 협상에 필요한 협상참여자의 자질(資質)을 정리하기 위함이다.

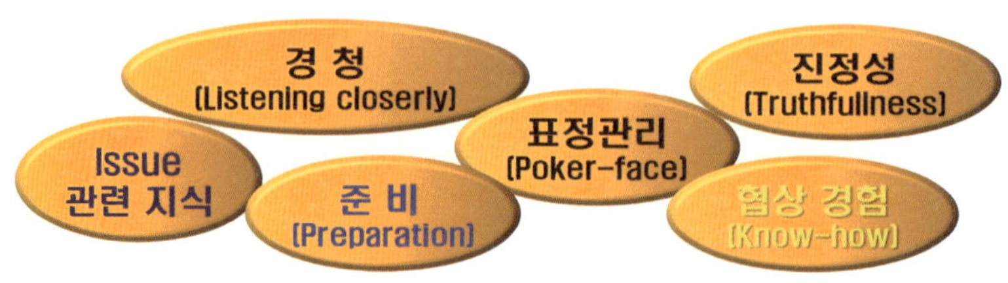

〈그림 1-32〉 협상을 위해 필요한 협상참여자의 자질

협상참여자가 갖추어야 할 가장 중요한 자질을 분야별 전문가의 설문 결과에 따르면, 가장 우선순위가 높은 분야는 '준비'이다. 2위가 협상 의제에 관한 '전문지식', 3위는 '경청'이다. 일반적으로 '협상 경험'을 가장 중요하다고 보는 데 실제로는 19위로서 의외의 사실로 받아들일 수 있다. 이는 협상 경험에 너무 휘둘리면, 의사결정권자의 오류(誤謬)나 착시(錯視) 현상을 불러올 수 있기 때문임을 이해하여야 한다. 나아가 조직 전체의 공동 파멸까지 초래할 위험성을 우려하지 않을 수 없기 때문이다.[28)]

4.2. 군사협상의 노-하우(know-how) '삼십육계(三十六計)'

'협상(negotiation)'의 어원(語源)을 따져보면, 'not free(바쁘다 → 일하다)'로 풀이하고 있으며, 비즈니스(business)라는 의미를 내포하고 있다. 사실상 정치 · 외교 · 경제 · 군사적 분야 등의 모든 협상이 비즈니스 차원에서 접근하고 있음은 불문가지의 사실이다. 이때 어떠한 종류나 유형(類型)의 협상도 한 가지의 기법으로만 대결하는 경우는 드물다. 대다수 여러 가지로 다양한 기법과 전략 전술을 복합적으로 채택하기 마련이다. 어떠한 사태이더라도 노-하우를 터득하고 있으면, 해결하기가 수월하고 효율성을 높일 수 있다.

협상의 노-하우를 활용하여 체계적으로 접근할 경우 최상의 성과 달성이 가능하다. 이러한 점을 고려하여 최근 많이 적용하고 있는 게 바로 '삼십육계' 방식이다. 이외에도 유사한 내용이 많이 있지만, 군사적 · 비군사적 측면을 막론하고 활용할 수 있다는 긍정적 측면과 이해하기도 쉽고 받아들이기도 쉬운 것으로 판단하여 이에 관한 탐구를 중점적으로 하고자 한다. 아래의 <표 1-40>은 군사협상의 노-하우 '삼십육계(三十六計)'이다.

〈표 1-40〉 군사협상의 노-하우 '삼십육계(三十六計)'

제1계 : 최대한 인내하고 또 인내하라! 그러나 감정이 이입(移入)되면, 다시 판을 짜라!
제2계 : 상대의 협박에 의연하게 대응하고 역(逆)으로 이용하라!
제3계 : 항시 갑작스러운 충격에 대응하라!

28) 6·25 전쟁 시 중공군의 한반도 투입을 놓고 반복된 맥아더 장군의 오류는 전쟁의 기간을 지체시켰고, 트루먼 대통령의 맥아더 장군 해임은 여러 국제전문가의 논란을 촉발했다. 이는 새뮤얼 P. 헌팅턴 교수의 의문을 자극하면서 1957년 민군관계의 세계적 이론서인『군인과 국가(the Soldier and the State)』를 출간시켰다.

제4계 : 말을 아끼면서 상대의 말을 유도하라!
제5계 : 어부지리(漁父之利)를 노려라!
제6계 : 자신과 상대의 감정(emotion)을 조절하고 이용하라!
제7계 : 상대의 말을 경청하는 것이야말로 최대의 양보임을 명심하라!
제8계 : 적절한 시기(timing)를 잡고 협상을 진행하라!
제9계 : 상대의 패(牌)가 무엇인가에 따라 적절하게 카드를 제시하라!
제10계 : 협상 의제(Agenda)를 선별하고 우선순위를 정해라!
제11계 : 단순하면서도 쉬운 것부터 시작하라!
제12계 : 악역(Bad-guy)을 등장시켜 상대의 기대 수준을 낮춰라!
제13계 : 상대가 이면(裏面)에 감춰놓은 언어를 읽어내라!
제14계 : 양보에도 법칙이 있음을 명심하라!
제15계 : 작은 것은 양보하고 큰 것을 얻어라!
제16계 : 양보의 법칙에도 예외가 있음을 명심하라!
제17계 : 협상 목표는 명확하게 설정하라!
제18계 : 질문은 질문답게 해야 하고, 대답은 대답같이 해라!
제19계 : 공격적인 질문은 일단 구렁이 담 넘어가듯이 회피하라!
제20계 : '마감 기일'을 활용하여 적절히 대응하라!
제21계 : 결정되는 모든 사안(事案)은 서면(書面)으로 남겨라!
제22계 : 상대의 허풍(虛風)과 기만(欺瞞)에 냉정하게 대처하라!
제23계 : 상대가 거절하기 어려운 카드를 제시하라!
제24계 : 어설픈 논쟁(論爭)은 가능한 피하고 적극적으로 설득하라!
제25계 : 협상팀의 내·외부를 막론하고 항시 보안(保安)에 유의하라!
제26계 : 분쟁이 발생 시 조정(調停)과 중재(仲裁)를 구분하여 효과적으로 이용하라!
제27계 : 단계별 재협상으로 기회를 포착하여 실패를 만회하라!
제28계 : 기선(機先)을 제압하고, 일부라도 합의가 된 내용은 기정(旣定)사실로 하여 밀어붙여라!
제29계 : 최후통첩으로 상대에게 압박을 가하여 두 마리 토끼를 동시에 잡을 기회를 만들어라!
제30계: 상대에게 일방적으로 끌려가지 말고 주도적으로 협상하라!
제31계: 어떠한 여건에서라도 상대의 첫 번째 제안에 만족하지 마라!

제32계: 감정이 이입(移入)된 인간관계에 의존하지 마라!

제33계: 때로는 적절하게 상대의 체면을 살려주어라!

제34계: 때로는 상대를 기만(欺瞞)하여 승기를 잡고 자신이 원하는 것을 얻어라!

제35계: 비판(批判)이나 불평만 일삼기보다 문제를 해소하는 데 노력해라!

제36계: 자기가 원하는 기준을 내부적으로 고정해 놓은 상태에서 상대를 설득하라! 필요하면, '이것밖에 없어요!'라는 '벼랑 끝 전술'을 활용해라!

제1계 : 최대한 인내하고 또 인내하라! 그러나 감정이 이입(移入)되면, 다시 판을 짜라!

삼국지에서 적벽대전(208)을 치르기 직전에 나온 '격장지계(激奬之計)'는 인내심이 얼마나 중요한지를 알 수 있게 한다. 당시 제갈공명이 난국(亂局)을 극복하기 위해 이른 시일 내에 전투를 진행하는 게 필요했다. 따라서 심리전으로 사마의 장군의 화를 돋우려고 사신(使臣)에게 여자 옷을 보냈으나, 제갈공명의 조급해하는 의도를 간파한 사마의는 웃어넘기며 여유롭게 상대했다. 결국, 제갈공명의 의도는 실패하고 만다. 어떠한 상황에서도 인내심을 발휘할 수 있다면, 중대사를 그르치는 비율은 현저하게 낮아질 것이다.[29] 중요한 협상은 첫 대면일수록 가벼운 이야기로 시작함으로써 긴장을 누그러뜨려야 한다. 협상 의제와 상관없이 담소(談笑)하면서 친근감을 끌어내고 마음을 여유롭게 해야 한다. 다시 말해 '우물에서 숭늉을 찾는 격'이 되면 안 된다. 협상은 치밀한 계획이 뒷받침되는 것도 중요하지만, 상대를 가능한 오랜 기간 관찰하면서 상대의 성향에 대하여 준비하는 시간적인 여유와 인내가 상당 부분 필요하다. 아래의 <표 1-41>과 같이 인내심(patience)은 긍정적인 영향을 가져오게 한다.

오장원 전투(사마의 여자옷)

29) 군대에서도 "처변불경(處變不驚)"과 같이 어떠한 위급한 상황이나 매우 급하게 상황이 변화되더라도 경솔하게 움직이거나, 냉정함을 잃으면 안 된다.

〈표 1-41〉 인내심(patience)이 가져오는 긍정적인 영향

첫째, 협상을 바라보는 시야를 넓게 해준다.
둘째, 상대의 마음을 편하게 하여 의제를 이해할 시간을 벌어준다.
셋째, 상대의 속마음을 털어놓게 한다. 한쪽이 느긋해 하는 순간 상대는 조급해지기 마련이다.
넷째, 상대의 기대 수준을 낮추어 준다.
다섯째, 서로가 조금 더 깊이 이해하게 되어 생산적인 결과가 되도록 돕는다.

이러함에도 협상이 정상적인 형태로 진행되지 않는다면, 새로운 방향으로 전환하지 않는다면, 심대한 낭패는 물론 국가적 · 군사적으로 심대한 피해를 볼 수 있다. 여기에 포함되는 일반 국민은 모두에 해당함을 명심하여야 한다. 또한, 상대와의 의사소통 과정에서는 긍정적인 감정을 끌어내야 한다. 사람들이 서로 알아가기 위한 단계에서 가장 먼저 느껴지고 생기는 게 바로 '감정(emotion)'이기 때문이다. 어느 다큐멘터리 프로그램에서 감정과 관련한 미러링 효과(mirroring effect)에 대한 실험을 진행하였다. 5명의 대학생을 대상으로 했던 아래의 <표 1-42>의 미러링 효과(mirroring effect)에 관한 사례를 이해하여 보자.

〈표 1-42〉 미러링 효과(mirroring effect) 실험 사례

상황) 대학생 5명 각자에게 이성(異性) 사진을 보여준 다음 자신의 이상형을 선택하도록 하였다. 잠시 후 선택이 끝났음을 확인한 후 각자가 선택한 사진의 뒷면을 보게 하였다. 바로 그 사진 뒷면에는 이상형으로 선택한 대학생의 사진이 붙어 있었다.

실험자인 대학생이 선택한 그 사진은 컴퓨터 프로그램을 활용하여 실험자로 지원한 대학생 본인의 사진을 '이성(異性)'과 합성하여 만든 가상의 인물이었다. 실험자들은 하나같이 '자신과 가장 닮은 이성'을 선택한 것이다. 다시 말해 상대가 자신에게 익숙한 말이나 표현, 행동하는 모습 등에서 자연스럽게 동질감(sense of belonging)과 긍정적인 호감을 느끼게 된다는 의미이다. 실험에서 '자신과 닮은 이성'을 이상형으로 선택한 현상도 바로 이러한 감정에 기초하여 생겨난 미러링 효과임을 이해해야 한다. 다시 말해 협상 간 최대한 부정적인 감정이 생기지 않도록, 감정적인 벽은 조금 낮출 필요가 있다. 일반적으로 전문 협상가의 경우는 첫 의제에서부터 상대

가 자신을 얕보지 않도록 “적당하게 하지 말고 무조건 세게 나가라(Am-High)!”라고 강조한다. 강한 첫인상을 통해 협상의 범위와 수준이 결정되기 때문이다. 하지만, 감정이 이입되는 순간 협상과 관련한 진행 과정은 결렬되거나 실패하게 됨은 2019년 미-북 비핵화 협상의 결렬을 통해서도 알 수 있다.

앞에서 언급하였던 <그림 1-31>과 <표 1-23>의 사례와 같이 2015년 북한군 목함지뢰 폭발사건과 관련하여 추가로 판단해보자. 그래도 전문적인 역량을 갖추고 있는 국가안보실장 등을 비롯한 협상팀이 판문점에서 북한 협상팀과 호기롭게 마주 앉아 대차게 협상을 진행한다는 보도를 많이 접했을 것이다. 그러나 결과는 “소문난 잔치에 먹을 게 없다.”라는 말을 절감하게 만드는 경험만 축적하였지 않나 싶다.[30] 국방부의 ‘혹독한 대가’를 치르게 하겠다는 의미는 대북 확성기 방송 재개였다. 그러나 어느 순간 찻잔 속의 태풍으로 변했다. 합의하는 과정에서 북한의 유감 표명 한 마디에 정부는 갑작스럽게 255마일 전(全) 전선에서 시행하던 대북 확성기 방송을 중단시킨 사실로 인해 대다수 안보 전문가와 국민을 아연실색하게 만들었다. 국가(軍)의 존재와 의미에 대한 재검토가 필요한 시점이었건 시기였다. 이럴 바에는 아예 판을 엎고 북한이 예상하지 못한 다른 협상 전략으로 새로이 판을 짰다면, 차후의 협상을 위해서도 효과적・합리적이었다.

제2계 : 상대의 협박에 의연하게 대응하고 역(逆)으로 이용하라!

협박이란 논리나 명분이 궁색해진 강자가 약자를 향해 휘두르는 무기라고 생각하면 된다. 반대로 강자가 약자에게 약점을 잡히면, 오히려 약자에게 종종 협박을 가하곤 한다.[31] 협상에서 협박이 시작되는 순간부터 정상적인 과정은 없어지게 되고 유사한 행위들이 반복되어 나타난다. 그러나 어차피 어느 한쪽이 불리하게 되면, 이러한 음모나 모략(謀略)에 유혹받기 마련이다. 정치나 기업, 수사 등과 연계한 드라마나 영화에서의 단골 메뉴가 개인적인 비리나 사생활을 빌미로

30) 차석근, “남북 협상 타결 "대북 확성기 중단…. 준 전시상태 해제",” 『MBN 뉴스』 (2015. 8. 26.) (검색일: 2020년 4월 7일).

31) 영화에서 수사물이나 TV 드라마에서 수사극에 나오는 영화들을 보면, 주로 돈과 권력이 있는 자가 약한 자를 이용한 다음 협박과 공갈, 강요로 범죄에 가담하게 하거나, 피해를 보게 만드는 경우를 종종 접할 수 있다. 이를 ‘제2계’로 생각하면 될 듯싶다.

협박하고 협박당하는 사례임은 잘 알고 있을 것이다. 결국, 협상에 임할 때는 대응책을 미리 준비해야 한다. 이에 대비하기 위해서는 제일 먼저 해야 할 원칙이 협상참여자를 결정할 때 그러한 약점이 없는 전문가를 선정해야 한다. 이를 기반으로 하여 협박을 당하게 되더라도 당황하지 말고 의연하게 대처해 나가야 한다. 아래의 <표 1-43>은 대기업과 협력업체 간 납품 계약을 갱신하는 과정에서 발생 가능한 사례이다.

〈표 1-43〉 대기업-협력업체 간 납품 계약 갱신에 관한 이해

사례) A 대기업에서 각종 납품 계약의 갱신을 앞두고 협력업체와 협상을 진행하고 있다. 이때 A 기업이 납품 단가를 대폭 낮추라고 요구했으나, 협력업체들이 반발하자 거래처를 바꾸겠다고 협박을 시작했다.
문제10) 여러분이 협력업체라면, 어떻게 하겠는가?
① 어쩔 수 없이 납품 단가를 낮추는 데 동의할 수밖에 없다.
② 망했으면, 망했지 못하겠다고 난동을 피우고, 공정위에 제소한다.
③ 납품 단가를 유지해달라고 납품 담당 이사에게 도움을 청한다.
④ 협력업체들과 의논하여 일찌감치 보이콧을 선언한다.
⑤ 협력업체들과 비밀리에 회동하여 납품 계약 당일 거부하기로 한다.

한쪽에서 협박을 무기로 사용할 때도 상대를 막다른 골목으로 몰아넣으면 안 된다. 어느 정도는 살길을 보여주면서 몰아붙여야 협박도 통한다. 죽이겠다는 식으로 달려들면 오히려 상대가 필사적으로 저항하기 때문에 역효과를 불러올 소지가 많다. 따라서 협박을 하거나, 협박을 당하는 처지에 있더라도 상대가 온몸으로 저항할 수 없도록 철저하게 전략적이어야 한다. 다른 한편으로 상대가 강하게 협박하면, '해볼 테면 해보자'라는 식의 배짱이 필요할 때가 있음을 인식하여야 한다.

정치적 · 군사적 측면에서 아쉬웠던 예를 들자면, 북한이 가진 시각은 자신들이 대화하자는 자체가 한국에 엄청난 시혜(施惠, 은혜)를 베푸는 것으로 착각하고 있다. 이로 인해 비핵화 협상이나 남북관계의 진전(進展)은 한 치 앞도 내다보지 못하고 있다. 지금까지 역대 정부와 군(軍)의

시각이 "한국이 형이니 북한 아우들이 어떠한 행동을 하든 우리가 이해해야 한다."라는 착각을 하는 데서부터 불행은 시작되었다. 몇 년 전 북한군이 한강 유역에서 도발을 반복할 때 정치권과 軍의 내부 여론은 '교전규칙(交戰規則)'을 어떻게 적용할 것인가? 를 두고 시끄러웠다. 그러나 실제로는 단순한 문제였다. '교전규칙'은 한국군과 UN군이 적용받는 내용이지 북한군은 아니므로 아무런 의미가 없다. 북한군이 이를 준수할 마음도, 준수할 계획이 없는데도 한국은 계속 '나 홀로 아리랑'을 부르면서 자신이 무엇을 노래하는지 모르고 있었다는 점만 명심하면 된다. 문제 대다수가 핵심이 뭔지를 모르는 상태에서 상대가 어떤 행위를 하는지에 따라 흔들린다. 그러다 보니 핵심과 관련 사안(事案)을 대관소찰(大觀小察)하지 않고 거짓말하거나, 그 자체에 몰입하니 사태는 당연히 확산할 뿐, 종결될 여지가 없다. 협박도 이유나 목적이 무엇인지를 냉정하게 판단-분석-평가하는 습성만 갖춘다면, 충분한 대응이 가능하다. 아래의 <표 1-44>는 협박에 효과적으로 대처하는 요령이다.

〈표 1-44〉 협박에 효과적으로 대처하는 요령

첫째, 실현 가능성이 없어 보이면, 아예 무시한다.
둘째, 현실화하였을 때의 피해나 손실 규모를 가늠해가면서 대응한다.
셋째, 허점을 파고들면서 반론(反論)과 역공(逆攻)을 펼친다.
넷째, 일단 한발 물러서서 관망하되, 협박의 강도를 누그러뜨려 본다.
다섯째, 협박으로는 얻을 게 없다면서 상대를 '설득'한다.
여섯째, 다른 방법이 없을 때 '같이 죽자'라는 막가파식 대응 등으로 강력하게 반발하여 상대의 상식을 흩트려 놓는다.

어떠한 이유를 불문하고 협상 과정에 협박이 있어서는 안 된다. 오히려 당할 수 있다. 어쩔 수 없을 때 부분적으로 사용할 수 있겠지만, 가능하면 사용하지 않는 것이 바람직하다. 그러나 대비는 철저해야 함을 인식해야 한다.

제3계 : 항시 갑작스러운 충격에 대응하라!

사전에 예상하지 못한 돌발 변수는 수시로 발생한다. 이때 협상참여자의 침착성과 순발력이 요구된다. 아무리 철저히 준비했다 하더라도 언제든지 협상의 결과는 바뀔 수 있다. 협상참여자는 상대가 자신에게 가하는 충격에 대비해야겠지만, 반대로 상대에게 충격을 가할 별도의 카드를 준비하고 있어야 한다. 상대의 충격 카드가 다섯 개라면, 자신은 여섯 개가 준비되어 있어야 함을 명심해야 한다. 아래의 <표 1-44>는 충격 카드를 준비할 때 충격을 줄 수 있는 분야이다.

〈표 1-44〉 충격 카드로 준비할 수 있는 분야

의제(Agenda) 변경, 시간·장소 변경, 돌출 행동, 생각지 못한 정보 식별, 상대가 미처 준비하지 못한 전문지식, 협상 파트너의 갑작스러운 교체 등.

제4계 : 말을 아끼고 상대의 말을 유도하라!

말이 많으면 실수하거나, 자신의 정보가 상대에게 노출당하기 쉽다. 따라서 상대의 질문이 있을 때 가능하면 간단명료하게 대답하는 습성을 길러야 한다. 대신 상대를 추켜올려 방심하게 하면서 상대가 가진 의중(意中)을 포착할 수 있게 유도 질문을 많이 해야 한다. 즉, 상대는 말을 많이 하도록 유도하고 상대가 한 말은 차분하게 정리함으로써 상대가 숨기고 싶어 하는 정보를 분석하거나, 협상의 조건에 활용한다. 이는 협상 이전에 내부적으로 시행하는 모의 협상을 통해 치밀하게 구성하고 다듬어야 함을 명심해야 한다. "깨는 쏟더라도 주워 담을 수 있지만, 말은 쏟는 순간 주워 담을 수 없다."라는 말을 이해해야 한다.

제5계 : 어부지리(漁父之利)를 노려라!

협상을 진행하는 과정에서 한쪽의 영향력(power)이나 여건이 상대보다 불리할 때 사용할 수 있는 기법(skill)이다. 관련이 있는 제3자(제3의 집단)를 협상의 당사자로 끌어들이면서 상대측이 주장하는 의견 가운데 불리한 정보를 슬쩍 흘려준 다음 자신은 자연스럽게 빠지면서 제3자와 상대측의 갈등은 의도적으로 부추긴다. 이때 자신은 중재자(仲裁者, arbiter)의 역할을 자처한다. 이러한 상태가 되는 순간 협상의 주도권은 가장 영향력이 약한 자신에게 오게 된다. 다시 말해 중국 병법인 삼십육계 중 제3계인 '차도살인지계(借刀殺人之計)'와 삼국지에서 순욱이 조조에게 바친 '이호경식지계(二虎競食之計)'와 같은 의미이다.[32)]

32) '차도살인지계(借刀殺人之計)'는 '남의 칼을 빌려 적을 제압한다.'라는 뜻이다. '이호경식지계(二虎競食之計)'는 '두 호랑이를 싸우도록 부추겨 서로 잡아먹게 하는 전략'을 뜻하며, 삼국지에서 책사 순욱이 조조에게 황제의 칙서로 유비를 이용하여 조조가 손대지 않고 여포를 죽이게 제시한 계책이다.

제6계 : 자신과 상대의 감정(emotion)을 조절하고 이용하라!

본질적 측면에서 "인간은 감정(emotion)의 동물이다."라고들 한다. 남녀의 측면에서 보면, 협상에서 감정을 보이는 것은 성패(成敗)에 결정적 요소로 작용하곤 한다. 절제(節制)하지 못한 감정을 상대에게 함부로 내보이는 순간 의중(意中)을 간파당하기 쉽고, 판단력은 흐려지게 되어 중대한 의제(Agenda)를 망치기도 한다. 따라서 협상 단계에서 감정은 철저하게 협상 전략과 전술의 요소로만 활용되어야 한다.

여기에서 명심해야 할 사항은 감정을 조절(control)하라는 것이지 억제(inhibition)하거나, 감정을 없애라는 의미가 아니다. 감정을 지나치게 억제하다 보면, 표정은 딱딱하게 굳어지고 인상은 차갑게 변하기 마련이다. 의사소통 과정에서도 사무적인 내용으로만 일관하다 보면, 상대의 기분도 덩달아 경직되거나, 불쾌해질 수 있다. 따라서 단순하게 감정을 억제하려고 하기보다는 상황과 여건에 맞도록 감정을 적절하게 활용한다면, 협상 분위기를 한층 더 자연스럽게 유도할 수 있다. 아래의 <표 1-45>는 제2차 세계대전 말기에 연합국은 소련이 독일과의 동맹을 체결하는 문제를 예방하기 위해 소련에 구애(求愛) 활동을 하는 과정에서 스탈린이 보여준 강한 어법(語法)의 대화 전략 사례이다.

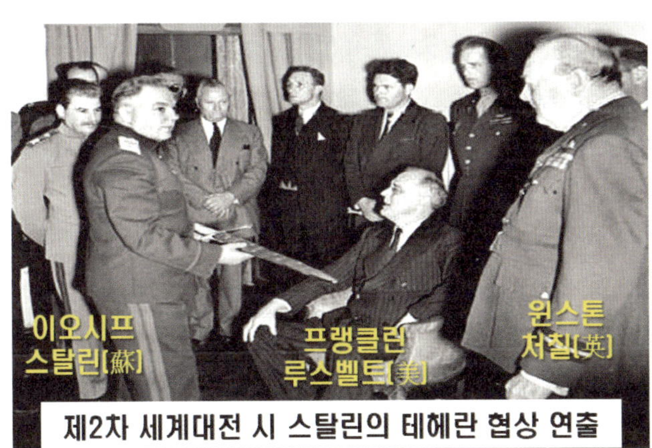

제2차 세계대전 시 스탈린의 테헤란 협상 연출

〈표 1-45〉 제2차 세계대전 시 스탈린의 의도된 대화 전략 사례

상황) 2차 세계대전 당시 독일군이 소련 모스크바로 진격하고 있을 때 미국과 영국은 소련이 독일과 타협하지 않고 연합군을 지원해줄 수 있도록 협의를 진행하고 있었다. 당시 스탈린 공산당 서기장은 미국과 영국에 대한 우호적 감정 대신 한껏 적대감을 드러내 연합국들이 당황하게 했다. 결국, 연합군 측은 대폭 양보할 수밖에 없는 빌미로 작용하였다. 이로 인해 뒤늦게 참전한 소련이 연합군과 동등한 위치를 확보하였고, 전후 처리 과정에서도 막강한 영향력을 발휘할 수 있었다.

결과적으로 스탈린은 자신에게 달려온 연합군 측의 행동에서 소련이 독일과 동맹을 맺으면

연합국의 승리가 어렵다는 초조함과 불안감을 간파했다. 스탈린은 인위적으로 극도의 적대감을 표출함으로써 연합군 측을 궁지에 몰아넣었고, 이를 통해 자신의 목적을 무난하게 달성한 점에 주목해야 한다. 즉, 스탈린은 정말 화가 난 게 아니라 연합국의 감정을 교묘하게 이용하였다. 반대로 협상 상대가 자신에게 정말로 화가 나 있다면, 어떻게 해야 할까? 아래의 <표 1-46>은 일상생활에서도 활용할 수 있는 Tip이다.

〈표 1-46〉 협상 상대가 정말로 화가 나 있을 때 대처 방법

첫째, 상대가 계속 화(火)를 내도록 한동안 놔두어야 한다. 그러는 가운데 상대의 속내가 한껏 드러날 것이다. 거기에서부터 문제 해결의 실마리가 나올 수 있다. 둘째, 양측 모두 감정이 극도로 악화한 상태라면, 잠시 대화를 중단하고 감정을 추슬러야 한다. 이러한 상태로 계속 진행될 경우 인신공격으로까지 흘러가 협상이 실패로 끝날 수 있다. 셋째, 감정이 너무 악화(惡化)되어서 현재 인원으로 더 이상의 진행이 어렵다고 판단되면, 양측 모두 새로운 인물로 교체하는 극약처방을 내려야 한다.

제7계 : 상대의 말을 경청하는 것이야말로 최대의 양보임을 명심하라!

David Dean Rusk
(1909~1994)

미국의 데이비드 딘 러스크(David Dean Rusk, 1909~1994)는 '상대를 설득할 수 있는 최상의 방법은 최대한 귀를 열고 잘 듣는 것'이라고 했다.[33] 사람들은 대다수 상대가 무슨 얘기를 하는가에 집중하기보다는 자신이 무슨 얘기를 할 것인지에 더 신경을 쓴다. 따라서 상대의 얘기를 들어주는 것만으로도 엄청난 경쟁력을 갖게 된다. 다시 말해 상대의 말을 경청(listen)하는 것이 돈을 들이지 않고도 긍정적 감정을 갖게 하는 최대의 서비스이자 투자(investment)다. 사람이 협상을 주도하는 이상 감정

33) 데이비드 딘 러스크(David Dean Rusk)는 우리에게는 긍정적이지 못한 측면에서 친숙한 인물이다. 6·25 전쟁 이전 국무부에서 대령으로 근무했으며, 케네디-존슨 대통령 재임 시 국무장관을 역임한 인물로서 정확한 지식이 없는 상태에서 38도선을 획정한 주무 담당자이다. 결과론적인 얘기로 당시 딘 러스크 대령과 본스틸(Charles Bonesteel) 대령(주한 미군 사령관 역임)이 소련군의 진주(進駐) 지역을 韓·滿 국경선으로 정했다면, 남북이 분단되는 참혹한 비극은 없지 않았을까 싶다. 이는 딘 러스크가 후일 "만약 당시에 이 역사적 사실을 알았더라면, 다른 선(line)을 제안했을 것이다.'라고 말한 내용에 근거하고 있다.

(emotion)이 개입되지 않을 수 없다. 그러나 감정이 협상에 해를 끼칠 수 있고, 반대로 도움을 줄 수 있음은 누구나 알고 있다. 지혜롭고 현명한 협상가라면, 상대의 말을 경청하면서 상대가 자신에게 가진 감정이 어떠한 유형과 종류인지를 판별하는 것이 협상의 핵심 요소임을 이해해야 한다. 아래의 <표 1-47>은 어떠한 요인이 얘기를 잘 경청하지 못하게 하는지, <표 1-48>'은 잘 경청하는 방법을 정리하여 제시하였다.

〈표 1-47〉 상대의 말을 경청하지 못하게 만드는 원인과 이유

첫째, 사람들이 말할 때 생각 없이 하는 경우가 의외로 많다. 그러다 보니 내용에 조리(條理)가 없으며, 무슨 말인지도 알아듣기가 쉽지 않다. 둘째, 서양인과 동양인의 대화 방식에 차이가 있는 것과 같이 일부 사람들은 상대의 얘기를 다 듣지 않고 중간에 자르거나, 가로챈다. 셋째, 많은 얘기를 한꺼번에 하려다 보니 대화의 초점은 무엇인지, 무슨 의미가 있는 것인지 분간하기 어렵다. 넷째, 상대의 말을 다 듣기도 전에 조급하게 반박하려고 한다. 그러다 보니 상대의 얘기를 다 들을만한 인내심이 없다. 다섯째, 평소 흥미를 갖고 있지 않은 분야나 특정한 전문분야는 어려우므로 의도적으로 흘려 듣는다. 여섯째, 성격상 주의가 산만하여 한곳에 오래 집중하지 못한다. 일곱째, 모든 것을 다 이해하려다 보니 정작 중요한 핵심을 놓친다. 여덟째, 중요한 위치나 역할이 아니라고 생각되는 사람의 얘기는 무시하는 경향이 있다.

〈표 1-48〉 상대의 말을 잘 경청하는 방법

첫째, 아무리 조바심이 나더라도 상대의 말을 중간에 가로채거나, 자르지 말고 끝까지 들어라! 둘째, 주변의 분위기가 집중하기 어렵고 산만하더라도 최대한 상대와의 대화에 집중하려고 노력해라! 셋째, 상대의 결론은 자신이 생각하고 있는 바와 다를 수 있다. 끝까지 지레짐작하지 말고 경청하라! 다만, 중요하다거나, 모호하다고 생각되는 부분은 다시 한번 질문을 통해 확인할 필요가 있다.

넷째, 상대가 말하는 가운데 단어나 표현의 잘못에 신경을 쓰기보다는 요지(要旨)가 무엇인지에 집중해라!
다섯째, 과거보다는 현재와 미래에 집중해라!
여섯째, 질문은 예의를 갖추되, 가능한 메모를 해라!

제8계 : 적절한 타이밍(timing)을 잡고 협상을 진행하라!

어떠한 품목에 대한 흥정이나 거래를 하든 추진하기에 좋은 시점(始點)이 있다. 더군다나 중요한 협상을 진행할 때는 타이밍이 매우 중요하다. 타이밍이란 단순하게 시간의 흐름만을 의미하는 게 아니다. 시간과 연계된 대내·외적 상황과 여건을 같이 살펴야 한다. 손자병법 제6편 허실(虛實)에 보면, "범선처전지(凡先處戰地)하면, 이대적자일(而待敵者佚)하지만, 후처전지(後處戰地)하면, 이추전자로(而趨戰者勞)"라고 하였다.[34] 자신이나 상대의 내부 사정과 대외적 측면이 협상에 어떠한 영향을 미칠 수 있는지를 면밀하게 살핀 후 유리하게 만들 기회를 포착해야 한다. "우물가에서 숭늉 찾는다."라는 식으로 성급하게 접근하면, 비가 오는 날에 소금을 팔고 날씨가 쾌청할 때 우산을 팔러 나서는 어리석은 행동이 나올 수밖에 없다.

타이밍에 맞춰 협상을 시작하게 되면, 악조건 가운데 협상을 시작할 수밖에 없는 경우에 직면하더라도 상황을 먼저 꿰뚫은 상태에서 시작할 수 있기에 손실을 최소화할 수 있으며, 효과적으로 대처해 나갈 수 있다. 그리고 갑작스러운 변수로 인해 상황이 악화할 때도 유연하게 대처할 수 있는 능력을 갖춰야 한다. 이때 유념해야 할 사항은 상대방의 심리상태이다. 대다수 국가에서 나오는 '월요병'이라는 흐름도 무시해서는 안 된다. 이처럼 사람들의 기분이 가라앉아있는 날이나 휴식을 원하는 주말이나 휴일에는 될 수 있는 대로 중요한 협상이나 결정은 하지 않는 게 바람직하다. 다시 말해 다각적인 시각과 측면으로 적절한 시기를 저울질하고 선택해야 한다.

제9계 : 상대의 패(牌)가 무엇인가에 따라 적절하게 카드를 제시하라!

카드놀이에서 상대의 숨겨진 패(牌)를 읽어내는 순간 승패는 결정된다. 당연히 패를 먼저 읽는

34) "적보다 먼저 전장(戰場)에 도착하여 적을 기다리는 군대는 편안하게 싸울 수 있지만, 적보다 뒤늦게 전장에 도착한 군대는 급하게 전투를 시작하여야 하므로 피로하다."라는 뜻이다.

사람이 승자임은 자명(自明, self-evident)하다. 따라서 친구들과 카드놀이를 할 때 자기에게 중요한 카드는 숨기고 상대가 어떤 카드를 가졌는지 그 의중(意中)을 헤아리기에 바쁜 것도 이기기 위함이다.

이를 상품을 매매하는 과정에 적용해보자. 사고파는 과정을 잘 살펴보면, 매매자들끼리 서로 가격을 먼저 제시해보라고 하는 장면을 종종 접할 수 있다. 예를 들면, 정품 가격이 5만 원인데 사려고 하는 고객이 워낙 마음에 드는 상품이라서 선뜻 7만 원이라도 사겠다고 하면, 팔려는 점주(店主)는 가만히 앉아서 2만 원을 버는 셈이다. 이러한 현상이 발생할 수 있기에 물건 가격을 흥정하는 과정에서 종종 "얼마면 사겠느냐?"라고 하면서 먼저 꺼내 보이기를 미루는 사례도 많다.

반면에 전략적 측면에서 자신의 패를 상대보다 먼저 꺼내 보일 때도 있다. 예를 들면, 판매할 상품의 가격이 7만 원인데, 고객에게 가격을 얘기해보라고 하니 5만 원부터 시작한다. 어쩔 수 없이 6만 원에 팔 수밖에 없다. 결국, 점주는 1만 원을 손해 볼 수밖에 없다. 이를 방지하기 위해 때에 따라서는 패를 먼저 보일 때도, 패를 나중에 보일 때도 있다는 점을 이해하여야 한다. 때에 따라 응용 동작도 필요하다는 점을 명심하여야 한다.

前 美 국무장관인 헨리 키신저(Henry Kissinger, 1973~1977 재임)는 "협상을 시작하면서부터 합의점(agreement)이 훤히 보인다면, 이미 협상은 끝난 것과 마찬가지다. 진정한 협상은 상대의 예측을 뛰어넘는 의제(Agenda)를 던져놓은 다음 합의를 위한 타협(compromise)을 찾는 것이다. 첫 번째 의제가 파격적일수록 타협 가능성은 그만큼 커지게 마련이다."라고 말하며 상대가 수용하기 어려운 의제 제안의 실효성을 강조하고 있다.

반대의 사례도 있다. 제너럴 일렉트릭(General Electric)사의 부사장은 연봉(annual salary) 협상을 하기 전에 먼저 직원과 노조원들이 원하는 수준과 생각을 세밀하게 파악하였다. 이를 토대로 자신이 제시안을 작성한 다음 직접 노조(勞組)에 먼저 제시하였다. 회사 안(案)을 검토한 노조는 자신들이 원하는 것이 포함되었기에 더는 협상할 필요성을 느끼지 못하여 회사의 제시안에 합의하였다. 이처럼 상대가 쉽게 받아들일 수밖에 없도록 선수(先手)를 치는 방식을 '불워리즘(Boulwarism)'이라고 한다.

받아들이기 어려운 파격적인 제안은 쌍방이 잘 모르는 관계에서는 효과를 볼 수 있다. 받아들일 수밖에 없는 제안은 쌍방이 잘 아는 관계에서 통할 수 있다. 다만, 협상에서 결정적인 카드 즉, '히든카드(hidden card)'는 마지막에 제시하는 게 좋다. 상대가 가진 모든 카드를 다 사용하고 난 다음에 제시한다면, 효과는 만점이다. 그러나 '히든카드'를 제시하지 않고 협상을 성공적으로 마무리한다면, 더 좋은 결과임도 인식하여야 한다. 결론적으로 자신의 패가 역할을 다하도록 하려면, 상대가 내는 패를 봐가면서 적절한 시기와 조건일 때 제시해야 함을 명심해야 한다.

제10계 : 협상 의제(Agenda)를 선별하고 우선순위를 정해라!

협상 간 의제(Agenda)는 논의의 효율성을 높일 수 있는 중요한 사안(事案)이다. 아래의 <표 1-49>와 같이 중요한 의제는 미리 선정해 놓으면, 상당한 효과를 기대할 수 있다.

〈표 1-49〉 의제(Agenda)를 미리 선정 시 기대할 수 있는 효과

첫째, 조직 차원에서 협상에 대비할 수 있고, 논의가 진행될 때 사전에 정한 우선순위를 통해 상대적 우위를 선점(先占)할 수 있다. 둘째, 협상 실무 그룹(working-group)에서 의제의 내용을 먼저 알고 있기에 돌발사태를 방지함과 동시에 신속한 진행을 주도할 수 있다. 셋째, 의제가 순차적으로 처리되므로 진척 상황을 파악하기 쉽고, 자신감을 가질 수 있다. 협상을 일시 중단하더라도 재협상 시 남은 의제만 처리하면 된다.

제11계 : 단순하면서도 쉬운 것부터 시작하라!

시험을 치르면서 가장 어려운 문제에 집착하여 씨름하다 보면, 오히려 쉬운 나머지 문제를 풀이할 시간이 부족해져 미처 손대지 못한 채 시험을 끝낸 경험이 있을 것이다. 쉬운 문제부터 접근하였다면, 중간 이상의 성적이 가능하였지만, 어려운 문제부터 풀기로 고집하는 순간 이미 점수는 결정된 것이다. 협상도 마찬가지이다. 어렵고 무거운 안건은 뒷순위로 두고, 단순하게 해결할 수 있는 자그마한 의제부터 접근할 경우 협상이 의외로 순조롭게 진행되는 모습을 볼 수 있다.

제12계 : 악역(Bad-guy)을 등장시켜 상대의 기대 수준을 낮춰라!

1989년 상영된 "탱고와 캐쉬"를 기억해보자. 탱고(실베스터 스텔론)와 캐쉬(커트 러셀)는 형사로 같은 동료이다. 탱고는 합리적이고 지적(知的)이며 냉철한 성격의 보유자로 굿-가이(Good-guy)

다. 반면에 캐쉬는 흥분을 잘하고 다혈질인 좌충우돌형의 배드-가이(Bad-guy)다. 두 형사는 누명을 쓰게 되었고, 범인 가운데 한 사람을 체포하여 심문하게 된다. 심문 간 탱고는 악역(배드-가이)

탱고와 캐쉬(1989)

을, 캐쉬는 선한 역(굿-가이)을 하는 과정에서 진짜같이 말다툼하면서 공포감을 조성하게 된다. 급기야 범인은 극도의 공포감을 느끼고 사건의 배후를 실토하고 만다. 여기에서 악역(배드-가이)은 탱고, 선한 역할(굿-가이)은 캐쉬이다. 범인은 처음에 선한 역을 맡은 캐쉬를 만만하게 보고 강경한 태도로 반항하였지만, 탱고가 살벌하게 몰아붙이게 되면서 그나마 자신을 위해주고 챙겨주던 캐쉬 마저 탱고의 악랄함에 포기하는 제스츄어를 보이자 버티지 못하고 포기한 것이다.

이처럼 악역을 등장시켜 상대적으로 선한 역할을 맡은 사람에게 호의를 갖게 만드는 고도의 심리 전술은 협상에서도 종종 상당한 정도의 효과를 보게 한다. 협상팀에서 악역은 대다수 최종 결정권자인 협상팀장이 맡으며, 선한 역할은 팀원 중의 한 명에게 맡겨진다. 팀원은 협상팀장의 감정 절제와 냉정하게 일을 처리하는 측면을 상대에게 비판적으로 얘기한다. 이러한 과정에서 상대는 자신도 모르는 사이에 해당 팀원에게 호감이 싹트게 되고 우호적인 감정을 느끼면서 의존하게 된다. 이를 통해 상대는 악질인 협상팀장보다 호감이 가는 팀원 선에서 마무리할 수 있도록 적당하게 양보하고 편의를 봐주는 쪽으로 가닥을 잡는다. 팀원도 "계속 상대의 입장만 고집하게 되면, 자신보다 훨씬 냉정하고 까다로운 협상팀장과 상대해야 한다."라는 점을 부각하며 자연스럽게 압박을 가하면, 상대 역시 한 발자국 물러설 수 밖에 없다. 또 다른 활용 방법이 있는데, 바로 '죄수의 딜레마 이론(theory of prisoner's dilemma)'을 이용하는 기법이다.[35)]

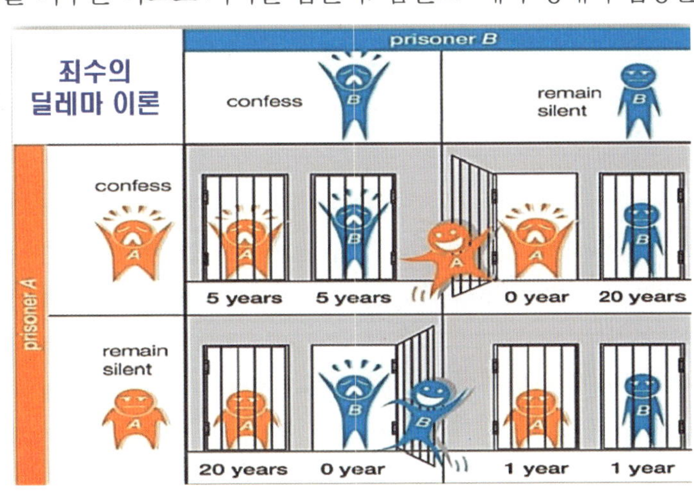

35) '죄수의 딜레마 이론(theory of prisoner's dilemma)'은 1950년 美 랜드연구소에 근무하던 경제학자 메릴 플로드(Merrill Flood)와 멜빈 드레셔(Melvin Dresher)가 협력과 갈등에 대한 게임이론을 연구하는 과정에서 발견하였다. 1992년 수학자 앨버트 터커가 죄수의 유죄인정 협상에 적용하면서 '죄수의 딜레마'라고 불리게 되었다. 쌍방이 협력하면 가장 좋은 결론을 얻을 수 있는데도 서로가 불신(不信)함으로써 가장 나쁜 결과로 이끈다는 모형을 말

국가(집단) 간의 협상일 경우 악역은 국가(집단) 즉, 정부(CEO)를 내세우기도 한다. 아래의 <표 1-50>은 반대로 상대가 이러한 방법으로 접근할 때 대처하는 방법이다.

〈표 1-50〉 협상 과정에서 굿-가이 배드-가이 전술에 대처하는 방법

첫째, 두 사람 모두 상대하지 말고, 상대적으로 유리한 사람이 누군지를 선별하여 그 사람과 협상을 시도한다. 둘째, 상대의 심리 전술에 휘둘리지 않도록 자신의 견해를 명확히 하고는 끝까지 견해를 바꾸지 않고 고수(固守)하도록 한다. 셋째, 상대 협상팀장에게 사실을 통보하고, 명확한 태도를 요구한다. 넷째, 반복될 경우 공식적으로 비난한 다음 협상을 중단(中斷)하거나, 역(逆)이용하여 상대 협상팀을 서로 믿지 못하게 이간(離間)시킨다.

제13계 : 상대가 이면(裏面)에 감춰놓은 언어를 읽어내라!

우리는 일상생활을 하는 과정에서 친구와의 대화나 사업 계약, 진지한 사교 모임 등에서 접촉하는 사람들과의 의사소통 과정에서 자연스럽게 행해지고 있는 여러 가지의 표정과 자세, 표현을 통해 상대를 평가하거나, 평가받고 있다. 이는 평상시 빈번하게 접촉하는 사람들과의 대인관계를 인지(認知)할 수 있다는 측면에서라도 알아두면, 상당한 참고가 될 것이다. 먼저, 표현언어(말), 둘째, 표정 언어(얼굴의 표정이나 인상), 마지막으로 행동언어(몸짓이나 제스츄어) 등을 의미하고 있다.

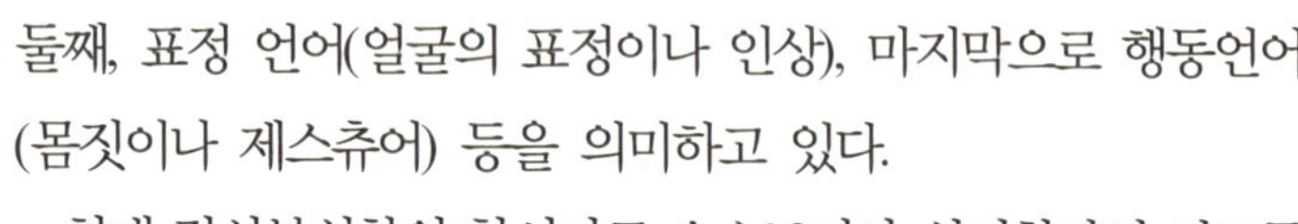

Sigmund Freud 박사

현대 정신분석학의 창시자로 오스트리아 심리학자인 지그문트 프로이트(Sigmund Freud) 박사는 "눈과 귀가 있는 한 영원한 비밀은 없다. 굳이 입으로 말하지 않더라도 손가락 등으로 끊임없이 말하고 있으므로 거짓말은 금방 탄로가 나기 마련이다"라고 하였다. 협상에서도 상대의 제스츄어(gesture)를 파악하여 그 진의(眞意)를 알아내는 기법이 연구되고 있다. 물론 이처럼 상대의 제스츄어까지 파악해야 할 정도로 신경을 집중하면, 정작 상대의 말에 소홀하게 되고 쓸데없이 상대의 진의를 의심하며 잘못된 판단을 할 수 있다는 비판도 다수 있다. 하지만, 상대에 따라 제스츄어의 의미를 잘 알고 적절하게 활용할 수 있다면, 한층 더 바람직한 성과를 끌어낼 수

한다.

있지 않을까 싶다. 이는 앞에서 설명한 바와 같이 서양인과 동양인, 그리고 아랍인 등이 모두 문화적 차이가 있고, 독특한 제스츄어가 있다는 점을 알아두어야 한다.

제14계 : 양보에도 법칙이 있음을 명심하라!

양보(讓步)의 법칙에는 세 가지가 존재하여야 한다. 첫째는 범위(폭), 둘째는 횟수, 셋째는 속도(speed)이다. 여기에서 양보의 범위나 폭은 당연히 좁을수록 유리하고, 횟수는 가능한 한 작을수록 좋으며, 속도는 최대한 늦추어야 한다. 협상을 진행하는 과정에서 최종 목적과 성과를 달성하려면, 어떠한 형태를 갖추었든 간에 서로 양보가 이루어져야 합의점을 찾아갈 수 있다. 다만, 자신이 양보할 수 있는 범위가 명확하게 정해져야 하며, 상대가 어느 정도까지 양보할 수 있는지도 파악해야 한다. 이를 통해 자신은 최소의 양보를, 상대로부터는 최대한의 양보를 얻어내게 하는 것이 협상의 참모습일 것이다. 아래의 <그림 1-33>은 재래시장이나 마트에서 가격의 양보가 가능한 범위를 도표로 정리하였다.

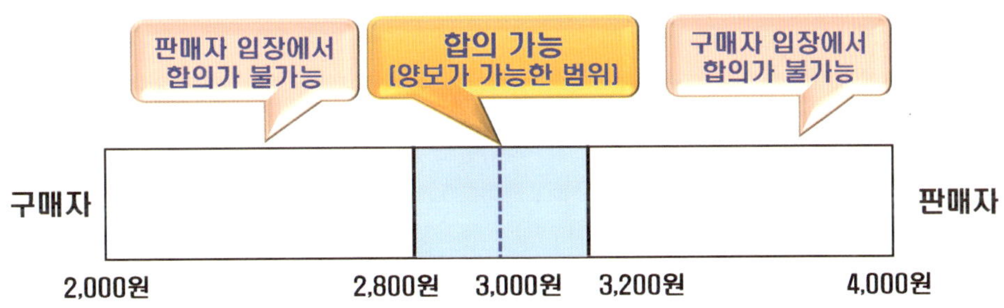

〈그림 1-33〉 재래시장과 마트에서 가격의 양보가 가능한 범위

판매자의 관점에서 최고 판매가는 4,000원으로, 최저 판매가는 2,800원까지 가능한 것으로 결정하고 있다. 구매자 관점에서 최저 구매가는 2,000원에서 최고 구매가는 3,200원까지 수용하겠다는 뜻이다. 여기에서 판매자와 구매자가 공동으로 합의가 가능한 범위는 2,800~3,200원이다. 판매자와 구매자는 이 범위 안에서 더 많은 이익을 남기기 위해 서로 줄다리기를 하게 된다. 결과에 따라 판매자와 구매자의 가격이 공통으로 수용할 수 있는 적정 가격은 3,000원(파란색 점선)이다. 다시 말해 양측이 3,000원 외에는 여지가 없으므로 협상에 난항(難航)을 겪을 가능성이 매우 커지게 된다.

여기에서 협상에 합의할 수 있는(양보할 수 있는) 범위가 커질수록 합의가 이루어질 가능성도 커지게 되므로 가장 먼저 해야 할 일은 합의(양보) 범위를 최대한 넓히는 것이다. 아래의 <그림

1-34>는 판매자의 판매전략 범위이다.

〈그림 1-34〉 판매자가 판매하고자 노력하는 범위

판매자는 구매자를 대상으로 상품의 높은 질을 강조하면서 가격을 최대로 끌어올리기 위해 노력할 것이다. 판매자의 설득 노력이 효과를 보면, 합의(양보)가 가능한 범위는 A(청색 선)이다. 아래의 <그림 1-35>는 구매자가 구매하고자 노력하는 범위이다.

〈그림 1-35〉 구매자가 구매하고자 노력하는 범위

구매자는 경쟁 물품의 가격을 끌어들여 구매가를 최대한 낮추려고 노력할 것이다. 구매자의 설득 노력이 효과를 보면, 합의(양보)가 가능한 범위와 폭은 B(청색선)이다.

이때 판매자와 구매자가 쌍방 간 내면적으로 설정해놓은 합의(양보)할 수 있는 범위는 어떻게 알 수 있을까? 여기에는 아래의 <표 1-51>과 같이 두 가지로 정리할 수 있다.

〈표 1-51〉 판매자와 구매자가 내면적으로 설정한 범위를 알아내는 방법

첫째, 자신의 의견을 자연스레 제시한다. 다시 말해 '돌을 던져서 우물의 깊이를 알아보는 방식'이다. 상대가 반응하는 정도를 살핌으로써 합의(양보)의 범위와 폭을 가늠할 수 있다. 둘째, 상대의 스타일을 관찰한다. 상대가 기분에 좌우되는지, 냉정하고 꼼꼼한 스타일인지 먼저 파악한다. 기분파라면, 상대의 명분과 기분을 맞춰주고, 상대가 현실적 이익을 추구한다면, 눈앞의 작은 이익은 양보하고 미래의 큰 이익을 챙기는 방식으로 진행한다.

제5계 : 작은 것은 양보하고 큰 것을 얻어라!

협상은 어떠한 형태이든지 쌍방이 서로 양보할 때 기대 이상의 성과를 낼 수 있다. 이를 위해 먼저, 내부적으로 자신이 양보할 수 있는 범위와 폭을 정해놓은 다음 상대의 양보할 수 있는 범위 정도를 파악한다. 다시 말해 자신은 최소한의 양보를, 상대는 최대한 양보하게 만들기 위함이다. 한국인이 협상에 취약한 원인이자 이유는 체계성(systemicity)이나 과학적 방법(scientific method)을 적용하지 않고 준비가 부족한 상태에서 시작하기 때문이 아닐까 싶다. 최근에도 간혹 유사한 현상들이 벌어지곤 한다. 아주 중요한 결정 과정에서 협상팀 내에서조차 정제되지 않은 돌발 발언이 튀어나온다던가, 마지막까지 숨겨야 하는 히든카드를 자기 혼자 잘난 맛에 먼저 발표해버리거나, 공개되어서는 안 될 내부 정보를 지인(知人)에게만 슬쩍 흘린다는 등의 해프닝 아닌 해프닝은 협상을 상당한 딜레마에 빠져들게 하거나, 실패하게 만든다.

일반적으로 국가 간 협상이나 기업, 노사(勞使) 등이 협상을 준비하는 단계에서 사용하고 있는 일반적인 방법은 NPT(Negotiation Preparation Table)와 ANT(Ace Negotiation Tool)다.[36] 물론 이외에도 다른 방식으로 준비하는 사례도 많이 있으나, 준비하는 형태와 전반적으로 접근하는 데 있어서의 이해의 용이성을 고려하여 두 가지의 표준 방식을 채택함이 타당하다고 보았다. 최종 의사결정권자와 관련 집단이 다양한 방법과 수단을 동원하여 자신에게 최대한 유리한 상황과 여건으로 진행하기 위해 노력하고 있다. 이를 위해 사전(事前)에 필요한 정보 수집과 자체 역량을 총동원하여 상황과 여건을 조성하여 목표를 달성하는데 유리한 고지를 선점(先占)하기 위해 노력하고 있음은 기본이다. 아래의 <그림 1-36>은 NPT를 작성하는 양식 예문(2-1)이다.

구 분	자기 자신(조직)		상대방	
	R&D	내 용	내 용	R&D
아젠다(Agenda)				
요구(Position)				
욕구(Interest)				
창조적 대안 (Creative option)				
숨겨진 욕구 (Hidden interest)				
협상의 기준 (Standard)				
가능한 배트나 (BATNA)				

〈그림 1-36〉 NPT(Negotiation Preparation Table) 작성 양식(예문 2-1)

36) 일반협상 과정에서 활용하고 있는 양식으로 NPT는 협상하기 이전(以前) 준비과정에서 작성하고, 협상을 진행하는 가운데 지속적인 정보 수집을 통하여 종합-분석-수정-보완이 반복되며, 이는 ANT도 마찬가지이다. ANT에서 Ace는 행동(Action), 인식(Cognition), 감정(Emotion)을 뜻하고 NPT보다는 구체적으로 작성할 수 있게 되어있다.

예문 2-1은 모두가 잘 알고 있는 '맥주'를 예로 들어 작성하여 보자. 요구는 '맥주'이고, 욕구는 '시원한 맛 또는 부드러운 맛' 등으로 작성하여야 한다. 이는 요구와 욕구를 분리함으로써 요구와 욕구에 헷갈리지 않게 하면서 욕구에 집중할 수 있도록 하여 준다. 창조적 대안(代案, BATNA)은 말 그대로 기존 의제(Agenda)와는 완전히 다른 접근 시각과 방식, 내용이어야 한다. 요구는 쌍방이 대립할 수 있지만, 욕구는 서로 만족할 수 있는 배트나를 찾을 수 있다. 아래의 <표 1-52>는 창조적 대안이 필요한 사례이다.

〈표 1-52〉 농촌 마을에서 경운기의 논두렁길 통과 간 갈등 사례

상황) 농부 A는 경운기를 운전하여 논두렁 길을 지나고 있다. 그런데 마침 농부 B가 그 논두렁 주변의 논에 물이 부족하여 호스를 설치하여 물을 넣으려고 하는 상태이다. 평소 사이가 좋지 않았던 A와 B는 논두렁을 지나가는 문제로 시비가 붙었다.

문제 11) 여러분이라면, 이 시비를 어떻게 해결하겠는가?

① 농부 B는 농부 A가 논두렁을 지나가도록 양보하여야 한다.

② 평소 사이가 좋지 않기 때문에 끝까지 양보하지 말아야 한다.

③ 농부 A는 밭을 갈러 가려는 목적이고, B는 논두렁에 물을 주려는 목적이므로 쌍방의 목적과 요구 조건에 공통분모가 없다.

* Tip) A와 B의 갈등을 해결하려면, 창조적 배트나를 찾아야 한다.

상대의 숨겨진 욕구를 찾아야 한다. 외부적으로는 '국가이익과 경제적 이익'을 주장하는 사람일지라도 심리적으로는 호의적인 인간관계나 공정한 협상 진행, 명예 또는 자존감 등에 대한 욕구가 강한 사람이 있게 마련이다. 따라서 협상 의제에만 얽매이는 것보다 상대가 관심을 가질 만한 다양한 화제로 접근할 경우 자신에게 유리한 방향으로 전환할 수 있다. 이때 협상 기준은 가능한 한 철저하게 객관적이어야 한다. 객관적 시각에서 기준이 합당하다고 결정되는 시점이 바로 협상이 출발하는 시점으로 보기 때문이다. 마지막으로 중요한 항목인 배트나(BATNA)는 '협상이 실패하면 어떻게 할 것인가?'에 대한 내용으로 '협상이 결렬되었을 때 제시할 수 있는 최적의 대안(代案)'을 의미한다. 상대에게 시의적절한 차선책을 제시하여 다시금 주도권을 가져오기 위한 기법의 하나이다. 자신의 배트나가 효과가 크게 없다고 느껴질 때 끊임없는 개선 노력이 필요하다. 반면에 자신의 배트나가 좋다는 판단이 설 때 상대도 자연스럽게 알게 함으로써 상대의 배트나를 약화할 필요가 있음도 명심하여야 한다. 특히 설득력이 있는 논거(論據)와 데이

터를 충분하게 준비하여 논리적으로 상대를 설득할 준비가 되어있어야 한다. 아래의 <그림 1-37>은 NPT를 작성하는 양식 예문 2-2로 앞서 설명한 예문과 유사한 방식으로 작성하면 된다.

협상의 배경				
협상 상대방		이 름	역 할	협상 스타일
		우리측		상대측
협상목표선(線)				
협상포기선(線)				
대안(BATNA)				
욕구(Interest)				
가치요소				
신뢰구축				
교섭 실시	오프닝전략			
	양보전략			
합의 종결				
기타 전술				

〈그림 1-37〉 NPT(Negotiation Preparation Table) 작성 양식(예문 2-2)

아래의 <그림 1-38>은 ANT를 작성하는 양식 예문이다.

구 분			나	상대방
안 건(Agenda)				
요 구(Position)				
행 동 (Action)	욕 구 (Needs)	내가 던질 질문		
		고려해야 할 히든 메이커(hidden-maker)		
	창조적 대안 (Creative Option)	내기 걸기(Bet)		
		더하고 쪼개기(Add & Chop)		
		우선순위에 따라 교환하기(Exchange)		
인 식 (Cognition)	객관적 기준			
	배트나(BATNA)	현재		
		개발		
	앵 커(Anchor)	첫 제안(Initial Offer)		
		최종 제안(Final Offer)		
		논리와 근거(Logic & Ground)		
감 정 (Emotion)	미러링 포인트(Mirroring Point)			
	안건 진행순서			

〈그림 1-38〉 ANT(Ace Negotiation Tool) 작성 양식(예문)

ANT는 3.0(가치) 협상으로 평가할 수 있으며, 자신(나)보다 상대의 관점에서 바라보는 요구나 욕구가 무엇인지 생각하는 차원이다. 행동(Action)과 인식(Cognition), 감정(Emotion)을 채우는 게 협상 준비의 첫 관문이다.

행동(Action) 분야에서 물품에 대한 구매 협상을 할 때 '의제(Agenda)' 항목은 가격을 낮추는 것부터 시작하여 물량의 최대 확보, 품질 검증, 환율 문제 등 다양하게 존재한다. 그러나 최우선적인 집중 의제는 바로 '품질 검증'과 '환율'이다. '요구'는 가격 문제에 집중해야 하며, 개당 단가나, 합산 가격으로 정할 것인가? 가 구체적 · 세부적이어야 한다. 난이도의 예측은 덤(addition)이다. '욕구'는 히든 메이커(hidden maker)를 파악해야 한다. 여기에서 주목할 키-워드는 자신의 히든 메이커도 중요하지만, 상대의 배후에 존재하는 히든 메이커가 누구인지를 정확하게 파악하는 게 더 중요하다. 상대는 이미 자신의 히든-메이커에 대하여 조치했을 확률이 높다는 점을 반드시 인식하여야 한다. '창조적 대안(Creative Option)' 항목에서 '내기 걸기(Bet)'는 확실한 자료와 근거에 기반하여 진행하여야 한다. 아래의 <표 1-53>은 실패한 제일 은행 매각 사례이다.

〈표 1-53〉 한국 정부의 제일 은행 매각 실패사례(1999)

상황) 1999년 정부는 제일 은행을 5,000억 원에 뉴브리지 캐피털로 매각하였다. 당시 조건은 2~3년간 추가로 부실이 발생하면, 한국 예금보험공사가 전적(全的)으로 책임진다는 불리한 조건이 족쇄였다.

정부가 외환위기 이후 가장 많은 공적자금을 투입한 곳이 제일 은행이다. 그동안 정부는 항상 "그 당시의 시점에서 볼 때 상황이 급하게 돌아갔기에 국가 신인도(credibility)의 유지와 효율적인 공적자금 회수, 선진 금융기법 도입 등의 사유(事由)로 제일 은행을 헐값에 매각할 수밖에 없었다."라는 변명을 가장 많이 한 사례이기도 하다. 결과적으로 애꿎은 예금보험공사가 3조 6,000억 원이라는 추가 부실(不實)을 떠안게 된 사례이기도 하다. '더하고 쪼개기(Add & Chop)' 항목은 아래의 <표 1-54> 김포 쓰레기 매립단지에서 일어난 산업 폐기물 처리 사건을 통해 알아보자.[37]

37) "제일은행, 美 뉴브리지 캐피털에 매각(재종합)," 『연합뉴스』 (1998. 12. 31.) (검색일: 2020년 3월 30일).; "제일은행, 5천억 원에 뉴브리지 매각 타결," 『연합뉴스』 (1999. 9. 17.) (검색일: 2020년 3월 30일).

〈표 1-54〉 김포 쓰레기 매립단지에서 일어난 산업 폐기물 처리 사례

상황) 1990년대 초기에 발생한 김포 쓰레기 매립단지에 산업 폐기물을 반입한 사건이 발생하였다. 주민들은 유해물질이기 때문에 절대 반입할 수 없다며 강력하게 항의했다. 하지만 업체는 쓰레기 반입 허가를 받았으므로 반입하겠다고 버틴다. 이때 지자체의 대안 제시로 사태가 해결되었다. 담당자가 말하기를(曰), "시(市)에서 쓰레기 반입을 허용하였기 때문에 반입하는 게 맞다. 그러나 주민들의 우려도 충분히 이해할 수 있다. 따라서 폐기물 업체는 반입할 때 유해물질은 제외하고 매립시켜야 한다."

'우선순위에 따라 교환하기(Exchange)' 항목은 자신과 상대의 중요도가 다른 것을 고려하여 교환하라는 의미이다. 아래의 <표 1-55> 아파트 이웃 주민 간에 진행되었던 물물교환 사례를 통해 알아보자.

〈표 1-55〉 아파트 이웃 주민 간 물물교환 사례

상황) 아파트에 사는 주부 A(채식주의자)에게 제주도에 사는 친구로부터 흑돼지 선물 세트가 도착하였다. 공교롭게도 옆집에 사는 주부 B(육식주의자)는 친구로부터 산나물 선물 세트가 도착하였다. 여느 때와 같이 차를 마시고 대화하는 과정에서 쌍방이 받은 선물이 자신들의 기호에 맞지 않지만, 상대가 좋아하는 것임을 알게 되었다. 두 주부는 흔쾌하게 선물 세트를 바꿨고, 맛있게 먹을 수 있었다.

'배트나'는 주어지는 것이 아니라 지속해서 개발해야 한다. 인식(Cognition) 분야의 '논리와 근거(Logic & Ground)'는 의미하는 그대로이다. 감정(Emotion) 분야에서 '미러링 포인트(Mirroring Point)'는 같은 지점을 찾아가기 위해 노력하는 과정이다. 고향, 학교, 취미, 친분 등 다양한 관점과 관계 속에서 찾아야 한다. '안건 진행순서'는 현재 ANT에 적어놓은 의제 가운데에서 우선순위를 정하는 것이다. NPT와 ANT를 준비하는 과정에서 잊지 말아야 할 키-워드는 아래의 <표 1-56>에 제시된 바와 같이 세 가지로 정리할 수 있다.

〈표 1-56〉 NPT와 ANT 작성과정의 키-워드

첫째, 모든 항목을 완벽하게 채워야 한다는 부담감에서 벗어나야 한다. 둘째, 한 번 적어놓은 NPT(ANT)가 금과옥조(金科玉條)는 아니다. 셋째, NPT(ANT)는 적었다고 끝난 게 아니라 준비과정의 하나이다.

제16계 : 양보의 법칙에도 예외가 있음을 명심하라!

양보의 법칙에 예외가 있다는 말은 질적(質的, quality) 차이를 뜻한다. 상황과 여건에 맞도록 양보하는 범위나 폭을 상대에게 유리하도록 설정해놓는 대신에 합의점은 자신에게 최대한 가까운 범위에서 결정할 수 있다. 반면에 상대가 당황하도록 양보의 범위나 폭, 속도를 처음부터 크고 빠르게 제시하여 전격적으로 마무리하는 전략도 있다. 이러한 상황일 경우 상대는 당황하면서도 배포가 크고 시원시원한 특성으로 느끼게 되어 자신도 같은 수준에서 요구를 들어줄 가능성이 커진다. 아래의 <표 1-57>은 수입 가구업체가 가격 변동으로 구매자를 자극한 사례이다.

〈표 1-57〉 수입 가구 업체의 가격 변동으로 구매자 취향을 자극한 사례

상황) 외국에서 수입한 호화 가구의 가격은 몇천만 원이지만, 불티나게 팔렸다. 반면에 00업체는 가격을 부풀리지 않고 실제 수입가격보다 조금 높은 900만 원으로 정하였으나, 파리만 날렸다. “왜! 팔리지 않는 걸까?” 고민이 많았다. 그러다가 매니저의 건의대로 가격을 배로 올려서 1800만 원으로 전시하였다. 이후부터 가구는 불티나게 팔려나갔다. **문제** 12) 왜! 같은 가구의 가격을 배로 올렸는데 이전에는 팔리지 않던 가구가 오히려 더 잘 팔려나가는 것일까?

협상을 진행할 때는 상대가 원하는 바가 무엇인지를 신속하고 정확하게 읽어내야 한다. 이에 기초하여 가능하다면, 상대가 원하는 바를 만족시켜주는 대신 자신이 원하는 바도 얻어내면 되지 않나 싶다. 실제로 상대가 자신에게 양보를 원하는 바를 요구하는 것은 자신에게는 별로 중요하지 않을 수 있다. 왜냐하면, 양보를 요구하는 모든 사안이 자신에게 중요할 리는 없기 때문이다. 따라서 어지간하면, 자신에게는 크게 중요하지 않은 부분은 양보해줌으로써 상대에게 만족감을 주는 대신에 자신에게 필요한 것을 양보받을 수 있다. 아래의 <표 1-58>은 최소의 범위를 양보하고 최대한의 양보를 끌어내는 방법을 정리한 내용이다.

〈표 1-58〉 최소한의 양보로 최대 양보를 끌어내는 방법

첫째, 상대 얘기를 경청하되, 자신의 요구사항은 명확하게 설명한다.
둘째, 객관적으로 입증할 수 있는 근거나 자료로 주장해야 한다.
셋째, 모든 사람을 공평하게 예우하고 존경해야 한다.
넷째, 상대의 심리적 측면과 보상적 측면까지 최대한 만족시켜야 한다.
다섯째, 유능한 사람과 같은 조건으로 거래한 사실을 부각한다.
여섯째, 상대가 직접 여러 가지 조건을 점검하도록 한다.
일곱째, 최고 의사결정권자가 나서 사후(事後)에도 만족을 보장한다.
여덟째, 상대에 필요한 관련 정보와 지식은 최대한 제공한다.

제17계 : 협상 목표는 명확하게 설정하라!

문제는 협상을 타결하는 데만 급급해하고, 조급해한다는 점이다. 그러나 때로는 협상이 결렬되는 한이 있더라도 목표가 흩트려지면 안 된다. 목표가 훼손되는 순간 협상을 계속할 의미는 없어지기 때문이다. 다만, 최종 목표(End-state)는 명확하게 유지하되, 목표를 달성하려는 방법(전략)이나 수단(전술)은 얼마든지 유연하고 탄력적으로 바꾸어 적용할 수 있다. 다시 말해 수단과 목표를 혼동해서는 안 된다는 뜻임을 이해하여야 한다. 협상 목표만 명확하게 인식하고 있다면, 상대의 어떤 방해 행위나 돌발적인 방향 전환 제스추어에도 유연하게 대처할 수 있다.

제18계 : 질문은 질문답게 해야 하고, 대답은 대답같이 해라!

상대에게 던지는 질문과 질문에 응대하는 답변 하나하나가 모두 협상의 성과에 큰 영향을 미친다. 예를 들어 'Why?'일 경우 '왜요?', '난 뭘 먹고 살라고요?', '최고 의사결정권자에게 어떻게 보고를 하라고요?'라는 시비(是非)조의 어감을 많이 표출한다. 반면에 'What?'은 '당신은 그 대신 내게 무엇을 해줄 수 있나요?'라는 어감으로 비치면서 친화적 · 긍정적인 의미로 표출된다는 점을 기억해야 한다.

상대를 향한 질문은 모르는 문제를 단순하게 확인하기 위함보다는 상대의 취약점을 파고들기 위한 것이다. 따라서 질문을 할 때는 상대의 발언을 치밀하게 분석하여 합리적 논거(reasonable Argument)로 재구성함으로써 상대가 역공(逆攻)할 수 있는 빌미를 사전에 차단해야 한다. 여기에서 키-워드는 '상대가 생각하지 못하고 있는 의표를 파헤치는 질문'이어야 한다는 점이다. 이러한 유형의 질문은 상대를 당황과 혼란에 빠지게 만든다. 적절한 대응 논리가 없는 한 상대 주장은

힘을 잃을 수밖에 없음을 명심해야 한다. 질문은 내가 먼저 하는 게 유리하다. 자신이나 상대를 막론하고 의표를 찌르는 선제적(先制的)으로 하는 질문 하나가 확실한 승기를 잡게 한다는 점을 인식하여야 한다. 만약 대응할 논리가 궁색해지면, 정확한 답변은 회피하면서 상대가 질문한 항목을 나누고 쪼개어 하나씩 재확인할 수 있는 시간을 벌어야 한다. 그사이 잘게 쪼개놓은 질문에 하나씩 답변을 준비함으로써 상대 팀이 가진 예기(銳氣)를 무너뜨리고 내용도 희석하는 방법으로 헤쳐나간다. 질문과 답변은 최대한 간단 명확하게 핵심만 짚어야 한다. 장황해지면, 질문이나 답변의 요지(要旨)를 명확하게 전달하기가 어렵다. 아래의 <표 1-59>는 질문과 대답 과정에서 '해야 할 자세와 태도'이고, <표 1-60>은 '하지 말아야 할 태도와 자세'를 정리한 내용이다.

〈표 1-59〉 협상 간 질문과 답변 과정에서 '해야 할 태도와 자세'

첫째, 협상을 진행하는 데 도움이 되는 말을 해야 한다. 둘째, 최종 협상을 마무리하기 전에 반드시 상대의 답변과 통보 내용이 사실인지 확인해야 한다. 셋째, 질문 및 답변을 준비하는 단계에서 협상팀 내부적으로도 프레젠테이션(presentation)의 방식을 통해 수준과 상태를 확인해야 한다. 넷째, 담당자에게 직접 질문하고 상대의 답변이 모호하면, 끈질기게 파고드는 끈기와 용기, 담력을 가져야 한다. 다섯째, 어떠한 질문이라도 자신감을 가지고 답변하고 표현해야 한다. 여섯째, 질문과 답변은 직설적 화법으로 분명하게 표현한다. 우회적으로 표현하다가 오히려 오해를 증폭(增幅)시킬 수 있다. 일곱째, 수시로 새로운 질문을 준비하는 휴식 시간을 가져야 하며, 미심쩍은 부분은 반복적으로 확인해야 한다.

〈표 1-60〉 협상 간 질문과 답변 과정에서 '하지 말아야 할 태도와 자세'

첫째, 시비조의 질문과 답변은 최대한 삼가야 한다. 둘째, 상대의 정직성에 대해 의구심을 갖는 질문은 삼가야 한다. 셋째, 상대는 답변하고 있는데, 다음 질문이나 다른 생각으로 인해 상대의 답변을 소홀하게 듣는다는 인식은 주지 않아야 한다.

넷째, 상대의 질문이나 답변을 중간에 가로채지 않아야 한다.

* 다만, 문화적 특성상 외국인과의 협상에서는 예외일 수 있다.

다섯째, 핵심을 벗어나거나, 과시하는 투의 질문과 답변은 삼가야 한다.

질문은 여러 각도에서 바라볼 수 있다. 당연히 답변에 대한 의미 전달도 여러 각도에 따라 달라진다. 상대가 혼란스러워할 때 질문을 통해 정리할 수 있고, 스무고개 형식의 대화를 통해 견해 차이를 좁혀 나갈 수 있다. 또 상대를 파악하는 유도 질문, 우회 질문, 모호하고 두리뭉실한 질문으로 상대가 스스로 답을 낼 수도 있다. 질문은 주도권을 확보하는데 결정적인 작용을 하므로 공격적일 수 있고, 상대의 질문을 회피하거나, 상대가 인지하지 못한 채 스스로 답변하게 만들 수 있는 고도의 방법이다.

제19계 : 공격적인 질문은 일단 구렁이 담 넘어가듯이 회피하라!

공격적인 질문은 우선 상대를 궁지에 몰아넣거나, 주눅이 들게 함으로써 유리한 위치를 선점(先占)하는 일반적인 방법이다. 상대가 이러한 질문 방식에 예민한 반응을 보일 필요는 없다. 일명 '만만디 전술(mànmànrde tactics)'로 느긋하게 대응하는 게 최선이다.[38] 아래의 <표 1-61>은 상대의 공격적인 질문 등의 행위를 무력화시킬 수 있는 기법(技法)이다.

〈표 1-61〉 상대의 공격적 질문을 무력화시키는 기법(예시)

첫째, 상대의 질문을 다시 고치거나, 반문(反問)으로 대응한다.

둘째, 내용이나 상황을 고려하여 때로는 얼버무리거나, 질문을 무시한다.

셋째, 구체적인 답변은 미루면서 가능한 얼굴은 붉히지 않도록 한다.

넷째, 특정 영역이나 범위로 한정(限定)하여 답변한다.

다섯째, 핵심을 벗어난 질문은 의도적으로 논쟁(論爭)을 유도한다.

38) '만만디'는 행동이 굼뜨거나 일이 진행되는 속도가 느린 것을 의미하고 있으며, '여유 있다'라거나, '불편하게 느리다'라는 뜻이 동시에 들어 있다. 중국에서 사용하고 있는 이 전술은 단순하게 느리다는 의미만 있는 게 아니라 실리를 보장받기 위한 '신중함'도 있음에 유념해야 한다. 반면에 한국은 '빨리빨리' 문화에 익숙해져 있다 보니 '실축(失蹴)'을 하는 사례가 일부 발생하고 있다.

바로 답변을 하기 어려우면, 상대의 질문을 재해석하거나, 자신에게 유리한 형태로 다시 고치고 상대에게 확인을 유도하면서 시간을 번다. 또한, 상대가 답변하기 곤란하거나, 불합리해 보이는 질문을 하면, '당신은 어떤 생각을 하고 계시는지 의견을 먼저 듣고 싶군요.'라고 반문한다. 이를 통해 초기부터 상대 팀 예기(銳氣)를 누를 수 있다. 이러한 방식은 논쟁을 진행할 때와도 유사한 방식임을 기억해야 한다.

굳이 답변할 필요성을 느끼지 못한다면, '어떻게 답변해야 할지 모르겠네요.'라면서 질문 자체를 무시해버릴 수도 있다. 다만 이때 상대의 자존심을 상하게 하면, 성과를 바라는 측면에서 바람직하지 않을 수 있다는 점도 기억해야 한다. 그러할 경우 답변을 미루면서 '너무 중요한 질문이기에 전문적으로 검토할 시간이 필요'하다면서 지연(遲延)시키기도 한다. 아니면, 자신에 유리한 부분만을 명확하게 강조하고, 불리한 부분은 짐짓 대수롭지 않다는 듯이 넘어간다. 만약 상대가 다시 구체적으로 거론하더라도 확실한 답변은 슬그머니 피하면서 추후(追後)에 협상 여지를 남겨두는 방향으로 유도한다.

상대가 핵심에서 벗어난 의제(Agenda)로 질문을 계속하면, '협상 의제에서 벗어난 질문은 삼가라!'라든가, '개인적인 질문은 협상을 지연시킬 수 있으니 자제해달라!'라는 형태로 정면에서 받아치는 강수(强手)를 둔다. 또한, 상대의 질문이 모호하면, '명확하게 구체적으로 질문해달라!'라고 직접 요구한다. 다시 말해 상대가 자신을 교란할 때는 그냥 휘둘릴 게 아니라 단호하게 대처할 필요가 발생할 수 있음을 인식하여야 한다.

제20계 : '마감 기일'을 활용하여 적절히 대응하라!

협상하는 과정에서 상대가 이유 없이 갑작스럽게 진행을 차일피일 미루면, '마감 기일'을 제시하면서 압박(pressure)하는 방법을 활용한다. 전제(前提)는 '마감 기일'을 제시하는 팀은 이미 협상 의제에 관한 연구를 충분히 검토했다는 의미이다. 반면에 '마감 기일'을 제시받은 팀은 아직 충분한 검토나 준비가 덜 완료된 경우가 많으므로 협상 진행이 불리해지게 된다. 이러한 '마감 기일' 사례는 일상생활 간 주변에서 자주 접할 수 있다. 이마트나 홈플러스 등의 대형 마트와 백화점, 그리고 TV 홈쇼핑 등에서 하는 '대박 세일(sale) 행사'가 바로 그것이다. 예를 들면, "오늘이 할인 판매하는 마지막 날입니다.", "오늘 주문하지 않으면, 다음 달이 되어야 다시 주문할 수 있습니다.", "마감이 3분 남았습니다. 지금 주문하여야 00%의 할인이 가능합니다." 등이다. 실제 문장을 따져보면, 앞뒤가 맞지 않는데도 은근한 협박을 통해 구매자의 지갑을 열기 위한 판촉을 버젓이 획책(planning)하고 있다.

실제 협상에서 '마감 기일'이란 있을 수 없다. 지금의 협정이나 계약이 만료되더라도 반드시

그 만료일까지 새로운 내용이나 더 세부적인 내용을 별도로 준비하여 재발효시킬 필요가 없다는 의미이다. 양측이 새로운 협상안이 마련될 때까지 기존의 협정이나 계약을 유지한 상태에서 시간적 여유를 가지고 진행하는 것이 더 바람직할 수 있다. 그러나 결과나 내용에 다소라도 불만을 가진 측에서는 만료되는 시기를 빌미로 새로운 협상안을 재촉할 수도 있음도 인식해야 한다. 이때 다른 측에서 '마감 기일'을 넘기면, 협상을 포기하는 것으로 간주한다던가, 일임(entrusting)하는 것으로 간주하고 행동하겠다는 압박을 가할 수 있음도 명심하여야 한다. 그러면, 상대는 충분한 검토나 준비가 되지 않았지만, 불리한 협상을 진행할 수밖에 없다. 여기에서 키-워드는 '마감 기일'이 지닌 법적 효력과 합리적 측면을 냉정하게 따져보아야 한다. 상대가 압박하는 '마감 기일'이 반드시 준수해야 할 법적 책임이나 타당성이 없다면, 충분한 준비 기일을 역(逆)으로 제안함으로써 주도권을 가져올 수 있다.

제21계 : 결정되는 모든 사안(事案)은 서면(書面)으로 남겨라!

협상에서 모든 내용은 일일이 메모해두어야 하고, 중요한 사안은 중간 과정이라도 반드시 서면으로 작성하여 양측 대표의 서명을 받아두어야 한다. 대규모 수준의 협상은 단기간에 끝낼 수 없기에 구두로 합의한 내용이 나중에 쓸모없게 되는 경우가 발생하기 때문이다. 특히 한국인은 감정적(pathos) 특성으로 인해 보통 근거(根據)를 남기려고 하지 않고, "뭘 그런 것까지 쫀쫀하게 서면으로 남기려고 하느냐?"라는 등의 호방함을 내세우기도 한다. 이후 "무슨 말이냐? 기억나지 않는다."라는 등 상대에게 배신을 당하게 되면, 그제야 "죽일 놈, 살릴 놈" 하면서 길길이 날뛰는 사례가 다수 발생함이 사실이다. 전문 협상가가 되려면, 어쭙잖은 아마추어적 사고방식이나, 과시하고 싶은 욕심과 자세는 버려야 한다.

학습자들이 명심해야 할 키-워드는 협상이 '첨예한 이해관계로 엮어져 있는 비즈니스 게임'임을 명심하여야 한다. 조그마한 상황의 변화에도 직전(直前)에 했던 말을 눈 하나 깜박이지 않고 손바닥을 뒤집듯이 할 수 있는 생존게임이 '협상(Negotiation)'이다. 따라서 진행하는 과정에서 하나하나 세세하게 확인해두어야 나중에라도 얼굴을 붉힐 사태가 벌어지지 않는다. 상대 편의를 통 크게 봐준다며 허세(bluff)나 과시(flaunt)를 부린다고 하여 상대가 고마워하지 않는다. 오히려 이를 빌미로 '어떻게 속여볼까?'라면서 취약점을 파고들 것이다.

제22계 : 상대의 허풍(虛風)과 기만(欺瞞)에 냉정하게 대처하라!

협상은 양측이 서로 물고 물리는 처절한 게임이다. 양측이 손해 보지 않는 수준에서 win-win 하는 결과로 마무리되어야 하겠지만, 현실에서는 상당히 어려운 측면이 존재하며 거의 불가능할 수도 있다. 상대가 허풍을 치거나 속이려고 드는데, 다른 한 측에서 점잖게만 있을 수는 없다. 단호하고 철저하게 상대의 음모(陰謀)나 부정적인 책략을 사전에 차단하거나, 뒤집어야 한다.

상대 팀은 협상 분위기가 불리하다고 판단하면, 이를 뒤집기 위해 비열한 수단이나 방법을 동원해서라도 핵심을 흐리게 만들려고 노력할 것이다. 또는 사실이 아님에도 불구하고 일부 사실을 부풀리고 협박 및 강요하는 방식이나 수단 등을 동원할 것이다. 만약 상대가 비열한 수법이나 황당한 행동을 하면, 말로 상대하지 말고 침착하고 냉정하게 근거를 제시함으로써 정공법(正攻法)으로 상대의 부정적인 책동 자체를 없애야 한다. 흥분할 경우 상대의 노림수에 말려들 수 있다. 흥분은 실언(失言)이나 실수를 낳게 하여 상대가 주도권을 쥘 수 있게 만든다. 이는 상대가 의도하는 결과다. 이를 방지하려면, 도덕적 결함이 없고, 침착·냉정한 전문가로 팀을 구성해야 한다. 특히 비열한 방법이나 수단은 최대한 쓰지 말아야 하며, 사전에 유사한 사례를 연구 및 검토하여 충분한 대응(對應)·대처(對處)가 가능하게 학습되어야 한다.

제23계 : 상대가 거절하기 어려운 카드를 제시하라!

협상 과정에서 방향이 모호해지거나, 교착 상황에 빠져 지지부진하게 되었을 때 상대가 거절하기 어려운 카드를 제시하면, 협상이 놀라울 정도로 급물살을 타면서 순조롭게 타결되기가 십상이다. 다시 말해 교착된 국면을 반전(反轉)시키는 결정적 요인으로 활용할 수 있다. 다만, 상대가 절실하게 원하는 것, '욕구(interest)'가 무엇인지 먼저 알아내거나, 간파(penetrate)할 수 있어야 한다. 아래의 <표 1-62>는 1993년 한-프랑스 간 진행되었던 고속전철 선정 협상 간 프랑스가 비장의 카드를 제시한 사례이다.

〈표 1-62〉 한-프랑스 간 고속전철 테제베(TGV) 선정 협상사례

상황) 고속전철 차종(車種) 선정 과정에서 프랑스와 독일이 치열한 경합을 하고 있었다. 한국 측은 기술 이전 여부를 중요시하였고, 독일 측으로 대세가 기울었다. 이때 프랑스 미테랑 대통령이 한국을 방문하면서 프랑스가 보관하고 있는 '외규장각 도서'를 반납하겠다는 카드를 내밀었다. 조건은 한국 고속전철에 테제베(TGV) 선정이었다. '문화재 반납'이라는 카드는 한국민에게 커다란 영향을 미쳤고, 프랑스의 테제베로 결정되었다.

결론적으로 프랑스는 약속을 지키지 않았으며, 미테랑 대통령 자신도 개인적 의견으로 의미를 축소하였다. 한국은 억울했지만, 방법이 없었다. 프랑스의 테제베로 선정(選定)으로 결정한 상황이었기에 아쉬울 게 없었다. 외규장각 도서도 돌려줄 생각이 없는 상황에서 '시간 끌기'로 버티기 시작했다.

만약, 당시 한국이 프랑스에 '외규장각 도서가 한국 땅에 도착하는 것을 보고 차종을 선정해도 늦지 않다!'라면서 시간상으로 여유가 있음을 보여주고 프랑스에 먼저 보내도록 요구했다면 어떻게 되었을까? 마음이 조급해진 프랑스는 급하게 외규장각 도서를 모두 보냈을 것이다. 확실하게 하려면, 독일 측과 계약을 바로 체결할 것인 양 연출했더라면, 효과는 더욱 높아지지 않았을까? 싶기도 하다. 외규장각 도서는 이미 한국에 들어와 국민에 공개되었을 것이다. 프랑스는 한국이 거절하기 어려운 약점을 파고들면서 협상에 성공한 국가가 되었다.

제24계 : 어설픈 논쟁(論爭)은 가능한 피하고 적극적으로 설득(說得)하라!

1801년 3월 4일 미국의 제3대 대통령으로 취임한 토머스 제퍼슨(Thomas Jefferson, 1743~1826)은 실사구시(實事求是)의 정신으로 실천적 지혜와 열정을 가지고 이상(Idea)과 현실적인 제약의 접점을 찾는 지도력을 발휘한 인물임을 첫 취임 연설에서 여실하게 보여주고 있다. 그는 "논쟁(debate)으로 상대를 설득(persuade)한다는 것은 어불성설이다. 처음에는 점잖게 시작하겠지만, 점차 과열되어 서로 간에 예의(good manners)를 잃게 하고 결과적으로 쌍방이 치유될 수 없을 정도의 드잡이질을 통해 씻을 수 없는 상처만을 남기게 된다."라고 주장하고 있다. 이는 논쟁을 통해 상대의 항복을 받아낼 수 있겠지만, 긍정적인 의미의 설득은 아니라는 점이다.

일시적으로 생각을 바꾸게 유도할 수는 있겠지만, 이는 설득이라는 용어로 단정하기 어렵다. 다시 말해 협상에서 논쟁은 결코 아무런 도움이 되지 못한다. 협상 자체를 실패로 돌리는 결정적 요인이 될 수 있기 때문이다.

美 제3대 대통령 Thomas Jefferson (1743~1826)

Northcote Parkinson(1909~1993)

여기에서 키-워드는 협상은 누가 옳으냐, 그르냐를 따지는 토론장이나, 논쟁의 장소가 아니라는 점에 있다. 자신의 말대로 하면, 어느 정도의 이익은 있으나, 상대도 어느 정도 양보해야 한다는 제안을 합리적·논리적 자료를 통해 좁혀 나가는 과정임을 명심하여야 한다. 다시 말해 자신의 의견을 고집대로 밀고 나가서 상대를 기어코 이기는 씨름판이 아니라 서로 다른 인식과 차이점을 '합의(mutual agreement)로는 완성하는 과정이다. 어차피 상대가 있는 논쟁은 긍정적·호의적인 상태에서 시작하더라도 종국적으로는 자제력을 잃기 쉽다. 자제력을 잃으면, 본래의 의제에서 벗어나 감정싸움으로까지 확대되는 것은 필수적인 단계이다. 따라서 감정싸움으로 번지는 순간 이미 협상은 물 건너갔다고 생각하면 된다. 제퍼슨의 말에 따르면, "결국은 서로 충질하게 된다." 영국의 경제학자인 노스코트 파킨슨(Northcote Parkinson, 1909~1993) 교수가 주장하는 '파킨슨의 법칙(Parkinson's Law)'에 의하면, '일은 그 일을 완성하기 위해 확보해놓은 시간을 다 채울 만큼 늘어난다.'라고 한다. 아래의 <표 1-63>은 파킨슨 교수의 사례이다.

〈표 1-63〉 노스코트 파킨슨(Northcote Parkinson) 교수의 설득 사례

상황) 파킨슨 교수는 재단으로부터 연구비를 지원받기 위해 "내가 만든 프로젝트가 아니라 재단 임원들이 제공한 아이디어에 따라 계획되었다."라는 인식을 심어주는 게 유리하다면서 '설득'의 중요성을 강조한다.

이렇게 진행할 경우 프로젝트의 결정 권한을 가진 임원들은 "자신들이 제공한 아이디어"에 의해 진행하는 프로젝트로 인식하게 된다. 이로 인해 마치 임원 자신들이 프로젝트를 진행하는 것이라는 관심과 책임감이 덧붙게 되면서 프로젝트의 지원 결정에 상당한 영향을 끼치게 만든다. 이는 말 한마디가 갖는 위력이 얼마나 중요한지를 잘 보여주고 있다. 여기에서 키-워드는 "자신을 낮추고 상대를 높여주는 기법을 사용하는 고도의 전략"임을 명심하여야 한다. 상대를 설득하

려면, 먼저 '자신(나)'을 버리고 철저하게 상대의 관점으로 접근하여야 한다.[39] 상대가 어떠한 부분을 흥미나 호기심을 보이는지, 상대가 지금 절실하게 원하는 게 무엇인지, 상대가 취할 수 있는 현실적인 이익은 무엇이고 어느 정도의 수준인지를 알고 나서 설득에 임해야 효과적이다. 이러한 사항들이 전제되지 않은 상태에서 설득하게 되면, 자칫 구차한 읍소(泣訴)로 비치거나, 또 다른 논쟁으로 비화(飛火)하기 쉽다.

제25계 : 협상팀의 내 · 외부를 막론하고 항시 보안(保安)에 유의하라!

어느 날 예상하지 못했던 기업이 다른 기업과의 합작(合作) 계획이나 인수 · 합병 계획을 발표하는 뉴스를 접하게 된다. 그러면, 기다렸다는 듯이 바로 뒤를 이어서 해당 기업에서 '사실이 아니다.'라고 부인(否認)하는 촌극이 벌어진다. 자주 접하는 연예 뉴스도 마찬가지다. '유명한 여배우 000가 남배우 000와 열애 중'이라는 보도(gossip)가 나오면, 뒤이어 해당 소속사나 연예인 측에서 부인하거나, 또 다른 이슈를 공개하며 희석(稀釋)하도록 만드는 사례를 보게 된다.

협상에는 공개와 비공개(비밀) 방식으로 진행하는 게 일반적이다. 軍 조직의 경우는 공개보다 비공개가 더 많다고 보면 될 듯싶다. 공개하는 협상 방식은 다양한 의견을 수렴 및 반영한다는 긍정적인 측면이 있는 반면에 외부 여론에 휘둘리면서 본질이 훼손되거나, 사소한 감정 문제가 확산하게 될 소지가 많으며, 실패로 끝날 개연성이 매우 커진다.

그래서 국가나 軍, 기업과 기업 간 진행하는 주요 협상은 대개 공식적으로 발표하기 이전까지는 비공개로 진행한다. 특히 기업 간 진행하는 주요 협상은 극적 효과를 유발하기 위해 '극비(high secret)'로 취급하고 협상 자체를 비밀리에 진행하는 경우가 많이 있다. 그러나 이러한 와중에도 비밀 협상의 원칙을 깨고 상대방 측에서 아직 끝나지 않은 협상 결과를 발표하여 해당 기업의 홍보에 이용함으로써 성공적으로 진행하던 협상이 무산되는 사례가 종종 발생한다. 따라서 여기에서 키-워드는 국가나 군조직, 주요한 기업 협상의 경우는 보안 유지가 필수 아이템(item)임을 명심하여야 한다. 중간에 비밀이 새면, 협상에 치명적인 결과를 초래하게 되어 국가와 군조직 전체에 심대한 피해가 불가피해짐도 인식하여야 한다. 아래의 <표 1-64>는 협상 간 필요한 비밀 유지에 관한 처벌 규정을 예시(例示)한 내용이다.

---

39) 2020년 3월에 종료된 TV 드라마 『본대로 말하라』에서 모든 것을 잃은 천재 범죄심리분석관(profiler)인 오형사도 같은 말을 하고 있다. "연쇄 살인마를 잡기 위해서는 내가 연쇄 살인마가 되어야 한다."라는 내용은 바로 "철저하게 상대의 관점으로 접근해야 한다."라는 의미이다.

〈표 1-64〉 협상 간 필요한 비밀 유지에 관한 처벌 규정(예시)

첫째, 비밀을 엄수하고 유지하는 의무는 협상에 관여하는 모든 구성원에게 있다. 협상 내용을 공유하거나, 결심 계통에 있는 인원과 과정 및 내용에 접근할 수 있는 위치나 직책에 있는 모든 인원을 포함한다. 이들이 다른 인원들의 비밀 내용을 탐지 및 누설하였을 때도 그 책임에서 벗어날 수 없다.

둘째, 비밀 유지가 필요한 대상의 범위를 구체적으로 등급화하고, 해제 요건도 엄격하게 규정한다.

셋째, 비밀 유지에 관한 의무 기간은 최대한 길어야 하며, 비밀 유지 여부를 준수하고 있는지를 검열할 수 있는 권한을 같이 규정한다.

넷째, 비밀 유지 의무를 위반할 경우 처벌 조항으로 세부 등급별 벌칙(罰則)과 손해배상 금액 등을 구체적으로 적시(摘示)한다.

제26계 : 분쟁이 발생 시 조정(調停)과 중재(仲裁)를 구분하여 효과적으로 이용하라!

협상을 진행하다 보면, 어느 일방이 양보하기 어려운 상황이 벌어지기 마련이다. 쌍방 모두가 첨예한 이해관계에 걸려있기 때문이다. 따라서 서로 예민하게 반응하기가 쉬우며, 양보가 곧 손해(패배)라는 분위기에 젖기 때문에 대립 상태를 쉽게 해소하기는 어렵다. 이때 필요한 방법 및 수단이 조정(mediation)과 중재(arbitration)이다. 다시 말해 다툼이나 분쟁 또는 갈등을 말려야 하는 처지에 설 수 있다는 의미이다. 사람이 사는 곳에서는 의례적으로 다툼이 있기 마련이고, 그 과정에서 말리는 역할도 나타나게 됨이 일반적이다. 독자는 책이나 영상 등을 통해 『삼국지』를 접해 보았을 것이다. 유비와 관우, 장비가 만나게 되면서 의기투합하여 이후 '도원결의(桃園結義)'로 발전되는 과정을 기억하면 이해하기 쉬울 듯싶다.[40] 아래의 <표 1-65>의 관우와 장비 간 다툼에서 비롯된 '일룡분이호(一龍分二虎)' 사례를 통해 알아보자.

40) '도원결의(桃園結義)'는 장비와 관우가 다투는 과정에서 생겨난 얘기라기도 하고, 관우와 장비가 원래부터 아는 사이라는 등의 여러 가지 설이 있다. 관우와 장비의 친교(親交) 이후에 유비와 끈끈한 형제의 관계를 맺었으며, '유관장도원삼결의(劉關張桃園三結義)'라고도 불린다.

〈표 1-65〉 삼국지에서의 '일룡분이호(一龍分二虎)' 사례

주요 상황) 소나 돼지 등을 잡는 장비(백정, 白丁)는 호걸들과 사귀려고 언제나 한 덩이의 고기를 우물에 넣어놓고 천근이나 되는 무거운 돌로 덮어놓았다. 돌에는 "우물 안에 고기가 있으니 덮개를 열고 가져가도 좋다."라고 써놓았다. 얼마 후 관우(녹두장수)가 와서 고기를 가져가는 과정에서 말다툼이 치고받는 싸움으로 번졌다. 이때 유비(짚신장수)가 나타나 왈(曰), "사나이란 무릇 나라를 위해 힘을 써도 모자란 데, 어찌 당신들은 이렇게 작은 일에 분개하는가?"라고 나무랐다. 장비와 관우는 그 말을 듣고 깨닫는 바가 있어서 서로 화해하고, '도원결의(桃園結義)'를 맺는다. 이들이 바로 삼국지에 나오는 유비와 관우, 장비이다.

위의 사례는 현대사회에서의 조정이나, 중재와는 다소 거리감이 있지만, 다툼이 있을 때 다툼을 잠재울 수 있는 요체(要諦)가 무엇인가를 깨우쳐주기에 부족함이 없다. 다툼이나 갈등, 분쟁을 해결하기 위해서는 문제의 핵심이 무엇인지 꿰뚫어 봐야 하기 때문이다. 따라서 어느 한 편에서서 시시비비를 가리자고 하기보다 핵심을 뚫어내는 한 마디가 더욱 효과를 발휘하게 된다. 다시 말해 다툼이 일어났을 때 그 대상이 누구인가?, 어떠한 상황인가? 에 따라 요령과 기법이 필요하다. 이는 통상 네 가지로 정리할 수 있다.

먼저, '조정(mediation)'이다. 조정은 당사자들의 합의로 선정한 제삼자(third party)가 조정자가 되어 합리적인 방법으로 해결하는 행위를 뜻한다. 이때 조정자는 법적인 강제력이 없지만, 당사자들이 신뢰적 측면과 객관적 측면을 평가하여 인정하고 선정하였기에 편파성(favoritism) 문제가 드러나지 않는 한 따르지 않을 수 없다. 따르지 않으면, 다른 한쪽의 명분은 사라지기 때문이다. 이는 가장 우호적으로 진행하는 방법으로서 중재보다 시간과 비용을 절감하는 효과가 있다.

둘째, '중재(arbitration)'이다. 중재는 조정이 실패하였을 때 채택하는 해결 방법으로서 국제협상에서는 중재 방법을 많이 활용한다. 중재는 일정 부분 법적 강제력을 동반하지만, 사법적 판단보다 우호적 관계를 회복한다는 의미를 기저(基底)에 깔고 있다. 다시 말해 중재의 최종 상태(End-state)는 모두가 동의할 수 있는 합리적인 판결을 내는 데 있다. 중재위원회를 구성할 때는

분쟁의 당사자들과 합의하여 중재자의 규모를 명시한다. 중요하고 사안(事案)이 복잡할 경우 통상 3명 정도로 구성하고, 상대적으로 가벼운 사안은 1~2명으로 구성하여 운영한다. 갈등을 해결하기 위해서는 누가 주도하던 효과적인 중재가 필요하다. 그러나 해결을 위해 요구되는 사항은 다양하고 여러 가지가 있을 것이다. 아래의 <표 1-66>은 갈등이 발생했을 때 효과적인 중재가 되기 위한 요건을 일반적 관점에서 정리한 내용이다.

〈표 1-66〉 갈등 시 효과적인 중재(arbitration)의 요건

① 합리적이고 구체적이어야 한다. ② 신속해야 한다. ③ 비용과 시간을 절감할 수 있어야 한다. ④ 비밀을 보장해야 한다. ⑤ 우호적인 분위기를 유지하여야 한다. ⑥ 실행 가능성이 큰 중재안을 제시해야 한다.

중재하면서 이를 판정한 결과는 사법 판단과 같은 구속력을 갖게 된다. 아울러 중재에 합의하게 되면, 추가적인 불만이나 다소 서운한 점이 있더라도 소송을 다시 할 수는 없다. 중재한 결과가 어떠한 상황이나 여건으로 변화되어도 확정된 이후에는 변경할 수 없기 때문이다. 다만, 중재 판결에 대해 무효를 주장할 수 있는 예외 조항은 있다. 기존에 중재로 판정되었더라도 아래의 <표 1-67>의 내용에 포함될 경우 협상 당사자 간 합의에 따라 중재 판정이 무효로 될 수 있음을 이해해야 한다.

〈표 1-67〉 중재 판정의 무효가 가능한 상황 및 여건(예시)

① 분쟁을 일으킨 당사자가 무능력하거나, 서로 간 암묵적으로 합의함으로써 중재 합의 자체가 무효로 판단되었을 경우 ② 중재인의 선정 과정이나, 중재를 진행하는 데 있어서 절차상의 문제로 당사자의 참여 기회가 불평등하게 진행된 경우 ③ 중재하였는데, 합의사항 이외의 사안이나, 대상이 아닌 사안에 대하여 판정을 진행한 경우 ④ 중재와 관련한 법률에 따르지 않고 중재권이 부여되었거나, 합의 조항을 위반한 중재 절차가 진행되었다고 판정된 경우 ⑤ 판정 결과가 구속력을 발휘하지 못하게 되었거나, 중재 판정국에서 취소시킨 경우

셋째, '중재 장소(arbitration place)'이다. 협상 당사자들이 중재 장소를 선택하되, 중재 조항에 그 장소를 명시하여야 한다. 절차를 진행하는 '장소'는 매우 중요하게 취급하고 있다. 왜냐하면, 시간 및 비용의 문제뿐만 아니라 당사자 간의 심리적 측면에도 큰 영향을 끼치기 때문이다. 국제협상은 대개 먼저 이의(異議)나 분쟁(紛爭)을 일으킨 국가가 '중재 장소'가 선정되곤 한다. 그러나 당사자 간 합의가 없다면, 공식적으로 선정된 중재 기관의 중재 규칙(rule)을 반드시 준수하여야 한다. 특히 軍 조직의 경우 외국군과의 동맹이나 전통적인 안보 관련 분쟁과 연계된 만큼 쌍방 국가의 합의나 위임받은 국제기관이 결정한 장소에서 진행하는 게 일반적인 사례이다. 이는 2015년 북한군 목함지뢰 폭발사건을 통해 느낄 수 있지만, 한국과 북한이 합의함에 따라 판문점에서 진행하였던 사례를 통해 알 수 있다.

넷째, '중재 언어(arbitration language)'다. 해당 국가 내부의 집단이나 구성원일 경우 문제가 될 수 없다. 그러나 외국(인)과의 협상이라면, 상황은 일부 달라질 수 있다.

착각하지 말아야 할 사실은 외국(인)과 협상에 합의하여 '공동 합의문(joint statement)'을 작성하는데 사용되는 언어가 꼭 중재 언어가 아니라는 점이다. 중재자가 결정하는 게 '공식적인 중재 언어'이며, 필요에 따라 쌍방의 언어로 진행한 사례가 많이 있음을 인식하고 있어야 한다.[41)]

제27계 : 단계별 재협상으로 기회를 포착하여 실패를 만회하라!

제10차 방위비 분담금 전면 폐기 · 재협상(2019)

협상은 단 한 번이나 여러 번 하였다고 끝날 사안이 아니다. 협상이 끝나더라도 이번 의제에 대한 협상이 끝났다는 의미이며, 끝났다고 하여 이번에 합의한 모든 협상이 종결되었다는 의미가 아님을 꼭 명심해야 한다. 특히 국가 차원에서 중요한 외교적 · 안보적 · 군사적 측면에서 추진할 때면 대다수 국회의 동의 절차를 거쳐야 효력이 가능해진다. 협상 의제의 전체 또는 일부일지라도 어느 한 국가가 추인(ratification after the fact)하지 않으면, 아예 관련 의제 전체에 대한 협상을 포기하거나, 재협상을 할 수밖에 없다. 따라서 국가 또는 기업 간 협상이라도 국책 사업이나 국가의 외교적 · 안보적 측면에서 진행하는 협상이라면, 해당 정부의 승인과 국회의 동의 절차는

41) 중재한 합의문 조항에 해당 국가에서 사용하고 있는 언어를 사용할 수 없다면, 통역 및 번역비를 합의하는 선에서 합의하는 것도 지혜롭지 않을까 싶다.

반드시 거쳐야 함을 이해하여야 한다. 다시 말해 단계별 재협상은 해당 국가나 집단이 합의한 협상의 결과를 어떻게 추인(追認)하는지에 따라 결정된다. 따라서 기업이나 국가 간 진행되는 본 협상에서 타결했다고 협상이 종결되는 게 아니다. 다만, 이러한 추인 절차를 잘 활용한다면, 오히려 상대에게 압력을 행사할 수 있음도 인식하여야 한다.

여기에서 키-워드는 어차피 본 협상이 실패로 끝났다고 판단되면, '추인 절차를 밟는 과정에서 제기된 내용을 빌미로 삼아 재협상 의제로 적절히 활용할 경우 앞의 실패를 어느 정도 만회할 기회가 있다.'라는 사실을 잊지 말아야 한다. 협상이 끝난 다음 상대가 긴장을 풀거나, 한껏 승리감에 젖어 있을 때 추인 과정에서 예상되는 재협상을 치밀하게 대비한다면, 의외의 성과를 가져올 수 있다. 반면에 자신에 유리할 때는 추인 절차가 완전히 끝날 때까지 상대도 유사한 방식의 '재협상 카드'가 있음을 인식해야 한다. 아래의 <표 1-68>은 2019년부터 진행하고 있는 韓·美 방위비 분담금 협상사례다. 아직 종결된 사례는 아니지만, 누구나 이해하고 접하기 쉬운 일반적인 이슈(Issue)이다.

〈표 1-68〉 韓·美 방위비 분담금 사례

주요 경과) 美 트럼프 대통령은 당선된 2016년부터 동맹국은 미군의 주둔 비용을 100% 부담하여야 한다며, 이에 응하지 않으면 미군을 철수할 수 있다면서 상당히 과격한 전술로 압박했다. 그러나 한국의 경우 2005년 6,804억 원이던 분담금이 10년이 지나는 동안 약 40%까지 증가하여 부담스러운 상황이 계속되었다. 2018년에 50% 증액을 요구하다가 8%로 증액하고 매년 재협상을 하기로 합의한 바 있다. 2019년 천문학적인 숫자로 5배 증액을 요구하면서 강하게 압박하고 있다.

문제 13) 방위비 분담금 액수를 결정하는데 최종 의사결정권자는 누구이며, 재협상에 대한 영향력(power)은 어디에서 나오는 것인가?

제28계 : 기선(機先)을 제압하고, 일부라도 합의가 된 내용은 기정(旣定)사실로 하여 밀어붙여라!

협상에서 상대가 완전하게 동의하지 않았거나, 협의 과정에 있더라도 기정사실로 못 박아 상대가 어쩔 수 없이 받아들이게 하는 기법을 사용하기도 한다. 언론매체에 나오는 일반사례를 통해서도 접할 수 있다. 다만, 아직 상대와 신뢰가 형성되기 이전이라면 얘기는 달라진다. 상대의 반감으로 협상이 꼬일 수 있기 때문이다. 하지만 모험을 해야 한다면, 유의미한 성과를 가져올 수 있다. 아래의 <표 1-69>는 일반 기업 간 협상에서 기정사실로 하는 방법을, <표 1-70>은 기정사실로 하는 방법에 대한 대처 요령을 간략하게 정리한 내용이다.

〈표 1-69〉 기업-기업 간 협상에서 기정사실로 하는 요령

① 공장 기계가 고장이 났을 때 가격을 협상하기 전 미리 기계를 정비하여 가치를 높여 놓는다. ② 정확한 견적이 나오기 전에 미리 더 낮은 금액으로 비용을 처리하여 견적이 낮게 책정되도록 한다. ③ 상대가 계약을 위반하면, 고소(告訴)부터 먼저 해놓음으로써 최대한의 배상금을 물리게 한다. ④ 주문받은 물건의 생산 설비를 중단하고, 신형 생산 모델로 설치한 다음 이를 근거로 하여 새로운 가격을 제안한다. ⑤ 협상하기 직전에 아예 장비를 먼저 설치하고 협상에 임한다.

〈표 1-70〉 기업-기업 간 협상에서 기정사실화에 내처하는 요령

① 계약서를 꾸밀 때 계약 위반 조항에 대한 강력한 벌칙을 명시한다. * 계약금을 최대한 걸게 하고 계약을 위반할 경우 바로 몰수한다. ② 안전에 대한 보장이나, 보증(保證) 없이는 계약의 종료나 생산이 끝날 때까지 대금(代金)을 지급하지 않는다. ③ 상대가 합의를 지키지 않으면, 언론매체와 주변을 활용하여 공식적 · 대외적으로 공개하고 바로 소송(訴訟)을 제기하여 압박을 가한다.

제29계 : 최후통첩으로 상대에게 압박을 가하여 두 마리 토끼를 동시에 잡을 기회를 만들어라!

이는 전형적으로 사용하고 있는 '압박 전술(壓迫, pressure tactics)'로 이해하면 된다. 2011년 11월 북한 김정일 위원장이 사망하고 바로 등장한 김정은이 이후 더 강력한 대미(對美) 압박 드라이브를 걸기 위해 벌인 도발 행위가 많이 있지만, 2010년에 발생한 연평도 포격 사건 사례를 들 수 있다. 2010년 11월 23일 한국 국방부는 북한의 훈련 중단 요구를 거절하고 연평도 해병대에 예정된 포사격 훈련을 하도록 결정하였다. 훈련이 종료된 10분 후부터 북한의 무차별 포격은 연평도 일대로 집중되었다. 아래의 <표 1-71>은 당시의 韓 · 美 당국의 우왕좌왕하던 판단과 대응, 조치로 인해 국가적 차원의 대응이 무려 1시간 30분이 지난 후에야 겨우 기초적인 대응을 시작했던 안타까운 사례다.

〈표 1-71〉 북한의 연평도 포격 사건(2010)

주요 상황) 2010년 11월 23일 당시 韓·美 연합군은 서해 최전방에서 육·해·공 연합훈련을 진행하고 있었다. 북한은 08:20분 전화통지문으로 물리적 조처를 할 것임을 경고하였다. 당시 국방부 차관은 "군사훈련 때마다 유사한 전통문을 보내왔기에 무시하였다."라고 밝혔다. 훈련이 종료된 직후 기다렸다는 듯이 북한군은 연평도를 표적으로 직접 포격을 가하였다. 韓·美 당국은 깜짝 놀라 우왕좌왕하여 F-16기가 출격하였지만, 정작 필요한 미사일은 장착하지 못했다. 대응 포격도 13분이 지난 다음에야 시작되었고, 합참도 그때서야 '진돗개 하나'를 발령하고서는 이후에도 계속 말을 바꿔 구설수를 자초하였다. 대통령도 16:00가 되어서야 정신을 가다듬었으나, "단호히 대응하되, 더는 확전(擴戰)되지 않도록 만전을 기하라!"라는 모순된 지시를 함으로써 또다시 여론의 질타를 받았다. 軍의 관련 전투 장비도 먹통 상태가 다수였다.

아래의 <그림 1-39>는 연평도가 포격 당했던 지역과 관련 주민 등이 불안해하며 지켜보는 모습이다.

〈그림 1-39〉 연평도의 포격 당한 지역과 모습(2010)

'최후통첩(take it or leave it)'은 '나의 처지에서는 최대한 양보했으므로 더 물러날 곳이 없다. 따라서 제안을 받아들이던지, 아예 그만두든지 결정하라!'라는 의미를 내포하고 있는 강력한 압박 전술을 뜻한다. 다시 말해 상대가 계속 이의를 제기하면, 아예 판을 엎어버리겠다면서 더 이상의 변화는 두고 보지 않겠다는 것으로 상대의 의중(意中)을 떠보려는 속셈도 깔려있다. 아래 <표 1-72>의 다른 사례를 통해 조금 더 가까이 접근하여 보자.

〈표 1-72〉 목마른 여행객이 웃돈을 주고 수박을 산 사례

상황) 한 여행객이 한여름에 충청도의 시골 마을을 지나가던 중에 수박밭을 지나가게 되었다. 마침 목이 마르고 주변에 마트도 보이지 않자 수박값을 물어보았다. 그러자 주인 왈(曰), "되는대로 알아서 주세유!" 이 말을 들은 여행객은 내심 "아! 여기는 수박을 진짜 싸게 파는 모양이네."라는 마음이 들어서 시중 가격의 절반 정도 되는 돈을 주인에게 내밀었다. 이를 본 주인이 여행객을 쳐다보면서 대뜸 하는 말이, "냅둬유. 그렇게 팔 거면 차라리 집에 있는 돼지한테나 갖다줘야쥬!"라고 하면서 돈은 받지 않고 냉랭하게 대했다. 주인이 갑자기 기분이 상해 안 팔겠다고 나오자 여행객은 상당히 민망하고 난처해졌다. 결국, 여행객은 다른 말은 꺼내지도 못하고 일반 마트에서 사는 수박값 이상의 돈을 내고야 말았다.

이 일화에서 무엇을 느낄 수 있는가? 여행객은 억울할 수 있지만, 다른 대안(BATNA)이나 협상의 여지가 없어지면서 퇴로가 막혀버렸기 때문에 주인이 원하는 가격으로 수박을 살 수밖에 없었다. 이러한 압박 기법이 효과를 얻으려면, 남다른 배포와 여유가 있어야 한다. 상대가 화가나 "take it"이 아닌 "leave it"을 선택하여 판이 깨지더라도 손해를 보고 말겠다는 고집스러운 배짱을 보유하고 있지 않다면, 압박 전술은 성공하기가 어려운 기법이다.

여기에서 키-워드는 최후통첩을 알릴 때는 가능한 상대의 기분이 상하지 않도록 정중하게 표현하되, 완곡하고 명확하게 표현함이 중요하다. 아울러 최후통첩을 할 때 가장 적절한 시기(timing)로는 막바지에 다다랐을 때 사용해야 효과가 극대화될 수 있다. 반대로 상대가 이러한 방법으로 압박해온다면, 아래의 <표 1-73>과 같이 역(逆)으로 대응하여야 한다.

〈표 1-73〉 상대의 최후통첩에 대응하는 요령

① 의제(Agenda)의 근본적 측면을 변화시키면서 상대의 반응을 살핀다. * 기업은 구매량과 가격 수준, A/S 기간, 품질 조건, 결재 방식 등

② 가능한 결정권자와 직접 대화하고 필요하면, 상대의 말을 무시하거나, 반대로 협상을 계속 시도한다.

③ 상대의 최후통첩이 단순하게 엄포용으로 판단되면, 과감하게 협상 결렬을 선언하고 자리를 이탈한다. 이때 상대를 바라보면 안 된다.

④ 협상하는 과정에서 다른 사안(事案)에서도 확정된 게 있는지 구체적으로 확인한다. 문제가 되는 의제는 뒤로 미뤄두고 아예 다른 의제를 먼저 진행한다.

⑤ 아쉬운 처지에 있다면, 다시 한번 현재의 조건으로 얻을 수 있는 이익이나 장점을 최대한 부드럽게 설명을 시도한다.

⑥ 상대의 문제가 예산이라면, 관련되는 의제(Agenda)를 일부 조정하여 적정선에서 맞춰주기 위해 최대한 노력한다.

⑦ 상대가 뭔가 불쾌한 마음으로 던진 말이라면, 상대의 화(火)나 불쾌감의 원인을 확인하고 자존심과 체면을 세워준다.

제30계 : 상대에게 일방적으로 끌려가지 말고 주도적으로 협상하라!

협상의 성과를 달성하기 위해서는 협상 진행이 정상적이어야 하고 진행 환경도 유리하게 조성하여야 한다. 일본은 강제노역과 위안부, 독도 등에 관하여 사사건건 물고 늘어지며 딴지를 거는 반한적(反韓的) 조치로 인해 한국민의 감정을 증폭시켰다. TV 뉴스를 보면, 정부 부처가 문제를 야기(惹起)한 해당 국가의 대사를 초치(招致)하여 심각하게 문제를 따지는 모습을 볼 수 있다. 이는 국내적으로 정부가 국민을 강력하게 보호하기 위해 노력하고 있음을 보여주려는 의도가 깔려있다. 협상에서도 상대를 자신의 영향력이 미치는 사무실로 오게 하여 자신의 위상을 확인시키곤 한다. 두 번째로 협상을 진행할 때는 처음과는 반대로 상대의 사무실을 방문함으로써 자연스럽게 상대의 내부위상과 분위기, 내부 환경 등을 감지(感知)하기 위해 노력한다. 그리고 마지막 협상을 할 때는 다시 처음과 같은 패턴(pattern)을 시행함으로써 안방(home-ground)의 이점을 최대한 보장한다.

여기에서 키-워드는 자신이 불리한 입장에서 진행하는 협상이라면, 속전속결로 진행함으로써 상대의 각종 술책을 원천봉쇄하기가 쉽게 만든다. 반면에 자신이 유리한 입장에서 임하는 협상이라면, 최대한 시간을 끌어 상대를 초조하고 조급하게 만든 다음 더 많은 양보를 받을 수 있도록 주도적으로 진행을 한다. 또한, 철저한 보안(secret)의 요구나 매우 긴급하게 시행할 필요가 생기면, 양측의 최고 의사결정권자가 직접 담판하여 협상을 급진전시키는 등을 통해 조기에 마무리를 짓기도 한다.

제31계 : 어떠한 여건에서라도 상대의 첫 번째 제안에 만족하지 마라!

상대에게 호감이 가더라도 첫 번째 제안이나 기본 의제에 곧바로 만족한 모습을 보이면 성과 달성이 어렵다. 상대가 제안한 의제가 어느 정도의 수준인지, 양보할 수 있는 최대치를 제시한 것인지, 더 양보할 수 있는 여지는 없는지 등을 다양한 정보를 분석하여 평가한 다음에 결정하여도 늦지 않다. 자신이 협상하기 전에 설정한 목표는 언제든지 더 나은 방향으로 다시 설정할 수 있기 때문이다. 협상이란 정치와 같이 "살아 움직이는 생물(生物)"이라는 의미와 같다. 상대가 긍정적인 인간관계와 연계하여 자신의 기대 수준에 만족하였더라도, 현재의 협상 목표가 이루어질 수 있더라도, 굳이 서둘러 협상을 마무리할 필요는 없다. 또다시 기대 수준을 높여 목표를 다르게 잡을 수 있다. 정치 · 군사(POL-MIL) 분야에서 자주 느끼는 사안이지만, 북한은 가만히 있는데 생뚱맞게 뜬금없이 양보하는 "송양지인(宋襄之仁)"의 방식은 군내 · 외부로부터 실망과 불안만을 안겨주고 있음을 분명하게 인식하여야 한다.[42)]

그림에서 보는 것처럼 2019년 하노이에서 열린 북-미 회담에서도 주어진 의제(Agenda)와 목표가 있었으나, 정작 쌍방은 서로 '투명성(transparency)과 진정성(authenticity)'이 없는 가운데 상대의 카드가 무엇인지, 숨기는 게 없는지에만 정신이 팔려있었다. 이러한 인식으로 접근하면, 협상이 제대로 성사될 가능성 자체가 전혀 없다. 그래서 당시 최고 의사결정권자들이 큰 그림을 그리면서 '탑-다운(Top-Down)' 방식으로 진행했더라면, 하는 아쉬움이 크다. 그랬다면,

42) "송양지인(宋襄之仁)"은 의미 없는 대의명분으로 쓸데없이 인정을 베풀거나, 동정이나 배려하는 어리석은 행동을 비유할 때 쓰는 말이다. 손자병법 제1(始計) 편에 "병자는 궤도야(兵者 詭道也)"라고 하였다. 이때 '궤(詭)'는 '속임수'를 뜻한다. 일반적으로 속인다는 말에 상당한 거부감을 느끼기 마련이다. 단순한 인간관계에서 남을 속인다는 말은 부정적인 인격을 가진 사람이라는 의미이다. 하지만 전장(戰場)은 상황이 다르다. 적을 위험에 빠뜨려 혼란을 부추기고 전력을 약화해야 아군이 쉽게 승리할 수 있다. 정당한 방법만 고집하다가 패배하면, '중국 송나라의 양공(襄公)과 다를 바가 무엇이겠는가? 그러므로 속임수는 가만히 있는 상대를 다치게 하고자 행위를 하려는 게 아니라 국가와 국민(기업의 경우 회사의 이익)을 보호하기 위해 어쩔 수 없이 써야 할 보호책임을 인식하여야 한다. 한 나라의 안위를 책임지는 전문직업군인에게 국가와 국민을 보호한다는 명분만큼 소중한 것은 없다.

세계 분위기는 바뀌지 않았을까 싶다. 여기에서 키-워드는 상대가 첫 번째 의제(Agenda) 단계에서부터 자신의 기대 수준을 만족시킨다고 하여 반기면서 협상을 종결시키는 전철(前轍)은 밟지 말아야 한다. 바로 기대 수준을 더 높이는 추가 제안을 제기하면서부터 본격적으로 협상을 진행해야 하며, 목표 이상의 성과를 달성하려는 노력이 부가적으로 추진되는 게 바람직하다는 점을 반드시 명심해야 한다. 아래의 <표 1-74>의 레저용 차량을 구매하면서 느끼는 일반적인 심리 현상을 통해 다시 한번 되짚어 보도록 하자.

〈표 1-74〉 레저용 차량 구매 협상과 심리 현상

상황) A는 얼마 전 새로 나온 중형 승용차(5,000만 원)를 샀다. 그러나 아내와 레저 생활을 즐기기 위해 레저용 차량(Recreational Vehicle)으로 바꾸려고 계획 중이다. 회사에 다니는 친구 B는 3년이 조금 지난 레저차량(3,000만 원)을 갖고 있지만, 정작 자신은 레저차량이 아닌 중형차량을 갖고 싶어 한다. 어느 날 A와 B가 술자리에서 차량 얘기를 하다가 서로 가 원하는 차종(車種)을 갖고 있음을 알게 되었다. B는 A의 중형차량을 갖고 싶었지만, 최소한 2,000만 원이라는 가격 차이 때문에 망설여졌다. 실제 가진 돈이 1,000만 원밖에 없었기 때문이다. 이를 들은 A가 흔쾌하게 1,000만 원으로 물물교환하자고 제안하였다. 고마운 마음에 바로 차량을 맞바꾼 B는 집에 돌아오는 길에 의심이 들었다. "왜! A는 가격대가 차이가 나는데도 바로 바꾸자고 했을까? 바꾸자는 차량에 내가 알지 못하는 결함이나 하자가 있는 게 아닐까?" "내가 500만 원만 준다고 했어도 살 수 있지 않았을까?", "차를 직접 점검해보고 결정해도 늦지 않았을 텐데…. 내가 너무 경솔했나?" 등 생각에 생각이 꼬리를 물고 일어났다.

B는 자신이 원하는 가격과 조건으로 중형 승용차를 싸게 사는 데 성공했지만, 자신이 건넨 첫 번째 제안에서 A가 아무런 시간을 끌지 않고 즉석에서 바꾸는 데 동의하자, 갑자기 자신의 조급한 결정으로 혹시 더 좋은 조건으로도 바꿀 기회가 없어져 버렸을 수 있다는 의심이 생긴 것이다.

제32계 : 감정이 이입(移入)된 인간관계에 의존하지 마라!

한국인은 예로부터 감정(Pathos)에 푹 빠져있는 민족이라는 말을 종종 들어왔을 것이다. 지금도 그러한 사례는 우리 주변에서 많이 접할 수 있다. 학연, 지연, 혈연, 근무 인연, 잘 아는 친구・

선배 · 후배의 누구라는 등에 상당히 의존하는 경향이 많다. 그러다 보니 협상을 준비하는 과정에서도 과도할 정도로 "내가 잘 아는 사람이니까 문제없을 거야!"라는 말들을 듣곤 한다. 이는 처음부터 고민하면서 치밀한 준비가 필요한 협상 과정을 소홀하게 만들기도 한다.

주요 언론매체에서 국가 간 다양한 협상이나 방위산업, 무기체계 구매와 관련하여 나오는 이슈들은 대다수 이러한 흐름의 내용이다. 軍 조직에 관련된 각종 구매 협상에서 민간 협상전문가들이 느끼는 소감을 한마디로 표현하면, "참 답답하다!"이다. 외부 담당자를 아랫사람 다루듯이 "시키면 시키는 대로 해!"라는 패턴으로 강요하거나, 예산이 충분하지 않는데도 "00 부품이 아니면, 안돼!, 하기 싫으면 하지 마!"라고 저돌적으로 밀어붙이려는 패턴 등이 다수이기 때문이다. 이는 軍 조직이 배타적 · 폐쇄적 조직이라는 특성과 근무 환경으로 인해 이미 구조적 · 심리적으로 몸에 배어있는 습성(habit)임을 이해하고 접근해야 한다. 수직적 · 권위적 · 결과주의적 사고로 인해 만들어진 특성임을 말이다. 이러한 특성은 뒤집어 생각해보면, 순진하고 단순한 성격의 집합체로도 평가할 수 있다.

막상 협상 과정에서 상대가 자기 생각과 다르고 합리적인 논거로 따지고 들면, 당황하며 곤혹스러워한다. 상대가 자료나 근거에 따라 의견을 주고받다가 "요구한 자료가 없어서 진행이 제대로 되지 않으니 다른 날 다시 협상을 진행합시다!"라면서 협상을 중지시켰다고 가정(假定)하여 보자. 협상 상대와 잘 안다고 허세를 부렸던 협상 관련 책임자는 해결에 집중하기보다 "아는 사이에 그럴 수 있냐, 자기가 잘났으면, 얼마나 잘났길래 저렇게 건방지게 행동하냐!"라는 등의 원망만 쏟아놓기 일쑤다. 정상적인 시각으로 보면, 얼마나 어리석은 소치인지를 인식해야 유사한 사례가 반복되지 않는다.

외양적(outward appearance)이고 어설픈 인간관계에 의존하여 어물쩍 때워 넘기려다가는 냉정하고 치밀한 준비가 요구되는 협상에서 낭패를 당하기가 십상이다. 특히 국가 간 협상이나 중요한 군사협상에서 이러한 의식과 자세로 임했다가 상당한 국가적 망신과 피해를 가져왔던 사실을 떠올려야 한다.[43] "내가 잘 아는 사람이니까 우리에게 유리하게 전개될 것이다."라는 착각은 바로 자신에게 부메랑이 되어 돌아온다는 평범한 진리를 잊지 않아야 한다.

여기에서 키-워드는 돈독한 인간관계는 협상에 상당한 유리한 요인(要因)이 틀림없지만, 핵심은 그것만이 아님을 명심하여야 한다. 치밀한 협상 준비가 전제되어야 다음 과정도 차질없이 진행할 수 있음을 이해하여야 한다. '금상첨화(錦上添花)'가 의미하는 바와 같이 인간관계는 기본

43) 2015년 북한군 목함지뢰 폭발사건과 대통령에게 비대면으로 보고한 사실, 뒤이은 합참의장의 회식 사건, 발생 시 뜬금없이 방송 보도 시기를 지연시킨 엠바고를 포함하여 북한과의 협상 과정에서 000 국가안보실장이 "내가 0000으로 0십만 대군을 지휘했다." 등의 과도한 표현은 협상에서 가능한 자제하여야 할 태도이며, 북한에 불필요한 허세(bluff)로 비칠 수 있다.

이랄 수 있는 '비단(錦)'이 아니라 '꽃(添花)'의 존재라는 의미에 불과하다.

제33계 : 때로는 적절하게 상대의 체면을 살려주어라!

협상을 진행하는 과정에서 상대의 체면을 살려주는 행위는 대단히 중요한 효과가 있다. 상대가 의도적이던, 아니던, 실수하거나 약점이 드러나는 순간에도 이를 빌미로 상대를 무안하게 만들던지, 공격의 계기로 삼는다면, 해당 협상가는 단순하거나, 우둔한 전문가이다. 당연히 상대는 이를 기점(基點)으로 협상가를 재인식하고 건성으로 임하던지, 약점을 잡기 위해 노력하게 될 것이다. 이러한 변화의 조짐은 정상적인 협상 진행을 불가능하게 한다.

이를 예방하려면, 유사한 상황이 발생하여 유리한 입장이 되더라도 상대가 비참할 정도로 몰아세우면, 오히려 정상적으로 협상을 진행할 때보다 성과가 반감될 수 있다. 최소한의 체면은 살려주는 노력과 호의를 보여주어야 상대도 보통 이상의 적대감(volcano of hostility)을 느끼지 않는다. 자신이 독식(獨食)함으로써 상대를 빈손으로 만들었다고 하더라도 승리감에 도취해서는 안 된다. 왜냐하면, '소탐대실(小貪大失)'하는 사례가 종종 발생하기 때문이다. 아래의 <표 1-75> 원숭이의 소탐대실 사례를 통해 알아보자.

〈표 1-75〉 원숭이의 소탐대실(小貪大失) 사례

상황) 원숭이 한 마리가 농부들의 눈을 피해 콩밭에 내려와서 콩을 배부르게 먹고는 나중에 먹기 위해 양손에 콩을 가득 움켜쥔 채 산으로 돌아가는 길이었다. 그런데 다리가 비끗하면서 손에 있던 콩 하나를 땅에 떨어뜨리고 말았다. 이를 아까워한 원숭이는 떨어진 한 알의 콩을 주우려고 두 주먹을 펴는 순간 양손에 쥐고 있던 콩들이 다 흩어지고 말았다. 원숭이가 당황하는 사이에 주변에 나와 있던 꿩과 닭, 병아리들은 원숭이가 흘린 콩을 모두 주워 먹고 말았다. 원숭이는 화가 나서 길길이 뛰며, 꿩과 닭들을 쫓아갔지만, 모두 도망치며 "어리석은 원숭이"라고 놀려댔다.

원숭이와 같이 한 알의 콩 때문에 양손에 가득 쥐고 있던 많은 수의 콩을 놓쳐버리는 '어리석음

(愚)'을 범해서는 안 된다. 누구인지를 막론하고 억울하다는 생각이 들면, 원한을 갖게 마련이기 때문이다. 이때부터 억울하다는 생각은 그렇게 만들었다고 생각하는 상대를 적으로 간주하여 주변에 좋지 않은 소문을 끊임없이 퍼뜨리곤 한다. '보이지 않는 화살이나 등 뒤의 칼은 막을 수 없다.'

여기에서 키-워드는 상대의 체면은 최대한 살려주어 적어도 억울하다는 생각은 들지 않도록 노력해야 한다. 다시 말해 협상에서 상대를 자신 측에 우호적 인식으로 만드는 것 자체가 이미 협상 진행 간이나, 협상 이후에 더 큰 성과로 확장될 수 있음을 이해해야 한다. 어차피 또다시 같은 협상 파트너로 만날 수밖에 없다. 아래의 <표 1-76> 협상 단계에서 상대의 체면을 살려주는 호의적으로 질문하는 방법을 예시하였다.

〈표 1-76〉 협상 단계에서 체면을 살려주는 호의적인 질문 방법

① "당신이 얘기한 가정(假定)을 기초로 제시한 결론에 충분히 공감합니다. 다만, 추가로 00한 내용이 있음도 고민할 시점이 아닐까 싶네요."
② "당신이 아직 00에 관계되는 자료까지는 미처 못 보신 모양입니다. 이를 다시 한번 보시는 것도 도움이 되지 않을까요?"
③ "좋은 의견입니다. 하지만 이러한 방향으로 조금 더 확장해보면 어떨까요?"
④ "서로의 관점 차이가 별로 크지는 않네요. 다만~"
⑤ "당신의 협상실무자가 다소(또는 미처) 착오(또는 알려드리지 못한)를 한 것 같습니다만~"
⑥ "아마도 제가 모르는 다른 이유가 있던 것 같습니다~"
⑦ "00에 관해 다양한 관점에서의 해석과 견해가 있는 것이 사실입니다만, 제가 알기로는~"

자신이 적절한 타이밍과 제스츄어로 상대의 체면을 살려주는 행위는 단순할 수 있고, 한순간일 수도 있겠지만, 공식적 · 객관적인 냉철한 심리를 일시에 변화시켜 긍정적 요인을 불러오게도 한다. 따라서 자신과 상대가 설사 반복되면서 유리한 입장으로 바뀌더라도 최소한 뒤통수를 맞았다거나, 속았다는 생각은 들지 않도록 진정성(authenticity) 있게 다가가야 한다. 따라서 적절하게 상대의 체면을 살려주는 지혜와 현명함을 갖추어야 한다.[44]

44) 인간은 문명사회에서 관계를 맺으면서 살고 있기에 모든 생활 전반(全般)에서 '체면 의식'과 '체면 관리'는 불가피한 현실이다. '체면'은 그것이 인간관계에서 바람직한 이미지를 얻고자 하는 욕구의 반영이다. 체면 차리기를 잘못하게 되면, '체면치레'가 되지만, 체면 차리기를 잘하면 '체면 관리'가 된다. 체면 관리의 핵심은 상황 판단과

제34계 : 때로는 상대를 기만(欺瞞)하여 승기를 잡고 자신이 원하는 것을 얻어라!

손자병법 삼십육계 중 승전계(勝戰計) 제6 計에 '성동격서(聲東擊西)'라는 군사 전술이 있다.[45) 전문직업군인이라면 당연히 양동작전(陽動作戰)을 알 것이다. 상대가 공격 공격목표를 다른 엉뚱한 지역이나 장소로 오해하도록 하고, 실제 공격하는 지역이나 장소는 상대가 전혀 예상치 못한 지점을 선정하는 등을 통하여 군사작전의 효과를 높이는 전술이다. 다시 말해 자신이 공격하려는 목표는 서쪽이지만, 동쪽에서 소리를 냄으로써 공격지점이 동쪽인 양 인식하게 만든 다음 비어있는 서쪽으로 기습하여 공격의 효과를 높인다는 의미이다.[46) 이 전술은 예로부터 각종 전투에서 활용하였다. 그러나 잘못 사용하게 되면, 오히려 적으로부터 큰 피해를 볼 수 있기에 신중하게 접근해야 한다.

성동격서(聲東擊西)

성동격서 전술을 가장 잘 사용하는 사람들은 축구나 농구선수들이다. 페인트-모션(feint-motion)을 자주 사용하기 때문이다. 축구 경기에서 선수가 오른발로 찰 것처럼 하다가 왼발로 찼다. 이를 본 심판이 반칙으로 판정한다면, 너무 우스꽝스럽지 않을까? 호날두 같은 천재와 일반 선수와의 차이점은 실제로 큰 차이가 없다고 할 수 있다.[47) 성과는 얼마나 극적으로 상대방을 속이는가에 달려 있다. 아래의 <표 1-77> 이솝우화에 나오는 토끼와 여우의 사례를 통해 알아보자.

적절한 처신이 필요하며, 협상 간 당연히 적용되고 있다.

45) 예로부터 중국에서 널리 사용되었던 전술로서, 초(楚)와 한(漢)이 전쟁 간 한나라의 유방(劉邦)은 항우(項羽)와 위왕(魏王) 표(豹)의 협공을 당해 매우 위험한 지경에 이르렀다. 유방이 곤경을 벗어나고자 한신(韓信)을 정벌에 나서게 하였다. 그러나 짧은 기간 내 공격이 어렵다고 판단하고는 낮에는 큰 소리로 훈련하고, 밤에는 불을 밝히고 공격하는 것처럼 보이게 하였다. 상대는 한신 軍의 동태를 살펴보고 어리석다며 비웃으며, 경계태세를 흩뜨리자 한신은 비밀리에 군대로 황하를 건너게 하여 위왕을 사로잡았다.

46) 일반적으로도 널리 알려진 6·25 전쟁 당시 북한군이 물밀 듯이 대구와 부산을 향하고 있을 즈음 맥아더 장군이 감행(敢行)한 인천상륙작전(일명 Chromite Operation)이 바로 양동작전(陽動作戰)의 백미라도 볼 수 있다. "적을 속이려면, 자신부터 속여야 한다."라는 금언(金言)과 같이 맥아더 장군은 美 합참과 도쿄의 극동군사령부 관계자들마저 지형적·환경적·군사적 측면에서 작전의 성공은 불가능함을 강하게 피력하였으나, 불가능하다는 일반적 생각이 바로 인천상륙작전에 성공할 수 있다는 맥아더 장군의 한 마디가 이 작전을 성공하게 만들었다는 점에 유념할 필요가 있다.

47) 양동작전의 대표적인 고대 전쟁은 프로이센의 프리드리히 대왕이 오스트리아군을 기만시켜 승리한 로이텐 전투(Battle of Leuthen, 1757)를 들 수 있다.

〈표 1-77〉 이솝우화에서 토끼가 여우에게 하는 기만(欺瞞) 사례

상황) 굶주림에 지친 여우가 배고픔을 참고 사냥에 노력한 끝에 겨우 토끼를 한 마리 잡았다. 여우가 토끼를 잡아먹기 위해 입을 대려는 순간 토끼가 슬픈 눈망울로 여우를 바라보며 애원하기 시작했다. "여우님. 저를 잡아먹는 것은 좋지만, 제발 저기 있는 가시나무밭에는 던지지 말아 주세요."라고 말이다. 갑작스럽게 건네는 토끼의 말에 여우는 배고픔도 잠시 잊을만큼 장난기가 발동하였다. 여우는 갑자기 토끼가 제일 무서워하는 가시나무밭에 토끼를 던져버렸다. 토끼는 바로 달아나기 시작했고, 여우는 뒤늦게 후회했지만, 가시나무밭에 들어갈 수 없었다. 여우는 어쩔 수 없이 배고픔을 견딜 수밖에 없게 되었다.

Niccolò Machiavelli
(1469~1527, 이탈리아)

여우는 허기(虛飢)를 채울 기회가 눈앞에 있었으나, 한순간에 장난기로 인해 토끼가 도망쳐 버리자 망연자실하여 가시나무밭만 바라보는 신세가 되고 말았다.

이탈리아의 사상가 니콜로 마키아벨리(Niccolò Machiavelli, 1469~1527)는 "전쟁에서 상대방을 속이는 일은 비난받을 일이 아니라 칭찬받을 일이다."라고 하였고, 손자병법에서도 "전쟁은 상대방을 속이는 일이다(병자(兵者)는 궤도야(詭道也)."라고 선언적으로 주창(主唱)하면서, "내가 능력이 있어도 상대에게는 없는 것처럼 보이게 하고, 전쟁할 의도가 있어도 없는 것처럼 보여야 하며, 자신의 의도가 가까운 곳에 있으면 먼 곳에 있는 것처럼 보이게 하고, 반대로 자신의 의도가 먼 곳에 있으면 가까운데 있는 것처럼 보이게 하여야 한다(능이시지불능(能而示之不能), 용이시지불용(用而示之不用), 근이시지원(近而視之遠), 원이시지근(遠而示之近)."이라고 하였다.

자신이 수천 명의 병사와 함께 금의환향(錦衣還鄕)하려면, 적어도 명분이나 도덕이 아니라 현실을 직시(直視)할 수 있는 안목을 가져야 한다. 이러한 안목이 없거나, 가질 마음이 없다면, 수많은 부하(직원)의 목숨을 거느리는 지휘관(CEO)이 되어서는 안 된다. 차라리 평범한 사람으로 살아가는 게 다른 사람에게도 좋다. '성동격서(聲東擊西) 전술'은 작은 힘으로 강한 상대를 제압하는 전술의 한 종류이다. 아래의 <표 1-78> 다국적기업과 개발도상국 기업 간 진행되었던 성동격서의 실패사례를 알아보자.

〈표 1-78〉 다국적 대기업 A-개발도상국 기업 B 간 상표 판매권 협상 사례

상황) 다국적 대기업(A)은 개발도상국 기업(B)에 상표 사용권을 제공하고 받는 로열티(royalty)가 3%다. A는 계약 만료 기간이 다가오면서 5%로 올리는 게 좋겠다고 판단한다. 그런데 내세울 만한 명분이 없자 '성동격서' 전술을 사용하였다. 실제 A는 B의 판매권에 별 관심이 없다. 준비도 되어있지 않았고, 개발도상국의 시장 규모가 크지 않았기 때문이다. 그러나 전략적 측면에서 판매권을 요구했다. 사전에 진행되었던 A의 내부 평가는 판매권 양도를 요구할 경우 B가 놀라서 "로열티를 올릴 테니 판매권 요구는 없던 것으로 해달라!"라고 나올 것으로 확신하는 분위기였다. 그러나 실제 방향은 정반대로 돌아갔다. B는 국내 유통환경이 복잡한데다 경쟁도 심하여 판매 비용이 너무 많이 들고 있어서 오히려 고마워하는 분위기였다. 이윤이 조금 떨어지더라도 납품만 되면, 속은 편하기 때문이다. 오히려 이를 제안한 A에 불똥이 떨어졌다. 자신들의 전략과 정반대의 결과가 나왔기 때문이다. A는 난감하고 당황해하면서 오히려 로열티를 2%로 낮추는 조건으로 겨우 사태를 수습할 수 있었다.

상대를 기만하는 전술의 경우 상대를 잘못 파악하거나, 상대에게 자신의 전술을 간파당한 상태에서 구사하게 되면, 원하는 목표를 달성하기는커녕 오히려 회복하지 못할 치명상(mortal wound)을 입게 될 개연성이 커진다. 따라서 주변 상황이나 여건, 상대의 내부 사정이 정확하게 파악되지 않은 상태에서 '성동격서'와 같은 기만전술을 함부로 사용하면, 치명상을 입기에 십상이다. 따라서 다른 선택의 여지가 없을 때 신중하게 실행하여야 한다.

일반 기업에서 개발하고 있는 기술을 발표할 때는 홍보 효과를 극대화하기 위해 다른 기업의 눈을 분산시키는 기술을 슬쩍 흘리는 기법도 '성동격서'의 응용전술로 볼 수 있다. 물론 이럴 때도 다양한 방법으로 상대의 시선(視線)을 전환해야 한다. 몇 가지 단계를 통해 상대가 추측할 수 있도록 유도하는 방법과 적의 내부자나 아군 첩자(spy)를 통해 허위 정보(死文書)를 유출함으로써 원하는 방향으로 유도하기도 한다. 다만, 이러한 기법들은 모두 신중하고 세심한 분석이 이루어진 다음 행동해야 성공할 수 있다.

여기에서 키-워드는 냉철한 이성과 뛰어난 판단을 할 수 있는 최고 의사결정권자의 인식과 태도가 중요하다는 점이다. 다시 말해 감정을 절제하지 못하고 아마추어적인 생각으로 남용(濫用)되어서는 안 된다. 물론 속인다는 내용에 거부감이 있을 수 있다. 어떻게 상대를 속이면서까지 자신의 목표를 달성하여야 하는가에 대한 고민은 누구나 가지고 있다. 그러나 축구선수가 고민

없이 상대의 눈을 속이고 공을 차는 것은 선수 개인의 이익이 아니라 특정한 조직(팀)의 승리를 위함임을 인식하여야 한다.

제35계 : 비판(批判)이나 불평만 일삼기보다 문제를 해소하는 데 노력해라!

미국 작가인 데일 카네기(Dale Breckenridge Carnegie, 1888~1955)의 '인간관계 30가지 원칙' 가운데 유일하게 부정적으로 표현하고 있는 첫 번째 원칙이 "비난, 비판, 불평은 하지 마라(Don't condemn, criticize or complain)."다. 잘못을 저지르는 사람들도 스스로 자신의 잘못을 인정하는 경우는 거의 없다. 인면수심의 살인을 저지른 살인마나 최근의 'n번 방' 사건이 세간을 떠들썩하게 만들었지만, 정작 당사자는 발뺌하기에 급급한 현실에서도 느낄 수 있다.[48] 방송용어에서도 '~하라'가 아니라 '~하지 마라'라는 부정적인 금기어를 쓰고 있다는 점을 염두에 두어야 한다.

사람들은 자신이 느끼기에 못마땅하거나, 마음에 들지 않으면, 비판과 불평을 늘어놓는다. 하지만 냉정하게 바라보고 구체적으로 극복하거나, 해소하려는 노력은 상대적으로 소홀한 측면이 많다. 협상을 진행하면서도 상대가 자신을 못마땅하게 느끼게 하는 요소가 느껴지는 순간 불편한 감정에 맞닥뜨리곤 한다. 그러나 협상의 성과를 달성하기 위해서는 감정적인 비판과 불평만을 하는 것보다는 직접 "00한 점이 못마땅하니 000로 바꿔주세요!"라고 정식으로 요구하는 편이 훨씬 긍정적으로 작용한다. 불만이나 불평 사항에 대한 개선을 구체적으로 요구하게 되면, 상대도 감정이 상하기에 앞서 구체적・공식적으로 응대(應對)하게 되어있다.

일상생활에서도 적용할 경우 불만과 불평을 자신의 편의나 이익을 증가시키는 방향으로 개선할 수 있을 뿐만 아니라 추가로 더 호의적인 방향으로 승화시킬 수 있다. 반면에 상대에 화풀이하려는 목적이거나, 책임을 전가(轉嫁, imputation)하려는 수단으로 사용하게 되면, 문제가 된 사안(issue)을 개선할 수도 없을뿐더러 상대에게 불필요한 적대감만 증가시킬 가능성이 더 커진다. 아래의 <표 1-79>는 사업가가 호텔에 숙박할 때 객실 불편에 대한 불만과 직원이 대응한 사례를 정리한 내용이다.

---

48) 김경훈, "'n번방 사건' TF 합류한 서지현 검사 "조주빈 뿐 아니라 공범도 '무기징역' 가능,"『서울경제』(2020. 3. 27.) (검색일: 2020년 4월 5일).

〈표 1-79〉 호텔 숙박 간 객실(Room)의 불편 해결 사례

상황) 사업가 A는 사업차 이탈리아를 처음으로 방문하였다. 힘든 일정으로 녹초가 된 A는 로마에 도착하자 이탈리아에 있던 지인(知人)이 예약하여 둔 호텔에 여장을 풀었다. 다른 사용 시설과 여건은 다 좋았지만, 습기가 너무 많아 축축한 게 문제였다. 당장 프런트에 항의하고 싶었으나, 너무 피곤하여 혼자 침대에 누워 수없이 불평만 하다가 잠이 들었다. 내일 호텔 측에 불평을 얘기하면, 지배인이 정중히 사과할 것이고, 좀 더 쾌적한 객실로 바꿔줄 것으로 믿었다. 다음날 프런트로 내려가 습기가 많은 데 대한 불만을 얘기하였다. 가만히 듣고 있던 담당 직원이 담담하게 한마디 했다. "그러시면, 창문을 닫고 주무시면 됩니다." 물론, 이후에도 지배인의 정중한 사과는 없었고, 다른 객실로 바꿔주지도 않았다.

여기에서 호텔 프런트 직원의 응대에 문제가 있었을까? 결론은 '없다.'이다. 담당 직원은 아무 잘못이 없다. 잘못은 하염없이 불평만 늘어놓은 A에게 있다. 불평에 그치지 말고 어떻게 해결해 달라는지를 요구하는 등의 구체적인 언급이나 조치를 요구하는 분명한 내용이 없기 때문이다. A는 자신에게 필요한 조치가 무엇인지에 대하여는 한마디도 하지 않고 무작정 불평만을 쏟아냈다. 따라서 담당 직원의 측면에서 보면, 황당할 수밖에 없다. 단지 습기에 대한 불평만 늘어놓는 A에게 직원이 해줄 수 있는 최고의 조치는 "창문을 닫고 주무세요."라는 말 이외는 더 해줄 말이 없기 때문이다.

만약, A가 처음부터 담당 직원에게 정중하고 냉정한 어조로 "저는 건조한 지역에 사는 사람입니다. 방 안 공기가 너무 축축하여 잠을 자기가 어려웠어요. 그래서 창문을 닫고 잤더니 이번엔 너무 더워서 힘들었습니다. 앞으로 0주는 더 있어야 하는데, 좋은 방법이 없을까요? 도와주시면 고맙겠네요."라고 요청했다면, 담당 직원은 요구사항을 알게 되었을 것이다. 이후 다양한 수단을 통해 A의 고충을 해결하기 위해 노력하였을 것이 분명하다. 여기에서 키-워드는 "불평이나 불만을 토로하지 말고 필요하거나, 요구하는 사항을 구체적이고 냉정하게 표현"해야 함을 명심하여야 한다. 자신이 표현하지 않으면, 무엇을 요구하는지 알 리 없으니 조치를 해줄 수 없다.

第36계 : 자기가 원하는 기준을 내부적으로 고정해 놓은 상태에서 상대를 설득하라! 필요하면, '이것밖에 없어요!'라는 외통수 전술을 활용해라!

자신이 원하는 바를 얻으려면, 상대를 설득할 능력이 있어야 하며, '자기 통제(Self-Control)'가

필요하며 이는 협상의 핵심 요소이다. 상대를 어느 수준까지 통제 또는 조정할 수 있는지에 따라 설득 전략은 달라진다. 이때 상대가 전체 상황을 통제한다고 느낄 수 있게 만들어야 한다. 다시 말해 상대가 자신이 선택한 대로 상황이 흘러가고 있다고 착각하게 하라는 의미다. 이를 위해 2개 이상의 선택지와 스스로 선택할 자유를 줘야 한다. 아래의 <표 1-80>에서 어린 아들에게 차 안전띠를 매게 한 사례를 살펴보자.

〈표 1-80〉 차량 안전띠를 매기 싫어하는 어린 아들을 변화시킨 사례

상황) 아빠가 어린 아들과 드라이브하려고 차량에 태울 때마다 안전띠를 매는 문제로 힘들었다. 어린 아들이 안전띠 매는 것을 몸부림치며 싫어했기 때문이다. 그러나 질문하는 방식과 내용을 바꾼 다음부터는 수월하게 변했다. "안전띠를 매지 않으면, 아들이 좋아하는 한강 주변을 갈 수 없어. 안전띠를 매지 않으면, 차를 움직일 수 없기 때문이지. 한강 변을 보고 싶으면, 안전띠를 맬 수밖에 없는데, 아들이 맬래, 아니면 아빠가 메어줄까?" 그러자, 나오는 답변도 "안 매!"보다 "아빠가"로, 또 가는 도중에도 이전(以前)보다 투정 부리는 횟수가 현저하게 적어졌다.

처음에 아빠는 "안전띠를 매지 않으면, 차를 움직이지 않을 거야. 당장 매."라는 강압적인 어조로 접근하였고, 어린 아들은 그 자체가 싫었기에 몸부림을 쳤다. 그리고 답답한 안전띠를 강제로 매려고 했기 때문에 "너무 답답해. 너무 힘들어"라고 반항했다. 그런데 아빠가 아들에게 재미있는 구경을 하려면, 안전띠를 매어야 함은 어린 아들에게 차분하게 이해시켰고, 선택권을 갖게 된 아들은 스스로 선택할 수 있다는 점을 깨달으면서 둘 중(中) 하나를 선택한 것이다. 아들의 의사와는 상관없이 안전띠를 매어야 한다는 사실에는 변함이 없다. 하지만, <표 1-80>의 사례에서도 같이 아빠가 아들에게 선택할 기회를 부여하였기 때문에 아들도 자연스럽게 반발심(rebound)이 줄어들자 제한적이지만, 선택하는 쪽으로 기울게 되었다는 점이다. 몸부림이 적어지는 현상은 자신의 선택에 책임을 지는 일종의 심리적 현상이다.

여기에서 키-워드는 '선택의 크기'와 '신뢰(trust)'가 중요성이다. 먼저, '선택의 크기'에 있어서 상대에게 주는 선택권이 너무 극단적이거나, 너무 크면 긍정적으로 나타나지 않는다. 다시 말해 '모'가 아니면, '도'라는 식으로 몰아붙이면 당연히 압박을 받은 상대의 반발을 불러오기에 사용하지 않는 게 좋다.[49] 둘째, 상대가 자신에 대한 '신뢰'를 갖고 있어야 한다. 병법에서도 지도자가 갖추어야 할 제1 덕목이 '믿음'이다. 개인이 갖추어야 할 제1 덕목 역시 '믿음'이다. 신뢰가 전제

되지 않는다면, 리더십과 병법의 적용, 인간관계는 허울 좋은 술수(magical tricks)를 부리는 것에 불과하다.

4년마다 치르는 총선이나 대선 과정에서 몇몇 유력후보자와 그 집단 사이에 벌어지는 선거전은 전쟁을 방불케 한다. 선거 당사자는 물론 용병(傭兵)으로 선거에 참여한 구성원 중에서 누가, 어느 쪽이 유권자의 '믿음', 마음을 사로잡는지에 따라 승패는 갈라진다. 2020년 초기 갑작스럽게 등장한 코로나바이러스-19(COVID-19)는 세계인을 당황케 하였고, 치열하게 대응하고 있는 국제사회도 관련 국가들과 해당 국민과의 '믿음' 전쟁을 치르고 있지 않나 싶다. 서로 '믿음'이 없으면, 어떠한 경우라도 극복은 불가능하다.

협상은 어떠한 '의도'를 갖고 상대에게 접근하는 반복 게임이다. 따라서 아무리 그 의도가 긍정적・호의적이라고 하더라도 상대를 신뢰하지 못한다면, 선택권이 주어지더라도 상대가 선택할 가능성은 작음을 유념해야 한다.[50] 따라서 협상의 초기 단계에서는 행동의 동시성(simultaneity)을 따지기보다 쌍방이 선의적 조치를 이어가면서 상호 믿음을 키우는 방식으로 접근할 필요가 있다. 협상을 순조롭게 진행하기 위해서는 각자의 관점에서 신뢰를 증진할 수 있는 목록을 구체적으로 제시하거나, 이행 순서와 관련 국가(기업)들과의 공감대를 형성하여야 한다. "동시 행동의 원칙"만 강조하며 압박한다고 하여 쉽게 '믿음'을 조성하기는 어렵다.

더욱이 두 문제가 같으면, 답도 같다는 '등가관계(equivalence relation)'에만 집착하면, 실제 원하는 목표에 도달하기는 쉽지 않다. 이는 기업에서 구매 협상 간 취하는 "이것밖에 없다."라는 식의 외통수(checkmate move)로 강하게 몰아붙이는 수위(首位)의 방식으로 볼 수 있다. 하지만 성공하려면, 상대에게 "그 상품을 사고 싶은 마음이 간절한데, 가진 돈은 이것밖에 없다."라는 강한 확신을 심어줄 때 그래도 다소의 가능성을 높일 수 있다. 아래의 <표 1-81>은 마음에 드는 상품을 구매하는 데 성공한 협상사례이다.

---

49) "너 지금 밥 먹을래, 아니면, 굶을래"라기 보다 "지금 한 숟갈을 먹을래, 아니면, 한 시간쯤 뒤에 다시 먹을래"가 낫다는 의미이다.

50) 北-美 비핵화 협상이 진행되는 단계에서 결렬과 교착 상황이 반복되는 것도 서로가 상대의 불신(不信)에서부터 기인하고 있다. 과거에도 국제 사회가 북한에 대한 압박을 통해 여러 차례의 신고와 구체적인 절차를 이행할 기회가 있었지만, 이견(異見)으로 인하여 협상이 좌초(坐礁)되었고, 북한의 핵 능력 개발과 발전을 억제할 기회를 놓쳤다. 이는 상호 신뢰가 동반되지 않았기 때문이다.

〈표 1-81〉 마음에 드는 상품의 구매 협상 사례

상황) 건축회사에 갓 입사한 A는 상사로부터 CAD(Computer Aid Design) 설계 프로그램을 구매하라는 지시를 받았다. 확인 결과 C 업체에서 해당 프로그램을 찾았는데, 책정된 예산보다 30만 원이 많은 180만 원이었다. A는 인정받고 싶기에 "이것밖에 없어요." 전술을 사용하였다.

A는 먼저, C 업체 판매담당자를 만나 설명을 들은 다음, 주말에 직접 설명하고 현장에서의 시험가동까지 부탁하였다. 판매담당자는 A의 제안을 수락히였고, 판매담당자는 A에게 "기회가 닿는다면, 다른 업체에도 소개해줬으면 좋겠다."라는 희망을 피력하였다. A도 호응하며 다른 여러 곳에 추천하는 게 어렵지 않음을 자연스럽게 알렸다. 이윽고 주말 성능시험이 끝난 다음 개별 미팅을 하면서 A는 회사가 프로그램 구매에 동의했지만, 단가 문제에 부딪혔다면서, 150만 원 이상은 곤란해한다고, 노트에 직접 적으면서 설명하였다. "프로그램이 정말 좋아 150만 원은 말도 안 됨을 충분히 알지만, 좀 더 저렴한 프로그램을 찾아야 할 것 같네요. 꼭 사용하고 싶었는데…. 죄송합니다."라고 하면서 넌지시 다음 주 다른 프로그램으로 성능시험을 할 것 같다는 허위 정보를 슬그머니 흘린다. 몸이 단 판매담당자는 "프로그램 훈련비를 깎아주겠다."라는 협상안을 제시하지만, A는 중요한 게 훈련비가 아니라 프로그램 가격임을 상기시키면서, 150만 원에서 물러서지 않는다. 결국, 판매담당자는 A에게 구매할 업체를 소개해 달라는 조건으로 A의 요구를 수용하였다.

여기에서 A는 '외통수 전술' 또는 '벼랑 끝 전술'을 진행하였고, 동시에 상대의 감정을 감싸안는 방식을 취하면서도 자신이 최선을 다하고 있음을 상대가 공감할 수 있도록 만들었다는 점에서 높은 점수를 주고 싶다.

A와 같이 내부적으로 일정한 기준을 정해놓고 계약 체결을 외통수 전술로 압박함과 동시에 상대의 이해를 구함으로써 자연스럽게 생각을 바꾸게 하여 성공한 사례이다. 하지만, 같은 사례가 반복적으로 성공할 수 있는 비율은 나오기 어렵고 만약에 가능하더라도 여러 가지의 변수(變數, variable)가 많기에 상당히 신중하게 사용하여야 한다. 아래의 <표 1-82>는 이와 반대로 상대방 측에서 먼저 유사한 방법으로 나올 때 대응하는 요령이다.

〈표 1-82〉 상대의 "이것밖에 없어요." 방법에 대응하는 요령

① 상대에게 실제로 그것밖에 없는지 확인한다. 누구를 막론하고 처음부터 자신의 보여줄 수 있는 최대치를 공개하지는 않기 때문이다. ② 협상하기 前 배트나(BATNA)를 준비한다. '내기 걸기(Bet)', '더하고 쪼개기(Add & Chop)', '우선순위에 따라 교환하기(Change)' 등이 있다. ③ 최종 의사결정권자가 누구인지 확인한 다음 예산이 내부적으로 결정된 것인지, 아닌지를 확인하는 과정이 필요함을 기억해야 한다. ④ 상대가 추가 예산을 확보하려는 것인지 확인한 다음 가능하다면 대금 지급일을 연기해주는 방안까지 망라하여 전체를 동시에 검토한다.

5. 일반 기업이 협상을 잘하는 기법 '구계(九計)'

미국에서는 1970년대를 전후하여 '협상은 무엇인가?'에 대한 연구 붐이 일어났다. 협상이 '예술(art)'이 아닌 '과학(science)'임을 발견하게 되면서 협상에 일정한 원리가 존재한다는 점을 인식하였기 때문이다. 상대의 생각을 바꾸려면, 일정한 접근 방식이나, 기법(skill)이 필요하며, 사람 간의 문제이다 보니 감정의 조절과 조정이 필요한 영역임과 동시에 예측이 곤란한 점도 존재하였다. 반면에 상대의 마음을 움직일 가능성을 상당 부분 높게 만들 수 있는 기법도 존재하기에 과학이라고 한다. 협상을 잘하는 사람은 '사람의 심리가 어떻게 작동하는가?'를 근본적으로 이해하는 사람이다. 협상테이블은 인격과 인격, 계산된 의도와 의도의 충돌 및 연출(演出), 명예와 자존심, 공정성과 객관성 등의 가치가 감정의 회오리와 함께 휘몰아치는 전쟁터이다.

일부는 애초부터 협상의 본질을 잘못 인식하고 시작한다는 점에 주목해야 한다. 전문 협상가라도 내부적으로 준비한 조건이나 자신이 과거에 경험한 노-하우 아닌 노-하우에 집착할 수 있고, 자신에게 주어진 목표에만 몰입하기도 한다. 하지만 협상테이블은 움직이는 생물(生物)이다. 자신이 원하는 대로 따라오는 게 아니라 상대의 말과 행동, 표정에 따라 어디로 튈지 모르는 전장(戰場) 상황과 같음을 인식해야 한다. 머물러 있는 게 아니라 계속 변화하면서 존재한다는 의미이다. 다시 말해 협상력(bargaining power)은 기술(technique)이나 기교(technical skill)가 아님에도 그렇게 인식하는 오류(mistake)를 범하고 있음을 인식해야 한다. 기교(技巧)만으로 사람의 마음을 움직이기는 어렵다. 아래의 <표 1-83>은 협상전문가들이 공통으로 언급하는 기법, 즉, 상대의 생각을

변화시키는데 필요한 기본적인 접근 방식과 실천 요령 등을 대표할 수 있는 협상 기법을 '구계(九計)'로 정리하였다.

〈표 1-83〉 일반 기업의 협상 기법 '구계(九計)'

제1계 : ANT(NPT)를 준비하고 또 준비하라!
제2계 : 상대의 요구(position)에 얽매이지 말고 욕구(interest)가 무엇인지를 찾아내라!
제3계 : 쌍방이 만족할 수 있는 창조적 배트나(BATNA)를 개발하여 이를 반복하면서 개선하고 활용해라!
제4계 : 상대의 '숨기고자 하는 욕구(interest)'를 자극해라!
제5계 : 질문하고 또 질문하라! 그러나 감정을 상하게 하지 마라!
제6계 : 항시 합리적인 논거(reasonable argument)를 협상의 지렛대(leverage)로 활용해라!
제7계 : 수치(numerical value)를 논하기 이전에 자신만의 객관적인 기준을 정해라!
제8계 : 가능한 win-win 협상이 되도록 노력하라!
제9계 : 좋은 인간관계를 활용하여 협상의 기본 토대가 무너지지 않고 지속하도록 만들어라!

제1계 : ANT(NPT)를 준비하고 또 준비하라!

도끼와 나무꾼

에이브러햄 링컨(Abraham Lincoln, 1809~1865)은 "만약에 내게 나무를 베어 쓰러뜨릴 시간으로 8시간이 주어진다면, 6시간은 도끼의 날을 가는 데만 쓰겠다."라는 말을 남겼다. 어떠한 일을 하든지, 일을 시작하기 이전의 준비가 그만큼 중요하다는 뜻이다. 협상은 잘 준비된 사람과 그러한 준비가 되어있지 않은 사람과의 싸움이다. 언제나 준비된 사람이 승리를 거머쥐는 것은 하늘의 당연한 이치다. 협상은 상대와 소통(疏通, communication)하는 과정이므로 커뮤니케이션 기법(skill)이 뛰어날수록 성공할 것으로 생각하기 쉽다. 그러나 날카로운 도끼만 가지고서 주어진 시간 내에 나무를 베어 쓰러뜨리기는 쉽지 않다. 나무꾼의 완력과 기술이 병행되어야 하기 때문이다. 따라서 철저한 준비는 기본이다. 한국인들이 협상에 실패하는 확률이 높은 이유는 대다수 단순히 협상 경험과 인간관계만을 중요시하기 때문이다.[51] 미국의 협상전문

51) 미국에서 전문 협상가들을 대상으로 협상가의 자질에 대하여 설문한 결과, 1위가 '준비 능력'이었고, 2위는 '이

가들은 "자신의 경험만 믿고 중요한 협상에 임한다는 것은 무기를 제대로 갖추지 않은 상태로 전쟁터에 뛰어드는 것과 같다."라고 평가하고 있다.

그러면, 협상 준비는 어떻게 해야 할까? 통상적으로 얘기하는 "대충", "대략 감을 잡았다."라는 표현을 자제하는 게 타당하지 않을까 싶다. 협상에서 우위를 차지하기 위해서는 체계적·과학적이어야 한다. 또한, 군사협상에서도 언급하였지만, 내부에서 다른 말들이 갑자기 튀어나와 협상을 실패하게 만드는데 기여하거나, 결렬(breakdown)로 몰아간다. 마지막까지 상대에게 숨겨야 할 비장의 카드를 갑자기 내놓는다거나, 비공개 정보를 어처구니없이 공개해버리는 한심한 실수가 나와서는 안 됨을 이해하여야 한다.

이를 위해 NPT나 ANT를 활용하여 과학적·구체적으로 정밀하게 작성할 수 있어야 한다.[52] 이를 실천하면, 세 가지 이점이 있다. 먼저, 작성하면서 주요 요소들에 대한 구체적인 파악이 가능해진다. 자신이 중요하게 생각하는 의제(Agenda)가 무엇인지, 상대가 준비할 가능성이 있는 대안이 무엇인지에 대한 이해가 쉬우므로 다양한 욕구와 대안을 찾아내 대비할 수 있다. 유의해야 할 점은 단순하게 총괄적인 형태의 '요구(position)'가 아니라 왜! 필요한지에 대한 '숨겨져 있는 상대의 욕구(interest)'를 찾아내야 한다는 점이다. 또한, 자기 입장과 상대의 입장을 적어봄으로써 쌍방의 강·약점을 찾아낼 수 있다.

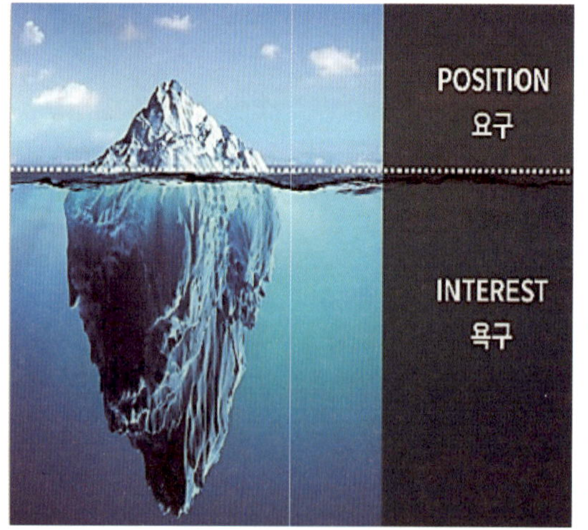

둘째, 팀 내부의 의견이 일치(consensus)되도록 만들 수 있다. 최근 들어서면서 점점 더 단체협상의 비중과 중요도가 높아지고 있다는 점에 주목해야 한다. 협상팀 내부의 사고(思考)와 협상의 흐름에 관한 생각이 일치되지 않는다면, 협상은 성공적이기 어렵다. 현실에서 '적은 상대가 아니라 내부에 있다.'라는 말이 회자(膾炙, be in everyone's mouth)하고 있음에 주목해야 한다. 통일된 양식(tool)을 활용하여 준비하면, 내부에서부터 돌출된 발언들이 나올 확률은 그만큼 낮아지게 되어있다.

셋째, 체계적·과학적인 정보의 수집이 가능하다. 정보(intelligence)가 중요하다고 무조건 아무 정보(information)든 모으는 것은 협상 목표를 달성하는 데 전혀 도움이 되지 못한다. 오히려 정상

슈(issue)와 관련한 지식', 4위는 '경청(listening)'이었다. 한국인이 중요하게 생각하는 '협상 경험'은 34개 항목 중 19위에 그쳤다는 점은 눈여겨볼 만한 대목이다. 과거 정주영 회장의 일화에 나오는 "임자, 해봤어!"라는 말도 다시금 협상의 관점에서는 다시 한번 되새겨 봄 직한 의미이다.

52) 작성 방법은 군사 협상의 노-하우 삼십육계 중 제11계에 구체적인 사례를 들어 적시하고 있다.

적인 진행을 방해하거나, 긍정적인 판단을 오히려 호도(temporizing)하는 사례가 종종 발생하곤 한다. 여기에서 키-워드는 복잡한 협상을 진행할수록 특정인이 모든 협상 내용을 정리하기는 어렵다. 그래서 팀을 구성하여 준비하는 것이다. 제대로 된 협상팀으로 구성되어야 실질적인 성과의 창출이 가능하다. 다시 말해 협상에 필요한 정보를 꼭 필요한 위치와 역할에서 수집・분석・판단・평가할 수 있는 조직화(systematization)한 메커니즘(mechanism)이 필요하다.

제2계 : 상대의 요구(position)에 얽매이지 말고 욕구(interest)가 무엇인지를 찾아내라!

상도(KBS드라마, 2002)

대다수의 협상에서 쌍방이 동시에 욕구를 충족하기는 어렵다. '경제적 이익'이 가장 큰 욕구일 경우 쌍방 중의 누군가는 손해를 봐야 하지만, 여기에는 답도 같이 있다. 2002년에 방영되었던 KBS 안방 드라마 '상도(商道)'에서 개경 상인 임상옥은 중국 연경에서 인삼 5,000근을 거래하게 되었다. 상인들과의 협상에서 15냥 대신 45냥을 요구했지만, 연경 상인들이 담합(談合, price fixing) 함으로써 해당 가격에 못 팔게 되자 갑자기 인삼을 모두 불태워 버린다. 이에 놀란 연경 상인들이 앞다퉈 임상옥에게 사과하면서 불탄 인삼값까지 추가로 계산하자 사태가 수습되었다. 약재에 꼭 필요한 재료(interest)가 인삼임을 알고 있던 임상옥이 연경 상인들이 싸게 사들이기 위해 벌인 담합 행위를 협박이나 위기라고 포기하지 않고, 성과를 거둔 사례이다.

누군가 피해를 볼 수밖에 없다면, 이때 가장 필요한 것은 '상대의 숨겨진 욕구(hidden interest)를 자극하여 설득하는 능력을 보유'하는 데 있다. 상대에게 숨겨진 욕구를 일깨워주고 그 숨겨진 욕구가 지금 느끼는 욕구 이상으로 중요하다는 사실을 깨닫게 만드는 순간, 상대는 숨겨진 자신의 욕구를 포기하거나, 상당 부분 양보할 수밖에 없다. 아래의 <표 1-84>의 사례를 통해 조금 더 깊이 알아보자.

〈표 1-84〉 길거리에서 구걸하는 사람을 만났을 때 가치의 사례

상황) 길을 가다가 구걸하는 사람을 만났다. 이때 돈의 가치를 중요시하는 1과 불쌍한 사람에 대한 도움을 중요시하는 가치 2가 서로 충돌한다. 가치 1이 이기면, 그냥 지나치게 되지만, 가치 2가 이기면, 구걸하는 사람에게 얼마의 돈이라도 건네주게 된다.

이처럼 다양한 욕구는 기본적으로 '가치(value)'와 '본능(instinct)'에서 시작한다. 가치는 '어떠한 상황과 여건 속에서도 올바른 마음가짐과 태도로 실천해나가는 무엇을 중요하게 여긴다.'라는 의미이다. 바로 이러한 가치가 그 사람을 지배하면서 경쟁을 하도록 만든다. 어떠한 유형의 사람인지를 불문하고 누구나 마음속에는 공정(impartiality)과 공평(equity), 명예(honor), 박애(philanthropy), 정직(honesty)과 부(富), 출세(advancement), 인간관계(human relations) 등이 다양한 형태로 존재하면서 서로 경쟁과 충돌을 통해 최종적으로 승리하는 가치가 그 사람을 지배한다고 볼 수 있다.

1962년 美蘇 쿠바 미사일 위기사태 때 소련의 흐루쇼프는 미국이 터키와 이탈리아 군사기지에 핵미사일을 설치하여 소련이 위협을 받는 현실에 대응하기 위해 쿠바에 카스트로 반미(反美) 정권이 들어서자 쿠바에 소련의 핵미사일을 설치하기로 비밀협약을 맺는다. 이후 쿠바에 설치하려던 핵미사일 기지를 철거하기로 합의하면서 위기사태는 종결되었다. 1963년 다시 미국과 소련은 핵실험 금지조약을 맺기 위한 협상을 시작하였다. 케네디와 흐루쇼프가 "양측이 모두 지구를 몇 번이나 완전하게 파괴할 만큼의 핵무기를 보유하고 있으니 더는 핵실험을 하지 맙시다."라고 제의하였으나, 이 협상은 실패로 끝났다. 실패한 원인이 무엇인지 궁금할 것이다. 핵실험 금지 협상이 성공하기 위해서는 현실적으로 쌍방이 서로 사찰(査察, inspection)하는 가운데 가장 먼저 신뢰가 담보되어야 한다. 하지만 신뢰가 없다 보니 몇 차례에 걸쳐 사찰을 진행할 것인지에 관한 기본적인 합의에도 이르지 못했다. 미국은 "1년에 최소한 10회 사찰"을 제안하였으나, 소련은 "안돼. 1년에 3회 정도"라는 태도를 고수했기 때문이다. 이 협상은 결렬될 수밖에 없었다. 왜냐하면, 쌍방 모두 '요구(position)'에만 신경을 썼을 뿐, 상대의 '욕구(interest)'에는 관심이 없었다. 사람의 숨겨진 욕구는 가치에서 나오지만, 본능에서도 나온다는 점을 이해하여야 한다. 본능은 '공포(fear)'나 '두려움(afraid)'에서 생기는 본능, '위험(risk)' 또는 '위협(threats)'에 대한 본능, 인정받고 싶은 본능, 노래 가사처럼 사랑받고 싶은 본능, 풍족하게 살고 싶은 본능 등으로 다양하다. 사람들은 이러한 본능에 따라 지배하기도, 지배를 받기도 하지만, 어떤 때는 가치와 본능이 서로 충돌하기도 한다. 아래의 <표 1-85>의 사례를 통해 조금 더 들어가 보자.

〈표 1-85〉 전염병에 걸린 친구에 대한 가치와 본능의 충돌 사례

상황) 가족처럼 친했던 B가 전파력이 높은 전염병에 걸렸다. 이때 당신 A는 '우정'이라는 가치와 '공포와 두려움'이라는 본능이 충돌한다.

조금 시각을 다르게 하여 가치와 본능을 자극하는 방식에 접근하여 보자. 먼저, 아래의 <표 1-86>은 '가치(value)'를 자극하여 협상한 사례이다.

〈표 1-86〉 '가치(value)'를 자극하여 협상에 성공한 사례

상황) 채권자 A와 채무자 B 간에 1,000만 원을 갚으라는 내용이다.

A: 당신이 빌려 간 돈 1,000만 원을 갚아주었으면, 좋겠습니다.

B: 당연히 갚아야지요. 그런데 생각해주셨으면 합니다. 지난 10여 년간 A가 저를 도와준 적도, 제가 A를 도와준 적도 여러 번이지요. 어려울 때 A가 빌려준 돈은 상당한 도움이 되었습니다. 하지만 그간 A를 위해 여러 번 도움을 드렸던 것을 기억하시지요. 7년 전 A가 부도 위기에 몰렸을 때, 3년 전 세무조사를 받을 때 제가 주변에 부탁한 일 등을 말입니다.

A: 물론 잘 알고 있습니다.

B: 저 자신이 A는 공정하고 사람과의 관계를 중시하는 분으로 생각하고 있고, 주변도 그렇게 인정하고 있지요.

A: 네. 그거야 ㅎ ㅎ~

B: 제가 요즈음 형편이 좋지 않습니다. 우리가 지난날 서로 도우면서 지내왔는데, 지금은 A가 저를 도울 때로 보입니다. 제가 앞으로 돕지 못하더라도 지난날 A를 위해 쏟은 노력을 생각하면, 지금 당장 돈을 못 받으시더라도 그리 각박하게 몰아붙일 상황은 아니지 않나 싶네요.

A: B의 말씀에 일리가 있지만, 이렇게 하나도 갚지 않으면 어떡합니까?

B: 왜! 갚고 싶은 마음이 없겠습니까? 갚을 수만 있다면, 얼른 갚고 싶습니다. 반드시 갚을 테니 조금만 기다려 주세요.

A: 허허 참…. 알겠습니다. 형편이 될 때 갚아주세요.

채무자 B는 채권자 A의 마음속에 숨어 있는 '공평해지고 싶은 욕구'를 자연스럽게 발동하도록 만들었다. 처음에 A는 '경제적 이익'이라는 욕구에만 집착하고 있었으나, B와 대화하는 과정에서 '공평성'이라는 가치의 욕구를 함께 떠올리게 되면서 상황은 다소나마 반전(反轉)되었다. A는 과거 도움을 받았던 기억으로 인해 '공평하기 위해서는 1,000만 원에 대한 독촉이 너무 심하면

안 되겠구나!'라는 생각으로 바뀌었다는 점이다. 누구나 가능하다면, 옳은 일을 하고 싶어 하는 욕구가 있다. 더 강한 다른 욕구 때문에 외면하고 있지만, 언제든지 다시 마음이 바뀔 수 있다는 점을 인식하여야 한다. 사람의 심성이 자신에게 큰 손해가 될 경우는 외면하겠지만, 기본적으로 공정하고 공평해지려는 것에 있다는 점을 이해하여야 한다. 아래의 <표 1-87>은 '본능(instinct)' 즉 감성을 자극하여 협상을 유리하게 만든 사례이다.

〈표 1-87〉 '본능(instinct)'을 자극하는 협상사례

상황) 동네 신발가게에서 마음에 꼭 드는 조깅화를 발견했는데, 가격이 10만 원이었다. 디자인도 단순하고 모양도 마음에 들었지만, 가격이 조금 높다는 생각이 든다. 사장님께 1만 원만 할인해달라고 하였지만, 아예 말도 꺼내지 말라며, 손사래를 치고 있다.

학습자는 어떻게 해야 마음에 꼭 드는 조깅화를 9만 원으로 살 수 있을까? 이때 가게 사장님의 '드러난 요구(position)'에만 초점을 맞춘다면, 아래와 같은 방법의 협상을 시도하게 될 것이다.

사례1) 요구(position)에 집중할 경우
손님 A: 그래도 조금만 깎아주요. **사장** B: 안됩니다. 그건 곤란합니다.
손님 A: 아이! 사장님. 좀 깎아주면 정말 고마울 텐데요.
사장 B: 안됩니다. 저도 남는 게 있어야 하는데, 그러면 남는 게 없어요.

이제 학습자는 그냥 포기하고 돌아서든지, 아니면, 해당 금액을 다 주고 조깅화를 사야 하는 상황에 부닥쳤다. 조금 다른 시각으로 접근하여 보자. 이제는 가게 사장의 '숨겨진 욕구(interest)'에 맞춰 다시금 대화를 시도하여 보자. 일반적으로 추정할 수 있는 것이 다음과 같은 생각을 하지 않았을까 싶다. "사장 B는 일만 원의 '경제적 이익'을 얻고 싶은 욕구가 있겠지만, '미래에 더 큰 경제적 이익'에 대한 본능적인 욕구가 더 클 수도 있지 않을까. 그래. '미래의 더 큰 경제적 이익' 욕구를 발동시켜 보자."라고 말이다. 이렇게 생각을 할 수 있다면, 사장 B와의 대화 방식은 달라지게 되어있다.

사례2) 욕구(interest)에 집중할 경우

손님 A: 1만 원만 깎아 주세요. **사장** B: 글쎄요, 그건 곤란합니다.

손님 A: 깎아주시면, 앞으로 이 가게에 단골이 될게요. 물건도 좋지만, 값도 싸다고 동네방네 소문도 내드리고요. 그리고 제가 조기축구회원이거든요. 회원들에게도 좋은 소문을 많이 낼게요. 좀 깎아주세요. 네~^^

사장 B: ~허 그거~ 참. 알겠습니다. 깎아줬다는 말은 하지 마세요.^^

요구에 따라 깎아달라는 결과와는 상황이 완전하게 달라졌다. 접근 방식이 다르기 때문이다. 당연히 사장 B의 입장에서는 '일만 원을 깎아주게 되면, 동네방네 좋은 소문이 날 테고, 단골도 확보할 수 있고, 훨씬 미래의 이익이 높아질 가능성이 매우 커지겠네.'라고 판단할 수 있다. 미래 이익에 대한 숨겨진 욕구가 현실의 이익에 대한 본능적 욕구를 이겼기 때문이다. 물론 이렇게 되지 않을 수도 있다. 그러나 1만 원은 깎아주지 않을지언정 어느 정도의 금액은 깎아줄 확률이 상당한 정도로 높아지게 될 것이다.

여기에서 키-워드는 협상 의제(Agenda) 준비에서 중요한 게 외부 요소인 시간(timing)과 장소(room), 해당 국가나 지역, 기업의 문화(culture)이지만, 이외에도 상대의 '숨겨진 욕구(interest)''가 반드시 있음을 명심해야 한다.

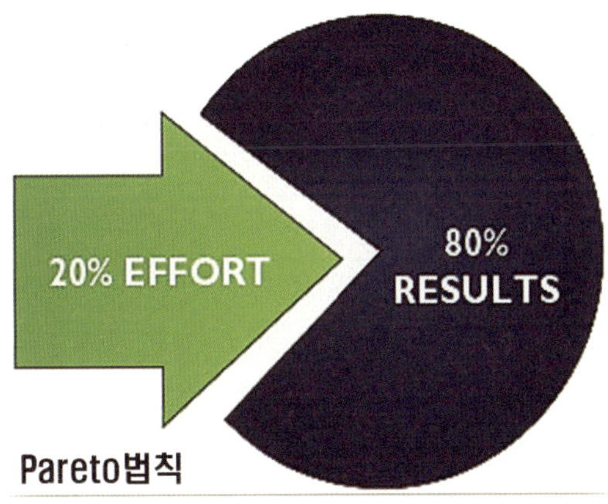

Pareto법칙

경영학에 20:80이라는 파레토(Pareto)의 법칙[53]이 있지만, 협상에는 10:90의 법칙이 있다. 이는 마지막 10%의 시간에 합의가 90% 정도 성사된다는 뜻이다. 2007년 타결된 韓·美 FTA 협상은 다수의 전문가조차 실패할 것으로 전망하였다. 하지만 몇 차례의 마감 시한을 연장한 끝에 극적으로 타결되었다. 바로 10:90의 법칙이 작동한 결과로 보면 된다.

사람들은 누구나 자신에게 익숙한 공간에 있을 때 편안함과 안정감을 느낀다. 아시 말해 협상 역시 가능하다면, 내가 안정감을 느끼는 장소에서 진행하는 게 훨씬 유리하다. 여기에서 주목해

53) 20:80 법칙은 일명 파레토법칙으로 불린다. 이탈리아 경제학자인 빌프레도 파레도(Vilfredo Pareto, 1848~1923)가 1906년에 이탈리아의 20% 사람이 토지 전체의 80%를 소유하고 있음을 알아낸 다음 연구를 통해 20%의 원인이 대략 80%가량의 결과를 발생시킨다."라는 법칙을 찾아냈다.

야 할 점은 모든 협상팀이 자신에게 안정감을 주는 장소를 고집한다면, 더 큰 대립 양상으로 이어질 수 있다. 이때는 중립적인 공간에서 진행해야 하지만, 중립이라고 무조건 중립이 아니라는 점이다. 미국의 건설장비 제조업체인 '캐터필라(Caterpillar)'는 협상 전략상 공해(公海, freedom of the seas)에 요트를 띄우고 협상을 진행하기로 유명하다.[54] 이를 단순하게 보면, 중립을 지향하는 듯 보인다. 그러나, 냉정하게 평가할 경우 절대 중립적이지 않다. 얼핏 보기에 바다는 당연히 중립적인 장소이지만, 그 요트의 소유주가 '캐터필라'인 점에 주목해야 한다. 그들이 중립적으로 위장하였지만, 실상은 자신이 절대적으로 유리한 장소에서 협상을 주도하고 있음을 인식하여야 한다.

인도에서는 왼손으로 사람을 가리키는 것이 대단한 결례다. 한국에서 어린아이의 머리를 쓰다듬는 행위는 귀엽다는 뜻이지만, 미국에서는 예의가 없는 무례한 행동이다. 가구업체인 IKEA와 독일의 드레스너 은행 간에 협상을 위한 사전 미팅이 있었다. 협상장에서 만난 두 기업이 서로 마주 보면서 호기심을 가졌다. 드레스너 은행은 격식을 많이 따지는 편이었으나, IKEA는 자유분방한 복장으로 협상장에 나갔다. 주변에서 서로 다른 문화가 만났으니 어렵다고 전망하였지만, 상당히 좋은 분위기에서 끝이 났다. 이유는 서로의 모습에 한바탕 웃음이 터지면서 한결 부드러워진 분위기 때문이었다.

제3계 : 쌍방이 만족할 수 있는 창조적인 배트나(BATNA)를 개발하여 이를 반복적으로 개선하고 활용해라!

협상은 보통 한 가지의 의제(Agenda)만을 갖고 시도하는 경우가 종종 있다. 따라서 상대의 욕구를 만족시키는 방법도 "단 한 가지면 된다."라고 생각하기 쉽다. 국민 음료인 '콜라'를 생각해보자. 상대가 목마르다고 '콜라'를 달라고 했을 때 '콜라' 대신 '사이다'나 '주스'를 제공하여도 갈증을 없앨 수 있다는 점이다. 이는 누구나 적용이 가능한 방법으로 자신이나 상대의 욕구를 만족시키는 방법은 다양하다. 따라서 상대와 자신을 똑같이 '요구'가 아닌 '욕구'에 초점을 맞추게 되면, 쌍방이 만족할 수 있는 배트나(BATNA)를 찾아낼 수 있다. 아래의 <표 1-88>은 1978년 지미 카터 대통령이 주재했던 이스라엘-팔레스타인 간의 '캠프 데이비드 협정'이다.[55]

---

54) "㈜혜인, Tier4 Final 캐터필라 건설장비 출시하다.," 『JGI중기인(http://www.jgimagazine.com/index.php)』 (2015. 9. 29.) (검색일: 2020년 4월 8일).

55) 캠프 데이비드 협정이 시작된 원인은 1967년 4월에 시작된 제3차 중동전쟁(일명 6일 전쟁)이었다. 당시 비동맹국의 수장이던 이집트의 나세르 대통령이 이스라엘 항구의 봉쇄를 명령함으로써 이스라엘에 전쟁의 명분을 주었고, 이스라엘은 정보기관인 모사드(Mossad)를 활용하여 이집트 공군에 대한 기습 폭격으로 공군력의 80%를 궤멸시켰다. 이어서 시나이반도를 2박 3일 만에 완전히 점령하고 6일 만에 전쟁을 종결시켰다. 나세르 대통령은 패전의 책임을 지고 하야를 발표하면서 일부 국민의 관제시위를 유도하여 다시 대통령직을 수행하였다. 이때부

〈표 1-88〉 캠프 데이비드 협정(Camp David Accords, 1978) 사례

배경) 1967년 벌어진 이집트-이스라엘 간 전쟁의 발발 이후 6일 만에 이집트는 항복하였고, 양 국가 사이에 있는 시나이반도는 이스라엘이 점령하였다. 평화협정 체결을 수차례에 걸쳐 시도했지만, 한 가지 문제로 인해 타결되지 못했다. 이스라엘이 점령하고 있는 시나이반도는 반환할 수 없다는 태도로 일관하고 있었기 때문이다.

당시 이집트는 시나이반도의 100% 반환을, 이스라엘은 시나이반도의 일부 반환만 가능하다는 태도였다. 그간 11년여에 걸친 협상에도 교착 상태(deadlock)가 유지되면서 결국 1978년 美 지미 카터(Jimmy Carter, 1924~) 대통령이 중재하여 캠프 데이비드 산장에서 다시 미주 앉았다. 이때 중재(arbitrate)한 주역이 변호사이자 국무장관으로 있던 사이러스 밴스(Cyrus Vance)였다. 그는 쌍방의 '숨겨진 욕구(interest)'에 초점을 맞춰 창조적 대안(BATNA)을 찾았다. 실제 시나이반도(Sinai Peninsula)는 농사도 제대로 지을 수 없는 땅이었고, 지하자원도 별로 없는 한 마디로 쓸모없는 땅이었기 때문이다. 밴스의 의문이 이집트는 왜! 이런 척박한 땅을 "100% 환수받겠다.", 이스라엘은 "안된다. 돌려줄 수 없다."라고 고집하는 것인지, 여기에 다른 숨겨진 욕구가 있는 게 아닌지에 대하여 파고들었다고 하는 게 더 확실한 표현일 것이다. 확인한 결과 의외로 답은 간단했다. 이집트는 '자존심과 정권의 위상을 회복'하려는 숨겨진 욕구가 있었다. 반면에 이스라엘은 이집트의 침공을 예방하기 위해서는 국가안보 전략상 '완충지대(buffer zone)'가 필요하다는 숨겨진 욕구가 존재하고 있었다. 이를 확인한 사이러스 밴스의 결론은 아래의 <표 1-89>와 같았다.

터 평화협정을 시작하였지만, 서로의 욕구가 달랐기에 쉽사리 협상의 접점을 찾지 못하면서 세월만 지나갔다.

〈표 1-89〉 이집트와 이스라엘의 요구(position)와 욕구(interest) 비교

구 분	이집트	이스라엘
요구(position)	100% 반환	일부 반환
욕구(interest)	자존심과 명예회복	완충지대(안보전략)
창조적 대안(BATNA)	100% 반환, UN 평화유지군 주둔/ 경보장비 설치	

조금 다른 예로 접근하여 보자. 남대문 시장에서 물건을 사려는데, 해당 물건을 판매하는 가게가 단 한 곳이라면, 구매자의 협상력은 약해진다. 반면에 같은 물건을 판매하는 가게가 가까운 지역에 여러 군데에서 영업하고 있다면, 오히려 협상력이 강해지게 된다. 가게 주인의 처지에서 볼 때 독점적으로 보유한 물건이고 인기가 좋다면, 협상력은 강해질 것이고, 찾는 고객이 거의 없는 물건이라면, 협상력이 약해짐은 불을 보듯 뻔하다.

이러한 요인이 바로 창조적 대안을 포함하는 배트나(BATNA)가 필요한 이유다. 만약에 가게가 가까운 위치에 있다면, 구매자의 배트나는 정말 좋은 조건일 수 있지만, 가게의 위치가 상당한 시간을 소요해야 하는 먼 거리에 있다면, 상대적으로 그다지 좋은 배트나로 평가할 수 없다. 또한, 원하는 물건을 살 수 있는 가게가 한 곳뿐이라면, 배트나가 아예 존재할 수 없게 된다. 협상이 결렬 또는 실패로 끝날 확률이 높을 때 필요한 게 배트나이다. 창조적 대안은 협상의 성과를 높이려는 방법이자 수단이고, 배트나를 마지막 카드로 보면 된다. 아래의 <표 1-90>은 배트나를 활용하는 3가지 기법을 정리한 내용으로 군사협상의 삼십육계와 혼용한다면, 더 성과를 가져올 수 있다.

〈표 1-90〉 협상에 유리하게 작용하는 배트나의 세 가지 활용 기법

① 상대의 배트나를 면밀하게 분석 · 판단을 통해 문제점이 보이면, 반드시 지적하라!
② 준비한 배트나가 상대에 비해 나쁘다고 판단되면, 외부의 힘으로 협상을 진행하라!
③ 상대가 제시한 배트나가 자신에 몹시 불리하다고 판단되면, '배수진'을 치거나, '이것밖에 없다.'라는 방식으로 공격하라!

① 상대의 배트나가 자신에게 유리하거나, 불리한 정도에 따라 양보할 수 있는 범위와 폭이 좌우된다. A 마트에서 파는 물건이 인접한 B 마트에서 비슷한 가격대로 팔리고 있다면, A 마트보

다 고객 C의 배트나가 강해진다. 반면에 B 마트가 멀리 떨어져 있거나, 가격이 더 비싸다면, 오히려 A 마트의 배트나는 더 좋아지게 되고 협상력은 당연히 더 높아지게 된다.

여기에서 키-워드는 A 마트 사장이 현명하다면, 고객의 배트나가 무엇인지 끊임없이 조사하고 분석해야 한다. 다시 말해 주위의 상권(商圈) 형성과 흐름을 끊임없이 파악하고 분석해야 한다는 뜻이다. 기업이나 마트도 마찬가지로 상대의 배트나가 무엇인지를 파악하는 게 가장 중요하다. 빠뜨리지 않아야 할 사항은 자신의 배트나를 반복적으로 개선하려는 노력이 필요하다는 점이다. 상대는 항상 배트나를 달라지게 하려고 노력하고 있음을 반드시 인식하여야 한다.

② 자신의 배트나가 상대보다 불리하다면, 협상테이블 바깥에서 상대가 궁지에 몰리게 하여 자신의 협상력을 높여야 한다. 이때 명심하여야 할 사항은 협박이나 공갈, 공포와 두려움, 협잡 등의 어두운 방식보다는 여론이나 정부 또는 더 강한 집단의 힘을 빌리는 방식을 선택해야 한다. 자신이 특별한 배트나도 없는 상태에서 협상을 타결시켜야 할 때 여론이나 정부(CEO)가 힘을 실어줄 수 있다면, 상당한 수준의 성과를 얻어낼 수 있다. 아래의 <표 1-90-1>은 중국의 타이어 업체 더블스타의 금호타이어 매각 협상사례이다.

〈표 1-90-1〉 한국 금호타이어-중국 더블스타 간 매각 협상 사례(요약)

상황) 2017년 금호타이어는 채권단 워크아웃을 통해 정상화되었다. 그러나 산업은행 등 채권단이 중국 타이어 업체인 더블스타와 9,550억 원에 주식매매계약(SPA)을 체결했다. 사드 배치에 따른 중국의 전방위적인 보복 조치로 한국 기업들의 피해가 커진 상황에서 중국 기업으로의 매각은 부담스러운 부분이었다. 이때 "금호타이어는 전투기와 군용타이어를 공급하는 국내 유일한 방산 업체로 국가안보와도 직결된다."라는 국민의 부정적인 여론도 부담이었다. 그러나 결국, 매각되었고, 생산기지에서 판매기지로 전환하는 수준을 밟고 있는 것으로 알려졌다.

정부가 주도하여 금호타이어 매각을 서두르다 보니 그 배경에 의구심이 많았다. 강성(强性)이라고 소문난 노조까지 적극적으로 협조하였지만, 여론과 정부가 효과적으로 힘을 발휘했느냐는 관점에서 의문이 많이 남아 있는 사례다. 여기에서 키-워드는 언론과 여론의 활용이나 정부 기관의 힘을 빌리는 게 중요하다는 점이다. 다만, 금호타이어의 사례와 같이 한 방향으로 노력하지 않고 동상이몽을 꿈꾼다면, 큰 성과를 기대하기는 어렵다.

③ '벼랑 끝 전술'로도 잘 알려진 이 방식은 자신의 선택권은 스스로 제한하면서 상대에게 공표(公表)함으로써 상대를 자신이 원하는 방향으로 유도하는 데 있다. 기업에서 노사협상을 하기 전에 먼저 회사 측에서 노조에 이번에 임금협상이 타결되지 못하고 파업이 생기게 되면, 회사를 폐쇄하겠다고 선언한 다음 협상을 진행한다. 회사 측에서 배트나가 없다는 사실을 통고하면, 오히려 노조가 압박받을 수 있다. 노조 측이 회사 측 안을 수용하지 않으면, '직장폐쇄'라는 극단적인 상황이 발생하기 때문이다. 여기에서 키-워드는 '임금(賃金) 협상'은 경제적 이익이 중요하게 작용하는 협상이기 때문에 배트나가 상당한 영향력을 발휘할 수 있으나, '관계 협상(Relation Negotiation)'에서 영향력을 발휘하기는 쉽지 않을 수 있다.

'임금협상'은 가격을 조율하는 방식이지만, '관계 협상'이란 장기적으로 관계를 맺는 협상이다. '관계 협상'에서 배트나를 잘못 사용하게 되면, 지금까지 쌓아놓은 관계가 한순간에 무너질 수 있음에 주목해야 한다. 따라서 인간관계가 중요한 협상이라면, 배트나가 있을지라도 함부로 내보이거나, 사용해서는 안 된다. 주도권 때문에 어쩔 수 없이 사용해야 한다면, 전체를 공식적으로 드러내는 것보다 슬쩍 은근하게 내비침으로써 상대의 감정이 상하지 않는 범위 내에서 해결되도록 최대한 노력해야 한다. 협상을 진행하다 보면, 갑작스럽게 어떠한 대응도 할 수 없게 될 경우가 많다. 그런데 상대는 이에 구애받지 않고 계속 일방적으로 몰아붙일 때가 있다. 단기적으로는 성과가 있겠지만, 장기적으로 볼 때는 더 손해를 입는 경우가 종종 발생한다는 점을 인식하여야 한다. 아래의 <표 1-90-2>는 협상에서 궁지로 몰린 상황이다.

〈표 1-90-2〉 협상 진행 간 막다른 궁지에 몰린 상황(예시)

A: "지금까지 논의한 결과를 말씀드리면, 내년 연봉은 5% 인상으로 결론이 났습니다. 다른 의견은 없으신지요?" B: "아니…. 5%로 딱 잘라서 말씀하시면…." A: "뭐 딱히 다른 대안도 없으신 것 같은데, 빨리 마무리하죠. 다들 바쁘시지 않은가요." B:"…."

이런 상황에서 학습자는 어떻게 대처해야 할까? 아래의 <표 1-90-3>은 막다른 궁지에 몰렸을 때 대처하는 요령이다.

〈표 1-90-3〉 막다른 궁지에 몰렸을 때 대처하는 요령

① 권한을 넘겨라! 그러나 자주 사용하지 마라! 예1) "네. 잘 알겠습니다만 제가 함부로 결정할 영역이 아니네요." 예2) "이사회에서 결정해야 할 사안~", "위원회 통과가 필요~" 등 ② 동반자 관계임을 주장해라! 협상은 이기고 지는 싸움이 아니라 함께 더 좋은 답을 찾아가는 과정임을 넌지시 알려주어라! 예1) "저희 측의 대안이 부족하니 함께 대안을 고민해주시면, 도움이 될 것 같습니다." ③ '급하게 먹는 밥이 체한다.'라는 속담을 기억하고 바쁠수록 돌아가라! 예1) '잠시 휴식'을 한다거나, '충분한 준비 시간'을 확보

제4계 : 상대의 '숨기고자 하는 욕구(interest)'를 자극해라!

협상은 비즈니스와 일상생활에서 상대 입장을 고려하면서도 자신의 이익을 실현하는 과정이다. 쌍방의 욕구를 동시에 만족시킬 수 있는 창조적 대안을 항상 만들어내기는 불가능하다. '경제적 이익'이 가장 큰 욕구라면, 어느 일방은 경제적인 손해를 볼 수밖에 없다. 이때 필요한 협상력이 바로 '상대가 숨기고자 하는 욕구(hidden interest)'를 자극하거나, 설득하는 방식이다.

우리가 범하기 쉬운 실수는 '모든 것을 처음부터 완벽한 데서 시작하려고 한다.'라는 점이다. 절대적인 완벽이란 없고, 완벽하기 위해 노력할 뿐임을 기억해야 한다. 상대에게 무엇이 있는지, 무엇을 숨기는지를 찾아내야 한다.

제5계 : 질문하고 또 질문하라! 그러나 감정은 상하게 하지 마라!

왜! 질문이 중요할까? 협상은 상대의 욕구를 파악하여 만족시키거나, 자극하는 등의 기법을 동원한다. 따라서 가장 중요한 기법(skill)은 '질문하는 기술'이라고 단언(affirmation)할 수 있으며, 탁월함은 질문을 잘한다는 의미이다. 질문 하나가 협상이 타결될 수 있게도 하지만 결렬시키는 데 결정적 요소로도 작용하기 때문이다.

① 질문은 합리성과 논리(Logos)를 불어넣는다. 협상에는 저차원적 협상과 고차원적인 협상으로 구분할 수 있다. 먼저, 저차원적 협상은 재래시장에서 옷값을 흥정하는 것처럼 단순히 숫자

하나만으로 진행하는 방식이다. 아래의 <표 1-91>과 같이 평택시에서 할인매장 대표가 할인점을 열기 위해 건물주와 임대료 협상을 벌인 사례이다.

〈표 1-91〉 건물주와 할인매장 대표의 임대료 협상 사례(저차원적)

할인점 대표 B: "입지 조건이 좋은 건물을 찾고 있어요. 귀하의 건물에 입주하고 싶은데요. 임대료는 얼마나 하나요?"
건물주 A: "평당 5만 원은 받아야 합니다."
B: "너무 비싸네요?" A: "그럼 얼마를 생각하고 계시는가요?"
B: "3만 원 정도로 판단하고 있습니다."
A: "입지 조건으로 보았을 때, 너무 심하게 깎으시네요. 특별히 45,000원까지 해드리지요."
B: "그래도 비싸네요. 입주 조건은 좋은 편이니 35,000원 정도로 결정하지요. 그렇게 해주세요." A: "이거 참..."
B: "그럼 서로 반반씩 양보해서 40,000원 드릴게요." A: "글쎄요."
B: "요즈음의 경제 상황을 생각해보시면 알겠지만, 많이 드리는 겁니다. 그렇게 하세요."
A: "한번 검토해보지요."

이 정도 수준의 협상이라면, 타결될 가능성이 크다. 그러나 기초적인 협상의 패턴임을 이해하여야 한다. 단순하게 돈의 액수만으로 이어지기 때문이다. 이럴 때 다른 시각으로 질문 내용과 방향을 조금이라도 변화시켜줄 경우, 이전(以前)보다 훨씬 합리적이고 고차원적인 협상을 진행할 수 있다. 아래의 <표 1-92>는 유사한 질문을 반복하면서 임대 협상을 진행하는 사례이다.

〈표 1-92〉 건물주와 할인매장 대표 간 질문을 활용한 협상 사례(고차원적)

할인점 대표 B: "할인점 출점을 위해 입지 조건이 좋은 건물을 찾고 있어요. 귀하의 건물에 입주하고 싶은데요. 임대료는 얼마나?"
건물주 A: "평당 5만 원은 받아야 합니다."
B: "너무 비싸네요?"
A: "그럼 얼마를 생각하고 계시는가요?"
B: "3만 원 정도로 판단하고 있습니다."

A: "상당히 싸게 보시네요. 어째서 그렇게 생각하시는 거지요?"
B: "회사는 지난 10여 년간 사업을 하면서 축적한 데이터에 근거하여 시장과 소비 규모에 따라 3개 등급으로 나누고 있지요. 평택은 3등급으로 분류하였기 때문에 평균 임대료를 30,000원으로 산정했지요."
A: "그럼 등급은 어떤 기준으로 만든 거지요?"
B: "이 지역은 시장과 소비 규모를 봤을 때 3등급 중간 정도로 평가하고 있습니다."
A: "그렇다면, 3등급 지역이라면, 어떠한 지역을 말하는지요?"
B: "용인, 하남, 의왕, 군포"
A: "평택을 하남이나 의왕, 군포와 같이 본다는 관점에 문제가 있다고 보이네요. 이곳에는 할인점이 하나도 없거든요. 다른 지역의 경우 이마트나 롯데마트, 월마트 등으로 경쟁이 치열하지만, 평택은 독점적 영업이 가능하다는 강점이 있지요. 이러한 사실에서 다르게 봐야 할 것 같은데요. 그렇지 않습니까?"
B: "그러면, 평택의 성장잠재력을 증명할 수 있는 자료를 보여주시지요. 할인점이 추가로 생길 가능성도 보고 다시 얘기하시지요."
A: "좋습니다. 자료는 제가 준비하지요."

협상은 타결되지 않았지만, 몇 가지의 질문을 통해 훨씬 합리적 · 논리적으로 전환되었음을 느낄 수 있다. 건물주의 "어째서 그렇게 생각하시는 거지요?"라는 질문 하나가 협상을 숫자 놀이에서 상대와의 논리를 공략하는 단계로, 그리고 단순한 형식에서 벗어나 합리성을 구사하는 방향으로 변화시켰다. 서로가 상대의 논리를 공략하면, 합리성은 저절로 나타나게 되어있다. 이러한 협상을 원칙에 입각한 협상이라고 한다. 질문은 상대의 논리적 허점과 모순을 부드럽게 드러내게 만드는 역할을 한다. 다만, 자신이 준비한 질문의 내용이나 방식이 상대에게 믿음을 주지 못한다면, 이 협상을 실패로 끝날 수 있음을 인식하고 있어야 한다.

상대의 잘못이라도 적나라하게 지적하는 행위는 자칫 상대의 감정이나 반발을 불러오게 되어 자칫 협상을 대립이나 결렬로 가는 국면으로 몰아넣을 수 있다. 자신이 상대의 요구를 정면으로 공격하게 되면, 상대도 자신의 처지를 정면으로 내세울 수밖에 없기에 결국 대립각이 만들어지기 마련이다. 이러한 상황으로까지 전개가 되어 버리면, 서로 처지를 바꾸기가 난감해진다. 여기에서 키-워드는 상대의 논리에 모순이나 허점이 보이더라도 그대로 공격하기보다 상대가 스스로 모순을 깨닫고 모양 좋게 태도를 바꿀 수 있도록 서서히 유도해야 한다. 이게 바로 합리적인 논거(reasonable argument)와 질문이 가지게 되는 힘이다.

질문하는 중간에 한 번씩 '패러프레이징 기법(paraphrasing skill)'을 활용하는 것도 효과가 있다.[56] 이는 상대의 경청을 유도하는 방법의 하나로 종종 사용되고 있다. 실제 패러프레이징을 통해 상대의 얘기를 다시 한번 요약하면서 전체를 정리할 수 있다. "제가 이해하기에는,", "결국…. 한다는 이야기로군요.", "지금까지 말씀하신 내용이….." 등으로 두 가지의 성과를 가져올 수 있다. 먼저, 상대의 얘기를 충분히 듣고 얘기 때문에 자신이 다시 얘기를 반복하는 과정에서 이해를 쉽게 하도록 도와주고, 상대에게도 진심이라는 인상을 줄 수 있다. 둘째는 상대의 얘기를 전체적으로 요약·정리하게 됨으로써 상대가 다른 방향을 요구하지 않도록 일정한 범위와 폭을 자연스럽게 한정시키는 효과가 있다. 이처럼 질문은 상대의 욕구를 파악하기 쉽게 해주고, 자연스럽게 설득하여 합의를 끌어내는 유용한 도구임을 이해하여야 한다.

② 비꼬거나 비판적이지 않은 호의적이고 긍정적인 뉘앙스의 질문은 진지하다는 인상과 함께 상대로부터 생각지 않은 긍정적인 효과를 가져오게 하고 좋은 인상을 심어주게 한다. 이는 자신의 처지만 주장하기보다 상대의 처지가 어떤 것인지에 대해서도 진지한 관심이 있다는 인상을 줄 수 있기 때문이다. 아래의 <표 1-93>은 A/S 기간에 관한 협상에서 긍정적인 측면과 부정적인 측면이 발생한 사례이다.

〈표 1-93〉 업체 간 A/S 기간 협상의 부정적 사례

판매업체 A: "A/S 기간으로 3년은 되어야 합니다. 그래야 안심하고 운영할 수 있습니다."
A/S**업체** B: "보통 2년인데 3년으로 하면, 받아들이기가 어렵습니다."
A: "A/S 기간으로 3년은 되어야 하는데, 그렇게 할 수 없다면, 이 계약은 체결이 어렵네요."
B: "그래도 3년은 무리입니다. 아니 아예 불가능합니다."
A: "정말 안될까요?" B: "도저히 불가능합니다."

학습자가 예측할 수 있는 바와 같이 이 협상은 교착되거나, 결렬로 진전될 것이다. 그러면, 아래의 <표 1-94>와 같이 협상의 기조를 조금 변화시킴으로써 협상 분위기를 조금 더 긍정적으로 바꿀 수 있다.

56) '패러프레이징(paraphrasing)'은 '같은 말 다른 표현'으로 정리할 수 있다. '한마디로 말해서'를 예로 들면, '요약하면', '그러니까', '한 마디로', '결론적으로' 등의 문장을 표현하는 방법으로 무궁무진하게 나올 수 있기에 노력하는 만큼 실력도 당연히 늘어나게 된다.

〈표 1-94〉 업체 간 A/S 기간 협상의 긍정적 사례

판매업체 A: "A/S 기간으로 3년은 되어야 합니다. 그래야 안심하고 운영할 수 있습니다."

A/S업체 B: "네. 꼭 3년이어야 하는 이유가 있을까요? 3년은 우리 업계에서는 흔치 않은 경우라서요."

A: "사실 다른 업체에서 파격적으로 3년을 A/S가 가능하다는 곳이 있어서요."

B: "혹시 어느 업체인지 알 수 있을까요?"

A: "업체를 밝히는 것은 도리상 어려울 것 같네요."

B: "제가 감히 장담할 수 있습니다만, 아마 다른 조건은 저희보다 못할 겁니다. 3년이라는 A/S를 해드리면, 이외의 조건은 좋게 할 수가 없거든요. 혹시 다른 조건을 살펴보셨나요?"

A: "아. 그런 건가요? 다시 한번 따져봐야겠네요. 고맙습니다."

B: "별말씀을요. 확인하시는 게 좋을듯합니다."

앞의 협상에서는 사실에 입각한 내용을 사실 그대로 받아들이면서 쌍방 간 고집을 피우는 과정에서 진전이 어려웠지만, 지금은 "꼭 3년이어야 하는 이유가 있을까요?"라는 질문 하나가 분위기를 반전(反轉)시켰다. 다시 말해 상대가 자신의 주장에만 몰입하지 않고 당신의 입장은 어떤지, 왜! 그러한 태도를 보이는 것인지에 대하여 호의적인 관심을 두고 있음을 느끼게 될 때는 당연히 호의적 감정이 생기게 만든다. 상대에 대한 호의적 감정은 상대가 또 다른 상대에게 가지는 감정도 호의적으로 바뀌도록 만들게 된다. 다시 말해 적절한 질문을 반복하게 되면, 쌍방 간에 우호적인 분위기가 증진하면서 대화 내용도 조금 더 생산적이고 긍정적인 방향으로 흐르게 될 것이다.

③ 질문할 때는 조리 있게, 합리적이고 논리적으로 접근해야 한다. 질문하는 방법에도 품격(品格)이 있다는 뜻이다. 질문은 일방적이거나, 배타적이거나, 폐쇄적으로 하면 오히려 하지 않느니

만 못한 결과를 가져온 사례는 많다. 예를 들어보자. 성적이 좋은 프로야구 선수(A)가 구단(B)과 재계약하는 과정에서 B가 '5년'을 고집한다고 하자. 하지만, A가 "2년으로 하면, 안됩니까?"라고 재질문을 한다면, 어떨까? 이러한 유형의 질문은 모범적인 질문이 아님을 알아야 한다. B 측에서 "안돼"라면, A의 영향력은 여기서 마감될 수밖에 없다.

다시 말해 질문의 효과가 'Yes'나 'No'로 답할 수 있는 질문은 오히려 상대와의 대화 내용이나 결론을 부정적으로 부추기는 역할 외에는 없다. 이러한 유형의 질문은 상대의 입장을 강하게 고착(固着, adherence)시키기에 협상 분위기를 그만큼 부정적으로 진행하는 사례가 생각 이상으로 상당히 많다.

그러면, 어떻게 해야 질문을 잘하는 것일까? 간단하다. 똑같은 질문을 하더라도 "Why?"나 "How?"와 같은 의문사를 포함하면 좋다. 예를 들면, "왜! 5년이라는 계약 기간을 해야 하지요?"라거나, "왜! 계약을 5년으로 고정해야 합니까?"라고 말이다. 상대는 자신이 '왜! 5년을 고집하는지에 대한 이유'를 자연스럽게 말할 것이다. 이처럼 "어떻게 그 가격을 계속 주장하시는 거지요?", "다른 업체와의 거래는 어떻게 하실 것인지 대답해줄 수 있나요?"처럼 상대가 'Yes'나 'No'로 답하는 대신 상대가 그럴 수밖에 없는 정보를 줄 수 있게 만드는 질문이 바로 '열린 질문'이고 '좋은 질문'이라고 할 수 있다. 이때는 가능하면, 긍정적으로 질문하는 게 좋다. 다시 말해 상대의 체면이나 의견, 제안을 무시(無視)하는 듯한 인상을 남기는 질문은 바보 같은 질문임을 명심해야 한다.

예를 들면, "아니 그걸 질문이라고 하십니까?"라던가, "그게 현실적인 대안이라고 말씀하십니까?", 아니면, "왜! 그렇게만 말씀하시는 거지요?"라는 형식의 질문은 상대의 반감이나 거부 반응을 불러올 수 있다. 이럴 때 조금 부드러운 문장인 "지금 제안하신 내용이 어떤 측면에서 좋다고 생각하는지 말씀해주실 수 있으십니까?"라고 바꿔 보면 어떨까? 이렇게 접근한다면, 상대는 자신의 의견을 상대가 진지하게 경청하고 있으며, 존중하고 있다고 생각할 것이다. 이는 자연스럽게 자신의 제안에 대한 이유를 솔직히 설명해줄 가능성을 한층 더 커지게 할 수 있다.

물리학에서 얘기하는 관성의 법칙과 같이 사람의 뇌에도 유사한 기능이 있는데, '항상성(homeostasis)의 원리'이다.[57] 다시 말해, 이 법칙을 이용하여 상대의 뇌를 'Yes'로 세팅하는 '예스 세팅(Yes setting)'을 활용할 수 있다.[58] 현실에서 다수의 협상가는 협상테이블에 앉아있을 때

57) '항상성의 원리'란 '인체의 일정한 정상 범위로 유지하는 것'을 의미하는 것으로 간단하게 말하면, '신체의 유지와 조절'하는 원리를 뜻한다.

가능하면, 질문을 많이 하지 않으려고 한다. 이는 아래의 <표 1-95>에서와 같이 세 가지 이유를 꼽는다.

〈표 1-95〉 협상가들이 질문하지 않으려는 세 가지 이유

첫째, 질문할 경우 상대가 자신을 생각했던 이하로 얕보거나, 무시당할 수 있다고 생각하기 때문이다. 둘째, 협상가 스스로 상대가 자신에게 무엇을 원하는지 다 알고 있다고 착각하기 때문이다. 셋째, 협상은 단순한 가격(숫자)의 게임이므로 논리는 중요하지 않다고 생각하기 때문이다.

정상적이고 제대로 된 협상을 하기 위해서는 반드시 논리(Logos)가 필요하다. 논리적으로 접근하기 위한 첫 단계가 바로 협상 현장에서 사전에 치밀하게 준비한 질문을 많이 하는 것이다. 할 말이 없으면, 질문하고 또 질문해야 한다. 질문을 통해 교착된 협상도 새로운 돌파구를 형성하게 할 수 있다.

여기에서 키-워드는 무조건 '열린 질문'으로 고착(固着)되라는 게 아님을 명심하여야 한다. 때로는 현실성 측면에서 필요한 소위 '닫힌 질문'도 필요하다. 서로 의견 충돌이 있고, 정말 불가피한 상황에 봉착하였을 때도 경고(warning)는 할 수 있지만, 절대 위협(threat)은 하지 않아야 한다. 협상은 일회성이 아니라 연속적으로 이루어지기 과정의 게임이기 때문이다.

제6계 : 합리적인 논거(reasonable argument)를 협상의 지렛대(leverage)로 활용해라!

한국인이 협상에서 지게 되는 현상에서 벗어나기 위해서라도 이제 눈치를 보거나, 개인의 순발력으로 대처해 나가는 등의 주먹구구식(finger counting method) 협상 방식에서 탈피하여야 한다. 몸싸움에서 가장 위력이 강한 것은 '힘(武力)'이다. 연애할 때 가장 위력을 발휘하는 것은 '사랑(love)'이다. 경제적 관점의 시장에서 가장 위력이 강한 것은 '돈(財力)'이다. 그러면, 협상장에서 가장 위력이 강한 게 무엇일까? 바로 '합리적인 논거(reasonable argument)'라는 점을 이해한 다음에야 협상을 준비하고 시작하여야 한다.

'합리적인 논거'는 자신의 주장을 뒷받침할 수 있는 객관적 근거를 뜻하는데, 'R&D(Rational

58) 남자가 마음에 드는 여성과 교외로 드라이브를 하고 싶다. 그러나 처음부터 갑작스럽게 "저와 데이트하실래요?" 라고 언급하면, 부담스러우므로 성공할 확률이 떨어진다. 하지만 처음에 날씨와 기상 얘기를 하다가 자연스럽게 "이런 날씨에 교외로 드라이브 가면 좋겠네요. 우리 같이 바람 쐬러 가실래요."라고 하면, 심리적으로 저항하려는 의식과 반감이 줄기 때문에 따라나서기 쉽다.

& Data)'로 불린다. 협상은 힘(武力)으로 하는 게 아니라 서로 마주 보고 타협점을 찾아가는 과정으로 의사소통을 의미한다. 한쪽에서 합리적인 논거를 제기하며 주장할 때 다른 한쪽에서 무조건 떼를 쓰거나, 강압적으로 밀어붙이기 어렵다. 바로 '합리적인 논거의 힘(R&D power)'이다.

한국인이 착각하는 한 가지가 있다. 협상을 잘하려면, 딱 부러지게 거칠(tough)어야 한다는 믿음이다. 그러면, '터프한 협상가'는 어떤 유형의 사람을 의미하는 것일까? 대다수 사람은 '책상을 치고 흥분하며 때로는 단호한 어조로 상대의 기를 꺾을 줄 아는 사람'이라고 생각한다. 하지만, 이런 유형의 사람은 '터프한 협상가'가 아니라 '고압적인 협상가(abrasive negotiator)'일 뿐임을 이해하여야 한다. 아래의 <표 1-96>은 '터프한 협상가'를 잘못 이해한 사례이다.

〈표 1-96〉 '터프한 협상가'를 잘못 이해한 사례

상황) 인수합병(M&A)을 앞둔 00 금융사의 노사협상 간 노조 측 대표는 '터프한 협상가'가 될 때 성공률이 높아진다는 얘기를 믿고, 비장한 각오로 먼저 얘기를 꺼낸다. "이번에 협상이 타결되지 않는다면, 어떤 일이 벌어질지 장담할 수 없습니다. 우리 요구를 수용하지 않으면…." 노조 대표는 말과 함께 주머니에서 '칼'을 꺼내어 협상테이블에 올려놓았다. 회사 측은 당황하여 즉시 '협상 중지'를 선언했고, 경찰관이 출동하여 현장에서 노조 측 대표를 체포한 다음 '공갈 협박죄'에 관하여 조사를 진행하였다.

이 사례는 '터프한 협상가'라는 의미를 잘못 이해하여 나타난 웃지 못할 해프닝으로 보면 된다. 실제 가장 터프한 협상가는 '큰 소리로 상대를 협박, 공갈하고 위협하는 사람'을 뜻하는 게 아니

협박(threat)과 공갈(blackmail)

다. '합리적 논거(reasonable argument)를 많이 가진 사람'을 의미한다. 자기 생각을 단순 무식하게 주장하는 데만 그치지 않으면서 논거(argument)를 제시하여 설득력을 높이는 능력자, 이 사람이 진정으로 '터프한 협상가'이다. 말을 조용하게 하면서도 논리적으로 분위기를 장악하면서 주변을 잘 설득하는 사람이 가장 무서운 상대임을 인식해야 한다.

협상은 데이터(Data)와 논리(Logos)의 싸움이다. 상대를 무조건 압박하고 막다른 길로 내몰게 될 경우, 보나 마나 협상은 중단되거나, 협상테이블을 박차고 나가게 할 것이다. 이를 예방하려면, 상대를 몰아붙이더라도 지렛대 역할을 할 수 있는 합리적인 논거로 상대가 옴짝달싹하지 못하게 만들어야 한다. 자신의 논거에 상대가 반박하지 못한다면, 양보하는 이외에 뾰족한 다른 대안을 내기 어렵다. 이것이 합리적인 근거 자료와 논거의 영향력(power)이다. 따라서 지렛대를 많이 가신 협상가는 당연히 상대보다 더 큰 협상력을 발휘할 수 있다. 이는 합리적 논거를 많이 가진 협상가가 협상테이블에서 더 큰 협상력을 발휘하는 현상도 마찬가지의 원리이다. 혹자(或者)는 협상력이 경제력이나 권력, 세속적인 힘으로 좌우할 수 있다고 생각하지만, 그렇지는 않다. 아무리 영향력(power)이 강한 사람(일반적인 의미의 '갑')일지라도 상대가 합리적 논거를 갖고 제기하는 힘에 제어(制御, control) 당할 수밖에 없다. 다시 말해 세속적(secular)・현실적(reality)인 힘이 절대적이라고 확신한다면, 굳이 협상을 배울 필요가 없다는 점을 명심해야 한다. 협상력에 결정적인 영향을 미치는 합리적인 논거의 종류는 두 가지로 정리할 수 있다.

첫째, '객관적 데이터'로 볼 수 있다. 아래의 <표 1-97>을 통해 알아보자.

〈표 1-97〉 합리적 논거 중 '객관적인 데이터'가 중요한 예

예 1) 어떤 상품을 판매하고자 할 때 자신이 제시한 가격이 제일 싸다는 것이 설득력을 얻기 위해서는 '제품별 가격 비교 도표'를 제시한다.

예 2) 어떤 상품을 판매할 때 평소보다 높은 가격을 제시하고 싶으면, 원자재 가격이 꾸준히 상승해 온 '데이터 축적 도표 및 현황'을 제시한다.

예 3) 프로야구 선수가 구단과 연봉 협상을 할 때 자신의 타율 및 방어율과 다른 구단에서 제시한 조건, 연봉 수준을 포함한 '데이터'를 해당 구단 측이 알게 하여 강력한 힘이 자연스럽게 발휘되도록 유도한다.

둘째, '권위(authority)와 전문성(professionalism)'을 들 수 있다. 사람들은 전문이라는 용어에 약한 모습을 보인다. 전문성에 입각한 권위나, 권력에 입각한 권위를 논거로 제시할 수 있다면, 누구든지 강력한 힘을 발휘할 수 있다. 예를 들면, "한국에서 가장 권위가 있는 00 연구소와 00 연구소의 보고서에 의하면, 앞으로 5년간 한국의 부동산 시장은 침체할 것으로 예측됩니다. 이런 관점에서 볼 때 A가 요구하는 부지의 가격은 너무 낙관적인 숫자로 보입니다. 따라서 지금 제시한 가격에서 20% 정도는 낮추는 게 타당하리라고 봅니다." 또는 "노벨평화상을 받은 김00 본부장에 따르면, 바이러스의 전파량이 세계의 환경과 과한 습도를 이렇게 바꿔놓을 것이라고 합니다. 우리는 이를 예방할 수 있는 기준에 충분히 도달하고 있습니다."라는 등 합리적이고 근거 있는 자료를 활용한다면, 상대는 다른 한쪽의 주장을 쉽게 거부하기 어려울 것이다. 전쟁에 투입된 군대로 치면, 육탄전을 하는 병사와 탄약과 폭탄으로 충분히 무장한 병사의 전투력은 엄청난 차이가 나기 마련이다. 결론적으로 협상은 처음부터 잘 준비한 자가 주도권과 영향력을 행사하게 되어있다.

전문성(professionalism)

여기에서 키-워드는 "상대를 설득하려면, 전해지는 메시지 내용이 중요"함을 명심하여야 한다. 사람은 누구나 자신에게 이로운 것을 취하려는 욕구가 있다. 따라서 상대가 무엇을 원하는 포인트가 무엇인지 찾아야 한다. 예를 들면, 상품을 구매하려는 A의 관심은 온통 '가격 인하'인데, 판매업자인 B는 '납기 일자 준수나 품질'에만 몰입되어 있다면, 아무리 좋은 조건을 제시한다고 할지라도 A의 관심을 끌기는 어렵다. 이때 B가 시도할 방법은 "현실적으로 가격 단가를 인하해 줄 수는 없지만, 당신의 관심사가 가격을 인하(引下)하는 데 있다는 점을 알고 있습니다."라는 메시지를 자연스럽게 전해 상대의 관심을 유도하여야 한다. 아울러 납기 일자의 준수와 최고의 품질은 보장할 수 있으므로 점차 더 큰 매출 이익을 남길 수 있고, 지금의 가격 인하보다 더 이익이 크다는 점을 구체적 수치나 방법으로 제시하여야 한다. 왜냐하면, A의 관심은 가격 인하에 따른

이익이지, 납기 일자와 최고 품질이 아니기 때문이다. 이처럼 자신의 메시지를 A가 원하는 지점에 정확히 맞추는 노력, 즉, 큰 틀에서 점차 범위를 좁혀가면서 구사하는 더욱 구체화한 메시지가 필요하다.

같은 내용의 제안이라도 상대에게 어떻게 제시하는지, 상대가 어떠한 기분이 들게 만드는지에 달려있다. 이에 따른 결과는 엄청난 차이가 있다. 따라서 상대의 처지에서 생각하고 메시지를 작성해야 한다. 여기에 상대가 인정할 수밖에 없는 메시지로 전달하고 싶은 내용의 범위가 가능한 좁혀질 때 같은 내용이라도 훨씬 상대에게 진심이 느껴지게 할 수 있다.

제7계 : 수치(numerical value)를 논하기 이전에 자신만의 '객관적 기준'을 정해라!

어떠한 일을 행하든지 정해진 '기준(standard 또는 criteria)'이 존재한다. 예를 들면, 중고차량을 팔거나, 구매하려는 사람 누구라도 자신만의 기준이 있다. 차를 팔겠다고 하는 사람의 경우 팔려는 차량의 문제점을 고치기 위해 지금 당장 수리 비용을 내려고 하지 않을 것이다. 반대로 소비자나 중고차량 매매업자도 같은 내심(內心)을 갖고 있을 것이다. 이러한 상황은 중고차량을 구매하려면, 항시 자신이 속을 수 있다는 최악의 상황을 염두에 둔 상태에서 불안감을 안고 중고차량을 고르게 만든다. 자신이 구매하는 차량이 사고나 주행거리가 조작된 차량은 아닌지, 사자마자 고장이 나면 어떻게 해야 하나…. 라는 불안감(anxiety)이다. 차량을 잘 아는 전문가가 아니고서야 그 불확실성을 최대한 낮추는 방안을 찾아서 활용하는 수밖에 없다.

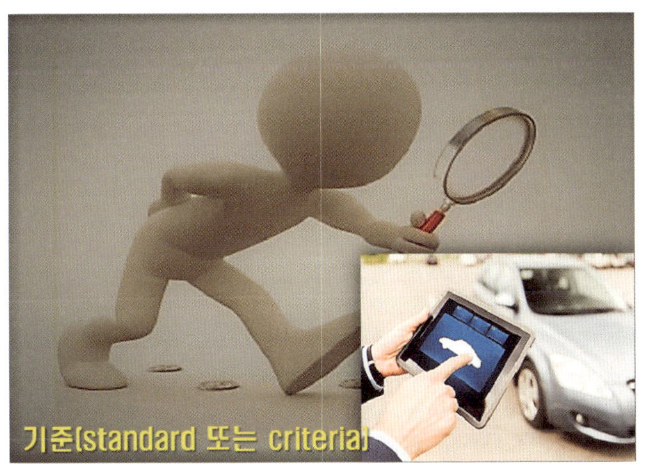

일정한 상황 속에서 서로 다른 잣대를 들이밀면서 자신이 옳다고 우겨봤자 상황을 끝낼 수 없다. 그러나 갈등이나 분쟁이 고조되다가도 '객관적 기준'이라고 느껴지면, 어느 순간에 봉합되거나 종결된다. 현실에서 협상하다 보면, 이러한 기초적인 사실을 자주 잊어버리게 된다. 객관적인 기준에 앞서 자신이 원하는 목표를 주장하는 경우가 더 많아지기 때문이다. 각자의 물통 모양과 크기가 다른데, "내 물통에 물이 더 많이 들어간다."라고 일방적으로 주장해봤자, 상대가 동의할 리 없다. 따라서 누군가는 물러서거나, 타협이나 설득, 굴복하지 않고서는 절대 결론이 나지 않는다. 결국 '객관적 기준'이라는 간단한 단어만 제시하면, 끝날 사안(事案)인데도 말이다. 아래

의 <표 1-98>은 가능한 누구나 인정할 수 있는 '객관적 기준'을 정하는 기법이다.

〈표 1-98〉 누구나 인정할 수 있는 '객관적 기준'을 정하는 기법

① 단순한 수치(數値, numerical value)의 논리에서 벗어나라!
② 누가 보더라도 객관적이고 공정하다고 평가할 수 있는 기준을 정하여 적용하라!
③ '할인(discount)'이나 '부가금(premium)'을 잘 활용하라!

① 수치(數値, numerical value)로만 진행하는 협상은 논리적인 접근방법의 사용에 비해 타결될 가능성이 현저히 작아진다. 쌍방이 똑같은 수준으로 양보하지 않는 한 평행선만 달릴 뿐, 타결하기가 쉽지 않기 때문이다. 수치를 논하기 이전에 합리적인 기준을 먼저 정하는 것은 쌍방이 서로 동의할 수 있는 좋은 결과를 갖게 하기에 결정적인 도움을 준다. 구체적인 사례는 앞의 협상 구계(九計) 중 제2계에서 설명한 바와 같으므로 참고하면 된다.

② 협상은 쌍방이 모두 만족한 성과를 도출하는 것이 가장 바람직한 결과이다. 그래야 모두가 행복해진다. 이를 위해서는 객관적이고 공정한 기준을 만들어야 한다. 먼저, '시장 가격(market prices)'이다. 이는 현장에서 통상적으로 유통되고 있는 수준의 기준 가격을 뜻하며, 협상에서 일반적으로 가장 많이 채택하고 있는 기법이다. 둘째, '제3자의 결정(third party decision)'을 적용하는 것이다. 쌍방이 모두 신뢰할 수 있는 누군가에게 공정한 결정을 내리게 하는 것으로 제3자가 정한 값을 받아들이기로 하는 방식을 뜻한다. 셋째, 세월과 경험이 축적된 '관례{practice)'나 이전(以前) 유사한 사례에서의 처리 기준인 '전례(前例, precedent)'도 객관적인 기준으로 괜찮은 방식이다. 산재(產災) 처리 시 회사 측과 진행했던 보상금 협상사례나, 법원에서 책정한 액수도 유용한 기준이 될 수 있기 때문이다. 넷째, 때로는 '절차(procedure)'만 잘 적용하여도 공정한 결과의 도출이 가능하다. 동생의 생일 케이크를 자르는데, 형이 욕심이 많아 동생보다 더 많이 먹으려고 한다. 이때 엄마는 어떻게 해야 공평하게 나눠줄 수 있을까? 답은 간단하다. 동생이 자르게 하고, 형의 재량으로 선택할 수 있는 선택권을 형에게 주는 방법임을 대다수 알고 있을 것이다. 동생은 자신이 많이 먹고 싶어도 형이 먼저 고르기 때문에 어쩔 수 없이 공평하게 자를 수밖에 없고, 형은 자신이 먼저 고르기 때문에 형과 동생 누구도 불만이 생길 수 없다. 객관적 기준은

이외에도 다양하게 제시할 수 있다. 그러나 여기에는 전제(前提)를 두어야 한다. 바로 '신뢰(trust)'이다. 서로 상대에 대한 신뢰가 없으면, 협상은 정상적으로 끝날 수 없다. 여기에서도 객관적이고 공정한 기준을 마련한다고 하여 협상이 끝난 게 아님을 이해해야 한다. 이제야 비로소 본격적으로 협상을 시작하는 문턱을 넘은 것이다.

③ 물건이나 상품을 사고파는 협상에서 시세(時勢, market price)보다 더 받고 싶을 때 어떻게 해야 가능할까? 바로 합리적인 논거가 뒷받침되어야 한다. 아래의 <표 1-99>를 통해 할인(discount)과 부가금(premium)을 활용한 사례를 알아보자.

〈표 1-99〉 할인(discount)과 부가금(premium)을 활용한 협상 사례

건물주 A: "이 집은 시세보다 훨씬 많이 줘야 합니다. 지하철역과도 가깝고 주변이 역세권인 데다가 전망(view)도 너무 좋지요. 앞에 숲이 울창하게 우거진 집은 이 지역에서 몇 가구 없습니다. 일반적으로 10년이 지나면, 건물 가격은 고려하지 않지만, 지은 지도 7년밖에 안 되었어요."

구매자 B: "네. 그러면, 얼마나 더 받으려고 하시지요?"

A: "적어도 일반 시세보다 30%는 더 받아야 하지 않을까요?"

B: "그 정도의 비율은 너무 높네요. 전망(view)이 아주 좋은 경우에 10% 정도이고, 건물도 7년이 지났으면, 사실 그렇게 쳐주기는 어렵지요."

A: "지은 지 10년이 안 된 집은 적어도 건물값만 10%를 쳐준다고 알고 있습니다."

B: "글쎄요. 그러나 이 집이 7년밖에 안 됐다지만, 상태가 별로 좋지 않다는 데는 동의하실 겁니다. 얼른 보면, 20년은 훨씬 넘게 보이기 때문이지요. 저희는 사실 이 집을 사서 새로 지으려고 하거든요. 어쨌든 건물이 7년 되었다고 하시니 5% 정도 더 드릴 수 있고요. 전망 역시 좋은 편이니까 이 부분도 5%를 인정해드리지요."

건물주 A와 구매자 B의 입장은 모두 나와 있다. A는 건물 10%와 역세권과 좋은 전망으로 각 10%를 더하여 시세의 +30%를 원하지만, B는 건물값 5%와 전망에 따른 5%를 더하여 10%만 더 주겠다는 의사를 밝혔다. 이 거래는 10~30% 사이의 어느 범위에서 결정될 것이다. 이번 사례에서는 합리성과 논리에 기반하여 적정 가격에 접근하고 있음을 알 수 있다. 비록 시세를 첫 출발점으로 하였으나, 집 고유의 가치, 즉 전망(view) 값과 건물값, 역세권 등을 적절하게 제시하고 가격에 반영하는 과정이 자연스럽게 접목되고 있다. 수치만으로 접근하는 흥정보다 훨씬 합리

적이어서 당사자도 동의하기가 수월하고, 쌍방이 설명이나 이해하기가 쉽다.

보통 때도 이처럼 '객관적 기준'을 적용하여 수치를 산출하곤 한다. 그러나 이러한 방식이나 결과가 마음에 들지 않는다면, 이외에도 '할인(discount)'이나 '부가금(surcharge)' 원리를 적용하여 진행하면 될 것이다. 다시 말해 쌍방이 합의하여 마련한 기준이 객관적으로는 타당할지라도 공정하지 않다는 기분이 들면, 판단한 이외에도 추가적인 요인을 찾을 수밖에 없기 때문이다.

그러면, 처음부터 수치로 협상하면 되는데, 왜! 번거롭게 객관적 기준을 내세워 합의를 진행하지? 라는 의문이 생길 수 있다. 이는 처음부터 합리성과 논리성으로 협상을 시작하여야 이후의 협상 진행도 합리성과 논리성을 유지할 수 있기 때문이다. 처음부터 일정한 원칙도 없이 협상을 진행한다면, 다른 방향으로 흐를 수 있는 상황을 미리 예방하기가 어렵다.

제8계 : 가능한 win-win 협상이 되도록 노력하라!

일반적으로 협상의 유형을 선택하는 기법은 다양하지만, 크게 볼 때 두 가지로 정리할 수 있다. 먼저, 일방적으로 상대를 '압박'하면서 진행하는 기법과 다른 하나는 쌍방이 'win-win 할 수 있는 협상'을 진행하는 기법이다.

win-win 하려면, 자신과 상대의 유형을 맞추어 접근해야 한다. 그런데 상대를 항상 동등한 위치에서 만날 수는 없다. 현재의 자신이 상대보다 힘이 약한 상태에서 접근할 때는 일방적으로 동정이나 고개를 숙이면서 부탁하면, 백이면 백 아쉬운 소리만 하다가 성과도 없이 끝날 수밖에 없다. 반면에 상대가 힘이 있고 현실주의자라면, "지금 당신이 나를 도와주면, 언젠가 내가 당신을 도와줄 수 있다."라고 미래에 대해 암시(暗示)할 수 있다. 바로 '상호주의(the principle of reciprocity)'를 활용하라는 의미이다. 이는 주변에서 자신을 성실하며 진정성 있고, 진중한 인물로 평가할 때 가능한 기법이다.[59)]

협상할 때 보통 "이긴다."라는 용어가 많이 사용되고 있음을 알 것이다. "이긴다."라는 생각은 협상을 잘 못 봐도 한참을 잘못 보고 있다는 시각이 은연중에 드러나 있다. "이긴다."라는 표현 자체를 뒤집게 되면, "진다."라는 뜻이다. 다시 말해 협상을 마치 씨름과 같이 생각하는 셈이다. "이긴다."라는 말은 상대를 어떻게든 쥐어짜서 자신의 실속을 챙긴다는 의미다. 훌륭한 협상은 상대를 몰아붙이고 쥐어짜서 자신의 이익만을 취하는 과정이 아님을 이해할 것이다. 상대를 이기기만 하면, 된다는 인식의 협상이 얼마나 인류 역사에 얼마나 크나큰 손해를 가져왔는지는 역사의 한 단면을 통해 알 수 있다. 아래의 <표 1-100>의 사례를 통해 패전국인 독일을 쥐어짜면서 끝맺은 제1차 세계대전 종전(終戰) 협상이 왜! 최악의 협상인지 알아보자.

---

59) 2020년에 JTBC에서 상영된 <이태원 클라쓰>의 '박새로이'가 그래도 그러한 수준의 인물이지 않을까 싶다.

〈표 1-100〉 최악이었던 제1차 세계대전 종전(終戰) 협상사례

주요 경과) 독일이 호기롭게 벌인 제1차 세계대전 말기에 독일은 더이상 버티지 못하고 휴전 협상에 나섰다. 하지만 미국을 비롯한 연합국은 독일에 '휴전'이 아닌 '완전한 항복'을 요구함으로써 전쟁은 계속되었다. 그러나 오스트리아-헝가리 등이 항복하게 되자 독일의 패전은 시간의 문제로 보였다. 더 이상의 희생이 무의미하다고 느낀 독일군은 11월 3일 킬 군함에서 봉기를 시작한 이후 노동자로까지 확산하자 결국 항복을 선택했다. 1919년 1월 18일 파리에서 강화회의가 열렸다. 미국의 윌슨(Thomas Woodrow Wilson, 1856~1924) 대통령이 주창한 '14개 조항'을 바탕으로 한 강화 내용이 결정되었다. 독일에 부과한 막대한 배상금 등의 가혹한 조건이 문제였지만, 실제 독일 영토는 단 한 번도 연합군에게 점령당하지 않았고, 전쟁은 종료되었다. 이는 독일이 다시금 비밀 재군비를 추진하는 원인을 제공하였고, 결국 히틀러(Adolf Hitler, 1889~1945)에 의해 20년 후 다시 한번 참혹한 세계대전으로 비화(飛火)하는 비극을 맞이하게 했다.

제1차 세계대전 종전 협정(1919. 1. 18.~1920. 1. 21.)

연합국은 종전 협상에서 독일을 일방적으로 밀어붙이면서 크게 만족하였고, 완전하게 승리한 것으로 생각했다. 그러나 결과적으로 연합국은 배상금을 받지 못했고, 패전국은 배상금을 갚지도 못한 채 원한과 증오만 쌓여 갔다. 결론적으로 제1차 세계대전은 전후(戰後) 처리가 매끄럽지 못했다. 이는 예견한 대로 독일의 나치즘과 이탈리아의 파시즘(무솔리즘)을 등장케 하면서 20년 후에 또다시 인류의 대참극(大慘劇)을 불러오게 했다. 상대를 쥐어짜거나, 거짓으로 속여 상대가 얻은 것에 비해 자신이 더 많이 얻었다는 점을 부각하면, 단기적으로 사기(士氣)는 올라갈 수 있다. 그러나 냉정하게 바라볼 때 파리의 종전 협상에서 승리한 연합국이 과연 얼마나 많은 이익을 획득하였을까? 따져보면, 단기적 측면에서는 전쟁에 이겼다는 승리감과 실체적이지 않지만, 서류상 작성한 배상금이라는 이익을 얻었다. 그러나 결과적으로 배상금은

받지 못했고, 오히려 제2차 세계대전을 통해 제1차 세계대전 이상의 피해를 보았음은 역사적 사실이다. 연합국은 독일과의 협상에서 이겼다고 좋아했지만, 실제로는 지구적으로 큰 손해(damage)만 보았다. 바로 이것이 최악의 협상이라고 정의하는 이유이다.

강압에 의한 약속이라면, 약속대로 하는 시늉을 보이겠지만, 무성의하게 처리할 가능성은 더 커지게 된다. 그리고 동네방네 '나쁜 놈'이라고 광고하면서 거짓 과장 소문을 내고 "상종 못할 000이니 거래하지 마라."라고 헐뜯으면서 상대가 잘못되기를 바라게 될 것이다. 이와 같은 상대의 태도는 잘 잘못을 떠나 자신의 비즈니스에 결코, 좋은 영향을 가져오지 않게 한다. 더욱이 계약을 이행하는 과정에서 사소한 문제가 발생하더라도 상대의 도움을 받기가 굉장히 어려워지게 됨은 통상적인 인간관계를 통해서도 기본적으로 느낄 수 있다. 이러한 요인들이 반복되다 보면, 협상 과정에서 상대를 강제적으로 압박하고 쥐어짜서 얻게 된 이익은 금방 없어질 뿐만 아니라 더 나아가 엄청난 손해를 가져오는 요인으로 작동하기 쉽다. 따라서 '압박하고 쥐어짜는 협상' 보다는 'win-win 하는 협상'이 쌍방 모두에게 더 유익하다.

아래의 <표 1-101>의 사례는 美 남북전쟁(1861~1865) 시 북군의 율리시스 그랜트(Ulysses Simpson Grant, 1822~1885) 장군과 남군의 로버트 E. 리(Robert Edward Lee, 1807~1870) 장군의 협상사례다. 왜! 이 협상이 깔끔하고 맛있게 느껴지는 win-win 협상인지 알아보자.

〈표 1-101〉 미국의 남북전쟁 간 그랜트-리 장군의 협상사례

주요 경과) 남군의 로버트 E. 리 총사령관은 리치먼드(남부 연합의 수도)가 함락당하면서 더는 버틸 수 없게 되자 항복을 결심하고 북군의 율리시스 그랜트 총사령관에게 항복 의사를 전달하였다. 그러면서 리 장군은 "어쩌면, 이 협상이 나의 마지막 날이 될지 모르겠구나."라는 생각을 할 수밖에 없었다. 적군의 우두머리인 자신은 총살될 수 있었기 때문이다. 그러나 그랜트 총사령관이 내건 항복의 조건은 너무 파격적이었다. 리 장군에 대한 예의는 물론 "타고 있던 말과 장비를 그대로 갖고 고향으로 돌아가시오. 굶주린 병사들이 먹을 수 있도록 25,000명분의 식량도 제공해주겠소" 이는 리 장군뿐만 아니라 5년이 넘는 내전으로 모든 것을 잃고 적개심만 남아 있는 남부인들에게 원한이 아닌 평화를 갖다 주었다.

협상 장면만 봐서는 누가 승장(勝將)이고 누가 패장(敗將)인지 알아보기 어려울 만도 하다. 항복한 남군의 로버트 E. 리 총사령관은 세련된 회색 정복을 입고 왼손에는 장군도를 멋지게 들고 있다.

반면에 전쟁에서 승리한 북군의 율리시스 그랜트 총사령관은 진흙이 덕지덕지 묻은 군화에다가 평소 즐겨 입는 꾸깃꾸깃하고 지저분한 군복을 입고 장군도도 차고 있지 않기 때문이다. 만약 율리시스 그랜트 장군이 로버트 E. 리 장군을 전범(戰犯)으로 몰아 처형하고, 패잔병들을 배려하지 않고 전쟁 포로로 가혹하게 다뤘다면, 현재의 미국은 어떻게 변화되어 있을까? 아마도 미국은 현재의 모습이 아니라 '남부 USA'와 '북부 USA'로 변해있을지도 모른다. 당시의 분위기로서는 그랜트 장군이 승자(winner)의 처지에서 제시하리라고는 상상할 수 없었던 포용과 배려의 협상력이 피비린내가 물씬 나는 전쟁의 상처를 아물게 하였고, 오늘날 세계를 향해 주저 없이 '팍스 아메리카나(Pax Americana)'라고 소리치게 만든 주역이지 않을까 싶다. 이만큼 상내를 배려하년서 신행하는 협상의 태도는 미래 관계에 대단히 중요함을 인식하여야 한다.

상대가 약속을 헌신짝 버리듯이 하게 되면, 이는 직·간접적인 손해로 돌아올 게 뻔하다. 당사자와의 법적 문제를 떠나 집단, 국가 또는 국제 문제로까지 비화(飛禍)한다면, 설령 결과가 자신에게 유리해진다고 하더라도 어차피 '상처뿐인 영광'이 되기에 십상이다. 이는 생각만 하여도 괴롭고 두려운 일이 아닐 수 없다. 세상에서 자신이 혼자 힘으로 할 수 있는 일은 거의 없다고 하여도 지나친 말이 아님을 알고 있을 것이다. 자신이 상대를 어떻게 대했는지는 두 번째 문제로 상대가 자신에게 갖는 마음의 상태를 우선하여 판단할 필요가 있다.

최근 중요하게 이슈화되어 있는 사안(事案) 중 성폭력에 대한 사건의 처리 과정에서 자주 적용되는 말을 생각하면 된다. "가해자(자신 또는 상대)의 변명이 우선이 아니라 피해자(상대 또는 자신)의 마음에 귀를 기울여라." 이러한 주장을 했던 진영에서 이러한 행동을 보여주지 못하고 있기에 최근에 불거진 서울시장의 성00 문제도 확산하는 게 아닌가 싶다.[60)]

상대에게 쥐어짜였다고 느낀다면, 상호 긍정적이고 우호적인 '성숙한 관계'에서 얻을 수 있는 좋은 혜택을 놓치게 될 가능성이 커진다. 결과적으로 상대를 강제로 압박하고 몰아붙이는 협상은 고작 '원한과 복수심'은 남길 수 있지만, win-win 하는 협상은 상대에게 '호의적인 인상'을 남기면서도 좋은 음식점에서 입에 맞는 음식을 잘 먹은 것과 같은 '깔끔한 뒷맛'을 느끼게 만든다는

60) 장우리, "[전문] 박원순 서울시장 성추행 피해자의 글," 『연합뉴스』 (2020. 7. 22.) (검색일자: 2020년 7월 26일).; 이동준, "고(故) 박원순 전 서울시장 성추행 수사 '공소권 없음' 마무리," 『세계일보』 (2020. 7. 21.) (검색일자: 2020년 7월 26일).

점을 기억하여야 한다.

여기에서 키-워드는 상대와의 관계가 긍정적으로 성숙할수록 얻을 수 있는 범위와 폭도 당연히 넓고 깊어짐을 이해하여야 한다. 다시 말해 협상은 자신만 옳고 자신만 공정하다고 자처하여 끝날 수 있는 게임이 아니다. 무조건 상대를 눌러서 이기고 보는 싸움이 아니라 서로 즐거운 여운이 느껴지도록 노력해야 한다. 다만 협상에서 상대가 요구한다고 하여 기분 나쁘게 하지 않겠다고 무조건 들어주는 협상가는 얼치기 바보로 취급된다. 따라서 설혹 자신이 많이 먹고, 상대는 적게 먹을지라도 많이 먹었다고 포만감을 느끼게 할 수는 있는 협상가가 유능한 협상가이다. 이것이 바로 '파저티브-섬(positive-sum)' 협상이다. 아래의 <표 1-102>는 우리가 일반적으로 많이 접하고 있는 사례로 거주하고 있던 오피스텔의 계약이 만료되어 이를 갱신하기 위해 건물주와 세입자가 계약을 협상하는 사례이다.

〈표 1-102〉 오피스텔 계약 갱신 사례

주요 경과) 오피스텔에 거주하는 세입자 A는 거주하는 기간을 갱신하고 싶기에 기존의 월세보다 10만 원 정도의 추가 부담은 감수할 것을 마음먹고 있다. 그러나 대화하는 과정에서 집주인 B는 30만 원을 더 올려 80만 원을 요구하고 있다. 외형상으로 볼 때 이 협상은 '제로섬(zero-sum) 게임'으로 보인다. A가 10만 원을 더 주게 되면, B는 20만 원을 못 받게 되니 말이다. 그러면, A나 B나 모두 불만이 생길 수밖에 없다.

어떻게 하면, '제로섬(zero-sum) 게임'으로 보이는 협상을 '파저티브(positive-sum) 게임', 즉, 'win-win 게임'으로 변화시킬 수 있을까? 파고 들어가 보면, 실제 방법은 간단하다. 파이(pie)를 더 키우면 된다. 이때 파이는 쌍방이 같을 필요가 없다. 월세(돈) 인상에 대한 욕구 이외에 다른 욕구를 창조하면 된다. 이는 제2계를 적용하거나, 응용하면 된다. 다시 말해 상대의 '숨겨진 욕구(hidden interest)'가 무엇인가? 를 찾아내면 해결할 수 있다. A가 파악한 바에 의하면, B는 A가 평소 스테레오를 너무 크게 틀어 이웃을 불편하게 한다는 인식, 칭찬을 듣기 좋아하는 심리적 욕구, 주변에 오피스텔이 많이 생기면서 월세가 낮아지는 추세에 대한 불안한 심리 등을 아는 상황이었다.

A는 B와 대화하면서 자연스럽게 B의 욕구를 자극한다. "그간 제가 스테레오 볼륨이 높아서 계속 불편하셨지요. 그래도 화 한번 내지 않으시고 정말 훌륭하신 성품에 고맙습니다. 대신 앞으로는 절대 볼륨을 크게 틀지 않겠습니다. 다만, 주변에 오피스텔이 많이 생겨서 월세가 낮아지는

추세인데, 올린다고 하시니 부담스럽네요. 월세는 이전과 같이 50만 원으로 하면 어떨까요?" 여기에서 A가 한 표현과 행동은 B의 숨겨져 있는 욕구 3가지를 자극했다. '편안함', '안정', '공정함', 그리고 이에 따라 오는 '경제적 이익'까지 포함하여 말이다. B도 주변에 오피스텔이 생기면서 월세가 낮춰지는 분위기를 우려하고 있음은 현실적으로 느끼고 있는 사실이다. 결국, B는 "좋아요. 그러면, 10만 원만 더 받기로 하지요."라고 대답하는 게 거의 정석일 것이다.

단순하게 수치로만 접근할 수 있었던 협상이 세입자(A)가 집주인(B)의 숨겨진 욕구가 무엇인지를 찾아내어 그 욕구를 충족시켜줌으로써 협상테이블에서 파이를 키울 수 있었고, B는 경제적 측면에서는 다소 손해를 보았다고 평가할 수도 있지만, 다른 욕구가 충족되었기 때문에 불만이나 서운한 감정을 가질 수 없게 잘 끝난 협상으로 평가할 수 있다.

외형적으로 봐서는 B가 처음에 30만 원을 요구하였기 때문에 10만 원을 받으면, 20만 원을 손해 보았다고 평가할 수 있다. 이러한 평가는 단순하게 수치로만 평가했을 경우이다. A는 B의 숨겨진 욕구를 공략 포인트로 설정하였다. 이를 위해 협상테이블에서 파이를 키웠고, 결국, B는 경제적 이익 측면에서는 다소 손해를 보았지만, 다른 욕구를 충족할 수 있었기에 손해라는 불만은 생기지 않았다. 아래의 <그림 1-40>은 수치로만 평가하는 경제적 이익에서 숨겨진 욕구를 충족시키는 방향으로 변화시킨 도표이다.

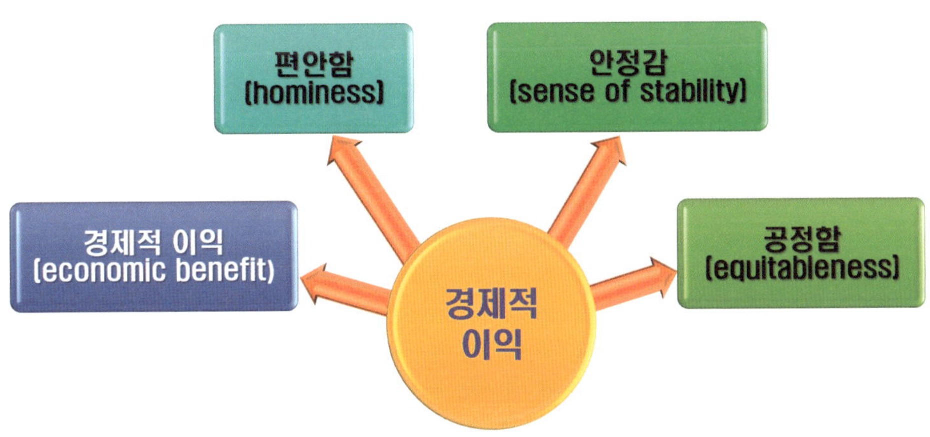

〈그림 1-40〉 단순한 경제적 이익에서 숨겨진 욕구로의 변화

상대의 숨겨진 욕구를 자극하면 할수록 협상 테이블에서의 파이는 커지게 되어있다. 특히 비경제적인 측면을 많이 부각할수록 상대는 결코 손해를 본다는 느낌은 받지 않게 하면서 자연스럽게 자신이 유도하는 방향으로 협상을 종결지을 수 있음을 느끼게 될 것이다.

여느 협상을 불문하고 결국 협상은 세 가지 중의 하나로 결과가 나타남을 명심하여야 한다.

먼저, win-win으로 끝나는 경우, 둘째, 타결은 되었지만, 상대나 자신이 뭔가 강제적이고 끌려갔다고 느껴지는 심정으로 끝나는 경우, 마지막으로, 타결이 결렬되거나, 불발(不發)되는 경우이다. 가장 나쁜 결과는 몇 번째일까? 단순하게 접근하면, 마지막의 타결이 결렬되거나, 불발되는 경우로 볼 수 있다. 그러나 그게 답이 아니다. 협상은 일회성이 아니라 장기적이고 연속적 · 지속적이라는 속성을 설명한 바를 적용하여 결론짓자면, 두 번째로 볼 수 있다. 강제적으로 끌려갔거나, 쥐어짜인 심정으로 끝났을 때는 가장 뒤끝이 좋지 않고 후환(後患, future troubles)과도 연계되기 때문이다.

여기에서 키-워드는 협상은 쌍방 간 '인식의 싸움(battle of perception)'이라는 점이다. 수많은 협상이 실패하거나 결렬되곤 하지만, 결정적인 한 가지 이유는 쌍방이 이슈(issue)를 좁히지 못했기 때문이다. 물품 구매를 예로 든다면, 싸게 사고 싶은 구매자와 비싸게 팔고 싶은 판매자 사이에는 어쩔 수 없이 갈등이 생기게 된다. 그래서 많은 경우에 중간 지점에서 결정이 되곤 한다. 그러나 이러한 사례는 협상이 아니라 흥정일 뿐이다. 이는 쌍방 모두에게 불만을 가져오게 만든다. 왜냐하면, 판매자는 생각보다 저렴한 가격에 판매했다는 생각이 있고, 구매자는 생각보다 비싼 가격에 구매했다고 생각하기 때문이다. 다수의 협상가는 "협상이 어려운 이유는 '가격' 때문이다."라고 고충(distress)을 토로한다. 학습자가 명심해야 할 사안(事案)은 '가격' 역시도 '인식의 부산물(by-product)'이라는 점에 있다.

가격에 대한 인식을 어떻게 해야 바꿀 수 있을까? 가격이 절대 비싸지 않다는 점을 합리적인 논거(reasonable argument)를 통해 상대에게 알려주면 된다. 예를 들면, '할인 행사' 또는 '특별할인', '유사한 상품이 더 비싸다는 비교 도표 제시' 등을 통해 고객이 구체적으로 인식할 수 있도록 객관적인 내용을 보여준다면, 고객의 마음을 움직이게 할 수 있다. 이러한 행동이 반복될수록 고객의 인식은 바뀐다. 바로 이러한 인식의 싸움에서 유리한 고지를 선점하게 될 때 협상에서 가격이라는 장애는 더는 힘든 극복의 대상이 될 수 없다. 다시 말해 좋은 협상가란 상대의 인식을 자신에게 유리하게 바꾸게 만드는 기법을 잘 구사하는 사람이다. 합리적인 논거로 무장한 사람은 협상력도 그만큼 강한 사람임을 인식해야 한다.

제9계 : 좋은 인간관계를 활용하여 협상의 기본 토대가 무너지지 않게 만들어라!

사회생활을 하면서 공 · 사적 관계를 불문하고 자신이 상대에게 더 많은 배려를 해주고 싶거나, 어떤 것도 아깝지 않을 때는 언제일까? 다양한 경우와 사례가 있겠지만, 모든 것을 차치(且置)하더라도 무조건 상대가 좋을 때, 상대에게 호감이 있을 때임은 분명하다. 물론 때에 따라서는 무조건 주고 싶기도 하고, 어떤 경우는 오히려 무조건 뺏고 싶기도 할 것이다. '인간관계(human

특별할인 행사(예)

relation)'는 협상의 진행과 결과에 상당한 영향을 미치고 있다. 그렇다면, 어떻게 해야 이처럼 좋은 인간관계를 형성할 수 있을까? 어떻게 해야 상대가 자신을 무조건 좋아하거나, 호감을 느끼게 만들 수 있을까? 라는 측면에서 연구할 필요가 있다. 상대와의 좋은 인간관계를 형성하고 싶거나, 긍정적인 호기심을 갖도록 하는 요령은 아래의 <표 1-103>과 같이 네 가지 정도로 정리할 수 있다.

〈표 1-103〉 상대와의 좋은 인간관계와 긍정적 호기심을 만드는 요령

① 상대를 '남'이라 생각하지 말고, '자신(self)'이라고 생각해야 한다.
② 상대의 호기심을 자극하기 위해 무조건 잘 보이려고 노력할 필요는 없다. 그러나 진정성(authenticity) 있게 다가가야 한다.
③ 이슈(issue)에는 피하지 말고 당당하며 강하게, 사람과의 관계는 부드럽게 대응하여야 한다.
④ '장학퀴즈'와 '전투 모드'라는 함정에서 벗어나 있어야 한다.

① 상대를 '남(unrelated person)'이라 생각하지 말고, '자신(self)'이라고 생각해야 한다. 지그문트 프로이트(Sigmund Freud, 1856~1939) 박사의 정신분석학(Psychoanalysis)에 의하면, "사람들이 좋아하는 유형은 다양하지만, 개인에 따라 선호하는 유형은 각기 따로 있다. 그러나 모든 사람이 좋아하는 보편적인 유형도 있다. 바로 '꾸밈이 없는 사람'이다. 이 세상에서 꾸밈이 없는 사람을 싫어하는 사람이 거의 없다. 꾸밈이 없다는 것은 자신이 느낀 그대로 행동하고 있음을 뜻한다. 이를 일반적으로

'소탈한 사람'이라고 한다. 반면에 사람들은 꾸밈이 많은 사람을 싫어한다. 꾸밈이 많을수록 싫어하는 정도는 정비례하고 더욱 싫어하게 된다."라는 문장에 주목할 필요가 있다.[61] 다시 말해 협상테이블에서 좋은 인간관계를 형성하는 요령은 '자신의 감정에 충실하면서 생각하고 행동'하면 된다. 내가 상대를 '나 자신'이라고 생각하는 순간 상대도 이를 느끼게 되면서 편안해진다. '나'라는 사람이 복잡하게 머리를 굴리거나, 이해타산에 집중하는 사람이 아님을 상대가 자연히 알게 되기 때문이다. 상대는 그런 '나'를 더 좋아하고 이해하고 싶어 하기 마련이다.

아마추어 협상가들은 어떤 때는 정반대의 모습을 연출하여 결정적인 실수를 범하곤 한다. 자신을 꾸미는 순간 상대는 이를 감정적으로 알아차리게 되며 조심하게 되고 견제하기 마련이다. 예를 들면, 아마추어들의 잦은 실수 한 가지가 자신이 상대에게 "나는 당신이 생각하는 것처럼 만만한 존재가 아니야. 나를 인정해야 해. 나는 강한 사람이야!"라는 점을 억지로 인식시키는 순간이다. 이때가 되면, 이미 성과는 물 건너갔다고 생각하면 된다. 자기 자랑만 늘어놓거나, 의미 없는 포커페이스나, 그럴듯한 동작이나 표정을 짓더라도 상대는 이미 가식(假飾)이거나 허세(虛勢)임을 느끼게 된다. 이때부터 서로의 힘겨루기 양상이 시작되면서 결국 서로 호감을 느끼는 관계로 발전할 가능성은 거의 제로에 가까워진다. 이렇게 되는 원인은 "협상은 결과를 만들어내는 과정"으로만 착각하기 때문으로 "협상이란 상대와 좋은 인간관계를 형성하면서 서로에게 도움이 되는 결과를 만들어내는 과정"임을 이해하지 못하기 때문이다. 좋은 인간관계는 협상의 결과까지 좋게 만드는 선순환 구조(virtuous cycle structure)를 만들어낸다. 협상이 성공으로 끝나든, 실패로 끝나든 마지막에 남는 것은 '인간관계'임을 잊지 말아야 한다. 유능한 협상가는 책상을 치며 상대를 위협하고, 공포나 두려움을 주는 카리스마 넘치는 '보스'가 아니다. '편안하게 해주는 사람'이다. 자신의 감정에 솔직한 것이 상대를 편안하게 해줄 수 있다는 사실을 알고 있는 사람이다. 결국, 자신의 감정에 솔직해진다는 사실은 상대와도 건강한 파트너십(partnership)을 맺을 수 있고 협상에도 좋은 영향을 미치게 된다.

② 상대의 호기심을 자극하기 위해 무조건 잘 보이려는 노력은 할 필요가 없다. 화(火)가 날 때는 어떻게 해야 할까? 화를 내야 하는지, 참아야 하는지. 상대가 상식에 어긋난 부당한 행동이나, 예의를 차리지 않는다면, 어떻게 해야 할까? 예를 들면, 어제 협상에서 결정된 사안을 오늘 갑작스럽게 다시 하자고 한다거나, 다 알고 있는 사실을 혼자 아니라고 우긴다거나, 거짓으로 설명하거나, 속임수를 쓰거나, 우격다짐으로 밀어붙이는 등의 다양한 상황에 직면했을 때 어떻게 해야 할까? 내심으로는 '확' 뒤집어서 엎어버리고 싶은 마음이 굴뚝같은데 협상을 계속 진행하여야 할까? 어떤 형태로든지 간에 불쾌함을 상대에게 표현하고 싶은데 이러한 상황에서 어떤 태도

61) Brunner, José, *Freud and the politics of psychoanalysis*, New Brunswick N. J.: Transaction 2001.

나 행동을 보이는 게 타당한지 궁금해진다.

원칙적으로는 화를 참는 것보다는 행동으로 표현하는 게 좋다. 그러나 상대가 '갑', 자신은 '을'일 수 있다. 자신이 '을'의 입장일 때도 수사(修辭, figure of speech)를 사용하여 완곡한 표현을 해둘 필요는 있다.[62] 즉, 가만히 있다는 것은 상대의 어떠한 협박과 행위에도 아무 말도 하지 않고 굴복하겠다는 메시지를 줄 수 있기에 표현하지 않는 것보다는 표현하는 것이 훨씬 더 생산적인 결과를 가져올 수 있다. 아래의 <표 1-104>는 건물에 대한 임대 협상 간 거짓으로 대처하는 사례이다. 이를 통해 조금 더 알아보자.

〈표 1-104〉 할인점에 대한 건물 임대 협상 간 사실을 부풀린 사례

상황 요약) 할인점 개업을 위한 신축 상가 건물의 임대 협상 과정에서 건물주 A가 임대된 평수를 거짓말하고 있다. 실제 임대된 평수는 건물 전체의 30%인데, 70%가 임대되었다고 하면서 가치를 높이려고 한다.

건물업체 A: "우리 건물은 입지 조건이 좋아 벌써 70%가 임대되었지요. 빨리 잡지 않으면, 우리 건물에서 개업하시기가 어려울 수도 있습니다."

구매업체 B: "정말 70%가 임대되었나요?"

A: "예. 우리 건물이 상가로 인기가 좋거든요."

B: "그러세요? 그런데 저희가 주변의 중개소를 통해 조사한 바에 의하면, 현재 이 건물의 임대 평수는 전체의 20%에 불과하던데요. 이 자료는 저희가 종합하여 준비한 자료입니다. 오류가 있다면, 확인해 보시지요."

A: "아~. 예. 죄송합니다. 확인해 보니 우리가 실수한 것 같네요. 그쪽에서 준비하신 자료 현황이 맞는 것 같네요."

62) 수사(修辭)는 '말이나 글을 다듬고 꾸며서 아름답고 조리 있게 만드는 일이나 기술'을 뜻한다. 직접 화법보다 간접 화법(話法)으로 상대의 자존심은 상하지 않게 하되, 할 말은 하라는 의미이다.

B: "(경직된 표정을 지으면서) 이런 식으로 하시면, 다소 실망이네요. 저희는 건물주님이 상당히 투명하고 성실하셔서 주변의 신뢰가 높으신 것으로 생각하고 있었습니다. 이번 실수는 정말 유감이네요."

A: "정말 죄송합니다. 담당자가 실수했네요. 말씀 주신대로 우리 회사는 투명하고 성실하게 사업하고 있으니 앞으로 지켜봐 주십시오."

B: "아마 담당자가 실수한 모양이지요? 하지만 앞으로는 유사한 모양이라도 이러한 일이 절대 발생하지 않기를 바랍니다."

A: "예. 미안합니다. 염려하지 마세요."

이제 건물업체 A와 구매업체 B 사이에는 반드시 거짓이 아닌 진실하게 협상에 임하겠다는 하나의 규범(rule)이 자연스럽게 정해졌다. 건물업체는 이런 문제에 대해서만은 더욱 조심할 것이고 구매업체도 외형적으로 화를 냈기 때문에 더 조심하게 될 것이다. 다만 상대의 부당 행위를 보고 화가 나는데도 꾹 참거나, 아무 말도 하지 못하는 행위는 옳지 않다. 미래에도 나쁘게 작용할 게 분명하기 때문이다. 아래의 <표 1-105>의 사례는 협상 상대가 아무리 '갑'일지라도 같이 대응해야 한다는 것이다. 이 사례는 수사적 표현을 빌려 완곡하게 표현하면서도 강하지 않게 논리적으로 대응하고 있다.

〈표 1-105〉 협상 상대가 '갑'일 때 대응하는 요령

주요 상황) 신축 상가 건물에 할인점을 개업하려고 임대 협상을 진행하는 과정에서 갑 B가 임대된 평수를 거짓말로 부풀리고 있다. 실제 임대가 된 평수는 건물 전체의 30%인데, 70%가 임대되었다고 하면서 가치를 높이려고 한다.

을 A: "죄송합니다만, 지금 말씀하신 것은 잘 이해가 안 되네요. 제가 잘 못 알아들은 것인지 모르겠습니다만……. 분명히 자료에는 이렇게 나와 있는데, 지금 말씀하신 내용과는 상당한 차이가 있습니다."　　　**갑** B: "음…."

을 A: "사실 우리 회사는 갑 회사가 가장 투명하고 진정성이 있어서 신뢰할 수 있다고 생각하고 존경해왔습니다. 다른 업체에도 항상 그렇게 이야기했지요. 지금도 이 생각은 변함이 없습니다. 아마 담당자가 깜빡 실수한 것으로 생각합니다. 하지만 자칫 이러한 작은 실수나 오해가 크게 번질 수 있으니 주의했으면 합니다."　　　**갑** B: "…."(조용히 머리를 끄덕임)

자신의 불편함과 불쾌감을 표현하되, 예의를 갖추어 다른 불상사로 번지는 사태를 예방함과 동시에 '갑'에게 빠져나갈 구멍을 마련해주고 표현한다면, 아무리 '갑'이라고 하여도 이후 더 이상의 시비를 걸지는 않을 것이다. 어쩌면, 이를 통해 '을'의 담대한 기질과 당당함이 인상 깊게 느꼈을 수도 있으며, 이는 추후 사업을 추진하는 과정에서도 존중을 받는 계기가 될 수 있다. 물론 '갑'이 평소에 워낙 안하무인의 성격이라 어떠한 형태의 도전이나 문제 제기도 용납하지 않는 위인이라면, 좀 더 완곡한 표현이 필요하리라고 본다.[63] 결론적으로 상대의 행위나 언어 표현이 부당하다고 느낄 때는 의연하게 그에 대한 불편함을 표현하는 것이 대다수 상황에서 생각보다 생산적인 결과를 낳을 수 있다는 점을 기억해야 한다.

③ 이슈(issue)에는 피하지 말고 당당하고 강하게, 사람과의 관계는 부드럽게 대응하여야 한다. 협상가들은 흔히 상대를 이겨야 할 대상으로나, 극복해야 할 대상으로 인식하는 게 일반적이다. 그러나 유능한 협상가라면, 상대를 '같은 운명의 파트너(partner)'로 볼 것이다. 상대와 자신이 마주 보고 앉은 게 어떠한 긍정적 · 부정적인 감정 때문이 아니라 서로 만족시킬 목적이나 욕구는 다르지만, 같이 가야 할 동료이기 때문이다. 따라서 얼마든지 소통할 수 있는 친구나 호의적인 파트너가 될 수 있다. 다시 말해 쌍방이 대립한다는 것은 사람 간의 감정 문제에 앞서 욕구를 만족하기 위한 과정일 뿐이다. 이러한 관점에서 접근한다면, 한쪽의 욕구가 다른 한쪽의 욕구와 다르기에 서로 힘을 합쳐 원하는 욕구를 같이 공략해나가는 게 'win-win 협상'의 기본이다.

따라서 파트너를 어떻게 대해야 할 것인가? 에 대한 답은 이미 나와 있다. 바로 협상 이슈에 대하여는 강하게 밀어붙이거나, 다른 수단과 방식을 동원하여 유리한 고지를 선점할 수 있다. 하지만, 사람 자체에는 절대 강하게 나갈 필요도 없고 나가서도 안 된다. 이미 상대도 건너편의 같은 위치에서 같은 역할을 실천하고 있기 때문이다. 사람과 이슈를 구분하여 접근하고 상대하다 보면, 상대도 그 의도를 금방 알아차리고 상당한 고마움을 느낀다. 그러면, 자신에게 같은 예우와 대접을 하게 되어있다. 이러한 과정을 거치면서 쌍방이 더 솔직하고 진지한 의사소통 기회를 통해 정해진 해답을 부드럽고 화기애애하게 찾아갈 수 있다.

유능하고 노련한 협상가는 이러한 측면에 많은 신경을 쓰면서 최선의 노력을 기울인다. 예를 들면, 중요한 협상을 시작하기 이전에 서로 만나 간단한 아침 식사나, 티-타임을 통해 서로에

63) 2020년 상영되었던 JTBC 드라마 『이태원 클라쓰』에서 주인공인 박새로이가 하는 행동을 보면, 조금 더 이해가 쉬울 듯하다.

대한 '인간적인 면모'를 자연스럽게 느끼게 하고, 소소한 대화를 통해 감정(emotion)을 교류한다. 협상 상대로 만나기 이전에 인간 대 인간으로 만나 유대감(urban tribe)을 쌓으면서 공통점을 찾기 위해 노력하게 된다. 다만, 이때 중요한 키-워드는 절대 '협상 의제(Agenda)'나 '협상과 관련한 다른 이슈(issue)'는 꺼내지 말아야 한다. 다른 얘기를 꺼내는 순간 긴장감을 조성하게 되고, 직업적인 측면에서의 딱딱한 만남으로 느껴지기 때문이다. 권장하고 싶은 내용은 '상대의 가족이나 취미 생활'과 같이 가벼운 주제를 권장하고 싶다. 이후 쌍방은 서로에 대하여 따뜻한 면모를 느끼게 되면서 협상의 진행 과정에서도 조금 더 인간적인 소통이 가능해질 것이다. 유능한 협상가란 무엇보다 좋은 인간관계의 의미를 잘 알고 그 가치를 위해 노력하는 사람을 의미하고 있다.

④ '장학퀴즈'와 '전투 모드(mode)'의 함정에서 벗어나 있어야 한다. "A 팀장님. 사실 이 문제는 중간 유통 단계에서 수수료를 절감하는 방안에 대해 논의를 하는 것이 우선인 것 같습니다. 여기에는 세 가지의 공인 기술이 있는데 잘 아시지요?"라고 상대가 기습적으로 치고 들어왔을 때 대처하는 유형에는 크게 두 가지로 구분할 수 있다. 먼저, 공인 기술을 아예 모른다면, "아…. 예."라고 머뭇거리게 될 것이다. 바로 이 순간 상대는 얼굴이 붉어지거나, 당황스러워하는 기색을 통해 공인 기술과 관련한 지식이 전혀 없다는 점을 눈치채게 될 것이다. 이는 상대를 감정의 문제로 빠져들어 갈 수 있게 만든다. 바로 비호감(unlikeable)과 무시(ignore)라는 감정이다. 이럴 때는 "예. 그런 방법이 있었나요? 사실 잘 몰랐습니다. 한번 말씀해주시면, 담당자들과 조사해보도록 하지요?"라고 솔직하고 당당하게 털어놓는 것이 상대의 감정에 대처하고 협상을 진행하는 데 도움이 된다.

요즈음도 '장학퀴즈'란 프로그램이 있다. 관련 지식을 누가 많이 알고 있는지에 따라 우승자가

가려지는 게임인데, 단순하게 문제 은행에 나와 있는 다양한 분야의 문제를 풀이하면서 경쟁하되, 구제할 기회를 만들어 다시 한번 도전할 기회를 준다. 한편으로 '협상'은 누가 더 지식을 많이 가졌는지가 중요한 게 아닐뿐더러 지식수준으로 경쟁하는 게임도 아니다. 현실적으로 접근하여 보면, 통상 다수의 협상가는 자신의 자존심이 허락하지 않아서 상대가 질문하거나, 도전적으로 얘기하게 되면, 모르면서도 아는 '척' 이야기하고, 자신이 결정할 수 없는데도 결정할 수 있는 '척' 과장하곤 한다. 이렇게 하여 단기적이나 일회성으로 협상이 진행될 수는 있지만, 자신의 거짓이나 허위 사실이 드러나는 순간 오히려 협상을 망치거나, 아예 다음 기회조차 잡을 수 없게 만들 수 있음에 유념하여야 한다.

잘 모르면서 아는 척하는 행위는 상대로부터 호감과 존중받을 기회를 놓치게 한다. 모르면, 모른다고 하여 상대를 자연스럽게 무장해제시킬 수 있으며, 건강한 인간관계를 마련하는데도 상당 부분 기여할 수 있음을 기억해야 한다. 또한 '전투 모드(mode)'에서 벗어나야 한다. 아래의 <그림 1-41>은 전투 모드와 win-win 협상 모형의 차이점을 예시한 도표이다.

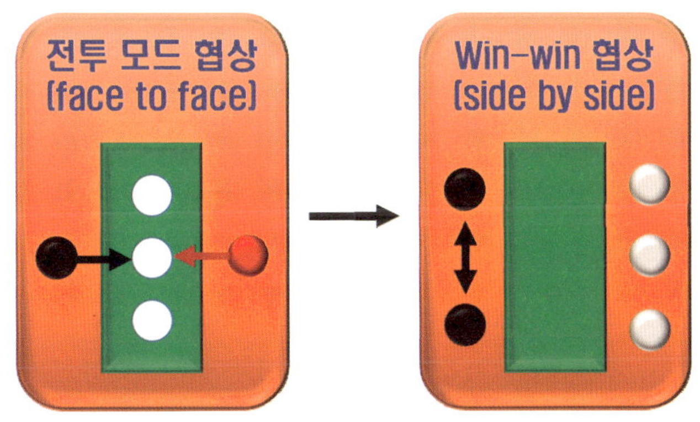

〈그림 1-41〉 전투 모드와 win-win 협상 모형의 차이점(예)

상대가 합의 내용을 번복한 사실 자체에 대해서는 강하게 반발해도 무방하지만, 아무 때를 불문하고 거짓말이나 허위로 행동하는 사람, 그리고 이를 상대 탓으로 돌리는 사람, 믿지 못하는 사람으로 몰아가게 되면, 지금의 협상이 문제가 아니라 장차 더 큰 문제로 비화(飛火)하여 그 대상 국가(기업 또는 단체)와 관련한 모든 협상 자체를 꼬이게 할 수 있다는 점을 인식해야 한다. 이때는 오히려 자신이 먼저 상대에게 '그러한 파렴치한 행위는 하지 않을 사람으로, 합리적이고 일관성이 있는 사람'으로 인정하는 태도를 지속하여 견지한다면, 자신을 긍정적・호의적으로 보는 상대에게 같은 감정을 느껴 긍정적인 변화를 가져오게 할 것이다. 아래의 <표 1-106>은 믿을 수 있는 협상가의 특징을, <표 1-107>은 믿을 수 없는 협상가의 특징을 정리하였으며, 인간관계를 맺을 때 믿을 수 있거나, 믿을 수 없는 사람의 특징으로도 적용할 수 있다.

〈표 1-106〉 믿을 수 있는 협상가의 특징

① 모르는 것은 아는 척하지 않는다. 무엇이든 모를 때 이해될 때까지 질문하고 또 질문한다.
② 팩트(fact)에 대한 설정 기준이 엄정하고 명확하다.
③ 섣부르게 긍정하거나, 부정적인 반응을 보이지 않는다.
④ 거절(refusal) 의사를 분명하고 명확하게 한다.
⑤ 다른 사람에 대한 뒷담화나 인신공격성이 담긴 이야기에는 입을 열지 않는다.
⑥ 발생하지도 않은 사건을 섣부르게 예단하거나, 다른 사람에게 옮기지 않는다.
⑦ 절대 들통나지 않을 것만 같은 이야기도 거짓말로 꾸며내지 않고 있는 그대로 표현한다.
⑧ 자신이 머물거나 머물렀던 공간은 항시 정리정돈이 잘 되어있다.

〈표 1-107〉 믿을 수 없는 협상가의 특징

① 말은 청산유수처럼 매끄럽지만, 자기 자랑뿐이고, 결론도 일관성이 없이 계속 바뀐다.
② 외형적인 부분에 많이 치우쳐 평가하거나, 판단한다.
③ 계급 서열과 직책에 민감하게 반응한다.
④ 강한 사람에게는 아부하고 약한 자에게는 군림하거나 대접받으려고 한다
⑤ 겉으로는 국가나 사회를 위해 이 한 몸 헌신 봉사한다고 얘기하면서 돌아서서는 자신을 알아주지 않는다고 불평불만을 늘어놓는다.

다시 말해 믿을 수 있고, 믿을 수 없는 협상가를 이른 시일 안에 구분할 수 있다면, '경쟁적 협상'에서도 '협력적 협상'이 가능하다는 점이다. 쌍방이 현실적 측면에서 상대를 알고 협상을 진행한다면, 쌍방이 공동의 가치를 확대해 나갈 수 있다. 하나의 예를 들어보자. 아내(여자친구)와 영화를 보기로 했다. 그런데 취향이 다르다 보니 자신은 액션 영화를, 아내는 뮤지컬 영화를 좋아한다. 이때 한 영화를 결정해야 한다면, '전투(경쟁) 모드'가 된다. 그러나 자신이 액션 영화를 꼭 보고 싶다면, 조금 상황을 달리하여 접근해 보면 어떨까 싶다. 영화를 보기 전에 저녁 식사를 아내가 좋아하는 파스타 레스토랑에서 한다면, 아내는 만족하여 자연스럽게 액션 영화로 기꺼이 따라오지 않을까 싶다. 바로 이러한 유형이 'win-win 협상'이다. 언제든, 어떠한 의제이든,

이러한 협력적 모드로 움직인다면, 성과를 무난하게 달성할 것이다.

협상 상대가 누구이든 간에 한쪽이 싸움닭이 되는 순간 상대는 협상을 회피하거나, 아예 상종하기 싫어할 수 있다. 이런 경우 더 큰 문제는 협상 자체가 성립되지 않기 때문에 이로 인해 또 다른 많은 협상의 기회를 놓치게 될 것이다. 협상에서 의제(Agenda)를 소통하는 과정에서 상대가 질문이나 강한 요구를 제안할 때도 먼저 항상 긍정적으로 대답하려는 표정과 태도가 중요하다. 의사소통(communication)을 잘하는 협상가는 상대가 질문하면, 가정 먼저 "Yes"라고 대답하는 반면에 그렇지 못한 협상가가 항상 먼저 하는 대답이 "No"이다. 그러나 신기한 현상은 두 협상가의 대답은 틀렸지만, 이후 대답 이후에 진행되는 주제의 내용은 거의 같다는 점이다. 다시 말해 "Yes"라고 대답하든, "No"라고 대답을 하든지 이후에 진행되는 절차에는 특별한 문제가 발생하지 않음을 이해하여야 한다. 아래의 <표 1-108>에서 대기업 A와 하청 업체 B의 부품 납품에 관한 협상사례를 알아보자.

〈표 1-108〉 대기업 A와 하정업체 B 간 부품 납품 협상 사례

주요 상황) 대기업 A에 부품을 납품하는 책임자 B와 다른 업체의 C는 A의 구매담당자와 납품 협상을 하고 있다. **A 구매담당자:** "납품 기일을 1주 정도 앞당겨 주세요. B의 처지에서 보면 납품 기일을 맞추기 위해 노력하는 것은 압니다만, 사정이 급합니다." **B 납품담당자:** "그건 좀 힘듭니다(No). 왜냐하면, 현재도 생산 설비는 야근으로 24시간 빠듯하게 돌아가고 있습니다. 더욱이 일정을 앞당기려면, 야근이 필요하므로 추가 비용이 발생하고 납품 단가를 올려야 합니다." **C 납품담당자:** "네(Yes). 그러겠네요. 그런데 현재 생산 설비로는 야근으로 24시간 빠듯하게 돌아가고 있습니다. 그리고 일정을 앞당기려면, 야근이 필요한데, 추가 비용이 발생하기 때문에 부득이하게 납품 단가를 올릴 수밖에 없겠네요."

실제 납품담당자 B와 납품담당자 C가 대기업 구매담당자인 A에게 한 대답은 별반 다른 점이 없다. 상대가 질문이나 요구 시 "Yes"나 "No"라고 시작하는 대답의 내용만이 다를 뿐이다. 만약 학습자가 대기업 A의 입장이라면, 어느 납품담당자와 협상하고 싶을까? 열이면 열 모두 A의 제안을 긍정적으로 검토하려는 C에게 더 끌리게 될 것이다. 간단한 사례이지만, 긍정적인 의사소통 기법이 얼마나 중요한지를 이해하는 계기가 되었으면 한다.

제1장 해설과 풀이

〈표 1-2〉 사례 1) 이러한 환경(여건)에서는 아무리 어려운 제안일지라도 상대방이 가능한 수용할 수밖에 없기 때문이다. 이는 최근 한국의 여러 가지 대내외적인 정책의 추진이나, 군조직의 문제에 대한 대응에서도 적용할 수 있다. **사례 2)** 누구라도 판사직을 걸면서까지 도둑질하지는 않기 때문이다.

〈표 1-3〉 문제 1) ④, ⑤ **문제 2)** ① Trust는 마음으로부터 우러나는 믿음을 의미하고, ② belief는 사실을 있는 그대로 받아들인다는 의미를 지니고 있다. ③ confidence는 신용이란 의미가 더 강하고, ④ faith는 종교의 믿음이다. 협상 자체가 상대가 자신을 믿는 마음, 그리고 자신이 상대의 믿는 마음을 어떻게 변화시키는가에 달려있기 때문에 ②번이 타당하다.

〈표 1-4〉 사례 1) 청계천 복원 사례는 서울시가 청계천의 복원을 반대하는 상인들에게 가치있는 새로운 명분을 만들어 제시함으로써 복원을 성공적으로 만든 사례이다.

〈표 1-5〉 상황 1) ④번으로 조건부 제의로 한 번 더 선택할 수 있는 기회를 만들었다는 관점에서 타당하다. 의뢰자의 선택을 다시 한번 요구한 점과 자신이 무작정 저렴한 강사료로 희생하지 않으면서 스타 강사가 될 수 있는 지혜가 포함되어 있다고 볼 수 있다.

상황 2) ④번으로 매니저가 똑같이 불친절하다면 화를 내는 게 타당하다. 그러나 대다수 매니저의 경우는 이렇게 대응할 것이다. "손님. 죄송합니다. 음식은 새로 교체해드리고 음식값은 받지 않겠습니다."

상황 3) ①번과 같이 감정을 개입시키지 말고 냉정하게 룸의 교체를 요구해야 한다. 협상의 목적은 화를 내는 게 아니라 편안한 룸으로 교체하는 것이기에 목적을 달성하기까지는 화내지 말아야 한다. 다만, 매니저가 무시할 경우 총지배인을 부르면 된다.

상황 4) ④번이 판매자로서 취할 가장 바람직한 질문이다. 가격 때문인지, 아니면, 부대조건이 마음에 들지 않는 건지를 확인해야 하기 때문이다. ②번은 일반적으로 가장 많이 하는 답변이다. 그러나 고객으로서는 불만을 얘기하면 깎아주니 할인 가격을 수용할 리가 없다. 따라서 판매자는 계속 협상을 반복해야 하므로 올바른 답이 되기 어렵다.

상황 5-1) ②번으로 왜! 150만 원 이상을 요구하는 것인지 상세히 알아보았어야 한다.

상황 5-2) ③번이 그래도 이 상황에서 영리한 질문으로 보인다. 손해를 보지 않으면서 다시 협상을 시작할 수 있지 않을까 싶다.

상황 5-3) ②번으로 자신의 잘못을 솔직하게 인정, 고객의 재신뢰를 얻을 수 있다.

〈표 1-6〉 상황 6) ②번이 타당하다고 보인다. 상황을 신속하게 파악하면서도 정확하게 인식하는 것이 가장 먼저 CEO가 직접 상대하다 보면, 협상 상대방에게 약점을 보이게 된다. 즉, A의 요구사항을 결정권자에게 확인한 이후에 답변하겠다고 지연시킬 수 있지만, A가 CEO인 점을 알 때 즉각적인 답을 원할 수 있으므로 파급 효과에 관한 판단과 평가를 할 수 있는 시간적・환경적 여유를 갖기 어렵다는 측면에서 취약하다.

상황 7) ①번은 문제회피형이고, ②번은 협력・타협형이며, ③번은 수용・능동형이고, ④번은 일방・공격형으로 보는 게 타당하지 않을까 싶다. 여기에서 이해해야 할 점은 비슷한 유형끼리 협상할 때 잘 진행될 수 있다. 반면에 다른 유형끼리 협상을 진행할 경우는 인식이나 의견의 충돌이 발생하여 협상이 교착에 빠지거나 결렬될 가능성은 커진다.

예) 협력・타협형은 정보를 공유하거나, 의견의 교환을 중시한다. 반면에 일방・공격형은 상대방의 전략을 색안경을 끼고 보는 경향이 짙다는 점을 이해하여야 한다.

〈그림 1-20〉 아래 문제1) ①번과 ③번

〈표 1-12〉 문제2) 외국인은 ①, 한국인은 ②

〈표 1-15〉 문제1) ③번

〈표 1-16〉 문제2) A와 B의 성격과 입장에 따라 변화된다. 다만, 해결하는 과정에서 지나치게 굽신거릴 필요가 없다. 부자연스럽게 보인다.

〈표 1-17〉 문제3) ④번 와이프를 포함해 다시 한번 협상의 기회를 만들 수 있다.

〈표 1-18〉 아래의 ②번 항목: 문제4) ④번

〈표 1-19〉 아래 문제5) 시한이 정해져 있음이 중국 협상팀에 노출, 중국팀의 협상 전술에 대한 정보 수집과 대비 소홀, 허겁지겁 협상 시한에 쫓겨 협상 성과 달성에 의문 등

문제6) A기업 구매담당자가 의도하지 않은 상태에서 B 판매 담당에게 무례한 말이나 행동 또는 자존심(체면, 명예)에 상처를 주는 행태가 있었을 개연성이 크다.

문제7) ①번은 '비현실적 유형', ②번은 협상 원칙이 없을 때 선택, ③번은 타당한 답, ④번은 '현실적 유형'

문제8) ③번

문제9) ②번

문제10) ⑤번

문제11) ③번으로 '지나가겠다-지나갈 수 없다'라는 요구에 집착하지 말고 A의 '밭을 갈러 가야 한다'와 B의 '논에 물을 대야 한다'에 주목할 경우 '물 호스를 땅에 묻으면 된다'는 BATNA를 찾아낼 수 있다.

문제12) 서민이 사기는 비싸고, 부자의 허영심을 채우기는 모호한 가격대였기 때문이다.

〈표 1-47〉 아래 문제 13) 국민과 시민단체의 결집된 여론, 이를 이용한 정부의 단호한 대응 의지

강의_I 초(超)국가적 위협 하에서의 협상 전략에 관하여 이해합시다.

강의 전 요구되는 사항

1. 초국가적 위협과 비군사적 위협이란 무엇인가?
2. 초국가적 위협과 비군사적 위협의 차이점은?
3. 테러리즘의 발생 원인과 유형별 분류방법, 특징은?
4. 테러리즘의 시대적 변화상(像)을 설명한다면?
5. 최근 세계에서 발생하고 있는 주요 테러리즘의 특징은?
6. 고전적 테러리즘과 뉴-테러리즘을 개념적으로 구분하고 비교한다면?
7. 고전적 테러리즘과 뉴-테러리즘의 유형과 전술적 특징은?
8. 해외 한국인 인질납치 테러 시 한국 협상의 특징과 결과는?
9. 일반협상과 인질납치 테러 협상의 공통점과 차이점은?
10. 인질납치 협상의 3단계의 구분과 주요 Key-Word는?
11. 인질납치 테러 협상 간 예상되는 장애 요인은?
12. 인질납치 테러 협상의 성공 원칙 '12계(計)'는?
13. '살라미 전술(Salami Tactics)'의 의미는?
14. 협상 과정에서 유의해야 할 행동 · 표정 · 표현언어란 무엇인지 이해하시오.

제2장

초국가적 위협 하에서의 협상 전략 이해

제 1 절

초국가적 위협의 원인과 유형별 분류

1. 개 요

학습에 들어가기 전에 '초국가적 위협(Transnational Threats)'이란 무엇인지와 이를 대표하는 '테러(terror)와 테러리즘(terrorism)'에 대한 기초적인 이해가 되어야 초국가적 위협에 대한 협상 전략 학습이 가능하기에 정의와 개념 등은 간략하나마 짚고 넘어가기로 한다.

먼저, 글로벌화한 지구촌의 국내 관계와 국제관계를 알아보자. 국내 관계에서는 개인이나 집단이 행위의 주체다. 여기에서 정부(통치자)와 국민(피통치자) 간에 지배와 피지배 관계가 형성된다. 따라서 행위 간에 발생하는 갈등이나 이익이 충돌할 때 헌법이나 법률 등을 통해 규제(regulation)와 조정(adjustment)으로 해결하거나, 처벌(penalty) 및 관리(management)가 이루어진다. 반면에 국제관계는 주권 국가와 국제기구 등이 주요 행위자로서 존재하지만, 공식적인 세계정부는 존재하지 않는다. 국제법이나 조약이 있지만, 구속력이나 절대적 가치에서 한계가 존재한다. 국가 간 이익이 충돌하거나, 극단적인 분쟁과 갈등으로 비화(飛火)할 때 '전쟁(War)'으로 이어진다. 여기에서 약소국가나 비국가 집단인 개인 또는 이익집단이 국가와 국가를 연계하거나, 강대국가나 기타 국가를 상대로 하는 협박·위협 등을 동반하는 강력한 요구 또는 행위, 테러 등을 총칭하여 '초국가적 위협'이라고 한다.

'초국가적 위협'이란 불특정 위협과 비군사적 위협의 확산에서 비롯된 용어이다.[1)] 안보 환경의 불확실성이 점차 증대되기 시작하였고, 비군사적 위협이 확산하면서 국지 분쟁도 빈번하게 발생하였다. 또한, 국제 안보환경과 남북관계가 개선되어감에도 불구하고, 북한의 위협은 그대로이다 보니 이제는 국내 안보 환경까지 어려움이 가중(加重)되는 가운데 초국가적 위협은 종교와 이념, 민족, 문화 등으로 광범위하게 분포되어 있다. 학습 목적상 냉전과 신냉전 시대의 국가안보 영역과 범위를 <그림 2-1>의 도표로 알아보자.

---

1) 비군사적 위협(Non-Military Threats)은 군사적 위협에 대비되는 개념으로 국가 및 비국가 행위자가 군사력 이외의 수단이나 자연적 요인을 사용하여 국가안보를 위태롭게 하는 위협의 한 형태이다. '초국가적 위협(Transnational Threats)'과 국가 전복(顚覆) 활동, 국가적 재난, 상선(商船)의 영해 침범 등을 비롯한 포괄적인 의미로 사용하고 있다.

구 분	냉전(cold war)	신냉전(cool war)
국가안보의 개념	전통적 위협	초국가적 위협
국가 기능	· 1차적 기능 · 2차적 기능	-
안보 주체	군사 · 정치	· 다양 · 복잡화 · 비국가 행위자(테러집단)
안보영역		군사 · 정치 → 경제,환경, 문화로 확대
안보 범위	특정 국가 內	국가를 초월, 확산

〈그림 2-1〉 냉전과 신냉전 시대의 안보 영역과 범위

미국과 소련이 주도했던 냉전기(cold war period)에는 안보의 주체와 영역이 군사적 · 정치적 측면으로 한정되어 있다 보니 안보와 경제 분야가 패키지 방식(package method)으로 묶여서 이루어졌다. 또한, 범위도 특정 국가만을 대상으로 하여 전통적인 위협 중심으로 진행되었다. 그러나 소련이 1991년 붕괴한 이후 점차 안보와 경제 분야가 분리되고 환경과 문화 분야로까지 확대되었다. 이러한 현상은 국가 영역을 초월시켰고, 확산이 가속화되는 가운데 대표적인 초국가적 위협으로 등장한 것이 바로 '테러(terror)'다.

2001년 9월 11일 미국 뉴욕의 쌍둥이 빌딩과 펜타곤에 대한 항공기 납치 테러는 전 세계를 엄청난 충격에 빠뜨렸다. 이를 계기로 당시의 조지 W. 부시 대통령이 '테러와의 전쟁(War on Terrorism)'을 선포한 것은 전통적 전쟁으로서 '보이는 적'과 싸우기 위한 전쟁이 아니라 국적을 초월하여 활동하고 있는 '보이지 않는 적'과 싸워야 하는 전쟁이란 선언이었다. '전통적인 안보'에 대응한다는 인식에 굳어져 있던 미국은 엄청난 충격과 공포에 빠져들었고, 이는 당해연도 의회에 보고하도록 예정되어 있던 '4년 주기 국방검토보고서(QDR)'를 대테러작전 개념으로 대폭 보완하여 새로운 개념의 QDR로 작성하게 했다. 아래의 <그림 2-2>는 2001년 발생한 미국의 9·11 테러와 2018년을 기준으로 하는 알-카에다의 세력 분포도이다.[2]

2) 미국의 '4년 주기 국방검토보고서(QDR)'는 'Quadrennial Defense Review'의 약자로서 냉전(Cold War)이 종식된 이후 국제 안보 환경이 급격하게 변화됨에 따라 장기적 측면에서 국방정책의 가이드-라인(guide-line)을 제시하기 위해 1997년 처음으로 작성된 이후 주기적으로 발표하고 있다.

〈그림 2-2〉 미국의 9·11 테러와 알-카에다 세력의 분포도(2018)

'초국가적 위협'이란 다른 국가 집단에 의한 위협이 아니라 비국가적 행위자나 요인에 의해 국경을 넘어 가해지는 위협으로써 다양한 유형과 종류가 있다. 초국가적 위협의 형태와 양상은 아래의 <그림 2-3>과 같이 정리할 수 있다.

구 분		행위주체	위협의 성격	위협의 형태 및 양상
테러리즘		개인 · 범죄조직 · 적성국가	고강도 안보위협	극단적인 사회혼란 또는 인명피해 초래
사이버테러				개인, 사회, 국가 운영체계의 파괴
재난 · 재해		인간 · 자연	한정된 범위의 안보위협	사고 등의 재난을 포함한 자연재해
超국가적 범죄	마약밀매	범죄조직	단순범죄→안보위협	개인 · 사회의 파멸
	밀 수	개인 · 범죄조직	단순범죄	사회질서 교란, 국부(國富) 유출
	여권위조			사회질서 교란, 테러 등 여타 범죄 및 위협의 조장(助長)
	e-범죄			사회질서 교란, 윤리/가치관 파괴
	인신매매			인권 유린, 사회질서 교란
	신용카드/화폐위조		경제범죄 → 안보위협	사회질서 교란, 테러 등 여타 범죄 및 위협의 조장(助長)

〈그림 2-3〉 초국가적 위협의 형태와 양상

초국가적 위협의 대표적인 형태는 '테러리즘'으로 보고 있다.[3] 테러리즘은 재래식 테러리즘과 뉴-테러리즘으로 분류한다. '재래식 테러리즘'은 호주에서도 '딸기 속의 바늘'로 표현할 만큼 찾아내기가 어렵다. '정치적 목적을 달성하기 위해 정부나 대중, 개인에게 위해를 가하거나, 예측할 수 없는 폭력과 위협을 가함으로써 공포를 조성하는 등 조직적으로 행해지는 행위'이기 때문이다. 한편 '뉴-테러리즘'은 '무차별적이고 불특정한 다수를 대상으로 하면서도 목적은 불분명한 새로운 개념의 테러리즘'을 의미하고 있다는 점을 이해하여야 한다.

재난·재해의 경우는 한정된 범위 내에서의 안보 위협으로 볼 수 있다. 물론 마약·인신매매를 비롯하여 e-범죄와 위조 관련 범죄 등은 이전까지는 포함하지 않았으나, 초국가적 범죄로 분류한 배경은 점차 국적(國籍)이 복잡화·다양화되고, 불분명해지는 과정에서 어느 특정 국가나 기관에서만 대응하기는 불가능하기 때문이다. 따라서 단순 범죄에서 점차 국가에 대한 안보 위협으로까지 확산하면서 초국가적 위협의 범주(範疇)로까지 확대하게 되었다. 초국가적 위협의 양상은 아래의 <그림 2-4>와 같이 분류할 수 있다.

구 분	주 요 내 용
국내적 요인	· 불순단체(분자), 反정부 지하조직 등에 의한 테러 · 정치 · 경제위기로 인한 대규모 폭동, 파업 · 태업 · 국가 재난 · 자연재해, 전염병, 환경파괴 등
북한 요인	· 간첩 · 무장간첩 · 특수공작원에 의한 직 · 간접적 테러 활동 및 긴장 조성 행태 · 북한체류 한국인, 관광객 납치 및 억류사태 · 육상 및 해상을 통한 대규모 탈북난민 사태(미래 대비 차원) · 국가 통합 간 위기(미래 대비 차원)
超국가적 요인	· 국제 테러조직에 의한 파멸적 테러 · 정보작전(IO) 위협에 의한 국가 정보체계 마비사태 · 국제 마약 및 범죄조직에 의한 치안질서 파괴 · 국내 불법 체류자 및 밀입국자 증가로 인한 사회혼란 → ① 미국, ② 한국 · 국제분쟁에 따른 외교적 마찰
주변국과의 이해 상충(相衝)	· 밀입국 및 난민 처리와 관련한 국가적 갈등 · 해양 및 환경오염 등으로 인한 갈등의 존재 · 기타 *영해 · 영공 침범, 어업 분규*, 핵폐기물 불법 처리(해양투기) 등

〈그림 2-4〉 초국가적 위협의 구분과 양상

3) '테러리즘(Terrorism)'은 물리적 손해를 입히는 게 주된 목적이 아니다. 공포(fear)를 확산시켜 이해집단이 원하는 대로 정치 상황을 바꾸려는 군사전략의 일종이다. 이 전략은 물리적 측면에서 적에게 대량 손해를 입힐 수 없는 약한 집단이 주로 사용한다. 최근의 IS 집단으로 이해하면 될 듯싶다.

초국가적 위협의 양상은 네 가지로 분류하고 있다. 먼저, 국내적 요인 중 중요한 사안은 불순단체(분자)와 반정부 지하조직 등에 의한 테러와 정치 · 경제적 측면에서의 위기, 국가재난과 자연재해, 각종 전염병[사스(SARS), 메르스(MERS), 에볼라(Ebola), 코로나 19, 환경파괴 등이 분야로까지 확대하여 적용하고 있다. 북한 요인은 무장간첩과 특수공작원을 포함하여 북한에 체류한 한국인과 관광객에 대한 납치 및 억류사태 등을 들 수 있다. 초국가적 요인으로는 국제 테러조직에 의한 '파멸적 테러'와 '외로운 늑대형 테러' 등의 유형이 있으며, 국제마약 및 범죄조직에 의해 치안 질서를 파괴하는 사건 등으로 이해하면 좋을 듯싶다. 마지막으로, 밀입국 및 난민처리와 관련한 국가적 갈등 및 분쟁 사태, 한국의 영해(territorial waters) · 영공(territorial sky)을 무단(無斷)으로 침범하는 사태 등도 포함하고 있다.[4] 초국가적 위협의 원인과 유형을 분류하기 전에 대표적 유형인 테러와 테러리즘의 정의, 일반적인 개념을 이해하여야 한다.

1.1. 테러와 테러리즘의 일반적 정의(定義, definition)와 개념

테러는 최초 라틴어인 '떼르레(terrere)'에서 출발하고 있으며, '소스라치게 놀라다'. '떨게 하다'라는 의미를 내포(內包)하고 있다. 요약하면, '극도로 심한 공포가 얼마 동안 유지되는 상태로 광범위한 폭력'이며, 프랑스 대혁명(1789) 기간 중 급진적이고 과격한 자코뱅당이 채택한 공포정치(恐怖政治, reign of terror)에서 유래하였다. 고문과 투옥, 단두대(guillotine)를 최초로 만들어 두렵게 처형을 시도하는 등 살벌한 행위를 일삼던 과격한 정권을 빗대어 사용하는 용어로 최근 들어서면서 '테러(terror)'란 용어로 굳어졌다.[5]

테러리즘은 '테러가 더욱더 조직화한 상태(the more organized from of terror)'를 뜻한다. 다시

4) 한국의 영해(領海)는 주권을 행사할 수 있는 해역으로 연안에서 12해리까지이다. 국가 방위와 자원의 개발, 경제적 이익을 내기 위한 활동에 대단히 중요하다. 배타적 경제수역(EEZ)이란 해수면에서 해저 지하에 이르기까지의 자원 탐사 · 개발, 어업 활동, 환경 보호 및 인공섬의 설치 등에 대한 연안 국가의 주권을 인정하는 수역으로서 외국 선박과 항공기의 통항(通航)과 해저 전선을 부설할 수 있는 자유를 보장한다. 영공(領空)은 통상적으로 대기권을 뜻하며 국가 방위와 항공 교통에 중요한 역할을 한다. '한국 방공 식별구역(KADIZ)'이나 항공관제 구역의 설정 기준이 되며, 한국의 KADIZ는 1951년 美 태평양 공군이 설정하였다. 통상적으로 외국 항공기가 KADIZ에 진입하려면, 24시간 전까지 軍 당국의 사전 허가를 받아야 한다.

5) '테러(terror)'는 전투원과 비전투원(민간인)을 대상으로 살상하는 행위이지만, '전쟁(war)'은 전투원으로 대상이 한정되어 있다. 다만, 최근 지상 · 해상 · 공중 · 사이버 · 우주의 5차원으로까지 전장(戰場)의 영역이 확장됨으로써 전투원과 비전투원의 구분이 다소 애매해진 부분은 있다. 이는 중세 시대와 현대의 전쟁 영화를 보면 구분이 된다. 예를 들면, 중세 시대의 전쟁 영화를 보면, 용병들이 전투 시 민간 부인들이 우산을 쓰거나, 인접한 구릉 지대에 앉아서 구경하는 장면을 종종 접할 수 있는 데 비하여 현대의 전쟁 영화에는 그러한 장면이 등장하지 않는다는 점에서도 이해가 되지 않을까 싶다.

말해 테러는 '마음의 상태(a state of mind)'를, 테러리즘은 '조직화한 사회적 활동(organized social activity)'으로 이해하면 될 듯싶다. 협의적 시각에서 테러는 테러리즘의 중요한 요체라 할 수 있다. 아래의 <표 2-1>은 한국 국가정보원(NIS)[6]의 테러 정의이다.

〈표 2-1〉 한국 국가정보원(NIS)의 테러 정의

"국가 지방자치단체 또는 외국 정부의 권한 행사를 방해하거나, 의무 없는 일을 하게 할 목적 또는 공중을 협박할 목적으로 행하는 행위" ① 사람을 살해, 상해, 체포, 감금, 약취, 인질로 삼는 행위, ② 항공기나 선박 운항을 방해하거나, 관련 시설을 파괴하는 행위, ③ 자동차 등 운송 수단이나 공공시설, 연료 수송시설, 공중 이용시설 등에 대한 폭발이나 이용 제한 행위, ④ 핵이나 방사성 물질을 이용하여 사람의 생명과 재산을 위태롭게 하거나, 이러한 시설의 정상적인 운전을 방해하는 행위 등"

사람들은 다른 사람과의 갈등(conflict)이나 분쟁(factional rivalry)에 휘말렸을 때 다양한 방식으로 대응하게 된다. 폭력을 행사한다거나, 협박이나 위협을 하기도 하고 상대를 설득하거나 타협하는 과정을 통해 풀어나가기도 한다. 갈등이 불거지게 되면, 가장 먼저 하는 생각이 자신이 아닌 상대가 잘못했다고 생각하게 된다. 처음에 폭력이나 협박을 하는 행위도 상대가 먼저 했다고 여긴다는 점이다. 놀이터에서 노는 아이들 가운데 힘이 센 아이라면, 상대가 먼저 싸움을 걸어왔다고 고집하면서 자기는 자신을 스스로 보호하기 위해 어쩔 수 없이 싸웠다고 우기기도 한다. 이러한 행위는 갈등에 대처하는 가장 직접적인 수단으로 즉각 효과는 낼 수 있지만, 보복이 보복을 낳게 되는 악순환을 반복하게 된다는 점에 방점(傍點, a side dot)을 찍어야 한다.

테러는 폭력을 행사하는 하나의 방식이다. 그러나 테러와 테러리즘 측면에서의 폭력은 다른 폭력과 다르게 더 위험하다. 어떠한 금지나 한계도 개의치 않으면서 서슴없는 파괴행위를 저지르기 때문이다.

테러리즘(terrorism)은 정치와 경제, 사회, 종교, 이념적 목적을 달성하기 위하여 이질적(heterogeneity)이고 다양한 폭력적(violence)·불법적(illegal)인 행위들의 총합(總合)을 뜻한다. 아래의 <그림 2-5>는 테러 행위의 본질과 진행 단계를 정리한 내용이다.

6) '국가정보원'은 1961년 '중앙정보부'로 시작하여 '국가안전기획부', '국가정보원'에 이어 네 번째로 변경한 명칭은 '대외안보정보원'으로 불리게 된다. 다만, 국정원법이 개정되어야 하므로 다소의 기간은 걸릴 듯하다.

〈그림 2-5〉 테러 행위의 본질과 진행 단계

① 비도덕적인 테러 행위를 통하여 자신들의 주장을 커다란 문제로 부각함으로써 대중(大衆, public)이 알도록 유도한다.

② 정치와 종교, 자유·해방, 이상(idea)의 실현 등 대중에게 설득력 있는 동기(motivation)나 명분(justification)을 내세우고 있다.

③ 여론이 찬반(贊反)으로 갈라지게 한 다음 이들이 자신들을 지지(支持)하도록 유도한 다음 교묘하게 동정 여론을 조성하기 시작한다. 이후 자신들이 원하는 이슈(issue)로 슬그머니 전환한다. 테러의 본질은 '사회의 질서와 안정을 파괴하는 매우 흉악하고 교묘한 행위'임을 이해하여야 한다. 아래의 <그림 2-6>은 테러리즘을 정의할 때 공통으로 포함하는 요소이다.

구 분	주요 내용
일반적 의미	자신들의 목적 달성을 위해 자행하는 불법적 폭력행위
Who(주체)?	국가, 집단(비국가행위자) 및 개인
What(목적)?	★ 외면적: 정치·종교·사회·민족(종족)·이념, 자유 등 ★ 내면적: 해방, 주권 획득, 보복, 활동자금 확보, 정권 탈취, 동료(조직원) 석방, 선전선동(propaganda) 등
특 징	★ 불법적·파괴적·폭력적인 방법 사용 ★ 계획적이고 목적이 분명 ★ 무차별적이고 조직적으로 반복 ★ 공포심, *공황(panic, 恐慌)* 유발 ★ 시간, 장소, 방법에 대한 예측이 곤란
대상(공격목표)	정부, 국가, 민족(종족), 사상, 종교, 체제, 인종, 개인자산 및 全 사회 · 무차별적, 무작위적으로 선정
방법 및 수단	★ 직접적인 공격 및 폭력을 행사 ★ 공포 및 심리적 효과를 노린 위협 행위 · 인질납치, 암살 및 폭파, 핵 및 화학테러, 생물학테러, 사이버테러, 하이재킹(hijacking)

〈그림 2-6〉 테러리즘 정의와 공통으로 포함되는 요소

특징에서 공황(恐慌, panic)이란 '직접 접촉하는 여러 개인이 특정 대상이나 현상을 견디지 못하

고 일시적·우발적으로 도피성을 보이는 집합적 대응 상태'를 뜻한다. 학습자들이 전쟁 영화나 드라마를 보면, 지휘관이 갑자기 중심을 잡지 못하고 엉뚱한 지시를 한다거나, 이상한 헛소리, 현실에서 도망가려는 모습 등을 생각하면 이해가 쉬울 듯하다.[7] 하이-재킹(high-jaking)은 보통 테러 분야에서 항공기를 납치하여 자신들이 원하는 목적지로 강제 변경하는 행위로 연상하지만, 실제는 항공기와 배(ship), 육상의 차량도 포함한다. 다만 거의 발생하지 않기 때문에 포함하지 않을 뿐이다.[8]

1.2. 국제 테러리즘의 발생 유형(類型)과 양상(樣相)의 변화 이해

아래의 <그림 2-7>은 국가정보원에서 2008~2018년까지의 국제 테러리즘 발생 현황을 분석하여 종합한 내용이고, <그림 2-8>은 빈번하게 발생한 지역 현황을, <그림2-9>는 2010년대 이후의 테러 유형을 정리한 내용이다.

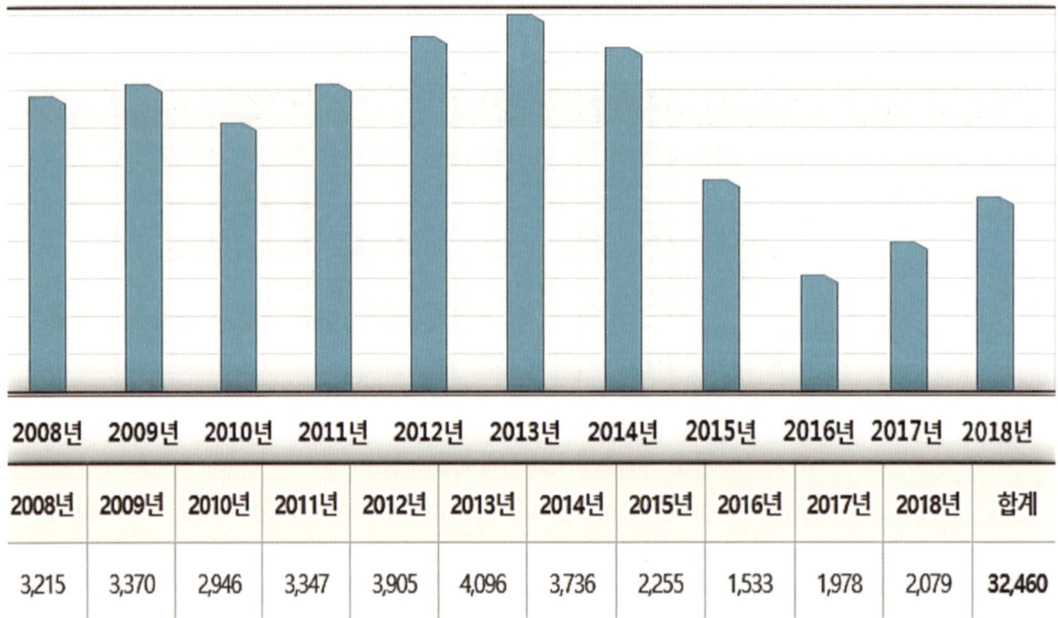

2008년	2009년	2010년	2011년	2012년	2013년	2014년	2015년	2016년	2017년	2018년	합계
3,215	3,370	2,946	3,347	3,905	4,096	3,736	2,255	1,533	1,978	2,079	**32,460**

7) 공황이 무엇인지를 간접 체험하려면, 1998년 개봉된 영화 『라이언 일병 구하기』나, 2001년 美 HBO((Home Box Office, 케이블TV 민영방송)에서 드라마로 방영된 『밴드 오브 브라더스』에 나오는 제2차 세계대전 당시의 노르망디 상륙작전 모습을 통해 확연히 느낄 수 있다.

8) 2001년 9월 11일 발생한 미국의 9·11테러가 바로 하이-재킹에 의해 발생한 최악의 사건이다. 영화로는 1996년 개봉한 『하이잭 플라이트 285(Hijacked: Flight 285)』와 2014년의 『논스톱(Non-Stop)』 등이 하이-재킹 사건을 다룬 영화이다.

〈그림 2-7〉 국가정보원(2008~2018)의 국제 테러리즘 분석 현황

아태지역	구주지역	아주지역	중동지역	미주지역	계
2,063	243	324	2,066	115	4,811

〈그림 2-8〉 국가정보원(2004~2018)의 국제 테러 빈발지역 분석 현황

납치	암살	폭파	방화	무장공격	기타	계
186	145	2,512	27	1,800	177	4,847

〈그림 2-9〉 국가정보원의 국제 테러 유형 분석 현황

아래의 <그림 2-10>은 세계에 분포된 대표적 테러집단의 현황이다.

아태지역
네팔(DNA, CPN-M), 미얀마(KNU, KIA), 방글라데시(JEL, JMB), 중국, 스리랑카(LTTE), 아프가니스탄(Taliban, AQ, HON, HIG), 인도, 인도네시아, 태국, 파키스탄 등
구주지역
그리스(N17, RS), 러시아(IIPB, SPIR, CE), 스페인(ETA), 영국(RIRA), 우즈벡(IMU), 아일랜드(CIRA), 터키(PKK, DHKP/C)
아주지역
나이지리아(NDV, MEND), 니제르(MNJ), 소말리아(AS, HI), 알제리(GIA, AI) 등
중동지역
레바논(AAA, JAS 등), 리비아(LIFG), 예멘(AHR 등), 이라크(ISIL 등), 이란, 이집트, 팔레스타인 등
미주지역
콜롬비아(ELN, FARC), 페루(SL)

〈그림 2-10〉 세계 각 지역에 분포된 대표적인 테러집단의 명칭과 현황

학습자들이 익히 들어온 이라크의 ISIL은 동부 지중해 연안 지역을 의미하고 있으며, 'Islamic State in Iraq and Levant'의 약자로 이라크-레반트 이슬람 국가를 의미하고 있다.[9] 아래의 <그림 2-11>은 테러 분자들의 집중 공격대상이고, <그림 2-12>는 테러집단의 주(主)사용 무기를 정리한 내용이다.

9) '레반트(Levant) 지역'은 '인류 최초로 쌀농사를 시작한 지역'으로 프랑스식 발음이며, 요르단과 레바논, 시리아, 이스라엘, 팔레스타인을 뜻한다. 하지만, 명확하게 특정 지역을 의미하기보다는 문화적·역사적인 배경이 있는 지역 전체를 아우르는 것으로 해석함이 타당하다.

계	외국인·시설	주요 인물	다중이용시설	민간시설(기타)	국가중요시설	군경(관련시설)	교통수단
4,809	429	292	159	1,870	178	1,701	180

〈그림 2-11〉 테러 분자들의 집중 공격대상 현황

계	중화기	폭발물	총기류	기타	화생방
4,809	442	2,579	1,517	267	4

〈그림 2-12〉 테러집단의 주(主)사용 무기 현황

외국인과 관련한 시설, 사회의 주요 인물, 다중 이용시설 이외의 민간 시설과 軍이나 경찰과 관련한 시설이 주요 공격대상이며, 주로 급조폭발물(IED)과 소화기 등을 사용하고 있다.

제 2 절

테러리즘의 시대별 변천 과정과 전술적 특징

1. 테러리즘의 시대별 변화 단계

테러리즘은 주로 정치적 · 경제적 · 이념적 · 종교적 · 문화적 · 민족적인 목적으로 발생하고 있으며, 맹목적인 분노로 발생하지 않는다는 사실을 이해할 필요가 있다. 테러 분자들은 '자기방어(self-defence)'나 거룩한 목적을 위한 '헌신(dedication)이나 희생(victimize)', '순교(martyr)'라는 그럴듯한 명분을 내세우면서 테러나 테러리즘 외에는 해결할 수 있는 특별한 다른 대안(代案)이 없다고 부추기고 있다. 특히 과거 초기에는 테러집단 자체가 이념적 명분을 주로 내세웠기에 사회의 일반 집단과는 다르게 살아갈 수밖에 없었지만, 점차 '빈익빈 부익부'라는 경제 관념과 정치적 이슈까지 확대하며 일반 시민과 섞여 행동함으로써 구분하기가 쉽지 않다. 이는 냉전기(Cold War Period)와 현대 사회의 변화 추세와도 맞닿아 있으며 변화를 거듭하였다. 아래의 <그림 2-13>은 테러리즘이 냉전기에서 현대로 들어서면서 변화된 모습이다.

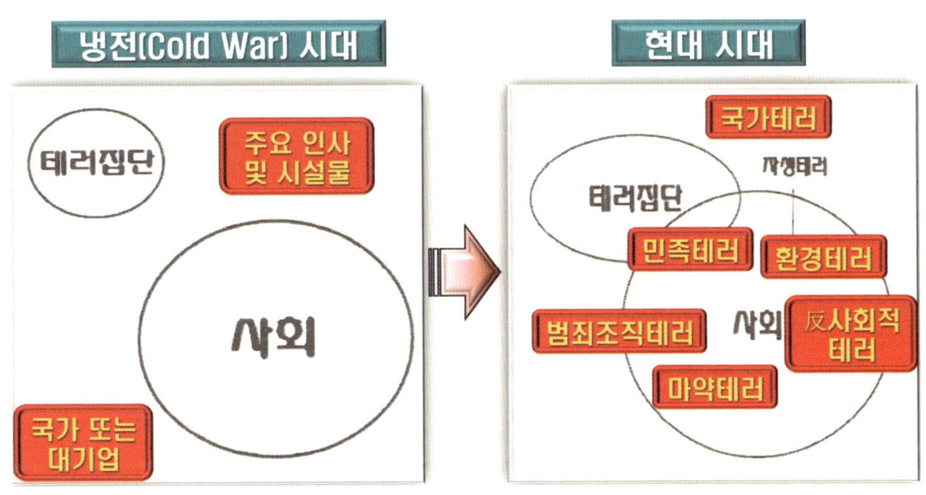

〈그림 2-13〉 테러리즘의 시대에 따른 변화상(像)

냉전기(Cold War Period)의 테러리즘 주체는 주로 마르크스 · 레닌, 김일성 등을 신봉하는 이념적 결사체 중심이었다. 이로 인해 국가나 대기업을 적대적 시각으로 보거나, 억압 또는 착취의 주체로 생각하는 정치적·경제적 인물 또는 시설물 등을 주요 대상으로 선정하였고, 공격하였다. 다시 말해 냉전기의 테러집단은 일반사회와는 분리되어 유리(遊離)된 집단이었으나, 현대에 들어서면서 흐름이 바뀌었다. 일반사회와 광범위하게 연계되어 있거나, 우리 이웃의 누군가가 바로 테러 분자나 테러집단일 수 있기 때문이다. 특히 현대 사회의 다양한 모순을 해결하는 데 적극적으로 개입하는 사회집단(시민단체) 와도 중복되어 있을 개연성이 상당히 크다. '이슬람 국가(Islamic State, 일명 IS)'를 예로 들면, 선진국의 어린 학생들이 IS의 선전에 현혹되어 가입했다가 살인과 폭력 등의 잔혹한 행위를 반복하고, 여성들의 순결은 뒷전으로 인식하는 등의 사실을 체득하고 후회하였지만, 돌아올 수 없다는 뉴스 등의 현실에 대하여 느끼는 바가 있을 것이다.[10)]

IS의 어린 戰士

다른 종족에게 가해지는 민족 차원의 테러나, 정부가 정권이나 특정한 체제를 유지하기 위해 조장하는 국가 차원의 테러, 사회적 측면에서 불법 낙태를 일삼는 산부인과 병원에 대한 테러, 불법적으로 운영하는 사무장 법원의 문제에 대한 환경 테러, 아이의 장래에 해를 끼치는 법인 또는 학교 등에 대한 반사회적 테러 등이 다양하게 발생하고 있다.

2. 테러리즘의 시대별 변천(變遷) 과정

실제 테러리즘은 국제 사회가 직면한 가장 큰 어려움이자 심각한 난관임에도 불구하고 보편적인 정의는 존재하지 않고 있다. 왜냐하면, 동기와 대상, 범위, 주체와 이념 등에 따라, 그리고 연구자나 전문가의 관점에 따라 서로 달리 정의하고 있기 때문이다. 이로 인해 같은 사건이라도 관점에 따라 일반범죄나 테러리즘으로 평가하고 있다. 같은 국가 내부에서도 그 정의는 각기 다르게 해석하고 있지만, 거쳐오는 과정을 통해 테러리즘을 정리할 수 있다. 아래의 <그림 2-14>

10) 김지수, "'IS 전사'로 변신하는 유럽 무슬림 네트워크," 『노컷뉴스(https://www.nocutnews.co.kr/news/4505228)』 (2015. 11. 17.) (검색일: 2020년 4월 14일).

는 시대가 발전하면서 테러리즘의 유형과 방식은 상당한 변화를 가져왔고, 이러한 변화를 통해 진화하였다.

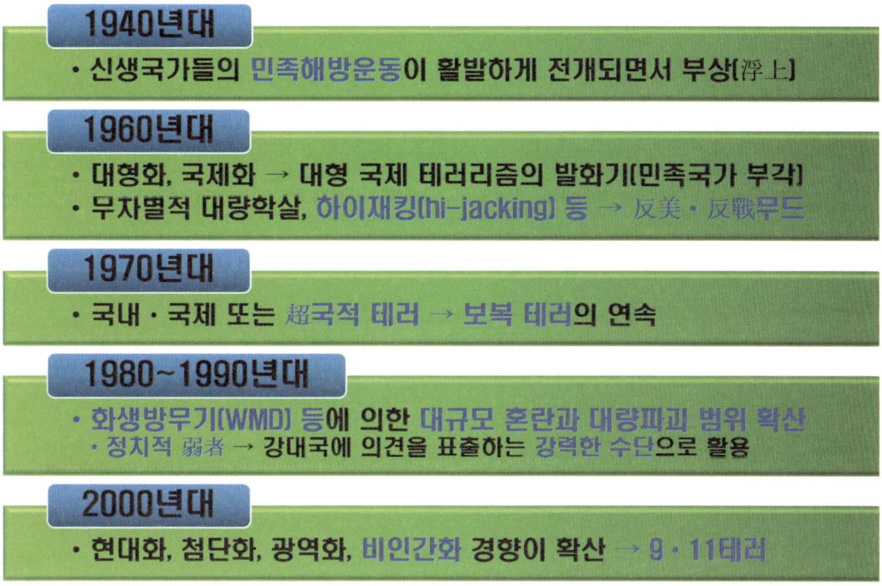

1940년대
- 신생국가들의 민족해방운동이 활발하게 전개되면서 부상(浮上)

1960년대
- 대형화, 국제화 → 대형 국제 테러리즘의 발화기(민족국가 부각)
- 무자별적 대량학살, 하이재킹(hi-jacking) 등 → 反美 · 反戰무드

1970년대
- 국내 · 국제 또는 超국적 테러 → 보복 테러의 연속

1980~1990년대
- 화생방무기(WMD) 등에 의한 대규모 혼란과 대량파괴 범위 확산
  - 정치적 弱者 → 강대국에 의견을 표출하는 강력한 수단으로 활용

2000년대
- 현대화, 첨단화, 광역화, 비인간화 경향이 확산 → 9 · 11테러

〈그림 2-14〉 테러리즘의 시대적 변천 과정

발칸 전쟁(1912~1913)에서 오스만제국이 패배하면서 유럽과 중동지역에 있는 군소국가의 독립은 어려워지면서 군소국가의 궁극적인 목표는 식민 제국주의로부터의 독립이었다. 1960년대에 들어서면서 '민족(nation)'이란 의미가 중요하게 부각하기 시작하였고, 농촌에서 도시로 테러 활동이 옮겨가는 계가가 되었다. 이때 급진적(rapid progress)인 학생 그룹들은 반미(反美) · 반전(反戰) 무드를 조성하고, 나아가 무자비한 대량 학살과 하이-재킹(High-jaking), 외교관 납치 살해 등의 사건 등도 빈발(頻發)하였다. 1980년대부터 활성화된 국내 테러는 후진국(underdeveloped country)과 제3세계(third world)에서 주로 발생하였다. 특히, 국제 · 초국가적 테러는 서구 선진국에서 대량파괴와 대량살상무기(WMD), 화생방 무기를 사용함으로써 사회 혼란을 부추겼다.[11] 2000년대부터는 9·11테러를 통해 입증된 바와 같이 무차별 · 불특정 다수를 대상으로 하는 비인

11) '제3세계 국가(the Third World countries)'란 용어는 1960년대 말부터 사용한 용어이지만, 현재는 많이 사용하고 있지 않다. 통상적으로 美蘇 진영으로 나뉘어 안보와 경제를 패키지화하여 경쟁하던 냉전기에 미국이나 구소련의 어느 진영에도 가담하지 않았던 국가들로서 공산주의나 자본주의 국가에 속하지 않는 개발도상국을 의미한다. '제1세계 국가'는 경제적으로 발전한 미국과 서유럽에 있는 자본주의 국가를. '제2세계 국가'는 구소련을 중심으로 제1세계 국가와 맞서온 사회주의 국가를 의미한다.

간화 경향이 더욱 뚜렷해졌다.

3. 테러리즘이 발생하는 원인과 뉴-테러리즘[12)]과의 차이점

세계화의 급속한 진행은 새로운 테러리즘 양상을 탄생시켰다. 한국군의 본격적인 연구는 2006년부터 시작되었으나, 월터 L. 샤프(Walter L. Sharp, 2008~2011까지 在任) 한・미연합군사령관이 부임한 직후부터 합참의장에게 이라크전에서 급조폭발물(IED)에 의한 사상자가 많이 발생하고 있는데도 한국과 한국군이 무관심하다며 강하게 부정적 의견을 개진한 이후 한국군에서 연구를 시작하였다. 저자는 2008년에 처음으로 관련 범위의 전반적 측면에서 구체적인 성과물로 완성하였고, 교리와 학술논문으로도 제시하였다.[13)] 이어서 국가정보원과의 협업(collaboration)으로 현재 '정보운영협의회'를 시행하고 있다. 테러리즘이 발생한 원인은 아래의 <표 2-2>와 같이 네 가지로 정리할 수 있다.

〈표 2-2〉 테러리즘의 발생 원인

① 종교적 이념의 대립(confrontation)과 갈등(conflict)의 산물이다.
② 정치적인 목적을 달성하기 위한 투쟁 수단이다.
③ 경제적 빈곤(貧困)과 이권(利權)에 의한 갈등(conflict)의 산물이다.
④ 사회환경과 구조의 변화 및 발달, 테러리즘의 구조와 효과가 증대되기 때문이다.

① 민족의식과 연계되는 생존권 다툼으로 분리 독립과 인종-종교 간 발생하는 갈등 등으로 인해 필연적으로 나타날 수밖에 없다.

② 정부의 전복(顚覆)과 대립 관계에 있는 정적(政敵)을 제거 및 타도하기 위해서는 보복

12) 뉴-테러리즘(new-terrorism) 용어는 1999년 美 랜드연구소(RAND Corporation)에서 정식 용어로 지칭하면서 시작되었다. 랜드연구소는 1948년 美 공군에 의해 창립된 싱크 탱크로 현재 30여 명의 노벨평화상, 노벨경제학상 등의 수상자들을 배출하였다.

13) 김성진, "IED 위협 분석과 대비방안: 전・평시 IED 위협 관련 대비과제를 중심으로," 『군사평론』 제396호 (대전 : 육군대학, 2008), pp. 105~125. 외에 다수가 있으며, 또 다른 하나가 합참에서 대테러작전에 사용하고 있는 '합동조사반' 용어다. 하지만, 각 기관에 따라 다르게 사용하고 있고, 담당자도 정확한 배경을 모른 상태에서 사용하다 보니 용어의 의미와 책임의 한계, 용도와 범위를 구분할 수 없을 만큼 복잡하여 안타까울 뿐이다. 통합방위 '을종'사태 발령 이후에 운용하는 합동조사반(팀)과 대테러작전에서의 '합동조사반(팀)'은 확연히 의미가 다름을 구분할 수 있어야 한다.

(retaliation)과 저항(resistance)이 생겨날 수밖에 없다.

③ 자본주의가 발전함으로써 빈부의 격차가 너무 벌어지는 과정에서 가장 먼저 나타나는 현상이 인간은 도구화되고, 휴머니즘(humanism)은 타락하다 보니 생존과 번영이라는 원초적인 욕구를 자극하게 되고 결국 투쟁으로 격화(激化, intensify)할 수밖에 없다.

④ 과학통신기술의 발달과 대도시가 불가분의 관계로 형성되면서 지구촌 시대가 도래하였고, 현대 사회의 과학기술 발달이 바로 최적의 테러 환경을 조성 하였다는 점에 주목해야 한다. 통신기술의 발달은 정보화 사회를 촉진하면서 테러리즘의 구조와 효과를 동시에 증대시켰다. 대도시의 형성은 현장의 효과를 증대시킨 반면에 다수의 위기감도 증폭시켰으며, 위협과 공포 효과를 확산하는 데 일조하였다. 지구촌 시대의 도래는 이동시간을 단축하는 놀라운 효과와 정보의 교류를 쉽게 하였지만, 수단의 국제화와 테러집단의 무대를 확장하는 효과도 동시에 가져왔다는 사실 또한 인식해야 한다. 일반적으로 테러리즘은 세 가지 요소가 포함되어야 성립한다. 첫째, 폭력을 행사하겠다고 위협하거나, 실제 폭력을 행사해야 한다. 둘째, 군인이나 경찰이 아닌 비전투원(noncombatant)을 목표로 삼는 행위가 있어야 한다. 셋째, 정치적 목적(political purpose)을 위해 시행하는 행위여야 한다. 다시 말해 개인이나 특정한 단체로 구성된 비국가 행위자(non-state actor)들이 자신들의 정치적 목적을 달성하기 위해 비전투원을 대상으로 하는 의도된 폭력을 행사하거나, 폭력을 행사한다고 위협해야 한다. 이에 대응하는 각국의 테러 대응정책과 전략은 학습 목적상 논외(論外)로 한다. 통상적으로 테러리즘은 전통적 · 고전적 테러리즘-현대 테러리즘-뉴-테러리즘으로 구분한다. 아래의 <그림 2-15>는 전통적 · 고전적 테러리즘과 뉴-테러리즘을 시대별로 정리한 내용이다. 어떠한 차이점이 있는지 각 요소 단위로 비교할 수 있다.

구 분	전통적 · 고전적 테러리즘	뉴 테러리즘
발생 형태	전쟁에 준하는 상황과 배경에서 발생	전쟁의 한 형태, 최대의 인적 · 물적 피해를 추구하는 무차별적인 형태
테러 주체	주체 및 이유가 명확하고 중앙 통제	얼굴없는 테러, 테러의 명분이 추상적, 통제가 느슨
전술적 목표	공포 및 두려움 유포	극적인 연출을 통한 테러의 공포 및 혼란 조성 ← 대중매체를 적극 활용
목표물 범위	폭력의 대상자가 곧 희생자, 희생자의 규모가 명확히 한정(限定)	불특정 다수의 일반 대중에 무차별적으로 공격, 피해자와 희생자의 범위가 광범위
목표 대상	특정 개인 및 소규모 집단에 집중	대량살상무기를 활용한 불특정 다수
테러 명분	군사 · 정치적	경제 · 문화 · 종교 · 민족 · 심리 등

〈그림 2-15〉 전통적 · 고전적 테러리즘과 뉴-테러리즘의 차이점 비교

1960년대 말 이전까지를 전통적 · 고전적 테러리즘으로 보고 있으며, 1990년대 중반 이전까지는 현대 테러리즘으로, 1990년대 중반 이후부터는 뉴-테러리즘으로 구분하고 있다. 극명한 차이점은 전통적 · 고전적 테러리즘의 목적이자 목표가 '오직 승리(only victory)'인데 반해 뉴-테러리즘은 '한 명을 죽여서 만 명을 위협한다(Kill one and threaten ten thousand).'에 있다. 한 명을 죽여서 만 명을 위협하라는 의미는 대중 한 명을 죽여 다수를 공포와 두려움에 떨게 만들면, 결국 지구촌 인구 76억 명을 위협할 수 있다는 점에 있다. 다시 말해 인공위성과 인터넷이 등장하고 발전되면서 뉴-테러리즘의 이러한 목표 달성이 가능해졌다는 것이다.

이러한 환경적 요인은 뉴-테러리즘을 세 가지 측면에서 특성화시켰다. 첫째, 얼굴 없는 테러가 가능해졌고, 특별한 요구 조건을 제시하지 않음으로써 색출 및 근절(eradicate)이 불가능하게 만들었다. 이는 자신을 포함한 비호(庇護, protection) 세력을 보호할 수 있는 반면에 대상이나 대응하는 세력은 오히려 공포가 극대화되는 현상을 불러왔다. 둘째, 인터넷 등의 첨단 이동통신 수단을 써 무력화(無力化)가 곤란하며, 그물망 조직으로 편성이 가능해졌다. 특히 불특정한 일반 대중을 무작위로 선정(選定)하는 게 가능해짐으로써 과거의 '선택적 테러'에서 '보편적 테러' 방식으로 변화할 수 있었다. 셋째, 핵과 화학, 방사성 물질까지 사용하는 환경이 조성됨으로써 전쟁 수준으로까지 확대가 가능해지면서 피해도 상상을 초월하는 수준으로 확장(擴張)되었다. 이는 '슈퍼 테러리즘'이나 '사이버 테러리즘'으로도 불리고 있다. 특히, 9·11테러 참사 이후 테러와 대테러의 명분 속에서 전통적인 공격목표였던 주요 인사(VIP)나 국가시설, 공공기관에서 대중 교통수단과 다중 이용시설로까지 표적과 대상이 확대되면서 위협 정도와 수준도 더욱 높아졌다.

4. 뉴-테러리즘의 속성과 전술적 특징

세계화는 목표와 의미는 좋았지만, 독이든 사과였다. 세계화에 따른 경제적 박탈감은 소외감으로 심화(深化)되어 왔고, 점차 극단적인 행동을 하는 사람이 늘어나면서 기존의 테러리즘에서 새로운 테러리즘 양상으로 변한 것으로 해석할 수 있다. 이외에도 제도적 질서, 정치적 변화, 정체성 분쟁, 세계 질서의 불평등성 등은 테러리즘을 결정하는 주(主)요인으로 자리매김하였다. 이처럼 21세기에 등장한 뉴-테러리즘에 효율적으로 대처하기 위해서는 이들이 가진 본질적 속성에 대한 근본적인 이해가 선행되어야 한다. 아래의 <표 2-3>은 뉴-테러리즘의 네 가지의 속성(屬性, attribute)이다.

〈표 2-3〉 뉴-테러리즘의 네 가지 속성(屬性)

① 뉴-테러리즘은 위기관리의 한 하위 분야로 이해하여야 한다. ② 뉴-테러리즘은 모더니즘(modernism)적인 시각이 아니라 포스트모더니즘(postmodernism)적 시각으로 접근하여야 한다. ③ 뉴-테러리즘은 과정적 측면에서 바라볼 때 '사후 대응'보다는 사전 '예방단계'에 초점을 맞추어야 한다. ④ 뉴-테러리즘을 근절하기 위해서는 정부를 중심으로 히여 민간 부문과 시민사회가 역할을 분담과 수행한다는 측면에서 거버넌스(governance)적 시각으로 접근하여야 한다.

① 국가가 수행해야 할 중요한 핵심 기능의 하나가 바로 위기 대응과 관리 부문이다. 강제 수단과 평화적 수단을 불문하고 적절히 대응하지 못하면, 국가의 안위는 상당한 위협에 놓일 수밖에 없다.

② 포스트모더니즘(postmodernism)의 특성에 따라 문제를 해결하기 위해서는 모더니즘의 제한적인 의식을 버려야 한다. 정치・안보・군사 측면에서만 바라보던 이전(以前)과 달리 경제・사회・문화・종교・민족 등 모든 분야에서 발생하고 있으므로 해결 방식도 특정한 학문 분야에 국한하지 말고 다양한 분야를 통해 식별 및 도출-분석-평가-대응하여야 한다.

③ 뉴-테러리즘이 불특정 다수를 대상으로 함으로써 피해 규모가 이전보다 상대적으로 크고 미치는 범위와 영향도 넓고 광범위하다는 특성을 고려해야 한다. 따라서 사전 예방할 수 있는 대책이나 조치가 가능할 때 효과 측면에서 훨씬 이익이 커진다.

④ 최근까지 많은 국내・외의 연구 자료를 보면, 뉴-테러리즘에 대하여 피상적으로만 접근한 사례가 대부분으로 외교나 안보, 정치학 분야의 연구자들 중심으로 해결방안을 모색하고 있다는 점이다. 한쪽으로 편중하기보다 행정학을 포함한 다양한 분야의 전문가들이 서로 통합된 연구를 진행해야 한다.

뉴-테러리즘은 유럽지역에서 빈번하게 발생하고 있으며, 아래의 <그림 2-16>은 2004년에서 2017년까지의 현황과 빈도(頻度, how often)이고, <그림 2-17>은 미국에서 2017년부터 발생한 주요 발생 지역과 내용이다.

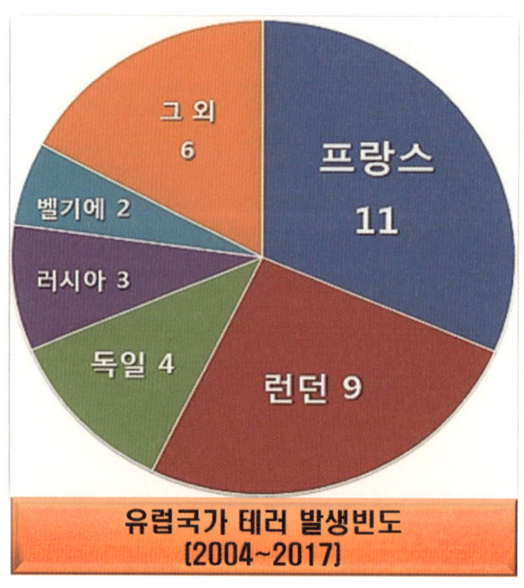

〈그림 2-16〉 유럽지역에서 발생한 국가별 현황과 빈도(2004~2017)

미국의 경우 테러는 2001년 9·11테러 이후 계속 증가 추세에 있으며, 2017년부터 총기에 의한 강력한 테러 사건이 자주 발생하는 추세로 '외로운 늑대형 테러'로 분류하고 있다.

미국의 테러발생 현황(2017~2019)

① 2017.8.12, 버지니아주 샬러츠빌 시위 차량 돌진
② 2017.8.6, 펜실베니아주 마트 총기난사
③ 2017.9.14, 워싱턴 프리먼 고교 총기난사
④ 2017.10.1, 라스베이거스 총기난사
⑤ 2017.10.31, 맨해튼 차량 테러
⑥ 2017.11.5, 텍사스 제일 침례교회 총기난사
⑦ 2017.11.14, 캘리포니아주 란초 테하마 초교 총기난사
⑧ 2018.2.14, 플로리다주 마조리 스톤맨 더글러스 고교 총기난사
⑨ 2018.3.2./3.12./3.18, 텍사스 연쇄폭발 테러
⑩ 2018.4.3, 캘리포니아주 유튜브 본사 총기난사
⑪ 2018.5.18, 텍사스 산타페 고교 총기난사
⑫ 2018.8.26, 플로리다주 e스포츠 대회 총기난사
⑬ 2018.10.27, 피츠버그주 총기난사
⑭ 2019. 3. 18, 피츠버그 유대인 교회 총기난사

〈그림 2-17〉 미국에서 발생한 테러 현황(2017~2019)

5. 세계 주요 국가의 테러 사례

5.1. 미국의 9·11 테러(2001)

미국은 1960년대 이후 테러집단이 세계에서 가장 빈번한 공격목표였고, 1990년대를 지나면서도 테러리즘의 양상에는 거의 변화가 없었다. 미국의 시각에서 국제 테러리즘의 증가가 국가이익에 도움이 되지 않았지만, 본토 내부(內部)에서는 테러리즘이 빈발(frequent occurrence)하지 않았기에 관련 대응책을 마련하는 데 있어서 긴박한 위기의식은 느끼지 않았다. 이는 결국 오사마 빈 라덴(Osama bin Laden, 1957~2011)의 9·11테러에서 무방비 상태로 뚫렸고, 5,500여 명의 사상자와 220억$의 피해를 발생시켰다. 전대미문(unheard of)의 사건인 9·11테러는 어떠한 방법을 사용하였길래 알카에다(al-Qaeda)가 민간항공기를 하이재킹하여 누구도 엄두 내지 못했던 美 본토에 테러를 감행하도록 만들었을까? 알카에다는 바로 미국이 가진 과도한 자신감(confidence)과 허점(blind spot)을 여지없이 파고들었다.[14] 당시 미국의 오판(誤判)과 실책은 네 가지로 정리할 수 있다. 아래의 <그림 2-18>은 당시 미국의 오판과 실책이다. 여기에는 미국 전문가들의 오판(誤判)도 한몫하고 있음을 알 수 있다.

미국의 오판[誤判]과 실책[失策]

① 본토에 대한 직접적인 테러 행위는 불가능
② 주요시설에 대한 취약한 보안체계 인식의 소홀
③ 국가적인 위기대응체계 확립의 미숙
④ 현실 위협을 재래식 살상무기 위협으로만 안일하게 인식*[대테러정책의 중요성 미인식]*

〈그림 2-18〉 9·11테러를 불러온 미국의 오판(誤判)과 실책(失策)

14) 일부 사설이나 유튜브는 2014년 미국의 합참의장 마틴 E. 뎀프시(Martin E. Dempsey, 2011~2015 재직)가 G20 회의 연설에서 “ "미국을 상대하고 싶은가? 그렇다면, 미국의 10개 핵 항모전단을 막아낼 수 있는가? 20개의 스텔스 핵 폭격기를 막아낼 수 있는가? 네이비실 6팀의 암살을 막아낼 수 있는가? 7,000개의 핵미사일을 막아낼 수 있는가? 핵미사일 방어시스템을 뚫어낼 수 있는가? 이지스함, GBI(지상 요격기), 인공위성 무기, 패트리엇-3, THAAD 등이 갖추고 있는 최첨단 기술을 감당할 수 있는가? 만약, 당신의 대답이 "No"라면, 신(神)부터 이기고 올라와라! 만약, 신(神)을 이길 자신이 없다면, 미국의 친구가 되어라."라는 언급으로 세계에 대한 무한한 자신감과 우월감을 언급했고, 러시아의 푸틴과 중국의 시진핑이 고개를 떨구었다고 하지만 사실적 근거가 없는 얘기다.

① 전문가들은 美 본토에 대한 직접적인 테러 행위가 어떠한 경우도 불가능하다는 자만심(conceit)을 갖고 있었다. 바로 허상(虛像)에 기초한 '불필요한 믿음'이다. 이렇게 테러리즘의 변화를 미처 읽어내지 못한 결과는 9·11테러를 통해 세계에서 유일한 초(超)강대국이며, 세계의 경찰국가라고 호언장담하는 미국 본토에 사상 초유의 테러를 감행하여 성공하면서 참혹하고 엄청난 피해를 불러왔다. 미국의 국가안보 전략은 실패하였고, 군사전략은 급격한 선회를 통해 재조정이 불가피하게 되었다.

美 국방부(125명 사망)

② 보안체계에 대한 과도한 자신감과 '누가 감히'라는 인식에서 벗어나지 못했기에 국가·군사 주요시설의 보안체계에 대한 위기의식과 긴장감이 전혀 없었다.

③ 당시만 하더라도 세계의 유일한 초강대국답게 국가의 위기대응체계는 전통적 안보 중심으로 판단하고 있었으며, 대테러를 비롯한 기타 안보에 대해서는 중요하게 취급할 필요성 자체를 느끼고 있지 않았다.

④ 미국은 2001년 초기에 '4년 주기 국방검토보고서(QDR)'를 기존대로 재래식 살상 무기 위협 중심으로 작성했으나, 대테러에 대한 필요성을 절감하였다. 2003년 3월 1월 부로 국토안보부(DHS)를 설립하여 FEMA(연방 재난관리청)까지 그 예하 기관으로 구성하는 강수(强數)를 두었다.[15)]

결론적으로 미국은 9·11테러를 사전에 충분히 예방할 수 있었으나, 국가 지도자의 위기관리와 대응 능력 미숙, 국가정보기관들의 협력 간 구조적인 결함과 통합 기능의 부재로 실패하였음을 공식적으로 인정하였다.

15) 이후 2006 QDR은 이전에 발표된 '국가안보전략보고서(National Security Strategy, 2002)', '군사전략보고서(National Military Strategy, 2004)', '국방전략보고서(National Defense Strategy, 2005)'의 목표·기본방향은 유지하되, 이라크와 아프가니스탄에서의 대테러전 교훈을 반영하고 있다.

5.2. 스페인의 마드리드 열차 폭탄 테러(2004)

스페인 마드리드 아토차역(191명 사망)

스페인 정부가 알카에다 조직원들을 체포하자 2004년 3월 11일 보복 개념으로 경고 없이 자행되었다. 마드리드(Cercanías Madrid) 시내의 교통 중심축인 기차역 아토차에서 폭발이 일어났고, 같은 노선의 2개 역에서 연쇄 폭발이 일어났다. 테러 당일 13개의 폭탄 가방이 연쇄 폭발하면서 190여 명이 목숨을 잃고 1,800여 명이 다쳤다. 정부는 테러 용의자 62명의 재판 과정에서 추가적인 테러 계획을 밝혀내고, 4월에 테러 주모자의 은신처 주변을 즉각 봉쇄했다. 그러자 테러범들은 자신들의 본거지에서 자폭하였다. 이후 스페인은 이라크에 파병하였던 자국 군대를 곧바로 철수시켰다.

5.3. 영국 런던의 동시다발 테러(2005, 2017, 2019)

영국 런던 동시다발 테러(750여 명 死傷)

2005년 7월 7일은 런던이 제30회 올림픽 개최지로 선정된 바로 다음 날이다. 영국에 거주하는 무슬림[16] 외국인들이 출근시간대에 런던의 지하철과 버스 4곳에서 동시다발적인 자살폭탄 테러 사건을 일으켰다. 이 사건으로 750여 명의 사상자(死傷者)가 발생했다. 12년만인 2017년에서 총 다섯 차례의 테러가 발생하였는데, 이 중 9월 15일은 2005년의 지하철 테러와 유사한 시간대에 발생하였다. 런던 광역경찰청은 급조폭발물(IED)로 분석하였다.[17]

16) '무슬림'은 아라비아어로 이슬람교도를 뜻하며, 여성은 '무슬리마(muslima)'로, 복수형은 '무슬리문(muslim-un)'으로 불리고 있다.

17) 급조폭발물(IED)은 'Improvised Explosive Device'의 약자로서 정해진 규격이 없고 저렴한 비용으로 제작할 수 있

5.4. 프랑스 샤를리 에브도(Charlie Hebdo) 테러(2015)

프랑스 샤를리 에브도 테러(750여 명 死傷)

2015년 1월 7일 프랑스 파리 11구역에 있는 사회 만평잡지사인 『샤를리 에브도』 본사를 급습한 총기 난사 사건을 뜻한다. 신문의 논조가 이슬람국가(IS)에 공격적이었고, 반종교적인 성향의 좌익 언론이었다. 특히 극우(極右), 천주교, 이슬람, 유대교, 정치인, 문화 등에 대한 비판적인 기사를 주로 게재하고 있었다. 형제인 2명의 테러 분자는 '신은 위대하다(알라후 아크바르).'를 외치며 자동화기를 난사함으로써 프랑스 최악의 총기 살해사건으로 불린다. 이 사건으로 인해 12명이 사망하고, 10여 명이 다쳤다.

는 사제폭발물을 뜻한다. 자세하게 알아보려면, 김성진의 학술논문 "급조폭발물(IED)과 한국군 대응 체계의 효율성 제고 방안: 전·평시 軍의 예방·대응 체계를 중심으로," 『군사논단』 통권 제97호 2019년 봄호, 2019), pp. 126~157.을 참고하면 된다.

제 3 절

해외 한국인에 대한 인질납치 테러 사례와 협상 전략

1. 알카에다(Al-Qaeda)의 테러 공격과 인질 테러에 대한 이해

1.1. 알카에다(Al-Qaeda) 테러 공격의 우선순위

1900년대 말과 2000년대 초까지만 하더라도 무정부주의자들은 해당 국가의 내부에서 대부분 활동하면서 화약과 권총 등의 소화기를 사용하는 성향이 두드러졌으나, 점차 항공기 운송의 증가와 인터넷을 활용한 네트워크 확장, 정치적·이념적 이해관계를 통해 어느 순간 초국가적인 현상으로 자리매김하였다. 냉전이 종식되면서 테러집단을 후원해주던 구(舊)소련의 지원은 사라졌지만, 서유럽국가들의 강력한 대테러정책으로 좌파 성향의 테러리즘은 주춤하였다. 하지만, 1991년 걸프전에서 시작되어 2001년 9·11테러까지 연계되면서 지속하여 확산 일로(一路)에 있다. 알카에다는 글로벌 조직으로 수많은 추종자의 이념으로 성장한 단체이다.

알카에다는 테러 공격 시 1순위와 2순위로 구분하여 시행한다. 제1순위는 미국-영국-호주 순이고, 제2순위는 일본-한국-필리핀 순이다. 아래의 <그림 2-19>는 1986년에서 2014년까지의 한국인의 해외 인질납치(Hostage taking) 테러가 발생한 현황이다.

〈그림 2-19〉 한국인의 해외 인질납치 테러 현황(1986~2014)

1.2. 인질납치(Hostage taking) 테러와 그에 대응하는 요령

인질납치 테러는 테러집단이 인간의 안전과 생명을 담보로 하여 해당 국가나 관련 국가에 자신들의 요구사항을 수용하도록 압박하기 위한 수단이자 방법이다. 수사학의 관점에서 설명하면, 인질 사건(Hostage incident)은 인간 개인의 이익 추구와 병적(病的)인 행동, 강압적 권력에 대한 반항, 정치적인 책략 등을 통해 목적을 달성하고자 다른 사람의 의지에 반하는 불법적 감금하는 범죄적 행동을 의미하고 있다.[18] 공격목표가 기존의 주요 인사(VIP)에 대한 암살 또는 납치, 해외공관이나 주요 시설물에서 다중이용시설과 대중교통 수단, 학교시설, 휴양지나 관광 시설 등으로 그 대상이 확대되었으며, 이제는 테러에서 안전지대(Green Zone)가 없어졌다고 하여도 과언이 아니다.

세계화 시대에 따른 한국인의 연간 해외 출국 현황은 2천만여 명으로 매년 확대되는 추세에 있는 가운데 재외 교포가 750만여 명에 달하고 있는 현실은 테러나 테러리즘에 대한 취약성이 그대로 드러나 있다.[19] 이러한 현실적 취약성은 테러집단이 납치한 인질들의 생명을 담보로 위협을 가하면서 해당 국가에는 요구사항을 관철하고 자신들의 힘은 과시할 수 있는 토양(土壤)을 제공한다. 아래의 <그림 2-20>은 한국에 테러 위협을 가하는 IS 추종 테러집단에 의한 민간인 사망자 현황이다.

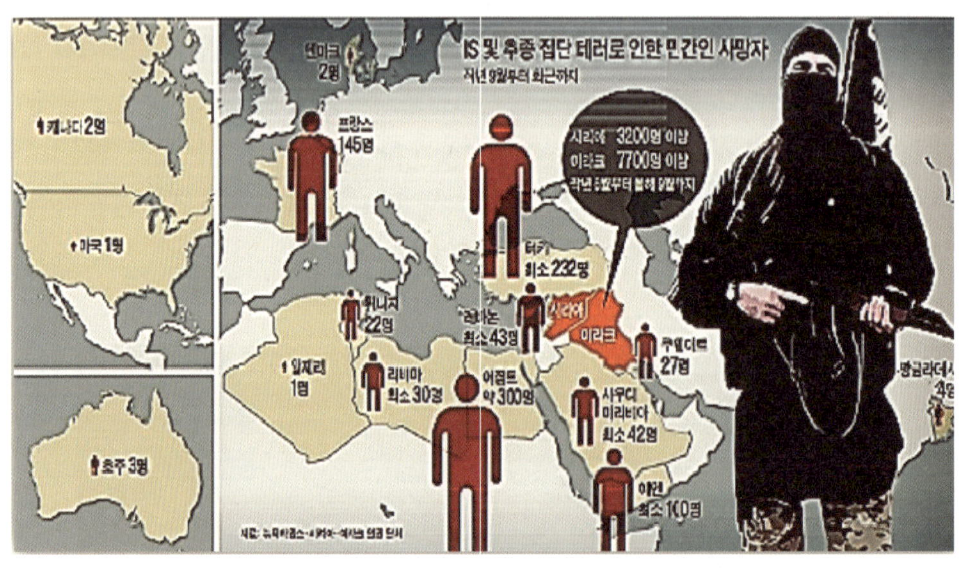

〈그림 2-20〉 IS 추종 테러집단에 의한 민간인 사망자 현황(2016)

18) 경찰청, 『대테러 인질 협상』, 2000, p. 13.

19) 한국관광공사(http://www.visitkorea.or.kr/); 외교부 홈페이지(http://www.mofa.go.kr/)(검색일: 2020년 4월 15일).

인질납치의 특징은 인질의 숫자가 적더라도 생명을 담보하고 있는 테러집단의 힘은 해당국과 관련 기관에 엄청난 압박과 영향력 행사가 가능하게 한다. 인질 테러리즘과 일반적인 범죄 측면의 인질 사건의 차이점은 아래의 <표 2-4>와 같이 다섯 가지로 정리할 수 있다.

〈표 2-4〉 인질 테러리즘과 일반범죄 측면의 인질 사건 차이점

① '계획성(planning)'이다, 장기간에 걸쳐서 치밀한 사전(事前) 계획하에 진행한다.
② '동기(motive)'이다. 정치와 종교, 이념, 집단적 이해관계 등에 인한 것이며, 관심과 동조를 얻기 위해 명분을 내세우며 시행한다.
③ '요구사항(requirement)'을 제시한다. 충족되지 않으면, 인질을 살해할 가능성이 다른 일반적인 인질 사건과 비교할 때 현저하게 높다.
④ 자신이 희생되는 것을 개의치 않고 '순교자(martyr)'가 되는 것도 두려워하지 않는다.
⑤ 치밀하게 준비하여 숙달된 테러 분자들이 가능한 '다수의 인질(Hostage)'을 납치하고자 한다.

아래의 <표 2-5>는 인질납치 테러가 발생 시 대응하는 요령을 네 가지로 정리하였다.

〈표 2-5〉 인질납치 테러에 대응 시 고려해야 할 네 가지 요소

① 인질과 관련한 '징후(sign)'를 이해하여야 한다.
② 어떠한 사람이 '잡혀있다(be in)'라는 사실을 인식하여야 한다.
③ 인질을 적절하게 '활용(application)'할 수 있어야 한다. 즉, '인질(Hostage)'에 지나친 관심을 보이지 않도록 하는 것도 하나의 방법이다.
④ 테러 집단의 '요구사항(requirement)'에 초점을 맞추어야 한다.

① 테러집단의 시각에서 볼 때 인질이 자포자기하고 있으면, 그 자체를 위험한 존재로 인식할 수 있다. 따라서 협상팀의 주된 임무와 역할도 인질과 협상 관계에 있는 軍 조직, 경찰력, 무고한 주변인, 테러 분자의 생명을 가능한 한 모두 구하고 안전을 보장하는 데 있다는 점을 이해해야 한다.

② 인질은 스스로 자원(自願)한 게 아니다. 통제능력을 잃은 무력감과 억류되어 테러집단에

전적으로 의존할 수밖에 없는 처지에 있으므로 인질이 겪는 심리적·생리적 감정과 스트레스를 최대한 이해하도록 노력해야 한다.

③ 테러집단에 있어서 인질은 현금이고 담보물(collateral)로서 그들의 힘을 좌우하게 만드는 잣대(barometer)이다 보니 사람으로 인식하지 않는다. 협상팀이 인질에 지나치게 관심을 보이면, 테러집단은 담보물의 가치가 증가한 것으로 인식하여 더 영향력을 확대하기 위해 노력할 것이기에 가능한 의도적으로 움직여야 한다.

④ 협상에는 반드시 반대급부가 있음을 잊어서는 안 된다. 따라서 협상팀의 주 노력은 인질을 대신할 가치가 있는 제공물(trial offer)이 무엇인지를 빨리 찾아내는 일이다.

1.3. 인질납치에 대한 국제 인식과 한국의 현실

최근의 테러 양상이 이전과 다르게 인질납치 방식으로 변화한 원인은 폭탄 테러나 조직범죄보다 위험 가능성이 작고 자본 투자가 필요 없는 데다가 돈이 되는 사업이기 때문이다. 정치와 민족, 종교 문제를 부각하면서 실리(實利)도 동시에 챙기려는 목적에서 혼합형 인질납치가 증가하였으며, 공식적인 요구 이외에 금전적인 실리를 챙긴 다음에야 석방하는 사례가 많다.

국제 테러리즘에서 가장 큰 피해를 보고 있는 미국이나 이스라엘의 경우 테러집단과는 어떠한 협상이나 양보도 없다는 '절대 불양보(不讓步)의 원칙(principle of disapproval)'을 고수(固守)하고 있으나, 효과적인 해결책은 아닌 것으로 평가받고 있다. 왜냐하면, 실제 테러 사건이 발생하면, 해당 국가가 처해있는 복합적인 문제들로 인해 정리하기가 쉽지 않기 때문이다.

특히, 미국은 "테러집단과는 협상하지 않는다."라는 원칙을 고수하는 이면에는 수감자 석방 등의 요구를 들어줄 때 인질납치가 더 빈발할 수 있다는 우려가 있기 때문이다. 이를 통해 탈레반 주요 인사들이 풀려나면, 더욱 큰 영향력을 가지게 만든다는 정치적 측면도 있음이 사실이다. 이는 '테러와의 전쟁'에 사활을 거는 미국이 가질 법한 우려에 기인(基因)하고 있다.

한국은 2007년 7월에 발생한 샘물교회 선교단 인질납치 테러 사건에서도 미국과 다수 국가가 가진 '테러집단과의 협상은 불가(不可)'라는 입장에서 벗어나 테러집단과의 협상을 진행함으로써 상당한 정도로 국내외적인 정치적 압력과 비난을 받았다.

2. 해외 한국인의 인질납치 테러

2.1. 제628 동원호 납치 테러(2006)

제628 동원호 납치 테러(2006)

2006년 4월 4일 소말리아 인근의 공해(公海)상에서 조업 중이던 동원수산 소속의 동원호가 '소말리아 머린'이라는 군벌 무장단체에 의해 납치되었다. 선장을 포함한 한국인 8명과 인도네시아인 9명, 베트남인 5명, 중국인 3명 등 25명은 117일간에 걸친 피랍생활을 하는 가운데 정부와 대사관 관계자 등이 대책 마련에 나섰다. 국가정보원에서 태스크 포스(Task Force)를 구성하여 관련 국가의 정보기관과 협조 및 첩보를 입수하고 현지에 긴급대응팀을 급파하는 등의 지원 활동을 하였으며, 정부 차원에서 외교 채널 등을 동원하여 소말리아 과도정부가 테러집단에 압력을 넣어 달라고 요청하는 등의 노력을 집중하였다. 이러자 해적들이 요구하는 제시금액은 100만$에서 80만$로 하향 조정되었다. 그러나 협상이 진전되는 과정에서 결과가 뒤집히는 사례가 반복되면서 책임 공방이 벌어졌지만, 정부와 납치 테러집단과의 협상이 극적으로 마무리되면서 석방되었다.

2.2. 마부노 1·2호 납치 테러(2007)

2007년 5월 15일 아프리카 케냐에서 출발하여 예멘으로 향하던 새우잡이 저인망 원양어선 마부노 1·2호가 소말리아 모가디슈 해안의 북동쪽 해상에서 무장 해적집단에 의해 납치되었다. 선원은 한국인 4명을 비롯하여 중국인 10명, 인도네시아인 4명, 베트남·인도 각 3명 등의 외국인 선원 20명을 포함한 24명이었다. 당시 외교부는 대책반을 구성하고 중국과 인도네시아와의 공동 대응방안을 모색하였다. 테러 집단이 요구한 금액은 처음에는 500만$이었으나, 최종적으로 100만$로 조정되었고, 결국 협상금을 지급하고 174일 만에 석방되었다. 하지만, 협상 전략상 언론

마부노호 1·2호 납치 테러(2007)

보도는 가능한 내보내지 않도록 했다. 이는 동원호의 전례(前例)를 통해 개선한 방식으로 전년도에 발생하였던 동원호 피랍 당시에 문제가 되었던 내용은 많이 개선하여 채택한 방식이었다. 이전(以前) 사례와의 차이점은 첫째, 협상 시한이 막바지에 연기되는 등을 통해 상당한 혼란을 가져온 점, 둘째, 매스컴을 활용하다 보니 국민적 불안감이 극대화되었다는 점, 셋째, 인질에 대한 살해 위협이 반복되었다는 점이다.

2.3. 아프가니스탄 한국인 선교회 인질납치 테러(2007)

한국인 선교회 인질납치 테러(2007)

2007년 7월 19일 아프가니스탄 카불에서 칸다하르로 이동하던 23명(여자 16명, 남자 7명)의 한국 샘물교회 소속의 단기 선교단이 탈레반 무장세력에 의해 납치되었다. 경기도 성남시 분당 샘물교회의 배형규 목사를 비롯한 청년회 신도 등 20명이 단기 선교와 봉사활동 목적으로 아프가니스탄에 입국하여 현지 안내와 통역을 하는 3명과 합류하였다. 이들은 카불에서 170여 km 정도의 거리에 있는 가즈니주의 카라바그 지역에서 탈레반 무장세력에게 피랍되었으며, 배 목사 등 2명은 살해되었다. 이때 한국 정부와 탈레반의 협상을 통해 나머지 21명은 단계적으로 풀려났다.[20] 아래의 <그림 2-21>은 당시 한국이 탈레반과의 인질 협상을 시도하는 데 따른 각국의 인식 차이를 보여주고 있다.[21]

---

20) http://ko.wikipedia.org

21) 우성규, "[아프간 피랍사태] 韓—美—아프간 미묘한 입장 차," 『국민일보(https://news.v.daum.net/v/20070726213706286)』 (2007. 7. 26.) (검색일: 2020년 4월 17일).; 박지희, "[아프간 피랍] "최고위급 석방" 최후

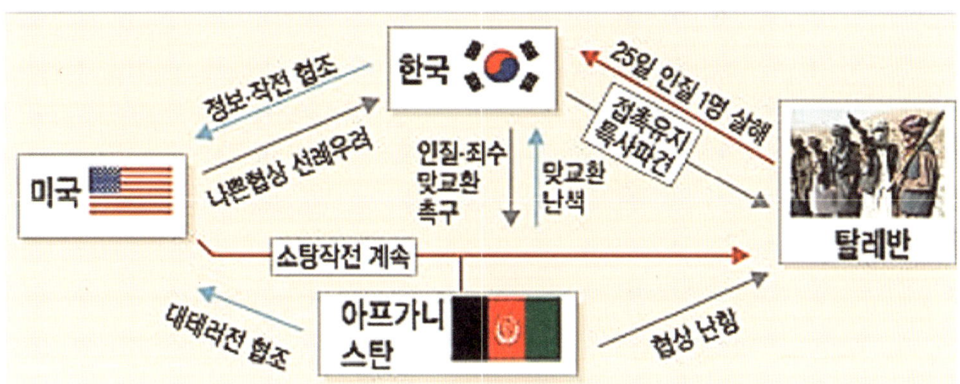

〈그림 2-21〉 韓-탈레반 간 인질 협상에 대한 각국의 인식 차이

인질 석방을 위한 협상에는 인질을 납치한 테러집단과 협상가 이외에 인질의 가족, 관련 정부, 공범(共犯), 중재자(arbiter), 언론 등을 비롯하여 이해당사자들이 복잡하게 얽혀 있기에 관련 변수는 협상 이전에 충분하고도 세밀하게 이해해야 한다. 당시 한국 정부는 다른 국가들의 인식에 상당히 곤혹스러워하였다. 아래의 <그림 2-22>는 당시의 협상 관계도이다.

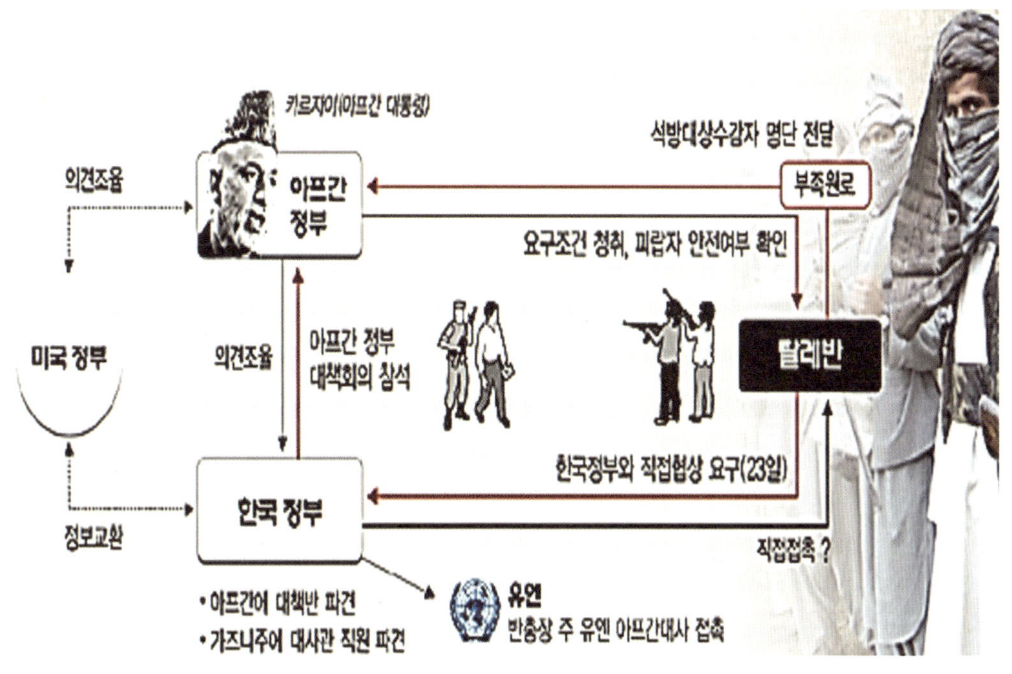

〈그림 2-22〉 인질 협상 간 韓-아프간 정부와의 관계도

조건..아프간 정부도 '딜레마'," 『경향신문(https://news.v.daum.net/v/20070724031705999)』 (2007. 7. 24.) (검색일: 2020년 4월 17일).

프랑스 소르본대학교의 귀 올리비에 포르(Olivier Faure) 교수는 『국제 협상지(International Negotiation)』 논문에서 협상 단계를 '협상 이전(以前) 단계-협상의 틀을 정하는 단계-세부 협상 단계'로 구분하고 있다. 그는 인질 석방 협상에는 납치범과 협상가 이외에 인질과 가족, 공범, 중재자, 언론 등 이해 당사자(stake-holder)가 매우 복잡하게 얽혀 있기에 다양한 변수가 발생할 수밖에 없고, 이를 사전에 충분히 이해한 다음 접근해야 해결할 수 있다고 강조하였다. 아래의 <그림 2-23>은 협상이 진행되는 3단계이다.

〈그림 2-23〉 협상이 진행되는 3단계

이때 유의할 점은 먼저, 상대와의 말싸움에 말려들면 안 되고, 인질 납치범들의 말을 잘 경청해야 그들의 의도를 빨리 파악할 수 있다. 둘째, 협상 간 최종 시한을 정하는 것은 최대한 회피해야 한다. 셋째, 타협할 것처럼 보이는 것은 좋지만, 어느 것도 쉽게 양보해서는 안 된다. 넷째, 결정적인 문제에 대해서는 거짓말도 용인되고 있음을 이해하고 접촉하여야 한다. 다섯째, 시간은 최대한 벌면서 인질 납치범에게 협상이 진행되는 한 공격은 없다는 점을 확신시켜야 한다.

2.4. 인질납치 테러 협상과 협상 전략의 이해

'협상(Negotiation)'이란 어떠한 목적에 부합되도록 결정하기 위해 이해 당사자가 쌍방 간 합의로 분쟁을 처리하는 과정이다. 실제로 쌍방이 협상을 진행할 필요성을 느낄 때 비로소 협상이 가능해진다. 상대가 대가를 요구하더라도 협상할 의사가 없으면, 아무런 소용이 없다. 협상은 의지의 경쟁이나 힘의 대결이 아니라 쌍방이 분쟁을 해결하고 개인이나 집단의 이익을 위해 흥정하거나, 쌍방이 이익을 위해 노력하는 과정이다. 인질 테러 협상도 경우의 수가 다양하기에 똑같은 패턴(pattern)으로 진행하기는 매우 곤란하다. 아래의 <그림 2-24>는 모든 협상에 공통으로 존재하는 요소들인데 군사적 측면이나 일반적 측면의 협상 패턴과도 유사하다.

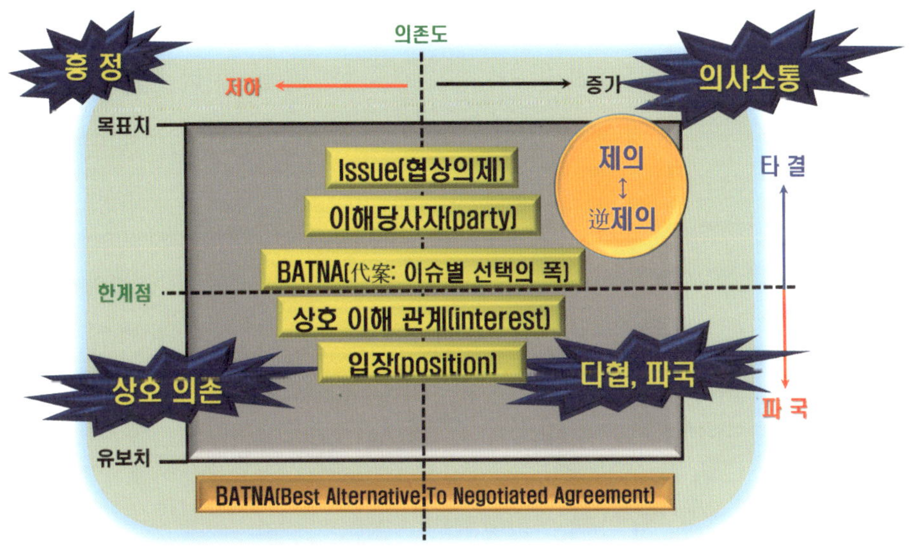

〈그림 2-24〉 인질납치 테러 등의 모든 협상에 존재하는 공통 요소

협상을 분석하면서 어떠한 접근 방식으로 선택하는지에 따라 관점과 대상이 달라진다. 인질 테러는 폭파, 암살 등과 같은 '히트 앤드 런(Hit & Run)'식의 테러 전술이 아니라 테러집단과 합법 정부 간에 진행하는 대결 구도로서 사건을 해결하는 데 다소의 시간이 필요하다. 또한, 테러집단의 요구 조건과 상관없이 해당 정부와 인질 가족은 물론 언론 보도를 통해 이를 접하게 되는 대중에 미치는 파급효과로 인해 여러 가지의 부작용이 초래될 수도 있다는 점을 이해하여야 한다.

테러집단은 자신들이 추구하는 목표를 달성하기 위해 '테러(terror)'라고 하는 수단을 써서 목표를 달성하고 자신들이 존재한다는 사실과 목표, 의지와 능력을 과시하려는 욕구 또한 갖고 있다. 따라서 비인간적이고 비이성적인 측면을 더욱 과시하면서 이를 극대화한 형태로 대중에게 인식될수록 정부로서는 상대적으로 심각한 국면에 직면할 수밖에 없게 된다. 이는 정부에 대한 신뢰도의 하락이나 약화, 또는 손상을 줄 수 있다는 의미이기에 정부로서는 확대하지 않고 단시간 내에 해결을 원하게 된다. 반면에 테러집단은 협상에 장애가 될 수 있는 인질 가족, 해당 국가, 대중(국민) 여론, 보도 매체 등에 압력을 넣어 자신들에게 유리한 보도(報道)가 나오도록 유도하는 방식 등을 동원함으로써 요구사항을 관철하려고 시도하기에 사건의 공개를 원한다는 점도 인식하고 있어야 한다.

2.5. 인질납치 테러 협상 시의 장애 요인과 우선순위 결정

인질납치 테러 상황이 발생 시 주변 요소가 사건 해결의 열쇠(key)를 쥐고 있다는 사실은 수많은 수사와 첩보 관련 영화, 드라마 등을 통해 일부는 느끼고 있을 것이다. 아래의 <그림 2-25>는 인질납치 테러 협상 간 예상되는 장애 요인이다.

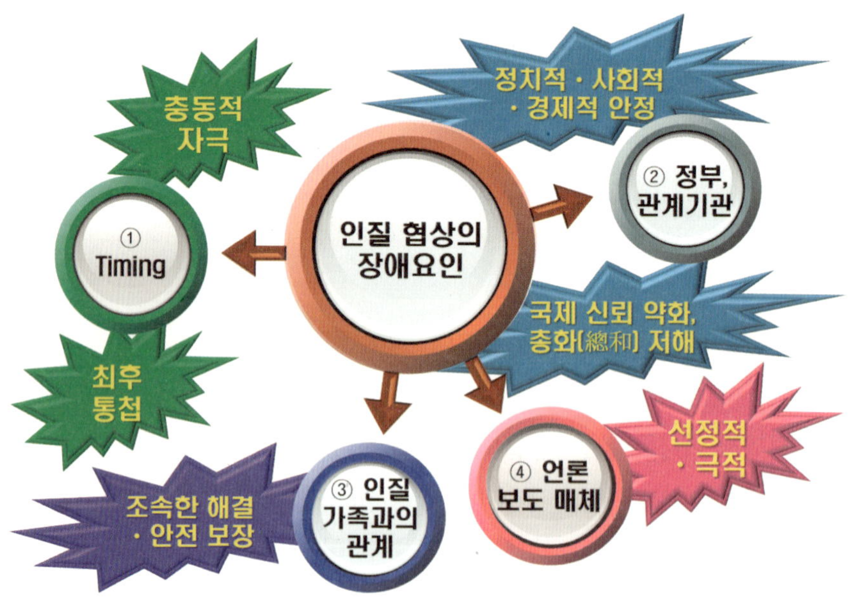

〈그림 2-25〉 인질납치 테러 협상 간 예상되는 장애 요인

① 먼저, 시간(Timing)의 의미는 테러집단이 통보한 '최후통첩 시간'을 뜻한다. 협상을 진행하면서 통보한 최종 시간을 넘길 수밖에 없다는 점은 대단히 중요한 의미이다. 이들의 최후통첩이 진심이었든, 위협을 위한 하나의 방편에 불과하였든 중요하지 않다. 자신들이 가진 의미와 각오의 표현이기 때문에 협상팀에게 시간의 제한은 상당한 압박감을 느끼게 한다. 실제 협상팀이나 협상전문가는 설득이나 흥정하는 역할이지 결정권자가 아니다. 그런데도 협상이 지체된다거나, 해결이 여의치 않게 되면, 상급 기관과 주변의 압력이 가중되면서 제약 요인도 그만큼 많아지게

된다.

여기에서 키-워드는 '협상팀이 초조해하거나, 불안한 심리를 테러집단에서 감지(感知)하는 순간 협상 진행은 더욱 어려워진다거나, 그들의 태도가 더 강경(强硬)하게 바뀔 확률도 그만큼 높아지게 되어있다.

둘째, 테러집단을 자극하여 충동을 격화(intensify)시키는 행위이다. 협상이 지지부진할 경우 안 그래도 권태감이 증대할 것이고, 서서히 짜증이 상승하게 되면, 새로운 돌파구를 찾거나, 정부에 상당한 자극이 되도록 만드는 충동 욕구를 갖게 한다. 여기에서 키-워드는 장기적으로 같은 상황이 지루하게 이어질 때 협상팀은 조속한 종결을 위해 "무엇인가 해야 하지 않을까?"라는 조바심과 불안감이 증폭한다. 이는 현장에서 조금 더 가까이 접근해야 하겠다는 심리적 충동을 느끼게 하고, 구출 작전을 준비하는 특공팀(SWAT)에게도 전파된다는 점에서 우려할만한 소지가 다분(多分)하고 충분하다.

② 정부는 인질납치 테러로 인해 정치적 · 경제적 · 사회적 안정과 국가 전 분야의 총화(總和)를 해치는 결과를 가져오게 됨을 우려한다. 정부의 처지와 당위성(justified), 국제 사회의 신뢰도와 이미지, 국가의 위상이 약화하는 결과에 대하여 민감하게 반응할 수밖에 없기 때문이다. 테러집단의 무기는 재래식으로 조잡한 종류를 많이 보유하고 있지만, 국가의 성급한 대응을 유도하기

대테러작전본부

에 충분하다. 테러 집단이 이를 이용하여 인력과 자원의 유휴(遊休) 및 낭비 현상을 초래하게 만드는 전술, 즉, 대중(국민)과 정부를 이원화시키는 기법을 사용하곤 한다. 결국, 정부는 실추된 권위와 신뢰를 회복하기 위해 이들과의 협상을 조기에 종결지어야 한다는 압박과 강요는 상당한 스트레스로 작동한다. 이러한 현상을 극복하기 위해서는 대테러 대응조직 간 유기적인 협력관계 유지와 정확한 정보(intelligence), 진행 상황(condition)을 최고 의사결정권자에게 제공하고, 현장에 있는 대응조직도 정부로부터 직접 받는 압박을 완충시키려는 제도적 장치나 방안을 마련하게 노력해야 한다.

김선일씨 납치(2004)

③ 인질 가족은 사건을 빨리 해결하기 위해 뭐라도 하고 싶지만, 할 수 있는 것은 아무것도 없다는 현실을 잘 알고 있다. 그래서 정부 측에 조속하게 사건을 처리하여 인질의 안전을 보장해달라고 끊임없이 요구한다. 그러나 진전 없이 시간이 계속 지나면서 정부와 대테러 대응 기구는 점차 압박을 느끼게 된다.

인질납치 테러는 해당 가족이나 관련자가 정부의 처지를 이해하고 협조하여야 필요한 정보(intelligence) 수집과 인질 관리 측면에 중요하게 작용하므로 정부가 요청할 때 최대한 협조해야 사건을 조기(早期)에 종결지을 수 있음을 이해하여야 한다.

④ 테러집단이 자신들의 주장을 대중에게 최대한 널리 전파하여 저지른 행위에 대한 당위성(justified)과 정당성(legitimacy)을 담보하기 위해서는 '커뮤니케이션 통로'를 필요로 한다. 매스컴(mass communication)도 항상 새롭고 충격적인 보도자료 등을 찾아 헤매는 사냥꾼과 같기에 테러 집단과 매스컴은 서로 연결하기를 원하게 된다.

테러집단은 조용한 희생을 원하지 않는다. 혁명적인 영웅이 되는 데 필요한 도구를 '매스컴'으로 인식한다. 보도되지 않으면, 대다수 무모하고 잔혹한 정신병자로 취급받기 때문이기도 하다. 오늘날 자유민주주의 국가에서는 언론의 자유를 보장하고 있는 데다가, 대중은 단순히 인질납치의 사실적 추이(推移, transition)보다 극적인 무언가를 기대하기 때문에 언론도 거기에 보조를 맞추는 추세임을 고려해야 한다. 최근 들어 매스컴에 의한 사실 보도 자체가 사건의 해결에 도움은커녕 오히려 큰 장애 요인으로 작동하거나, 많은 문제점을 야기(惹起)하고 있다.

2.6. 인질납치 테러 협상의 전제 요건과 성공 원칙 '12계(計)'

2.6.1. 인질납치 테러 협상의 전제(前提) 요건

뮌헨 올림픽 참사 또는 뮌헨 학살(1952) 사건은 하계 올림픽 기간에 발생하였으며, 일명 '9월 사건'으로도 불린다.[22] 이후 인질납치 사건은 대부분 협상으로 해결하였고, 합의 여부와 상관없이 인질의 피해를 줄이려는 노력은 계속되고 있다.[23] 여기에서 키-워드는 국가에서 대테러정책이 결정되었더라도 여러 가지의 변수가 존재하기에 정확한 정보와 진행 상황을 파악하면서 자료는 지속하여 준비·제공하여야 한다. 다시 말해 협상을 빨리 종결지으려는 조급함보다는 협상이 진전되는 상황에 따라 신중하게 대응해야 한다. 어떤 경우라도 협상은 진행하여야 하고, 계속 유지되도록 노력하여야 한다. 아래의 <표 2-6>은 인질납치 테러 협상의 전제 요건이다.

〈표 2-6〉 인질납치 테러 협상의 6가지 전제 요건

① 테러 분자나 테러집단이 삶을 이어가겠다는 욕구를 가져야 한다.
② 테러 분자-협상 요원 간 대화가 필요하므로 현장에는 유능한 요원이 반드시 있어야 한다.
③ 무력 사용의 가능성이 존재하고 있음도 각인(刻印)시켜야 한다.
 * 상황에 따라 비극적인 종말로 끝날 수도 있음을 은연중에 부각(浮刻)시킬 필요가 있다.
④ 테러집단에는 반드시 요구 조건이 있음을 항상 잊지 않아야 한다.
⑤ 시간이 지날수록 협상에 유리할지, 불리할지를 판단하여야 한다.
⑥ 협상 우선순위를 결정하여야 한다.

① 테러집단이 인질납치를 하고 자포자기한 상태로 죽겠다고만 고집할 경우 협상은 거의 불가

22) 뮌헨 올림픽 참사는 팔레스타인 테러집단인 '검은 9월단'이 이스라엘 올림픽팀 11명을 인질로 잡고 협상을 시도했으나, 서독 경찰의 테러 진압 미숙으로 인해 대표팀 전원이 살해된 사건이다. 당시 정보 수집이 부족하여 테러 분자의 숫자도 정확하게 파악하지 못했으며, 올림픽 선수촌의 진입 시도를 TV에 생중계하는 영상을 그들이 보고 있었기 때문에 급거 작전을 취소하였다. 작전 지원용 항공기도 정확한 작전 내용을 숙지하지 못하는 등을 통해 이스라엘 선수단 전원이 살해된 비참한 사건으로 기억되고 있다.

23) 2007년 샘물 선교회 인원들의 아프가니스탄 인질납치 테러 사건은 그 배경과 경과에 상당한 의문이 많이 존재하고 있으며, 국내·외적으로 많은 비판을 초래한 바 있는 테러 사건이다.

능해지지만, 살고자 하는 욕망이 강할수록 협상의 성공 가능성은 커진다. 다시 말해 협상팀은 테러집단의 생존 욕구를 고조시키는 방향으로 협상을 유도하여야 한다.

② 테러집단이나 테러 분자가 대화를 거부하더라도 협상팀은 인내를 갖고 대화를 유도해야 하므로 유능한 요원으로 편성하여야 한다.[24] 유능한 협상 요원은 '정서적으로 성숙하여 있고 잘 경청하는 자'이다. 또한, 신뢰성과 탁월한 언어 구사력, 실용적인 지능, 스트레스에 강한 정신력, 사교성이 포함될 수 있다.[25] 테러집단이 다수일 때는 지도자나 지도자가 지명한 대표 1명만을 상대로 대화를 진행하는 게 유리하다. 다수를 상대로 협상을 진행하다 보면, 합의된 사항이 바뀌기 일쑤이고, 자신들도 서로 마음이 맞지 않기 때문에 오히려 협상하는 측에서 곤욕을 치르기가 십상이다.

③ 협상을 진행하는 동안 조그마한 심리적 위협을 주는 기법도 괜찮다. 물리적인 힘, 다시 말해 軍 병력이나 경찰력 등이 배치되어 있고, 때로는 준비한 무력을 사용할 수도 있음을 슬쩍 과시할 필요도 있다. 즉, 협박과 공갈, 회유 및 위협적 측면을 일부 사용하여야 한다. 만약, 무력이 사용된다면, 어떤 비극적 결말(ending)이 올 것이라는 점도 분명하게 알게끔 할 필요가 있다.

④ 요구 조건이 없다면, 협상 진행 자체가 불가능하므로 요구 조건이 존재하여야 한다. 그러나 없다고 한다면, 마지막 방법인 물리적 수단으로의 해결을 모색할 수밖에 없게 될 것이다.

⑤ 인질납치 테러 사건이 발생 시 시간을 의미 없이 지나가게 함도 협상에 유리한 조건으로 작용하는 사례를 들 수 있다. 그 이유는 크게 여덟 가지로 정리할 수 있다. 첫째, 생리적 욕구의 증가, 둘째, 걱정과 스트레스의 증가, 셋째, 흥분상태에서 이성적 사고로 돌아올 가능성의 증가, 넷째, 테러 분자의 스톡홀름 증후군(Stockholm syndrome)[26]이 생겨나면, 인질 위협이 감소하면서 투항이나 협상이 순조롭게 진행될 가능성, 다섯째, 인질이 탈출할 기회는 생기지만, 신중함이 필요, 여섯째, 관련 정보가 점차 풍부해지므로 선택할 수 있는 전략도 늘어나지만, 양(量)으로 대결하는 습관은 일체 금물, 일곱째, 테러 분자와 협상 요원의 '라포(rapport)' 관계 형성, 마지막으로, 협상 시간이 지나고 있다는 측면은 한편으로 유리하게 평가할 수 있지만, 다른 한편으로 보면, 반드시 협상팀에게 유리하다고 보기 어려우므로 협상팀장이 현장의 분위기와 상황을 보면서 시기와 시간을 냉정하게 판단해야 한다.

⑥ 인질납치 테러 협상에서 우선순위는 첫째, 인질의 안전, 둘째, 현장에 있는 경찰과 軍 병력을

24) 통상적으로 테러집단이 대화를 거부하는 경우는 비극적인 결말이 많으며, 자살 성향이 강한 테러 분자는 아예 대화 자체를 끊어 버린다.

25) 이재윤,『특수작전의 심리전 이해』(서울: 집문당, 2000), p. 318.

26) '스톡홀름 증후군(Stockholm Syndrome)'은 인질이 폐쇄된 공간에서 '자신의 생살여탈권을 쥐고 있는 인질범에게 어느 순간에 동화(同化)되어 그들을 이해하고 대변하는 현상'을 의미한다.

포함한 관련자; 셋째, 물적 피해의 최소화; 넷째, 테러집단의 희생자 최소화로 정리할 수 있다.

2.6.2. 인질납치 테러 협상 시 유의해야 할 사항

협상가가 가장 범하기 쉬운 실수가 대화하면서 납치범의 의도에 휘말리거나, 신뢰를 얻는 과정에서 무리한 약속을 할 수 있다는 점이다. 이는 자주 접하는 각종 수사 · 첩보물 영상을 통해 느낄 수 있다. 따라서 협상가는 아래의 <표 2-7>과 같이 협상 과정에서 자칫 실수하지 않게끔 유의해야 한다.

〈표 2-7〉 인질납치 테러 협상 간 유의하여야 할 8가지

① 인질 납치범과의 약속에 의존(依存)하지 마라!
② 대화하는 과정에서 전술적으로 중요한 정보는 흘리지 않으면서 협상가하고만 대화할 수 있도록 유도하라!
③ 인질 납치범에게 위임받은 권한을 명확히 주지(everybody knows)시켜 과도한 요구가 생기지 않도록 하라!
④ 인질 납치범이 협상가의 계획을 알 수 없도록 노력해라!
⑤ 인질과 인질 납치범의 안전(safety)에 관한 관심을 계속 표명하라!
⑥ 분노(忿怒, anger) 등 인간의 원초적 본능이 폭발하지 않도록 억제하되, 극단적으로 몰아붙이지 마라!
⑦ 인질 납치범의 눈높이에 맞춰 대화하라!
⑧ 교통수단이나 인질 교환 등의 요구는 절대 제안해서도 제안을 받아서도 안 된다.

2.6.3. 인질납치 테러 협상의 성공 원칙 '12계(計)'

이번 문단(文段, paragraph)은 경찰 · 수사 계통에서 일반적으로 적용하는 인질납치 사건이 발생하였을 때 성공할 수 있는 12가지의 일반 원칙을 정리한 내용이다. 협상가가 주어진 성과를 달성하려면, 상대와 무엇이든지 주고받아야 한다. 이러한 행위가 없을 때 어떠한 협상도 진전될 수 없기에 성공하기도 어렵다. 아울러 "타협이 없는 협상은 없다."라는 말을 명심하여야 한다. 어느 한쪽이라도 타협적이지 못하고 경직된 의식으로 접근할 경우 실패할 가능성이 커질 수밖에 없다.

아래의 <표 2-8>은 인질납치 테러 발생 시 협상을 성공적으로 진행하는 12가지의 원칙을 정리한 내용이다.

〈표 2-8〉 인질납치 테러 협상의 성공 원칙 '12계(計)'

① 테러집단과 협상할 때는 '빙산 이론'을 염두에 두라!
② 테러 집단(분자)의 '로빈후드 화(化)'를 경계하라!
③ 타이밍을 노려 야금야금 잘라 먹는 '살라미 전술'이 필요하다.
④ 대중(大衆, public)의 여론과 매스컴, 그리고 심리전에 대비하라!
⑤ 무엇을 얻고, 무엇을 포기해야 하는지 명확하게 알고 있어야 한다.
⑥ 어떤 문제인지 핵심을 정확하게 알고 자신의 태도는 무엇인지가 분명하게 준비되어야 한다.
⑦ 요구(position)와 욕구(interest)를 구분하고 BATNA가 있어야 한다.
⑧ 협상 당사자와 직접 접촉하여 면담(담판)하여야 한다.
⑨ 경청하라! 다시 경청하라! 반복하여 경청하라!
⑩ 세밀하게 관찰하라!
⑪ 제시하라! 다시 제시하라!
⑫ 실수하지 마라! 그리고 실수는 반복하지 마라!

① 테러집단은 범죄와 관련되어 있으며, 합법성을 갖지 못한 집단이다 보니 대화하기가 참 껄끄럽다고 표현함이 타당하지 않을까 싶다. 이는 협상을 굉장히 힘들게 만드는 요인이기도 하다. 유럽의 콜롬비아는 테러나 납치범과의 협상에 나서는 것 자체를 법으로 금지하고 있다. 이러한 배경 때문에 정부나 기업이 부득이하게 협상을 진행할 때는 비밀리에 진행하게 된다. 결과적으로 외부로 드러나는 것은 '빙산의 일각'에 불과하다고 할 정도로 비밀스럽다는 표현이 정확하리라고 본다.

② 일반범죄를 저지르는 납치범의 경우는 대화와 접촉에 응할 가능성이 그래도 많다. 하지만, 정권 퇴진 운동이나, 특정 수감자에 대한 석방 요구, 무기 반입(carry in) 및 반출(carry out) 허가, 이라크나 주변 지역에서 활동하는 이슬람 국가(ISIL)에 의해 해당 국가가 주둔시킨 군대의 철수, IS 존재의 인정, 국제회의나 국제기구에서의 의석(議席) 확보를 요구하는 등과 같은 조건은 경제적 · 물질적 보상이 아니라 정치적 목적을 관철하기 위한 요구 조건임을 기억하여야 한다. 이들은

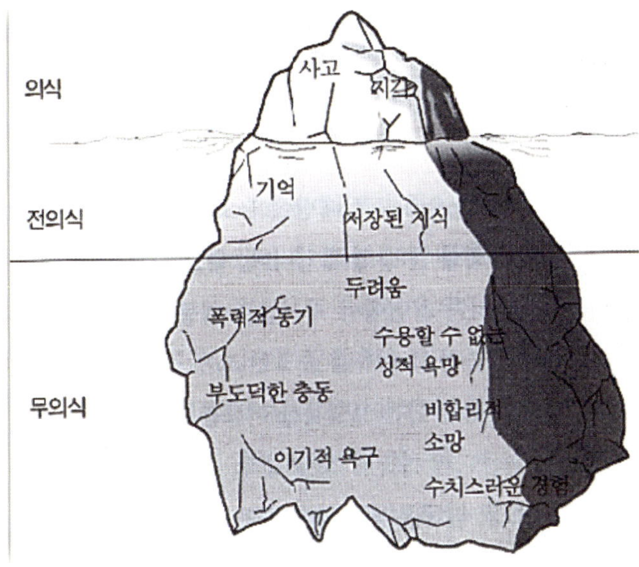

인질납치가 성공하면, 지지 세력들에게 '로빈후드'와 같은 존재가 되고, 설혹 실패하더라도 '순교자(martyr)'로 각인된다. 이러다 보니 해외에서 한국인을 납치한 탈레반이 굳이 "우리는 돈을 요구하는 게 아니다."라고 강조하는 것도 이를 의식한 결과이다.

③ 일반적으로 협상 기간이 길어지면, 길어질수록 테러 집단에게는 불리하다. 사태가 장기화할 경우 누적된 피로감과 불안·초조감을 느끼게 될 것이고, 해당 국가의 협상팀은 의사소통을 진행하는 과정에서 불가피하게 그들의 요구를 받아들일 수밖에 없다.

유능한 협상가라면, 이런 경우에 테러집단에 조금씩 미끼를 던져 주고 변화를 유도하는 '살라미 전술(Salami tactics)'을 채택하는 사례도 있다.[27] '살라미(Salami)'는 덩어리를 조금씩 얇게 썰어 먹도록 만든 이탈리아 소시지를 뜻한다. 워낙 짜서 많이 먹을 수 없다. 이러한 살라미 소시지처럼 조금씩 들어간다는 점은 긍정적인 의미도 있지만, 국가가 협상의 주체로서 활동할 때 협상 기간이 길어질수록 무능하다거나 무책임하다는 비난 여론에 시달려야 하는 부담을 떠안게 된다. 특히, 유명인사가 아닌 보통 국민이 인질로 납치되었을 경우 그 비판의 강도와 수위는 더욱 높아지고 커지게 된다.

또한, 장기화에 부담과 압박감을 느낀 테러집단이 충동적 자극을 받아 인질을 살해하는 등의 극단적 선택을 할 수 있으므로 시시각각으로 변화하는 테러범의 심리를 세밀하고 치밀하게 관찰하여야 한다. 실제 프랑스의 테러 진압 특수부대(GIGN)는 인질 납치범의 음성과 표현, 수위의 변화 등을 분석하는 전문팀을 별도로 운영하고 있다.[28]

27) '살라미 전술(Salami tactics)'은 협상에서 한꺼번에 포괄적인 목표를 달성하자는 게 아니라 쟁점이 되는 이슈(issue)를 세분화하고 하나씩 해결할 때마다 대가를 받아냄으로써 이익을 극대화하는 전술을 의미한다.

28) '지젠느(GIGN)'는 'Group D'intervention de La Gendarmerie'의 약자로서 1973년 11월 대테러 특공대로 창설되었다. 24시간 대기 태세를 갖추고 있으며, 주 임무는 인질 구출 작전이지만, VIP에 대한 경호, 주요 시설물에 대한 방

④ 아프가니스탄에서 인질로 잡힌 샘물교회 선교단의 한국 피랍 인들을 협상하는 과정에서 탈레반은 언론 보도를 활용하여 인질들의 육성을 공개하는 심리전을 전개함으로써 한국 정부를 곤혹스럽게 만들었다. 이처럼 대중의 여론과 매스컴과 언론을 이용하는 심리전(propaganda)은 납치·테러범들이 가장 잘 사용하는 전략이다.[29)]

⑤ 대다수 협상가는 협상을 진행하는 과정에서 자신이 무엇을 얻을 수 있는지를 알고 협상에 임하려고 한다. 반면에 자신이 무엇을 포기하여야 할 것인지 알고 싶어 하는 사람은 거의 없다. 여기에서 딜레마(dilemma)에 봉착하게 된다.

반면에 상대는 어떠한 목적으로 협상에 임할까? 협상가는 상대의 위치와 역할에 대응하는 자신의 역할이 무엇인지를 꿰뚫어 알고 있어야 한다. 그런 다음에야 쌍방에 이익이 될 수 있는 실질적인 해결책의 검토가 가능하다.

⑥ 어떤 문제가 있고, 그 핵심은 무엇인지를 정확하게 이해하여야 하고, 이를 분명하게 설명할 수 있어야 한다. 자신의 주장에 상대는 어떤 논리가 정당하다고 주장하고 있는지, 이에 관한 합리적인 논거(論據)는 무엇인지를 알아야 한다. 반면에 자신의 의견을 상대가 어떻게 받아들이게 할 것인가를 준비해야 하고 합리적 논거도 제시할 수 있어야 한다. 쌍방이 주장하는 관점과 초점은 무엇인가? 어떤 경우에 상대가 옳다고 생각할 수 있고, 자신은 어떻게 반응할 것인가?도 준비해야 한다. 다시 말해 한 마디로 철저하고 세밀한 준비를 통해 상대를 꿰고 있어야 한다.

⑦ 협상에 들어가기 전에 상대의 요구(position)와 욕구(interest)를 최대한 명확하게 읽어야 한다. 쌍방 모두가 유리한 입장이 되기 위해서는 자신과 상대가 얻으려고 하는 것이 무엇인지를 알고 자신이 포기해야 할 것이 무엇인지를 선택해야 한다. 그러므로 대안(代案)과 배트나(BATNA)가 필요하다.

⑧ 다수의 협상가는 상대를 이겨야 할 적(敵)으로만 생각하기에 협상을 진행하는 데 실패한다. 따라서 명확한 득실(success and failure) 판단이 어렵다면, 자신을 유리하게 끌어주는 안내자로 생각하여야 한다. 유능한 협상가는 상대를 알기 위해 거의 모든 시간과 노력을 투자한다. 우호적

어와 흉악범을 호송하는 임무도 같이 수행하고 있다. 창설 이후 불필요한 민간인 희생은 1명 외에는 발생하지 않으면서 세계 최고로 평가받고 있다.

29) 베트남 전쟁에서 미국이 최초로 '패배'를 자인하고 철수한 배경에는 당시 월맹 지도자인 호치민의 '선동 전략(propaganda)'을 통해 참혹하게 미군들을 살해하는 영상을 제3세계 국가의 언론인을 통해 미국 내부에 보도함으로써 미국민들이 '반전운동'을 일으키게 하였으며, 결국 미군은 패배를 인정하고 철수하였다.

인 관계를 유지할 경우 의사소통과 공통적인 관심사를 더 빠르게, 더 정확하게, 더 유리하게 정리할 수 있음을 알고 있기 때문이다. 다시 말해 협상을 잘하려면, 상대가 친숙해질 때까지 기다리지 말고 주도적으로 친밀한 관계를 조성하여야 한다.

⑨ 상대의 표현과 행위에 세심한 주의를 기울여야 한다. 사람이 표현하는 방법은 세 가지가 있다. 첫째, 행동언어로 동작이나 행위를 통해 표현하는 방법이다. 둘째, 표현언어로 주로 말(言)로 의사소통을 하는 방법이다. 마지막은 표정 언어로 상대가 말할 때 얼굴을 찡그리거나, 이상한 표정을 짓는 방법이다. 이러한 표현 방법은 일상생활에서도 활용하는 방법이지만, 협상에서 가볍게 생각하여 지나치는 순간 큰 피해를 가져올 수 있다. 따라서, 상대가 하는 말의 뉘앙스(nuance), 억양(抑揚, accent)의 높낮이, 음조(音調, rhythm)의 변화에 세심하게 관심을 기울여야 한다. 다시 말해 단조롭게 반복하고 있는지, 문제의 본질이 아닌 이슈(issue)를 끄집어내는지, 관련 이슈 중에 어느 것이 중요한지를 알고 얘기하는 것인지 파악하는 정도에 따라 협상의 성과가 좌우될 수 있기 때문이다.

⑩ ⑨번의 문단과 연계된다. 상대의 행동언어나 표정 언어를 통해 합의된 문제의 본질(本質)이나 메시지는 다르게 나타나는 게 없는지를 파악해야 한다. 자세는 어떠한지, 찡그리는 표정은 없는지, 불만이나 동의할 수 없다는 행동이나 표정은 없는지, 손짓이나 몸짓에서 불만이나 화냄, 무관심은 나타나지 않는지 등을 파악함으로써 상대의 진짜 의도가 무엇인지 알아야 지혜로운 대처가 가능하다.

⑪ 자신이 먼저 상대에게 원하는 것을 말해야 한다. 다만, 상대가 동의한 이슈는 가능한 한 벗어나지 않는 범위 내의 용어로 말한다. 이는 반복적으로 제시할 필요가 있으며, 이때 쌍방에 얼마나 이익이 되는지도 설명해야 한다. 현재와 미래는 구분하지 말고 동시에 연계할 수 있도록 초점(focus)을 일치시키는 게 중요하다. 유의할 점은 과거의 안 좋은 얘기를 꺼내게 될 경우, 갈등과 분열을 조장할 수 있으므로 조심해야 한다. 만약에 어쩔 수 없이 과거사를 끄집어내야 한다면, 현재 기준에서 쌍방과 주변에 얼마나 도움이 되는지에 대한 방향으로 유도하는 게 효과적이다.

⑫ 협상은 협상가들을 더욱 예민해지게 만들고, 실수나 한순간의 잘못된 행동이 협상 전체를 망가뜨릴 수 있다. 아래의 <표 2-9>는 협상 과정에서 유의해야 할 행동언어와 표정・표현언어에 대하여 정리한 내용이다.

〈표 2-9〉 협상 과정에서 유의해야 할 행동언어와 표정・표현언어

① 위협적・강압적 행동에 의존하면 안 된다. 득(得)보다 실(失)이 크다.
② 인내해야 한다. 인내하지 않는 순간 실패한 것으로 비친다.
③ 흥분해서는 안 된다. 이유를 불문하고 비협조적인 행동으로 비친다.
④ 필요 이상으로 말을 많이 하면, 안된다. 상대의 말을 듣지 않겠다는 의미로 간주(看做)할 수 있다.
⑤ 목소리의 톤을 높이면, 안된다. 큰 소리를 좋아하는 사람은 없다.
⑥ 최후통첩은 가능한 한 하지 않아야 한다. 한쪽만 승리하는 일방적인 상황으로 끝날 수 있다.

2.6.4. 협상 간 상대의 요구에 대한 대응 요령

협상을 시작할 때 상대의 요구 조건에 대한 편견(偏見)을 갖지 않아야 하며, 결정적인 문제가 되지 않는다면, 가능한 수용하여야 한다. 먼저 요구 조건을 제안하되, 직접 "안 된다."라고 말을 자르는 행위는 좋은 기법이 아니다. 반면에 상대가 요구 조건을 반복하게 유도하면서 그 수위를 자연스럽게 낮추거나, 재구상함이 바람직하다.

처음 시작할 때부터 요구 조건에 대한 기대가 높지 않도록 유념할 필요가 있다. 예를 들면, 처음부터 요구 조건을 바로 들어줄 필요는 없다. 너무 일찍 들어줄 때 상대의 수위나 조건의 내용은 계속 높아지기 마련이다. 무엇을 제공해야 한다면, 반드시 상대에게서도 반대급부(反對給

付, consideration)를 얻어내야 한다. 어떠한 내용이든, 확인 가능한 무엇을 불문하고 말이다. '오는 것이 없으면, 가는 것도 없다.'라는 현실을 상대가 인식하도록 만들어야 한다. 아래의 <표 2-10>은 협상을 진행하는 전(全) 과정에서 잊지 말고 반드시 숙지 및 체득하여야 할 사항이다.

〈표 2-10〉 협상 전(全) 과정에서 숙지 및 체득해야 할 7가지 사항(종합)

① 납치범과의 말싸움에 말려들어서는 안 된다.
② 납치범의 말을 회피하거나, 중간에 말을 끊지 말고 경청해야 한다.
③ "00:00 시까지~"라는 등의 시한(時限)을 설정하면 안 된다.
④ 타협하는 것처럼 포장은 하되, 어느 것 하나라도 허투루 내어주면 안 된다.
⑤ 결정적인 문제에 부딪힐 때는 거짓말도 용인(容認)될 수 있음을 이해해야 한다.
⑥ 최대한 시간을 벌어야 한다.
⑦ 납치범에게 결정적인 문제가 없는 한 공격은 없을 것임을 확신시켜야 한다.

3. 인질납치 또는 대테러 협상팀 구성 및 운용

3.1. 개요

일반적으로 군조직은 대테러에 인질납치를 포함하는 협상팀을 구성 및 운용하고 있으며, 경찰도 유사한 협상팀을 구성 및 운용하고 있다. 경찰은 상당한 오랜 역사가 있는 반면에 軍(합참 작전본부 특수작전과)은 2008년부터 대테러에 대한 '합동조사반(또는 '합조팀')'을 기준으로 하여 진행하고 있는 반면에 경찰은 각 지방경찰청과 경찰서 단위에서 운용하고 있음을 이해하여야 한다.

3.2. 경찰

경찰이 법(法)을 집행하는 측면에서 진행하는 '협상(Negotiation)'은 일반적으로 '인질 협상'을 의미한다. 그러다 보니 '위기 협상'이라고 하면, 다소 어색하다. 그러나 전체 협상의 90%는 인질납치범이 아닌 자살자와의 협상(일명 비인질 범과의 협상)이므로 단순하게 인질 협상이라고 하면, 현실을 정확하게 알지 못하고 있다는 뜻이 된다. 그래서 경찰의 '위기 협상'은 '인질 협상'과 '비인질 협상' 모두를 포함하고 있다고 이해하는 게 옳다.

다만, 여기에서 인질범의 경우 보통 '용의자'나 '피의자'라고 부르지만, '협상' 측면에서는 범죄를 저지른 자나 단체로서 체포의 대상이 되는 객체로 보는 게 아니라 대화와 타협의 대상으로 보고 있음도 이해하여야 한다. 그래서 인질범과 자살자 등을 모두 포함하는 용어인 '대상자(Subject)'로 호칭하고 있음을 참고로 알아둘 필요가 있다.

3.2.1. 협상팀 구성과 임무 및 역할

아래의 <그림 2-26>은 경찰의 위기상황 협상팀 구성도이다.

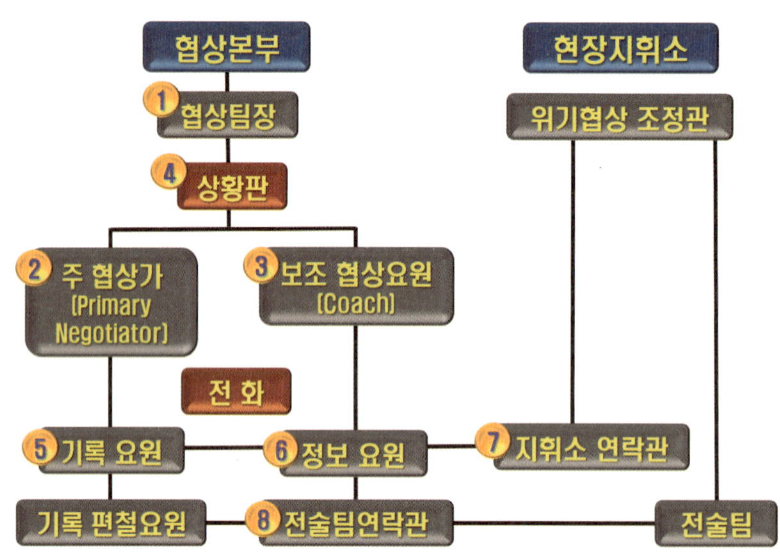

〈그림 2-26〉 경찰의 위기상황 협상팀 구성도

① '협상팀장'은 진행 과정을 모니터링하고 관리하면서 연락관이 없을 때는 현장지휘소장과 전술 팀장에게 연락을 취하거나, 통제하는 임무를 수행하고 있다. 특히 주 협상가에 필요한 협상 전략과 조언을 해야 하므로 경험이 많은 협상가 중에서 지휘관이 임명한다. 다만, 주 협상가나 보조 협상가가 대화를 진행하고 있을 때 중간에 끼어들거나, 협상가에 말을 걸면 곤란해질 수 있다. 따라서 필요하다면, 쪽지에 써서 보여주거나, 대화가 잠시 중단되었을 때 '구두(말)'로 전달하는 게 좋다.

② '주 협상가(Primary Negotiator)'는 말 그대로 대상자와 협상을 진행하는 당사자이다. 대화를

통해 대상자의 격앙된 감정이나 불안을 가라앉히면서 평정심을 찾도록 하여 평화적으로 해결하는데 핵심적인 임무를 수행하게 된다. 특히 '협상팀장'과 '현장지휘관', '대상자' 사이를 매개(link)하는 '중재자'의 역할도 하게 된다. '정보 요원'이 주변 인물에 대한 탐문과 대상자의 관련 기록을 파악하는 등의 많은 정보를 수집하는 반면에 '주 협상가'는 '대상자'와의 직접적인 대화를 이용하여 정보를 수집한다. 이러한 정보는 평화적인 해결에도 기여하지만, 협상에 실패할 경우 현장에 있는 '전술팀'의 작전 수행에도 결정적인 역할을 한다. 특히 '보조 협상가'는 호흡이 중요함을 인식하고 행동하여야 한다. '보조 협상가'는 '주 협상가'가 '아차' 하는 순간 원칙을 위배하거나, '대상자'의 감정을 자극하는 선을 넘어갈 때 신속하게 알려주면, '주 협상가'도 가능한 '보조 협상가'의 의견을 수용하는 게 협상에 상당한 도움이 된다. 아래의 <표 2-11>은 주 협상가를 선발할 때 중요한 요건으로 보고 있는 9가지를 간략하게 종합하였다.

〈표 2-11〉 협상가 선발 시 반드시 충족되어야 할 요건(종합)[30]

① 'Good Listener(좋은 청취자)'로 다른 사람의 말을 잘 들어주는 사람
② 풍부한 현장 경험과 경력자 ③ 인터뷰에 능숙한 자
④ 적절한 대인관계 기법 보유자: 적극적인 자세와 언어 표현 능력
⑤ 화합하고 일을 매끄럽게 처리할 수 있는 자
⑥ 정서가 안정적이고 신체가 건강하며, 융통성을 보유한 자
⑦ 신중하고 사려가 깊으며, 정보원 관리를 잘하는 자
⑧ 스트레스를 받는 상황에서도 냉정・침착함을 유지할 수 있는 자
⑨ 특공대(SWAT) 전술에 능통하며, 지휘관 등의 추가 직책을 보유하지 않은 자

③ '보조 협상가(Coach)'는 '주 협상가'가 '대상자'의 얘기를 잘 듣도록 지원하는 역할이다. '주 협상가'가 원칙을 벗어나거나, '대상자'의 감정을 자극하는 수준이 초과할 때 쪽지나 손짓하는 등의 방법을 동원하여 벗어나지 않도록 유도하는 임무를 수행하고 있다. 또한, '대상자'가 조금 전에 한 말인데 '주 협상가'가 기억하지 못하면, 바로 알려주고 대화의 소재가 바닥나지 않도록 주제를 추가하여 주는 역할도 병행해야 한다.

위기 협상이란 자체가 이성적인 사람과 차분하게 대화하는 게 아니라 총이나 칼 등의 위해나

30) 경찰특공대를 조금 더 참고하려면, 2000년에 SBS에서 상영된 드라마 『경찰특공대』라던지, 경찰특공대 홈페이지(http://www.smpa.go.kr/home/homeIndex.do?menuCode=knp868)를 방문하면, 일반적 수준에서 이해하기 쉬울 듯하다.

살상이 가능한 무기류를 가진 상태에서 진행한다. 다른 사람을 죽이겠다고 날뛰는 인질 납치범과 경찰의 순찰 차량이나 특공대팀, 언론사의 카메라 플래시와 구경꾼들, 자신의 직속 상관 등이 보는 앞에서 협상을 진행한다는 게 여간 어려운 일이 아니다.

다른 중요한 역할은 협상 간 현장에서 일어난 일들을 시간대별로 기록하는 업무다. 이때 꼼꼼하게 기록해 놓으면, 법정에서도 상당한 도움이 된다. 또한, '주 협상가'에 정신적 · 감정적으로 의지처를 제공해주기도 한다. 왜냐하면, 협상 '대상자'의 40% 이상이 정신적으로 이상이 있는 사람들이기 때문에 대화하는 과정이 유쾌하거나, 정상적일 수 없어서다. 이때 '보조 협상가'의 지원은 든든한 우군 역할을 하게 된다.

④ '상황판'은 주문하여 제작할 수 있으나, 형식에 구애받지 말고 그냥 주변에서 구할 수 있는 것을 그대로 사용해도 좋고, 차량이나 벽면에 대형 종이를 붙여 활용하기도 하는 등 다양하고 창의적 방법으로 이용할 수 있다. '상황판'은 정형화된 내용이 있는 게 아님을 이해하여야 한다. 또한, '주 협상가'와 '보조 협상가'가 협상을 진행하는 내용이 체계적이고 일목요연하게 볼 수 있게끔 정리하기 위한 것임도 인식해야 한다. 이를 통해 협상의 방향성(directivity)을 잡아주면서 잊으면 안 될 내용은 계속 상기시켜 줌으로써 상황이 악화됨을 사전에 방지해 준다. 아래의 <표 2-12>는 상황판에 포함하여야 할 필수적인 현황을 정리하였다.

〈표 2-12〉 협상가 선발 시 반드시 충족되어야 할 요건(종합)

① '대상자'의 관련 사항: 이름, 사진, 인상착의, 소지한 무기류, 범죄 경력, 정신병력, 건강 여부, 부상 여부 등
② 인질 관련: 이름, 인상착의, 사진, 건강 문제, 부상 여부나 정도 등
③ 요구 시한 또는 최종 시한
④ 위기(사건) 상황이 발생한 현장 요도
⑤ '대상자'에 대한 긍정적인 사항이나 '대상자' 주변 현황
⑥ 협상 시 피해야 할 주제나 단어(용어) 등
⑦ 시간대별 주요 진행 상황과 협상 내용 등

⑤ '기록 요원'은 협상에 관련되는 모든 사항을 기록하고 '편철(編綴, keeping on file)'하는 임무를 수행한다. 사건 기록을 일목요연하게 정리한다는 것은 사건의 해결을 위해 가장 기본적이고도 가장 중요한 사안(事案)이다. '기록 요원'은 진행하는 과정에서 핵심 상황이 빠지지 않도록 상황

판에 기록하여 관련 요원이 핵심 사항을 공통으로 이해하게끔 노력한다. '상황판'을 꼼꼼히 기록하는 습관은 경찰뿐만 아니라 軍 조직을 비롯한 일반 기업에서도 중요한 핵심 사안이다. 특히 교대제(the shift system) 근무일 경우 먼저 근무한 요원이 다음 근무자에게 일일이 인계하지 않아도 '상황판'만 보면, 모두 파악할 수 있으므로 추가로 필요한 부분만 언급하면 혼선을 줄일 수 있다. '기록 요원'이 기록한 내용은 '보조 협상가'가 기록한 내용과 마찬가지로 추후 법정에서 증거로 사용할 수 있기에 자세하고 정확한 기록이 이루어져야 한다. 만약에 기록 정리나 보관이 소홀하게 되면, 많은 고생을 하고도 만족할만한 성과를 달성하지 못하는 될 경우가 발생하게됨을 인식하여야 한다.

⑥ '정보 요원'은 보통 사건(상황)이 벌어지는 순간부터 정보를 수집한다. 최초 현장에 출동한 경찰관으로부터 상황 설명을 청취한 다음 '대상자'의 이웃과 가족, 친지, 친구, 배우자와 목격자, 고용주나 상사(上司), 부하직원, 또는 선・후배 등을 포함하여 사건(상황)의 해결에 도움이 될 수 있는 모든 자원에 대한 탐문과 현장 조사 등의 정보 수집 활동을 하게 된다. 이때 외부적으로 활동하는 '정보 요원'은 여건만 된다면, 다수(多數)를 운용할 수 있다. '협상팀'에서도 1명 정도는 지정하여 현장과 외부 정보를 취합(聚合, collect)하는 역할을 맡게 하면, 생각 이상의 시너지 효과(synergy effect)를 낼 수 있다.

⑦・⑧ '연락관'은 통합하여 혼자 둘 수 있고, 여건이 허락된다면, 현장지휘소와 전술팀에 별도의 '연락관'을 둘 수도 있다. 여기에서 '전술팀 연락관'은 전술팀에 근무했던 요원이 맡는 게 좋다. '연락관'은 전술팀과 협상팀 간 정보를 전달하는 임무이므로 그 중요성은 더해진다. 예를 들면, '전술팀'이 진입 준비를 끝마치고 내부로 진입하는 순간 '대상자'가 이미 전술팀의 진입 사실을 알고 있다는 낌새를 눈치챘다면, '주 협상가'는 이를 최대한 빨리 전술팀에 전달하여 그대로 진입하던지, 철수해야 하는지를 결정해야 한다. 이때 이러한 정보가 제때 전달되지 못한다면, 혹여 잘못 전달된다면, 또 다른 문제로 비화할 수 있기에 전문지식과 경험을 갖춘 '연락관'이 필요한 것이다.

'연락관'은 '주 협상가'가 '대상자'와 대화하는 내용을 청취하여 '전술팀'에 필요한 정보만을 가려낸다. 왜냐하면, '주・보조 협상가'들도 진압 작전에 필요한 정보를 파악하도록 교육받은 상태이지만, 협상과 대화에 집중하다 보면, 어떠한 정보가 실제 '전술팀'의 작전 수행에 필요한 정보인지를 구별하기는 쉽지 않다.[31]

31) 협상팀 구성이나 현장지휘소를 이해하려면, 1998년 상영된 美 영화 『네고시에이터(The Negotiator)』나 2001년 상영된 美 영화 『니고시에이터(The Hostage Negotiator)』, 또는 2018년 상영된 한국 영화 『협상(THE NEGOTIATION)』을 보면 이해하기 쉬울 듯싶다.

3.3. 軍 조직

軍 조직의 협상팀 운용은 대테러 분야에서 다룬다. 아직 제도적으로 불완전한 상태이지만, 완전한 상태로 간주하고 설명을 진행하고자 한다.[32)]

협상반 또는 협상팀은 테러에 의한 인질 사건이 발생한 경우에 인명피해를 없애거나, 사건을 비폭력적으로 해결하기 위해 운영하게 되어있다. 현장 지휘본부(경찰에서의 현장지휘소와 유사)는 육군의 경우 사・여단, 공군은 비행단, 해군은 전단(戰團)급 이상에 설치하여 운용할 수 있게 되어있다. 초기 대응과 사건의 확산을 방지하기 위해 '초기 협상반'을 설치하여 운용한다. 협상팀은 '지역 전문협상팀'과 '중앙 전문협상팀'으로 구분한다. '지역 전문협상팀'은 '해당 관할(책임) 지역 내의 사건'을, '중앙 전문협상팀'은 '대규모 또는 조직적인 사건'을 처리한다. 협상 기구는 비상설 기구로 운영하되, 사건(상황) 발생에 대비하여 상시 출동태세를 갖추도록 하였으나, 아직 명확한 정립은 되지 않은 수준이다.

3.3.1. 협상팀 구성과 임무 및 역할

아래의 <표 2-13>은 초기 협상반의 편성과 부여한 임무이다.

〈표 2-13〉 軍 조직의 초기 협상반 구성과 임무[33)]

구 분	소 속	직 책	임무 및 역할	비 고
사・여단 (비행단, 전단급)	군사경찰대 (舊 헌병대)	군경대장	협상반장	주 협상가
		수사관	협상 보좌관	보조 협상가
	법무부	법무참모	법적 문제 지원	

32) 조금 더 구체적인 사항이나 내용은 실제 접하면서 익히는 게 좋을 듯싶고, 아직 불완전한 분야이므로 학습자들이 "창조적인 개념과 의식으로 이를 발전시켜야 하겠다."라는 책임과 의무도 있음을 알았으면 좋을 듯싶다.

	군종부	군종목사	협상 지원 (필요 시)	
		군종법사		
		군종신부		
위장요원	대테러특공대 선발대	위장요원 (남·여)	* 협상 간 테러범 요구사항에 따라 운용, 내부 정보 획득	정보 지원
경 찰	해당 경찰서	-	* 민간인일 경우 관련 범죄정보나 인적(人的) 정보를 지원	

'초기 협상반'을 운용하는 목적은 사건(상황) 초기에 신속한 상황(사태)의 파악과 테러(인질)범과의 접촉을 용이하게 하기 위함이다. 이를 통해 필요하면, 관련 기관 및 기능과의 협업(collaboration)으로 전환해야 하기 때문이며, 다른 한편으로는 군사 조직과 관련 인원들의 긴장 또는 흥분상태를 완화함으로써 상황의 악화(惡化, change for the worse)를 사전(事前)에 방지할 수 있다. 전문협상팀과 대테러특공대의 투입 시간을 확보하기 위해 활동하려는 목적도 갖고 있다. 이때 지역 또는 중앙 전문 협상팀장은 사건의 유형과 특수성을 고려하여 구성 요원을 조정하거나 추가시킬 수 있어야 한다. 아래의 <표 2-14>는 전문협상팀의 구성 요원별 임무를 정리한 내용이다.

〈표 2-14〉 軍 조직의 전문협상팀 구성 요원별 임무

직 책	임무 및 역할
협상팀장	* 협상 방향을 제시하거나, 전략을 수립 * 물품 전달, 석방, 투항계획의 수립
주 협상가	* 테러범과의 라포(Rapport) 관계를 형성 * 인질 및 인질범에 관련한 정보 수집 등

33) 대테러부대는 국가지정과 합참지정부대, 자체 운용 및 초동조치 부대로 구분할 수 있다. 국가지정 대테러부대는 707대테러특수임무대대(707th Special Mission Battalion), 해군특수전전단 예하의 특수임무대대(UDT/SEAL CT, Underwater Demolition Team/Sea Air and Land Counter Terror, 수중폭파와 전천후 대테러 특전팀), 경찰청 예하의 7개 지역의 경찰특공대(SWAT: Special Weapons and Tactics → SOU: Special Operations Unit로 2018년에 변경), 해경청 예하 4개 지역의 특공대(SSAT, Sea Special Attack Team)이다. 합참지정 대테러부대로는 수방사 예하의 35특공대대, 화방사 등이다. 일반적으로 대테러부대로 지칭하는 특수전사령부 예하의 여단과 각 사·여단급 이상의 군사경찰 특임대, 경찰서 단위의 112타격대 등은 자체에서 운용하는 팀으로 국가지정 대테러부대가 현장에 도착하기 이전까지 임무를 수행하는 초동조치 부대이다.

보조 협상가	* 주 협상가와 테러범과의 대화 내용 기록, 주제 제공 등 * 주 협상가를 보조
기록 요원	* 테러범 인적사항, 요구사항 등 관련내용 기록
정보관리 요원	* 목격자, 풀려난 인질 등을 통한 정보 수집 * 실시간 테러범의 동태(動態)와 정보를 획득 및 수집
자문위원	* 테러범의 심리상태 파악 등 협상 업무를 지원 * 필요 시 직접 협상에 진행하는 데 참가
통역요원	* 테러범과 협상가의 말을 통역하여 상호 전달하는 등

각자의 직책과 임무 및 역할은 융통성 있는 조정과 추가 편성이 필요함을 이해하면 될 듯싶다.

3.3.2. 대테러 분야 中 '합동조사반' 용어의 생성 배경과 일반적 개념

참고로 '합동조사반' 용어를 생성시킨 배경과 개념에 관하여 설명하기로 한다. '합동조사반(현재는 합동조사팀으로 명칭)'은 '합동정보신문조(일반적으로 지칭하는 '합신조'는 줄임말로 이하 합신조)'에서 유래하였다. 2008년 저자는 '합신조'가 대공 용의점 중심으로 편성하고 있다는 데서부터 문제를 고민하기 시작하였다. 지금도 마찬가지이지만, 사단급의 합신조는 통상 1개 조밖에 편성할 수 없는 여건이다. 따라서 초국가적 위협이 현실화하면서 동시다발적인 상황이 우후죽순(雨後竹筍) 격으로 발생할 때 어떻게 대처할 것인가? 에 기준을 두고 고민에 고민을 거듭하는 과정에서 결국 제한된 운용을 할 수밖에 없는 현실임을 고려하지 않을 수 없었다. 결과적으로 초국가적 위협 즉, 마약 범죄와 국제 조직이 개입되는 일반 및 특수범죄를 망라할 수 있도록 편성하되, 출동하는 초기부터 초국가적 위협에도 대처가 가능한 팀 편성 방안을 검토하였다. 이에 따라 기존의 '합신조' 편성에 추가하여 국방부 조사본부(현재의 군사경찰을 통할하고 있으며, 사단급은 군사경찰대장)와 정보사령부, 그리고 필요할 때 법무・군종(軍宗)참모부와 지역에 따라 지역 예비군 지휘관까지 포함하여 초기에 출동하도록 개념을 정립하였다. 대공 용의점이 없으면, 합신조 요원은 팀에서 빠지는 방식이다. 이를 시험해본 결과 상당한 만족도를 나타냈으나, 최근은 이러한 기본적인 개념을 잘 이해하지 못하고 통합방위사태 '을종' 발령 시 운용하게 되어있는 '합동조사팀'과 같은 용어로 혼용(混用)하는 엉뚱한 상황이 발생하고 있음을 안타깝게 생각한다. 차제에 '위기관리 실무대응 매뉴얼'에서 통일되어 있지 않은 용어의 정리가 필요하다.

강의_11 美-蘇 쿠바 미사일 위기사태 때 진행하였던 협상사례를 이해합시다.

강의 전 요구되는 사항

1. 협상을 성공적으로 진행하기 위한 3단계와 그 특징을 가능한 구체적으로 이해하시오.
2. 쿠바 미사일 위기 사태를 前·後한 국제 정세와 주변 환경은?
3. 미국의 존 F. 케네디 대통령과 소련의 니키타 흐루쇼프 공산당 서기장, 쿠바의 피델 카스트로라는 인물의 성향과 특성은?
4. 위기와 위기관리가 진전(development)되는 단계와 협상 범주(範疇)의 차이점, 그리고 한계는 무엇인가?
5. 미국의 'Ex Comm' 이란 어떤 역할을 담당했던 위원회인가?
6. 위기관리와 협상을 진행할 때 주요 기능의 순환 체계는?
7. 미국과 소련이 각기 힘의 불균형을 바라보는 착시(錯視) 현상은 어디에서부터 시작되고 있는가?
8. 소련-쿠바, 미국-소련, 미국-쿠바 관계의 특징은?
9. 美 정보기관(CIA)과 소련 정보기관(KGB)의 설립 역사와 차이점은 어디에 있다고 보는가?
10. '협상' 간 오류(誤謬)가 발생할 수밖에 없는 요인은?
11. '합리적인 의사결정' 이란 어떤 의미인가?

제3장

美-蘇 간 쿠바 미사일 위기 사태 협상 사례

제 1 절

개 요

현대인 대다수가 간과(看過)하는 내용이 있다. 과거 시점에서는 상당한 충격을 받았을 뿐만 아니라 중대한 사건으로 인식된 사건들이 많았다. 그런데 과거의 문제를 현재의 시각으로 바라보면서 "별거 아닌 것을 가지고 괜히 중대한 사건으로 만들고 있어. 신경 쓸 거 없어…"라고 말이다. 그런데 '과연 그 시점에서 그러한 평가가 가능하였을까?'라는 점은 객관적 입장에서 되짚어 봐야 한다. 정주영 회장의 말이 새삼 떠오른다. "임자! 해봤어?" 美蘇 간 매우 긴박하게 움직였던 쿠바 미사일 위기 사태는 현대사의 협상과 위기관리 교과서로 불리고 있다.[1])

당시 두 강대국에 의해 벌어진 쿠바 미사일 사태는 전(全) 인류의 생존이 가느나란 실 끝에 매달려 있는 이슬방울처럼 애처로웠고, 세계는 자신을 스스로 파괴하는 대재앙(catastrophe) 가운데로 서서히 몰려들고 있었다. 각기 수천 기의 핵탄두를 보유하고 있다는 사실 자체가 제2차 세계대전에 투하했던 폭탄의 전체수량보다 더 강력한 파괴력을 갖고 있다는 의미이다. 이후 각종 군비 통제(arms control)를 통해 핵탄두의 숫자는 많이 감축되었고, 핵탄두를 발사할만한 일촉즉발의 상황도 감소하였지만, 위험(risk)과 위협(threat)은 항시 현실에 존재하고 있다. 당시 미국의 존 F. 케네디 대통령(John F. Kennedy, 1917~1963)과 소련의 니키타 흐루쇼프(Nikita Sergeevich Khrushchyov, 1894~1971) 공산당 서기장의 놀라운 정치적 결단력은 의도적인지 몰라도 결과적으로 인류를 파멸로부터 구했고, 각종 오류(誤謬, fallacy)와 실책(失策, mistake), 아슬아슬한 대응(correspondence)과 역대응(逆對應, inverse correspondence) 전략과 실천 등은 핵전쟁의 벼랑 끝에서 명분을 갖고 물러서고자 노력하는 지혜와 현명함으로 평가되었다. 냉전기(Cold War Period) 위기의 순간에 다양한 협상 전략과 기법, 수단을 통해 평화적 해결을 추구하는 데 노력하였던 점은 최근도 필요하지 않나 싶다.

1) 2001년에 개봉된 『D-13(Thirteen Days)』과 2011년에 개봉된 『엑스맨: 퍼스트 클래스(X-Men: First Class)』을 보면, 美蘇 쿠바 미사일 위기에 대하여 기본적으로 이해하고 접근하기는 다소 쉬울 듯하다.

실제 美蘇 쿠바 미사일 위기사태가 협상의 바이블(Bible)로 언급되는 이유는 두 가지이다. 첫째, 협상을 진행하는 과정에서 발생하였던 대다수 장면이 위기사태가 진전되는 단계에 포함되어 있다. 둘째, 위기 상황에서도 빛나는 존 F. 케네디의 의지와 결단력이 돋보인다. 정치적·군사적 측면에서 언급한 "무능한 지도자는 위기를 만들지만, 유능한 지도자는 위기를 해결한다."라는 말은 가슴을 와닿는다. 그의 재임 기간은 2년 10개월로 짧았고, 암살(暗殺)로 사망한 비운아(悲運我)였다. 그러나 쿠바 미사일 위기사태에서 보여준 그의 용기(courage)와 지혜(wisdom), 과감한 결단력(the strength of one's mind), 책임감(responsibility)은 긍정적으로 회자(膾炙)하고 있음을 되새겨 볼 필요가 있다. 협상은 위기와 위기관리 단계에서 빛을 발한다. 아래의 <그림 3-1>은 위기와 위기관리가 진전(進展)되는 단계와 협상이 필요한 범주(範疇)이다.

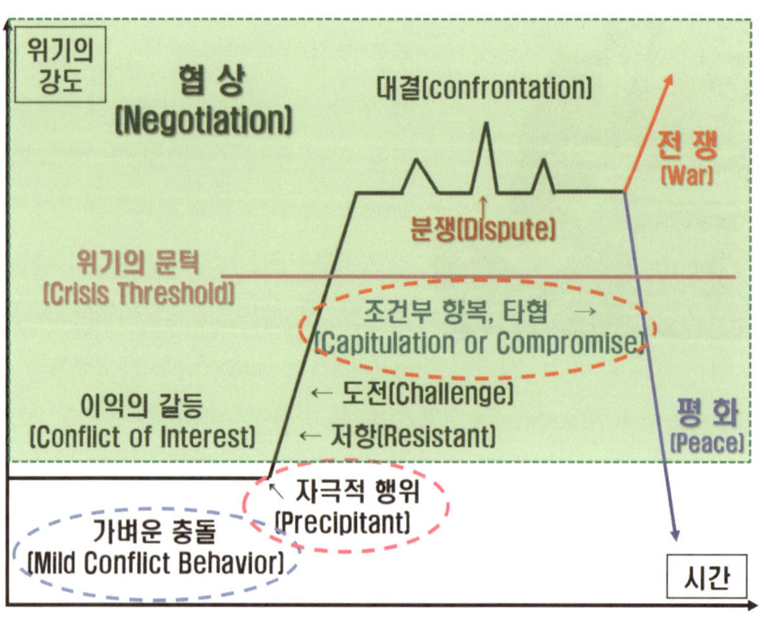

〈그림 3-1〉 위기와 위기관리의 진전(development)단계, 협상의 범주

위기의 초기 단계는 각종 징후(徵候, sign)나 현상이 표면화되지 않기에 협상이라는 의미를 부여하기 어렵다. 그러나 점차 가벼운 충돌(Mild Conflict Behavior)이 자극적인 행위(Precipitant)

로 발전하고, 쌍방 간 이익의 차이가 생성되면서 갈등(Conflict)이 표면화되면, 저항(Resistant)이라는 현상으로 진전하기 시작한다. 이때부터 도전(Challenge)과 저항의 강도(强度) 여부에 따라 위기의 문턱(Crisis threshold) 도달 여부가 결정되곤 한다.

이 시기는 협상 의제(Agenda)의 반복 양상이 꼭 '겁쟁이(chicken) 게임'이나 러시아의 '룰렛(roulette) 게임'을 연상할 수 있다.2) 존 F. 케네디는 이 치킨 게임에서 승자(勝者)였다. 협상 단계에서 분쟁과 대결 구도가 끝나지 않으면, 전쟁으로 악화하게 된다. 반면에 협상이 성공적으로 합의에 이르게 되면, 이전의 단계로 회복이 가능하다. 다시 말해 협상은 위기 및 위기관리와 떼려야 뗄 수 없는 관계임을 알아야 한다. 아래의 <그림 3-2>는 위기와 위기관리 시 '국가안전보장이사회(NSC) 집행위원회(Ex Comm)'의 의사 결정단계를 정리한 내용이다.

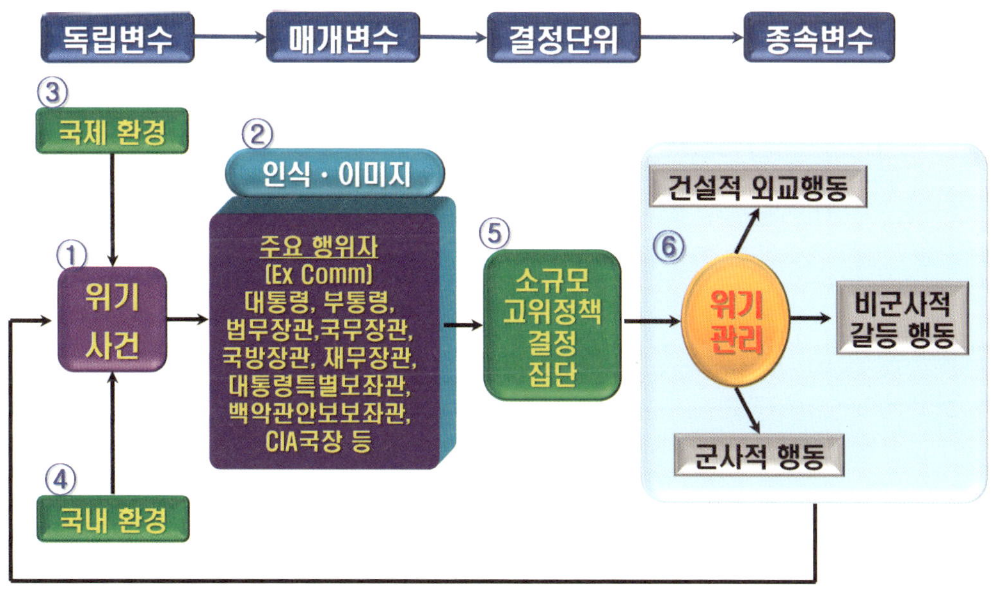

〈그림 3-2〉 미국의 위기관리 간 'Ex Comm'의 의사 결정단계

2) '겁쟁이(chicken)' 게임은 게임이론의 하나로서 1950년대 미국 젊은이들 사이에서 유행하던 자동차 경주 게임을 가리킨다. 도로 양쪽에서 2대의 차량이 마주 보며 돌진하다가 충돌 직전에 1명이 방향을 틀면서 굴복하거나, 아니면 양쪽 모두 자멸하게 되는 게임을 뜻한다. 충돌 직전에 미리 핸들을 꺾어 피하는 사람은 '겁쟁이'로 취급된다. 1950~1970년대 美蘇 간 군비경쟁을 꼬집는 용어로 사용된 국제정치학 용어이며, 흔히 특정한 국가 안의 정치·노사협상, 국제 사회에서의 외교 협상 등에서 상대의 양보를 기다리며 갈 데까지 가다가 일부는 파국(破局)으로 끝나는 사례를 설명할 때 많이 인용한다. '룰렛(Roulette)' 게임은 테이블 도박 게임의 하나로서 과거 제정 러시아 시대에는 권총에 총알을 한 발 넣은 다음 계속 번갈아 가면서 방아쇠를 당기는 방식이다.

美蘇 쿠바 미사일 위기사태 초기에 美 '국가안전보장이사회(NSC) 집행위원회(Ex Comm)'의 구성원과 그들의 의사결정이 어떻게 이루어지는지를 보여주고 있다.[3] 위 그림에서 ① 위기가 발생하면, ②~⑤까지는 상황판단과 아울러 내부적인 이견(異見)을 조율하는 과정으로 내부협상 단계로 불리며, ⑥은 사전(事前)협상과 외부 협상으로 이어지는 단계이다. 아래의 <그림 3-3>은 위기관리와 협상 과정에서 주요 기능이 어떻게 순환하고 있는지에 관한 체계를 일목요연하게 정리한 내용이다.

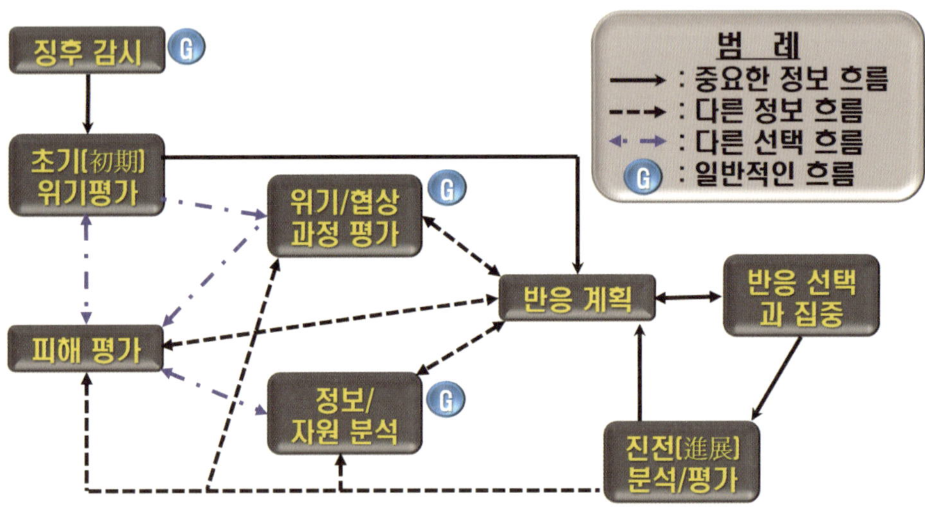

〈그림 3-3〉 위기관리와 협상 간 주요 기능의 순환 체계

위기관리와 협상의 진행 과정은 상황의 변화 과정과 진전(進展) 여부에 따라 추가 또는 생략하거나, 반복적으로 진행되고 있음을 이해하여야 한다.

3) '국가안전보장이사회(NSC) 집행위원회(Ex Comm)'는 'the Executive Committee of the National Security Council'의 약자이다.

제 2 절

위기관리 의사결정 단계와 협상의 주요 기능

1. 주요 인물에 대한 이해

1.1. 쿠바의 피델 카스트로(Fidel Castro) 평의회 의장

피델 카스트로(Fidel Castro, 1926~2016)는 혁명가로서 1959년 혁명으로 권력을 장악한 이후 2011년 공산당 제1서기직을 내려놓을 때까지 52년간 절대 권력을 장악한 통치자였다.[4] 사탕수수와 곡물을 생산하던 중산층 아버지와 가정부와의 사이에서 태어난 둘째 사생아였다. 대학 생활부터 정치 활동을 하였으며, 1950년대 말에 공산주의자로 입당하였다. 경제난이 심각해지면서 정부에 대한 신뢰가 급전직하(急轉直下)하자 1959년 무력혁명으로 총리에 취임하였다.[5] 1961년 4월 17일 美 CIA가 주도한 '피그스만 침공 작전(Bay of Pigs Invasion)'에 대한 철저한 대응을 통해 미국의 군사작전을 계획단계에서부터 실행까지 완벽하게 실패하도록 만들었다. 특히 피그스 만에 反카스트로 망명 세력이 상륙하면, 쿠바 내의 反카스트로 세력도 봉기(蜂起, uprising)하게 될 것이라는 CIA의 예측은 보기 좋게 빗나갔다. 이미 카스트로는 바티스타 前 정권보다 폭넓은 민심의 지지를 받고 있었으며, 쿠바 내의 反 공산화 세력마저 숙청된 상태였기 때문이다. 이처럼 미국의 헛발질은 카스트로에게 더욱 소련과의 유대를 돈독하게 만들었다. 카스트로의 성향은 권위주의가 심했으나, 적극적 · 열정적이며, 지성(知性, intelligence)을 겸비한 끈질긴 집념의 소유자였다.

Fidel Castro
(1926~2016)

4) 북한의 김일성이 권력을 장악했던 기간이 1972년부터 1994년까지 22년이지만, 카스트로가 권력에 있던 52년을 비교한다면, 차이가 크다.

5) 카스트로의 정권 장악 과정은 이탈리아의 무솔리니가 정권을 장악한 과정과 동일하다.

1.2. 미국의 존 F. 케네디(John F. Kennedy) 대통령

John F. Kennedy (1917~1963)

존 F. 케네디(John F. Kennedy) 대통령은 정치명문가 태생으로서 단 한 번도 선거에서 패배한 적이 없는 인물이다. 1960년 선거에서 역대 최연소 대통령이 되었다. 그러나 아이젠하워 대통령의 임기 말년에 CIA의 주도로 미국의 턱밑에 있는 쿠바가 공산주의 국가라는 점이 거슬리자 미국에 우호적인 反 공산국가로 만들기 위한 활동을 내부적으로 진행하였다. 이를 위해 쿠바 망명자들을 모집하여 무장 세력화하였고, 훈련을 시켰다. 합동참모본부는 케네디에게 이 병력이 일단 피그스만에 상륙하면, 피델 카스트로에 대한 반대와 총궐기가 일어날 것이라는 의견을 제시했다. 그러나 결론적으로 '피그스만 침공 작전'은 대실패로 끝났다.

미국이 작전 수행을 결정하는 과정도 문제가 있었지만, 시작하기도 전에 이미 소문이 퍼져있었고, 3월 22일에 발행된 『뉴욕 헤럴드 트리뷴(New York Herald Tribune)』에서는 작전의 윤곽마저 대략 보도하였기에 피델 카스트로도 눈치를 챌 수밖에 없었다. 피델 카스트로는 당시 혁명 영웅인 체 게바라(Che Guevara, 1928~1967)와 함께 사전(事前) 잠재적인 저항 세력을 색출하여 전원을 구금(拘禁, detention)시킴으로써 봉기 자체가 일어날 수 없게 원천적으로 차단하였다. 그리고 상륙지점으로 예상되는 피그스만 해안 일대에 정부군 20,000여 명을 배치하였다.

1961년 4월 17일 쿠바 망명자로 구성된 특공대 2506 여단이 피그스만 해안에 상륙하자마자 카스트로 정부군에 의해 대다수 사살되거나 사로잡혔다.[6] 당시 美 정부 요인들은 반대했다면서 손사래를 치는 와중에 존 F. 케네디만은 이를 회피하지 않고 의연하게 자신의 '단독책임'을 인정하였다. 실제 피그스만 침공 작전은 계획단계에서부터 실패가 예견됐다. '집단 사고(group-think)'를 유발하는 구성원들에 둘러싸여 스스로 '피그스만 침공(Bay of Pigs invasion)'을 결정했기 때문이다.[7] 당시 작전 결정에 참여한 존 F. 케네디 대통령, 데이비드 딘 러스크(David D. Rusk, 1909~1994) 국무장관, 로버트 S. 맥나마라(Robert S. McNamara, 1916~2009) 국방장관, 맥 조지

---

6) 카스트로가 쿠바 정부를 구성함과 동시에 친소(親蘇)를 표방하자 카스트로 체제를 전복시키고자 했던 미국은 CIA의 호언장담과 다르게 쿠바 이민자들로 구성된 특공대 2506 여단 1,500명은 1961년 4월 17일 상륙한 지 3일 만에 118명이 사망하였고, 1,189명이 포로로 체포되었다. 피그스만 침공 작전이 실패한 이후 케네디 대통령은 CIA 국장인 알렌 덜레스(Allen W. Dulles, 1893~1969)와 부국장인 리처드 비셀(Richard Bissell)을 강제로 사임시켰다.

7) '집단적 사고'란 '정책 결정에 참여한 사람 간에 친밀도가 높으면 높을수록 논쟁(論爭)을 통해 좋은 결정을 도출하기보다는 쉽게 한 방향으로 의견을 모아버리는 현상'을 뜻한다.

번디(McGeorge Bundy, 1919~1996) 백악관 안보보좌관, 앨런 W. 덜레스(Allen W. Dulles, 1893~1969) CIA 국장 등은 모두 친구 관계였다. 이들은 성장 배경도 비슷했고, 대부분이 하버드대 동문으로 반대가 아예 없다 보니 일사천리로 작전에 동의하였고, 이들은 실패할 가능성은 아예 상상조차 하지 않았다. 그러나 피그스만 침공 작전 과정에서의 쓰라린 실패의 교훈은 존 F. 케네디 대통령이 다음 해 美-蘇 쿠바 미사일 위기사태에 직면하였을 때 많은 도움이 되었다. 국가 지도자가 어떻게 판단하고 결정해야 하는지를 깨우칠 수 있었기 때문이다. 실제 1961년 4월 이후 국가 정책과 관련한 모든 사안(事案)을 그가 직접 고민하고 검토한 결과에서도 느낄 수 있다. 존 F. 케네디 대통령은 의연한 태도와 담력(膽力, courage)을 보유한 인물로 평화에 대한 소신이 뚜렷한 미국의 최고지도자였음을 오늘날 위기관리와 협상의 교과서라는 평가로도 알 수 있다.

1.3. 소련의 니키타 S. 흐루쇼프(Nikita S. Khrushchyov) 공산당 서기장

Nikita Sergeevich Khrushchyov, 1894~1971]

소련의 니키타 S. 흐루쇼프(Nikita S. Khrushchyov, 1894~1971) 공산당 서기장은 20대 후반에 겨우 글을 깨우쳤고, 특이하게 세 번이나 결혼한 전력(前歷)이 있다. 제2차 세계대전 간 정치위원(한국군으로 비교하면, 현역 중장급 대우)으로 활동하다가 스탈린이 1953년 사망한 이후(以後)인 1956년에 진행된 제20차 소련 공산당대회에서 비밀보고를 통해 전임(前任) 서기장이었던 이오시프 스탈린(Joseph Stalin, 1879~1953)의 범죄 행위를 고발했다. 스탈린의 병적인 의심과 상대에 대한 비판 및 처형, 1930년대의 대숙청 때 고문과 조작으로 억울하게 희생된 공산당원과 일반 시민의 사례를 구체적으로 폭로하였고, 제2차 세계대전에서의 과오(過誤)나 실책(error)에 대해서도 주저 없이 비판했다. 이를 통해 정적(政敵)인 게오르기 M. 말렌코프(Georgy M. Malenkov, 1902~1988)와의 경쟁에서 승리하고 1958년 공산당 서기장에 취임하였다. 이후 1962년 피델 카스트로와의 밀담을 거쳐 쿠바에 소련의 핵미사일 기지 건설에 착수하였다가 물러났다. 흐루쇼프는 너무 솔직하고 자유분방한 성격으로 거침없이 발언하는 즉흥적 · 낙천적인 인물로서 국내외 인사를 불문하고 퍼붓는 독설(毒舌, venomous remark)과 편견(偏見, prejudice)은 불필요한 외교적 마찰을 일으켰다. 과격한 모습들이 외부로 자주 노출되어 비판 여론이 많았음에도 공산당에서 추방되지 않았다.

2. 힘의 불균형을 바라보는 美-蘇의 착시(錯視) 현상

2.1. 미국

1950년대 세계의 중심축은 유럽이었다. 미국은 태평양 국가였지만, 양차 세계대전을 통해 강대국의 면모를 갖추면서 제2차 세계대전이 끝난 이후 미국과 소련 양대 진영으로 갈라져 동·서 냉전기(Cold War Period)를 격화시켰으며, 당시 공산 진영의 중심축은 소련이었다.

이때만 하더라도 미국을 위시한 서방 자본주의 국가들은 소련이 미국에 대항할 만한 위협적인 존재가 되지 않는다고 평가하였다. 대다수 국가가 소련의 경우 미국과 영국의 적극적인 지원이 없었다면, 나치 독일의 공격에 버티기 어려웠다고 여겼기 때문이다. 또한, 미국이 소련을 보는 시각도 과학기술 전반과 장거리 미사일과 같은 무기체계에 있어서 당연히 소련보다 앞선다고 생각하였다. 그러나 이러한 일반적 사고방식을 확실히 반전(反轉)시키게 되는 계기가 다가왔다. 서방 유럽이 생각도 하지 않은 상태에서 1975년 10월 4일 소련은 무게가 14kg인 세계 최초의 인공위성 '스푸트니크 제1호' 발사에 성공하였고, 이를 본 미국과 서방 진영은 '스푸트니크 쇼크(Sputnik crisis)'를 일으켰다. 이전부터 소련의 니키타 S. 흐루쇼프가 "수소폭탄을 실은 대륙간탄도미사일(ICBM)을 보유하고 있다."라고 떠벌였지만, 미국을 비롯한 자본주의 진영은 단순한 체제선전용으로만 치부하고 있었기 때문이다. 그러나 자유민주주의 진영이 무시했던 소련이 어느 순간 세계 최초로 인공위성 발사에 성공했다는 사실 뿐만 아니라 대륙을 넘어갈 수 있는 로켓기술을 먼저 보유하였다. 이는 핵탄두를 장착한 미사일로 언제든지 선제공격을 당할 수 있다는 현실을 상기시키면서 상당한 충격으로 다가왔고, 자연스럽게 공포(fear)와 위기감(sense of crisis)으로 느껴졌다. 미국은 그해 12월 6일 급하게 '뱅가드 TV3'을 발사하는 데 성공했지만, 무게는 1.6kg에 불과하였고, 그나마 소련이 다시 발사한 '스푸트니크 2호'는 무게가 500kg으로 미국이 상대할 수준이 아니었다.

그러나 미국이 그냥 충격만 받은 것으로 끝났다면, 오늘날 미국은 존재하지 못했을 것이다. 이듬해인 1958년 '익스프롤러 1호(Explorer-1 또는 satellite 1958 Alpha)' 발사에 성공하면서 자존심을 회복하였고, 대통령 직속 기구인 '항공우주국(NASA)'을 창설하였다. 또한, 소련의 핵미사일이 美 본토에 집중될 수 있다는 위기감을 느끼게 되면서 주요 통신망이 파괴되는 때를 대비하여 케이블이나 무선 데이터 통신망을 활용한 수단을 개발하였다. 이때의 개발 산물이 현대 생활에 빠질 수 없는 최초의 인터넷으로 '알파넷(ARPAnet)'이라는 군용인터넷망이었다.[8)]

1960년대 초기 실제 미국과 소련의 핵무기 보유량은 많은 차이가 발생하고 있었던 게 사실이다. 아래의 <표 3-1>은 1960년대 초기 미국과 소련의 실제 핵무기 보유 현황이다.[9)]

〈표 3-1〉 1960년대 초기 미국과 소련의 실제 핵무기 보유 현황

구분	미 국	소 련
본토	· ICBM : 180 기	· ICBM : 20기
	· SLBM : Polaris 원자력 잠수함 12척 * 척당 12기의 미사일 장착	· SLBM : 잠수함 6척
	· B-52 전략폭격기 : 630대 * 미국, 유럽, 아시아 동맹국에 배치되어 전방위적으로 소련 공격이 가능 · 전략 핵탄두: 1,830기	· 전략폭격기(Bomber) : 200대 * 전진 배치한 공군기지와 공중급유능력이 없음.
	· MRBM+IRBM : Jupiter IRBM은 영국과 터키, 이탈리아에 배치	· 주력 핵무기의 사정거리가 미국에 다다르지 못함
비율	17 : 1	

당시 미국은 구체적인 정보를 수집하려는 노력에 앞서 과학기술과 무기체계에서 뒤졌다는 공포와 위기감이 앞서면서 가장 중요한 냉정함과 침착성을 잃어버렸다.

일반적으로 위기가 고조되면서 전쟁 발발(勃發)을 촉진하는 요인은 네 가지가 있음을 다시금 되새겨 보아야 한다. 첫째, 최고지도자의 '자아상(自我像)'이다. 이라크의 후세인 대통령이 이란에 신속한 승리를 희망하다가 결국 자신이 미군에 의해 사형당한 사실에서 알 수 있다. 다시 말해 자신 스스로가 자신을 어떻게 바라보는지에 달려 있다. 둘째, 최고지도자가 바라보는 '적(敵)의 성격에 대한 편견(偏見)'이다. 美 부시 대통령이 '합리적이지 못한 논거(unreasonable argument)'로

8) '알파넷(ARPAnet)'은 'Advanced Research Projects Agency Network'의 약자로 美 국방성의 고등연구계획국(Advanced Research Project Agency)의 약칭(ARPA)이다, 1969년에 ARPA의 주도로 만든 세계 최초의 패킷 스위칭 네트워크로 현재의 인터넷을 의미한다. 일부에서는 대문자인 ARPANET으로 표시하는 사례도 있다.

9) 외교부 모파랑(http://mofakr.blog.me/221496828781); Robert S. Norris and Hans M. Kristensen, "Global Nuclear Stockpiles, 1945~2006," *Bulletin of the Atomic Scientists 62*, no. 4(2006), p. 66.에 근거해 볼 때 1960년에 미국이 보유한 핵탄두는 20,000기였으나, 1963년에 29,000기로 증가하였다. 반면에 소련은 1960년에 1,600기를 보유하고 있었고, 1963년에는 4,200기를 보유하고 있었다는 차이점이 발견된다. 여기에서 저자가 강조하고 싶은 지점은 보유량 수치에 차이가 있다는 데 방점을 찍는 게 아니라 수치가 차이나더라도 확연하게 차이가 난다는 점에 있다. 다시 말해 어떠한 수치를 비교하더라도 미국과 소련의 핵무기 보유수준은 비교할 필요가 없을 정도로 미국이 우세한 수준이었음을 이해하였으면 한다.

아프간·이라크전쟁을 시작하면서 지루한 전쟁의 늪으로 빠지게 되었던 사실을 떠올리면 알 수 있다. 셋째, 최고지도자가 '적(敵)이 가진 능력과 힘(power)을 바라보는 시각'이다. 美 린든 B. 존슨(Lyndon B. Johnson, 1908~1973) 대통령은 베트남 전쟁에 참전하면서 월맹의 호치민(胡志明, 응우옌 신 꿍(Nguyen Sinh Cung), 1890~1969)을 "한낱 공산주의자에 불과한 호치민은 정예군대인 미군이 들어가면, 바로 항복할 것이다."라고 자신만만하게 생각하였지만, 실제 호치민은 한낱 공산주의자가 아니라 민족지도자로 숭앙받고 있는 최고지도자로서 "미국은 제국주의의 앞잡이로 무조건 타도해야 한다."라고 인식하고 있었고, 이를 베트남 주민들이 절대적으로 호응하였기에 준비가 덜 된 미군은 잇따른 패배와 역사상 최초의 '패전(敗戰, lost battle)'을 인정하고 철수할 수밖에 없었음을 이해하여야 한다. 마지막으로, '적(敵)이 자신을 바라보는 관점에 대한 착각'이다. 제1차 세계대전이 시작될 때 오스트리아가 동원령을 선포하자 소련(당시 러시아)은 오스트리아가 선제적으로 공격해올까 두려워 먼저 동원령을 선포하였다. 이를 확인한 독일은 두려워서 선포한 러시아의 동원령에 지레 겁을 먹고 동원령을 선포하게 된다. 이러한 '도미노(domino) 현상'은 양차(兩次) 세계대전이 발생한 원인에서도 찾아볼 수 있다.[10] 결정적으로 미국이 소련의 핵무기가 자신들보다 더 많다는 오인(誤認)이 美所 쿠바 미사일의 위기사태를 불러온 근본적인 원인으로 볼 수 있다.

2.2. 소련(현재의 러시아)

힘든 정적들을 차례로 물리치고 1958년 공산당 서기장으로 권력을 장악한 니키타 S. 흐루쇼프의 눈에 미국의 최연소 대통령으로 당선한 존 F. 케네디는 '부잣집 도련님'이라는 인식 외에는 없었다. 케네디 이전 전쟁영웅인 아이젠하워(Dwight D. Eisenhower, 1890~1969) 대통령과 회담 간에도 아이젠하워가 핵전쟁을 두려워하고 있음을 인식했기 때문에 막가파식으로 핵전쟁을 불사(不死)할 것 같은 고압적 자세(虛勢, bluff)가 통했고, 케네디에게도 이러한 자세로 일관하였다. 1948년 이오시프 V. 스탈린(Iosif V. Stalin, 1879~1953) 서기장이 동·서베를린 '고사작전(枯死作戰)'을 목적으로 철도와 육·수로 등에 대한 봉쇄선(blockade line)을 구축하였다. 그러나 미국이 주도하는 연합국 측이 수송기를 이용하여 공수(空輸)함으로써 목적을 달성하지 못하였고, 312일 만에 체면

10) '도미노 이론(Domino Theory)'은 '어떤 지역에 있는 한 국가가 공산화되어 버리면, 인접해 있는 국가들도 연이어 공산화가 진행될 가능성이 커진다.'라는 이론으로 1954년 미국이 베트남에 경제원조를 하면서 정당성을 부여하기 위해 사용하였다. 실제 캄보디아가 1975년 4월, 소련과 중국(당시 중공)의 지원을 받는 공산당 무장조직인 크메르루주(Khmer Rouge)에 의해 공산화된 지 1개월이 채 지나지 않아서 인도차이나반도의 베트남이 1975년 4월 30일에, 라오스가 1975년 5월 9일에 공산화된 사례를 들 수 있다.

만 구긴 채 봉쇄를 풀 수밖에 없었던 과거를 복수하고 싶었기 때문이다.[11] 이후 1961년 베를린 장벽을 구축하고 동·서독이 통일된 1990년 10월 3일까지 유지하였다. 당시 미국은 소련의 턱밑인 터키와 이탈리아 기지에 핵미사일 설치를 완료한 상태였다. 이로 인해 모스크바가 미국의 핵미사일 사거리 내에 있었던 반면에 소련은 미국까지 발사가 가능한 미사일이 없었고, 미국과 근접된 국가 어디에도 우호적인 미사일 기지가 없는 상태

였다. 이에 따른 압박감과 위기감은 상당한 정도의 수준이었다. 따라서 ① 무조건 미국에 항복해야 할 것인지, 아니면, ② 강력하게 저항(resistant)해야 하는지에 대한 많은 고민이 있었다. 다만, 미국이 핵전쟁에 대한 두려움을 가지고 있고, 미국은 소련의 핵무기의 보유량에 대한 정확한 정보를 갖고 있지 않았다는 점을 잘 이용하면, 소련에 이익이 될 것을 알고 있었다. ② 결과적으로 저항을 선택한 이후부터 흐루쇼프의 고민은 두 가지였다. 첫째, 카리브해의 유일한 공산정권인 쿠바의 카스트로 정권을 전복시키려는 미국의 행위를 중지시키는 방법은 무엇인가? 둘째, 공산정권의 방어선을 확보함과 동시에 핵 공격능력을 증강(增强)하는 방법은 무엇인가? 이었다. 여기에는 자신의 구겨진 체면을 회복하려는 욕심도 한몫을 보탰다.[12]

1962년 5월 흐루쇼프는 하계휴가를 불가리아에서 보내는 중에 13개월을 고민하던 사안(事案)을

11) 1945년 5월 7일 미국과 영국, 프랑스, 소련이 독일에 대한 분할 통치에 들어가면서 베를린도 예외 없이 4개국 분할 통치가 이루어졌다. 1948년 6월 24일 스탈린은 느닷없이 서베를린을 완전히 봉쇄하였다. 미국과 영국, 프랑스가 철수하면, 서베를린을 차지하겠다는 목적이었으나, 미국 등이 최대 1,383대의 수송기를 동원하면서 고사(枯死) 작전은 실패했다. 이후 냉전의 격화(intensify)로 美-蘇가 핵실험을 재개(再開)하는 결정적인 계기가 되었다.

12) 1961년 6월 3일 오스트리아의 빈 회담에서 케네디-흐루쇼프의 협상은 실패였다. 핵전쟁 의지까지 내비치며 동독에 이어 서베를린마저 소련의 위성국으로 만들려는 욕심으로 서베를린에 연합국의 접근 권리를 금지하였으나, '부잣집 도련님'으로 취급하던 케네디가 "그렇다면, 전쟁이 벌어지겠군요. 차갑고 지루한 겨울이 될 겁니다."라면서 군사력을 강화하고, 서베를린에 1,500명의 미군을 진주시킴으로써 흐루쇼프의 최초 목적이 실패했다는 현실에서 자존심은 구겨질 수밖에 없었다.

해결할 수 있는 아이디어를 떠올리자 바로 카스트로와 비밀 협의를 거쳐 '아나디르(Anadyr) 작전'을 진행하였다.[13] 5개월여에 걸쳐 핵미사일 'R-12' 6발과 'R-14' 3발을 쿠바로 보내어 핵미사일 기지를 설치하는 작전이다. 설사 미국이 뒤늦게 눈치를 채고 파괴(destruction)를 시도하여도 한꺼번에 기지(Base) 전체를 파괴하기는 불가능하기에 이 틈에 나머지 몇 발만 설치하더라도 미국의 대다수 지역을 사거리 내로 둘 수 있었다. 설치가 완료된다면, 서로 위협이 되기 때문에 제거할 수 없다는 점도 고려하였다. 결과적으로 핵전쟁을 두려워하는 미국이 먼저 협상을 요청할 것으로 생각하였다.

3. 국제 정세와 한반도 주변의 환경

3.1. 소련과 쿠바와의 관계

당시 쿠바 정부는 독재정권인 헤라르도 마차도(Gerardo Machado) 정권을 타도하고 1940년 대통령이 된 바티스타(Fulgencio Batista y Zaldívar, 1901~1973)가 정권을 장악하고 있었다. 미국이 후견자였으나, 경제적 부패가 워낙 심하여 일반 국민에게는 없어져야 할 타도(打倒)의 대상이었다. 피델 카스트로는 국민 여론을 등에 업고 바티스타 정권에 맞서다가 1959년 무장혁명을 통해 정권 장악에 성공하였다. 아래의 <그림 3-4>는 쿠바 혁명을 전후하여 주요 사태 위주로 정리한 내용이다.

① 미국의 反 식민지적 행태로 인한 반미감정 고조(경제적 부패)
② 1942~1952, 집권자(파티도)의 부패
③ 1953~1958, 집권자(바티스타) 정권의 부패로 인한 혼란
④ 1959.1.1.~, 카스트로의 혁명 성공과 집권
⑤ 1960~, 蘇-쿠바 간 무역협정 체결(무기 공급 등)
⑥ 1961.12.2, 카스트로의 공산주의자 선언

〈그림 3-4〉 쿠바 혁명을 전·후한 주요 사건(요약)

13) '아나디르(Anadyr)'는 시베리아 베링해에 있는 강의 이름이다. 작전 명칭을 이렇게 정한 것은 미국에 정보가 노출되더라도 소련 내부의 작전인 것처럼 역(逆) 첩보를 꾸미기 위함이다.

카스트로는 집권하자마자 문제가 되었던 부패(腐敗)를 뿌리 뽑겠다면서 국가를 사회주의 형태로 바꾸었다. 그리고 반미(反美) 정책을 시행하면서 미국과 쿠바와의 관계는 급속도로 냉각되었다. 서방계 자본 중 미국 자본은 몰수하면서 추방하고 토지는 국유화시키는 등 미국의 중남미 정책 전반(全般)을 완전히 흔들었기 때문이다. 이러한 와중에 시행한 미국의 1961년 피그스만 침공 작전으로 생존에 위협을 느낀 카스트로는 더욱더 소련과 밀착 관계를 원하였고, 이는 니키타 S. 흐루쇼프의 냉전 논리와도 부합하였다.

소련의 흐루쇼프는 미국에 가장 근접하고 있는 라틴아메리카 국가(쿠바)가 자신들에 의지하는 방향으로 정책을 변화하자 기다렸다는 듯이 아래의 <그림 3-5>와 같이 소련 군부(軍府)와 당(黨)에 세 가지를 강조하였고, 당(黨)은 전폭적인 지지를 표명하였다.

① 라틴아메리카 지역 공산활동의 주요 거점
② 피그스만 침공사건 이후 쿠바에 군사시설 확충(擴充)
③ 1960. 6월~1962. 9월, 무기 공급(미사일 부품 포함)

〈그림 3-5〉 소련 흐루쇼프가 군부(軍府)와 당(黨)에 강조한 내용(요약)

흐루쇼프는 군부와 당의 전폭적인 지지를 바탕으로 카스트로 정권이 미국의 턱밑에 있는 유일한 공산주의 정권이기에 우선하여 보호해주어야 할 대상으로 치켜세우면서 모든 물질적인 지원을 아끼지 않기로 하였다.

3.2. 미국과 쿠바와의 관계

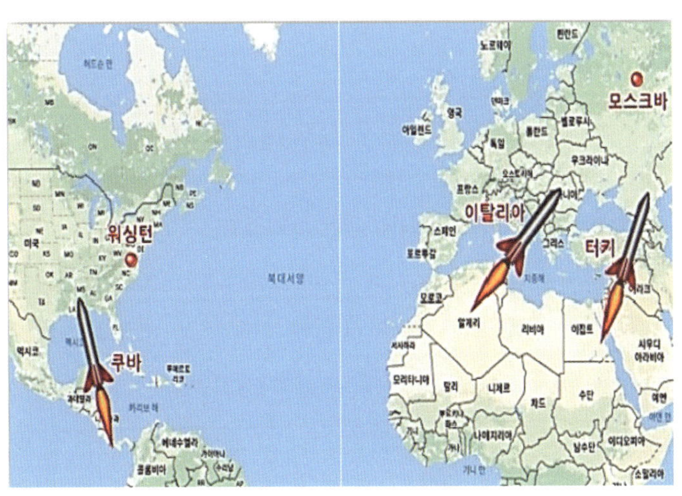

미국은 쿠바의 변화를 지정학(地政學, geopolitics)적 위치와 정권의 특성에 비출 때 미국의 존립에 중대한 위협으로 인식하였다. 지금까지는 터키와 이탈리아 군사기지에 핵미사일을 설치하여 소련 모스크바를 목표로 하여 소련의 일방적인 무력행사를 방지하였고, 소련 본토까지 위협할 수 있었다.

그러나 만약 소련의 해군력이 쿠바 항구를 이용할 수 있게 된다면, 미국에 상당한 위해(damage)가 되고, 이는 반드시 극복해야 할 실체적 위협으로 다가왔다.

더욱이 소련이 쿠바를 위성국가로 만들면, 상황은 완전히 달라지는 것이다. 그나마 다행스럽게 생각한 것은 지금까지 쿠바에 관한 지배력이 군사력이 아닌 경제적 지배였다는 점이었다. 아래의 <표 3-2>는 당시 미국이 쿠바에 경제적 지배를 통해 보유한 사업을 종합한 현황이다.

〈표 3-2〉 미국의 쿠바에 대한 경제적 지분율(종합)

구 분	공공사업	광산·목축업	석유사업	사탕수수
보유율(%)	80	90	100	40
비 고	-	1,550만$	-	3,000만$

미국은 여러 가지의 현실적 어려움에도 불구하고 對 아메리카 정책 목표의 일관성은 유지해야 할 필요성을 느끼고 있었다. 주변 국가에 대한 영향력을 지속하여 확보 및 유지하면서 경제적 이익의 증진과 보호를 위한 외교적 노력이 필요하였고, 라틴아메리카 국가에 대한 정치적 안정을 도모하기 위한 노력을 대외적으로 과시(誇示, display)할 필요가 있었다. 또한, 쿠바가 미국 일부가 되어야 안보 위협에서 벗어날 수 있다는 결론에 도달하였다.

4. 위기의 고조(高調)와 진전(進展) 과정

4.1. 개요

미국과 쿠바 간 직선거리는 90mile로 불과 144.4km밖에 떨어져 있지 않았다. 당시 국제 환경은 미국과 소련이 주도하는 동·서 냉전이 고조되는 상태로 가장 예민한 시기일 때 가까운(至近) 거리에 있는 쿠바에 친미(親美)정권이 전복되고 반미(反美)정권이 들어선 것이다. 더욱이 카스트로의 반미(反美)정권, 즉, 공산정권이 들어서면서 미국과 쿠바의 관계는 어디까지 추락할지 모를 정도로 급속하게 냉각되고 있었다. 이로 인하여 미국은 라틴아메리카 국가들에 대한 영향력을 확대함으로써 자국의 존립과 안전을 보장받기 위해서는 카스트로 정권이 전복(顚覆, overthrow)되어야 한다는 점을 알고 전복 활동을 계속하여 시도하였다.

4.2. 소련이 쿠바에 핵미사일을 설치한 배경과 목적

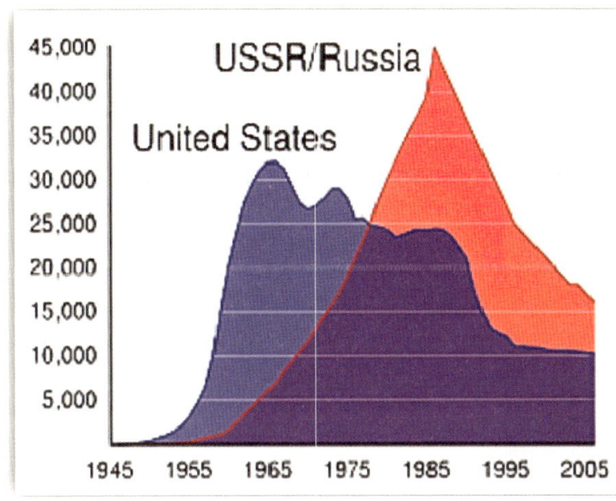

흐루쇼프는 미국이 쿠바 정권을 전복시키려는 배경과 목적을 알고 있었기에 이전부터 냉전기 주도권을 갖기 위한 큰 그림을 그려왔는데, 이는 크게 세 가지로 요약할 수 있다. 첫째, 동맹국을 보호하기 위해 소비에트 연합(Soviet Union)의 군사력에 대한 자신감을 과시함으로써 소련과 날을 세워 우위를 확보함으로써 사회주의 종주국으로 발돋움하려는 중국에 비해 경쟁력이 우위에 있음을 과시할 계기가 필요하였다. 둘째, 미국이 소련의 핵무기 보유량에 대한 정확한 정보를 아직 갖고 있지 않음을 알고 있었다. 따라서 미국의 핵전력보다는 약하지만, 동시에 두려움을 가질 수 있는 '상호 확증파괴(MAD) 전략'[14)]에 성공하기 위해서라도 이번 기회에 "우리도 엉클 샘(Uncle Sam)의 바지 안에 고슴도치를 넣어보자!"라는 발상(發想)을 하였다.[15)] 셋째, 미국이 핵전쟁의 참혹함을 알고 있기에 소련이 핵전쟁을 벌이는 강력한 '벼랑 끝 전술'로 밀어붙이면, 알아서 먼저 양보하고 정치적인 '물밑 협상'을 시도할 것으로 예상하였다.

4.3. 미국이 쿠바에 핵미사일 설치 과정을 발견하게 된 이유

1962년 9월부터 소련은 쿠바에 핵미사일을 건설하기 위해 각종 장비와 물자, 연구인력을 출발시켰다. 이 과정에서 미군의 정찰기가 평시 항공정찰을 하던 중 쿠바 지역 일대에서 특이한 상황을 발견하였으나, 기상 불량으로 인해 항공사진을 촬영하지는 못했다. 이후 특정지역을 중심으로 정찰하는 과정에서 항공사진 촬영에 성공하였다. 이는 소련군과 쿠바군의 조직 운영에 따른 특성

14) '상호확증파괴(MAD)' 전략에서 MAD는 'Mutually Assured Destruction'의 약자로서 냉전 당시 존 폰 노이만(*John Von Neumann, 헝가리 사람으로 미국의 핵무기 개발 프로그램인 맨해튼(Manhattan) 계획에 참여*)이 제안하여 사용하게 된 용어이다. 어떠한 경우라도 상대에게 확실한 손해를 안겨줌으로써 서로가 핵 공격을 시도할 엄두를 못 내게 하기 위한 전략을 뜻한다.

15) '엉클 샘(Uncle Sam)'의 유래는 1900년대 초 미국 뉴욕주 트로이에 있는 정육점에 한 미군 병사가 들어왔다. 고기를 싸주는 종이에 찍힌 U.S.를 보고 직원에게 "무슨 뜻이냐?"라고 물어보자 어리숙한 직원이 자신의 주인 이름을 빗대어 '엉클 삼촌(Uncle Sam)'이라고 대답하였다. 이후 말이 퍼지면서 미군의 '군수물자'를 '엉클 샘'이라고 하면서 제국주의를 상징하는 단어로 정착되었음을 알고 흐루쇼프가 비웃기 위해 사용한 단어이다.

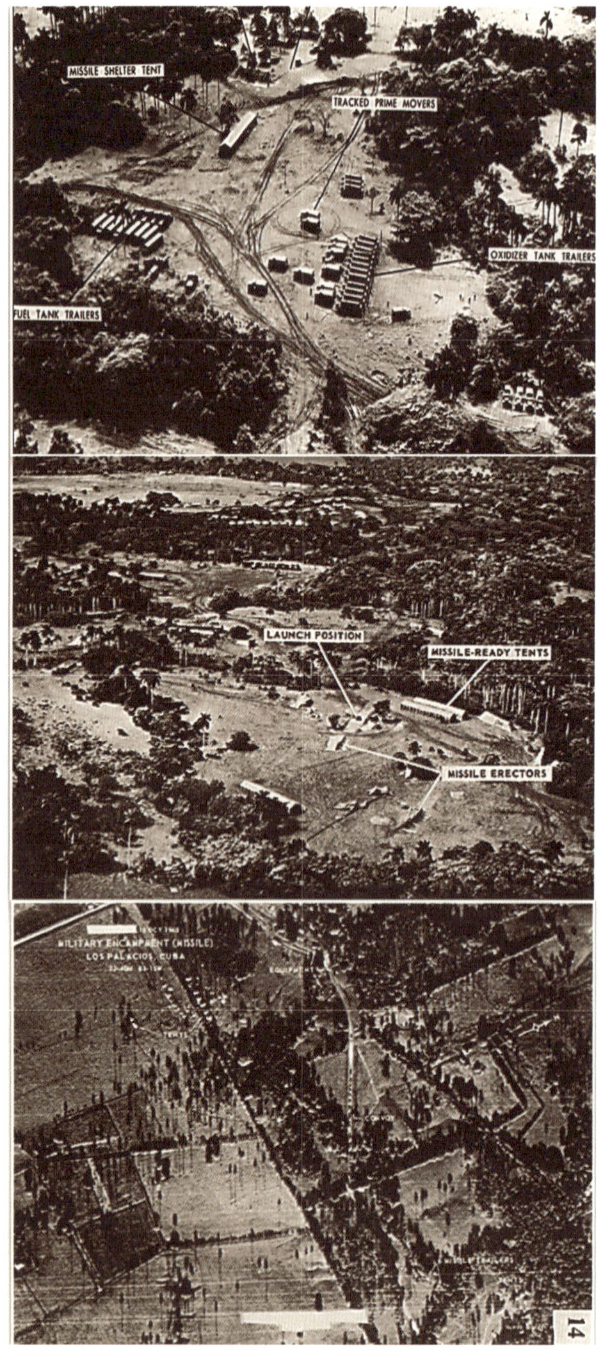

에 따라 노출될 수밖에 없는 환경이었다.

발견된 이유는 크게 두 가지로 요약할 수 있다. 첫째, 소련에서 파견된 소련 주둔군 사령부가 주변과의 위장(僞裝, camouflage)과 보안(保安, security)에 대한 이해가 부족했고, '군사보안'이란 의미에 둔감했다. 이는 소련군에 포함하여 미사일 기지 건설에 돌입한 KGB의 전신(前身)이 '체카(Cheka)'였기 때문이다.[16) 너무 보안과 비밀 유지를 강조하다 보니 서로 조심한다고 협조하지 않았고, 서로 아는 척하지 않다 보니 실책(mistake)을 범하였다. 또한, 쿠바군의 보안 의식도 문제였다. 주변의 지형과 조화되지 않고 이상하게 보여도 누구 하나 관여하지 않았고, 관여할 수도 없었다. 또한, 농촌 지역 도로상에 군용트럭이 줄지어 다니고 텐트 시설은 오(伍)와 열(列)을 맞추어 정렬한 상태였으며, 부대 표지판은 공중에서도 확연하게 보일 수 있도록 지면(地面)에 뚜렷하게 박아 놓아 어디에 어떤 부대가 숙영하고 있는지를 스스로 노출하는 어리석음을 범했다. 반면에 미국의 CIA 전신(前身)은 군사정보기관인 '미군 전략정보처(OSS)'로서 이곳에서 근무하던 전문 요원들이 그대로 옮겨갔기 때문에 군사정보에 대한 보안 의식이 충실하여 상대적으로 예민하게 정보를 취급한 결과이지 않을까 싶다.[17)]

16) '체카(Cheka)'는 레닌이 10월 혁명 이후 반혁명 기도를 분쇄함과 동시에 혁명재판소에 즉각 부치려고 설립한 민간기관이다 보니 군사적 측면에서의 위장과 보안에 대한 이해가 다소 부족하였다.

5. 위기관리 전략의 결정과 협상의 진행-결정-종결 과정

5.1. 개요

당시 급박한 위기로 고조되었던 주요 위기사태는 아래의 <그림 3-6>과 같이 핵심 사안별로 주요 경과를 정리할 수 있다.

① 1962. 7월, 미국, 소련 → 쿠바로 미사일 수송 관련 첩보를 事前 인지
② 8.29, U-2정찰기, 쿠바 내 핵미사일 기지 건설 장면을 육안 확인
③ 10.14.~16, 쿠바 내 미사일 배치 관련 항공사진 촬영 → Ex Comm 개최
④ 10.22, 케네디 대통령, 全 세계 TV연설
⑤ 10.24, 소련 선박의 해상 격리 조치 시행을 유효화
⑥ 10.25, 소련 선박 25척 中 24척 정지 또는 회항
* 부카레슈티호(유조선) 통과 ← 케네디의 결단
⑦ 10.26, CIA국장(J. A. McCone) 보고
* 週 中 미사일 장착 + 실전 배치 완료
⑧ 10.27, 케네디 → 흐루쇼프에게 메시지 전달(최후 통첩)
⑨ 10.28, 흐루쇼프 → 케네디에게 미사일 기지 철수 통보

〈그림 3-6〉 美 정찰기의 항공사진 촬영과 주요 사태 진행

美蘇 간 쿠바 미사일 위기사태는 1962년 10월 14일, 미국 첩보기 록히드 U-2기가 쿠바에 건설 중이던 소련의 R-12와 R-14인 준중거리 탄도미사일(MRBM) 기지와 관련하여 주변에 숙영하고 집적(集積, accumulation)되어 있던 미사일 관련 장비 및 물자와 부품을 운반하던 선박의 사진을 촬영하는 데 성공하면서 시작되었다고 봄이 정확하다. 영국의 이중 첩자로 활동하던 KGB 올렉 페노프스키 요원이 1962년 10월 초에 소련 당국에 체포되었지만, 이미 美 정보기관에 쿠바로

17) '미군 전략정보처(OSS)'는 'Office of Strategic Services'의 약자로서 1942년 프랭클린 D. 루스벨트 대통령이 통합하여 설립한 軍 정보조직으로 대외정보와 역(逆)선전 · 역(逆)정보, 건물 폭파, 레지스탕스 지원 등의 특수작전 전문가들로 구성되어 있다.

향하는 소련 선박에 탄도미사일 부대 요원이 탑승하고 있다는 정보를 넘긴 상태였다. 다시 말해 미국도 확실한 증거를 손에 쥐지 못하였을 뿐, 심증(心證)은 이미 갖고 있었다.

이 정보에 따라 미군 정찰기 활동이 쿠바 일대로 집중되다가 10월 16일 항공사진 촬영에 성공하였으며, 합참에서는 국방부와 백악관으로 동시에 보고하였다. 백악관 안보보좌관인 맥 조지 번디(McGeorge Bundy, 1919~1996)가 식사하고 있는 존 F. 케네디 대통령에게 보고하면서 직접적인 위기사태는 시작되었다. 즉각 '국가안전보장이사회(NSC) 집행위원회(Ex Comm)'가 소집되었고, 어수선한 가운데 난상토론(難上討論, debate)을 계속하였다. 회의의 결과는 국가적 초유의 위기사태를 전(全) 국민에게 공표하여 여론을 결집하는 게 좋겠다는 방향으로 확정하였다. 10월 22일 케네디는 TV 생중계 연설을 통해 긴박한 사안임에도 차분한 어조로 발표하였다. 이때부터 소련의 흐루쇼프는 자신이 예측했던 내용과 정반대로 흘러가고 있는 현실에 당혹스러웠고 화도 났지만, 당황하기 시작했다. 그러나 성격에 맞게 초기에는 저돌적이고 강력한 압박을 통해 미국이 자신이 의도한 대로 따라와 주기를 바랬다. 아래의 <그림 3-7>은 위기 사태가 고조된 세부 일정과 활동을 정리한 내용이다.

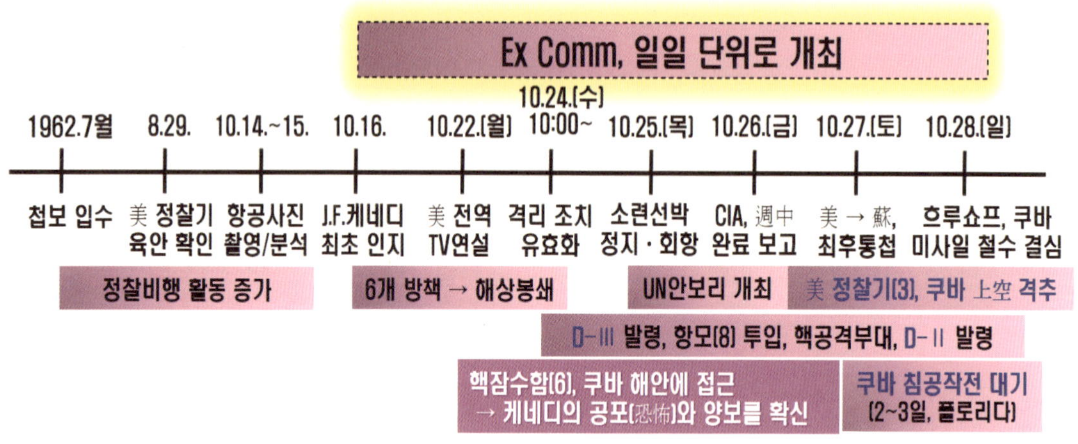

〈그림 3-7〉 위기사태의 고조와 관련된 세부 일정과 활동

케네디도 회의가 거듭되는 동안 강경파와 온건파 사이에서 여러 가지의 혼란과 혼선을 빚는 가운데서도 될 수 있는 대로 명확한 입장의 협상력과 결단력을 보여주었다. 이는 이후 케네디의 생애 마지막 해에 시도하고자 했던 『평화 만들기 6대 전략』으로 진행되었다. 아래의 <표 3-3>은 존 F. 케네디 대통령이 시도하였던 '평화 만들기 6대 기본원칙'을 정리한 내용이다.

〈표 3-3〉 존 F. 케네디 대통령의 '평화 만들기 6대 기본원칙'

① 무기 경쟁은 '죄수의 딜레마(prisoner's dilemma)'와 같다. 서로 협력한다면, 커다란 소득 창출이 가능하다. ② 무기 경쟁은 큰 비용을 부담해야 하므로 근본적으로 불안정하다. ③ '평화'는 하나의 과정으로 차근차근 신뢰를 구축해 나가야 한다. ④ '평화'는 쌍방의 이해가 걸린 사안을 긍정적으로 옹호하는 방식으로 추진되어야 한다. ⑤ 국가 간 정확한 의사소통이 이려우므로 상대의 의견을 경청하는 것이 무척 중요하다. ⑥ 오직 강력하고 활기찬 대통령의 리더십만이 '평화'를 가져올 수 있다. 리더십은 다른 국가를 상대할 때도 필요하지만, 군부와 강경파의 주장, 일반 국민의 의심, 공포, 도발을 극복하는 데 유용하다.

① 평화는 양측 모두가 추구할만한 가치(value)가 충분히 있다. 냉전이라고 하여 제로섬 게임(Zero-sum)만 있는 것은 아니라고 주장한다. 평화에서 상호 혜택을 볼 수 있다는 생각은 냉전에서 생각하고 있는 개념과 근본적으로 다르다고 보고 있다.

② 핵 전략가들이 주장하는 '공포의 상호 균형(MAD)' 원리는 순진하기 짝이 없는 생각으로 치부하고 있다. 급속한 무기 경쟁은 급속한 리스크(risk) 뿐만 아니라 우발적이고 의도하지 않은 결과까지 초래할 수 있다는 점에 주목하고 있다. 이는 '제1차 세계대전'과 '피그스만 침공작전', '쿠바 미사일 위기 사태'를 겪으면서 직접 체득한 결과로 느낄 수 있다.[18)]

Barbara W. Tuchman, 『8월의 포성』

③ 어느 한 편의 움직임이 다른 한편의 움직임을 끌어내므로 불신

18) 케네디는 처칠(Winston Leonard Spencer-Churchill, 1874~1965)이 출간한 제1차 세계대전을 다룬 역사서『위기 속의 세계(The World Crisis)』와 역사가인 바바라 터크먼(Barbara W. Tuchman)의『8월의 포성(The Guns of August)』에서 "전쟁은 지도자의 오판(誤判)과 무지(無知)로 인해 시작된다."라는 내용을 읽은 감명을 얘기한 바 있다. 그 누구도 전쟁을 원하지 않았지만, 지도자들의 엇갈린 의도와 오해 그리고 부주의가 전쟁을 불렀다는 점에서 케네디 대통령이 美蘇 간 쿠바 미사일 위기사태 간 위기를 극복하고 평화로 결론짓는 데 상당한 영향을 끼쳤다.

수위가 높다면, 신뢰를 구축하는 과정이 필요하다는 것이다. 쿠바 미사일 위기사태를 통해 국가 지도자가 아무리 조심해도 통제를 벗어나기 일쑤였다는 점을 깨우친 것이다. 따라서 성공을 위해서는 한 번에 한 걸음씩 차분히 나아간다는 점을 강조하고 있다.

④ 평화는 유화가 아닌 협력을 통해 성취하여야 한다. 케네디는 1947년 외교관 조지 F. 케넌(George F. Kennan)이 제안한 '억지를 통한 안보'를 핵심 원칙으로 삼았다. 따라서 군비의 축소나 긴장 완화 조치도 미국의 핵심적인 이해를 보호하는 가운데 추구되어야 한다는 것이다.

⑤ 쿠바 미사일 위 기사태 시에도 케네디와 흐루쇼프 간에 장기적인 서신 교환 흐름이 사태 해결에 결정적인 도움이 되었음을 부정할 수 없다. 케네디와 흐루쇼프는 매스컴에서 그들이 판단하고 있는 집중과 왜곡에서 벗어난 개인적인 의사소통이 더욱 중요하다는 점을 알게 되었다.[19]

⑥ 케네디는 흐루쇼프하고만 협상을 벌인 게 아니었다. 국내와 유럽을 통해 끊임없이 동맹 관계에 관하여 협상과 조정을 반복하였고, 노력하였다. 케네디와 흐루쇼프는 서로 상대에게 힘을 실어줌으로써 상대가 자국 내의 회의론자나 비판론자들을 제압할 수 있도록 하였다. 이러한 기본 원칙은 케네디 대통령이 사망한 이후도 내면적으로 흐르고 있다고 봄이 타당하지 않을까 싶다. 아래의 <그림3-8>은 그 활동을 협상하는 과정과 단계를 구분하였다.

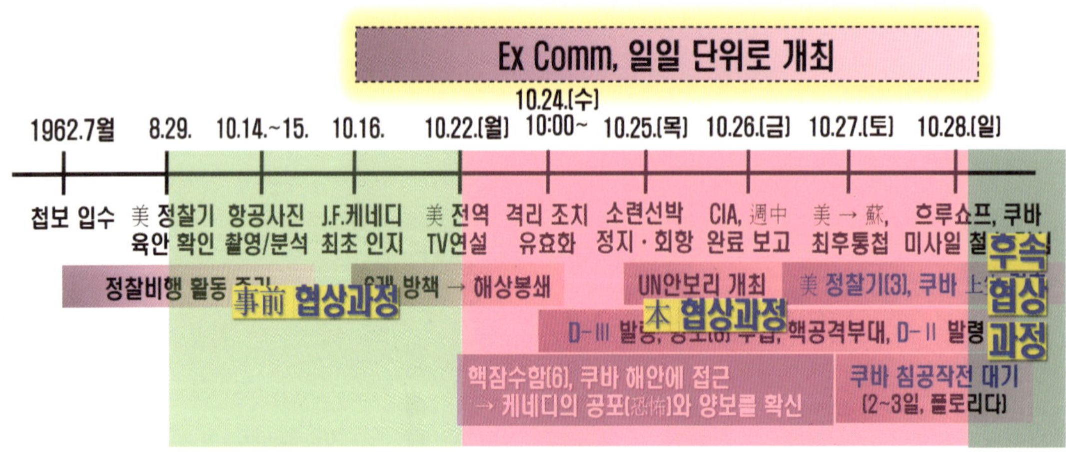

〈그림 3-8〉 위기사태에 따른 협상 과정과 단계 구분

케네디가 다시금 냉정과 침착함을 되찾고 위기관리와 협상을 진행하게 만든 원천(源泉)은 어디에 있을까? 이는 크게 두 가지로 정리할 수 있다. 첫째, U-2A 정찰기가 촬영한 항공사진을 분석한

19) 케네디는 비공식 중개인으로 『새터데이 리뷰(Saturday Review)』지의 편집자 겸 평화운동가인 노먼 카즌스(Norman Cousins)를 활용하였다. 이후 흐루쇼프와의 서신을 교환하는 과정에서 두 국가 지도자에게 공통의 장애요소가 양국의 강경파들임을 서로 이해하게 되었다.

결과 핵미사일 기지가 완공된 상태가 아니었다는 점이다. 둘째, 초기는 이마저도 당황스럽고 혼란스러운 가운데 관련 정보를 추가 수집한 CIA 국장이 보고하면서 다소 안정적으로 돌아왔다. 아직 10여 일의 시간적 여유가 있다는 내용은 케네디의 냉정함(hardheadedness)과 심리적 안정(psychological stability)을 가져오게 하였고, 합리적인 판단과 결정을 유도할 수 있었다.

5.2. 협상 과정에서 오류(誤謬, error)가 발생한 요인

5.2.1. 미국

미국이 협상을 진행하면서 오류를 촉발한 요인은 크게 네 차례에 걸쳐 발생하였다. 이는 결정적인 위기로 확산하기 직전까지 진행되었으며, 케네디의 결심이 없었다면, 美-蘇 간의 무력충돌은 불가피하였다. 쿠바군의 대공포에 격추된 U-2A 정찰기 중에는 최초로 쿠바 군사기지에 관한 항공사진을 촬영한 루돌프 앤더슨(Rudolf Anderson) 소령도 포함되어 있었다.[20]

이러한 반복된 위기는 군부(軍部)가 강력한 핵 공격 등 군사적 대응 이외에는 방법이 없다는 분위기로 고조되었다. 케네디는 분위기를 우려하였으나, 지혜로운 결단력을 강압적 협박 수위를 높이면서 유화적인 모습도 동시에 연출함으로써 오히려 협상력(political leverage)을 높이는 계기로 활용하였다. 아래의 <표 3-4>는 미국의 관점에서 오류(誤謬)를 촉발한 요인이다.

〈표 3-4〉 미국의 관점에서 오류(誤謬)가 촉발된 요인

① 美 U-2A 정찰기 1대, 소련 함정에서 발사한 지대공 미사일에 격추
② 美 U-2A 정찰기 2대가 쿠바군이 발사한 대공포(對空砲)에 격추
③ 美 U-2A 정찰기 1대, 소련 영공에서 난기류(難氣流, turbulent air)로 인한 베링해를 무단침범하면서 美 F-102-소련 MIG기와의 대치(對峙)
④ 10.28, 플로리다 훈련을 소련의 先制 핵 공격으로 오보(誤報) 발령

20) 당시 아이젠하워 대통령은 고고도 정찰기 전반에 관한 전권(全權, absolute authority)을 CIA에 주었고, U(Utility)-2A 원형기를 'Article 341'로 명명하였다. 1955년 실험 테스트에 성공하자 CIA는 양산하도록 지시한 다음 록히드사와 공군에 의해 20대를 계약하여 생산하였다. 이 정찰기가 바로 1962년 CIA의 주도로 활약한 U-2A 기이다. 지금은 U-2B → U-2C → U-2D → U-2E → U-2F → U-2G(NASA에서 운용) → U-2R(제1차: 1966년 말, 제2차: 1979년 재생산 시작) → U-2EP-X(Electronic Patrol-Experimental, 1969, 해군에서 개조) → TR-1(Tactical Reconnaissance-1, 1977, 공군에서 실험 제작)→ TR-1A로 진화(進化)하여 왔다.

5.2.2. 소련

소련이 협상을 진행하면서 오류를 촉발한 요인은 크게 네 차례에 걸쳐 발생하였다. 아래의 <표 3-5>는 소련의 관점에서 오류를 촉발한 요인이다.

〈표 3-5〉 미국의 관점에서 오류(誤謬)가 촉발된 요인

① 비공개 접촉을 기대했으나, 공개적으로 경고 및 압박 전술로 선회
② 카리브해의 핵 잠수함에서 발사한 훈련 폭뢰를 실제 폭뢰로 오인
③ 10.26.~27. 새벽, 카스트로가 모스크바로 긴급 지원을 요청 → 24~72H 내에 美軍이 침공을 감행되므로 즉각적인 핵 보복 공격을 요청
④ 미국이 핵 공격을 시행 간 최초 목표가 '민간시설'로 알고 대피하려 하였으나, 미국은 이후에 '군사시설'로 목표를 변경

미국의 존 F. 케네디 대통령은 전년도의 학습 효과를 통해 자신이 모든 판단과 평가를 하는 과정에서 공개 접촉만이 문제를 해결할 수 있다는 신념을 가졌고, 다른 위원들에게도 일관성을 가지고 끌고 나갔다. 소련의 경우는 미국의 최초의 공격목표가 '민간시설'인 것으로 오인(誤認)한 모스크바의 중앙당 주요 직위자들이 가족들을 지방으로 대피시키면서 소련 내부의 정국(政局) 혼란은 엄청나게 가중되었고, 카스트로가 긴급하게 미군이 침공을 감행하고 있기에 즉각 핵 보복 공격을 시작해달라는 요청을 받으면서 상당한 동요를 일으켰다. 이러한 가운데 계속 확산하고 있는 불안과 공포를 감지한 흐루쇼프는 결단을 내려야 할 지경으로까지 내몰렸다.

5.3. 미국의 내부협상 과정

5.3.1. 경직(硬直)된 협상 의제(Agenda)의 선정

아래의 <그림 3-9>는 당시 'Ex Comm'에 참여한 위원들이다. 이때 구성된 위원들의 경우 대다수가 하버드대 동문이었으나, 전년도 '피그스만 침공 작전'이 왜! 실패했는지를 직접 경험했던 터였다. 케네디는 워킹-그룹의 '집단사고(group-think)'의 문제점을 인식하고 있었기에 최대한 침착하게 위기를 해결하는 데만 노력하였다.[21)]

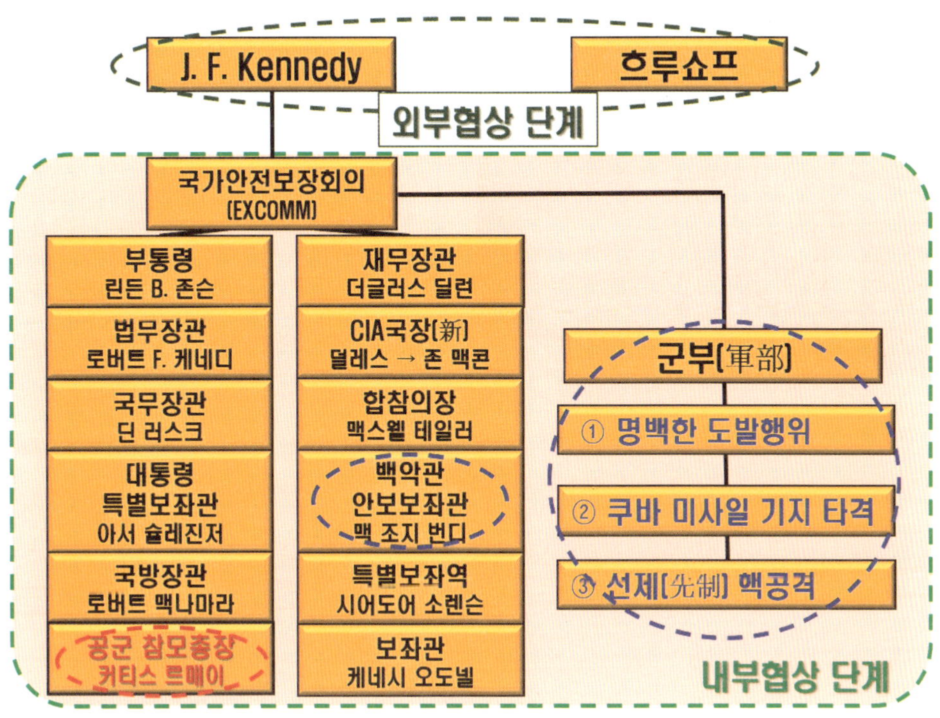

〈그림 3-9〉 미국의 'Ex Comm'에 참여한 강경파와 온건파 현황

미국의 'Ex Comm'에서 이견을 조율하는 내부 협상의 단계는 매파(강경론자)와 비둘기파(온건파)의 격돌이었다. 이 시기는 소련의 흐루쇼프가 9월에 쿠바의 카스트로와 '소련-쿠바 간 무기 원조 협정'을 체결한 다음 곧바로 극비리에 60여 척의 선박을 동원하여 SS-4 준중거리 미사일 42기와 전략폭격기 42대, 핵탄두 162기, 군인과 기술자 5,000여 명을 쿠바로 이동시킨 시기였다. 이러한 중대한 사태를 10월 16일이 되어서야 인지되었다는 현실에 상당한 공포와 두려워하는 분위기가 흐르는 가운데 진행되었다.

공군참모총장인 커티스 E. 르메이(Curtis E. LeMay, 1906~1990)는 대표적인 강경파였으며, 군부

21) 김성진, "집단사고(group-think) 실상과 위기 대응 체계의 허(虛)와 실(實)," 『경제포커스』 안보칼럼, (2020. 5. 6.).

(軍部) 측도 강력한 공격이 필요하다는 의견이 주류였다. 반면에 온건파는 조건이 없는 강력한 대응보다는 현명한 선택과 대안(代案)이 무엇인지? 를 주목하고 있었다. 하지만 당시만 하더라도 남은 시간은 6일 정도로 예상되었기에 매우 조급한 심정들이었다. 의회 의원들의 반응도 유사하게 나왔다. 소련의 핵미사일을 용인할 경우 국내적으로는 정치적 자살행위가 될 것이고, 국제적으로는 미국의 망신당한다는 사실이 당연했기 때문이다. 이 두 가지의 선택이 모두 적절하지 않다면, 다른 새로운 대안(BATNA)을 찾아야 했다. 그러나 사태의 초기부터 여유 시간이 얼마 남지 않았다는 과도한 스트레스와 압박감이 위원들의 사고(思考)를 경직시켰고, 이는 전체 국면을 놓치는 어리석음으로 진전되곤 한다. 이러한 사례는 자유민주주의 국가나 독재국가를 불문하고 시간적 여유가 없을 때는 동일한 과정과 결정을 내릴 위험성이 깔려있음을 인식시켜주는 데 부족함이 없었다.

5.3.2. 협상 의제(Agenda)의 결정과 이견(異見)

美 ExComm[美 연방 문서보관소]

최초에 난상토론을 진행한 결과 도출한 안(案)은 두 가지로 ① 쿠바 미사일 기지를 폭격하는데 찬성할 것인가? ② 쿠바 미사일 기지를 폭격하는데 반대할 것인가? 라는 데 국한되었다. 여기에서 "조심스럽게 접근해야 한다는 데 위원들이 공감하였다."라는 내용은 당시 위원들의 일치된 주장이다. 케네디도 회고(回顧)를 통해 "나는 만약에 우리가 초기 24H 이내에, 즉 수요일에 행동하지 않았을 경우, 아마도 마지막에 이행하였던 전략만큼 현명한 선택을 하지 못했을 것이다."라고 언급하고 있다. 이러한 분위기는 "쿠바의 핵미사일 기지가 건설되려면, 아직 10여 일 정도의 기간이 남았다."라는 CIA 보고를 듣고서야 조급하고 경직된 행동 등이 다소 누그러졌다. CIA의 정확한 정보 분석 능력과 존 F. 케네디의 냉철한 판단과 예지, 의지력의 산물로 볼 수 있다. 아래의 <표 3-6>은 '국가안전보장이사회(NSC) 집행위원회(Ex Comm)'의 토의 결과 결정된 여섯 가지의 방책이다.

〈표 3-6〉 美 '국가안전보장이사회(NSC) 집행위원회(Ex Comm)'의 방책

방책 ①: 아무것도 행하지 않는다.
방책 ②: 소련에 대한 외교적 압력을 행사한다.
방책 ③: 카스트로와 접촉하고, 소련과의 결별을 요구한다.
방책 ④: 공중정찰과 경고 활동을 강화하면서 해상 봉쇄 작전을 개시한다. (Slow Track)
방책 ⑤: 미사일 또는 미사일 기지 등 한정된 목표에 대하여 공중 폭격을 시행한다. (Fast Track)
방책 ⑥: 쿠바에 대한 직접 침공(侵攻, invasion)을 즉시 개시한다.

여섯 가지의 방책 중에서 방책 ①~③은 실효성이 없다고 판단하여 제외하였다. 방책 ⑤는 목표물에 대한 집중 타격은 가능하지만, 분석한 결과 최대 90%의 미사일만 파괴할 수 있다고 평가되어 쿠바의 카스트로나 소련의 흐루쇼프가 반격 시 심각한 동시 피해가 예상되었다.[22] 특히 로버트 S. 맥나마라(Robert S. McNamara, 1916~2009) 국방장관도 "쿠바를 공중폭격하더라도 미사일 기지에 배치된 미사일 전체를 파괴할 수 없다. 파괴가 가능한 최대 수치는 3분의 2 수준에서만 미사일을 파괴할 수 있으므로 카스트로가 폭격을 피하게 되면, 남은 미사일로 美 본토를 공격할 수 있다."라며 폭격에 대한 부정적인 견해를 강력하게 제기하였다. 난상토론 중에 군부(軍部)에서 확전(擴戰)을 방지하기 위해 24H 이전에 통보하자는 제안이 나왔지만, 이는 케네디 대통령이 직접 "7시간 이상 사전(事前)에 통첩하는 행위는 정치적으로 효과가 없다."라면서 일축하는 강인한 의지력을 보여주었다.

방책 ⑥은 긴박(緊迫, tension)한 상황에서 사태를 더 악화시킬 가능성이 증대할 우려가 있고, 카스트로와 흐루쇼프의 성격을 고려 시 더 악화할 가능성이 불가피한 것으로 평가하였다. 따라서 결국 방책 ④로 결정하였다.[23] 이는 최저 단계에서부터 소련의 반응을 보면서 조정 및 강화할 수 있다는 장점이 드러났기 때문이다. 이는 아래의 <표 3-7>과 같이 케네디의 공개된 발언록을

22) 10월 20일 토요일 긴급하게 Ex Comm'을 주관한 케네디 대통령이 맥스웰 D. 테일러(Maxwell Davenport Taylor, 1901~1987) 합동참모본부 의장에게 "이틀 후인 월요일에 쿠바 기지에 공습을 가한다면, 미사일 몇 대를 폭파할 수 있을까요?"라고 질문하자 답변한 내용이다. 이어서 테일러 의장은 "공습 준비를 마치기 위해선 화요일까지 기다려야 한다."라면서 "맥나마라 장관은 우리가 핵무기를 쿠바에 사용하면 쿠바도 핵 공격을 가할 수 있다고 우려하지만, 그렇게 생각하지 않는다"라고 답했다. 그러면서 로버트 케네디 법무장관과 같이 "해상봉쇄든, 공습이든, 지금의 시기를 놓치면 다시는 미사일을 제거할 수 없을 것이다."라고 강하게 주장했다.

23) 당시 케네디 대통령은 카스트로와 흐루쇼프를 자극하지 않기 위한 정제된 용어 사용은 인상적이다. 예를 들면, '완전히 소멸'시키겠다는 의미인 'Wiping Out'을 사용하지 않고 'Striking'으로, '봉쇄'도 완전한 압박을 뜻하는 'Blockade'를 '격리'라는 'Quarantine'으로 부드럽게 변경하여 사용하였다.

통해서도 느낄 수 있다.

〈표 3-7〉 존 F. 케네디 대통령의 ④ Slow Track 결정 관련 발언

발언 1: "우리가 최종적으로 결정한 조치는 이 조치가 실패로 끝났을 경우 다른 조처를 할 수 있다는 장점을 갖고 있다. 다시 말해 우리는 뗜 의미에서 최저 단계에서부터 출발할 수 있었다."
발언 2: "좋은 결정은 아무것도 없다. 어느 안이라도 선택되지 않은 안을 낸 사람이 행운아다. 그 사람은 1~2주일 후에 내가 말하지 않았느냐고 말할 수 있기 때문이다. 그중에 봉쇄 안이 가장 반대가 적은 것 같다."

결과적으로 소련의 미사일 철수 기회를 부여할 수 있고, 흐루쇼프의 반응과 미국의 유연성을 동시에 보여줄 수 있다는 셈법이었기 때문이다. 이는 케네디가 국가 지도자로서 선택할 수 있는 최상의 배트나(BATNA)로 평가되고 있다. 다만, 백악관 안보보좌관 맥 조지 번디(McGeorge Bundy)의 경우 "거의 모든 장비와 부품이 이미 완료되어 마지막 단계이므로 단판 승부가 필요하다."라는 이견(異見)을 강하게 제기하였던 사실도 기억할 필요가 있다. 이미 쿠바의 미사일 기지에 미그기 42대, 폭격기 42대, 기술자와 군인 등 22,000명이 주둔하고 있으며, 운영을 위한 준비가 완성되는 과정에 있음에 주목했기 때문이다.

5.4. 초기 美-蘇 간 위기의 고조 단계와 사전(事前)협상 과정

5.4.1. 미국

미국의 강경파들은 이후에도 "해상 봉쇄(Blockade → Quarantine)는 유화적인 조치로 이를 통해 쿠바의 미사일을 제거하기는 불가능하다."라고 강한 이의(異議)를 제기하였다. 그러나 케네디는 "어차피 맞붙어야 한다면, 주먹을 먼저 날리는 게 유리하므로 선제공격이 필요하다."라는 군부의 주장을 받아들이지 않았다. 대신에 더 나은 대안을 찾기 위해 자유로운 토론을 진행했다. 장군이 주장하는 안을 대령도 반론(反論)을 제기할 수 있도록 하였다. 그리고 정부의 다른 부처들이 의견과 비판을 낼 수 있게끔 이끌었다. 이를 통해 최선의 해법은 아니었지만, 6개의 방책을 종합한 다음 그래도 그중에 가장 현실적이라고 생각되는 ④번 방책을 채택하기로 하였다. 방책 ④의

경우는 가장 낮은 조치 단계에서부터 점차 단계를 높여갈 수 있는 내용을 담고 있었기 때문이다. 아래의 <그림 3-10>은 미국의 '국가안전보장이사회(NSC) 집행위원회(Ex Comm)'의 사전협상 의제의 조율과 소련과의 협상을 진행 과정을 정리한 내용이다.

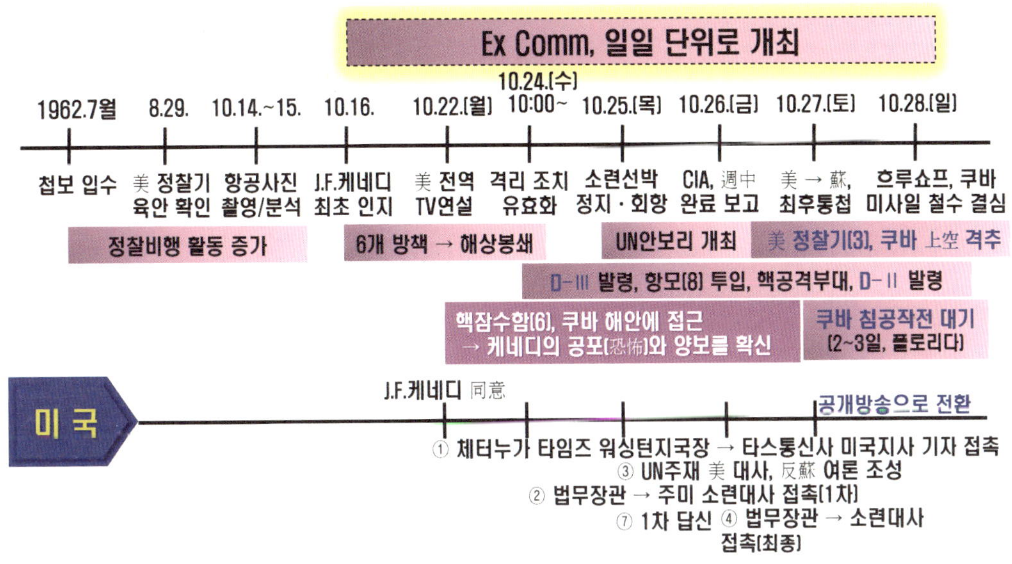

〈그림 3-10〉 美 'Ex Comm'의 사전협상 의제 조율과 소련과의 협상 과정

해군함정 300척을 카리브해역과 남대서양 일대에 배치하기 시작하였고, 쿠바에 직접적인 침공작전을 감행할 수 있다는 경고 차원에서 미군 180,000여 명을 플로리다에 집결시켜 대기 태세를 유지하도록 조치하였다.[24] 핵미사일 부대는 명령과 동시에 발사할 수 있도록 만반의 대기 태세를 유지토록 하였고, 핵 방공호에는 비상식량과 식수(食水), 의약품 등을 보급하여 예상되는 주민들의 피해에 대비시키고, 연설문을 두 사람에게 맡기고 TV 생방송을 준비하기 시작하였다. 케네디는 "우리는 절대 그들을 오판하게 해서는 안 된다. 경솔하게 적(敵)을 몰아붙여 그들이 상황에 떠밀려 반격하는 어리석은 행동을 하게 하면 안 된다."라고 반복하여 강조하였다.

여기에서 주목해야 할 점은 미국의 국무부와 국방부를 비롯한 다른 부처에서도 의견을 내고 비판할 수 있는 환경이 조성되어 있었다는 점이다. 케네디는 누구나 자신의 주장을 변경하도록 하였다. 이를 통해 다양한 선택지를 토론할 수 있었고, 그 선택지들이 어떠한 결과를 가져올 수 있는지도 검증하였다. 케네디의 이러한 분위기 조성은 실패의 원인이었던 '집단적 사고

24) 미군을 플로리다에 집결시킨 이유는 쿠바 해안까지의 거리가 165km에 불과하므로 필요할 때 신속한 침공이 가능하다.

(group-think)'의 위험에서 벗어나게 했다. 물론 긴박한 상황에서 열린 방식의 토론은 불필요한 시간 낭비를 조장할 수 있다는 측면에서 의심이 생길 수 있다. 그러나 케네디는 '피그스만 침공작전'의 실패를 잊지 않았다.[25] 다양한 가능성과 구체적인 결과를 예측할 수 있어야 최악의 상황을 피할 수 있다는 의지로 정치적·군사적 측면에서 완승(完勝)을 원하지 않았다.

5.4.2. 소련

흐루쇼프는 미국에 경고 서신을 발송하는 것으로 위기사태의 시작을 알렸다. 전략 미사일 부대에 비상 경계령을 하달하고, 쿠바를 목적지로 항행(航行)하는 선박들에 "진로를 변경함이 없이 항로를 유지하라!"라고 지시하였다. 크렘린에서 '최고회의 간부회의'를 개최한 자리에서 "제3차 세계대전도 불사할 것이다."라면서 미국을 공개적으로 압박하기 시작하였다. 그러나 내심으로는 점차 불안함을 느끼게 된다. 미국이 당초 '물밑 협상을 요청'할 것이라는 예상을 뒤집고 공개적인 생방송 연설을 통한 정면 대응 방식을 채택하였기 때문이다. 아래의 <그림 3-11>은 소련 '최고회의 간부회의'의 초기 강력한 대미(對美) 메시지와 소련의 의지(意志)를 과시하는 활동, 미국과의 물밑 접촉을 위해 움직이는 과정을 정리한 내용이다.

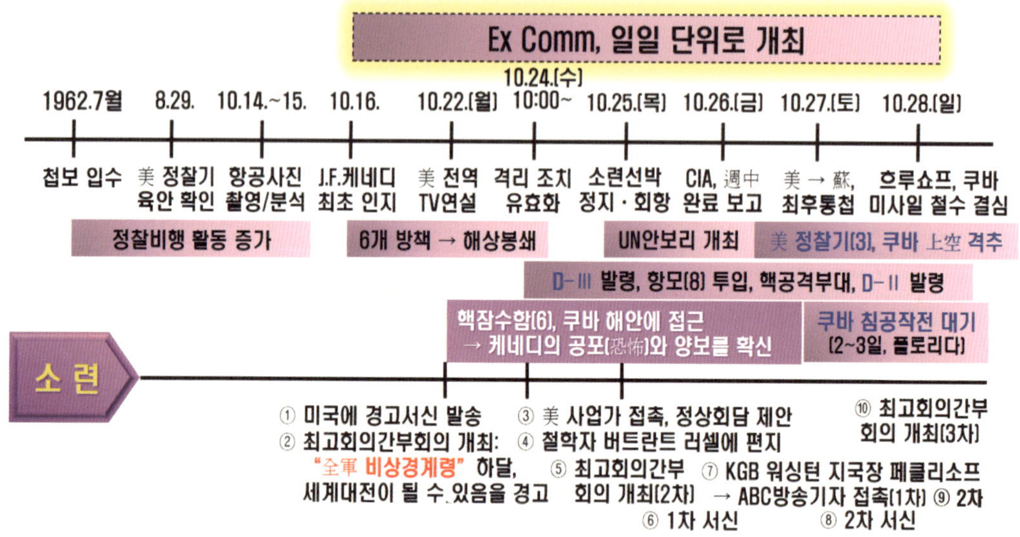

〈그림 3-11〉 소련의 '최고회의 간부회의' 활동과 미국과의 협상 과정

25) 美 CIA는 쿠바의 피그스만 해안 지역이 반 카스트로 운동의 중심지역으로 판단하여 게릴라군이 상륙하면, 반체제 세력이 봉기할 것으로 평가하였고, 이는 하버드대 동문인 'Ex Comm' 위원들의 '집단적 사고'에 의해 일사천리로 채택되었고, 당시에도 실패가 예견(豫見)된 작전이었다.

당황한 흐루쇼프는 가장 먼저, 미국에 경고 서신을 발송하면서 강경한 태도를 대외(對外)적으로 천명하였다. 이는 미국이 물밑 접촉을 하라는 메시지였으나, 미국은 일절 반응하지 않았다. 이후 소련은 각종 채널을 가동하여 미국 지도부의 의향을 탐지하려고 움직였다. 먼저, 美 사업가와 접촉하여 정상회담을 제안했지만, 불발되자 철학자인 버트런드 러셀(Bertrand Arthur William Russell, 1872~1970)에게 도움을 청했으나, 효과로 나타나지 않았다. 결국, 두 차례에 걸쳐 강경한 태도만 대외에 표명하였으나, 내부적으로는 케네디와의 연결을 위해 갖은 노력을 시도하였다.

5.5. 외부 협상 단계와 종결(終結) 과정

아래의 <표 3-8>은 존 F. 케네디 대통령이 집행위원회(Ex Comm)에서 방책 ④를 채택한 다음 발언한 내용이다.

〈표 3-8〉 존 F. 케네디 대통령이 방책 ④에 관한 주요 발언

"격리 및 일련의 조치는 제1단계의 조치로 이들 공격용 미사일의 준비가 계속되어 서방측에 대한 위협이 증대한다면, 더 이상의 행동을 취하는 것이 정당화될 것이다. 나는 전군(全軍)에 어떠한 예상치 못한 사태에도 준비태세를 갖출 것을 명령했다."

1962년 10월 22일 미국 전역에 생방송으로 중계한 TV 연설을 통해 소련이 쿠바 기지에 준중거리 탄도미사일(MRBM)을 설치하기 위한 행위를 공개하고 이는 세계에 대한 위협으로 대응 조치가 불가피함을 표명하면서 소련과 외부 협상을 시작하였다. 아래의 <표 3-9>는 당시 국무부의 정보연구국장인 힐즈먼(Hilsman)이 발언한 내용이다.

〈표 3-9〉 美 국무부의 정보연구국장 힐즈먼(Hilsman)의 발언

"대통령은 스스로 위기를 관리하고자 결심하였으며, 대단히 세부적인 사항까지 그렇게 했다. 어느 배를 언제 정지시키는지, 또 그것을 어떤 식으로 발표하는지, 무엇을 공식적으로 하고 무엇을 개인적으로 발언할 것인지, 이것들을 결정한 것은 대통령이었다."

점차 시간이 지나면서 10월 23일 야간에 쿠바 연안으로 소련 선박이 점차 가까워지자 다시 한번 결정을 변경한다. 이때는 20척의 소련 선박이 정선(停船) 명령 지역으로 들어가고 있는 상태였다. 곧 미군은 격리선(隔離線, quarantine line)을 통과하려는 소련 선박에 "멈추지 않으면, 발포한다."라고 통보하기 직전이었다. 그러나 케네디는 쿠바 연안의 격리선 위치를 기존의 800마일에서 500마일로 단축하게 했다. 그러면서 격리를 시행할 때도 선박의 키(key)와 추진기(screw propeller)만 해체하도록 함으로써 인명(人命)의 손실이나 침몰당하지 않도록 배려하였으며, 이마저도 군사용 장비나 기재를 탑재한 선박으로 한정한다고 결정하였다. 동시에 흐루쇼프에게 친서를 전달하면서 "서로 신중한 태도로 사태를 현재보다 관리하기 어렵게 만드는 일체의 행위는 하지 않기를 바랍니다."라고 정중하게 제안하였다. 당시 존 F. 케네디 대통령의 친동생이자 법무부 장관이었던 로버트 케네디도 "대통령은 처음부터 흐루쇼프가 합리적이고 현명한 인물이기 때문에 충분한 시간을 주고 우리의 결의(決意)를 보이면, 그가 태도를 바꿀 것으로 믿고 있었다."라고 증언하고 있다. 처음부터 케네디의 마음속에는 위기가 걷잡을 수 없을 정도로 확대되지 않도록 방지하는 데 초점이 맞추어져 있었다.

소련 유조선
부카레슈티 호

이후 'Ex Comm'에서 강력한 검색 활동을 계속 건의하였으나, 케네디는 "단지 한 척만이 격리구역에 들어왔을 뿐이다. 이것은 유조선(tanker)이고 분명히 핵무기를 운반하고 있지 않다. 일부 사람들이 군사력으로 대응해야 하겠다고 느끼지만, 흐루쇼프에게 조금 더 시간이 필요할 것이다."라면서 거절하였다. 그러나 소련 유조선 부카레슈티 호의 통과를 허락하면서 대통령에 대한 강경파 위원들의 우려는 점차 고조되었다.

10월 26일 금요일에 CIA 국장 존 맥콘이 "이번 주말이면 쿠바 미사일 기지는 실전 배치가 가능합니다."라는 보고하면서 내부는 다시금 긴장감이 감돌았다. 이에 따라 두 가지로 구분하였는데, 내부적으로는 아래의 <표 3-10>과 같이 세 가지 조치를 대표적으로 시행하였고, 외부적으로는 아래의 <표 3-11>에서 같이 두 가지 사항을 고려하였다.

〈표 3-10〉 'Ex Comm'의 추가 대책 결정(내부적)

첫째, 쿠바 상공의 정찰비행을 1일 1H → 2H당 1회로 증가한다. 둘째, 야간에 조명탄을 투하하고, 미사일 기지에 대한 촬영을 지속한다. 셋째, 쿠바 반입을 금지하는 품목을 석유와 윤활유뿐만이 아니라 확대할 준비를 한다.

〈표 3-11〉 'Ex Comm'의 추가 대책 결정 시 고려(외부적)

첫째, 흐루쇼프가 격리선(隔離線, quarantine line)에 접근하고 있는 소련 선박의 선장에게 새롭게 지시할 시간이 필요할 것이다. 둘째, 흐루쇼프가 미국과의 정치 협상을 진행하면서 유리한 조건을 고민할 시간적 여유가 필요할 것이다.

이렇게 긴장이 계속 고조되자 쌍방은 이면적(裏面的)으로 대화할 가능성을 적극적으로 모색하기 시작했다. 이후 미국 ABC의 존 스칼리(John Scalley) 기자와 주미대사관에 있는 KGB 워싱턴 지국장인 알렉산더 페클리소프가 물밑 대화를 통해 만들어진 제1차 조건은 아래의 <표 3-12>와 같다.

〈표 3-12〉 존 스칼리 ABC 기자와 KGB 워싱턴 지국장 알렉산더 페클리소프의 제1차 제안

첫째, 소련은 쿠바의 미사일을 철거하고, 재설치하는 활동을 금지한다. 둘째, 미국은 쿠바에 대한 침략(invasion) 의사가 없음을 대외에 공식적으로 발표한다.

케네디는 소련과 접촉하는 계통(line)과 해당 인물의 신뢰도(reliability)의 실효성에 의문을 가졌다. "국가 차원의 중대한 사안(事案)을 이러한 경로를 통해 제의할 수 있는 것인가?"에 대한 의구심이었고, 이는 결국 성사되지 못했다. 이러한 가운데 흐루쇼프의 갑작스러운 모스크바 방송 발표는 위기를 다시금 고조시켰다. 아래의 <표 3-13>은 흐루쇼프의 모스크바 방송 발표를 간추린 내용이다.

〈표 3-13〉 흐루쇼프의 모스크바 방송 발표(요약)

첫째, 소련은 쿠바의 공격용 미사일을 철거하고, 미국은 터키 미사일 기지를 철거한다. 둘째, 소련은 터키를 침략하지 않을 것이고, 미국도 쿠바에 대한 침략(invasion) 의사가 없음을 대외에 공식적으로 발표한다.

흐루쇼프의 갑작스러운 모스크바 방송을 통한 제안은 존 스칼리와 KGB 워싱턴지국장 알렉산더 페클리소프와의 협의안에 대한 믿음이 허물어짐과 동시에 케네디의 신뢰까지 잃게 하였다. 케네디는 흐루쇼프의 발표 내용을 '제안(proposal)'이 아니라 '위협(threat)'으로 받아들였다. 흐루쇼프의 방송 내용은 케네디가 상당한 노력을 기울이는 북대서양조약기구(NATO) 국가들의 분열을 부추기게 될 것이 뻔하기 때문이었다.[26] 케네디는 진퇴양난(進退兩難)에 빠진 형국(形局)이 되었다.

10월 28일, 존 스칼리 기자와 KGB 워싱턴지국장 알렉산더 페클리소프는 제1차 조건 이후에 모스크바에서의 방송 발표가 맞는다는 확인을 주고받았다. 이러한 와중에 U-2A기 2대가 쿠바군이 발사한 대공포에 격추되었고, 1대는 난기류로 인해 소련 영공의 베링해로 진입했다는 사실이 보고되었다. 그러나 이 보고마저도 양측이 현장에서 대치상태를 해체한 이후 뒤늦게 인지하였음을 알게 된 로버트 S. 맥나마라 국방장관은 "즉시 全 U-2A기의 정찰비행을 중지하라!"라고 강력하게 지시하는 촌극을 벌였다. 미군 정찰기가 추가로 더 격추될 경우 軍의 대내·외적 위상 저하를 우려한 군부 강경파는 한층 강력하게 "직접 공격을 결심해야 한다. 선제(先制)적으로 공격을 하더라도 소련의 맞대응하는 불상사는 결코 없을 것이다."라고 격렬하게 항의하는 등 내부적으로 통제하기가 어려울 정도로 분위기는 극도의 한계점에 도달하였다. 그런데도 케네디는 장군들의 주장에 동의하지 않았다. 아래의 <표 3-14>는 격렬하게 항의하는 장군들의 주장에 동의하지 않는 이유에 대해 측근들과 대화한 내용이다.

〈표 3-14〉 케네디가 군부의 선제공격 주장에 대하여 동의하지 않은 이유(요약)

"장군들의 주장은 엄청난 장점이 하나 있지. 그들이 해달라는 대로 해주고 나면, 나중에 우리 중 아무도 그들이 틀렸다고 말해줄 수 없을 것이다. 왜냐하면, 우리는 다 죽고 난 뒤일 테니까 말이야."

26) 駐 터키 미국대사인 레이먼드 헤어는 10월 26일 美 국무부로 "터키 미사일 철수에 반대한다."라는 전보를 보냈다. "터키에서 미사일을 빼면, 미국 스스로 터키와 쿠바가 같은 맥락이라고 인정하는 꼴이며, 터키를 비롯한 동맹국들, 그리고 NATO와의 연대를 붕괴시킬 수 있다."라고 지적했다. 또한, 터키에 배치하고 있는 주피터 미사일과 관련하여 미국이 할 수 있는 몇 가지의 방안을 내놓았는데, 우선 터키 미사일을 언급하지 않는 게 가장 좋은 방안이라고 강조하였다. 그리고 "어쩔 수 없이 터키 미사일을 거래 조건으로 해야 한다면, 주피터(PGM-19 Jupiter) 미사일을 철수하고 전혀 새로운 무기를 배치하거나, 비밀리에 없애는 방안을 논의하여야 한다."라고 주장하였다.

케네디는 자신이 버틸 수 있는 한계 시간이 얼마 남지 않았음을 느끼고 법무장관인 친동생 로버트 케네디와 측근인 시어도어 C. 소렌센이 각자 기초한 초안을 토대로 흐루쇼프에게 보낼 마지막 친서를 작성하였다. 아래의 <표 3-15>는 케네디가 흐루쇼프에게 보낸 마지막 친서를 정리한 내용이다.

〈표 3-15〉 케네디가 흐루쇼프에게 보낸 마지막 친서(요약)

첫째, UN 감독하에 쿠바 미사일을 철거하고 이후 이와 같은 무기체계를 쿠바에 들여오지 않을 것을 공개적으로 약속해야 하며, 거기에 적당한 보증(warranty)을 하는 것에 동의한다. 둘째, 미국은 이들 약속의 실행과 계속을 보증하기 위해 UN을 통한 적당한 조치를 하면서 현재 진행하고 있는 '격리' 조치를 신속하게 해제하고 쿠바를 일절 침공(invasion)하지 않는다는 보증(warranty)에 동의한다.

케네디는 법무장관이자 친동생인 로버트 케네디가 소련의 주미대사인 아나톨리 도브리닌(Anatoly Dobrynin, 1919~2010)을 직접 만나 미국의 전의(戰意)와 사태에 대한 인식을 분명하게 하면서 최후통첩을 전달하도록 하였다. 아래의 <표 3-16>은 법무장관 로버트 케네디가 도브리닌과 대화한 내용을 요약하였다.

〈표 3-16〉 美 법무장관 로버트 케네디와 주미대사 도브리닌과의 대화(요약)

"군부는 무조건 싸우려고만 하기에 공습 요구를 거부할 수 없게 되었다. 앞으로 얼마나 군부에 맞서 버틸 수 있을는지 장담할 수 없다. 길어봐야 12시간에서 최대 24시간 이내에 어떠한 결정을 내릴 수밖에 없다. 우리는 쿠바 미사일 기지를 철거한다는 확약(確約, make a definite promise)을 내일까지 얻어야 한다. … 시간은 흘러가고 있다. 이제 2~3시간 밖에 없다. 지금 곧 소련으로부터의 회답(回答, reply)이 절실하게 필요하다."

이는 거짓으로 과장(誇張, exaggeration)된 행동이 아니었다. 공군참모총장 커티스 르메이는 군사적 공격을 머뭇거리는 대통령을 거세게 몰아붙였다. "해상봉쇄는 1938년의 뮌헨회담에서 실패한 체임벌린 수상의 '유화정책(appeasement policy)'과 다름이 없다."고 비판하였다. 상대가

만만하게 여길만한 조치는 오히려 상대가 강경하고 도발적으로 나오게 부추길 것이라고 주장하였다. 점차 쿠바에 건설하고 있는 소련의 핵미사일 기지와 쿠바 공군시설, 통신 시설 등을 목표로 하는 무차별적인 공습도 필요하다는 주장이 힘을 얻고 있었으며, 국무부와 국방부, 심지어 CIA도 비슷한 의견이었다.

Anatoly Dobrynin
(1919~2010)

이렇게 상황이 긴박하게 진행되면서 케네디는 내부적으로도 한계점에 도달했음을 생각하면서 어쩔 수 없이 쿠바를 직접 침공할 때가 되었음을 느꼈다. 따라서 예비 조치로 공군 예비군의 병력 수송기 24개 중대를 현역으로 편입할 것을 명령하였다. 그러나 이 와중에도 마지막까지 희망의 끈을 놓지 않으면서 흐루쇼프의 반응을 계속 주시하였다. 10월 27일 토요일, 주미대사 아나톨리 도브리닌(Anatoly Dobrynin)은 흐루쇼프에게 심각한 사태가 도래하였다면서 최후통첩 내용을 긴급하게 보고하였다.

10월 28일 일요일 오전, 흐루쇼프는 '최고회의 간부회의'를 주재하면서 도브리닌의 보고서에 상당한 긴장감을 느끼고 주시하였다. 16:00가 되자 더 미루어서는 안 됨을 직감하고 쿠바에 주둔하고 있는 소련군 사령관에게 직접 지시하였다. 아래의 <표 3-17>은 흐루쇼프가 쿠바에 주둔하고 있는 소련군 사령관에게 직접 지시한 내용을 두 가지로 정리한 내용이고, <표 3-18>은 소련 국방장관이 쿠바에 주둔하고 있는 소련군 사령관에게 직접 지시한 내용을 요약하였다.

〈표 3-17〉 흐루쇼프가 쿠바 주둔 소련군 사령관에게 지시한 내용(요약)

첫째, 아무도 미사일 근처에 접근하지 못하게 할 것. 둘째, 전쟁을 일으킬 수 있는 상황을 일체 배제한 가운데, 내가 직접 지시하는 이외는 누구의 지시도 따르지 말 것.

〈표 3-18〉 소련 국방장관이 쿠바 주둔 소련군 사령관에게 지시한 내용(요약)

"돌이킬 수 없는 사태가 오기 이전(以前) 가장 이른 시일 안(內)에 쿠바에서 설치하고 있는 미사일 기지를 해체하라"

10월 28일 17:00, 흐루쇼프는 미국의 요구에 전격적으로 동의하는 모스크바 방송을 대외적으로 발표하였다.27) 쿠바에 설치하고 있는 미사일 기지 공사를 즉각 중지하고 미사일을 철거하는 명령을 내리겠다는 사실과 이러한 확인을 UN 안보리 대표에게 검증시키는 데 동의한다고 발표함으로써 사실상 격렬하게 고조되던 극한의 대립 관계에서 극적으로 돌아서면서 케네디와 흐루쇼프의 역사적인 합의는 이루어졌다.

27) 10월 28일은 소련 시각을 기준으로 한 결과로 미국 표준시간으로 따지면, 10월 2일 16:00이다. 흐루쇼프는 발표하기 이전에 당시 케네디가 미얀마 출신인 우 탄트(U Thant, 1909~1974) UN 사무총장에 전달한 편지를 통하여 소련과의 충돌을 최대한 피함으로써 치명적인 사태를 피하겠다는 의지에 감사함을 밝히기도 했다.

제 3 절

협상의 종결과 교훈

1. 개 요

미국과 소련 간 쿠바 미사일 위기사태에서 쌍방은 수많은 오해(誤解, misunderstanding)와 편견(偏見, prejudice)에 의해 오판(誤判, misjudgment)과 실수(失手, mistake)를 반복하였다. 누구나 알고 있듯이 오해와 편견은 상대를 알지 못하는 데서부터 시작된다. 상대의 의도를 제대로 읽어내지 못한다면, 누구나 자기 생각과 의도대로만 행동하게 된다. 이를 통해 쌓인 오해와 편견이 결과적으로 오판과 실수를 불러오게 한다.

소련의 흐루쇼프는 미국의 젊은 대통령 존 F. 케네디를 '부잣집 도련님'으로 얕보았고, 미국 역시도 소련에 관한 정확한 정보(intelligence)를 수집하고 분석하는데 '실패(failure)'하였다. 美-蘇 양국은 이후 오해가 발생하더라도 바로 잡을 수 있는 안정적인 의사소통 수단이 필요함을 깨달았다. 존 F. 케네디와 흐루쇼프는 이듬해에 바로 '핫-라인(Hot-line)'을 설치하게 된다. 물론 핫-라인은 자주 사용되지는 않았다. 하지만 오해를 확인하거나, 상대의 오판을 막는 데 상당히 중요한 역할을 한 것은 확실하다.[28]

협상에서 '신뢰(Trust)'는 중요한 요소이다. 그러나 이때의 신뢰는 '조건(Condition)'이 아니라 협상의 '결과(Result)'임을 명심하여야 한다. 소련의 흐루쇼프는 쿠바에 건설하고 있는 소련의 핵미사일 기지를 미국에서 알아내기 이전까지는 쿠바에 방어를 위한 무기만 있다고 주장하였기 때문이다. 초기에 케네디가 분노하였던 이유와도 같다. 사람은 누구나 자신이 속았다는 것을 알게 되는 순간 그 이후부터는 상대의 어떠한 말이나 행동도 믿지 않으려고 한다. 자신이 속았기 때문이다. 이때의 감정은 "감히. 나를..."이라거나, "아니. 어떻게...", 또는 "믿었는데, 이럴수가..."라는 마음에 사로잡힐 것이다. 여기에서 케네디가 보여준 놀라운 사실은 분노의 감정에만 휩싸이지 않았을뿐더러 차츰 냉정하고 신중하게 사태를 파악함과 동시에 '합리적인 대안(代案)'을 찾기 위해 노력했다는 점에 있다.

---

28) 1967년 제3차 중동전쟁(6일 전쟁) 시 이스라엘이 이집트를 선제공격했을 때 미국의 린든 B. 존슨(Lyndon B. Johnson, 1908~1973) 대통령은 핫-라인을 통해 소련의 알렉세이 코시킨(Alcksei Kosygin, 1904~1985) 소련 수상에게 "전쟁을 원하지 않는다."라는 의사를 명확하게 전하였고, 6일 동안 미국은 소련에 20개의 메시지를 전달하였다. 이를 통해 더 큰 전쟁으로 비화하는 현상을 방지할 수 있었다.

케네디는 위기사태가 고조되는 와중에서도 언제나 흐루쇼프를 '합리적 행위자'로 간주하고 그렇게 생각하려고 노력하였다. 자신이 선제공격을 고려한다면, 상대도 똑같은 방법이나 그 이상의 극단적인 방법을 선택할 것이 뻔하기 때문이다. 결국에는 제어할 수 없는 상황으로 몰리게 되어 최악의 경우 핵전쟁도 불가피해질 수 있을 것으로 생각하였다.

'협상(Negotiation)'은 전쟁을 하기보다 더 어렵다. 전쟁은 쏘고, 던지고, 발사하여 단순하게 파괴하면 되지만, 협상은 '평화(Peace)'와 '화합(unity)', 그리고 서로가 'win-win' 할 수 있는 고도의 기법이기 때문이다. 당시 정치적 측면에서 보면, 케네디는 최악의 경우 '정치적 사망 선고(political death judgment)'를 받을 수도 있었다. 왜냐하면, 미국이 주도하는 나토(NATO) 진영과 소련이 주도하는 바르샤바조약기구(WTO) 진영 간 적대적 관계가 격화된 냉전(Cold War) 상황이었기 때문이다. 이처럼 양대(兩大) 진영이 극도로 불신하는 관계에 있었기 때문에 상대의 의도를 믿기는 대난히 어려운 여건이었다. 그러나 중첩된 위기사태의 혼란 속에서 무력(폭력)에 의지하지 않고 위기를 해결 및 극복하기 위해서는 반드시 '협상(Negotiation)'이라는 관문이 필요했다. 케네디는 "공포와 두려움 때문에 협상을 시작할 필요는 없지만, 협상하는 자체를 두려워할 필요는 없다."라는 말을 남겼다.

2. 긍정적 · 부정적 측면

2.1. 긍정적인 측면

총괄적 측면에서 크게 두 가지로 정리할 수 있다. 첫째, 케네디 대통령은 10월 16일 쿠바에 소련이 핵미사일 기지를 건설하고 있는 항공사진과 분석 보고를 받고 즉시 '국가안전보장이사회(NSC) 집행위원회(Ex Comm)'을 곧바로 개최하였다.

초기부터 기본적인 방책을 결정하면서 소련에 대하여 압박을 하되, 기자 회견을 TV 생중계 방송으로 하겠다는 사실을 사전에 발표함으로써 대통령의 성명 발표에 대한 비중과 무게감을 더하였고, 세계적으로 이슈(issue)화를 시키는 데도 성공하였다. 둘째, 위기사태를 해결하기 위해 여러 가지 방법과 수단을 활용하는 과정에서 물밑 대화를 시도하였으며, 우 탄트(U Thant) UN사무총장에게도 서신을 통해 쿠바 위기사태를 해결하기 위한 유화적인 제스츄어를 일관되게 보임

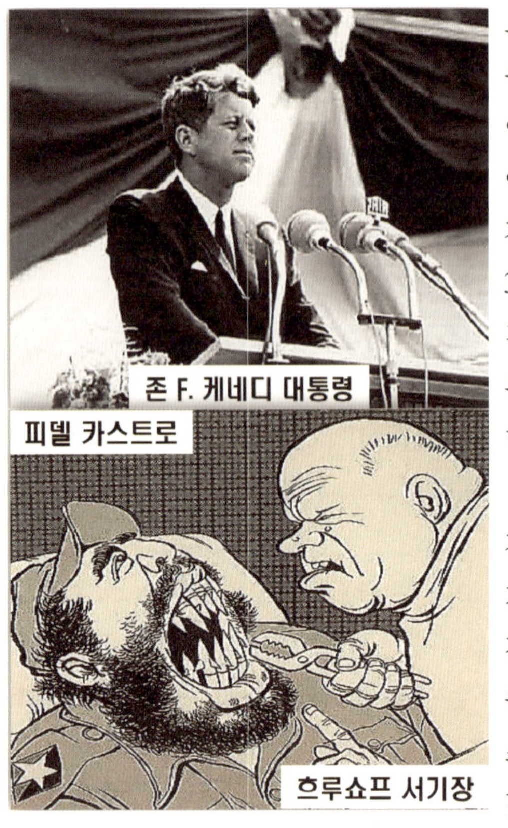

으로써 흐루쇼프가 신뢰하도록 노력하였다. 셋째, 쿠바의 미사일 기지를 철거하도록 합의하였지만, 이행하는 과정에서 온갖 걱정과 억측이 난무하는 여론이 지속됨에 따라 11월 20일 18:00에 제2차 기자 회견을 예고한 점이다. 케네디는 동시에 서방의 3개국 수뇌에게 서신을 보내 필요하다면, 공중 폭격과 격리 조치를 연장할 것이라고 통보했다.[29)] 이는 간접적으로나마 흐루쇼프에게 나름대로 위협과 협박의 역할을 하는 데 성공하였다.

국제적인 여론(public opinion)의 압박이 계속되자 그냥 대충 지나치려고 했던 흐루쇼프도 견딜 수가 없었다. 케네디 대통령이 예고한 기자 회견 3시간 전(前)에 급하게 서신을 보내서 "IL-28형 폭격기를 미국의 감시하에 30일 이내에 철수함과 동시에 소련군과 기술자들도 철거하겠다."라는 제안을 보냈다. 이에 따라 케네디도 예정대로 진행한 기자 회견에서 "소련이 미국의 요구를 받아들였다."라는 내용으로 변경하여 발표하고 격리 조치의 철폐를 선언하면서 사실상 위기사태는 이때쯤이 되어서 확실하게 종결되었다고 보는 게 정확하다. 요약하자면, 존 F. 케네디 대통령은 한미 연합사 주도로 활용되다가 최근 한국군도 활성화하고 있는 '정치-군사 연습(POL-MIL Game)'[30)]의 융합 효과를 이때 벌써 이해하고 있었지 않나 싶다.

---

29) 케네디 대통령이 서신을 보낸 서방 3개국은 영국의 해럴드 맥밀란(Maurice Harold Macmillan, 1894~1986) 수상, 서독의 콘라드 아데나우어(Konrad Hermann Joseph Adenauer, 1876~1967) 총리, 프랑스의 드골(Charles André Joseph Marie de Gaulle, 1890~1970) 총리이다.

30) 'POL-MIL Game'은 'Politico-Military Game'의 약자로서 '정치-군사 연습'이라는 뜻이다. 위기사태 시 군사적 측면에서뿐만 아니라 정치·경제·사회·문화 등을 비롯한 다양한 측면에서 '전쟁 위기(War Crisis)'를 관리하는 모의 연습을 의미한다. 19세기 후반 프러시아의 군사적 결심이 정치적 상황과 얽혀져 상호 간 깊은 연관성이 지속되면서 군사적 측면만을 고집하기가 어려워졌다. 이때 당시 러시아의 군사 전략가인 안드레이 코코쉰(Andrey A. Kokoshin)이 『군과 정치: 러시아 군사 정치·군사전략 사상사(1918-1991)』에서 '전쟁에서 승리하기 위해서는 군사-정치적 관점에서 동시에 판단해야 한다.'라고 강조하면서 부각하였다. 이를 美 합참에서 1961년도에 채택하였고, 한국은 1984년 국방연구원(KIDA)에서 발전시켰으나, 실용화되지 못한 상태로 미군의 전유물이었다. 이후 2012년도 '전시작전권 전환'을 계기로 韓·美 공동으로 통제반을 운용하였다. 태극 연습 시에는 한국군 단독으로 운용하고 있음도 알아두면 좋을 것 같다.

2.2. 부정적인 측면

美-蘇 쿠바 미사일 위기사태는 사실 정상적인 합의(agreement)에 따라 종결된 것이 아니다. 케네디 대통령과 흐루쇼프 공산당 서기장이 서로 주고받은 서신을 통해 필요한 최소한의 조건만으로 1차 합의를 결정하였지만, 쌍방 간에 구체적인 규정과 절차와 관련하여서는 아무런 의견 교환이 행해지지 않았다는 사실이다. 이를 직시(直視)할 때 실질적인 협상 측면에서 보면, 아쉬운 내용이 많이 있다. 구체적으로 따져본다면, 크게 네 가지로 요약할 수 있을 것 같다.

첫째, 케네디 대통령이 흐루쇼프와 의제(Agenda)를 조율하는 과정에서 합의 조건에 관한 규정이나 절차에 관한 의견 교환이 구체적으로 이루어지지 않았다.

둘째, 흐루쇼프가 쿠바에서 미사일을 철거하는 과정에서 공격에 사용할 수 있는 전략무기가 어떠한 무기체계를 의미하는 지가 명확하지 않았으며, 공격적인 전략무기체계를 결정할 때 필요한 기준마저 분명하게 적시(摘示, indicate)한 분야가 없었다.

셋째, UN의 적절한 감시(surveillance)와 감독(manager)에 관한 절차와 형식뿐만 아니라 지침(指針, guideline)을 구체화하지 못했다.

넷째, 미국이 쿠바를 침략(invasion)하지 않겠다는 보증을 언제, 어떻게, 어떠한 형식(format)과 절차(procedure)에 따를 것인지에 관한 구체화한 규정이 존재하지 않았다.

그러나 이러한 취약점에도 불구하고 세계대전이나 핵전쟁으로 비화(飛花, flying sparks)할 수 있었던 위기의 절정 단계에서 쌍방이 두 정상의 간략한 소통만으로 극적인 합의를 이루었다는 자체는 상당한 성과로 볼 수 있다. 이는 멀리 바라볼 필요도 없이 최근의 결렬된 北-美 간의 비핵화 협상이나 美-中 간 무역 협상과 갈등, 코로나 19에 대한 절제되지 않는 美-中 간의 대응과 맞대응을 보더라도 협상이 얼마나 어렵고 힘든 과정인지를 이해할 수 있지 않을까 싶다.

3. 군사 협상의 '36계(計)' 적용 측면

3.1. 넓은 전략적 시야(視野)로 일관성(consistency)을 유지

이는 힐즈먼의 대화를 통해 알 수 있다. 아래의 <표 3-19>는 힐즈먼(Hilsman)의 발언을 녹취(錄取, recording)한 내용이다.

〈표 3-19〉 美 국무부 정보연구국장 힐즈먼(Hillsman)의 발언록(요약)

발언 1: "대통령은 스스로 위기를 관리하려고 결심하였으며, 대단히 세부적인 사안까지 그렇게 실천했다. ~그의 부하가 급속하게 사태를 진전시키면 안 되는 것이었다. 어느 선박을 언제 정지시키는지, 또 그것을 어떤 방식으로 발표하는지, 무엇을 공식적으로 하고 무엇을 개인적으로 발언할 것인지 등을 결정한 것은 대통령이었다."

발언 2: "봉쇄(quarantine)에 대한 가장 큰 장애 요인은 합동참모본부가 여전히 공습(air strike)이나 침공(invasion)을 요구하고 있다는 점이다. ~ 대통령이 최종적인 결정을 지연시키고 있음은 주로 합동참모본부가 봉쇄에 대한 반대의 태도를 계속 요구하고 보다 폭력적인 행동을 지향하고 있기 때문으로 생각한다. 당시 작성된 기록의 몇 개는 이런저런 주장이나 입장을 대통령에게 제시하기 위한 게 아니라 오히려 대통령이 그것을 듣고 있으므로 기록에 남겨놓기 위한 것임이 분명하다."

케네디가 적용한 '36계(計)'는 "제1계: 최대한 인내하고 또 인내하라! 그러나 감정이 이입(移入)되면, 판을 다시 짜라!", "제2계: 상대의 협박에 의연하게 대응하고 역(逆)으로 이용하라!", "제7계: 상대의 말을 경청하는 것이야말로 최대의 양보임을 명심하라!", "제10계: 협상의 의제(Agenda)를 선별하고 우선순위를 정해라!", "제17계: 협상 목표는 명확하게 설정하라!", "제30계: 상대에게 일방적으로 끌려가지 말고 주도적으로 협상하라!"였다. 만약, 케네디가 군부의 압박과 강요에 양보하고 군사적 행동으로 접근했다면, 현재의 지구촌은 어떠한 모습이 되었을까?

3.2. 합리적인 전략의 선택과 결단력(determination)

쿠바 미사일 위기사태에 대응하는 케네디의 대응 능력과 관점, 협상 전략을 선택하기 위한 진행 과정, 결정 과정은 상당히 합리적이었다고 볼 수 있다. 여기에는 케네디가 자신뿐만 아니라 상대방인 소련의 흐루쇼프가 합리적인 사고(思考)를 바탕으로 하는 건전한 판단력과 정상적인 인식을 보유하였다고 전제(前提)한 상태에서 협상을 진행했기 때문이다. 이를 통해 쌍방이 신뢰를 토대(土臺)로 마지막까지 물밑 대화와 공식 접촉하는 등을 통해 위기사태를 종결시켰다. 특히 주목할 점은 군부의 강력한 압박에도 불구하고 처음의 결심을 변함없이 지속하면서 마지막까지 기다리는 미학은 돋보였다.

케네디가 적용한 '36계(計)'는 "제6계: 자신과 상대의 감정(emotion)을 조절하고 이용하라!",

"제13계: 상대가 이면(裏面)에 감춰놓은 언어를 읽어내라!", "제24계: 어설픈 논쟁(論爭)은 가능한 피하고 적극적으로 설득하라!"였다.

3.3. 행동의 자유와 정치적인 비방(誹謗, slander)을 적절히 활용

초기 'Ex Comm'을 개최할 때까지만 하더라도 시간이 촉박함에 따른 압박과 스트레스로 한정된 시각을 표출하였지만, "방책 ④ Slow Track"을 결정하면서 점차 대응단계를 고조시키겠다는 의지와 결의를 강조하였다. 또한, 군부의 압박 분위기를 자연스럽게 흐루쇼프에 대한 압박으로 전환하는 '신(神)의 한 수'를 보여주었으며, 군사력을 동원하여 최악의 상황에 대비하고 있다는 결의를 보여주기 위해 병력 250.000명과 2,000여 대, 함정 100여 척을 동원하였고, 전략 공군과 잠수함 전력의 경계태세를 강화하는 등의 강수(强數)를 절묘하게 배합(combination)하였다.

케네디가 적용한 '36계(計)'는 "제11계: 단순하면서도 쉬운 것부터 시작하라!", "제16계: 양보의 법칙에도 예외가 있음을 명심하라!", "제22계: 상대의 허풍(虛風)과 기만(欺瞞)에 냉정하게 대처하라!", "제23계: 상대가 거절하기 어려운 카드를 제시하라!"였다.

3.4. 사실상의 최후통첩에 대한 상대의 신빙성(credibility)과 효과를 발휘하기 위한 노력

케네디는 흐루쇼프와 접촉을 시도하는 과정에서 대단히 절박한 위기임을 강조하면서 상대에게 자신이 주도할 수 있다는 판단과 평가가 잘못되었다는 인식을 가질 수 있게 만들었다. 군사력의 집결과 예비군 동원 등 대내외적인 대응 태세를 강화하였지만, 마지막까지 군부의 날 선 비판과 압박을 견뎌내면서 흐루쇼프의 현명한 결단을 기다렸다. 또한, 봉쇄(blockade)를 격리(quarantine)로 낮추는 지혜로운 결단력을 발휘하였고, 격리선에 도달한 소련 선박 1척을 과감하게 통과시키는 현명한 판단력은 누구도 흉내를 낼 수 없는 결단이 아니었나 싶다.

반면에 "군부는 무조건 싸우려고만 하기에 대통령이 이제는 군부의 공습 요구를 거부할 수 없는 어려움에 부닥쳐 있다. 앞으로 12시간에서 24시간 이내에 어떤 결정을 내릴 수밖에 없는 처지다."라고 하면서 '최후통첩'을 던져 흐루쇼프에 "아! 이제 케네디도 버틸 수 없게 되었구나. 이제는 포기할 수밖에 없다면, 어떻게 해야 하지."라는 심리적 압박을 자연스럽게 강요하였다. 이는 '강경(firmness)' 모드와 '유화(appeasement) 모드'를 동시에 활용하는 '양수겸장(兩手兼將, ambidextrous policy)'의 묘수로 보인다.[31]

케네디가 적용한 '36계(計)'는 "제12계: 악역(Bad-guy)을 등장시켜 상대의 기대 수준을 낮춰라!", "제13계: 상대가 이면(裏面)에 감춰놓은 언어를 읽어내라!", "제18계: 질문은 질문답게 해야 하고, 대답은 대답같이 해라!", "제20계: '마감 기일'을 활용하여 적절히 대응하라!"였다.

3.5. 전략적 목적 달성을 통해 장 · 단기적 성과의 극대화에 성공

이는 여섯 가지로 요약할 수 있다. 먼저, 상대에게 '최후통첩'을 통보한 다음 정해진 기한을 초과할 경우 군사력을 직접 행사한다는 강력한 경고를 통해 '쿠바에 설치하고 있는 핵미사일 철거'라는 성과를 얻어냈고, 둘째, 상대의 침략적 행위에 대하여 중지 및 철거하지 않을 때는 제재(制裁)하겠다거나, 강제력을 동원하겠다는 협박과 약간의 정치적인 양보를 통해 전략적 목적을 달성하였다.

셋째, 상대가 요구하는 만큼 자연스럽게 정치적 양보를 해주고 전략적 목적을 달성하였다. 넷째, 가장 중요한 요소로 볼 수 있는데, 위기 협상을 종결하면서도 소련이 미국에 굴복했다는 인식을 갖지 않도록 상당히 조심하였다.

터키에 제공한 F-104G 전투기

케네디는 두 가지의 곤혹스러운 상황에 직면했다. ① 소련의 쿠바 미사일 철수와 터키의 핵미사일이 동시에 철수될 경우 국제 사회에서의 신뢰도 추락은 명확한 사실이었고, ② 국내적으로도 소련에 굴복했다는 이미지를 형성하게 되어 국가를 경영하는 과정에서 상당한 문제점으로 등장할 것이고, 정치적으로는 '사망 선고'가 나올 수도 있는 상황이었다. 케네디는 이러한 난제(難題, difficult problem)를 극복하는 게 상당히 중요하였다. 따라서 터키를 달래는 또 다른 방향에서의 물밑 협상을 시작할 수밖에 없었다.

1959년 아이젠하워 정부와의 핵미사일 배치를 합의한 이후부터 터키는 소련의 위협 속에서도 미국의 핵미사일을 국가안보의 징표(徵標, token)로 삼아오고 있었기 때문이다. 쿠바 미사일 위기 사태가 진정된 이후인 1963년 2월에 터키 총리는 우여곡절 끝에 미국의 핵미사일 철수를 공식적

31) 장기를 둘 때 두 개의 장기알이 동시에 상대의 장(將)을 부를 수 있게 된 관계로 우리 속담에 있는 "꿩 먹고 알 먹는다."라는 내용과 같다고 생각하면 된다.

으로 발표하였다. 이로써 관련 협상이 모두 마무리되었다. 케네디는 쿠바의 핵미사일을 철수시키기 위해 흐루쇼프가 제안한 터키 기지의 주피터 미사일을 철수시키기 위하여 노력을 많이 기울였다. 노력한 경과는 아래의 <표 3-20>과 같다.

〈표 3-20〉 터키와의 물밑 협상 의제(요약)

① 터키를 설득하되, 배치된 주피터 미사일(중거리 핵미사일)은 군사적 가치가 많이 저하되었다. ② 중거리 핵미사일을 다른 수단으로 대체함이 효율적이다. * 東 지중해에 핵 잠수함을 배치하고 운용, F-104G 제공, 미군기지는 그대로 유지 등

케네디가 적용한 '36계(計)'는 "제3계: 항시 갑작스러운 충격에 대응하라!", "제6계: 자신과 상대의 감정(emotion)을 조절하고 이용하라!", "제8계: 적절한 시기(timing)를 잡고 협상을 진행하라!", "제9계: 상대의 패(牌)가 무엇인가에 따라 적절하게 카드를 제시하라!", "제22계: 상대의 허풍(虛風)과 기만(欺瞞)에 냉정하게 대처하라!", "제24계: 어설픈 논쟁(論爭)은 가능한 피하고 적극적으로 설득하라!", "제29계: 최후통첩으로 상대에게 압박을 가하여 두 마리 토끼를 동시에 잡을 기회를 만들어라!", "제33계: 때로는 적절하게 상대의 체면을 살려주어라!", "제35계: 비판(批判)이나 불평만 일삼기보다는 이를 해소하는 데 노력해라!", "제36계: 자기가 원하는 기준을 내부적으로 고정해 놓은 상태에서 상대를 설득하라! 필요하면, '이것밖에 없어요!'라는 '벼랑 끝 전술'을 활용해라!"였다.

결론적으로 말해 더 많은 문제점은 식별할 수 있을 것이다. 그러나 美蘇 쿠바 미사일 위기사태에서 보여준 존 F. 케네디 대통령의 위기에 대한 본질을 파악하려는 집념과 노력, 초기의 압박감과 스트레스를 극복하고 침착하고 적절하게 수위를 조절하는 가운데 협상을 유리한 국면으로 처리하고 대처했다는 측면에서 기본적으로 학습할만한 대표적 사례이다.

두 가지를 명심하였으면 한다. 첫째, 현재 및 미래에도 미국이나 동맹국에 물리적·정신적 손해를 끼칠 수 있는 정치적 양보는 할 의사가 없음을 명확하게 표출한 사례라는 점이다. 둘째, 상대의 자존심은 상하게 하지 않고 명예롭게 후퇴할 수 있도록 강제적 조치를 단계적으로 강화하면서도 가장 긴박한 시점이 되어서야 비로소 '최후통첩'을 하였다는 점은 반드시 깨닫는 계기가 되었으면 한다.

"무능한 리더는 위기를 만들지만, 유능한 리더는 위기를 해결한다."

강의_III 8 · 18 판문점 도끼 만행사태와 관련한 협상 사례에 대하여 이해합시다.

강의 전 요구되는 사항

1. 협상을 성공적으로 진행하기 위한 3단계와 그 특징은?
2. 도끼 만행사태를 前 · 後한 국제 정세와 대내 · 외적 환경은?
3. 미국의 린든 B. 존슨 대통령과 리처드 M. 닉슨 대통령, 제럴드 R. 포드 대통령의 개인적인 성향과 특성은?
4. 한국의 박정희 대통령과 북한 김일성 주석의 개인적인 성향과 특성은?
5. 위기의 고조 단계와 협상 과정에서 나타나는 긍정적 · 부정적 요인과 관련한 특징에 대하여 이해하시오.
6. 한반도를 바라보는 미국과 소련의 관심도와 시각(視覺) 차이에 대하여 이해하시오.
7. 북한의 정치적 목표와 대외전략은 무엇인지 이해하시오.
8. 주한미군사령부와 UN군 사령부, 한미연합군 사령부의 특징과 차이점은?
7. 미국이 초기 단계에 준비하였던 대응 전략의 종류와 특징은?
8. 미국의 미루나무 절단 작전인 'Operation Paul Bunyan'을 전반적으로 설명하고, 당시 한국의 대응과 협상 전략에 대하여 이해하시오.
9. 도끼 만행사태 시 대응 전략을 이행하는 과정에서 나타난 미국과 한국의 국가 지도자에 관한 특징과 교훈을 이해하시오.

제4장

8·18 판문점 도끼 만행 위기사태 협상사례

제1절

개 요

8·18 판문점 도끼 만행 위기사태는 1976년 8월 18일 11:00경 판문점 공동경비구역 내에 있는 사천교(일명 '돌아오지 않는 다리') 일대에서 발생한 사건이다.[1] 판문점의 한국군 경비초소에서 북한군의 경비초소가 있는 지역이 평소에는 잘 보였지만, 가지가 무성하게 자라 잘 보이지 않게 되었다. UN군 사령부의 지시에 따라 미루나무(美柳, Eastern Cottonwood)의 전지(剪枝, purinin, 가지치기) 작업을 진행하고 있는 UN군 사령부 경비병들을 북한군 수십 명이 둘러싸고 도끼와 흉기 등을 사용하여 무차별적으로 폭행하면서 참혹하게 살해한 사건 전체를 뜻하고 있다.[2]

당시 판문점 공동경비구역(JSA)은 UN군과 북한군 초소가 서로 중첩되어 설치되어 다소 복잡한 상황이었다. 특히 북한군은 UN군과의 사전 조율도 없이 남쪽 지역에 5개의 초소를 임의로 만들어 놓은 상태였다. 이로 인해 UN군의 초소가 북한군 초소에 둘러싸여 있는 환경이었다. 특히 사건이 발생한 제3초소는 판문점 공동경비구역 남쪽 모퉁이에 위치하였고, 사천교를 넘어오는 북한 측 출입 통로가 시작되는 초입(初入)이기도 했다.

---

1) 1976년 판문점 도끼 만행 사건의 여파로 사천교(돌아오지 않는 다리)가 폐쇄되었다. 하지만, 북측은 바로 새로운 다리를 사흘만인 72시간 만에 설치하였다고 해서 붙인 이름이다. 현재는 북측에서 판문점으로 들어오는 용도로 쓰이고 있다. 2017년 11월 13일 북한군의 총격을 당하면서 판문점으로 귀순한 귀순 병사가 지프를 몰고 귀순을 시도한 다리이기도 하다(김주환, "[속보] 총격 부상 당한 북한군 귀순... 긴급 후송," 『YTN (https://www.ytn.co.kr/_ln/0101_201711131637275261)』 (2017. 11. 13.) (검색일자: 2020년 5월 26일)).

2) '미루나무'는 일명 '포플러(Populus deltoides)나무'로 불린다. 8·18 판문점 도끼 만행 사건이 발생하면서 널리 알려진 나무로서 도끼 만행사태가 일어나게 된 원인으로 지목하고 있다. 당시의 사건을 전후한 분위기와 전체 국면을 이해하려면, 2000년에 개봉되었다가, 2015년에 재개봉된 영화 『공동경비구역 JSA』를 시청해보면 어떨까 한다. 영화의 시기나 줄거리는 도끼 만행 사건이 발생한 이후의 내용이지만, 당시의 판문점 일대 분위기나 환경을 이해하는 데 도움이 될 듯싶다.

1970년대 초 UN군 측에서는 3초소를 설치하고, 그 3초소를 조망(view)할 수 있는 북쪽 지점에 5초소를 추가로 설치하였다. 그런데 제3초소와 제5초소 사이에 있던 미루나무가 다른 나무들보다 잎과 가지가 무성하게 자라면서 두 초소 사이에서 시야(視野)를 가리게 되었다. 이에 따라 UN군 측과 북한군 측이 서로 합의하여 가지치기 작업을 진행하기로 하였다. 그러나 작업하는 과정에서 북한군 측에서 갑자기 중단을 요구하였고, 미군 측은 이미 합의한 문제였기에 현장에서의 갑작스러운 요구에 무시하였다. 여기에서 문제가 불거졌다. 그러자 북한군들은 곡괭이와 몽둥이, UN군 측에서 미루나무 가지를 치는 데 사용하던 도끼를 강제로 빼앗았다. 이때부터 현장에 있던 미군 중대장 아서 G. 보니파스(Arthur G. Bonifas) 대위와 마크 T. 배럿(Mark T. Barrett) 중위는 북한군이 휘두른 도끼에 치명상을 입으면서 현장에서 사망하였다.

북한군에 의해 발생한 도끼 만행과 미군 장교 등이 포함된 사망 사건은 전(全) 세계를 경악하게 만들었으며, 긴급 보고를 접한 美 백악관은 '워싱턴 특별대책반 회의(WSAG)'를 곧바로 소집하였다. 이후 국무부와 함께 "이 사건의 결과로 빚어지게 되는 어떠한 사태에 대해서도 그 책임은 북한(조선 민주주의 인민공화국)에 있다."라는 내용으로 발표하였다. 당시 소련과 중국의 시각도 미국과 마찬가지로 이번 사태가 북한의 잘못임을 명확하게 인정하였다. 미국의 제럴드 R. 포드(Gerald R. Ford, 1913~2006) 대통령의 지시에 따라 리차드 G. 스틸웰(Richard G, Stilwell, 1973~1976 在任) 주한미군 사령관은 미루나무를 베어내고 북한군이 불법적으로 설치하고 있는 바리케이드를 치워버리는 '폴 버니언 작전(Operation Paul Bunyan)'을 계획하였다.[3] 이 작전의 성공을 위해 F-4 팬텀기 1개 대대와 F-111 전폭

3) '폴 버니언 작전(Operation Paul Bunyan)' 미국의 전래동화에 나오는 위대한 벌목꾼인 '폴 버니언'의 이름을 딴 작전의 명칭이다. 한국군의 제1공수여단과 제1사단, 미군은 2사단 전투공병단 등 약 800명으로 편성하였다. 이 작전을 통해 문제의 미루나무는 밑동까지 모두 제거하였다. 이 과정에서 북한의 김일성은 버티지 못하고 확전(擴戰)하는 대신에 '임시 군사정전위원회' 개최를 요구하였고, 제380차 군정위에서 김일성의 명의로 유감을 표명하고, 재발(再發) 방지를 약속했다.

기 1개 대대, B-52 전략폭격기, 미드웨이 등을 포함한 항공모함 3척을 동원하여 대규모의 무력시위를 시행하였으며, 전투 준비태세 단계인 '데프콘(DEFCON)-3'을 발령하는 등 일촉즉발의 상태로까지 고조되었다.[4)]

6·25전쟁 직후인 1953년 당시 비무장지대(DMZ)의 분위기를 현장에 근무했던 병사의 증언(證言)을 회상해 보면, 상당히 부드러웠다고 함이 타당할 것으로 보인다. "우리가 작전을 나가면, 북한군도 같이 작전을 나왔다."라고 하면서 "군사분계선 상에 같이 앉아서 우리는 맥주를 가져가고, 북한군은 인삼주와 과자 같은 걸 가져왔다. 당시는 미군이 철모를 쓰지 않아도 될 정도로 평화로웠던 시절이었다."라고 하였다.[5)] 하지만 평화는 오래 가지 못했고 비무장지대(DMZ) 일대에서 충격적인 사건이 발생하면서 경직되었다. 1968년 1월 21일 청와대 기습 사태가 발생하고, 북한의 도발 행위가 계속 반복되면서 정부도 이전과는 다른 강한 대책이 필요함을 인식하였다.

이런 상황이 반복되자 韓·美 양국은 작전 지휘체계를 효율적으로 통합할 필요성에 서로 공감하며 '韓·美 연합사령부(Combined Forces Command)'의 창설을 구체화하기 시작하였다. 이후 1968년 10월 15일, 주한 美 8군사령부 내에 韓·美 간 연합 참모기획단을 구성하여 '연합사령부'의 창설 구상을 세밀하게 검토하였다. 첫 번째 결실이 1971년 美 7사단이 철수하게 되면서 한국군에 제1군단을 창설하는 일이었다. 그러나 1976년 8월 18일 비무장지대 내에 있는 판문점 일대에서 벌어진 도끼 만행 사건으로 한반도는 또다시 전쟁 돌입 직전의 격동기(dynamic period)로 변하였다.[6)]

이러한 와중에 1977년 美 지미 카터(Jimmy Carter, 1924~) 대통령이 주한 美 2사단의 철수를 선언하면서 한반도의 위기 상태는 긴박하게 고조되었다. 그러나 도끼 만행 사건이 북한 김일성의 유감 발표로 일단락되면서 1978년 11월 7일, 드디어 '韓·美 연합군사령부'가 창설되었다. 아래의 <그림 4-1>은 당시 韓·美의 내·외부 관련 기관과 위원들의 의사 결정단계를 정리한 내용이다.

---

4) '데프콘-3(DEFCON-3)'의 '데프콘(DEFCON')은 'Defense Readiness Condition(전투준비태세)'의 약자이다. 단계가 낮아질수록 전쟁이 일어날 가능성이 커진다. 한국은 5단계로 되어있으며, '데프콘-5'는 전쟁의 위협이 전혀 없는 상태를 의미한다. 하지만 한국은 1953년 6·25전쟁을 종결지으면서 북한과 '휴전협정'을 맺은 이후 한 단계가 더 높은 '데프콘-4'가 발령한 상태이다. '데프콘-3'은 긴장 상태가 지속하거나, 군사 개입의 가능성이 있을 때 발령한다. '데프콘-2'는 전투준비태세를 더욱 강화하는 단계로 적의 공격 징후가 있을 때 발령한다. '데프콘-1'은 전쟁이 임박한 상태로서 동원령이 선포되면서 곧바로 전시 체제로 돌입하게 되는 단계이다.

5) 이제훈, "'DMZ-프롤로그' 1·21사태 → 도끼만행사건, 전쟁 직전 위기," 『JTBChttp://m.slist.kr/news/ampArticleView.html?idxno=97690)』 (2019. 8. 15.) (검색일자: 2020년 4월 25일).

6) "北 연이은 도발·미군 철수 논의로 한미연합사 창설 가속화," 『국방일보(http://kookbang.dema.mil.kr/newsWeb/20130909/1/BBSMSTR_000000010260/view.do)』 (2013. 9. 8.) (검색일자: 2020년 4월 25일).

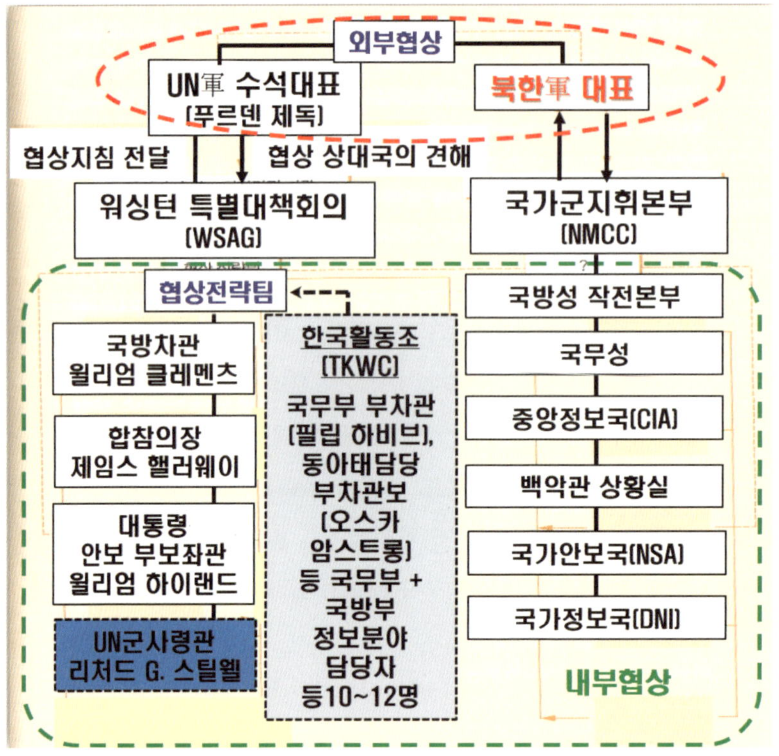

〈그림 4-1〉 韓·美의 내·외부 관련 기관과 위원들의 의사 결정단계

당시 한국군 합참에서는 곧바로 위기대책반을 가동하였고, 주한미군사령부와 '국가 군사지휘본부(NMCC)'도 특별통신망을 가동하였다.[7] '국가안보국(NSA)'은 국방부 소속으로서 암호를 해독하는 전문기관이고, '국가정보국(DNI)'은 모든 정보기관을 총괄하는 최상위 정보기관이다.[8]

7) '국가 군사지휘본부(NMCC)'는 'National Military Command Center'의 약자이다.

8) '국가정보국(DNI)'은 'Office of the Directer of National Intelligence'의 약자로서 연방수사국(FBI), 중앙정보국(CIA), 국방정보국(DIA), 국가안전보장국(NSA), 국가정찰처(NRO) 등의 16개 정보기관을 총괄하면서 대통령에게 일일 정보 보고를 담당하는 기관이다.

제 2 절

위기관리 의사 결정 단계와 협상의 주요 기능

1. 주요 인물에 대한 이해

1.1. 미국의 린든 존슨(Lyndon B. Johnson) 대통령

린든 B. 존슨
(Lyndon B. Johnson, 1908~1973)

린든 존슨(Lyndon B. Johnson, 1908~1973) 대통령은 1908년 텍사스에서 출생하여 하원과 상원 의원을 지냈으며, 원내총무와 민주당 대표로 재직 간 강직한 성격을 외부로 많이 표출하였다. 1961년 존 F. 케네디 정부의 부통령으로 재직하다가 1963년 11월 22일 케네디 대통령이 암살당하면서 대통령직을 승계하였다. 1964년 제36대 대통령으로 재선(再選)되었다. 그러나 베트남 전쟁 시 군사적 개입에 대한 오판(誤判, misjudgment)과 후대에 정치적 불명예를 얻지 않겠다는 자신만의 생각에 빠져 모호한 전략을 추진하다가 국민적 지지도가 급락(急落)하였고, 1968년 '푸에블로호' 납치 사건과 'EC-121'기 격추 사건 시에는 북한에 굴복하는 정책을 펼침으로써 여론의 뭇매를 많이 얻어맞았다. 이후 대통령 후보 지명전에 불참을 선언하고 1969년 1월에 고향인 텍사스의 존슨 시티(Johnson City) 목장으로 귀향하였다. '바지를 입은 증기기관차'라는 별명을 얻을 정도의 극단적이고 강압적으로 폭주하는 성향을 많이 대중에 노출하였으나, 정작 본인은 "어머니는 항상 내가 이기게 해주었다. 심지어 규칙을 바꿔서라도 나를 이기게 해주었다. 내가 어머니에게 얼마나 소중한 존재인지 잘 알았고, 내가 그런 존재라는 게 좋았다. 그 덕분에 나는 내 존재에 자부심을 느꼈고, 이 세상에서 무엇이든 할 수 있을 것이란 자신감도 얻었다."라고 자랑스럽게 얘기하곤 하였다. 온건하면서도 강직한 성격을 보유하였으나, 때에 따라서는 다소 우유부단한 성향으로 인해 결심(determination)이나 의지(意志, volition)가 부족하다는 평가를 받았다. 외교적으로는 대소(對蘇) 긴장 완화정책의 유지에 노력하였으나, 중국에 대해서는 생각한 이상으로 '강경 모드'를 견지하였다.

1.2. 미국의 리처드 M. 닉슨(Richard M. Nixon) 대통령

리처드 M. 닉슨
(Richard M. Nixon, 1913~1994)

리처드 M. 닉슨(Richard M. Nixon, 1913~1994) 대통령은 탄핵 직전에 사임한 최초의 대통령이다. 1913년에 캘리포니아주에서 출생하여 해군 항공대 지상(地上) 장교로 복무하고, 1947년에 하원의원으로 활동하다가 1953년부터 아이젠하워 정부의 부통령을 지냈다. 1969년 제37대 대통령으로 재선(再選)에 성공하였으나, 1974년 '워터게이트(Watergate Scandal)' 사건이 터지면서 스스로 개입 사실을 인정하고 사임한 불운의 대통령이었다.[9] 그는 의지(will)와 담력(courage)을 보유하였고, 소신이 뚜렷한 정치지도자로 집념(tenacity of purpose)은 갖추었으나, 결단력(determination) 측면에서는 다소 엉거주춤하는 성향의 지도자였다.

1.3. 미국의 제럴드 R. 포드(Gerald R. Ford) 대통령

제럴드 R. 포드
(Gerald R. Ford, 1913~2006)

제럴드 R. 포드(Gerald R. Ford, 1913~2006) 대통령은 1913년 네브래스카에서 출생하였으며, 미시간대와 예일대 로스쿨을 졸업한 이후 1948년 하원의원으로 있다가 1973년 닉슨 정부의 부통령으로 재직하던 중 리처드 M. 닉슨이 '워터게이트 사건'으로 도중 하차하게 되면서 대통령으로 취임하였다. 하지만 바로 닉슨 대통령의 사면을 결정함으로써 구설(口舌, adverse criticism)에 올랐고, 정치적 측면에서도 곤란한 처지에 직면하였다. 1977년 지미 카터 대통령에게 패배하였다. 1975년 12월 7일 닉슨이 1969년에 발표한 '태평양 독트린(Pacific Doctrine)'을 재

9) 미국의 '워터게이트 사건(Watergate scandal)'은 1972년부터 1974년까지 일어난 일련의 사건들을 의미한다. 민주당 선거운동 지휘 본부(Democratic National Committee Headquaters)가 있던 워싱턴 D. C.의 워터게이트 호텔에서 일어났기에 그 이름으로 불리기 시작했다. 닉슨 행정부가 베트남 전쟁 개입에 반대한다는 의사를 표명하던 민주당을 저지하려는 과정에서 발생한 사건으로 불법 침입과 도청 사건, 이를 부정하고 은폐하려는 미국 행정부의 조직적인 움직임 등이 권력 남용으로 번지게 된 최악의 정치 스캔들이었다.

천명하면서 "일본은 대(對)아시아 전략의 핵심축"임을 주장한 바 있으며, 미국과 일본과의 동반자 관계가 중요함을 상당 부분 강조하고 있다. 아래의 <표 4-1>은 1975년 제럴드 R. 포드 대통령이 '태평양 독트린'을 재천명하면서 한반도에 관하여 언급한 내용이다.

〈표 4-1〉 제럴드 R. 포드 대통령의 '태평양 독트린(Pacific Doctrine)'

"일본인들은 한반도의 안정화(stabilization)가 자신들의 안보와 밀접하게 관련되어 있다고 여기기 때문에 한국에 대한 미국의 지원이 중요하며 동북아시아의 안정에 필수적이다."

이는 한반도의 중요성을 부각하기 위함보다는 일본이 그만큼 중요하기 때문에 '순망치한(脣亡齒寒)'의 관점에서 한반도에 접근하고 있음을 알 수 있으며, 이는 최근의 미국 조야(朝野)의 시각과도 별다른 차이가 없음을 분명하게 이해하고 있어야 한다.

1.4. 한국의 박정희 대통령

박정희[1917~1979]

박정희(1917~1979) 장군은 5·16 군사쿠데타를 감행하여 장면 내각을 전복(顚覆, overthrow)시키고 권력을 획득한 다음 민간 대통령으로 집권을 시작하였다. '10월 유신'을 통해 장기 집권을 추진하면서 독재자의 길로 접어들었고, 측근인 중앙정보부장 김재규에 의해 피살(被殺, assassinate)되어 삶을 마감한 비운의 대통령이었다. 당시 미국의 요청에 따라 베트남 전쟁에 한국군 30만 명을 파병하면서 韓·美 연합이 공고화되기를 희망하였으나, 미국은 베트남 전쟁이 자신들의 뜻대로 되지 않자 베트남에서의 패배를 자인(自認)하고 철수하였다. 이를 바라보는 박정희 대통령의 시각으로는 미국이 책임감도 없는 베트남의 배신자로 느껴졌다. 이를 바탕으로 1970년대를 지나면서 한국도 스스로 '자주국방'에 대한 노력이 필요함을 인식하였다. 1974년 프랑스와 한국이 원자력 협정을 체결하고 본격적으로 핵 개발을 시작하였다. 8·18 판문점 도끼 만행사태 때는 자신의 집무실에 철모와 군화를 갖다 놓으면서까지 "북한에 대한 응징은 대한민국의 국군통수권자인 자신이 직접 진두지휘(陣頭指揮)하겠다는 결의를 표현했다."라고 전해지고 있다.

그러나 이후의 협상 과정을 살펴보면, 아쉬웠던 측면도 많다. 국가의 최고지도자이며 국군통수권자로서 감성적인 접근보다는 냉정하고 철저하게 부하들을 보호하려는 인식이 미흡했던, 그리고 대통령 자신이 작전에 투입하도록 명령해 놓고 비공개하라는 당부를 한 부분이라던가, '폴버니언 작전'에 투입한 특공결사대 요원들이 갖추었던 무장 수준에 대하여 UN군 사령부에서 관련자들을 징계하겠다고 재판에 회부당하는 과정에서도 별다른 보호 대책이나 해결책을 내놓지 않았다. 이러한 행위는 리더십 발휘라는 측면에서는 상당히 미흡한 부분이었고, 韓·美 간 의사소통이나 접촉 측면에서도 뚜렷한 노력을 보여주지 못했던 의식과 태도 등은 상당히 아쉬운 부분이다. 강직하고 야심이 많은 성격으로 軍 복무 간 이념 문제에서 벗어날 수 없었던 과정을 극복해낸 끈질긴 집념의 소유자임은 분명하다. 또한, 8·18 판문점 도끼 만행사태가 발생 시 직접 지휘하겠다는 강력한 의지와 자기 주도의 성정(性情)을 보였으며, 서민적인 성향의 보유자로 알려져 있다.

1.5. 북한의 김일성 주석

김일성(1912~1994)

김일성(본명은 김성주, 1912~1994) 주석은 1912년 평안남도 대동군에서 출생하였다. 1927년 중국에서 중학교에 다닐 때 레닌의 '제국주의론'을 공부하였고, 1929년 공산주의자로 활동하다가 퇴학당했다. 이후 만주에서 항일투쟁을 했다는 주장은 중국 공산 당원으로서 만주 적화를 위해 한 것이므로 중국 공산당 역사의 일부로 평가하고 있다. 물론 조선 인민혁명군과 관련한 내용에서 나오지 않을 뿐만 아니라 조선의 독립운동과도 무관하다는 점은 이전(以前)에 스스로 인정한 바 있다. 다만, 동북항일연군(東北抗日聯軍, 일명 동북인민혁명군)에 배속되었다가, 항일 독립운동단체들과의 통일전선 형성을 위해 '조국광복회'에 가담한 것은 맞다.

해방된 이후 1945년 9월 초에 이오시프 스탈린이 김일성을 모스크바에서 직접 면접시험을 보고 그 자리에서 북한의 지도자로 내정하였다.[10] 이후 1948년 9월 9일 '조선민주주의인민공화

10) 스탈린이 김일성을 북한의 지도자로 내정한 진짜 이유는 소련군 88 여단에서 KGB 비밀 요원으로 동료 빨치산들의 동태를 감시하고 소련군 상관에게 이를 밀고한 공로를 인정받게 되었으며, 그들의 신임을 얻어서 추천을

국'을 수립하고 내각 수상에 선출되었다. 1948년부터 1972년까지 내각 수상을 지냈고, 1994년 7월 8일 사망하기까지 조선민주주의인민공화국의 최고지도자를 지냈다.

김일성은 6·25전쟁을 끝나지 않은 전쟁으로 인식하였음은 확실하다. 이후 여러 형태로 도발 행위를 반복하면서 1968년 청와대를 기습하도록 '1·21 사태'를 지시하였고, 긴장한 박정희 대통령이 국군들의 의무복무 기간을 연장하는 계기로 만들었다. 1976년도에는 'USS 푸에블로(AGER-2)호' 납치와 ''EC-121 워닝스타(Lockheed EC-121 Warning Star) 격추' 사건을 통해 한반도의 위기를 고조시키는 강수(强數)를 두었다. 김일성은 성격이 잔인하여 마음에 들지 않으면, 무조건 잔혹하게 숙청하거나, 제거하는 성정(性情)을 지녔다. 아래의 <표 4-2>는 1960년대부터 1976년 8·18 판문점 도끼 만행사태가 일어나기까지 발생한 주요 사건을 종합하였다.

〈표 4-2〉 8·18 판문점 도끼 만행사태를 전·후한 중요 사건 정리(1968~1976)

① 1968. 1. 23, 'USS 푸에블로(AGER-2)호' 납치
② 1968. 10. 30.~11. 2, 울진·삼척 무장공비 침투
③ 1969. 4. 15, 美 'EC-121 워닝스타(Lockheed EC-121 Warning Star)' 격추
④ 1969. 8. 17, 美 'OH-23 정찰 헬기' 격추
⑤ 1969. 12. 11, 'KAL 858기' 납북
⑥ 1970. 6. 5, 해군 방송선, 북한에 피랍(被拉)
⑦ 1970. 6. 22, 국립묘지 현충문 폭탄 테러
⑧ 1972. 12. 28, 홍어잡이 선박 '오대양 61·62호' 납북(拉北)
⑨ 1973~, 서해 5도 지역에 43회 침범 반복
⑩ 1974. 8. 15, 육영수 여사 저격 사망(일명 문세광 저격 사건)
⑪ 1976. 8. 18, 판문점 도끼 만행
⑫ 1977. 7. 4, 'CH-47 헬기' 북한 영공에서 피격
⑬ 1981. 8. 26, 'SR-71 정찰기' 동해 공해상에서 북한 미사일에 피습

① 美 해군 정찰함인 'USS 푸에블로(AGER-2)호'와 승무원 82명이 동해의 공해(公海)상에서 북한 해군에 나포된 사건이다.

② 북한 무장공비 120명이 3회에 걸쳐 울진·삼척 지역으로 침투하여 약 2개월여 동안 게릴라

받았기 때문이다.

전을 벌인 사건으로 7명은 생포하였고, 113명은 사살하였다.

Lockheed EC-121 Warning Star

③ 美 해군 소속으로 일본 해상자위대의 아츠기(厚木) 해군 비행장에서 이륙한 전자정찰기인 'EC-121 워닝스타(Lockheed EC-121 Warning Star)'는 해병대원을 포함한 8명의 장교와 23명의 엔지니어가 탑승하고 있었다. 이들 중 9명은 러시아어와 한국어에 관한 암호통신을 해독(cryptoanalysis)하는 언어학자들이었다. 북한 청진 남동쪽 152km 상공에서 북한 미그기 2대에 의해 피격되어 추락하였다.

④ 美 'OH-23 정찰 헬기'가 군사분계선 부근에서 격추되고 미군 병사 3명은 포로로 잡혀있다가 미국이 사과문에 서명하고 나서야 풀려났다.

⑤ '대한항공(KAL 858) 여객기'가 김포에서 출발하여 강릉으로 가기 위해 이륙한 지 10분 만에 북한으로 납치된 사건으로 지금도 일부 국민은 돌아오지 못하고 있다.

⑥ 연평도 부근의 공해상에서 해군 방송선 '120톤급 포함(砲艦)'과 승무원 20명 대다수가 사상(死傷)된 상태에서 납치당했으며, 최근까지도 돌아오지 못하고 있다.

⑦ 6·25전쟁 20주년 행사를 준비하는 과정에서 발생한 사건으로 북한 간첩 2명이 국립묘지 현충원에서 대통령과 정부 요인들을 암살할 목적으로 폭탄을 설치하려다가 조작을 잘못하여 실패로 끝났다. 이는 1983년 미얀마에서 발생한 버마(현재 미얀마) 아웅산 묘소 폭파 테러 사건에서와 맥을 같이 하고 있다.

⑧ 1백 톤급 쌍끌이 저인망 어선인 '오대양 61 · 62호'가 서해에서 홍어잡이를 하던 중 북방한계선을 넘었다가 급히 배를 돌리는 회선(回船) 과정에서 북한군에게 피랍(被拉, kidnap)되었지만, 우여곡절 끝에 2013년 탈출하였다.

⑩ 재일(在日) 교포 문세광이 광복절 기념식장에서 박정희 대통령을 저격하려다가 옆에 있던 육영수 여사가 피격(被擊)되어 사망한 사건이다.

⑫ 'CH-47 헬기'가 북한 영공에서 피격당하여 현장에서 3명이 사망하였고, 생존자 1명은 2일 후에 귀환(歸還, return)한 사건이다. 이외에도 수많은 도발 사건들은 우리에게 긴장의 끈을 놓지 말아야 함을 경고하고 있다. 이러한 도발 사건의 배후에 김일성과 그 집안이 도사리고 있다는 의미를 분명하게 인식하여야 한다.

2. 국제 정세와 한반도 주변의 환경

2.1. 국제 정세와 한반도

이 시기는 美·蘇가 자유민주주의 진영과 공산주의 진영으로 갈라져 극한의 대립으로 치달았던 냉전기(Cold War Period)였다. 1964년, 북베트남군이 8월 2일과 4일 두 차례에 걸쳐 美 구축함을 공격한 '통킹 만 사건(Gulf of Tonking Incident)'으로 인해 미국이 제2차 베트남 전쟁을 시작하였다.[11] 1970년대에 들어서면서 캄보디아로까지 전선(戰線, the fighting line)이 확대되었고, 이어서 라오스까지 추가로 확장하면서 제2차 인도차이나 전쟁으로까지 번져갔다. 이 와중에 1971년 북한 지역에서의 강력한 폭발 실험(*이때부터 북한의 핵실험이 시작되었다는 주장이 존재*)은 세계적인 관심 지역으로 변화하였다. 1973년 1월 27일 프랑스 파리에서 베트남 전쟁의 종식을 위한 '파리 평화협정'을 마지막으로 미군이 베트남에서 완전히 철수하였다.[12] 1973년 10월 6일 이집트의 선제공격으로 시작된 제4차 중동전쟁이 1974년 1월 종식되었다. 그러나 이어진 인도의 핵실험 성공은 혼란스러운 정세를 더욱 복잡하게 만들었다. 이스라엘도 이즈음 핵무기 보유국으로 사실상 인정되었다. 1976년은 북베트남의 호치민(Nguyen Sinh Cung, 1890~1969)이 사이공을 함락시키면서 베트남을 통일시키는 등 격동기(激動

---

11) '통킹만 사건(Gulf of Tonking Incident)'은 미국이 베트남 전쟁에 참여하는 명분을 축적하기 위해 국가안보국(NSA)이 주도한 고의적인 정보 왜곡 공작이었음이 당시 NSA 역사 연구관인 로버트 한요가 보고서에서 "그날 밤 어떠한 공격도 없었다,"라고 밝히면서 알려졌다. 이후 1995년 당시 국방장관인 로버트 S. 맥나마라, Robert S. McNamara)도 조작이라고 인정하였다("[김영선의 'ASEAN 돌아보기' (41)] 실용적 현실주의자 호찌민," 『한국경제 (https://www.hankyung.com/opinion/article/2020051803001)』 (2020. 5. 18.) (검색일자: 2020년 5월 28일)

12) 아이러니하게 한국의 박정희 대통령은 이 사태를 겪으면서 한국에서도 미군이 갑작스럽게 철수할 수 있다는 시각이 생겼고, 이는 미국에 대한 묘한 배신감과 한국의 '자주국방(self-reliance of national defense)'을 부르짖는 계기가 되었다.

期, dynamic period)였다.

한반도의 내부 환경도 1970년대는 한국과 북한이 체제에 대한 우월 경쟁을 가속(加速)하던 시기였다. 1973년 박정희 대통령은 남·북한이 UN에 동시 가입하고, 호혜 평등의 원칙에 따라 모든 국가에 문호를 개방한다는 '6·23 평화통일 선언'을 발표하였다. 이에 북한은 한반도에 두 개의 국가는 인정할 수 없다고 주장하는 상황이었다. 1974년 경기도 연천에서 처음으로 북한의 남침용 땅굴이 발견된 이래 계속 확인되고 있었다.

2.2. 한반도에 대한 미국의 관심도

6·25전쟁이 휴전 협상으로 마무리되면서 이전과 다르게 한국에 대한 미국의 관심도도 점차 고조되었다. 아래의 <표 4-3>은 당시 美 국무장관인 헨리 A. 키신저(Henry A. Kissinger, 1923~)와 일본이 가지고 있던 인식이다.

〈표 4-3〉 美 국무장관 헨리 A. 키신저(Henry A. Kissinger)와 일본의 인식

① 헨리 A. 키신저: "소련의 영향력 확대를 저지하기 위해서는 한반도가 안정되어야 한다." ② 일본: "한국의 안보는 일본의 안보와 밀접하게 연관되어 있으므로 한국에 대한 미국의 지원은 동북아시아의 안정에 필수적으로 작용한다."

헨리 A. 키신저는 UN군의 지휘하에 주둔하고 있는 42,000여 명의 미군이 존속(存續, continuance)되어야 한다고 결론지었다. 이를 통해 첫째, 한국에 대한 미국의 지원을 구체적·대외적으로 널리 알림으로써 자유민주주의 국가들의 수호자임을 내세울 수 있고, 둘째, 소련과 중국의 사주(instigation)를 받는 북한의 공격을 억지(抑止, deterrence)하는 수단으로 활용할 수 있으며, 셋째, 중국 및 소련의 혹시 모르는 무모한 침공(invasion)을 포기하도록 유도할 수 있다는 의도에서 출발하고 있다.

그러나 1975년 11월에 개최된 제30차 UN 총회는 한반도 문제와 관련하여 전혀 상반된 두 개의 결의안을 통과시키면서 국제정치에서 영향력을 발휘하는 데 한계를 노출하였다. 아래의 <표 4-4>는 제30차 UN 총회에서 미국을 대표로 하는 자유민주주의와 공산주의 진영 간의 논쟁 끝에 통과한 결의안을 요약하였다.

〈표 4-4〉 제30차 UN 총회 결의안(요약)

첫째, 자유민주주의 진영이 통과시킨 의제 ① 남·북한 당사국 간의 대화 ② 정전 협정에 관한 대안 도출을 위한 협상 진행 ③ UN군 사령부의 점진적 해체 둘째, 공산주의 진영이 통과시킨 의제 ① UN군 사령부의 즉각 해체 ② 평화조약 협상(남한 제외) ③ 한반도 내(內)의 모든 외국군대 철수

2.3. 북한의 정치적 목표와 대외전략

김일성의 정치적 목표는 내부적 측면과 외부적 측면으로 구분하여 살펴보아야 한다. 먼저, 내부적 측면에서 접근하자면, 세 가지로 정리할 수 있다. 첫째, 김정일에게 권력을 물려주어야 한다는 부자(父子) 세습이 가장 우선적 목적이었고, 둘째, 소련의 이오시프 스탈린에게 지시를 받고 지속하여 추진하고 있는 한반도의 적화통일(赤化統一, communization unification), 셋째, 북한 인민(人民, public)에 대한 통제를 강화해야 한다는 최종 상태(End-state)가 뚜렷하게 존재하였다. 외부적 측면에서 접근하자면, 첫째, 중국과 소련과의 우호적인 협력관계를 공고하게 구축하려는 것, 둘째, 한반도 내에 주둔하고 있는 모든 외국군대를 철수시키겠다는 목적이 명확하였다는 점을 꼽을 수 있다.

대외 정책과 전략의 관점에서 살펴보면, 첫째, 중국과 소련에 대한 균형적인 외교 관계를 유지함으로써 두 국가 모두에게서 북한이 필요로 하는 지원을 받겠다는 의도와 후견(後見) 국가의 입장도 유지하게 만들려는 태도가 엿보였다. 둘째, 비동맹 국가들을 이용하여 외교적 공세를 강화하려는 속셈이었으며, 셋째, UN 총회에서 남한 내의 미군에 대한 철수 명분을 정당화하기 위한 전략을 실천하였다. 이러한 정치적 목표와 대외 정책, 전략은 정전(停戰, armistice) 상태에 있는 한반도를 북한 주도의 적화통일을 위한 환경과 여건으로 넘어올 수 있도록 만들어야 했기 때문이다. 이러한 단계를 넘어서게 되면, 무력에 의한 한반도 적화통일의 기반(基盤)도 확보할 수 있다고 믿고 있었다. 북한은 미국에 대한 정치 공세를 점차 확장해 나갔다. 이후 1976년 7월

22일 미국의 헨리 A. 키신저가 한국 문제에 대한 4자 회담을 제안하는 와중에 부수상 박성철이 8월 16일부터 20일까지 스리랑카에서 개최된 제5차 비 동맹국 회의에 참석하여 대리(代理) 연설을 하였다. 아래의 <표 4-5>는 당시 박성철 부수상이 한 연설 내용을 요약하였다.

〈표 4-5〉 북한 부수상(박성철)의 제5차 비동맹국회의 연설(요약)

① 남한 내에 있는 모든 핵무기를 철수하라.
② 한반도 내에 주둔하고 있는 모든 외국군대는 철수하라.
③ 한반도 내에 설치한 모든 외국 군사기지를 철폐하라.
④ '정전 협정(cease-fire agreement)'은 '평화협정(conclusion of a peace treaty)'으로 대체하여야 한다.
⑤ 조선은 통일되어야 한다.

북한은 이어서 8월 17일 공개적으로 세 가지의 주장을 대외적으로 발표하였다. 아래의 <표 4-6>은 북한이 미국에 대한 정치적 공세의 하나로 주장한 내용을 정리하였다.

〈표 4-6〉 북한이 대외에 발표한 정치적 공세(1976. 8. 17.)

① 핵무기를 포함한 모든 새로운 형태의 군사적 장비와 무기를 남한으로부터 철수하라.
② 북한에 대한 모든 적대적 행위를 종식하라.
③ 군사 기동훈련과 같은 모든 도발적인 행위를 종식하라.

3. 위기의 고조(高調)와 진전(進展) 과정

3.1. 개요

1973년 美 리처드 M. 닉슨 대통령의 '태평양 독트린(Nixon Doctrine)'[13]이 발표되었고, 베트남

13) '독트린(Doctrine)'은 라틴어인 'Doctrina'에서 나왔으며, 종교의 교리(教理)나 교의(教義, 진리라고 믿게 만드는 가르침)를 뜻하는 말로 정치학 등에서 가리키는 '주의'나 '신조'를 뜻한다. 통상 강대국에서 외교 노선이나 기본

이 공산화된 이후 가중(加重)되는 해외 주둔 미군의 철수 분위기는 당시 한국 정부도 매우 우려하였다. 미군이 주둔하는 자체가 갖는 전쟁억지력의 의미와 효과를 누구도 부정하기는 어렵기 때문이다. 8·18 판문점 도끼 만행사태 때도 미국 조야(朝野)에서는 주한미군을 철수하겠다는 지미 카터 민주당 대통령 후보의 선거 공약이 상당한 이슈(issue)로 주목받는 가운데에서도 반대 측면의 조치를 시행한 제럴드 R. 포드 대통령의 단호한 대처는 미국 조야(朝野)를 비롯하여 全 국민에게 폭넓은 지지와 성원을 받았다. 그러자 지미 카터 대통령도 선거 때 공약으로 내세웠던 '미군 철수론'을 슬그머니 후퇴시켰다.

3.2. 한반도 정세와 8·18 판문점 도끼 만행사태 전후(前後)

한반도는 1972년 '7·4 남북 공동성명'을 계기로 하여 세계적인 긴장 완화 추세와 보조를 맞추기 위해 남북한 대결 구도도 끝나기를 바랐지만, 혼자만의 희망에 불과하였다. 박정희 대통령도 '10월 유신'을 선포하고 영구 집권을 도모하는 시기였고, 북한은 김일성의 '유일 체제'가 확립된 상태에서 김정일에 대한 후계 권력 세습을 위한 작업이 한창이던 시기였다. 이때 소련의 레오니드 일리치 브레즈네프(Leonid Il'ich Brezhnev, 1907~1982)는 오일-쇼크(oil-shock)를 모멘텀(momentum)으로 하는 안정된 경제 수준으로 공산주의 진영을 주도하였다. 반면에 미국은 여러 가지 복합적 요인으로 인해 흔들리고 있던 중국과의 화해 분위기를 적극적으로 추진하기 위해 리처드 M. 닉슨 대통령이 1972년 헨리 A. 키신저와 함께 미국 역사상 처음으로 중국을 방문하였다. 이처럼 1970년대는 세계의 권력 지형이 요동치는 혼돈의 카오스 시대였다.[14)]

朝鮮日報

全國에 非常戒嚴令 선포

非常國務會議서 憲法機能수행

各大學 言論山

平和統一 지향 改憲案 27日까지

한달내 國民投票 政黨政治

어도 年末이전 憲政

북한은 국가를 수립한 초기부터 경제적 기반이 약했기 때문에 이를 스스로 극복하기는 어려웠다. 자체적으로 수립한 장기적 측면의 경제계획과 연간 목표를 달성할 수 있는 여건이 아니었다고 봄이 정확하다. 설상가상으로 1970년대 초기부터 시도했던 서방국가들로부터의 생산설비 도

지침을 대내외에 천명할 때 종종 사용하는 용어이다.

14) '카오스 이론(chaos theory)'은 '불규칙하고 무질서한 혼돈의 상태에 있는 것으로 보이는 현상 가운데서도 질서와 규칙성을 지배하는 논리적 법칙이 존재한다는 이론'으로 수많은 변수가 궁극적으로 결과에 영향을 주기도 하고 영향을 주지 않기도 하는 혼란스러운 행동을 뜻한다.

입과 산업 설비의 현대화 계획도 외채상환 능력이 부족하여 실패로 돌아갔다. 전략적으로 선택한 경제정책이 실패하면서 외채(外債)를 적기(適期, suitable time)에 지급하지 못하는 사태로까지 급전직하함으로써 식량난과 경제난이 복합적으로 불어닥쳤다. 이는 한국이 1970년대 중반을 지나며 미국의 경제원조가 강화되면서 북한과의 체제 경쟁에서 우위를 점(占)하고 경제성장 속도는 빨라지고 있는 형국과는 정반대였다. 북한은 어떠한 형태로든지 이 난국을 극복해야 한다는 강박(强迫, obsession) 관념과 압박감이 생성되었고, 이의 연장 선상에서 전 세계를 놀라게 한 8·18 판문점 도끼 만행사태가 일어났다. 당시 한국도 보수적인 이념적 시각으로 북한을 바라보고 있었으며, 자신이 생각이 맞고, 옳다는 편견에 사로잡혀 상대적으로 너무 안일한 의식이 많았음을 느낄 수 있다. 자신이 바라보는 내부적·일방적인 시각으로 상대를 바라보면, 정상적인 균형감각과 객관적 기준이 흔들리게 됨은 고금(古今)의 진리임을 인식할 필요가 있다.

4. 위기관리 전략의 결정과 협상의 진행-결정 과정

4.1. 개요

1974년 북한이 파고 있던 남침용 땅굴이 발견되었고, 1975년 4월에는 북한군 전차(2대)가 북방한계선(NLL)을 침범하여 비무장지대(DMZ)에서 활동하다가 복귀하였다. 6월에는 무장공비 3명이 중동부 전선의 아군 지역으로 침범하던 중 발각되어 사살되는 등의 위기 상태가 계속 고조되었다. 이즈음에 북한군은 판문점 내(內)에 차단기와 장애물 등을 설치하였지만, 공동경비구역(JSA)은 말 그대로 양측 경비병들이 자유롭게 드나드는 분위기였다. 하지만 북한이 수시로 자신들이 설치한 차단기와 장애물로 UN군과 한국군 측의 차량 통행을 방해하였으며, 한국군 초소에 거울을 비추는 등을 통해 근무를 방해하는 사례도 자주 발생하기도 하였다. 8월 5일 오전에는 북한군이 중동부 전선에 있는 아군 초소에 갑작스럽게 포격을 가해 왔다. 한국군 측에서는 상황이 발생할 때마다 반복하여 정전회담을 개최하고 북한의 도발에 대한 중지를 요구하는 사례가 반복되었다. 그러나 그때마다 북한군의 적반하장(賊反荷杖, audacity of the thief) 식 행위는 다반사(茶飯事, everyday occurrence)로 발생했다. 당시에도 이러한 북한군의 행태(行態, behavior)가 북한 내부의 권력을 둘러싼 암투(veiled enmity)에 따른 것이었음이 다양한 경로를 통해 드러난 바 있다. 아래의 <그림 4-2>는 당시 고조되었던 위기사태가 발생하기 이전(以前)의 진전 경과이다.

- 1976.7.28, UN軍사령부 → 북한軍+군정위 공동경비장교들에게 통보
  - 8월 한달 간 정화작업 차 200여 명의 UN군측 인원 출입
- 8.2, UN軍, 공동경비구역 內 미루나무 제거를 결정
- 8.5, 북한 평양방송 → 한국 內 외국군+미국에 대한 공격백서 발표
  - 미국 → 美軍에 경고전문 하달, 경각심 제고 소홀[타성(惰性), 매너리즘]
- 8.6, 한국측 작업반이 미루나무 절단작업 투입, 북한軍 저지/실패

〈그림 4-2〉 8·18 판문점 도끼 만행사태 발생 以前의 진전(進展) 경과

도끼 만행사태는 韓·美가 연합하여 처음으로 실시한 팀-스피리트(Team Spirit) 훈련이 끝난 지 2개월여 정도가 경과한 시기였고, 판문점에는 미군과 한국군이 UN군 자격에서 경비 임무를 공동으로 수행하고 있었다.[15] 특히 8월 중순에 예정되어 있던 스리랑카의 비동맹 국가 회의에 참여하려던 목적이 "美 제국주의의 강제점령(occupation by force)하에 있는 한국에서 미군을 철수하도록 강요하는 것은 비동맹 국가들의 일치된 결의"임을 대외적으로 천명하기 위한 노력의 일환이었다. 8월 2일, 미루나무를 제거하자고 쌍방이 공동으로 결정할 때는 주변 정리와 제초작업이라는 사소한 문제로만 접근하였으나, 원인을 완전히 제거하기는 곤란하다고 판단하였다. 따라서 8월 6일, 한국인 노무자 6명과 UN군 경비병 4명을 투입하였지만, 북한군의 방해로 인해 실패하였다. 이때 UN군 사령부와 한국군 측이 사후 조치와 판단, 대응하는 과정에서 아쉬운 점이 있었다. 북한군의 이유 같지도 않은 이유로 작업을 저지시킨 데 대한 ① 공식적인 항의나, ② UN군 차원에서의 이의(異議) 제기가 아예 없었다는 점이다. 아래의 <그림 4-3>은 급박하게 고조된 위기사태가 발생한 당시의 주요 경과이다.

- 8.16, UN軍 – 북한軍, 작업 간 안전관련 회의를 정상적으로 종료
- 8.18.10:25경, UN軍사령부 작업반(15명) 투입
  - 노무자 5, 美장교 2, 美병사 3, 韓장교 1, 韓병사 4
- 10:30경, 북한軍 장교 2명, 병사 9명 현장에 등장
- 10:45경, 대대장, 현장 확인 결과, 정상 진행 중
- 11:00경, 박철 소좌, 갑자기 작업 중단을 고압적(高壓的) 자세로 요구
  "더 이상 나뭇가지를 치면 큰 문제가 생길 것이다. 당신이 죽고 나면, 나뭇가지를 자르는 일은 아무 소용이 없다."
  - 북한軍 경비병 숫자, 갑자기 30여 명으로 증가
- 11:05분경, JSA대대장(비에라 중령), 제5초소로부터 보고 접수
  - 북한軍 경비병 추가 증원(增援) → 작업 중단 → 안전장교 회의 개최
  - 보니파스 대위 가격(곤봉, 도끼 등 사용)

〈그림 4-3〉 8·18 판문점 도끼 만행사태 발생 당시의 사태 진전(進展) 경과

15) 1976년에 처음 시행한 韓·美 연합 및 합동 야외군사훈련으로서 한반도에서 발생할지 모르는 군사적인 돌발사태에 대비하기 위해 연례적으로 실시했으나, 1993년 종료되었다.

8월 16일 아침 UN군과 북한군 대표는 쌍방 모두가 이견(異見)이 없는 상태로 미루나무 절단 작업에 대한 안전 관련 회의를 정상적으로 마쳤다. 10:25 분 경 UN군이 현장에 작업반을 투입하고 얼마 지나지 않은 시점에 북한군 측이 현장에 나타났으나, 특별한 동향은 포착되지 않았으며,

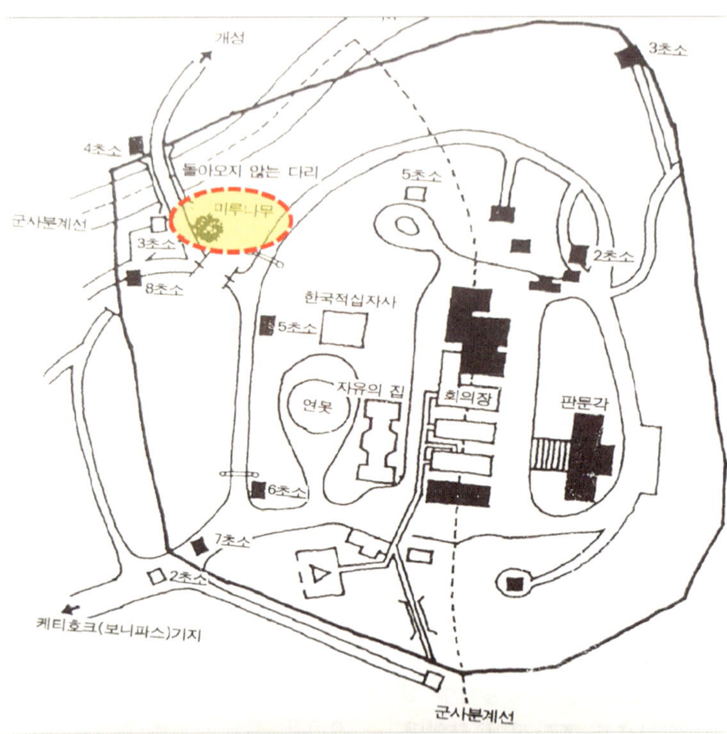

작업이 정상적으로 진행되고 있었다. 작업하는 중간에 대대장 빅터 S. 비에라(Victor S. Vierra) 중령이 현장 상황을 유선(有線)으로 확인하였으나, 작업이 정상적으로 진행된다는 보고를 받았다. 그러나 30여 분이 지나갈 즈음에 북한군 박철 소좌 일행이 현장에 나타나면서 갑작스레 분위기가 바뀌었다.[16] 갑자기 박철 소좌가 나서면서 "더는 나뭇가지를 치면, 큰 문제가 생길 것이니 각오해라. 당신이 죽고 나면 나뭇가지를 자르는 일은 아무 소용이 없다."라면서 고압적으로 작업의 중지를 압박하였다. 이 사이 박철 소좌는 같이 있던 북한군 병사에게 병력을 더 데리고 오도록 지시하여 그들은 삽시간에 30여 명으로 불어났다. 작업 현장을 경계하고 있던 제5초소에서는 이를 관측하고 곧바로 빅터 S. 비에라 대대장에게 보고하였다. 그러나 이미 때는 늦었다. 아서 G. 보니파스

박철 소좌 / 아서 G. 보니파스 대위 / 마크 T. 배럿 중위

16) 박철의 1974년 이전(以前) 계급은 '중사'였으며, 미군 경비병의 사타구니를 발로 차서 파열시킨 후 장교로 진급하였다. 이후에도 마약 밀매와 금괴 밀수 등을 통해 요직(要職)에 중용(重用)된 인물로 이때는 '소좌' 계급장을 달고 나타났다.

(Arthur G. Bonifas) 대위는 북한군 박철 소좌가 "그만두지 않으면, 죽이겠다."라고 위협하면서 두 번째로 중단 요구를 했지만, 무시하고 작업을 계속하자 박철은 곧바로 작업 인원이 사용하던 도끼와 곡괭이, 몽둥이를 빼앗아 휘둘러 아서 G. 보니파스 대위와 마크 T. 배럿(Mart T. Barret) 중위에게 치명상을 입히면서 현장에서 사망하였다.[17] 이후 UN군 부사관과 병사 4명, 한국군 장교와 부사관, 병사 4명이 중경상을 입었고 작업에 투입한 UN군 트럭은 파손되었다.

4.2. 위기의 고조 및 결정 과정

4.2.1. 한국과 미국

판문점 돌아오지 않는 다리 근처에서 일어난 북한군의 도끼 만행 사건은 일파만파로 확대되어 갔다. 아래의 <그림 4-4>는 한국군과 UN군 사령부 차원에서 상황 조치와 대응 단계를 높이는 과정을 통해 당시 긴박한 현장이 모습을 생생하게 느낄 수 있다.

● 8.18. 오후~, 全軍 비상사태(DEF-Ⅲ) 발령(스틸웰 장군 건의)
● 8.19. 오후, 제1공수여단장, 합참 작전본부장실 → 준비명령 수령
　* 특공대장 선정과 특공대 편성
● 8.20. 오전, 제1공수여단 작전참모 등 3명, JSA → UN군사령관 지시 수령
　* 스틸웰 장군의 지시: 무기 미휴대(몽둥이 가능), 태권도로만 북한軍 격퇴
● 8.20. 오전, 합참의장(노재현) + 육군참모총장(이세호) → 1공수여단장
　"도발해오는 적이 있으면 강력하게 응징하라!" → 작전기밀 유지

〈그림 4-4〉 북한군의 판문점 도끼 만행 직후 한국군과 UN군 사령부의 위기 대응단계

한국군은 리처드 G. 스틸웰(Richard G. Stilwell, 1973~1976년까지 在任) UN군 사령관에게 'DEFCON-3'의 발령을 요청한 다음 비공개 지시를 통해 제1 공수여단장을 합참 작전본부장실로 호출하여 준비 명령을 하달하였다.[18] 그리고 보안(保安) 유지를 거듭 당부하였다. 제1 공수여단장은 부대로 복귀하자 작전참모 등 2명을 불러 63명의 특공결사대를 선발하고 집결시켰다. 8월

17) 세계사적으로 최초의 도끼 살해사건은 공산주의 국가인 소련에서 발생하였다. 1927년 트로츠키(Lev Davitch Trovsky, 1879~1940)가 스탈린과의 권력 투쟁에서 패배하자 공산당에서 제명 조치되었다. 트로츠키는 생명의 위협을 느끼게 되어 멕시코로 도피하여 망명 생활을 하던 중인 1940년 8월 20일 스탈린이 보낸 암살자 라몬 메르카데르(Ramon Mercader)의 등산용 도끼(pickel)에 찍혀 사망하였다.

18) 軍의 조직체계 상 상당히 이례적인 사건으로 중간 제대를 거치지 않고 직접 명령을 하달하는 사례는 역설적으로 일반적인 단순한 상황이 아님을 알 수 있게 하는 부분이다.

20일 오전에 작전참모와 특공대장으로 임명된 김종헌 소령, 그리고 통역장교 3명은 판문점 근처에 있는 캠프 키티호크(Camp Kitty Hawk)[19]의 빅터 S. 비에라 대대장실에서 리처드 G. 스틸웰 UN군 사령관의 지시를 직접 받았다. 아래의 <그림 4-5>는 리처드 G. 스틸웰 UN군 사령관이 지시한 내용을 크게 세 가지로 요약하였다.

UN軍 사령관의 지시 내용

① 美軍이 미루나무를 절단할 때 한국군이 그 주위를 경호한다.
② 한국군의 무기 휴대는 규정에 따라 금한다.
③ 한국군은 작전부대장인 비에라 중령의 지휘에 따른다.

〈그림 4-5〉 리처드 G. 스틸웰 UN군 사령관이 직접 지시한 작전명령(요약)

리처드 G. 스틸웰 UN군 사령관은 이 내용을 "한국 대통령이 양해했다. 한국군의 수고를 기대한다."라는 조용한 어조(語調)로 말했지만, 명령은 간단하고 분명한 내용이었다. 문서상에 단 한 줄도 드러나는 게 없는 상황에서 명령을 하달하는 분위기나 장소, 명령의 주체, 방법이나 상황 등은 비상(非常, being extraordinary)하였다.

그러나 아쉬웠던 점은 UN군 사령관이 지시하는 과정에서 "미군은 끝까지 규정을 지킬 것이니 설혹 죽는 일이 생기더라도 한국군은 무기를 휴대하지 말고 맨손으로 미루나무 주변에 대하여 경계하라."라고 지시한 내용이다. 며칠 후에 나온 조선일보의 사설에서도 "삼백 회에 가까운 판문점 정전회담을 진행하는 가운데서도 그토록 욕설을 퍼붓는 북괴(현재 북한)에 대하여 점잖게 타이르기만 하는 나라, 미국"이라는 내용을 기억하고 있기 때문이다. 같은 시간대에 제1 공수여단장 집무실에는 합참의장인 노재현 대장과 참모총장 이세호 대장이 작전참모부장(육군 소장)의 차량에 편승(便乘, hitchhike)하는 형식을 빌려 극비리에 방문하고 있었다. 이들을 통해 대통령이 지시한 명령의 내용은 간단했다. 한 마디로 "도발해 오는 적이 있으면, 철저하게 응징해라!"라고 정리할 수 있다. 이후의 조치는 명령을 수행하는 지휘관의 '추정된 과업'에 불과하다. 아래의 <그림 4-6>과 <그림 4-7>은 시간대별 준비과정을 구체화하여 정리한 내용이다.

---

19) 과거에는 캠프 키티 호크(Camp Kitty Hawk), 캠프 리버티 벨(Camp Liberty Bell)로 분리되어 있었으나, 1986년 8월 18일 10주기 때 판문점 도끼만행사건에서 희생된 아서 G. 보니파스(Arthur G. Bonifas) 대위를 기리기 위해 캠프 보니파스(Camp Bonifas)로 개칭하면서 통합되었다. 캠프 보니파스는 경기도 파주시 문산읍 비무장지대 남쪽으로 400m, 군사분계선 남쪽 2.4km에 있는 한국 육군과 주한미군의 합동 기지(base)이다. 2004년 JSA 경비 임무가 한국군으로 이양되었으나, JSA가 UN사 관할지역임에 따라 캠프 보니파스에 대한 지휘통제권은 UN군 사령관이 수행하고 있으며, 대대장은 美軍 중령, 부대대장은 한국군 중령이 맡고 있다.

韓 특공대의 작전 준비(8.20.22:00~8.21.01:00)

- 샌드백(방호벽)에 M-16소총 적재 → 방탄조끼 + 수류탄 + 권총 휴대
- JSA 연락장교 복귀 후 확인된 분야 및 추가 대책
  ① 작전일시: 8.21. 07:00~07:05
  ② 美軍 임무: 미루나무 주변에 대한 내부 경계 및 절단 작업(권총 30정 휴대)
  ③ 韓 특공대 임무: 돌아오지 않는 다리 외곽의 외곽 경계를 담당(몽둥이만 휴대)
- 8.21.05:02, 韓 특공대(64명), 키티호크 캠프에 도착
  * 1사단 수색대대, JSA 좌측에 매복 우발작전 대비
- 06:00, 美 수송헬기 20여 대, 문산 상공 선회비행(우발작전 투입부대)
- 06:30경, JSA 대대장 → 북한軍, 작업병력 투입 통보

〈그림 4-6〉 한국군 특공결사대의 시간대별 작전 준비과정(2-1)

❖ 8.20.22:00, 제1공수여단 실내체육관(봉화관) 결사대 집결
"각하께서 우리를 선정하셨다. 하사금은 부대에 두고 가자. 우리는 죽어서 훈장을 받자. 무참히 죽어간 미군의 원혼을 달래고 한국군의 용기를 全 세계에 보이자." → 공수여단장+작전참모+대대장
* 손톱과 발톱, 머리카락 수집, 수류탄과 권총, M-16소총 등

❖ 8.21.05:02, 특공대(64명), 판문점 소재 Camp 키티호크 도착
06:00~06:40, 문산 소재 Camp 스탠튼에 헬기 20여 대 이륙

❖ 07:00~, 작전지역 도착, 조별 임무 수행 → 북한軍 200여 명 식별

❖ 07:45, 미루나무(12m)를 3등분 해체, 바리케이트 파괴

❖ 10:00경, Camp 키티호크 內로 韓 특공대 복귀

〈그림 4-7〉 한국군 특공결사대의 시간대별 작전 준비과정(2-2)

07:00에 작전지역에 도착한 특공결사대는 요도의 Ⓐ~Ⓔ까지 배치하였고, 북한군의 움직임을 면밀하게 감시하였다. 그사이 몇 명에 불과하던 북한군은 07:22 분 경 25명에서 어느새 150여 명으로 늘어났고, 북한군의 제4초소와 돌아오지 않는 다리 부근에서 Ⓐ지역으로 접근하는 북한군까지 합치면, 200여 명이 훨씬 넘었다. 그러나 특공결사대는 부여받은 위치에 버티면서 침착하게 임무를 수행하였다. 한국군이 미동이 없이 위치를 고수하자 Ⓐ지역으로 접근하던 북한군이 도리어 엉거주춤할 수밖에 없었다. 이때 작업반은 과감하게 절단 작업을 시작하였다. 멍하니 지켜보던 북한군은 지켜보고만 있었을 뿐, 돌아오지 않는 다리 일대 건너편에서 Ⓐ지역에 집결하고 있던 북한군들은 감히 건너올 엄두를 내지 못했다. 당시 한반도 상공과 주변에는 UN군의 지상·공중 전력이 완전무장한 상태에서 대기하고 있었다. 12m 미루나무가 3등분으로 완전히 잘려져 나간 시간은 10분 후인 07:55분이었다.

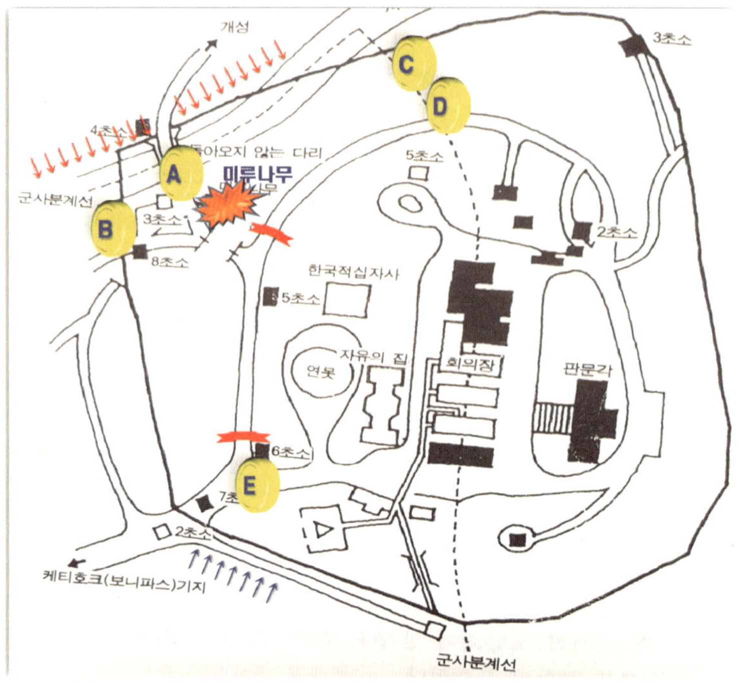

여기에서 짚고 넘어가야 할 사실은 당시 대외적으로 강력한 응징을 지시하는 등의 결기를 보이면서 작전을 지시하던 대통령과 합참, 육군본부 그 어디에서나 그 누구도 자신들이 지시하면서 당부했던 한국군 특공결사대(제1공수여단 64명)가 지시대로 적극적으로 임무를 수행하였음에도 보호하려는 노력은 없었으며, UN군사령부 차원에서 징계위원회에 회부 되었을 때도 한국 정부와 한국군 지휘부 누구도 자신들이 지시했음을 공식적으로 인정하지 않았던 사실은 국가 지도자나 軍의 주요 직위자로서 상당히 깊은 반성(reflection)과 부끄러움을 느껴야 한다. 이와 비슷하지만, 완전히 다른 형태로 보이는 미국의 사례를 한 번 더 알아보자. 아래의 <그림 4-8>은 1980년 4월에 진행되었던 이란 주재 美 대사관 인질 억류사태에 델타포스(Delta Force) 특공대를 투입하기 직전 美 지미 카터(Jimmy Carter) 대통령과 특공대장인 찰리 A. 벡위더(Charlie A. Beckwith) 대령과의 대화를 정리한 내용으로 국가 지도자로서 작전에 대한 인식과 책임 의식을 느낄 수 있는 일화(逸話)이다.[20]

이란 주재 美 대사관 인질 억류사태(1980. 4월)

- **대통령: 대령, 떠나기 전에 일러둘 말이 있소. 내가 두 가지만 당부하겠소.**
- **특공대장: 각하! 말씀하십시오.**
- **대통령: 이란으로 출발 前 적당한 때에 부하들 모두에게 나의 메시지를 전해주시오.**

첫째, 어떤 사유에서건 작전이 실패하더라도 그 책임은 나에게 있지 특공대에 있는 것이 아니라는 점이오.(The fault will not be theirs, it will be mine.)
둘째, 만약 특공대원이건 인질이 되었건 사망자가 발생하거든, 다른 사람의 생명에 지장이 없는 한 가능하면 시체를 실어오시오.

〈그림 4-8〉 美 지미 카터 대통령과 델타포스 특공대장의 대화(요약)

20) Charlie A. Beckwith, 『DELTA FORCE』, 1983.

지미 카터 대통령은 투입되는 특공대에게 신뢰를 거듭하여 표현하면서 국가 지도자로서의 모습을 자연스럽게 보여주었다. 이는 리더십의 기본일 수 있지만, 실천하기란 결코, 쉽지 않은 사례이자 본보기이다. 하지만 미국의 국가 지도자는 자연스럽게 실천하고 있고, 델타 포스팀은 대통령을 믿고 국가를 위해 생명을 내던졌다.[21)]

반면에 한국의 경우 보안을 유지한다면서 대통령이 직접 지시하거나 부하들이 믿고 죽음을 불사할 수 있는 어떠한 배려나 행위가 없었다. 작전을 수행한 이후 UN군 사령부 측에서 한국군 특공결사대의 과도한 무기류 휴대와 작전 수행에 관해 실무자들에 대한 책임을 추궁하였을 때 한국 정부나 軍 지휘부 어디에서도 침묵했다는 점은 리더십 측면에서 상당한 문제의 소지가 있다. 작전부대의 행위에 관하여 보호해주지 않았음은 작전부대의 임무 수행 측면에서 정당성의 문제와도 연계되기 때문이다. 軍 조직의 경우 사기(士氣)와 상관에 대한 신뢰(信賴, belief)가 밑바탕이 되어 작전을 수행해야 효과적임에도 실천하지 못한 당시의 국가 지도자나 軍 지휘관들의 처신은 잘 되새겨 볼 필요가 있다.

4.2.3. 미국

당시 미국은 백악관 안보보좌관인 헨리 A. 키신저가 한반도에 대한 전권(全權)을 행사하였다. 공교롭게 사태가 발생한 당일 리처드 G. 스틸웰 UN군 사령관은 교토의 일본 육상자위대를 공식 방문하였기 때문에 보고를 받자마자 긴급하게 야간에 복귀하였다.

리처드 G. 스틸웰 UN군 사령관은 기내에서 대응방안 세 가지를 구상하였다. 22:40분 용산에 있는 UN군 사령부(현재의 韓·美 연합사령부)에 도착하였을 즈음에는 이미 세 가지 방안에 대한 구상과 결심을 끝낸 뒤였다.[22)] UN군 사령부에 도착하자 곧바로 참모 회의를 소집하고 대응 작전에 관해 심도 있게 토의를 진행하였고, 하와이에 있는 美 태평양사령부와 백악관, 국방부(펜타곤)에도 동일한 내용의 비밀 전문을 타전(打電, sending a telegram)하였다. 스틸웰 UN군 사령관의 신속한 판단과 치밀한 결심과 한순간에 이루어진 매끄러운 절차와 판단 기법

---

21) 이 대화 내용은 1979년 11월 4일 이란 과격파 학생들이 테헤란 주재의 美 대사관을 점거하고 미국인 63명을 인질로 잡으면서 시작된 '이란 테헤란 주재 미국대사관 인질납치 사태'이다. 그때 지미 카터 대통령의 지시로 델타포스팀이 수행하였던 '독수리 발톱 작전(Operation Eagle Claw)'은 상황을 정확하게 파악하지 못하는 등의 준비 부족과 기상 악화로 인해 실패하였다. 그러나 한국의 8·18 사태 당시의 한국 최고지도자와 군 지휘부가 보인 모습과는 정반대의 행동을 보인 美 대통령과 델타포스 팀장의 대화 내용은 국가를 위해 희생과 헌신하는 군인들에게 상당한 자부심과 감동을 주었다.

22) UN군 사령부는 1975년 제30차 UN 총회에서 '1976년 1월 1일부로 UN군 사령부를 해체한다.'라는 결의가 이루어지면서 韓·美 연합사령부로 창설되었다.

은 한국군 지휘관이 배워야 할 고도의 직업적 전문성과 책임 의식, 판단력에 기초하고 있다. 아래의 <표 4-7>은 당시 스틸웰 UN군 사령관이 판단한 세 가지로 작성한 문건을 요약하여 정리하였다.

〈표 4-7〉 리처드 G. 스틸웰 UN군 사령관이 참모부에 지시한 문건(요약)

첫째, 군사정전위원회에서 마크 P. 프루덴(Mark P. Frudden) 해군 소장이 발표할 항의 성명서
둘째, 조선인민군최고사령관 김일성에게 보낼 UN군 사령관의 서한(書翰)
셋째, '폴 버니언 작전(Operation Paul Bunyan)' 명령서

아래의 <그림 4-9>는 당시 미국 백악관과 국가 군사지휘본부(NMCC)에서 긴박하게 움직인 경과를 정리한 내용이다.

❖ 8.18. ~1H이내, 美 국가 군사지휘본부(NMCC) 보고서 접수
❖ 20:00경, 日 → 한국에 긴급 도착
❖ 23:20, 美 본토, 관계기관 비상연락망 가동
· 국방성 G-3-국무성-CIA-백악관 상황실 등
❖ 8.19.00:53, NMCC, 사건에 대한 심도있는 분석 진행
· 총기류 미사용, 연장과 쇠창, 도끼 등만 사용
❖ 6H 경과 후, 미국 정부성명 발표

〈그림 4-9〉 美 행정부와 UN군 사령부의 긴박한 움직임(요약)

미국은 1시간 이내에 UN군 사령부로부터 보고를 받았으며, 일본 도쿄에 머물던 스틸웰 UN군 사령관을 긴급하게 복귀시켰고, 23:00를 지나면서 美 본토에 있는 全 관계기관에도 비상 연락망을 가동하였다. 곧이어 국가 군사지휘본부(NMCC)를 중심으로 하여 사건에 대한 심도 있는 분석과 평가를 진행한 다음 정부 성명을 발표하는 데 소요된 시간은 불과 6시간이다. 이때 CIA의 브리핑 내용은 주목할만하다. ① 북한군이 도끼 만행을 저지른 의도가 무엇인가? ② 휴전선 일대를 비롯한 남북한의 공군과 지상군의 능력을 검토하였다. 결과적으로 공군력은 북한이 588대로 한국과 비교 시 우세하게 나왔다. 이는 한국에 공군력을 추가로 증강하게 만든 계기가 되었다. ③ 현시점에서 미국이 즉각적으로 해야 할 대응책은 구체적으로 무엇인가? 라는 관점에서 검토해야 할 분야를 항목별로 세밀하게 강조하였다는 점은 배워야 한다. 다만, 주의 깊게 보아야

할 점은 이때도 일본은 한국을 바라보는 태도와 인식이 다른 나라와는 다소 달랐다. 늘 그래왔던 대로 일본의 신문들은 사건의 진상과 북한에서 주장하는 일방적인 선전(宣傳, propaganda)과 조작(造作, manipulate) 발표한 내용을 같은 수준과 같은 차원에서 반복하는 데 그쳤다. 아래의 <그림 4-10>은 당시 일본이 바라본 한국에 대한 감정이다.

일본의 반응

"북한이 살인 행위까지 사전에 계획했던 것으로 보이지 않으며, 現地 지휘관의 과잉충성 아니면, 북한 병사들의 미군 장교에 대한 증오심이나, 순간적인 감정의 폭발로 발생한 행위로 본다."

〈그림 4-10〉 일본 정부와 반응과 언론 보도(報道) 내용(요약)

분명한 사실까지 왜곡하고 외면하면서 일본이 얻은 실익(實益)이 무엇이었는지? 에 의문이 난는다. 아래의 <그림 4-11>은 초기 단계의 美 진략이다.

초기 단계의 미국 전략(8.18./8.19.)

① **북한의 행위에 대한 보복**
② 美側 **보복으로 더욱 악화된 북한의 행위에 대한 방어**
③ **국지도발 등 앞으로의 호전적(好戰的)인 행위에 대한 억제**
④ **자극과 그에 따른 사태 악화, 전면전(全面戰) 확대 가능성 방지**
⑤ **위기로부터 벗어나는 목표 달성**

〈그림 4-11〉 미국의 위기대응 초기 단계 전략(요약)

미국의 초기 전략은 1962년 美-蘇 쿠바 미사일 위기사태 때의 위기대응 및 협상 전략과 유사한 방식(pattern)으로 진행하고 있음을 알 수 있다. 어떠한 유형의 위기사태나 대책을 수립하더라도 세계화 패권 전략은 어디에나 깔려있다. 이러한 토대 위에서 다양한 의제(Agenda)가 올려지고 난상토론을 하지만, 어떠한 방책(track)으로 반응해야 할지를 결정한다는 점에 항상 유의(留意, attention)하여야 한다. 아래의 <표 4-8>은 NMCC가 대통령에게 권고(勸告)한 안이다.

〈표 4-8〉 美 NMCC가 대통령에게 권고한 여섯 가지 안(案)

① F-4 전략폭격기 1개 편대를 한국에 배치한다.

② 주한미군에 'D-III'를 발령하고 공세적인 계획을 추가로 발전시킨다.

③ F-111 전략폭격기 1개 편대를 한국에 재배치할 준비를 한다.

④ B-52 전략폭격기를 괌에서 훈련 비행시킬 준비를 한다.

⑤ 미드웨이 항모를 일본에서 한국 해역(海域)으로 배치할 준비를 한다.

⑥ UN 안보리를 개최하여 각국 대표에 북한 만행(brutality)을 통보 등

제럴드 R. 포드 대통령은 NMCC가 권고한 대로 시행할 것을 결심하였다. 이러한 작전명령을 하달받은 미군들은 즉시 F-4 전략폭격기 24대와 F-111 전략폭격기 20대, B-52 장거리 전략폭격기 3대, 함재기 65대를 보유한 미드웨이 항모전단 등을 동해지역에 급파하여 대기하였다. 또한, 북한 측에는 사전 통보함이 없는 가운데 '폴 버니언 작전(Operation Paul Bunyan)'을 건의받고 8월 20일 23:15분(미 동부 시간으로는 10:15)에 이를 그대로 승인하였고, 스틸웰 UN군 사령관이 최종 명령을 받은 시간은 30분 후인 23:45분이었다. 작전 당일의 비밀문서는 당시의 긴박함을 잘 나타내고 있다. 판문점 도끼 만행사태에서 '폴 버니언 작전'을 종료하기까지 한국 정부와 한국군은 어디에도 없었다. 한국 대통령이 한 역할은 폴 버니언 작전 때 UN군 사령관에게 태권도 유단자 병력을 제공한 것뿐이었다. 모든 작전계획 수립과 진행은 스틸웰과 워싱턴의 역할이었음에 유념해야 한다. 아래의 <그림 4-12>는 '폴 버니언 작전'을 정리한 내용이다.

Paul Bunyan 작전(1976. 8. 21.)

① 공대지 핵미사일 탑재 F-111기(20대): 아이다호 州 → 대구비행장

② B-52 전략폭격기(3대): 괌 → 군산비행장

③ F-4 전투기(24대): 오키나와 가데나 기지에서 발진

④ 美 제7함대: 미드웨이급 항모+순양함 5척, 서해안 대기

⑤ 美 해병대 병력 포함한 12,000명 증파 요청

⑥ 美 육군 Task Force Viera 편성(차량 20여 대 + 813명)

⑦ 美 육군 공병부대: 임진강 도하 준비

⑧ 美 방공포병 호크 지대공미사일: 전진 배치, 자주포(自走砲): 화력대기

〈그림 4-12〉 '폴 버니언 작전(Operation Paul Bunyan)'(종합)

이러한 강력한 작전 수행 분위기는 북한 측에도 바로 알려졌다. 아래의 <그림 4-13>과 <그림 4-14>는 당시 미 백악관을 중심으로 긴박하게 움직였던 세밀한 주요 경과와 세부적인 조치를 정리한 내용이다.

- 8.20.03:00, 백악관 유선 지시(1급비밀) → 주한미군사령관
  - "판문점 미루나무를 절단하라." → Paul Bunyan
  - → DEF-II 발령
- 오후, 韓·美 특수임무부대 출동 대기(헬기 36대 분승)
  - 지휘관: 美 2사단 모리스 브래디(Morris Brady) 소장
- 8.21. H시 부, 작전명령 하달 → 작전 준비 완료
  - 美 태평양함대사령부, 핵 항모(엔터프라이즈+레인저호) 항진, 日 오스카 항의 미드웨이 항모는 대한해협 진입
  - B-52폭격기, 괌 → 한국 상공 진입, R/D교란용 Chaff 살포
  - F-111 + F-4 편대, 경계비행 개시
  - 휴전선 후방 2km 지점: APC + 300여 명의 긴급출동부대
- 07:00, 작업병, 한국군 특수부대요원 등 110명, 판문점 도착
  - 권총과 벌목용 도끼 휴대
- 07:18~45, 북한軍의 도로 차단기 2개 제거, 미루나무 절단 작업 병행
  - "작업반이 방해 받지 않는다면, 더 이상의 추가 행동은 없을 것이다."

〈그림 4-13〉 美 백악관 주도의 위기대응 경과(종합, 2-1)

당시 공동경비구역(JSA)은 美 2사단 소속으로 모리스 브래디(Morris Brady) 사단장은 JSA 대대장의 직속 상관이었다.

- 8.21.07:55, 미루나무 절단 작업 완료 → 청와대 + 백악관에 보고
  - 북한軍 동태: 사진촬영 및 상부 보고
- 11:00, 북한 정전위 대표(한주경 소장)
  - → UN수석대표(푸르덴 제독)에 김일성 친서(親書) 전달
  - 휴전 후 23년 만에 김일성 → UN군사령관에 보내는 최초 문서
- 늦은 오후, 美 국무성 대변인(R. L. Funseth) 기자회견 발표
  - 북한의 사고관련 유감 표명(메시지) → 긍정적 조치로 생각
  - 2명의 美軍장교가 무참하게 살해된 비극적 사실은 불변(不變)
  - 비무장지대(DMZ) 병력의 안전 보장을 위한 회담 등을 요구
- 8월 말, DEF-II 해제, 사태 종결

〈그림 4-14〉 美 백악관 주도의 위기대응 경과(종합, 2-2)

미국 측이 이전(以前)과 다르게 강력한 대응 경고와 조치를 구호(slogan)로 끝내지 않았고 실질적인 군사력을 한반도에 배치했다는 점에서 북한은 상당한 충격을 받았다. 북한 측은 자신들이 상당한 기간을 밀어붙이고 고집을 부려도 점잖게 신사적으로 대응하던 미국과 UN군의 이전까지와는 다른 대응과 조치에 북한의 공포와 두려움이 얼마나 크게 와닿았는지는 김일성의 보냈던 메시지의 문맥(文脈, the line of thought)을 통해 가름해 볼 수 있다. 아래의 <그림 4-15>는 북한이 '폴 버니언 작전(Operation Paul Bunyan)'이 끝난 다음에 보낸 메시지이다.

북한측 메시지(작전 종료 후)

"당신네 측은 현재도 우리측의 나무를 자르는 거만한 행위를 계속하고 있으며, 공동경비구역 내로 3백 명의 전투 요원과 전투기들의 엄호 아래 현장 맞은 편 고지에 수백 명의 전투요원을 불법적으로 투입하는 도발 행위를 저지르고 있다. 이러한 처사는 휴전협정에 대한 명백한 위반이며, 우리측에 대한 참을 수 없는 도전 행위일뿐만 아니라 양측 사이에 심각한 갈등을 초래할 계획된 도발 행위이다. 우리측은 당신네 측에게 강한 이의를 제기하는 바이며, 무모한 행동을 무조건 중지할 것과, 불법적으로 투입된 전투 요원들을 공동경비구역 밖으로 철수시킬 것을 강력히 요구하는 바이다."

〈그림 4-15〉 UN군의 '폴 버니언 작전'에 대한 북한의 뒤늦은 메시지

8월 21일 07:55분에 작전을 종료한 다음 UN군 사령부는 뒤늦게 도착한 북한 측의 메시지에 대하여 아래의 <그림 4-16>과 같이 간명하고도 점잖게 답신을 보냈다.

UN군 사령부 메시지(對 북한)

"우리측 작업반은 미루나무 절단 작업을 마쳤는데, 이 임무는 일찍이 당신 측에서 방해했던 일이다. 덧붙여 작업팀은 UN군이 공동경비구역(JSA) 내에서 자유롭게 행동할 수 있도록 당신네 측이 불법적으로 설치해 놓은 장애물을 제거했을 뿐이다."

〈그림 4-16〉 UN군 사령부 → 북한 측에 보낸 답신(答信)(요약)

5. 韓·美 간 협의 진행과 종결 과정

5.1. 미국

미국은 국가 안보보좌관인 헨리 A. 키신저를 중심으로 기민하게 움직이면서 관련국과의 물밑 조율(調律, coordinated)을 시작하였다. 먼저, 주일대사와의 회동을 통해 주일미군 일부를 한반도로 이동시키기로 협조하였다. 다음은 주중(駐中) 연락 대표부 황진과 회동하는 과정에서 미국의 분노와 강력한 응징 결의를 전달하고 중국의 북한에 대한 물질적인 지원이나 심리적으로 기대할 만한 어떠한 행위도 절대 용납하지 않겠다는 의지를 강력하게 전달하였다. 이러한 정치적 압박이 강하게 작용하자 소련과 중국도 북한의 잘못임을 시인(是認)하게 되었다.

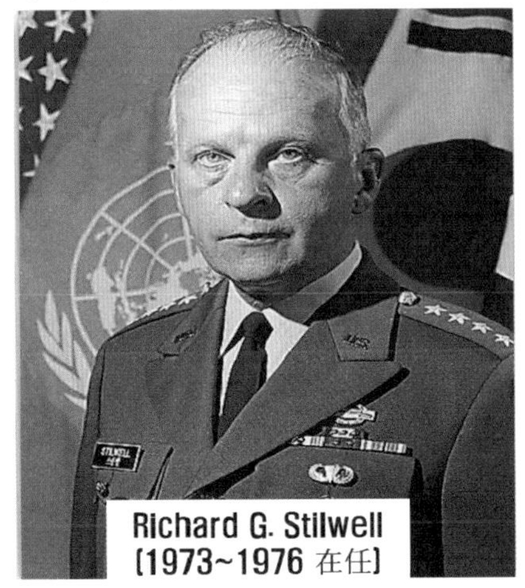
Richard G. Stilwell
(1973~1976 在任)

도끼 만행사건 직후인 8월 19일에도 미국은 정전위원회 개최를 요구했으나, 북한 측은 경비 장교 회의로 하자고 고집을 피우면서 일을 더 크게 만들었다. 결국, 군사정전위원회와 경비 장교 회의가 동시에 개최되었다. 그러나 북한군의 억지 주장이 계속되자 스틸웰이 워싱턴 특별대책반 회의(WSAG)에 'D-Ⅲ'를 건의하고 발령하는 강수(强手)를 두었다. 결국, 8월 21일 오전 '폴 버니언 작전(Operation Paul Bunyan)'이 종결되자 북한의 김일성은 유감 메시지를 전달하였다. 이후 세계 언론에서 "주동자는 북한, 피해자는 미국"이라는 사실을 계속 확산시키면서 존립의 위기까지 심각하게 의식한 북한군 측에서 긴급하게 수석대표 회의를 요청하였고, 이를 통해 뒤늦게나마 김일성이 직접 유감 성명을 발표하는 촌극을 빚었다. 이 과정에서 미국은 초기에 수용할 수 없다는 의사를 각박하게 표명하였으나, 국무성에서 "비무장지대 내에 있는 미군의 신변 안전을 북한이 보장한다면, 상황이 개선될 것으로 기대한다."라는 화해 제스츄어를 보이면서 긍정적인 태도로 전환하였다. 냉전기 상황에서 더는 끌어봐야 국가이익에 도움이 되지 않는다는 점을 자각(自覺)했기 때문으로 보인다.

5.2. 한국

당시의 한국 정부와 국내 여론은 상당히 격앙되었다고 표현함이 타당하리라고 본다. "다시는 일방적으로 당하지 않도록 단호한 응징 보복 조치가 필요하다. 차제에 북한의 도전을 근원적으로 봉쇄하여야 한다."라면서 북한 공산 집단의 만행을 예방하고 한반도에 평화를 정착해야 한다는 내용이었다. 정부나 軍도 북한에 대한 독립적인 대응 행동이나 추가적인 활동은 없었다. 판문점에서 도끼 만행 사건이 발생한 8월 18일과 8월 19일 양일간에 걸쳐 문화공보부(현재의 문화체육관광부) 대변인은 규탄 성명을 발표하는 등 분주하게 움직였다. 아래의 <그림 4-17>은 당시의 문화공보부 대변인의 규탄 성명을 발표한 내용을 일자별로 정리하였다.

문공부 대변인 규탄성명 발표(종합)

- 8.18, "북한의 만행(蠻行)을 규탄한다."
- 8.19.17:00, "북한이 공격시는 자멸을 초래할 것이란 전쟁 기도를 포기할 것을 경고하고, 이러한 때일수록 일치단결하여 북한의 전쟁 도발 기도를 사전(事前)에 봉쇄할 것을 촉구한다."
- 8.19.~, 全 국무위원 대기령 하달, 24시간 교대근무로 전환(轉換)
- 8.21. 오후, 美 국무성대변인 발표에 대한 반응
  "북한은 즉시 사죄 및 애도 표명, 반응이 없을 경우,
  군사적 · 물리적인 타격이 불가피"

〈그림 4-17〉 韓 문화공보부 대변인의 대북(對北) 규탄 성명(종합)

당시 한국의 대외적인 국가 역량을 볼 때 더는 보여줄 수 있는 게 없었다. 아쉽지만, 당시 한국의 국제적 위상과 국력, 대외적인 영향력은 이 정도 수준이었다. 이 사건 이후 북한도 미국을 향해 직접적인 시비를 걸거나, 또 다른 무력도발(armed provocation)을 감히 자행(恣行, have one's own way)하기가 어려웠다. 방송이나 성명을 통해 맹비난하는 수위는 그대로였을지 모르지만, 실제 미국에 대하여 직접적인 무력도발을 시도할 경우 미국의 대북응징을 시도할 경우 북한이 세계지도에서 지워질 수도 있음을 깨달았기 때문이지 않을까 싶다.[23] 어쭙잖은 말이나 구호보다는 실질적인 능력을 갖추어야 한다. 자신의 위치와 역할에 더욱 노력하여 장차 국격(國格)의 향상을 위해 노력해야 하리라고 본다.

23) 최근 김정은이 현장 지도를 통해 도발하는 미사일과 방사포 등의 도발 행위도 지속하고 있지만, 미국을 대상으로는 직접 도발하지 않음을 느낄 수 있다. 美 트럼프 대통령도 이를 의식적으로 회피하고 있다(고석승, 트럼프 "북한 미사일 발사, 미국에 경고한 것 아니다," 『JTBC 뉴스(http://jtbc.joins.com/)』 (2019. 7. 29.) (검색일자: 2020년 5월 18일).

제 3 절

협상의 종결과 교훈

1. 개 요

북한이 판문점에서 도끼 만행을 서슴없이 저질렀을 당시의 한국은 미국의 경제 지원과 체제 경쟁에서 이제 막 우위를 점하기 시작한 어려운 시기였다. 판문점 도끼 만행사건은 비록 미군 장교 2명이 무참하게 살해된 사건이기도 하지만, 한국군도 분명히 포함된 국가적인 위기사태였다. 그러나 미국의 강력한 패권주의 지향 정책은 한국군이 작전을 수행하는 데 상당한 억제력으로 작용하였고, 한국은 이에 의견을 개진하거나, 독자적인 제안을 하지 못하고 시키는 내로 순응해야 하는 처지였음은 다양한 연구 자료를 통해 확인할 수 있다. 6·25전쟁 당시 휴전 협상에서의 일방적으로 진행하고 한국은 소외당한 패턴과 유사하다고 보면 될 듯싶다.

미국의 존 F. 케네디 대통령은 1961년의 '피그스만 침공 작전(Bay of Pigs Invasion)'에 실패하고 난 이듬해 촉발된 美蘇 쿠바 미사일 위기사태에서 세계 패권 국가의 최고지도자로서 냉정하고 침착한 그리고 최고지도자 다운 면모를 보였고, 위기관리와 협상학의 바이블로 평가받고 있다. 반면에 한국은 최근까지도 국가적인 재해·재난 사태를 비롯하여 각종 전통적 안보의 위기 사태에서도 과거의 위기 대비나 대응에 관한 문제점을 기억하지 못하는 듯한 현상을 반복하고 있다.

2. 긍정적·부정적 측면

미국이 강력하게 대응을 한 듯이 보이지만, 실제로는 이전과 동일하게 군사적인 시위만으로 사태를 종결짓고자 하는 미봉책으로 당면한 위기를 덮고 지나가기에 집중하였다. 그러다 보니 위기는 완전히 종결되지 않고 숨어져 있거나, 눈에 보이지 않도록 하는 착시효과에 불과하다는 점을 깨우쳐야 한다. 한국의 처지에서 볼 때 외형적으로는 미국과 공고한 협력체제를 유지하였다고 생각할 수 있겠지만, 평등한 협력적 관계는 아니었음이 곳곳에서 드러난다. 이는 국가의 자존감과 국가 최고지도자의 의지, 정치·군사 부문에서 한마음 한뜻으로 노력해야 했지만, 국민적 여론과 부합되지 않았으며, 미약한 국력은 강력한 대북응징의 한계를 다시 한번 드러내고 말았다. 앞으로도 대한민국의 국가 최고지도자와 軍 지휘부, 그리고 全 국민의 결연한 노력과 의지가 필요한 부분이다.

스몰렌스크 전투(1941)

한국이 8·18 판문점 도끼 만행사태에 대응하는 과정에서 보여준 국가 최고지도자의 모범적인 리더십은 아쉽지만, 없었다고 평가할 수 있다. 이에 대비가 되는 대표적인 첫 번째 사례로는 1980년에 발생한 이란 주재 미 대사관 인질 사태 시 美 지미 카터(Jimmy Carter) 대통령이 특공대장인 찰리 A. 벡위더(Charlie A. Beckwith) 대령과의 대화 사례는 앞의 <그림 4-8>에서 제시한 바와 같다.

한반도가 세계정세에 미치는 지정학적인 영향은 미국의 대외 정책과 한국 안보라는 상관관계 속에서 전개할 수밖에 없는 현실임을 부정하기 어렵다. 따라서 총력 안보태세의 확립을 위해서는 국민적 단합도 필요하지만, 정부의 국가이익 달성이라는 목적과 방향성(directivity)이 항상 일관성을 가져야 한다는 점을 반드시 인식해야 한다.

Yakov Dzhugashvili
(스탈린의 아들)

두 번째 사례는 1941년 스몰렌스크 전투에서 스탈린의 아들 야코프 쥬가쉬빌리(Yakov Dzhugashvili)가 독일군에게 포로로 잡혔다. 바로 이어진 스탈린그라드 전투에서 전세가 역전되었고, 독일 제6군 사령관 프리드리히 파울루스(Friedrich Wilhelm Ernst Paulus, 1890~1957) 원수는 살아남은 장병들과 함께 항복하여 포로가 되었다. 이에 독일군 지휘부는 스탈린에게 그의 아들 야코프 쥬가쉬빌리와 소련군에게 포로로 잡혀있던 독일군 프리드리히 파울루스 원수를 맞교환하자고 제의했으나, 스탈린은 나약한 배신자는 필요없다고 하면서 일언지하(一言之下)에 거절해 버렸다. 아래의 <그림 4-18>은 맞교환 제의를 접한 스탈린이 발언한 내용이다.

"나는 결코 우리의 일개 병사와 적軍의 元帥를 교환하지 않는다. 수백만 명의 내 아들들을 모두 풀어주던지 아니면 그들과 내 아들을 똑같이 처리해라!"

〈그림 4-18〉 독일군의 스탈린 아들과 원수(元帥)의 맞교환 제의에 대한 스탈린의 발언(요약)

스탈린은 평소에 자기의 아들이 멍청하다면서 폭언과 욕설을 일삼았던 인물이었다. 자신만 똑똑하다고 알거나, 자신만 잘났다고 느끼는 사람이라면, 정치인(Politician)은 될 수 있을지 모르지만, 국가 지도자나 정치가(Statesman)가 될 수 없다는 사실을 명심해야 한다.[24] 수많은 부하직원의 생계를 책임진 위치에서 신망받으면서 책임감을 보유해야 하는 CEO나, 국가를 위해 목숨을 걸고 수많은 부하의 생명을 보호하고 지키는 軍 지휘관이 되기 위해서는 가장 먼저 '믿음'과 '진정성', 그리고 '성실한 인간관계'가 필요함을 인식했으면 좋겠다.

3. 군사 협상의 '36계(計)' 적용 측면

3.1. 韓-美 간 진지한 유대 강화와 국민적 단합의 필요성 증대

국가 간 필요한 유대 강화와 국민적 단합을 위해서는 아래의 <표 4-9>와 같이 네 가지로 그 필요성을 정리할 수 있다.

〈표 4-9〉 韓-美 간 유대 강화와 국민적 단합이 필요한 배경

① 미국과 한국의 국가이익(國家利益, National Interest)이 항상 일치할 수 없다는 점을 인식하여야 한다.[25]

② 국가 상호 간 인식에서 차이가 발생하면, 사태에 대한 공동 대응이나 보조를 맞추기가 제한된다.

③ 미국은 한반도를 자신들이 추구하는 세계화 전략의 일부로, 일본은 세계화 전략의 핵심축으로 인식하고 있다.[26]

④ 한국은 한반도에서 절실한 생존전략을 구사할 수밖에 없다.

---

24) '정치인(Politician)'은 오로지 '자신의 이득(票)만을 생각하며 행위를 하는 이기적인 사람'을 뜻하지만, '정치가(Statesman)'는 '자신의 이득(票)만을 의식하기보다 국가와 국민의 미래를 생각하고 폭넓은 경륜(statesmanship)과 올바른 신념(信念)으로 대의(大義)에 따라 행위를 하는 사람'이라고 생각한다.

25) '국가이익'은 '全 국민적인 행동을 통해 실현하려는 본질에서 추구해야 할 국가의 이익으로서 모든 국가 정책을 추진할 때 최우선으로 고려되어야 할 가치'임을 이해했으면 한다.

26) 2019년 6월 1일 美 국방성이 발표한 '인도-태평양 전략보고서'에 의하면, 한국은 '한반도와 동북아에 있어서 평화와 번영의 축'(linchpin of peace and prosperity in Northeast Asia, as well as the Korean Peninsula)으로, 일본은 '인도-태평양 지역 평화와 번영의 초석'(the cornerstone of peace and prosperity in the Indo-Pacific)으로 적시하고

신속한 대응이 가능했던 배경에는 미군 장교가 피살되었기 때문임을 부정하기 어렵다. 이로 인해 美 의회와 국제 여론의 전폭적인 지지를 얻을 수 있었다는 점이다. 당시 미국과 한국의 국제적인 신뢰도나 인지도 수준은 상당한 차이가 있었고, 미국의 경우 미군 장교가 피살되었기 때문에 자존심 때문이라도 그냥 넘어갈 수 없는 형편이었다. 다시 말해 미국은 한국과의 협력이 중요해서라기보다는 자신들의 협상 전략이나 대응에 따라오라는 형태였지 한국에 대한 배려는 거의 없었고, 생각할 마음도 필요성도 거의 없었다고 보는 게 타당하지 않을까 싶다.

제럴드 R. 포드 대통령이 적용한 '36계(計)'는 "제3계: 항시 갑작스러운 충격에 대응하라!", "제6계: 자신과 상대의 감정(emotion)을 조절하고 이용하라!", "제17계: 협상 목표는 명확하게 설정하라!", "제22계: 상대의 허풍(虛風)과 기만(欺瞞)에 냉정하게 대처하라!", "제2계: 상대의 협박에 의연하게 대응하고 역(逆)으로 이용하라!"였다.

3.2. 미국, 공동경비구역 內에 있는 UN군의 신변 안전보장을 요구

당시 미국 정부는 한반도의 현실을 극복하거나 해결하려는 의지보다 필요한 어떠한 국면으로만 한정하여 접근했다는 측면을 잘 보아야 한다. 국제적 명분에서 유리한 고지를 선점(先占)하였음에도 이를 활용하지 않고 가능한 한 신속하게 덮고 지나가려는 의도들이 곳곳에서 드러나 보였기 때문이다. 이는 크게 두 가지 측면에서 바라보아야 한다.

먼저, 공동경비구역(JSA)에서의 행동 절차에 대하여 북한의 변화만 요구하는 수준에 그쳤다는 점이다. 추후 대비해야 할 아무런 추가적인 대응방안이나 대책은 없이 자신들에게 주어진 목적만 달성하면 된다는 인식으로 접근함으로써 유사한 사태가 언제든지 반복될 수 있는 여지를 남겼다. 둘째, 미국의 정책 입안자들은 군사적인 무력시위를 통해 확고한 미국의 패권적 절대 지위를 대외적으로 과시하는 데만 중점을 두었다는 점이다. 이는 군사력의 신속한 투사(投射) 능력을 대외에 과시함으로써 신속하고 막강한 전개 자산과 능력, 자신들이 계획한 군사력 확대의 효율성을 달성하는 데 있다는 점이 분명하게 드러나 있다.

제럴드 R. 포드 대통령이 적용한 '36계(計)'는 "제26계: 분쟁이 발생 시 조정(調停)과 중재(仲裁)를 구분하여 효과적으로 이용하라!", "제29계: 최후통첩으로 상대에게 압박을 가하여 두 마리 토끼를 동시에 잡을 기회를 만들어라!", "제36계: 자기가 원하는 기준을 내부적으로 고정해 놓은

있다. 인도-태평양 전략에서 한국은 한반도와 동북아 평화와 번영의 축이지 자신들이 중요시하는 인도-태평양의 축은 아니라는 의미이다. 이는 과거의 미국이나 현재의 미국은 과거와 같은 방향, 같은 시각에서 한국을 바라보고 있음을 인식하여야 한다.

상태에서 상대를 설득하라! 필요하면, '이것밖에 없어요!'라는 '벼랑 끝 전술'을 활용해라!"였다.

3.3. 미국의 미디어는 정보전달자이며 여론 조성의 핵심 역할자

8월 24일 『워싱턴포스트(WP)』지는 사설에서 "한국에서의 평화를 그대로 지켜나가고 있는 것은 바로 미국의 확고한 신념이다."로, 『뉴욕타임스(NYT)』지는 "군사력의 전개와 힘의 과시가 북한이 어떠한 침략적 행위도 용납하지 않겠다는 미국의 확고함을 믿게 하는데 상당히 효과적이었다."라는 보도를 게재하였다. 이는 미국 내에서 곧 두 가지 반향(反響)을 일으켰다. 첫째, 판문점 도끼 만행사태가 일어나기 전까지는 美 정치권에서 주한미군을 철수해야 한다는 주장이 많았지만, 이 사건을 계기로 관련 주장들이 위축되었다. 둘째, 평화유지와 전쟁을 억제하기 위해서는 반드시 미군이 필요하다는 인식을 미국민들 사이에 널리 촉발하게 만드는 계기가 되었다.

제럴드 R. 포드 대통령이 적용한 '36계(計)'는 "제6계: 자신과 상대의 감정(emotion)을 조절하고 이용하라!", "제8계: 적절한 시기(timing)를 잡고 협상을 진행하라!", "제9계: 상대의 패(牌)가 무엇인가에 따라 적절하게 카드를 제시하라!", "제35계: 비판(批判)이나 불평만 일삼기보다는 문제를 해소하는 데 노력해라!"였다.

3.4. 단순한 보복이나 응징(punish) 이상의 의미를 유발(誘發)

이는 크게 네 가지로 정리할 수 있다. 첫째, 사건이 발생하기 이전(以前)인 23년 동안 북한군에게 일방적으로 당하기만 하던 UN군이 이전과 다르게 즉각 보복적인 군사행동을 통해 직접적인 위협을 주었다는 점이다. 둘째, 韓·美 간 군사적·외교적 유대가 강화되면서 신속한 대응으로 한국의 안보에 긍정적인 이정표가 되었다는 점으로 美 의회에서도 전(全) 국민적인 호응 속에 신속한 결의를 천명하고 행동으로 대처하였다. 다만, 다소 다른 시각으로 볼 수도 있다. 예를 들어 한국군만 살해당했다면, 과연 미국이 이렇듯 신속한 반응을 내려고 동분서주(東奔西走)하였을까?, 아니면, 한국군만이 살해당했을 때 과연 미국이란 국가가 이토록 자기 일처럼 신속하게 대응하고 군사적 무력시위를 진행하였을까? 라는 일말의 의구심은 다른 과제로 남겨둠이 좋을듯하다. 셋째, 美 국무성이 외형적으로나마 군사정전위원회(MAC)를 통한 공식적인 접촉 이외에는 어떠한 경로로도 북한과 접촉하지 않았다. 넷째, 역사상 처음으로 북한 김일성의 유감 표명을 받았다.

다른 한편으로 한국인의 시각에서 바라보면, 반성해야 할 점이 상당 부분 존재한다. 가장 큰 의제(Agenda)는 한국 정부가 판문점 내에서 도끼 만행사태가 일어났음에도 불구하고 정치적 · 군사적 대응과 후속 조치를 위한 모든 계선(界線) 상에서 소외되었다고 봐도 무방할 정도로 독자적 결정권이 없었다. 다시 말해 독립 국가라면, 당연히 가져야 하고 행사할 수 있어야 할 주도권(主導權, hegemony)은 정부나 군부(軍部) 어디에서도 찾아볼 수 없었다는 점이다. 일부에서 주장하는 "판문점 내부 지역의 문제는 UN군 사령부 담당이기에 어쩔 수 없었다."라는 언급은 패배자의 변명으로밖에 볼 수 없지 않을까 싶다. 대대장이 미군이고 부대대장은 한국군이었고, 합동 근무 개념으로 운영하였기 때문이다. 물론 작업 현장에 한국군이 엄연히 포함되어 임무를 수행하고 있었지만, UN군 사령부는 미군이 주도적인 입장이므로 이들이 주도하는 측면은 당연하다고 인정할 수 있다. 그러나 한국군의 발언권이 없었다는 점은 軍 수뇌부도 깊이 성찰(省察, self-examination)하고 반성하여야 할 문제이다. 한국 정부와 군부가 자국 군인들을 보호하지 못하고 변명하기에 급급한 모습은 한심하고 무책임한 행위로 보일 수 있기 때문이다. 신생국가가 아니고서는 그러한 태도를 보이는 자체가 쉽지 않기 때문이다.

앞에서 배운 바 있는 사전협상-본협상-후속 협상 과정을 통해 이해하였겠지만, 주도적으로 조치하고 군인을 위해 어떠한 수단과 방법을 동원해서라도 적극적으로 위기대응에 임해야 할 정부와 軍 수뇌부가 주요 계선(契線) 상에서 비켜있었다는 사실은 지속적(持續的, maintain)인 반성과 개선이 필요한 부분이다.

제럴드 R. 포드 대통령이 협상에서 적용한 '36계(計)'는 "제18계: 질문은 질문답게 해야 하고, 대답은 대답같이 해라!", "제23계: 상대가 거절하기 어려운 카드를 제시하라!", "제30계: 상대에게 일방적으로 끌려가지 말고 주도적으로 협상하라!", "제35계: 비판(批判)이나 불평만 일삼기보다는 이를 해소하는 데 노력해라!"였다.

8·18 판문점 도끼 만행사태에서 한국 정부와 한국군의 위기 대응 및 전략은 정상적인 단계나 절차로 연결되지 않았고, 시행 과정에서도 작전을 수행하도록 임무를 부여받은 공수여단장에게만 비공개를 전제(前提)로 위임한 다음 모든 공식적인 책임에서 뒤로 빠져있는 등 정치적 · 군사적 판단과 실천 측면에서도 많은 문제점을 식별할 수 있다. 특히, 한국군 수뇌부의 경우 자체적으로 보복작전 개념의 특공결사대 임무를 부여하였으면서도 결과적으로 책임을 회피하려는 행위와 태도는 깊은 반성이 필요하다. 리더십 측면에서도 상당한 책임감과 소명의식에 따른 변화와 사고방식(思考方式, one's way of thinking)의 개선이 필요하다. 학습하는 과정에서 어떠한 심적 자세(mental posture)와 사고방식을 가져야 하는지에 대하여 깊이 있는 탐구(探求, quest)와 실천 노력을 깨우치는 사례가 되었으면 한다.

8.18 판문점 도끼 만행 위기사태는 두 가지를 명심해야 한다. 첫째, 정치적 시각에서 접근하면,

최고지도자가 되기 위해서는 스스로 행동과 행위에 대한 책임을 질 줄 알아야 한다. 작게는 자신의 주변에서부터 크게는 국민의 '믿음'을 얻지 못하면, 어떠한 정치적 목표나 꿈도 성공하기가 불가능함을 인식하여야 한다. 둘째, 그나마 한국군 내부에서 국가와 국민을 위해 목숨을 바치면서까지 자신들의 직분을 다하겠다는 의지로 뭉친 일부 직업군인들이 있었음은 대한민국의 복(福)이라고 할 수 있다. 다만, 당시의 충용(忠勇)스러웠던 임무 수행자들이 이후 UN군 사령부가 징계 조치를 요구할 때 정부와 군부 그 어디에서도 책임지고 보호해주지 않은 사실은 아쉬움을 떨치기 어렵다.

'무신불립(無信不立) 처변불경(處變不驚)'을 명심하여야 한다. '무신불립(無信不立)'은 믿음의 중요성을 강조하는 의미로 '믿음을 얻지 못하면, 바로 설 수 없다.'라는 뜻이다. '처변불경(處變不驚)'은 어떤 상황에 부딪히더라도 놀라지 않고 침착하게 일을 잘 처리해야 함을 의미하고 있으며, "상황이 아무리 위험하고 급하더라도 냉정하고 침착하게 일을 처리하여야 한다."라는 뜻이다. 다시 말해 평소에 부하들의 신뢰를 받아야 지휘(command)나 지도(lead)를 할 수 있을뿐더러 물이 흘러가듯 자연스러운 지휘통솔 기법의 중요성을 다시금 인식했으면 한다. 이러한 토대가 형성되었을 때 상황과 여건이 급하게 변화되더라도 침착하고 냉정한 처리가 가능해질 수 있다. 결론적으로 당시 정부와 軍 수뇌부의 능력(ability), 역량(capability)은 상당 부분 부족했다.

"문제를 구호(slogan)만으로 해결할 수는 없다.
반드시 노력과 실천이 뒤따라야 한다."

강의_Ⅳ 고려 시대 서희 장군의 강동 6주 반환에 관한 협상 사례를 이해합시다.

강의 전 요구되는 사항

1. 국제 사회에서 존재하는 강대국-약소국 간 힘의 역학관계는 어떠한 것으로 생각하며, 약소국이라면 어떻게 할 것인가?
2. 당시의 대내 · 외적 환경과 거란의 침공 배경, 목적은?
3. 서희라는 인물은 누구이며, 어떤 환경에서 성장하였는가?
   * 집안 배경과 성장 환경, 성격(personality)과 성향(disposition), 기질(temperament) 등
4. 협상에 성공하기 위해 준비해야 할 3단계 과정은?
5. 내부협상 과정에서 성종이 서희 장군을 믿은 이유는?
6. 서희 장군이 협상에 본격적으로 참여하기 전 지체한 이유가 무엇이라고 생각하는가?
7. 서희 장군의 협상 기법과 전략은?
8. 서희 장군의 협상 방식이 성공한 요인은?
9. 서희 장군의 협상에서 식별할 수 있는 의미와 교훈은?

제5장

서희 장군의 강동 6주 반환(返還) 협상 사례

제1절 개 요

제2절 위기관리 의사결정 단계와 협상의 주요 기능

제3절 협상의 종결과 교훈

제 1 절

개 요

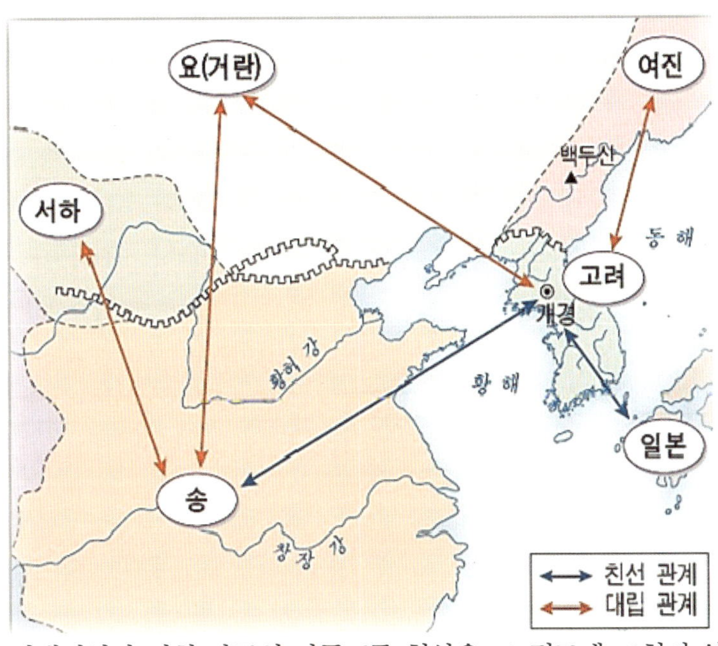

협상에서 자신은 어느 정도나 힘(power)을 발휘할 수 있을까? 일반적으로 협상을 잘하면, 작게는 자신이 사려는 상품의 가격을 낮출 수 있고, 프로 선수는 연봉 협상에서 유리한 고지를 선점할 수 있음이 일반적인 상식이다. 그러나 범위를 크게 확장하면, 국가와 국가 간 협상을 통해 국가이익을 극대화할 수 있는 상당히 매력적인 영역이지 않을까 싶다. 고려 시대에 진행되었던 서희 장군의 강동 6주 협상은 그 정도에 그치지 않음을 여실하게 보여주고 있다. 한 사람의 탁월한 협상 능력이 고려 시대 역사의 흐름을 바꿔 놓았고, 수백만의 백성을 전쟁의 참화에서 벗어나게 해주었으며, 평양 이남으로 고착될 뻔했던 국토를 도리어 압록강 변으로까지 확대할 수 있도록 만들었다.

고려가 건국되던 시기에 중국은 당나라가 멸망하면서 그 여파로 여러 왕조가 난립하게 되어 또다시 춘추전국시대와 같은 혼란의 카오스 시대였다. 이때 동북쪽에 거주하던 유목민족인 거란이 926년 발해를 멸망시킨 다음 송나라를 정복하기 위한 노력의 목적으로 고려와 우호적인 친선 관계가 필요하였으나, '북진정책'을 추구하던 고려로서는 거란을 걸림돌로 여겼기에 화친하기가 어려운 여건이었다.

결국, 993년 거란이 고려를 침공(invasion)하였다. 고려가 당시 거란과 대립각을 세우고 있는 송나라와 교류하면서 자신들을 멀리하고 있다는 게 침공한 이유였다.[1] 이때 나오는 강동 6주는

1) 실제로는 거란이 송나라를 정복하기 위해 전쟁을 벌일 때 배후에 있는 고려가 자신의 뒤통수를 치고 들어오면, 심각한 위협에 처할 수 있기에 사전(事前) 예방하려는 목적이었다.

고려 시대 성종(981~997 在位)이 지금의 평안북도 서북 해안지대에 설치한 6개의 주(州)를 뜻하는 지명(地名)으로 거란 침공 시에 서희 장군의 외교적 협상을 통해 되찾은 요지(要地)이다.[2)]

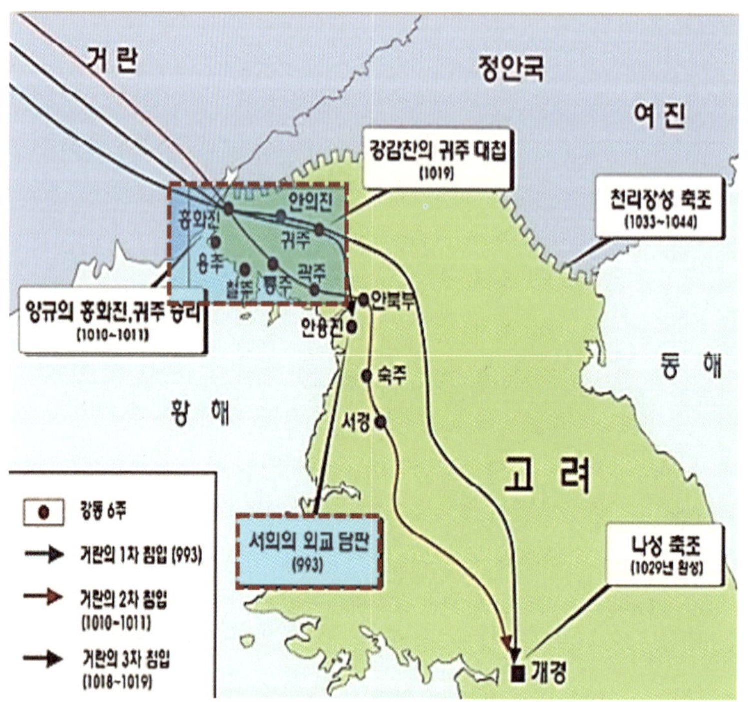

당시 고려의 정책은 신흥 군사 강국인 거란을 멀리하는 '북진정책'으로 평양(일명 서경)을 전진기지로 하여 국경선을 청천강에서 영흥 일대까지 확장하는 등 성공적인 북진정책 추진에 노력하였다. 그러나 거란을 마냥 멀리할 수만은 없었기에 거란과의 협력도 병행하여 추진하였다.

그러나 선진 문화를 보유하고 있는 송나라와의 문화 교류도 꼭 필요한 상황이었다. 이에 따라 성종은 거란과도 국교를 맺어야 했고, 송나라와도 문화 교류를 맺는 실리(實利) 외교를 추진하였다. 반면에 거란은 단지 고려가 생각하고 있던 형식적인 국교 관계가 필요한 게 아니라 고려를 연합 관계로 묶어 놓음으로써 송나라를 견제(containment)하려는 목적에 있었다. 하지만 당시의 고려 조정은 동북아 정세와 고려의 미래를 조망(眺望)할 수 있는 능력이나 내부적 환경이 갖춰지지 않은 상태였다.

10세기를 전후한 시기에 이미 거란은 중국 본토에서도 변방(邊方, the outer area)에 위치하는 단순한 야만족이 아니라 중국 본토의 왕권에까지 상당한 영향력을 끼칠 수 있을 정도로 강력한 군사력을 보유한 군사강국(軍事强國)이었다. 아래의 <표 5-1>과 같이 10세기 전후의 중국 연대표를 보면, 당시 중국 본토에 미치는 거란의 영향력을 알 수 있다.

2) 성종은 태조 왕건의 차남으로 태어났다. 사촌 형이었던 경종의 뒤를 이어 왕위에 오른 인물로 국자감을 정비하여 관학(관학을 발전시키면서 유학정책과 실리 외교를 중시하였다.

〈표 5-1〉 10세기 전후의 중국 연대표

① 907, 거란 건국

② 916, 거란 → 요(거란)나라 재건국

③ 936, 후당(後唐, 923~936) 멸망 → 후진(後晉, 936~947) 건국

* 거란의 태종이 지원해 준 대가로 연운(현재 베이징~산시성 일대) 16주 할양(割讓, cession) 받아 중원 진출의 교두보(橋頭堡)를 확보

④ 943~947, 거란 → 후진을 정벌

* 947, 고려, 거란의 침공(invasion) 정보를 입수, 광군사(光軍司) 설치하여 대비

⑤ 960, 후주(後周, 951~960) → 송(宋, 960~1279) 건국

* 거란, 북한(北漢, 951~982)과의 연합으로 송나라를 견제

서희 장군의 협상 기법과 선략을 살펴보기 전에 우선 협상을 잘하기 위해서는 어떠한 덕목이 필요한지 알아보자. '협상(協商, negotiation)'은 '상대의 생각을 바뀌게 하여 자신에게 유리하게 만드는 기술'이라는 정의를 기억하면서 우선 세 가지를 이해하고 접근하여야 한다.

먼저, 협상에 대한 자신의 이해 수준이 어느 정도인지 짚고 넘어가자. 아래의 <표 5-2>는 협상은 무엇이라고 생각하는가? 에 대한 내용이다. 옳다고 여겨지거나, 아니라고 생각하는 문항이 있다면 모두 표시하되, 단답형이 아닐 수 있음을 명심한 상태에서 문제 풀이를 시작했으면 한다. 수많은 의문(疑問)이 제기될 수 있겠지만, 헷갈리기 쉬운 분야를 중심으로 정리하여 제시하였다. 학습자가 생각하는 답은 몇 가지라고 생각하는가?

〈표 5-2〉 협상은 무엇이라고 생각하는가?

① 협상은 흥정의 또 다른 말이다.

② 성공적인 협상을 위해서는 반드시 서로 주고받아야 한다.

③ 협상은 특성상 win-win 게임이 될 수 없다.

④ 인생의 8할은 협상으로 이루어진다.

⑤ 나 자신과의 싸움도 협상이다.

⑥ 협상을 잘하는 것은 결코 타고나는 게 아니다.

①~③번은 부분적으로는 타당하다고 할 수 있지만, 전체적인 의미와 뜻을 생각할 때 타당하다고 하기는 어렵다. '흥정(興定, bargain)'의 속성은 '주고받는다.'라는 특성이 있다. 하지만 협상의 의미가 모두 흥정을 의미하지는 않는다는 점도 이해하여야 한다. 가장 좋은 협상은 상대를 존중하고 주고받지 않는 게 가장 좋은 협상의 결론일 수 있다. 한쪽만 유리한 결과로 종결된다면, 그 협상은 무언가 문제가 있거나, 잘못된 협상이다. 왜냐하면, 그런 협상일 때 호의적인 관계는 지속하기 어렵고 일회성에 그칠 확률이 더욱 높아지기 때문이다. ④~⑥번은 전반적으로 타당하다고 할 수 있다. 협상은 꾸준한 학습 노력을 통해 능력의 향상이 가능하다. 이는 군사협상론을 학습하는 목적과도 일맥상통한다고 할 수 있다.

협상의 본질은 크게 두 가지 측면으로 정리할 수 있다. 첫째, 협상하는 당사자가 이익을 나누는 과정(gains from trade)이다. 둘째, 협상하는 당사자 간에 갖게 될 몫을 결정하는 능력으로 이를 협상력(bargaining power)이라고 부른다. 여기에서 협상력(negotiation power 또는 bargaining power) 또는 정치적인 교섭력(political leverage)은 협상가 자신이나 혹은 상대가 각기 상대에 대한 '믿음'을 어떻게 형성하는가에 따라 다르게 결론이 나온다. 다시 말해 협상 상대가 자신에 대한 '신뢰(trust)'를 어떻게 갖게 되는지, 변화하는지, 변화시키는지에 따라 협상의 성패(成敗)가 갈린다고 보면 된다.

협상에서의 '신뢰(믿음)'는 심리학적 요소와도 밀접하게 연계되어 있고, 서로 끌리는 '의사소통(대화, communication)'의 정도가 협상에 상당한 영향을 초래하고 있음을 잊지 말아야 한다. 대구지역에서 레크리에이션 강사였다가 유명 연예인이 된 김제동의 행사 노하우가 '미러링(mirroring) 효과'를 접목한 기법임을 알고 있는지 궁금하다. 진행할 때 참가자들에게 초점을 맞추고 그들이 공감할 수 있는 얘기로 진행을 시작한다. 참가자들이 익숙하게 다가갈 수 있는 얘기로 프로그램을 풀어나가니 당연히 공감지수(empathy index)가 높아질 수밖에 없다.[3] 2018년에 상영한 '톡투유2'가 보통 사

3) '미러링 효과(Mirroring Effect)'는 심리학 용어로 '인간이 무의식적으로 자신이 호감을 느끼는 사람의 언어나 동작을 거울 속에 비친 것과 똑같이 따라 하는 행위'를 의미한다. 상대가 표현할 때의 말투나, 신체적 표현을 할 때의 표정, 몸짓이나 손짓을 따라 하면서 공감대를 형성하게 된다. 다른 사람이 나의 심리적·신체적 표현을 모방하게 되면, 그 상대에게 호감을 느낄 확률이 높아진다는 것이다. 처음 만나는 자리일지라도 공유할 수 있는 것을 터놓고 대화하는 과정에서 공감하고 호응하고 무의식적으로 서로 같은 제스츄어(gesture)를 하고 있다면, 사

람들의 '소소한 행복'에 초점을 맞춰 대화를 진행하면서 감동과 공감을 얻어내는 방식으로 진행한 프로그램임을 생각한다면, 협상과 심리학적 요소를 어떻게 연계할 수 있는지에 대한 이해가 다소 쉽지 않을까 싶다. 이처럼 협상의 본질을 정확하게 이해하고 접근할 때 협상은 당연히 성과를 창출하게 되어있다. 아래의 <표 5-3>은 협상을 잘하기 위해 갖추어야 할 3대 덕목을 정리하였다.

〈표 5-3〉 협상을 잘하기 위해 갖춰야 할 3대 덕목

첫째, 시작할 협상(negotiation)의 본질(essence)이 무엇인지를 정확히 이해하고 접근하여야 한다. 둘째, 협상 종류의 다양성(diversity)과 범위의 포괄성(genericness)을 이해하여야 한다. 셋째, 전략적(strategically)으로 생각하고 행동해야 한다.

첫째, 협상을 진행하기 이전에 방향성(directivity)을 정확하게 짚어내야 한다. 공갈 및 협박(empty threat), 강요(compulsion), 타협(compromise), 설득(persuasion), 흥정(bargain), 양보(concession), 하소연(complain of) 등을 비롯하여 어느 방향으로 정하느냐 하는 것이다.

둘째, 남자와 남자(여자), 아이와 아빠(엄마), 국가와 국가, 국가와 비국가 집단, 기업과 기업, 기업과 비기업, 개인과 집단, 개인과 국가 등 어떠한 관계에서 접근해야 하고 범위의 한정은 어디까지인가? 를 명확하게 이해해야 협상 과정에서 차질을 빚거나, 불필요한 무리수를 두지 않는다.

셋째, 전략적으로 생각하고 행동하라는 의미는 ① 자신과 전혀 다르게 생각하고 행동하는 사람으로 판단되는 경우, ② 자신과 전혀 다르게 행동하는 사람이 아니라고 판단되는 경우. ③ 어느 상황에 해당하는지 판단이나 평가하기가 모호(模糊, obscure)한 경우로 상정할 수 있다.

람 사이에 언어적 차원을 넘어 마음이 통한다고 느끼게 되는 효과이다. 수사 기법에서도 거짓말탐지기를 동원하여 상대의 진심을 확인할 때 전문수사관이 가장 먼저 신뢰를 형성하는 관계를 '라포(Rapport) 관계'라고 한다.

제 2 절

위기관리 의사 결정 단계와 협상의 주요 기능

1. 주요 인물에 대한 이해

1.1. 고려 시대의 성종

성종(981~997 在位)은 태조 왕건의 손자로 이전의 경종까지는 국가를 세우고 왕권을 강화하는 데 집중하였다면, 성종이 즉위한 이후부터 점차 내부 결속과 중앙집권체제를 확립하였다. 최승로의 시무 28조를 수용하여 통치체제를 정비하고 유교 정치의 이념을 확립하였다. 또한, 빈민 구제기구인 '의창'과 물가를 조절하는 임무를 수행하는 '상평창'을 설치하였다. 993년 6월, 여진족에게서 거란이 침공할 것이라는 첩보를 받고 방심하다가 막상 거란이 침공하자 친송(親宋)인 일부 유학파(儒學派)가 주장하는 대로 서경 이북의 땅을 거란에 할양하자는 의견에 동조하였다. 하지만 즉위 초에 내치지 않고 포용하고 있던 서희와 이지백(李知白, 前 민관어사-現 행정안전부와 기획재정부 기능을 합친 부서의 장관), 한언공(韓彦恭, 문하시중-현재의 국무총리)으로 대표되는 국풍파(國風派)의 항전 주장을 수용하면서 항전하기로 하였다. 하지만 결국은 화친으로 방향을 선회하였다. 다소 우유부단하고 조급한 성향이 있지만, 서희 장군의 담판이나 결행 의지에 적극적으로 동조하여 강동 6주를 획득할 수 있었다.

1.2. 고려 서희 장군

서희(942~998) 장군은 태조 왕건이 거란에서 보내온 낙타를 굶겨 죽이던 942년에 당시 재상인 서필의 둘째 아들로 태어났다. 19세에 과거에 급제한 이후에도 파격적인 승진을 거듭할 정도로

뛰어난 인재였다. 982년 송나라에 사신으로 파견되었지만, 한동안 왕래가 끊기었기에 송 태조 조광윤의 반응은 차가웠다. 그러나 예의 바른 태도와 뛰어난 언변에 송 태조는 고려와의 정식 외교 관계를 맺고, 그에게는 '검교병부상서(檢校兵部尙書)' 벼슬을 하사하였다.[4] 그는 강직하고 소신이 있었으며, 왕의 앞에서도 바른말을 하는 의지(will)와 담력(courage)을 보유하였다. 다소 우유부단한 성종이 서희의 의견을 존중한 요인도 첫째, 평소 서희의 신중한 말과 행동을 하는 인물 자체에 대한 신뢰가 있었다. 둘째, 전직 민관어사(民官御史)인 이지백이 서희의 의견에 동의하였기 때문이었다. 아래 <그림 5-1>은 서희 장군의 가문(家門)이 6대에 걸쳐 나라에서 받은 품계이다.

가문의 6대에 걸친 품계

- 서필(父): 내의령 종1품
- 서희(本人): 내사령 종1품
  - * 宋으로부터 '*檢校兵部尙書*' 관직을 제수
- 서눌(子): 내사령 종1품
- 서유걸(子): 상서도성 좌복야 정2품
- 서정(孫子): 판삼사사 종1품
- 서균(曾孫): 판장작감사 종3품
- 서공(玄孫): 판삼사사 종1품
- 서순(玄孫): 동지추밀원사 종2품

〈그림 5-1〉 서희 장군 가문(家門)의 6대에 걸친 품계

그의 평소 성정(性情, one's nature)을 엿볼 수 있는 일화(逸話) 한 가지를 소개하자면, 서희가 재상일 때의 얘기다. 어느 간관(諫官, 정우현)이 정치에 관한 논평을 작성하여 성종에게 올렸다. 너무 직설적이어서 심기가 상한 성종이 신하들과 의논하면서 "글 내용이 너무 건방지므로 혼찌검을 내주어야겠소!"라고 말하였다. 서희가 이에 관하여 말하기를(曰) "간관의 간언은 직분상

4) '검교병부상서(檢校兵部尙書)'는 정3품의 명예직 벼슬로 정식 명칭은 '검교병부상서부사내봉경 (檢校兵部尙書副使內奉卿)'이라고 한다. 병부(兵部)는 현재의 국방부를 지칭하므로 당시 서희 장군의 벼슬은 송나라의 명예 국방부 장관이다.

제한이 없는데 어찌 처벌하려 하십니까? 제가 재상의 지위에 있으면서 직책을 다하지 못하여 낮은 관직에 있는 사람이 정치에 대한 잘못을 논하게 하였으니 모두 저의 불찰입니다. 간관의 견해는 실로 적절하니 마땅히 칭찬할만한 일입니다."라고 홀로 주장하였다. 성종은 서희의 말을 옳다고 여겨 그 간관을 감찰어사(監察御史)로 등용하였다.[5)]

서희 장군의 원칙을 준수하려는 노력과 책임 의식은 높이 사야 한다. 그리고 거란 침공 시 소손녕과의 협상 과정에서 국제 정세를 바라보는 능력과 의사소통 기법, 전략적인 안목은 거란군 진영(陣營)에서 상대 장수에게 꿀리지 않고 담대하게 협상의 주도권을 잡을 수 있었지 않나 싶다.

1.3. 거란의 소손녕 장군

거란 소손녕 (~996)

소손녕은 거란의 장수로서 1018년 고려를 침략한 거란군 장수 소배압의 동생이다. 983년 요나라 성종의 동생 월국공주(越國公主) 야율연수녀(耶律延壽女)와 결혼해 황실의 부마가 되었으며 이후에도 전장에서 많은 공(功)을 세워 동경(東京, 현재의 랴오양(遼陽) 유수가 되었다.[6)] 988년 고려 성종이 직접 군사를 이끌고 송나라를 공격할 때 소손녕도 같이 전투에 참여했으나, 성을 공격하는 과정에서 화살에 맞아 다치는 등 상처(負傷)도 많이 입었다. 993년 거란에 복속(服屬, subjection)하지 않으려 하는 고려를 80만 대군을 이끌고 침공하였다. 이후 봉산군(蓬山郡)을 공략한 다음 송나라와 관계를 끊고 거란과의 국교(國交)를 요구했다. 이 과정에서 서희 장군과의 협상을 통해 강동 6주(현재의 평안북도 서북 해안 지대)를 고려에 양도하였다.

996년 내란(內亂)을 평정하고 복귀하자 월국공주는 병을 앓고 있었다. 이때 태후가 간호하라고 보낸 궁인과 통정(通情)하게 되면서 공주가 화병(火病)으로 죽게 되자 크게 격분한 태후가 처형시켜버렸다.

---

5) 고려 시대 관직은 총 18의 품계(品階)로 구분하고 있다. 당시의 감찰어사는 종6품의 품계에 해당하는데, 현재의 장교 계급으로는 중위 선임이던지, 일반직급은 사무직 주사 또는 계장으로 보면 된다.

6) 거란의 소손녕이 80만 대군으로 고려를 침공했다고 한다. 그러나 소손녕의 당시 직책이 동경유수였다. 당시 '유수(留守)'는 최대 6만 명 규모의 병력을 지휘할 수 있게 되어있다. '도통(道統)' 이상은 되어야 겨우 15만 명 정도의 병력을 지휘할 수 있다고 보았을 때 다소 부풀려진 규모임을 알 수 있다. 하지만, 6만여 명일지라도 당시로서는 상당한 규모였다.

2. 10세기 전·후의 국제 정세와 한반도 주변의 환경

2.1. 국제 정세와 한반도

이 시기는 동북아시아 지역의 국가들의 흥망이 빠르게 변화하던 춘추전국의 시대였다. 10세기는 다원적인 국제 질서가 성립되었으며, 이를 주도한 국가가 고려와 송나라, 그리고 거란이었다. 당시 송나라와 거란은 지정학적 특성상 서로 대립할 수밖에 없었다. 송나라는 농경민족이지만, 거란은 유목민족이라는 태생적 차이뿐만 아니라 영토에 대한 현실적인 문제 등을 포함한 현실적인 이익의 측면에서도 자존심이 걸려있었다. 최근의 미국과 중국, 이들 사이에 한국이 끼어있는 것과 똑같은 상황이었다. 이로 인해 고려는 두 나라가 힘겨루기를 하는 중간에 달린 균형추(balance weight) 구실이었다. 아래의 <그림 5-2>는 당시 동북아시아 국가의 연대표다.

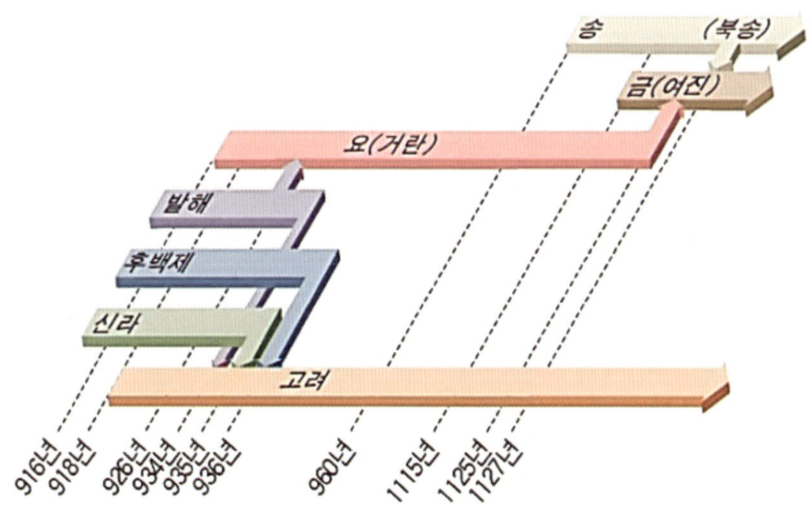

〈그림 5-2〉 동북아시아 국가의 연대표(10세기 전·후)

당시 동북아 정세는 미묘한 처지에 있었다. 거란(요)은 916년에 건국하였고, 고려는 918년에 건국하였다. 922년까지만 하더라도 거란은 고려에 낙타와 말, 모직물 등을 보낼 만큼 친교(親交)에 문제가 없었다. 그러나 926년 거란이 발해를 멸망시키면서부터 관계가 급속하게 냉각되었다. 이러한 가운데 942년 10월 거란 태종이 사신 30명과 낙타 50마리를 고려에 보냈지만, 태조 왕건

(王建, 877~943)이 낙타를 개경의 만부교에서 굶어 죽게 만들고, 사신들은 먼 섬으로 유배를 보내버리면서 극단으로 치닫게 되었다.[7] 이는 고려가 군사강국(軍事强國)으로 성장하고 있는 거란을 상대로 생각 이상의 초강수를 둔 것이다. 거란과 외교 관계는 물론이고, 전쟁까지도 불사하겠다는 의지를 천명한 것이기 때문이다. 그러나 이는 고려의 태생적 특성으로 어쩔 수 없는 행동이었다. 후삼국을 통일한 태조 왕건의 대외 정책 기조가 고구려를 계승하여 고구려와 발해의 옛땅을 회복하려는 '북진(北進)정책'이었다. 그러다 보니 발해를 멸망시킨 거란의 낙타와 사신단을 순순히 받아들일 수 없는 처지였다고 봄이 정확하다. 고토(古土)를 수복하려면, 언젠가는 정복해야 할 대상이 바로 거란이었기 때문이다. 아래의 <표 5-4>는 『고려사(高麗史)』에 적시되어 있는 당시의 상황을 요약한 내용이다.

〈표 5-4〉『고려사(高麗史)』의 '만부교(萬夫橋) 사건'(요약)

"거란이 사신을 보내 낙타 50필을 선물했다. 왕은 거란이 일찍이 발해와 화약(和約)을 맺고 있다가 갑자기 딴마음을 품고 맹약(盟約)을 배반하고 멸망시켰으니 이는 매우 무도(無道)한 일로서, 이웃으로 삼을 수 없다고 하여 마침내 교류를 끊고 그 사신 30인을 해도(海島)로 귀양을 보냈으며 낙타는 만부교 아래에 묶어 두니 모두 굶어 죽었다."

고려와 거란, 송의 관계는 크게 세 가지 경우의 수에 따라서 달라졌다. 첫째, 1개 강대국이 배타적・패권적으로만 군림하려 할 경우, 둘째, 2개 강대국이 서로 자웅(雌雄)을 겨루면서 다른 나라에 세력을 뻗치고자 시도하는 경우, 셋째, 3개 강대국이 각기 어떤 약소국에 서로 비슷한 이해관계를 갖고 경합하는 경우로 구분하여 관계는 계속 변화하였다.

2.2. 송(宋)의 거란(요)에 대한 인식

송나라(960~1277)는 조광윤(趙匡胤)이 중국 본토의 혼란기였던 5대 10국의 분열을 수습하고, 중원을 통일하였다. 거란보다 44년이나 늦은 960년에 건국했지만, 당나라 말기에 과거 당의 영토

7) 역사에서는 이를 '만부교' 사건으로 부른다.

였던 국경 지역이 자신들의 영토라는 인식을 하고 있었다. 그런데 몽골족의 일부인 거란족이 요하(遼河)의 상류 지역을 중심으로 나라를 세운 다음 중국 본토에 대한 영향력을 강화해나가자 송나라도 경각심을 갖게 되었다. 당시 인구로 보면, 송나라는 5,000만여 명이었고, 거란은 500~600만 명 정도로 추산(推算)하고 있다. 당시의 고려는 450~600만 명, 여진족은 100~200만 명으로 추산하고 있음을 볼 때 송나라의 인구가 훨씬 많았음을 알 수 있다.

거란은 성종(982~1031년까지 在位) 시대가 전성기였으며, 송나라에 침공하여 황제(진종)로부터 화친을 제의받고 매년 막대한 조공품을 받는 조건으로 강화를 맺었다. 거란이 고려를 침공한 세 차례 모두 성종 때 발생하였다. 고려에 대한 세 차례의 침입도 모두 성종 때 이뤄졌다. 이런 즈음에 고려를 매개로 한 송나라와 거란과의 관계는 한편에 치우치지 않는 정립(鼎立)의 시대였다. 아래의 <그림 5-3>은 당시 송-고려-거란의 교통로와 주요 수출입 품목을 정리한 대외 무역 관계도이다.

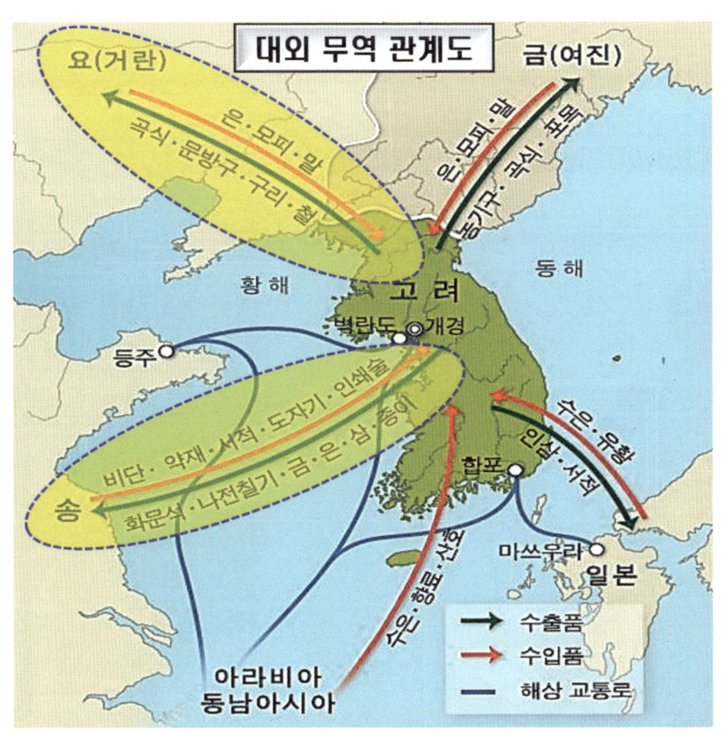

〈그림 5-3〉 송-고려-거란의 해상 교통로와 주요 수출입 품목 현황

2.3. 고려의 송(宋)에 대한 인식과 관계

고려는 친송(親宋) 정책을 시행하였다. 학습 목적상 남송과 북송과의 관계는 구분할 필요가 있다. 북송은 태조 조광윤이 960년 건국한 이래 점차 침체기에 접어들면서 여진족이 화북지방을 점령하고 금(金)나라를 세우자 1127년 양쯔(揚子)강 이남으로 수도를 옮기고 남송(南宋)이라 칭했다. 1250년 칭기즈 칸의 몽골군이 1211년 금나라를 정복한 다음 더욱 침체하였으며, 마침내 1276년 남송이 멸망하였다.

고려는 송나라의 발전된 상업과 유교 경전의 출판 및 활자의 발달을 포함하는 문학과 학문 등의 선진문화를 받아들이려는 목적으로 친선 관계를 유지하였다. 송나라의 문화가 유입되면서 고려청자를 제작하는 기술도 향상되었고, 목판 인쇄술이 발달하였으며, 예종 때 수입한 대성악(大晟樂)은 고려의 아악(雅樂)으로도 접목되었다. 이때 송나라는 고려를 이용하여 거란을 배척하려 했지만, 고려는 중립정책을 고수(固守)하면서 한쪽에 치우치지 않도록 처신하는 신중한 태도를 보이었다.

남송과의 관계는 금나라에 사대(事大)하면서도 고려와 연합하여 금을 멸망시키려고 노력했지만, 고려는 중립정책을 유지하기 위해 노력하였다. 이로 인해 사신의 왕래가 단절된 기간도 있었지만, 민간 차원의 경제 교역은 끊이지 않고 이루어졌다.

2.4. 고려의 거란에 대한 인식과 관계

야율아보기(거란)

942년 거란을 건국한 야율아보기가 고려와 화친하자며, 사신과 낙타 등의 예물을 고려에 보냈다. 그러나 거란이 고구려의 후신인 발해를 멸망시켰다며 사신을 외딴 섬으로 귀양보내고, 낙타는 굶겨 죽여 거란과의 국교단절을 선언하고 강한 적대감을 가졌다. 또한, 태조의 북진정책은 국경을 접하고 있는 거란과의 충돌이 불가피하였으며, 정종은 광군(光軍) 30만 명을 배치하여 전쟁을 방비하였고, 광종도 청천강 너머에 많은 성을 구축하여 거란의 침공에 대비하였다. 그러나 3차례의 침공을 겪는 과정에서 거란(요)의 연호를 사용하기로 하였고, 고려가 거란(요)에 친조(親朝) 하기로 확약받았으며, 강동 6주 반환은 철회하는 것으로 결정짓고 강화하는 데 합의하였다.

2.5. 고려의 여진(금)에 대한 인식과 관계

발해가 멸망한 후 건국한 여진족은 초기에 고려와 거란을 상국(上國)으로 섬기면서 고려를 '부모의 나라'로 호칭하였다. 이후 숙종 때 침범을 반복하다가 금나라를 건국하고는 '형제지국(兄弟之國)'의 관계를 요구하였고, 고려는 거부하였다. 이후 인종 때 문벌귀족으로 예종의 장인이던 외척 이자겸이 주도하여 여진(금)에 사대(事大)하기 시작하였다.

다만, 여기에서 '사대(事大)'라는 의미는 짚고 넘어갈 필요가 있다. 사전적(辭典的)인 의미로 해석하자면, 말 그대로 "근대 이전(以前) 아시아의 국제관계에서 약소국이 강대국에 취하였던 외교 노선의 하나"라는 개념을 언급할 수 있다. 다시 말해 상하 질서를 유지하는 군신(君臣)의 관계로 보면 될 듯싶다.[8] 그러나 당시 동아시아 지역에서의 국가 관계를 고려할 때 각 나라가 전쟁을 회피한다거나, 영토의 확장, 백성의 고통을 최소화하고 자주권(自主權)을 보장받기 위한 쌍무적인 관계 속에서 보인 국가 간 관계의 융통성이었다. 사료(史料)에서도 쌍방 간 예(禮)를 갖추었던 사례가 적지 않으므로 조건 없는 복종 관계로만 인식할 필요는 없지 않을까 싶다.

3. 위기의 고조(高調)와 진전(進展) 과정

993년 성종 12년에 시작되어 1019년 현종 10년에 이르기까지 세 차례에 걸쳐 침공한 거란(遼, 이하 거란)과의 전쟁은 끝까지 저항한 고려의 대승(大勝)으로 끝났다. 다만, 거란의 경우 중국과 몽골에 흡수되어 현재 존재하지 않는 나라이기 때문에 고구려-수·당 전쟁이나, 조선 시대 임진

8) 현대적 의미에서 '사대주의(事大主義, flunkyism)'는 '국가의 대외관계에서 주체성 없이 강한 국가에 의존하려는 주의(~ism)'을 부정적으로 빗대어 사용하는 역사학 용어이다. 그러나 '사대주의'를 꼭 부정적인 의미로만 해석할 필요는 없다. 20세기 초반에 들어서면서 국수주의자들이 강한 국가에만 관심을 두는 지배층들을 비판하기 위해 만든 용어이다. 우리 한민족의 '사대교린(事大交隣) 정책'은 국제질서 속에서 살아남기 위한 약한 국가의 외교정책일 뿐이지 예속 관계에 얽매여 속박받는 정책이 아니기 때문이다.

왜란 등의 전란(戰亂)에 비해 상대적으로 간략하게 다뤄지고 있다. 특히 고려사(高麗史)에 상당한 영향을 끼친 전쟁이었다. 발해를 무너뜨리고 중국을 차지한 거란을 온 백성들이 합심하여 완벽하게 격퇴한 전쟁이었다.[9)]

거란은 만주지역에 대한 패권을 장악한 다음 중원을 정복하기 위해 고려에 낙타와 사신을 보내는 등의 친교(親交) 활동에 노력하였으나, 태종이 거부하면서 고려와의 외교 관계는 단절되었다. 하지만, 이전(以前)부터 고려의 거란에 대한 '적대 정책'은 전쟁으로 번지지 않았을 뿐 위태로운 상태였다. 거란의 처지에서도 중원의 송나라를 정복하기 위해서는 먼저 후방 지역(고려)에 대한 안정적인 환경 조성이 필요하였다. 반면에 고려는 멸망한 발해의 잔존(殘存)세력을 흡수하여 국력을 성장시키고 있었기에 거란과의 우호적 관계를 맺기가 어려웠다.

거란은 이러한 복합적 요인을 해결하기 위해 고려를 침공하였으며, 맨 처음에 맞붙은 봉산군(蓬山郡) 전투에서 고려군이 대패(大敗)하자 고려 조정은 상당한 압박을 받았다. 이때부터 물리적 충돌로 갈 것인지, 아니면, 평화적 협상 단계를 밟을 것인지에 대하여 지루한 탐색 활동이 시작되었다.

4. 위기관리 전략의 결정과 협상의 진행-결정 과정

4.1. 고려의 초기 대응과 서희 장군의 의구심(suspicion)

소손녕이 대군을 이끌고 고려를 침공하자 조정의 고위관료들은 여러 가지 의견으로 갑론을박 소동이 일어나는 등의 자중지란(自中之亂, a fight among themselves)에 휩싸였고 혼란의 도가니였다. 이렇게 어처구니없는 현상의 발단이 거란의 장수인 소손녕의 한마디 말이 결정적으로 작용하였다. 아래의 <표 5-5>는 당시 거란의

9) 고려와 거란(요)과의 전쟁에서 '거란'이라고만 명칭을 사용하는 이유는 당시 거란이 국가를 세운 후에도 사용한 정식 국호가 '요'가 아닌 '거란'이었기 때문이다. 당시 거란도 요와 중복하여 사용하는 등 일관성이 없었다. 따라서 학습을 진행하면서 '거란'으로 명칭을 통일하고자 한다.

적장(敵將) 소손녕이 고려 조정에 위협적으로 발언한 내용이다.

〈표 5-5〉 거란의 적장(敵將) 소손녕이 고려 조정에 한 위협적 발언(요약)

"거란의 80만 대군이 도착했다. 만일 강변으로 나와 항복하지 않으면, 섬멸(殲滅, annihilation) 할 것이니 고려의 군신(君臣)들은 우리의 군영(軍營, military camp) 앞에 엎드려 항복하라."

소손녕의 위협적인 발언은 먼저 질적인 측면을 차치하더라도 80만 대군이라는 언급 자체가 매우 위협적이다. 물론 80만 명이 되지 않는다는 연구 자료는 많이 존재하고 있음을 같이 알아두어야 한다. 이로 인해 유학파들은 '할 서경이북(割 西京以北)'이라고 하면서 서경 이북의 땅을 거란에 바치자는 '할지론(割地論)'과 거란의 대군과 싸워 이길 도리가 없으니 일찌감치 항복하자고 '솔군 걸항(率軍 乞降, 군사를 거느리고 가서 항복을 구걸)'을 주장하는 '투항론(投降論)'이 논쟁의 중심이었다. 조정이 거의 '할지론(割地論)'으로 굳어질 무렵 서희 장군이 홀로 나서서 강력하게 반론을 제기하였다. 아래의 <표 5-6>은 당시 서희 장군이 가졌던 네 가지의 의구심이다.

〈표 5-6〉 거란의 침공 의도(intention)에 대한 서희 장군의 의구심(요약)

① 소손녕은 왜! 봉산군 이남(以南)으로 진격하지 않는가? ② 실제 전투는 하지 않고 왜! 80만 명이라는 숫자만 반복하는가? ③ 물리력은 행사하지 않고, 왜! 문서로만 의사를 전달하는가? ④ 공격하기보다 항복하라는 독촉만 반복하고 있는 배경과 목적이 어디에 있는 것인가?

네 가지의 관점을 갖고 문제를 바라보던 서희 장군은 아래의 <그림 5-4>, <그림 5-5>와 같이 반론(反論)을 제기하였다.10)

할지론(割地論)에 대한 서희 장군의 반론(反論)

"식량이 넉넉하면 성을 지킬 수 있고 싸움에서도 승리할 수 있습니다. 전쟁의 승패(勝敗)는 병력이 강하고 약한데만 매달릴 것이 아니라, 적(敵)의 약점을 잘 알고 행동하면 되는 것입니다. 어찌하여 식량을 버리려 하십니까? 양식은 백성의 생명과 같은 것입니다. 설령 적(敵)에게 이용될지 언정 어찌 헛되이 강(江)에 버린 단 말입니까? 이는 하늘의 뜻에도 부합하지 않습니다.

〈그림 5-4〉 서희 장군의 '할지론(割地論)'에 대한 반론(反論)(요약)

투항론(投降論)에 대한 서희 장군의 반론(反論)

"거란의 동경으로부터 우리 안북부까지의 수 백리 땅은 모두 여진이 살던 곳인데 광종이 그것을 빼앗아 가주(嘉州)·송성(松城) 등의 성을 쌓은 것입니다. 지금 거란이 내침한 뜻은 두 성을 차지하려는 것에 불과한데, 그들이 고구려의 옛 땅을 차지하겠다고 떠벌리는 것은 실제로는 우리를 두려워하는 것입니다. 지금 그들의 군세가 강성한 것만 보고 급히 서경 이북의 땅을 할양하는 것은 좋은 계책이 아닙니다. 게다가 삼각산(三角山) 이북도 고구려의 옛 땅인데, 저들에게 국토를 할양함은 만세(萬世)의 치욕이니, 바라 옵건대 주상께서는 도성으로 돌아가시고 臣들이 한 번 그들과 싸워보게 한 뒤에 다시 의논하는 것도 늦지 않습니다."

〈그림 5-5〉 서희 장군의 '투항론(投降論)'에 대한 반론(反論)(요약)

서희 장군의 강력한 반론 제기에 민관어사인 이지백 역시 동조하면서, "거란이 왜! 고려를 침략했는지에 대한 이유를 정확히 파악하고 난 다음에 대응해도 늦지 않다. 만약 항복해야 한다면, "한 번 싸워라도 본 다음에 결정할 면 되지 않는가!"라고 강력하게 의견을 제기하였다. 다시 말해 외부로 드러난 표피(表皮, 겉가죽)적인 사건에 초점을 맞출 것이 아니라 협상의 측면에서 거란이 가진 내면(內面) 즉, '숨겨진 의도(욕구, interest)'가 무엇인지 근본적으로 파헤치고 읽어내야 한다는 판단이었다.

4.2. 협상 단계에 돌입하기 이전의 내부협상 분위기

993년 거란의 침공 소식을 접한 고려는 10월에 문하시중(門下侍中, 현재의 국무총리) 박양유를

10) 좀 더 구체적으로 학습하려면,『고려사』권94 열전 7 "서희"를 참고하시오.

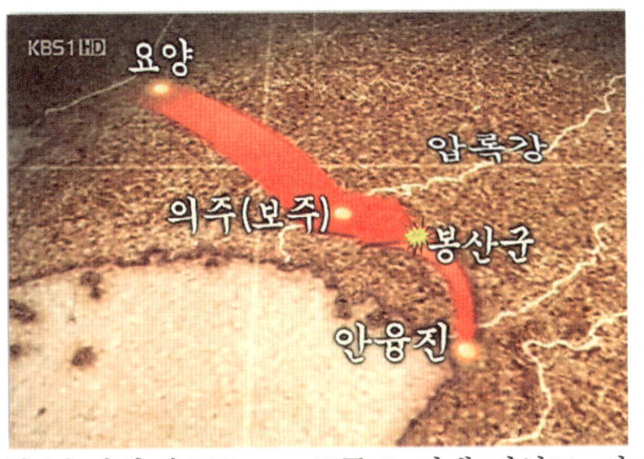

상군사로, 내사시랑(內史侍郞, 현재의 차관급) 서희를 중군사로, 문하시랑(門下侍郞, 현재의 차관급) 최량을 하군사로 임명하고 거란군에 대비하였다. 이때는 벌써 거란군이 봉산군(鳳山郡)까지 진출한 상태였다. 봉산군으로 출정한 서희 장군은 처음으로 적장 소손녕과 대면하게 되었다. 첫 대면에서 서희 장군은 소손녕의 말투에서 거란의 '숨겨진 욕구(interest)'를 느끼게 되었고, 이에 따라 협상 가능성이 있음을 감지(感知)하였다. 아래의 <표 5-7>은 거란 소손녕이 서희 장군에 항복을 권유하면서 한 발언이다.

〈표 5-7〉 적장(敵將) 소손녕이 서희 장군에 한 항복 권유 발언(요약)

"대조(大朝, 거란)가 이미 고구려의 옛 땅을 차지하였고, 지금 너희 고려가 우리 강계(疆界, 거란의 경계)를 침탈하였기에 토벌하러 온 것이다. 대조가 천하를 통일하였는데 아직 귀부(歸附, 거란의 백성으로 편입되기를 희망)하지 않은 나라는 기어코 소탕할 것이다. 지체하지 말고 항복하라."

안융진 전투

서희 장군은 소손녕의 말에서 무조건 전쟁이 아닌 다른 복합적인 이유가 있음을 느끼고 협상 가능성에 대하여 고민하기 시작하였다. 서희 장군이 감지한 요인은 소손녕이 땅을 바치라든가, 아니면 친조(親朝) 하라는 요구가 아니라 '항복' 하기만을 요구한다는 점에서 의구심을 느꼈기 때문이다. 물론 이는 뒤이어 벌어진 안융진(安戎鎭, 현재 평안남도의 안주시 일대로 추정) 전투에서 고려군이 패배했다면, 이 흐름도 달라졌겠지만, 수비병력이 겨우 1천여 명에 불과한 안융진에서 진장(鎭將, 안융진 장수)인 중랑장 대도수(발해 유민의 후예)와 낭장(郞將, 정6품 무관) 유방이 지휘한 전투에서 거란군을 대패시켰다. 이로써 위태로웠던 고려가 다시 숨을 추스를 수 있는 환경이 조성되었다는 점은 시사하는 바가 크다.

4.3. 협상의 성공을 위한 3단계 과정 이해

서희 장군이 거란의 소손녕과 전장(戰場)에서 만나는 과정에서 협상의 가능성을 감지하였다는 점은 서희 장군 나름의 냉철하고 침착한 성격이 그대로 나타나고 있다. 이후에도 최종 협정문에 서명하기 전까지 협상은 끝난 게 아니라는 심경과 행동 등이 곳곳에서 느껴진다. 아래의 <그림 5-6>은 서희 장군의 3단계 협상 과정을 종합하여 도표로 정리한 내용이다.

1. 事前 협상단계

- **첫 대면 과정에서의 신경전**

2. 本 협상단계

- **1차-2차 협상에서의 정세 판단 및 논리적 분석**
- **침략의 이유를 둘러싼 상호 공방전[攻防戰]**

3. 후속 협상 단계

- **협상이 끝난 후 연회 참석 여부를 둘러싼 공방전[攻防戰]**

〈그림 5-6〉 서희 장군의 협상 3단계 과정(종합)

4.3.1. 서희 장군의 협상을 진행하기 위한 분석

서희 장군은 소손녕과 대면(對面)하여 접촉하는 동안 거란이 침공(侵攻)하게 된 배경과 전반적인 흐름을 읽어내기 위해 노력한 결과 크게 세 가지를 식별하였다. 첫째, 봉산군 전투가 진행되는 동안 거란군의 의도와 소손녕의 이면(裏面)을 확인하였다. 둘째, 고려가 봉산군 전투에서 패배함으로써 불리하였지만, 바로 이어진 안융진 전투에서의 승리는 이러한 판세(判勢, the situation)를 뒤집는 결정적 계기로 활용할 수 있게 만들었다. 셋째, 안융진 전투에서 패배한 소손녕의 행동 추이(推移, transition)였다. 고려군이 막강한 군사 강국인 거란과의 두 번째

전투에서 승리를 쟁취한 것은 상당히 고무적이었다. 특히 일반적인 상황이라면, 당연히 패배한 거란군이 재공격을 통해 패배를 설욕함이 당연한데도 소손녕은 '보복(retaliation)이 아닌 '항복(capitulation)만을 요구하고 있다는 점이 서희 장군의 예민한 촉(觸, antenna)에 걸렸다. 또 기간이 지나면서 '항복'에서 '조빙(朝聘)'으로 변화되었다는 포인트를 확인한 것도 대단한 수확이었다.[11] 특히 소손녕의 내면에 도사리고 있는 초조함을 읽어냈다는 점은 국제적 감각과 냉철한 이지력(理智力)이 없었다면 어려웠다. 사실 송나라와의 전쟁을 앞둔 거란은 고려와의 전쟁에 얽매이게 되면, 송나라와의 적절한 전쟁 시기(timing)가 상실될 것을 우려하고 있었다. 따라서 먼저 고려에 공포와 두려움을 심어주어 송나라와의 연합 전선을 단절시키는 데 있음을 감지한 서희장군의 감각은 고려의 국가이익에 대단한 플러스 요인이었다.

4.3.2. 이몽전-소손녕의 사전 협상(1차)

서희 장군은 봉산군 전투에서 소손녕과의 첫 대면을 마친 후 서경으로 복귀하여 성종에게 화친(和親, friendly relations)을 위한 사신 파견을 요청하였다. 감찰사헌(종6품) 이몽전(李蒙戩)[12]이 화친 협상의 사신으로서 거란 진영에 도착하였으나, 소손녕에게 일방적으로 겁박당하였다. 아래의 <표 5-8>은 소손녕이 이몽전에게 한 발언 내용이다.

〈표 5-8〉 소손녕이 고려 사신(이몽전)에 한 발언(요약)

"너희 나라가 백성을 돌보지 않았기 때문에 하늘을 대신해 벌주러 온 것이다. 만일 화친(和親)하려거든 빨리 항복해라."

이몽전이 아무런 성과 없이 돌아오자 고려 조정은 거란의 요구에 대하여 조정 회의를 소집하여 논쟁하는 과정에서 '할지론(割地論)'과 '투항론(投降論)'이 등장하였다. 성종은 마음이 조급해져서 서경의 창고를 열어 백성들이 쌀을 마음대로 가져가게 하였고, 그래도 쌀이 남아돌자 거란군이 군용(軍用)으로 사용할까 염려하여 남은 쌀을 모조리 대동강에 버리게 하였다. 앞에 있는 <그

11) '조빙'은 '고을 조(朝)'와 부를 빙(聘)'이라는 한자어의 조합으로 '큰 나라(거란)에 작은 나라(고려)가 예를 갖추어야 한다'라는 의미이다. 다시 말해 무조건 항복을 강요하는 게 아니라 고려가 거란에 와서 예의를 갖추어 머리를 조아리면, 용서하겠다는 뜻으로 '항복'보다 순화된 용어이다.

12) 조선 시대 관직의 품계는 18개 등급으로 나뉘어 있는데, 이 중 제12등급의 품계로서 역사 드라마에 잘 나오는 '의금부에 근무하는 도사(일명 금부도사)'로 이해하면 될 듯싶다.

림 5-4>와 <그림 5-5>가 이에 대한 서희 장군의 반론이었다.

서희 장군이 분석한 결과 거란군의 행동은 국토를 점령하려는 군대가 아니라 '상대에게 공포와 두려움을 주어 항복을 받아내기 위한 협박'으로 느껴졌기 때문이다. 따라서 불가피하다면, 거란군과 한 판 크게 전쟁을 벌이는 게 마땅하고 전쟁에서 패배하면, 그때 가서 항복하여도 늦지 않다고 판단했다. 이때 서희에 동조하였던 전직 민관어사 이지백의 진언(進言) 요지는 아래의 <그림 5-7>과 같다.

이지백이 서희의 의견에 동조하면서 성종에게 한 진언[進言]

"태조께서 나라를 창건한 후 대통을 이음이 오늘에 이르렀습니다. 그런데 한 사람의 충신도 없이 모두 국토를 떼어 경솔하게 적[敵]에게 주자고 하니 어찌 통분할 일이 아니겠습니까? 청하옵건대 금은보화를 소손녕에 뇌물로 주고 그의 속마음을 타진해보십시오. 또한 국토를 경솔히 적국[敵國]에 할양하기 보다 차라리 선대부터 전하여 오던 연등회 · 팔관회 · 선랑 등의 행사를 다시 거행하며 다른 나라 풍습을 본받지 않고 국가의 보전과 태평을 누리는 것이 좋지 않겠습니까? 만일 그리 생각하신다면, 먼저 신명에게 고[告]한 다음 싸우거나 화친하는 문제는 주상의 생각대로 결정하십시오."

〈그림 5-7〉 민관어사 이지백이 성종에게 한 진언(進言)(요약)

성종이 평소에 서희 장군을 신뢰하고 있었지만, 조정 신료 중에 누구도 서희 장군의 편에 서지 않았다면, 성종의 성향을 고려할 때 서희 장군의 의견이 설혹 옳다 하더라도 성종이 혼자서 흔쾌히 허락하기는 어려웠다. 그러나 전직 민관어사(현재의 국무총리) 이지백의 동의가 서희 장군의 의견을 받아들이는데 한결 수월한 분위기가 되도록 만들었다.

고려 조정에서 의견들을 정리하고 있는 가운데 소손녕은 고려의 항복을 기대하였다. 하지만 이몽전이 서경으로 복귀한 후에도 한동안 응답이 없자 소손녕은 군사를 이끌고 소수의 병력만으로 수비하던 안융진을 공격하였다. 그러나 안융진의 장수 대도수(大道秀)와 낭장 유방(庾方)이 검차(劍車)를 활용한 분전(奮戰, desperate fight)으로 거란군이 자랑하는 기마군은 참패를 당하였다. 고려 조정을 강하게 압박하려 했다가 오히려 호된 일격을 당하자, 소손녕은 공격을 멈춘 다음 다시 사신을 보냈다.

이때 전투에서 패한 소손녕이 다시 공격하지 않고 사신(使臣)을 보내 재차 항복을 요구했다는 점은 상당히 중요한 변곡점(變曲點)으로 판단되었다. 당시 중국에는 만주 및 북중국 일대를 지배하고 있던 거란이 후주를 멸망시키고 중・남부 대륙을 지배하는 송나라와 팽팽한 대립을 이어가고 있었다. 이로 인해 거란은 일찍부터 송나라를 고립시키기 위해 고려와의 친교를 진행하였다. 그러나 여러 가지의 복합적 요인으로 쉽지 않다 보니 당시와 같이 강제적 수단을 동원할 수밖에 없는 지경까지 온 것이었다.

안정복과 ≪동사강목≫

여기에서 명심해야 할 키-워드는 국가 간 전쟁에서 한 번도 승리하지 못한 상태에서의 협상과 단 한 번이라도 승리를 거둔 상태에서 협상하는 것과는 뚜렷한 차이가 있다는 점이다. 이는 조선 후기 실학자인 안정복(安鼎福, 1712~1791)이 쓴 『동사강목(東史綱目)』에도 잘 표현되어 있다. 『동사강목』은 단군조선 시대부터 고려 말까지의 역사를 다룬 역사서이다. 아래의 <표 5-9>는 안정복의 『동사강목』에서 발췌하여 정리한 내용이다.

〈표 5-9〉 안정복의 『동사강목(東史綱目)』 (요약)

"나 안정복은 이렇게 생각한다. 먼저 싸운 후에 화친(和親)을 요구하면, 화친이 성립한다. 그러나 만약 그 기세만 보고 놀라 화친하려고만 일삼는다면, 적(敵)은 우리를 한없이 농락하고 능멸할 것이다. 만약 대도수의 승리와 서희가 굴복하지 않는 의기(義氣)가 없었다면, 화친은커녕 적의 끝없는 요구에 갖은 고난을 겪었을 것이니 후세에 거울로 삼을 만하다."

여기에서 주목해야 할 키-워드는 소손녕이 안융진 전투에서 패배한 이후에도 패배를 만회하려는 움직임을 보이기는커녕 항복만을 재촉하였다. 이러한 사실은 거란이 고려를 침략한 근본 의도가 '전쟁을 통한 승리나 영토 확장'이 아니라 고려의 '항복'에 있음을 행동으로 보여주고 있다. 다시 말해 '거란에 대하여 다시는 적대적인 태도를 보이지 못하도록 하는 것'임을 의미하고 있다는 점을 국제 정세에 해박한 서희 장군이 모를 리 없었다. 하지만, 다시 확인하는 과정이 필요하였기에 2차로 장영을 보내 소손녕의 태도를 확인하는 등의 사태를 통해 거란과 송나라의 적대 과정에서 바로 캐스팅-보드(casting-board)의 역할임을 인식하였다.

4.3.3. 장영-소손녕의 사전 협상(2차)

고려가 안융진 전투에서 승리하였다고 하여 거란군을 굴복시킬만한 군사력은 갖추고 있지 않았다. 성종은 다시 당시 합문사인(閤門舍人)으로 있던 장영(張瑩)을 보냈다. 그러나 소손녕은 직급이 맞지 않는다고 대신(大臣)으로 격상하라면서 장영을 직접 만나지 않고 부하를 내어 보냈다. "마땅히 다시 고려의 대신(大臣)을 군문 앞에 보내어 나 소손녕과 면대(面對)하도록 한 다음에야 화의(和議) 진행이 가능할 것이다." 이는 항복하러 온 게 아니라면, 만나지 않겠다는 뜻을 분명히 밝힌 것이다.

여기에서 주목해야 할 키-워드는 소손녕이 화의(和議) 협상 자체를 거부하지 않았다는 사실이다. 만약에 협상을 거부할 의도가 있었다면, 고려의 영토를 빼앗겠다는 단호한 의지가 있었다면, 사신으로 간 장영의 목숨을 취하는 행위를 통해 단호한 의지를 표현했을 것이다. 그러나 그러한 행위는 벌어지지 않았다. 2차에 이르기까지 소손녕에게 창피를 당한 고려 조정은 거란군 진영에 파견할 대신의 인선(人選) 문제로 고민스러웠다. 임무의 중대성은 차치(且置, let alone)하더라도 생명을 보장할 수 없는 상황이었기에 대다수 대신은 협상 대표로 나서기를 꺼렸다. 이때 중군사(中軍使, 중군의 사령관)인 서희 장군이 자원(自願)하였다. "신(臣)이 비록 불민(不敏, do not quick)하오나, 감히 임금의 명령을 따르지 않을 수 있겠습니까!"

4.3.4. 서희-소손녕의 본(本) 협상(3차)

서희 장군과 소손녕이 본격적으로 맞닥뜨리게 된 협상 과정은 각종 사료와 연구 자료를 참고하여 아래의 <표 5-10>과 같이 크게 세 단계로 정리할 수 있다.

〈표 5-10〉 서희 장군과 소손녕의 협상 3단계(종합)

- 제1단계(사전협상 또는 예비협상): 상견례 과정에서의 신경전(神經戰)
- 제2단계(본협상): 침략의 이유를 둘러싼 상호 공방전(攻防戰)
- 제3단계(후속 협상): 협상이 끝난 다음, 연회의 참석 여부를 둘러싼 제2차 공방전

이 단계는 현대의 협상 과정에서도 흔히 거쳐야 하는 단계이다. 제1단계인 사전협상 단계에서는 협상과 관련한 모든 문제를 파악한 다음 내・외부 이슈(Issue)를 사용하여 먼저 상대의 기선(機先)을 제압하여야 한다. 제2단계인 본 협상 단계에서는 준비한 자신의 주장을 합리적인 논거(rational

argument)를 토대로 일목요연하게 개진할 수 있어야 한다. 마지막으로 제3단계인 후속 협상 단계에서는 협상 결과에 대한 확실한 서면(書面) 약속을 통해 명확하게 끝을 맺어야 한다.

먼저, 예비협상 단계인 상견례 과정에서의 신경전은 외교 절차에서부터 비롯되었다. 소손녕은 고려 사신인 서희 장군에게 뜰 아래에서 먼저 절할 것을 요구하였으나, 나라의 크기를 불문하고 같은 대신끼리 그럴 수는 없다고 거절하였다. 아래의 <표 5-11>은 상견례에서의 신경전 과정을 정리한 내용이다.

〈표 5-11〉 서희 장군과 소손녕의 상견례 신경전(요약)

소손녕: "나는 대국(大國)에서 온 귀인(貴人)이니 그대(서희 장군)는 뜰에서 나에게 절을 하여야 한다." 서희: "신하가 임금을 뵐 때는 뜰 아래에서 절하는 게 예(禮)다. 그러나 두 나라의 대신이 대면하는 자리에서 어찌 그럴 수 있겠소"

여기에서 이러한 신경전은 대충 넘어갈 수 있는 단순한 절차로 취급할 수 있지만, 누구의 뜻이 받아들여지는지, 아닌지에 따라 본협상에 상당한 변수로 등장할 수 있기에 양보할 수 없는 상황이었다. 서희 장군은 이를 양보할 경우 본협상에서 자신의 주장을 펼치는데 상당한 문제가 발생할 수 있다고 보았다. 따라서 선택한 방법이 '화를 내며, 숙소로 돌아와서 드러누운 상태에서 일체의 반응을 보이거나, 아무런 행동을 취하지 않는 것'이었다. 이런 침묵이나 무반응 전략은 현대에서 주로 사용하고 있는 '받아들이든, 아니면 받아들이지 말든지(take it or leave it)' 전략이다. 이는 위험한 전략일 수 있으나, 송나라와 거란 간 일촉즉발의 관계와 소손녕이 가진 조급한 마음을 알고 있었기에 시도하였다. 다시 말해 학습자도 상대가 협상 자체를 거부하기 어렵다는 확신이 있다면, 한 번은 시도할 수 있는 전략이다.

소손녕은 고집을 피우면서도 내심으로는 서희 장군의 인품이 비범함을 인정하였다. 이후 대등하게 대면하는 절차에 동의하고 동서(東西) 방향으로 마주 앉았다. 이는 두 가지 부분에서 취한 행동으로 보인다. 먼저, 서희 장군의 비범함을 알아봤기 때문이기도 하겠지만, 서희 장군이 합리

적인 논거에 따라 주장하였기 때문임을 이해하여야 한다. 결국, 예비협상의 성격인 상견례에서 소소하게나마 우세를 점했다는 심리적 안도감은 이후 본협상에서의 협상력을 발휘하는 데 상당히 큰 도움이 되었다.

두 번째, 본 협상 과정에서 침략의 이유를 둘러싼 공방전(攻防戰)에서는 소손녕이 말하는 거란의 고려 침입 목적이 진정한 이유가 아닐 수 있다는 점을 끄집어내는 문제가 중요하였다.

본협상

처음 소손녕이 끄집어낸 "고려가 백성을 돌보지 않았기 때문에 거란이 하늘을 대신하여 벌을 주러 왔다."라는 말은 이치에 맞지 않을뿐더러, "누가 고구려의 후예인가?"라는 논점에 자유로울 수 없었다. 하지만 소손녕이 마지막에 끄집어 낸 말은 상당히 중요한 의미가 있다. "고려는 거란과 국경을 맞대고 있으면서 왜! 송나라와 교통(trade)하고 있는가?"라는 시비(是非)를 들으면서 느낀 심정은 "거란이 고려를 자신의 편으로 만들어야 하는 이유가 송나라와의 일전(一戰)을 앞둔 상황에서 고려가 후방 지역에 있다면, 거란군의 후환(後患)이 될 수 있기에 거란의 편으로 만들어 후방의 안정을 도모하려는 것이구나!"라는 확신이었다. 아래의 <표 5-12>는 침공 이유를 둘러싼 공방전 내용이다.

〈표 5-12〉 서희 장군과 소손녕의 침공 이후 공방전(요약)

소손녕: "고려는 옛 신라 땅에서 일어났고, 고구려의 옛 땅은 거란소속인데 고려가 침식하였다. 국경을 맞대고 있으면서 거란이 아닌 바다 건너의 송나라를 섬겨서 정벌하게 되었다."

서희: "그렇지 않다. 우리가 바로 고구려의 후계자이므로 나라 이름을 '고려'라고 하였고, 평양이 수도이다. 국경은 거란이 우리의 국토 안에 들어와 있다. 어떻게 우리가 침범했다는 말인가? 압록강 안팎이 우리 땅인데, 여진족이 막고 있다. 그들이 완악하고 간사스러워 육로가 더 가기 힘들다. 거란과의 국교가 어려움은 여진 때문이다. 만약 여진을 몰아내고 고려의 옛 땅을 돌려주면, 국교를 맺을 수도 있지 않겠는가? 귀국의 임금에게 이러한 사실을 전달하면, 어찌 받아들이지 않겠는가?"

서희 장군이 마지막 부분에 말한 "당신네 임금에게 의견을 전하라!"라고 한 대목에서 협상가로서의 면모를 부각하고 있다. 첫째, 소손녕과 자신이 둘 다 임금을 모시는 신하라는 의미를 상기시켰다는 점이다. 둘째, "내가 당신에게 돌아갈 명분을 주었으니 당신네 임금도 이러한 내용을 알게 되면, 만족할 것이다."라는 점을 에둘러 이해시켰다는 점이다. 그러면, 왜! 강직하고 바른말도 서슴없이 하는 서희 장군이 처음부터 소손녕의 말도 되지 않는 그런 엉터리 이유를 대지 말라고 호통치지 않았을까? 라는 의문이 생길 수 있다.

여기가 바로 협상의 포인트이다. 상호 의사소통(communication)의 형태로 물이 흐르듯이 자연스럽게 자신의 논지(論旨, the point of an argument)를 펼치는 게 바람직하다. 다시 말해 상대가 창(spear)을 들이밀면, 창을 이야기하고, 칼(sword)을 들이밀면, 칼을 주제(Agenda)로 이야기해야 진행할 수 있기 때문이다. 상대의 주장과 논리를 이용하여 자신의 주장과 논리를 전개함이 가장 이상적인 협상 방식임을 잊지 말아야 한다.

4.3.5. 서희-소손녕의 후속 협상

현대 협상도 마찬가지이지만, 본 협상이 잘 진행되었더라도 후속 협상에서 결렬되거나, 실패하는 협상이 대다수임을 직시해야 한다.[13] 본협상을 성공적으로 끝냈으면서도 후속 협상이 잘 마무리되어야 본협상의 결과가 제대로 성과를 발휘할 수 있다. 후속 협상은 통상 드러나기 어렵지만, 후속 협상은 모든 협상의 성과와 실패가 축약된 전투 현장으로 볼 수 있다. 아래의 <표 5-13>은 후속 협상 단계에서의 주요 쟁점을 정리하였다.

〈표 5-13〉 서희 장군과 소손녕의 후속 협상의 중요 쟁점(요약)

① 연회 참석 여부에 관한 공방전(攻防戰) ② 위기를 불러온 성종의 조급한 판단과 대응

① 본 협상을 끝낸 후 소손녕은 연회를 열고 서희 장군의 참석을 요청하였으나, 서희는 불참하였다. '고려는 전쟁 중'이라는 이유였다. 국가 간 교섭이나 협상이 끝나면, 의례적으로 타결을 축하하는 의식을 치르는데, 연회 개최는 일반적이다. 왜! 그랬을까? 여기에서 후속 협상을 진행하면서 잊지 말아야 할 키-워드는 두 가지이다.

첫째, 서희 장군이 거절한 이유는 바로 '고려 임금과 신하가 전쟁 중인데, 임금을 모시는 신하

13) 2018년 6월 12일부터 시작하여 순항하는 듯하던 北-美 비핵화 정상회담이 2019년 2월 27일 하노이 회담에서 결렬되었다. 예비회담에서부터 '단계적 합의와 단계적 이행'을 원하는 북한과 '일괄타결에 가까운 빅딜(Big-Deal)'을 원하는 미국과의 이견(異見)이 좁혀지지 않은 상태였기에 하노이 회담의 결렬은 예고된 수순이었다.

로서 어찌 혼자 즐길 수 있겠는가?'라는 태도였다. 이때 거절한 명분이 바로 '전쟁'이다. 서희 장군은 "당신네가 전쟁을 일으켜서 우리를 불편하게 만들고 있는데, 어찌 신하 된 자로 편히 즐길 수 있겠는가?"라고 에둘러 지적한 것이다. 본협상에서 결정된 내용이나 빨리 이행하라는 요구였다. 이러한 태도는 협상의 문제라기보다 서희 장군의 성품에서 비롯되었을 수도 있다. 어찌 됐건 간에 서희 장군이 밀고 당기기를 잘하는 협상가의 자질을 갖추고 있음을 느낄 수 있다. 이는 보통 사람들에게서는 쉽게 찾아보기 어려운 부분이다.

둘째, 융통성이 있는 대응이다. 소손녕의 거듭된 연회 참석 요청에 마지 못한 듯 받아들인 점에 있다. 이는 군사협상 '삼십육계(三十六計)'와 일반 기업의 '구계(九計)'에서도 설명한 바와 같이 협상 상대와 우호적이고 긴밀한 관계를 형성해두면, 추후 진행할지 모르는 재협상이나 협상과 관련한 분쟁을 해결하는 데 유리하게 작용할 수 있다. 서희 장군이 이를 알고 행동한 것인지 알 수 없으나, 소손녕과의 관계 형성에 긍정적인 요인으로 작용한 것임이 틀림없다. 『고려사』를 살펴보면, 소손녕이 대화 중에 "두 나라의 대신이 만났는데,~"라는 말이 언급되어 있다. 이는 처음 대면한 사전협상에서부터 예민하게 부딪힌 내용이기에 매우 의미가 있는 문장으로 소손녕 자신이 대국과 소국이 아닌 대등한 관계임을 사실상 인정하고 있다는 의미이다. 서희 장군이 복귀할 때 낙타 10마리, 말 100필, 양 1,000마리, 비단 500필을 가지고 돌아온 것은 이례적이다. 80만 대군이 고려를 침공하여 조금의 영토도 얻지 못하고 예물까지 주면서 전쟁을 마무리했다는 점은 대단한 성과로 볼 수밖에 없다.

② 소손녕과의 협상을 성공리에 마무리하고 서경으로 복귀한 다음의 사건이다. 보고를 받은 성종은 곧바로 거란에 사신을 보내 국교를 회복하려고 서둘렀다. 전쟁의 참화를 예방한 사실을 기뻐함도 이해할 수 있지만, 성종의 조급한 성격을 엿볼 수 있다. 왜냐하면, 서희 장군의 경우 협상을 완료했다는 구두 약속을 받아왔을 뿐, 결과적으로 가시적으로 획득한 산물(産物)이 아무것도 없는 상태였기 때문이다. 아래의 <표 5-14>는 거란과의 국교 재개를 서두르며 조급해하는 성종에게 서희 장군이 건의한 진언이다.

〈표 5-14〉 서희 장군이 성종에게 한 진언(進言)(요약)

"신(臣)이 소손녕과 약속하기를 여진을 소탕하고 옛 땅을 회복한 이후에 국교를 정상화하기로 하였습니다. 지금 겨우 강 이쪽(강동 6주) 땅을 회복하였을 뿐이니 강 저쪽(여진)의 땅까지 회수할 때까지 기다렸다가 국교를 정상화하여도 늦지 않을 것입니다."

소손녕과 협상하여 1차로 강동 6주는 해결하였지만, 가장 중요한 압록강 이북에 있는 여진족 땅은 회복하지 못했기 때문이다. 이러한 상태에서 선불리 사신을 보내면, 거란이 갑자기 마음이 변화시킬 수 있는 여지를 줄 수 있었다. 더욱이 다른 사신이 소손녕에게 가서 서희 장군이 겨우 길들여 놓은 '같은 신하'라는 동격(同格)의 의미와 정반대로 지극하게 공대한다든가, 칭송하는 등의 행위를 한다면, 부정적인 파급효과는 더 큰 위기로 오게 됨이 분명하였다. 다시 말해 '다 된 밥에 코 빠트리는 격'이 될 수밖에 없었다. 고려 조정에 서희 장군 같은 충직한 신료만 있는 게 아니기 때문이었다. 하지만 성종은 "오랫동안 왕래가 없으면, 또 무슨 후환이 벌어질까 염려되어 파송(派送, dispatch)하는 것이오."라는 말을 하면서 사신을 보내버렸을 때는 아무리 임금이지만, "이제 평화(peace)와 자존(自存, self-existence)은 물 건너갔다."라는 마음이 들었을 것이다. 그러나 다행스럽게 서희 장군이 우려했던 역효과는 발생하지 않았다.

여기에서 명심해야 할 키-워드는 어떠한 유형 및 종류의 협상을 불문하고 합의에 따라 결정되었을 때는 반드시 서면(書面)으로 확약받아야 하며, 국가이건, 개인을 불문하고 자존심과 자부심은 스스로 지키는 것이지 남이 지켜주지 않는다는 점이다. 상대나 상대 국가에 지나치게 저자세로 나가는 행위는 스스로 자존심과 자존감을 훼손할 뿐, 국가이익에 도움이 되지 않음을 명심하여야 한다. 이는 앞의 많은 사례를 통해 학습되었으면 한다.

제 3 절

협상의 종결과 교훈

1. 개요

협상의 성공 요인은 크게 다섯 가지로 정리할 수 있다. 첫째, 이몽전과 장영을 통해 두 차례에 걸쳐 이해하게 된 소손녕의 성품과 거란이 침공한 이면(裏面)이 무엇인지를 사전(事前)에 파악할 수 있었다. 이몽전이 수행한 제1차 협상을 통해 거란군의 침공 목적은 '물리적인 공격(physical attack)과 파괴(destruction)를 통한 영토 확장'이 아니라 '고려의 항복(capitulation)'에 있다는 것을 확인하였다. 여기에 더하여 장영이 수행한 제2차 협상에서 '강압적인 복속(forced subversion)과 유린(violation)'보다 '화의(negotiations for peace)'에 중점을 두고 있음을 파악한 점이다. 둘째, 첫 전투인 봉산군 전투에서는 비록 대패했지만, 이어진 안융진 전투에서 승리함으로써 기선(機先) 제압이 가능한 환경으로 전환되었다. 셋째, 사전협상 과정에서 비록 작은 절차에 불과하였지만, 이를 통해 주도권(主導權)을 잡을 수 있었다. 넷째, 본 협상 과정에서 고려 사회의 내부적인 힘에 의지하여 자신의 논리를 자신 있게 개진하는 용기와 담력을 갖고 있었다. 다섯째, 본 협상에 이은 후속 협상까지 긴장의 끈을 놓지 않고 끝까지 국가이익을 위해 노력하였다. 여섯째, 서희 장군의 탁월한 의사소통 능력을 들 수 있다. ① '말하는 능력'인데, 논리적 측면과 실리와 명분을 구분하여 주장하면서도 절제 있는 주장과 의도된 침묵, 한 걸음 물러서는 여유가 있었다. ② '상대의 말을 경청하는 능력'으로 경청을 통해 상대의 이면(裏面)을 파악하는 능력을 갖췄다. 여기에 더하여 유능하면서도 냉정한 국제 감각과 사물을 있는 그대로 직관(直觀)할 수 있는 능력을 보유하고 있었다.

이러한 성공 요인에 기초하여 협상 결과를 평가하자면, 네 가지 정도로 정리할 수 있다. 첫째, 조정 신료들의 갑론을박하는 혼란의 카오스, 성종의 우유부단과 조급한 성격 등이 문제로 부각하였지만, 내부적으로 협상 의제와 이견을 조정하는 과정이었고, 일방적인 항복으로 가지 않았다. 둘째, 태조 왕건 때부터 내려오는 북진정책을 고수하면서도 압록강 동쪽 여진의 강동 280리 땅을 수복하였다. 셋째, 전쟁하지 않음으로써 백성들의 고통을 반감(半減)시킬 수 있었다. 넷째, 고려 전기에 행했던 거란에 대한 태도와 고려 후기에 몽골에 대한 태도가 서로 달라짐으로써 국가의 흥망도 변화될 수 있음을 인식하여야 한다. 아래의 <표 5-15>는 안정복의 『동사강목』에 나와 있는 고려 전기(前期) 때 거란과의 협상을, <표 5-16>은 안정복의 『동사강목』에 나와 있는 고려 말기(末期) 몽골과의 협상에 관해 평가한 내용을 정리하였다.

〈표 5-15〉『동사강목』에 나와 있는 고려 전기(前期) 거란과의 협상에 관한 평가(요약)

고려 중기의 유개가 말하기를 "거란이 고려를 대우하는 데 있어서 그 교제상의 예절을 이처럼 단호하고 엄하게 한 것은 무엇 때문일까? 고려가 거란을 섬길 때는 시희와 강감찬 같은 사람들이 있다 보니 기발한 계책으로 승리를 가져왔으며, 먼저 군대를 쳐부수고 그런 다음에 교통(trade)에 허락하였다. 그러므로 감히 적(敵)이 우리를 경멸하지 못했던 것이니 후세에 그 덕을 본 것이다."

〈표 5-16〉『동사강목』에 나와 있는 고려 말기(末期) 몽골과의 협상에 관한 평가(요약)

고려 중기의 유개가 말하기를 "고려 말기에 이르러서는 신하의 예로 몽골을 섬기면서 스스로 강하게 하려는 의지와 기세는 없었다. 오직 몽골에 머리를 조아리고 무릎을 굽히는 것으로 압박을 면해보려고 하였다. 그러므로 몽골도 우리를 종이나 노예(奴隸, slave)를 대하듯 하여 사신이 오면서 온갖 것을 다 요구해도 온 나라가 떠들썩하게 준비하기 바쁘다. 이 또한 우리가 초래한 결과이다."

여기에서 명심하여야 할 키-워드는 스스로 강해지려고 노력하지 않는 협상은 '굴복(succumb)'과 '굴욕(humiliation)'만 초래함을 명심하여야 한다.

2. 군사 협상의 '36계(計)' 적용 측면

적용한 '36계(計)'는 "제2계: 상대의 협박에 의연하게 대응하고 역(逆)으로 이용하라!", "제5계: 어부지리(漁父之利)를 노려라!", "제8계: 적절한 시기(timing)를 잡고 협상을 진행하라!", "제10계: 협상 의제(Agenda)를 선별하고 우선순위를 정해라!", "제17계: 협상 목표는 명확하게 설정하라!",

"제18계: 질문은 질문답게 해야 하고, 대답은 대답같이 해라!", "제22계: 상대의 허풍(虛風)과 기만(欺瞞)에 냉정하게 대처하라!", "제23계: 상대가 거절하기 어려운 카드를 제시하라!", "제28계: 기선(機先)을 제압하고, 일부라도 합의가 된 내용은 기정(旣定)사실로 하여 밀어붙여라!", "제30계: 상대에게 일방적으로 끌려가지 말고 주도적으로 협상하라!", "제36계: 자기가 원하는 기준을 내부적으로 고정해 놓은 상태에서 상대를 설득하라! 필요하면, '이것밖에 없어요!'라는 '벼랑 끝 전술'을 활용해라!"였다.

"스스로 강해지지 않으면,
결국 강자(强者)에 잡아먹히게 된다."

강의_V 6 · 25전쟁 기간 중 진행되었던 휴전 협상에 대하여 이해합시다.

강의 전 요구되는 사항

1. 1950년대의 국제 정세와 한반도 주변의 환경을 이해하시오.
2. 미국과 중국, 중국과 소련, 소련과 북한, 중국과 북한의 관계를 이해하시오.
3. 미국의 세계화 전략과 6 · 25전쟁 발발과 관련한 中 · 蘇와 북한 김일성의 상관성(interrelationship)을 이해하시오.
4. 미국이 더글러스 맥아더 UN군 총사령관의 해임 이전과 이후 협상 전략의 변화와 특성을 이해하시오.
5. 美 해리스 S. 트루먼 대통령, 더글러스 맥아더 UN군 총사령관, 中 마오쩌둥 국가주석과 소련의 스탈린 공산당 서기장, 이승만 대통령과 북한 김일성 주석의 개인 성격과 특성은?
   * 이승만 대통령이 UN군 총사령관에게 '작전지휘권' 을 이양한 배경과 이유는?
   * 한국군 정전대표가 회담에 참석하지 못한 환경과 이유는?
   * 휴전 협상에 임하는 소련과 중국, 북한의 속내는?
6. 주요 참전국인 미국과 소련, 중국이 전쟁을 바라보는 시각과 입장에 관하여 이해하시오.
7. 미국(UN군 측)이 휴전협상에 임하게 된 배경과 이유를 이해하시오.
8. 공산군 측에서 휴전협상에 임하게 된 배경과 이유를 이해하시오.
9. 휴전 협상의 준비–진행–교착–종결 과정에서 나타난 흐름은?

제6장

6·25전쟁 휴전 협상사례

제 1 절

개 요

1. 총 괄

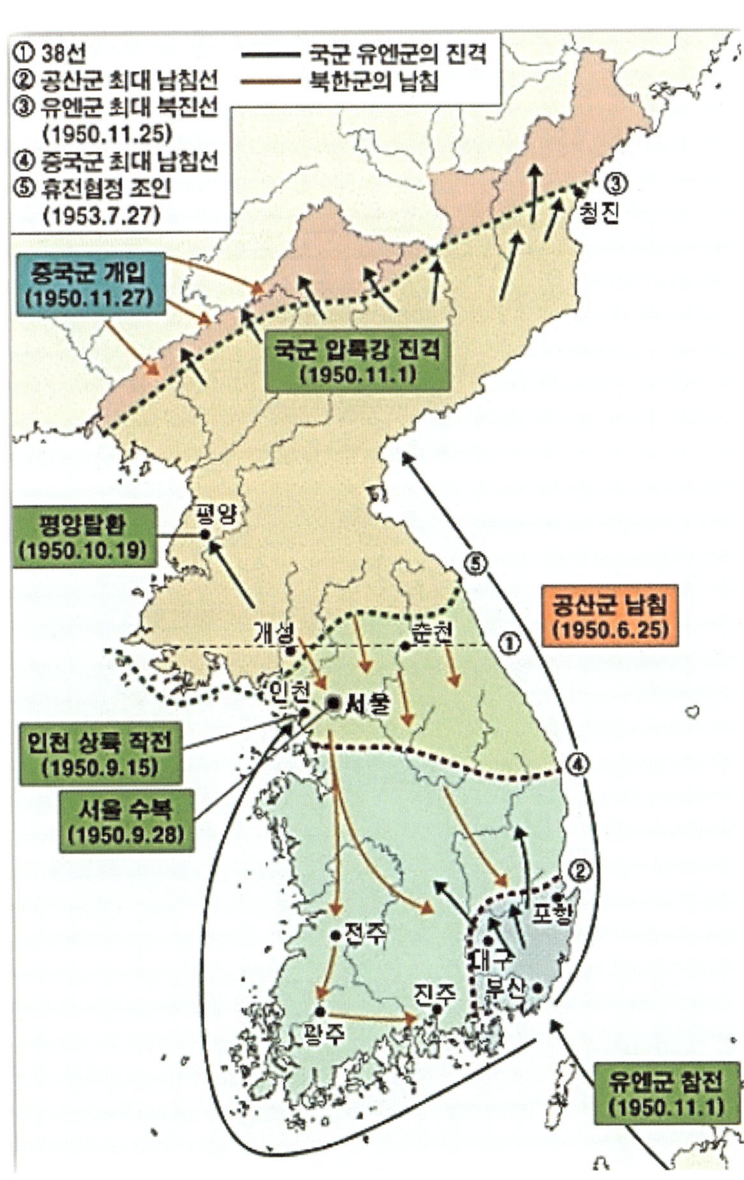

6·25전쟁 간 진행되었던 휴전 협상을 네 번째 사례로 선정한 배경은 단재 신채호 선생이 말씀하셨던 "역사를 잊은 민속에게 미래는 없다."라는 의미를 되새겨 우리가 다시금 이러한 전철을 밟지 말아야 하지 않겠다는 심정과 미래 군사 전문가에 적합한 사례라고 평가하였기 때문이다. 따라서 전쟁사(戰爭史) 측면보다는 협상학 측면에서 학습을 진행하기로 하였다.

전쟁을 시작하는 이유는 학자에 따라 다양하게 진단할 수 있다. 그러나 한마디로 표현하자면, '증오(憎惡, hatred)'와 '불신(不信, distrust)' 때문이 아닐까 싶다. 전쟁을 끝내려고 하는 이유는 무엇일까? 혹시 '화해(和解, reconciliation)’ 때문이 아닐까 싶기도 하다. 정치 · 외교사적 시각으로 접근하자면, 서유럽과 동유럽에 확대되고 있던 냉전(Cold War)을 원인으로 들 수 있을 것이며, 제2차 세계대전이 끝난 직후라 국제질서도 잡히지 않은 혼란기(混亂期)였다는 측면도 있다. 한국의 6·25전쟁은 같은 민족 간에 벌어진 참혹한 비극이라는 표현 외에 어떤 표현이 더 필요한지 궁금하다. 6·25전쟁은 미국, 소련, 중국, 그리고 남 · 북한을 비롯한 그 누구도 압도적인 승리 없이 무승부로 끝난 전쟁이다. 동시에 공산군 측의 ‘한판승’으로 종결된 게임이었으며, 현재도 끊임없이 부딪히고, 깨지면서 다른 한 편으로는 다시 다람쥐 쳇바퀴 돌 듯이 반복되고 있는 현실전쟁의 연장전으로 볼 수 있다.

6·25전쟁은 1950년 6월 25일 04:00에 시작되어 1129일간에 걸쳐 진행되었던 한(韓) 민족의 비극적인 역사이다. 제2차 세계대전 이후 세계의 강대국들이 개입한 최초의 그리고 마지막 세계 전쟁이라고도 할 수 있다. 이 전쟁은 동서 냉전의 가속화와 미국이 세계의 지도 세력으로 등장하게 만든 결과물이고, 제한전쟁을 통한 대소(對蘇) 봉쇄정책(blockade policy)을 완성한 전쟁이기도 하다.

1953년 7월 27일 휴전협정을 체결한 이래 어언 70년이 지나가고 있지만, 외교 사상 그 유례를 찾아보기 힘들 정도로 아직도 다른 정치적 형태와 조약으로 전환하지 못한 채 엉거주춤하니 서 있다. 6·25전쟁과 휴전 협상은 전투하는 행위만 중단되어 있을 뿐이다. 따라서 휴전 자체가 결코, 전쟁 상태를 완결지었다고 볼 수는 없다. 남 · 북한의 정치 · 경제 · 사회 구조의 통합이나 이를 위한 협상과 합의는 아직도 해소되지 않았고, 당시에 현명함과 지혜, 결기(結氣)[1])를 확실하게 보이지 못함으로 인해 최근까지도 계속 한반도와 국제 정세에 긍정적이지 못한 영향을 끼치고 있다.

6·25전쟁 휴전 협상사례는 협상 분야에서 연구 가치가 상당히 높다. 그 이유는 당시 전쟁의 주인공인 남한과 북한을 후견(patron)하는 미국과 소련, 중국이 이데올로기로 대립하는 관계였고, 서구 열강들의 이권(利權)이 깊숙하게 얽혀 있었기 때문이다. 이로 인하여 협상을 진행하는 과정에서도 다양한 이슈(Issue)와 에피소드가 유독 많이 발생한 사례이기도 하다. 그러나 협상학 측면에서 연구하거나, 분석한 내용이 거의 없다는 점에서 너무 아쉽고 안타까운 현실로 보고 있다. 협상사례로 선택한 배경이기도 하다.

전체적인 전쟁의 발발 시기와 원인, 배경 등은 6·25 전쟁사(또는 한국전쟁사)에서 충분히 학습하므로 여기에서는 중국의 개입으로 인하여 전세(戰勢)가 역전되어 전쟁의 장기화가 불가피하게 하는 결정적인 계기가 되었다고 평가할 수 있다. 따라서 중국의 참전 배경과 미국을 비롯한 UN

1) ‘결기’는 실제 순수한 우리말이다. ‘결이 바르고 결단성 있게 행동하는 성질이나, 불의(不義)를 보면 참지 않고 결연한 의지를 가지는 것’이라는 뜻을 포함하고 있다. 필자가 한자 ‘結氣’라고 포함한 것은 ‘못마땅한 것을 참지 못하고 발끈 성을 내거나 왈칵 행동하는 성미’라는 뜻으로 풀이하기에 연계될 수 있다고 판단하여 조합하였음을 밝혀둔다.

참전국의 입장 등을 개괄적으로 탐구한 다음 휴전협상을 모색하던 단계와 휴전 협상(회담)의 교착 및 상황의 급속한 변화와 전개 과정, 그리고 협상 체결 등에 관하여 탐구하기로 한다.

2. 중공(이하 중국)[2]의 초기 인식(perception)과 참전 배경

2.1. 중국의 참전 배경

1949년 10월 1일 마오쩌둥이 정식으로 국가 수립을 선포하고 중화인민공화국 주석으로 취임하였다. 하지만 아직 국가를 수립한 초기여서 내부적으로는 질서가 없는 상태로 혼란스러웠으나, 경제 회복을 위해서는 소련을 통한 각종 장비와 물자의 지원이 필요한 처지였다. 그리고 이러한 환경일지언정 어수선한 사회 혼란의 수습과 마오쩌둥의 중국이 주도하여 대만(이하 타이완)을 통합하기 위해서는 먼저 소련의 지원이 절실한 시기였다. 따라서 스탈린 공산당 서기장이 주도적으로 유도하고 있는 북한의 정규사단을 증강해달라는 요구를 기꺼이 수용해야 했다. 그래야만 소련이 중국을 지원하는 결정적인 계기로 작동할 수 있다고 믿었기 때문이다. 마오쩌둥은 스탈린과 김일성의 대화 내용은 모르쇠로 일관하면서 스탈린이 의도하는 대로 북한의 군사력이 강화되도록 대규모 병력을 지원하였다. 마오쩌둥으로서도 어차피 군대를 줄여야 했기 때문이다. 스탈린은 상당한 만족감을 표출하고 중국에 대한 적극적인 경제지원 의사를 표명했다. 아래의 <표 6-1>은 마오쩌둥이 북한군으로 편입시킨 만주의 조선인부대 현황이다.

〈표 6-1〉 마오쩌둥이 북한군으로 편입시킨 만주의 조선인부대 현황

① 1949. 7월~, 조선인 출신으로 편성된 2개 사단
② 1950. 4월~, 조선인 출신으로 편성한 1개 사단+1개 연대

초기 북한의 군사력은 7개 사단인 데 비해 남한은 8개 사단이었다. 그러나 만주에 있던 조선인 부대가 북한군에 흡수됨으로써 전쟁이 발발하기 직전에 북한군은 10개 정규사단을 편성할 수 있게 되었다. 이로써 북한의 정규 군사력이 남한의 정규 군사력을 상회(上廻, be more than)하였다. 특히 1950. 5월 13일, 마오쩌둥은 미군이 참전할 경우 추가로 중국군 투입을 약속하면서 비로소

2) 당시의 국가 명칭은 '중국'이 아닌 '중공'으로 불렸으며, 정식 명칭은 '중화인민공화국'이다.

북한 김일성의 '남침(작전 명칭: 폭풍 작전)'도 가능해졌다.

중국의 초기 인식은 6·25전쟁을 내전(internal war)으로 바라보았다. 따라서 美 제7함대가 대만 해협에 배치되는 자체를 내정 간섭이라고 주장하였으며, 이는 미국의 '제국주의적 침략 의도'가 깔려있다고 비난하였다. 이들은 6·25전쟁보다 자신들의 목표인 '대만 해방'과 'UN 안보리 의석 확보'에 더 관심을 기울였다. 그러나 외교적 성과가 없게 되자 군사력 투입을 심각하게 고민하였다. UN에서 한국 문제를 토의하자는 중국이 제의한 안건이 부결되고, 타이완이 UN에서 대표권을 가진다는 UN 총회의 결의가 발표되자 1950년 10월 8일 마오쩌둥은 공식적으로 참전(參戰)을 결정하였다.[3)]

실제로는 그 이전인 10월 2일 이미 이들 내부적으로 펑더화이(彭德懷, Peng Dehuai, 1898~1974)를 중국 인민지원군 총사령관으로 결정한 상태였다.[4)] 이때 중국이 내세운 참전 명분은 아래의 <표 6-2>와 같이 크게 네 가지로 정리할 수 있다.

〈표 6-2〉 중국의 6·25전쟁 참전(參戰) 명분

① 미국의 제국주의적인 전면적 공세가 중국의 안보에 위협이 된다.
② 북한이 멸망할 위기이기에 동맹국으로서 지원함이 마땅하다.
③ 中·蘇 간 암묵적인 합의가 있었고, 소련으로부터 권유를 받았다.
④ 중국의 사회주의 혁명과 관련하여 타이완과 만주를 포함한 제반 정치적 목적을 달성하기 위함이다.

3) 육군 군사연구소, 『중공군 공간사 번역서: 중공군이 경험한 6·25전쟁Ⅳ』, (계룡: 국군인쇄창, 2019), pp. 4~17.

4) '중국 인민지원군'이라고 칭하면서 '지원'에 쓰는 한자를 일반적인 의미와 다르게 사용한 것은 미국과 UN군에게 자신들의 전략적 기도(企圖)를 노출하지 않기 위함이었다. '지원'은 '支援(support)'으로 쓰고 '지지하며 도움을 준다.'라는 뜻으로 사용하는 게 일반적이다. 그러나 당시는 국제 사회의 이목과 명분을 잃지 않기 위하여 '志願(desire)'으로 씀으로써 '뜻이 있어 스스로 원하여 끼이기를 원하는 사람'이라는 의미로 사용하였다. 세부적인 내용은 6·25 전쟁사에서 학습하는 게 좋을 듯싶다.

아래의 <표 6-3>은 마오쩌둥이 미국을 비난하면서 한 중국의 참전 이유에 대한 발언을 정리한 내용이다.

〈표 6-3〉 중국의 마오쩌둥이 말한 6·25전쟁의 참전(參戰) 이유

"미국은 우리의 혁명을 붕괴시키려고 한다. 북쪽은 한반도, 남쪽은 인도차이나에서 노리고 있다. 어차피 미국과 싸우지 않을 수 없다. 그렇다면, 싸우기 좋은 장소를 우리 쪽에서 선택하는 것이 유리하다. 그것은 한반도이다. 산악 지대가 많아서 미국이 기동력을 발휘할 수 없기 때문이다."

2.2. 중국의 참전 이후 전황(戰況)

중국군이 대규모 병력을 투입하고 적극적으로 개입하면서 기세(氣勢)에 눌린 UN군은 후퇴할 수밖에 없었다. 전쟁 초기 美 제24사단 스미스 부대가 오산 죽미령 전투에서 생각지도 못한 대패(大敗)를 당하면서 UN군은 엄청난 혼란에 접어들었다고 해도 지나치지 않다. 그러나 9월 15일 우여곡절 끝에 내부의 많은 반대를 무릅쓰고 감행한 '인천상륙작전(Operation Chromite)'이 성공함으로써 전세(戰勢, the war situation)를 뒤집을 기회를 얻게 된 더글러스 맥아더 UN군 총사령관은 북한의 무조건 투항을 요구하는 최후통첩을 발표하였다.[5] 아래의 <그림 6-1>은 6·25전쟁이 발발한 이래 중국군이 개입하고 이후 휴전 협상이 조인될 때까지의 전황을 정리한 그림이다.

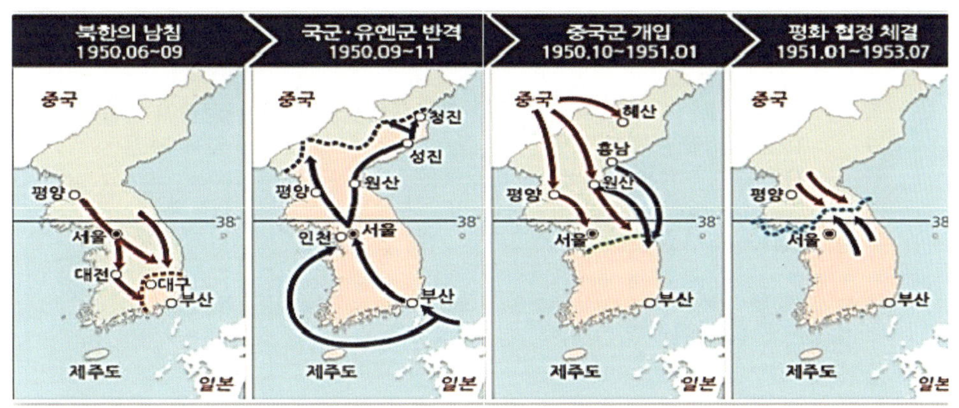

〈그림 6-1〉 6·25전쟁 간 전황(戰況)의 변화

5) '인천상륙작전(Operation Chromite)'에 관련된 내용은 2016년 상영된 <인천상륙작전> 영화를 보면, 이해가 쉬울 듯싶다.

중국군은 1950년 10월 19일부터 28일까지 12개 보병사단과 포병 3개 포병사단 등 총 25만여 명에게 압록강을 건너라는 명령을 하달하였다. 이때부터 10월 25일에는 청천강 연변지역 일대까지 남하(南下)를 완료하였다. 11월 7일부터는 북쪽의 산악지역으로 잠적하여 UN군과의 접촉을 아예 단절시켰다. 이때부터 美 정책당국과 맥아더 UN군 총사령관의 오판(誤判)을 불러왔고, 결과적으로 휴전도 2년 이상 지체되었다. 11월 25일 중국군의 계획된 대규모 공세로 전세(戰勢)는 역전되었고, UN군의 공세는 완전히 실패하였다.

3. 미국의 참전 배경과 전황(戰況)

3.1. 미국의 초기 인식(perception)과 전략

미국은 초기에 강경 일변도의 정책과 전략으로 밀어붙였다. 그러나 얼마 후 국무부에서 중국의 북경 주재 인도대사인 K. M. 파니카(K. M. Panikkar)로 부터 중국의 입장이 강경하게 변화된 경과를 전해 듣고 실무-그룹(working-group)은 신중한 접근이 필요함을 건의하였다. 그러나 해리 S. 트루먼 대통령을 비롯한 정책당국은 전략적 판단 과정에서 이렇게 중요한 정보를 소홀히 취급했다. 맥아더 장군도 중국군의 개입은 불가능하다고 오판하였고, 트루먼 대통령과 정책 당국자들도 같은 결정을 하고 UN군을 38도선 이북까지 진출시켰다.

맥아더 장군 해임 이전(以前)의 협상 추진 현황(종합 2-1)

- **1950.6.26, 美, UN안전보장이사회에 결의안 제출 → 채택**
  - · UN군 결성, 조직
- **7.14, 이승만 대통령 → 한국군 작전지휘권을 UN군 사령관에 이양**
- **10월 초, UN군 북진(北進) → 소련, 즉각 휴전과 외국군 철수 제의**
- **11.30, 美 트루먼 대통령 → 원자폭탄 사용 가능성을 최초로 언급**
- **12.4, 英 클레멘트 애틀리 총리, 제3차 세계대전 가능성을 경고**
- **12.13, 13개 아시아 · 아프리카 국가의 휴전 결의안이 UN총회에 채택**
  - · 12.5, 인도 주도로 13개 아시아 · 아프리카 국가의 아시아 선언
- **12월~, 美 애치슨 국무장관 → 프린스턴 대학교 연구소 조지 케넌에 미국의 전략에 대한 조언 부탁**
  - "외교는 상대에 압박카드가 있을 때 효과가 있는데, 지금은 때가 아니다."
- **1951.4.5, 맥아더 장군의 발언이 美 언론에 공개**
  - "장제스 군대를 활용하여 아시아에서 공산주의를 몰아내야 한다."
- **4.11, 美 트루먼 대통령, 더글러스 맥아더 UN군 사령관 해임(解任)**

〈그림 6-2〉 6·25전쟁 시 관련국 간의 협상 추진 현황(종합 2-1)

그러자 중국군은 보란 듯이 10월 19일부터 '항미원조(抗美援朝) 보가위국(保家爲國)'을 외치면서 압록강을 건넜다.[6] 아래의 <그림 6-2>는 6·25전쟁 시 관련국 간의 협상을 추진하던 과정을 종합한 현황으로 맥아더 장군을 해임하기 이전(以前)까지의 주요 경과 사항이다.

일부 자료에서는 처음에 휴전 협상[7]을 제의한 국가가 미국으로 주장하고 있으나, 이는 확인할 필요가 있다. 당시 美 국무부에서 존 J. 무쵸(John J. Muccio, 1949~1952년까지 在職) 주한 미국대사가 보낸 전문(電文)을 받은 다음 바로 소집된 UN 안전보장이사회에서 결의안을 채택한 시점이 6월 26일(미국 시각으로 6월 25일) 18:00경이었기 때문이다. 결의안도 "분쟁을 중지하고 군사력을 38도선 이북으로 철수할 것"이라는 내용을 담고 있었기에 휴전 제의로 평가할 수 있는 내용이 아니었다. 10월 초에 이르러 UN군이 38도선을 회복하고 북진을 계속하자 몸이 단 소련 측에서 즉각 휴전과 외국군 철수 결의안을 UN 총회에 제출하였다. 그러나 이 또한 중국군이 대규모로 참전하여 전세(the war situation)가 다시 역전되자 이번에는 美 국무부가 주도적으로 휴전을 검토하는 등의 혼란이 반복되었다.

12월 4일 영국의 클레멘트 애틀리(Clement Attlee) 수상이 트루먼 대통령과 대면한 자리에서 원자폭탄을 언급한 데 대하여 사전 협의가 필요함과 전쟁을 평화적으로 해결하는 게 중요함을 강력하게 제기하였다.

1951년 초, 인도가 중국에 휴전을 받아들이도록 설득하였으나, 이때 중국 지도부는 그럴 마음 자체가 없었다. 왜냐하면, 마오쩌둥의 사상적 기반인 심리적 측면에서 이길 수 있다고 생각하는 중국이 절대 휴전이나 양보를 고려할 필요가 없었음을 이해하여야 한다. 그러나 점차 UN군이나 공산군 모두가 이 전쟁에서 일방적인 승리를 가져오기 어렵다는 점을 깨닫는 데 그리 오랜 기간

6) "항미원조 보가위국," 『연변일보』 (2019. 9. 9.) (검색일자: 2020년 5월 31일).

7) 일반적으로 '휴전 협상 또는 휴전협정'이라고들 한다. 그런데 실제 1953년 7월 27일 UN군 사령관과 공산군 측에서 북한 및 중국 대표가 합의한 협정문에는 남·북한이 함께 '정전 협정'으로 번역되어 있다. 즉, '휴전협정'이 아니라 '정전 협정'이라고 표현함이 정확한 용어이다. 그러나 당시 남한에서는 이 협정을 '휴전협정'이란 용어로 더 많이 사용하였다. 그러나 초기에는 '정전(停戰)'으로 쓰다가 1951년 7월 이후 본격적인 협상이 시작되면서 '정전'과 '휴전'이라는 용어를 함께 사용하고 있다. 그러다가 1953년 협정을 조인한 이후부터 '휴전'이라는 용어를 일반적으로 사용하였기에 '휴전 협상'이라는 명칭을 사용하고 있음을 알아두면 좋겠다. 그러나 학습 목적상 어떠한 용어가 정확한 용어인지는 짚고 넘어가자. 사전적 정의로 정리하자면, 먼저, '정전(停戰, cease fire 또는 armistice)'은 '전투 행위를 완전히 멈추는 것'으로 교전국 간에 정치적인 목적에 대해서까지 합의하기는 현실적으로 어렵기에 단순한 전투 행위의 정지만을 합의한다'라는 의미이다. 둘째, '휴전(休戰, armistice)'은 '적대 행위는 일시적으로 정지되지만, 전쟁은 계속되는 상태'를 의미한다. 이는 전쟁을 완전히 종결하는 '강화조약 또는 평화협정'이나, 전투 행위를 완전히 멈추는 '정전'과는 다르다. '휴전'에는 ① 일반 휴전, ② 부분 휴전으로 구분한다. ①은 일반적으로 완전하게 전쟁이 종료됨을 의미하는 '강화조약'의 바로 이전단계로 보면 된다. ②는 전체 군대의 일부나, 일부 지역에서 일시적으로 전쟁이 중지되는 상태를 의미한다. 국제법에서 '휴전'은 '일반 휴전' 또는 '부분 휴전'을 막론하고 전쟁이 계속 진행되는 상태를 뜻하며, 교전국과 중립국의 권한과 의무도 전시(戰時)와 마찬가지로 인정받고 있다.

이 걸리지 않았다. 그러나 쌍방 어느 쪽도 먼저 상대에게 약한 모습을 보일 시기는 아니라고 판단했다는 점에 주목할 필요가 있다. 이는 휴전 협상을 상당 기간 지체시켰다. 아래의 <그림 6-3>은 맥아더 장군을 해임한 이후(以後)에 추진하였던 노력을 종합한 내용이다.

맥아더 장군 해임 이후(以後)의 협상 추진 현황(종합 2-2)

- 1951.5.18, 美 조지 케넌, UN주재 소련 대표 야곱 A. 말리크와 회담
- 6.23, 소련 → 미국에 휴전 협상을 공식 제안
- 6.29, 美 국가안전보장회의(NSC), 소련의 휴전 제의를 수용
- 6.30, 리지웨이 UN군 사령관, 공산군 측에 '군사회담'을 제안
- 7.8~10, 개성(내봉장)에서 '예비회담' 개최
  - 7.26~11.23, 군사분계선(MDL)과 비무장지대(DMZ) 설정에 합의
- 12월~, 포로 송환(送還) 협상 시작
- 1952.5.7, 거제도 포로수용소에서 반공포로에 의한 폭동이 발생
- 11.4, 美 대통령에 아이젠하워 당선
- 1953.3.5, 소련 스탈린 사망
- 5.8, 이승만 대통령, 미국에 휴전 반대 의사(意思)를 통보
- 6.8, 포로교환협정 조인
- 6.18, 이승만 대통령, 반공포로를 일방적으로 석방
- 7.27, 휴전 협정 조인

〈그림 6-3〉 6·25전쟁 시 관련국 간의 협상 추진 현황(종합 2-2)

미국은 군사 부문만으로는 해결이 어려워지자 정치·외교부문에서 해법을 찾기 시작했다. 이때 등장한 적임자가 바로 프린스턴 대학교 고등연구소에 있던 조지 F. 케넌(George F. Kennan, 1904~2005)과 UN 주재 소련 대표인 야곱 A. 말리크(Jacob A. Malik) 였다.[8] 美 측은 이들의 물밑 접촉이 위험을 감수해야 한다는 측면에서 고민이 많았다. 특히 이오시프 V. 스탈린이 제2차 세계대전 말기에 자신을 찾아온 연합국 대표들을 밀어붙이는 강압적인 대화 전략만으로 승전국(勝戰國)의 지위와 이익을 충분히 획득한 점은 이미 겪은 바가 있었다. 스탈린이 사전에 한반도의 공산화를 위해 많은 준비와 노력을 해놓았기에 미국은 위험 부담을 최소화하여야 했다.[9] 이에

8) 조지 F. 케넌(George F. Kennan)은 미·소 냉전의 핵심 인물로 소련 모스크바 주재 미국대사를 지냈고, 미국의 대소련 정책의 입안자로서 소련 주변의 비밀정보 수집 등 다양한 분야에서 활약한 외교관이자 정치가이며, 역사가이다.

9) 이 시기는 세계적으로 동·서 냉전(冷戰)이 격화되는 초기였다. 미국이 아직은 패권적 강대국을 완성하지 못한 상태였다. 중국은 6·25전쟁 참여를 명분으로 인민들에 대한 정치적 동원과 경제적 결핍(缺乏, deficiency)을 정당화하면서 문화적인 통제를 제도화하였다. 소련은 미국을 아시아에서 발을 빼지 못하도록 묶어둔 상태에서 동유럽

따라 '비공식적이고 철저하게 비밀을 지키면서 안 되면, 시치미를 잡아뗄 수 있는 적임자'로 발탁한 인물이 조지 F. 케넌이다. 두 사람이 비밀리에 물밑 접촉을 진행하는 가운데 조지 F. 케넌의 "한국전쟁을 휴전으로 정리하되, 현재의 전선(戰線, battle line)을 기준으로 하는 군사분계선을 설정한 다음 국제적인 휴전 감시기구를 만들자."라는 제안을 야곱 A. 말리크는 받아들이면서도 "소련은 이 전쟁에 직접 개입하지 않았기 때문에 휴전 협상에 참석하기가 어렵다."라는 메시지를 포함하였다. 다시 말해 휴전 협상을 하더라도 미국이 직접 북한과 중국을 상대로 하는 휴전 협상도 필요함을 일깨워주었다.

Matthew B. Ridgway (1895~1993)

1951년 6월 23일 소련의 야곱 A. 말리크가 미국에 공식적으로 휴전 협상을 제안하였고, 6월 29일 미국의 해리 S. 트루먼 대통령이 국가안전보장회의(NSC)를 통해 동의하자 6월 30일 매슈 B. 리지웨이(Matthew B. Ridgway, 1895~1993) UN군 총사령관이 원산항에 정박하고 있던 덴마크 병원선(病院船, hospital ship)에서 '휴전을 위한 군사회담'을 갖자고 공산군 측에 공식적으로 제안하였다. 그러나 중국은 '선상 회담(船上 會談, shipboard talks)' 자체에 대한 알레르기 거부 반응을 보였다. 제2차 세계대전 말기에 일본이 미국의 미주리호에서 '항복 서명(surrender signature)'을 하던 이미지가 연상될 수 있다는 판단에서였다.

이때 미국의 단순한 생각에서 시작된 실수는 휴전 협상을 상당 부분 제한하였고, 지체시키는 결과를 가져왔다. 7월 1일 소련과 중국, 북한이 합의하여 제안한 협상 장소는 '개성'이었다. UN군은 회담을 금방 끝낼 수 있으리라 생각하고 공산군 측의 수정 제안에 동의하였다. UN군이 북진(北進)할 때 지나갈 수밖에 없는 길목에 개성이 있으므로 공격 진출은 자연스레 제한될 수밖에 없었다. 압박을 받고 있던 공산군 측의 숨통을 트이게 만드는 결과로 '신(神)의 한 수'였다. 이로 인하여 공산군이 지배하고 있던 판문점 북쪽의 개성은 자연스럽게 북한의 영토로 되었다가 최근에 들어와서야 개성공단의 형태로 한국에 개방되었다. 이는 협상학 측면에서 상당히 아쉬운 부분이다.

지역의 사회주의 국가 건설을 강화할 계획이었다. 다만, 북한은 전쟁 초기에 전선을 쉽게 공략하였으나, 점차 38도선 일대에서 전선이 교착되고, UN군의 공중 폭격으로 인명피해가 늘어나는 반면에 전쟁 피로도는 커지고 있었기에 조기에 휴전 협상(終戰)을 하려고 희망하였으나, 스탈린이 주도하면서 김일성 혼자서만 주장하기는 불가능하였다.

제 2 절

위기관리의 의사결정 단계와 협상의 주요 기능

1. 주요 인물에 대한 이해[10)]

1.1. 미국의 해리스 S. 트루먼 대통령

Harry S. Truman (1884~1972)

해리스 S. 트루먼(Harry S. Truman, 1884~1972)은 부통령이었다가 루스벨트 대통령의 사임으로 인해 예측하지 못한 상황에서 대통령에 취임하였다. 재임 기간 중 소련과 중국이 주도하는 공산주의와 자유민주주의 간 이념적 대결 상태에 있었고, 일본에 대한 원자폭탄 투하 결정과 6·25전쟁 시 UN군의 참전을 결정하였다. 6·25전쟁이 발발하자 더글러스 맥아더 장군을 UN군 총사령관으로 임명하였으나, 맥아더 장군이 군사적 측면에서 중국 본토에 대한 공격을 계속 주장하자 강제로 해임하였다. 이 와중에도 휴전협상은 계속 진행하였으나, 미국과 소련, 중국의 셈법이 다르다 보니 지지부진해지는 바람에 국민으로부터 신뢰받지 못하는 후유증도 동반되었다. 그러나 공산주의의 세력 확장에 대항하는 봉쇄정책의 시행과 노동자와 농민의 생활 수준을 향상했다는 측면은 긍정적으로 평가할 수 있다. 소수민족에 시민권(市民權, Citizenship)을 확대하기 위한 사회적 · 경제적 개혁정책은 성공하지 못하였지만, 미국의 국가 정책이 미래로 나아가야 할 방향성(directivity)을 제시했다는 측면에서 긍정적으로 평가받고 있다.

해리스 S. 트루먼 대통령의 성격을 6·25전쟁으로만 한정을 짓고 생각해보자. 먼저, 휴전 협상이 2년 이상 지체되었다는 데서 자유로울 수 없고, 남북한이 분단되었다는 측면에서도 상당한 책임이 있다. 또한, 1951년 4월 5일 맥아더가 언론에 "장제스의 군대를 이용하여 아시아에서

10) 아직 정치적인 논쟁이 끊이지 않는 인물들이 있기에 여기에서는 정치적인 논쟁의 시각에 집중하기보다 휴전 협상에 관한 학습을 진행하기 위한 시각과 목적으로만 활용하고자 한다.

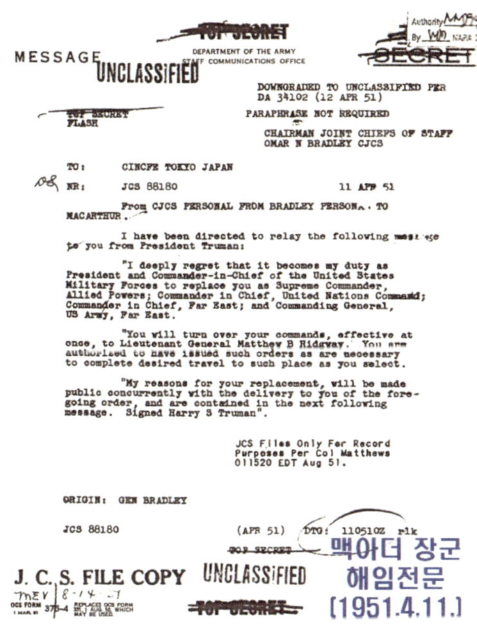

MESSAGE UNCLASSIFIED

TOP SECRET

DEPARTMENT OF THE ARMY
STAFF COMMUNICATIONS OFFICE

SECRET

DOWNGRADED TO UNCLASSIFIED PER
DA 34102 (12 APR 51)

TOP SECRET
FLASH

PARAPHRASE NOT REQUIRED

CHAIRMAN JOINT CHIEFS OF STAFF
OMAR N BRADLEY CJCS

TO: CINCFE TOKYO JAPAN

NR: JCS 88180 11 APR 51

From CJCS PERSONAL FROM BRADLEY PERSONAL TO MACARTHUR.

I have been directed to relay the following message to you from President Truman:

"I deeply regret that it becomes my duty as President and Commander-in-Chief of the United States Military Forces to replace you as Supreme Commander, Allied Powers; Commander in Chief, United Nations Command; Commander in Chief, Far East; and Commanding General, US Army, Far East.

"You will turn over your commands, effective at once, to Lieutenant General Matthew B Ridgway. You are authorized to have issued such orders as are necessary to complete desired travel to such place as you select.

"My reasons for your replacement, will be made public concurrently with the delivery to you of the foregoing order, and are contained in the next following message. Signed Harry S Truman".

JCS Files Only For Record
Purposes Per Col Matthews
011520 EDT Aug 51.

ORIGIN: GEN BRADLEY

JCS 88180 (APR 51) DTG: 110510Z rlk

TOP SECRET

J. C. S. FILE COPY

UNCLASSIFIED

TOP SECRET

맥아더 장군 해임전문 (1951.4.11.)

공산주의를 몰아내야 한다."라는 발언은 트루먼 대통령을 "이런 매국노가 있는가!"라고 까지 격노(激怒, rage)하게 했던 발언으로부터 마지막까지 북진(北進)을 고집한 맥아더 장군을 해임하고 마는 편협한 성격의 소유자로도 볼 수 있다.

또한, 스탈린의 유럽지역에 대한 공산화 전략을 두려워하여 한반도에서 발을 빼는 과정에서 많은 문제를 발생시켰지만, 현대 시각에서 보면, 그것은 기우였다. 스탈린이 도리어 미국과의 전면전을 두려워했던 징후가 곳곳에서 나타나 있기 때문이다.[11] 국가 지도자로서의 성향은 결정적인 시기에 정작 결심하지 못하는 '우유부단함'은 국가 지도자의 자질에 다소 문제가 있는 부분으로 느껴진다. 그러나 '진실(truth)'과 '진정성(authenticity)'으로 현실에 순응하는 스타일이었던 점은 분명하다.

1.2. 미국의 더글러스 맥아더 UN군 총사령관

Douglas MacArthur (1880~1964)

더글러스 맥아더(Douglas MacArthur, 1880~1964) 장군은 군인이자 정치가였고, 사회운동가였다. 중장으로 예편한 아버지 아서 맥아더 2세(Arthur MacArthur Jr.)의 영향으로 원칙과 규정을 준수하는 야전 군인으로 유명했다. 제2차 세계대전 시 필리핀 식민지의 군정 총독과 극동군 최고사령관으로 있다가 1937년 퇴역하였다. 1941년 육군 대장으로 복귀하여 육군 원수 계급으로 진급하였으며, 6·25전쟁 당시에는 미군 사령관이자 UN군 총사령관이었다. 해임되기 직전까지 대응 전략 기조는 '한반도에서 공산주의를 완전히 몰아

11) 이오시프 V. 스탈린의 경우 미국을 자극하지 않기 위해 부단한 노력을 하였다. 한 사례가 압록강 상공에 중국 인민지원군을 지원하기 위해 출동한 소련 공군 조종사들에게 중국어로 교신하라는 말도 되지 않는 지시를 내려서 한동안 소련 공군 조종사들의 반발이 많이 발생하였다. 또한, 그 뒤로도 2년 이상의 전쟁은 계속되었다는 점을 고려할 때 이는 해리 S. 트루먼 대통령의 기우(unexpected meeting)에 지나지 않았음을 보여주고 있다고 하여도 과언이 아닐 듯싶다.

내는 것'이었다. 트루먼 대통령도 초기에는 그렇게 호응하는 듯 보였지만, 중국군이 개입하면서 트루먼 대통령의 정책과 맥아더 UN군 총사령관의 전략에 서로 틈이 생기기 시작했다.

그는 트루먼 대통령에게 강제로 해임된 4월 12일 직후인 4월 19일 오전 상・하원 합동회의에 참석하였다. 이 합동회의에서 했던 그의 발언에서 전형적인 군인으로서의 철학과 소신을 오롯이 느낄 수 있다. 아래의 <표 6-4>는 맥아더 장군이 상・하원 합동회의에서 발언한 내용이다.

〈표 6-4〉 맥아더 장군의 상・하원 합동회의 발언(요약)

"한국전쟁을 조속히 종결짓지 않으면, 더 큰 전쟁을 면할 수 없을 것이다. 조속히 종결하기 위해서는, 첫째, 압록강 피안(彼岸, the other shore)의 적 보급기지를 폭격해야 한다. 둘째, 중국에 대한 경제 봉쇄를 시행해야 한다. 셋째, 美 해군이 중국 본토의 연안을 봉쇄(coastal blockade)하고, 공군은 중국 본토를 공격해야 한다. 넷째, 대만에 가해지고 있는 제한을 없애야 한다."

그는 자신의 주장을 전쟁 도발 행위로 비난하는 인사들에 대하여 "전쟁을 조속한 시일 내에 종결짓는 것은 군인의 사명일 뿐만 아니라 대다수가 그렇게 생각할 것이다."라고 설명하였다. 극동군 최고사령관 시절 이승만 대통령의 일본 방문을 주선하였고, 다양한 편의를 봐주었다. 이승만 대통령도 존 R. 하지(John R. Hodge, 1893~1963) 美 군정 장관과의 마찰은 심하였으나, 더글러스 맥아더 장군과는 상당한 친교(親交)가 있었다. 그러나 원칙주의자였던 맥아더는 한국 방위에 대한 이승만 대통령의 주장에 공감하면서도 원칙에 벗어난 언급은 피했다는 점에서 성격의 일단을 엿볼 수 있다.

더글러스 맥아더 장군은 자신의 편이라고 생각하는 구성원에게는 한없이 친절하고 자비로우며, 끝까지 보호해주었으나, 아니라고 생각하면, 지나치리만큼 냉정하게 대하는 성격으로 호불호(好不好, likes and dislikes)가 뚜렷한 성격을 갖고 있었다. 이러한 고집불통에 외곬인 독단적 성격과 중국군의 개입을 두 차례에 걸쳐 예측하지 못한 오판(誤判, misjudgment)의 결과는 6・25전쟁을 지연되게 만든 결정적 요인이라는 점에서 아쉽다.

1.3. 한국의 이승만 대통령

이승만(李承晩, 1875~1965) 대통령은 대한민국 임시정부의 초대에서 3대에 이르기까지 대통령

이승만(1875~1965)

이었다. 미국 유학파로서 친미(親美) 외교정책과 반공주의(反共主義) 정책을 추진하였으나, 독재와 4·19혁명 등에 의해 결국 하야(下野)한 대통령이다.[12)] 이승만 대통령은 6·25전쟁이 발발하자 주변에 알리지도 않고 대전(7월 1일)-익산-목포(7월 2일)-대구(7월 9일)-부산으로 움직였다. 지금도 아쉬운 점이 대전에서 홀로 시행하였던 대통령의 라디오 방송 내용이었다. 결국, 이를 그대로 믿은 국민만 엄청난 피해를 봤기 때문이다. 그리고 7월 14일 대통령은 스스로 더글러스 맥아더 UN군 총사령관에게 말도 많고 탈도 많은 '작전지휘권'을 이양(移讓, relinquishment)하였다. 이는 추후 미국이 휴전 협상과 전략을 결정할 때 한국 정부와 협의하지 않아도 된다는 빌미 중의 하나로 작용하였다. 이승만 대통령은 1951년 6월 30일 냉렬하게 휴전을 반대하면서 아래의 <표 6-5>와 같이 휴전 협상이 가능한 전제조건 5개 항을 제시하였다.

〈표 6-5〉 이승만 대통령의 휴전협상 전제조건 5개 항

① 한반도에서 중국군은 전면적(全面的)으로 철수해야 한다.
② 북한군의 무장(武裝, armament)은 완전히 해제하여야 한다.
③ UN이 개입하여 제3국에 의한 북한 원조 활동을 방지해야 한다.
④ UN 주재하에 실시하는 모든 한국 문제를 토의할 때는 한국 대표의 참여를 보장하여야 한다.
⑤ 한국의 주권과 영토보전(保全, preservation)에 대한 분쟁이 예상되는 결정이나 계획에 반대한다.

12) 1919년 4월 23일 경성에 있는 임시정부에서 이승만을 집정관 총재로 추대하였으나, 8월 16일 호놀룰루 집정관 추대식에서 본인이 대통령(President)의 호칭을 사용함으로써 논쟁으로 비화하였다. 후에 대통령으로 추대되었지만, 임시정부에 오지 않고 하와이와 워싱턴 등지에만 머무는 등의 시비가 계속 발생하였다는 점은 두고두고 아쉬운 부분이다.

그러나 '작전지휘권'을 UN군 총사령관에 이양(移讓)했기 때문에 권한 자체가 없었다.13) 하지만 이후에도 미국이 주도하는 휴전협상을 저지하기 위해 일방적으로 반공포로를 석방하는 등의 활동을 독단적으로 결정하였다.

이승만은 자만심이 강하고 독선적이며 급한 성격으로 주변과 다툼이 많았었고, 우유부단하다고 평가하고 있다.14) 자기 외양(appearance)을 중시하는 성향을 나타내고 있으며, 자신의 주변을 잘 통제하지 못하여 말년이 좋지 못했다. 특히 친일 인물들을 대거 등용함으로써 현재도 친일 청산을 하지 못한 점 등은 긍정적으로 보이지 않지만, '韓・美 상호방위조약'의 체결은 세계적으로도 성공적인 동맹의 결과로 평가받고 있다.

1.4. 중국의 마오쩌둥 국가주석

Mao Zedong
(1893~1976)

마오쩌둥(Mao Zedong, 1893~1976) 국가주석은 공산주의 이론가이자 군인이었고, 급진적인 정치사상가였다. 어릴 때 방황하였으나, 당시 중국의 전반적인 상황이 불안정하였기 때문으로 보인다. 소련이 마르크스-레닌의 프롤레타리아 혁명 사상을 채택하였다면, 중국의 마오쩌둥은 자본주의와 종교에 의한 영향력을 차단하기 위해 프롤레타리아 문화대혁명 운동을 일으켜 공산주의 사상과 권력을 정당화시켰다. 이때 선봉에 선 집단이 홍위병(紅衛兵, the Red Guards)이었으며, "반란을 일으키는 것은 정당하다."라고 주장하며 중앙정부로 집중되는 강력한 권력을 구축하는 데 일조하였다. 마오쩌둥은 게릴라전을 바탕으로 한 투쟁노선을 국가전략으로 정립하였으며, 국공내전(國共內戰, civil war)에서 승리를 거두면서 1949년 10월 1일 '중화인민공화국'의 수립을 선포하였다. 권력을 장악하며 장제스의 국민정부를 전복시키고, 타이완으로 몰아냈다. 농민들에게 토지를 무상으로 분배하였고, 중국의 독립과 주권을 회복시키는 등 중국의 굴기(屈起, rise)에 절대적으로 기여했다는 점을 부인할 수 없으나, 잔인하고 파괴적인

13) 김연철, 『협상의 전략』(서울: 휴머니스트, 2016), pp. 221~223.; https://ko.wikipedia.org/wiki/%EC%9D%B4%EC%8A%B9%EB%A7%8C.

14) 제1공화국에서 국무총리와 수석국무위원을 역임하였고, 이승만 대통령의 하야 후 대통령 권한 대행과 내각 수반, 제2공화국 총리 등을 역임한 허정(許政, 1896~1988)이 평가한 내용으로 이승만의 하야를 건의한 인물이다.

통치를 지향한 인물인 점도 분명하다. 아래의 <그림 6-4>는 마오쩌둥의 생애를 집약하여 정리한 내용이다.[15)]

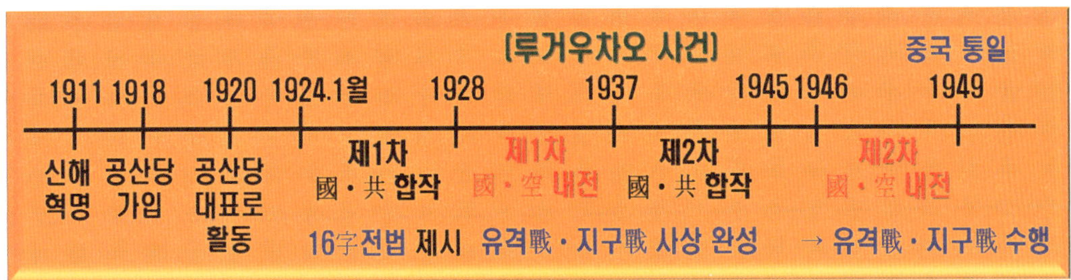

〈그림 6-4〉 마오쩌둥이 중화인민공화국을 수립하기까지의 생애(정리)

마오쩌둥은 1953년 5월 13일 베이징을 방문한 김일성으로부터 남침계획을 들었다. 김일성은 "스탈린이 1월 30일에 1차 승인을, 4월 25일에 최종 승인을 받았다."라고 설명하였다. 이때 스탈린이 김일성에게 내건 '조건부 동의' 승인 조항은 바로 '마오쩌둥의 동의(approval)'였다. 소련에 이를 확인한 마오쩌둥은 5월 15일 스탈린과 김일성의 "미국이 이렇게 작은 영토를 위해 제3차 세계대전을 일으키지 않을 것이다."라는 가정(假定)과 전제(前提, premise)에 상당한 문제가 있음을 지적하는 세밀함을 보였으나, 당시의 국가 형편에서 자신의 주장보다 스탈린의 의도에 동의하지 않을 수 없었다.

마오쩌둥의 처지에서는 아직 타이완과 티베트 지역의 해방, 국민당 잔당(殘黨)의 소탕 등을 비롯하여 정치·경제·사회적 문제가 산적(山積)되어 있었지만, 소련과 경제 발전 및 국가안보에 필요한 동맹을 체결한 직후였고, 스탈린의 지원이 필수적이었기에 충성심을 보여주어야 했다. 결과적으로 50만 명이 넘는 '인민지원군(人民志願軍)'을 투입하였다. 휴전 협상을 진행할 때는 북한을 중심으로 협상 대표단을 구성하였지만, 실질적인 권한은 마오쩌둥에 의해 처리되었다. 그러나 중국과 소련의 관계로 볼 때 가장 중요한 결정은 소련의 스탈린에 의해 정리된 것으로 보인다.

15) '루거우차오(노구교) 사건'은 1937년 7월 7일 야간에 중국 베이징 남서부 외곽에 있는 루거우차오 부근에서 일본군과 중국군의 대처하는 과정에서 일어났다. 일본군의 의도적인 발포로 시작된 이 사건은 '7·7사변'으로도 불린다. 이 사건을 계기로 '남경대학살 사건'이 발생하였고, 점차 中·日 전쟁으로 비화(飛火)하였으며, 마오쩌둥이 이끄는 공산군과 내전을 벌이던 국민당이 합동으로 일본을 상대하게 만드는 제2차 國·共 합작을 성공시켰다. 일본이 전쟁을 자신들의 구상대로 종결짓지 못하자 1941년 '태평양 전쟁'으로 전선을 확장하게 된다.

1.5. 소련의 이오시프 V. 스탈린 공산당 서기장

이오시프 V. 스탈린(Joseph V. Stalin, 1878~1953) 공산당 서기장은 최고지도자이자 군인으로서 혁명가이자 정치가였으며, 최고 권력자였다. 사망할 때까지 강력한 카리스마를 가진 독재자이기도 하다. 낙후되었던 소련을 경제개발 5개년 계획을 통해 공업 국가로 전환하여 초강대국으로 발전시켰다는 점은 높이 사줄 만하다. 특히 독·소 전쟁에서 예상과 다르게 나치 독일의 항복을 끌어내 인민들의 지지(支持)를 받았다. 블라디미르 레닌(본명은 블라디미르 일리치 울리야노프, 1870~1924)의 측근으로 러시아제국을 멸망시키고 소련 건국에 기여하였으며, 레닌의 사망한 이후 권력을 장악하였다. 이후 70만 명 이상을 처형하는 등 공포정치(reign of terror)를 자행하였으며, 양면성(兩面性, Janus-faced)을 지닌 가장 극단적인 지도자로 악명(惡名)이 높았다.

Joseph V. Stalin (1878~1953)

1949년 3월 5일 모스크바에서 김일성을 만난 이오시프 V. 스탈린은 '한국에 미군이 주둔하고 있는지, 한국군의 규모는 어느 정도이고 북한 인민군과 비교 시 어느 편이 더 강한지, 38선 지역에서 일어나는 무력충돌은 어떻게 진행되고 있는지' 등에 관하여 질문하였다. 김일성은 스탈린과의 면담에서 군사적 수단을 동원하되, '민족 해방'을 명분으로 하면, 한반도를 해방할 수 있다고 장담하였다. 하지만, 이오시프 V. 스탈린은 한반도를 통일하려면, 한국이 먼저 공격했을 때 북한이 반격하여야 가능하다고 언급하면서 전쟁 승인 요청을 단번에 거절하였다. 이후 소련이 1949년 핵무기 개발에 성공하면서 미국에 '스푸트니크 쇼크(Sputnik crisis)'를 일으켰고, 마오쩌둥이 이끄는 중국 공산당이 國·共 내전에서 승리하면서 분위기가 바뀌었다. 반면에 미국은 1950년 1월에 '극동방위선(Acheson Line)'을 발표하면서 미국이 주도하는 태평양 방어선에서 한반도와 대만을 제외하였다. 이는 스탈린과 김일성의 자신감으로 연결되었다.

이오시프 V. 스탈린은 한반도의 공산화 시기가 무르익고 있다고 판단하였지만, 특별하게 내색하지는 않았다. 오히려 김일성에게 더 철저한 준비가 필요하다고 압박하였다. 특히 전쟁을 일으키더라도 직접적인 도움을 줄 수 없고, 전쟁과 관련한 지원과 도움에 관해서는 마오쩌둥의 동의를 받도록 지시하였다. 다시 말해 이오시프 V. 스탈린은 항상 미국을 의식하여 문제가 되지 않는 범위 내에서만 행동하면서 철저하게 소련의 움직임과 의도(意圖, intention)는 숨겼다. 아래의 <표 6-6>은 이오시프 V. 스탈린이 김일성과 면담할 때 강조한 내용으로 북한군의 완벽한 준비가 필요함을 언급하였다.

〈표 6-6〉 이오시프 V. 스탈린이 북한군의 완벽한 준비 필요성에 대한 발언(요약)

"공세 작전을 위해 정규사단이 창설되어야 하며, 기동 및 전투 장비는 기계화하고 무기는 완전히 보충되어야 한다. 그리고 3단계 공격 계획이 수립되어야 한다. 1단계로 전투력은 38도선에 집중적으로 배치한다. 2단계로 북한은 평화통일을 지속하여 제안해야 한다. 3단계로 한국의 평화통일 제안을 거부한 다음 기습공격을 감행한다. 누가 침공했는지의 문세를 삼추기 위해 먼저 옹진반도를 점령하는 것에 동의한다. 만일 한국이 반격하면 작전을 확대할 수 있기 때문이다. 그러나 한국과 미국의 체계적인 저항이나 국제 사회가 지원할 생각을 할 수 없도록 기습적으로 수행되어야 한다. 소련이 직접 개입하지 않을 것이며, 마오쩌둥이 아시아 문제'에 정통하니 그에게 맡겨야 한다."

이오시프 V. 스탈린은 소련이 개입하지 않고, 마오쩌둥에 맡긴다는 말을 수차례나 반복하여 말하고 있다.[16] 이오시프 V. 스탈린이 6·25전쟁을 통해 추구한 목표는 두 가지였다. 하나는 美·蘇 양대 진영의 냉전 대결 논리에 따라 소련을 종주국으로 하는 체제로 묶어야 한다는 점, 다른 하나는 유럽지역에서 가중되고 있는 미국의 군사적 압력을 동아시아 지역으로 분산시킴으로써 동유럽의 공산주의를 강화할 수 있는 시간을 벌기 위함이었다.

이오시프 V. 스탈린이 '한반도의 공산화 통일'을 목표로 주창하였지만, 실제로는 위의 두 가지 목표를 수행하려는 방편에 해당하지 않았을까? 라는 의문을 가질 수 있다. 미국이 한반도에 묶이게 되면, 유럽지역이 공산화되더라도 신경을 쓰기 어렵게 되고, UN군이 38도선 이북으로 북진할 경우 중국군이 개입하기 때문이다. 그러나 이오시프 V. 스탈린은 불행하게도 6·25전쟁이 끝나기 전인 1953년 3월 5일 사망하였다.

1.6. 북한의 김일성 주석

김일성은 6·25전쟁 이후 단 한 차례도 남침을 인정하지 않았지만, 비공식적으로는 여러 차례에 걸쳐 인정하였다. 김일성은 일단 전쟁이 시작되면 북한의 요구를 더 잘 들어줄 것으로 생각하

16) 이세기, 『6·25전쟁과 중국』 (서울: 나남출판사, 2015).를 참조하시오.

김일성
[1912~1994]

였지만, 이오시프 V. 스탈린은 정치적 목적에 부합되지 않는다고 판단할 때는 김일성의 요구를 단칼에 거절하였다. 같은 공산주의자일지라도 자신의 이익에 배치(背馳, contrariety)되면, 마키아벨리주의자의 기질(氣質, disposition)을 확실하게 표출하였다.

그러면, 김일성은 어떤 이유에서 남침할 수 있다는 자신감을 가졌을까? 당시 북한 사회가 거의 모든 분야에서 소련과 중국에 의지한 것이 사실이었지만, 놀라울 만큼 국가체제를 확고히 함으로써 당시의 한국 정부와는 비교될 정도로 주민들의 지지도를 확보하고 있었다. 여기에 남로당계의 거물 박헌영이 "전쟁이 발발하면, 남한 내부에서 봉기할 것이다."라는 오판(誤判, misjudgment)이 더해져 자만(自滿, hubris)에 빠질 여건은 충분했다.

김일성 · 박헌영의 모스크바 방문
[1949. 3. 30.~4. 25.]

1949년 8월 12일과 14일에 김일성과 박헌영을 만났던 북한 주재 소련 대사인 스티코프가 모스크바에 보낸 보고서에 "두 사람이 무력 남침의 필요성을 제기했다."라는 내용이 포함된 문서가 있었다. 이는 1995년 소련의 비밀문서 해제를 통해 공개된 내용으로 당시 김일성의 남침 의지가 상당하였음을 느낄 수 있다. 이후 1950년 1월 17일 김일성 수상은 박헌영 부수상 겸 외상이 마련한 연회에서도 스티코프에게 "중국이 혁명에 성공했다. 이제는 남조선을 해방할 때이다."라면서 "스탈린 서기장님께서 남침을 허락해주었으면 좋겠다."라는 말을 공개적으로 언급했다고 모스크바에 보고하였다. 이들은 3월 30일부터 4월 25일까지 이오시프 V. 스탈린을 면담하는 과정에서 세부적인 전쟁 시나리오까지 전달받았다.[17)]

17) 김일성이 전쟁을 진행하는 과정에서 UN군이 38도선을 밀고 올라오자 박헌영의 남한 봉기에 대하여 크게 다툰 후 박헌영을 제거한 자료도 있지만, 실제로는 김일성이 박헌영의 '남한 봉기'라는 사실을 믿기보다 소련의 스탈린과 중국 마오쩌둥의 지원을 믿었다는 자료가 많이 남아 있다.

2. 국제 정세와 참전국의 시각(perspective), 입장(stance)

2.1. 미국과 UN군 측

인천상륙작전(Operation Chromite)

수많은 반대를 무릅쓰고 결행(決行, decisive action)한 더글러스 맥아더 장군의 인천상륙작전이 성공하면서 신속하게 남하(南下)하던 북한군의 기세가 꺾였고, UN군은 38도선을 돌파하고 북진하기 시작하였다. 그러나 잠시 주춤하던 북한군은 10월 19일부터 중국군 50만여 명이 압록강을 넘어 한반도에 개입하면서 역전의 계기를 갖게 되었다. 세계는 6·25전쟁이 동·서 냉전과 함께 또다시 세계대전으로 번지는 게 아닐까 하는 두려움과 공포에 떨었다. 이러한 분위기 속에서 맥아더 장군의 원칙과 소신에 찬 발언은 상당한 파장을 몰고 왔고, 결국 해리 S. 트루먼 대통령과의 감정적인 마찰로 확대되었다.

1950년 11월 30일 해리 S. 트루먼 대통령이 원자폭탄의 사용도 불사하겠다는 위협적인 발표 이후에 국제 사회의 두려움은 더 확산하였다. UN의 아시아-아프리카 13개 회원국과 영국, 프랑스를 비롯한 유럽의 NATO 회원국들이 중국의 요구를 수용하고 전쟁의 확대를 방지해야 한다면서 '평화적인 협상'을 통해 한반도 문제가 해결되어야 한다는 목소리가 나오기 시작했다. 이때 아시아-아프리카의 13개 회원국이 주장한 내용은 아래의 <표 6-7>과 같이 종합하였다.

〈표 6-7〉 공산주의 측에서 요구한 3개 안(종합)

① 한국에서 모든 외국군대의 철수
② 대만을 중국 본토에 귀속(歸屬, reversion)
③ UN 안전보장 이사회의 중국 대표진 승인 등

NATO 회원국들은 한반도에서의 전쟁이 확대되면, 미국이 아시아에 얽매이게 되어 유럽지역의 방위(防衛)에 제한을 받지 않을까 하는 두려움과 불안에서 전쟁의 조속한 종결이 필요하였다. 특히 영국은 물밑 외교전을 통해 휴전이 필요하다면서 적극적으로 활동하였다. 특히 더글러스 맥아더 UN군 총사령관의 중국 본토를 공격해야 한다는 주장은 '군사적 모험주의'로서 세계 평화를 위험으로 몰아가고 있다면서 강하게 비판하였다.

영국의 클레멘트 애틀리(Clement Attlee) 총리도 해리 S. 트루먼 대통령을 직접 만나 "당장 전쟁을 중지하고 협상에 임해야 한다."라고 종용(慫慂, persuasion)하였다. 미국의 강한 압박으로 마지못해 '썩 내키지 않는 파병(派兵, dispatch troops)'을 할 수밖에 없었던 국가들은 더 이상의 피해가 생기기를 원하지 않았다. 그러면, 미국이 한반도에서 휴전을 원했던 배경과 이유는 무엇이었을까? 이는 아래의 <표 6-8>의 네 가지 배경과 이유로 정리할 수 있다.

〈표 6-8〉 미국이 휴전협상에 임한 네 가지 배경과 이유(정리)

① 유럽 방위를 위한 서독의 재무장, ② 아시아에서 일본과의 평화조약 체결, ③ 유럽 지역과 한반도에 투입할 병력이 부족, ④ 대통령 선거 임박

① 해리 S. 트루먼 대통령은 소련의 동아시아를 비롯한 팽창주의 정책이 美·蘇 간 전면전으로 번질 수 있다는 판단에서 유럽지역에 모든 신경을 집중하고 있었다. 특히 소련의 동유럽에 대한 공산주의의 확산을 저지(沮止, prevention)하기 위해 美 2개 사단을 NATO군에 투입하기로 약속한 상태로 서독군의 재무장을 계획하고 있었다. 따라서 한반도에서 전장(戰場)이 확대될 경우 세계화 전략의 목적으로 추진하고 있는 '유럽 계획(European recovery plan)'이 무산될지 모른다는 우려가 커졌다. 다시 말해 서독의 재무장과 유럽의 방위체제가 확립되기 이전까지 아시아에서의 전쟁 확대는 불가능하다는 게 결론이었다.

② 미국은 6·25전쟁이 발발하기 이전부터 소련의 대(對)아시아 공산주의 팽창정책을 억제하기 위해 일본과의 평화조약을 추진하고 있었다. 전쟁 중인 1951년 9월 4일 샌프란시스코에서 일본과 평화회담(안보조약)을 개최하였고, 9월 8일에 '평화조약(peace treaty)'을 체결하였다.[18] 이러한 와중에 한반도에서 전쟁이 확대될 경우 유럽 동맹국들이 일본과의 샌프란시스코 평화조약 체결에 제동을 걸 수 있다는 고민도 내면(內面)에 존재하였다. 유럽 동맹국들은 미국이 아시아 문제에

18) 美·蘇 간의 대립 구도 속에서 미국은 4월에 이미 일본과 '미-일 안보조약'을 맺었고, 9월에 '강화조약' 체결을 앞두고 있었다. 하지만 연합국들의 내부 의견은 분분하였다. 아시아-태평양 지역의 안전과 발달이 필요하다고 생각한 미국은 경제적 안정까지 고려하여 결국 성사시켰다.

깊이 개입할 경우 자신들이 곤경에 빠지게 될 것을 두려워하였기에 어떠한 형태나 방법을 불문(不問, take no notice of)하고 한반도에서의 조기 종전(終戰)을 줄기차게 요구하고 있었다.[19]

③ 당시 미국은 원자무기에서 소련을 앞서고 있었지만, 1949년 '스푸트니크 쇼크'로 인해 소련의 원자무기가 더 많다는 착각하는 오류에 빠졌다. 유럽지역은 소련군이 40만여 명인 데 반해 미군은 10만 명 수준으로 병력 규모는 이미 소련이 수적 우위를 확보한 상태였다.

1951년 7월부터 1952년 4월까지 한반도에 투입된 공산군 측의 병력 규모는 86만 명이었다.[20] 반면에 UN군의 경우는 미군 29.5만 명, 한국군 25만여 명, 기타 UN군 3.7만여 명에 불과하였다.[21]

④ 해리 S. 트루먼은 1952년에 예정된 차기 대통령 선거를 의식하지 않을 수 없었다. 그러나 승리할 가능성이 보이지 않는 가운데 원칙도 없는 전략과 대통령에 필요한 용기는 아예 없는 것처럼 외부로 전파되면서 정부에 대한 민심의 부정적인 기류는 확산하여 갔다. 이런 기류에 더하여 국가 지도자인 해리 S. 트루먼 대통령과 군사지휘관인 더글러스 맥아더 UN군 총사령관의 전쟁 전략이 통일되지 못하고 극렬한 논쟁으로 치달으면서 대통령의 입지는 더욱 약화하였다. 해리 S. 트루먼 행정부는 이러한 어려움을 벗어나기 위해 초기에 끄집어냈던 '제한전쟁(limited war)'마저 시행하기가 어려워지자 최선의 카드(BATNA)를 꺼내 들었다. 이것이 바로 신속하게 '휴전협상'을 개시하여 한반도를 전쟁 이전의 상태에서 종결시키는 대안(代案)이었다.

2.2. 공산군 측

2.2.1. 중국

중국의 마오쩌둥은 인민지원군(人民志願軍)이 1950년 12월 25일 38도선을 넘어 다시 서울을 점령한 다음 빠른 속도로 남진(南進)하고 있었기 때문에 UN 회원국들이 주장하는 평화 협상은 무시하였다. 그러나 UN 총회는 1951년 2월 1일 중국을 침략자(侵掠, aggressor)로 규정하는 결의문을 채택하였다.[22] 이에 중국 인민지원군은 4월 5일 춘계 대공세를 통해 더욱 압박을 가하였으나, 수십만 명에 달하는 인명피해만 남긴 채 전선(戰線, the fighting line)은 교착되었다. 38도선 이남 지역인 문산에서 강원도 고성에 이르는 전선이었다.

이제 휴전을 가장 원하는 국가는 미국에서 중국으로 바뀌었다. 해당 원인과 배경은 국제정치적

19) 양대현, 『역사의 증언-휴전 회담 秘史』(서울: 형설출판사, 1993), p. 79.

20) 동아시아지역에 배치된 중국군이 360만여 명, 소련군이 33개 사단과 33만 명의 예비병력이었다.

21) 육군사관학교, 『한국전쟁사』(서울: 육군사관학교, 1959, p. 317.

22) 국방부 정훈국 전사편찬위원회 編, 『한국 전란 1년지』(서울: 국방부, 1951), p. 185.

측면에서 두 가지로 정리할 수 있다. 첫째, UN 총회에서 미국이 중국을 '침략자'로 낙인을 찍은 결의안을 통과시키면서 중국이 운신할 수 있는 폭이 상당 부분 줄어들었다. 둘째, 5월 18일 UN 총회의 중국에 대한 '경제 봉쇄(economic blockade)' 조치는 치명적인 타격이 불가피하였다. 중국의 국내정치적 측면에서도 마오쩌둥이 장제스가 이끄는 국민당 정부와의 오랜 전투를 진행하는 과정에서 황폐해져 버린 중국을 정치・경제・사회적으로 안정화하여 정상 궤도에 올려놓기 위해서는 과도한 군사비 지출을 삼갈 수밖에 없었다. 다시 말해 건국한 지 1년도 되지 않은 상황에서 미국과의 전쟁에 휘말린 중국의 처지에서 전쟁 이전의 상태(status quo ante)를 전제로 하는 '휴전 협상'이라면, 아주 괜찮은 거래였다.

2.2.2. 소련

소련이 한반도에서 휴전을 원하게 된 원인과 배경은 중국과는 다소 차이가 있다. 전쟁 초기 중국이 UN에 가입하도록 적극적으로 후원(sponsor)하는 입장이었지만, UN의 분위기가 바뀌면서 스탈린의 견제와 경쟁 심리가 작동하며 이전(以前)과는 반대로 움직이기 시작했다.[23]

중국을 향한 국제 사회의 분위기가 지금처럼 돌아간다면, 중국이 소련을 제치고 아시아는 물론이거니와 국제무대에서도 무시하지 못할 경쟁자가 될 수 있었다. 이로 인해 소련은 전략을 대거 수정할 수밖에 없었다. 초기의 전략을 바꾸어 중국을 한반도에 묶어둔 채 현재의 전선 상에서 휴전을 끝낸다면, 소련과는 경쟁할 수 있는 여건이 되지 못함을 알았기 때문이다. 이후 휴전협상을 진행하면서도 협상 자체를 철저하게 지연시키고, 감정적으로 흐르게 하면서 미국과 중국을 자극하는 한편, 중국이 대표단 편성을 주도하도록 만들었다. 이에 따라 중국이 협상의 흐름을 주도하게 되었으나, 공식적으로는 북한을 대표로 내세우는 묘수를 발휘하였다.

2.2.3. 북한

북한은 인천상륙작전에 성공한 UN군이 파죽지세로 몰아붙이면서 38도선을 돌파당한 이후에 중국 인민지원군의 투입으로 전세(戰勢)를 역전시켰지만, 또다시 UN군의 반격으로 밀리는 등이 반복되면서 상호 교전(交戰)보다는 휴전의 필요성을 절감하게 되었다. 이런 여러 가지 요인으로

23) 전쟁 중간에 대만을 중국 본토에 귀속시키고 중국의 UN 안보리 가입 등을 통해 한반도 문제의 평화적 해결을 시도하는 아시아-아프리카 13개 회원국과 NATO의 UN 회원국들의 결의가 신경에 거슬렸다. 결정적 계기는 극동아시아 문제를 중국 정부가 참가한 관계 회의를 통해 진행함으로써 중국의 국제적 지위와 위상이 단기간에 높아졌고, UN 안보리 의석까지 차지할 가능성이 커지면서 계산하지 못했던 결과에 경악하였다(US General Assembly, Official Records, Seventh Session, 1952, Annexes Vol; 1 Agenda Item 16 Doc. A/C. 1/645, P. 20.).

휴전회담장(1951.7.10, 개성 내봉장)

인해 쌍방이 휴전협상에 돌입하려는 원인과 배경, 목표는 크게 두 가지로 정리할 수 있다. 첫째, 김일성은 1951년 4월에서 5월에 이르는 자신들의 '춘계 대공세'가 UN군에게 받은 치명적인 타격으로 재기(再起)하기가 불가능할 정도의 상태가 되자 또다시 재정비할 수 있는 시간이 필요하였다. 둘째, UN군의 공세 작전을 저지하는 게 가장 시급한 현안이었다. 김일성은 이 두 가지를 '휴전 협상'이라는 수단을 이용하여 해결하려고 시도하였다. 결과적으로 미국과 UN군, 중국과 소련, 북한은 접근하는 시각과 동기는 각자 달랐지만, '휴전 협상'을 수단으로 하여 전쟁이 종결되기를 바라고 있었다.

2.3. 중립국(인도) 측

Jawaharlal Nehru (1989~1964)

중립국 가운데 6·25전쟁 시 가장 적극적인 외교활동을 벌인 국가는 인도였다. 자와할랄 네루(Jawaharlal Nehru, 1989~1964)는 인도의 초대 총리로서 다양하고 변칙적인 사고방식과 행태를 보였으나, 국가의 지정학적 위치와 특성으로 인해 불가피한 선택이었다. 비록 UN으로부터 중재자라는 권한을 부여받지는 못했으나, '비공식 중재자(informality arbitrator)'로서 활동하였다. 그러나 휴전협상을 진행하는 과정에서 인도의 국가이익(national interest)에 따라 어떤 경우는 친미(親美)였다가, 또 어떤 경우에는 친중(親中)으로 변화하는 등 다소 아메바(amoeba)의 행태를 보이기도 하는 등 복잡한 심리적 성향을 보였다. 그러나 6·25전쟁이 확대할 경우 접경 국가인 중국과 소련이 당연하게 이 전쟁에 휘말리게 되면, 신생국가인 인도마저 전쟁의 여파에서 벗어나기는 어려웠다. 여러 가지로 현실을 판단한 결과 인도의 평화를 지키기 위해서는 비공식적일 수밖에 없었지만, 적극적인 '중재(intervention)'가 필요하다는 판단을 했음은 분명하다.

결과론적 측면에서 영향력은 그리 크지 않았지만, 양측을 협상테이블로 이끌고자 하는 인도의 노력만큼은 인상적이었다. 아래의 <표 6-9>는 인도의 네루 수상이 비공식 중재자로서 협상을 위해 활동하였던 현황을 종합하였다.

〈표 6–9〉 인도의 네루 수상이 비공식 중재자로 노력한 추진 현황(종합)

① 아시아-아프리카 13개 회원국에서 3인 위원회 출범
② 분쟁을 해결하기 위한 국제회의 소집 요구
③ 주중(駐中) 인도대사 파니카에 의한 중국 내 한반도 인식 제고 활동

결론적으로 성공하지 못했지만, 한반도의 전쟁을 가능한 국지화함으로써 세계대전으로의 확대를 방지해보자는 목표는 상당한 정당성(legitimacy)을 인정받았다. 이를 통해 세계 정치 무대에서 인도의 국가 이미지가 상당 부분 선양(宣揚)되는 계기도 마련되었다.

네루 총리는 중국과 소련의 밀월 관계가 해당 국가들의 특성상 오래 가지 않을 것으로 판단하고 있었다. 따라서 중국과 연합한다면, 아시아 블록을 형성할 수 있고, 세계 무대에서도 제3세력으로서 '균형자(balancer)' 역할을 하려는 포부의 실현이 가능해질 것으로 확신하였다. 이 시기 인도의 정책 목표도 중국과 인도를 주축으로 하는 '아시아 대동맹'의 형성이었다. 다시 말해 중립국인 인도 역시도 자신들의 국가이익 차원에서 '휴전(suspension of hostilities)'을 원하고 있었다.

3. 한국 정부와 미국 정부의 정치적 대립

3.1. 한국 정부의 정치적 판단과 대응

한국 정부는 휴전협상에 관한 얘기가 나오는 초기에 별다른 의견이 없는 듯 잠잠하였으나, 1951년 5월이 지나면서부터 "국토가 분단된 상태에서 어떠한 형태의 휴전도 받아들일 수 없다." 라는 태도를 유지하였다. 국토가 이미 초토화되었을뿐더러 수백만 명의 인명피해가 발생한 상황에서 휴전한다는 것은 한(韓) 민족의 멸망을 의미하는 것으로 판단했기 때문으로 보인다. 이미 엄청난 희생과 피해를 보았고, 국토는 양단(兩斷)된 상태로 황폐화한 마당에 명확한 결론이 나지 않은 상태에서 전쟁을 끝낸다는 사실이 이승만 대통령에게는 도저히 용납될 수 없는 현실이었다.

6월 27일, 이승만 대통령은 휴전 협상에 반대한다는 뜻을 강력하게 밝히면서 5개 조건을 제시하였다.[24] 그러나 이는 휴전으로 전쟁이 끝난다면, 이후에 떠안게 될 한국 안보의 허실(虛實)에 따른 불안과 두려움의 표현이었다. 휴전(休戰)할 경우 자체적으로 어떻게 안보(security)를 유지해야 할 것인가? 에 대한 자신감과 계획도 없었고, 변변한 군사력도 갖추지 못한 상태로서 막막했기 때문이다.[25] 이로 인해 "정말 그렇게 할 수밖에 없다면, 상호 방위조약이라도 하자."라고 밀어붙였다. 그러나 이는 전쟁 이전에 주한 미국 대상인 존 무초의 발언을 의식한 얘기로도 평가할 수 있다. 1949년 5월 7일, 당시 초대 주한(駐韓) 미국대사인 존 무초(John Muccio)는 기자 회견에서 "내가 아는 한 미국은 토머스 제퍼슨(Thomas Jefferson) 대통령 시대 이후 어떠한 국가와도 상호방위조약을 체결한 일이 없다."라며 확고한 미국 정부의 태도를 강조하였다. 결국, 1949년 6월, 이승만 대통령의 완강한 반대에도 불구하고 미군의 철수(withdrawal of troops)는 이행되었다.

3.2. 미국 정부의 정치적 판단과 대응

미국의 국가정책과 전략의 움직임은 앞의 <표 6-8>에서 제시한 네 가지 이유에 따라 조정되고 변화하였다. 미국은 지금도 자신들의 세계화 전략에 따라 움직이고 있다. 따라서 미국 정부는 유럽과 예정된 대통령 선거가 중요한 문제였을뿐더러 동아시아에서의 중심축은 예나 지금이나 일본으로 인식하고 있었다.[26] 따라서 미국의 세계화 전략에 반기(反旗)를 들었던 더글러스 맥아더 장군의 해임은 정해진 수순(手順)이었고, 휴전 협상이 미국의 국가이익을 위해 당연한 조치였고 과정이었다.

다만, 공산군 측의 요구와는 다르게 휴전 협상에서 유리한 위치를 선점(先占)하기 위해 우세한 전투력임을 확신하고 서명할 때까지 '전투 계속의 원칙'을 밀어붙였다. 이는 휴전 협상을 시작할 때부터 UN군의 압도적인 군사력으로 공산군 측을 압박하는 게 협상에 유리할 것으로 판단했기 때문이다. 물론 여기에는 협상으로 인해 전투를 중단한다면, 공산군이 이 틈을 이용하여 군사력을 증강할 것이라는 불신(不信)도 단단히 한몫했음은 분명하다.

그러나 더 예민하게 파고 들어가야 할 중요한 사실은 이러한 원칙이 내부협상 과정에서 충돌한

24) 세부 사항은 앞의 '<표 6-5> 이승만 대통령의 휴전 협상 전제조건 5개 항'을 참조하시오.

25) 이로 인해 지금은 미국과 한국 양국이 세계에서 가장 성공한 동맹으로 인정받고 있는 韓·美 상호방위조약이 우여곡절 끝에 체결되었다.

26) 미국의 아시아와 한반도에 대한 인식은 과거나 현재나 크게 다르지 않다. 이는 2019년 美 국방부가 발표한 '인도-태평양 전략 보고서(Indo-Pacific strategy Report)'를 통해 그 일단을 엿볼 수 있다. 韓·美 동맹은 '한반도와 동북아시아의 평화와 번영의 핵심(Linchpin)'인 반면 美·日 동맹은 '일본과 인도-태평양 지역의 평화와 번영의 주춧돌'(cornerstone)로 표현하고 있다. 또한, 韓·美 연합군은 '한반도의 튼튼한 억지력'(robust deterrent)이지만 주일미군은 '인도-태평양 지역의 필수요소'(essential component)로 표현하고 있다. 이는 韓·美 동맹을 美·日 동맹의 하위 수준으로 인식한다고도 평가할 수 있지 않을까 싶다.

강경(매)파와 온건(비둘기)파 간의 절충안이었다는 점이다. 외교적 해결을 중시하는 국무부와 군사적 해결을 주장하는 국방부가 격렬한 논쟁 끝에 절묘하게 이룬 타협안이 바로 '전투 계속의 원칙'이었음을 이해할 필요가 있다. 당시 딘 G. 애치슨(Dean G. Acheson, 1893~1971) 국무장관도 38도선을 넘어 북진하는 것은 보류해야 한다고 주장하였다. 반면에 군부(軍部)는 38도선을 돌파하여 평양과 원산에 이르는 방어선을 확보해야 한다는 주장으로 첨예하게 맞부딪히는 과정에서 트루먼 대통령이 절충안으로 결론지었다.[27)]

또한, 이승만 대통령이 '휴전 협상' 자체를 반대했기 때문에 협상을 진행하는 과정에서 아예 무시하였고, 이로 인해 정전회담 대표(백선엽 장군)도 한국 정부와 한마디 상의도 없는 상태에서 미국이 일방적으로 결정하고 통보하였다. 결국, 1953년 휴전협정 서명란에 한국군 정전대표인 백선엽 장군은 직책은 한국군 정전대표였지만, 참석 한 번 하지 못한 들러리에 불과했고, 그의 서명이 없는 것은 이승만 대통령이 UN군 총사령관에게 일찌감치 작전지휘권을 넘겨준 산물이었음을 인식하여야 한다.

4. 휴전협상의 진행-교착-종결 과정

4.1. 개요

미국을 중심으로 하는 UN군과 공산군 측, 중립국 측은 정치적・군사적 동기(motivation)에 의해 휴전협상을 진행하였으나, 한국은 이러한 과정 자체를 강력히 반대하였다. 1951년 6월 27일, 한국 정부는 "무서운 새로운 전쟁의 서막(序幕, prelude)이 될 수 있는 어떠한 휴전안도 수락할 수 없다."라는 성명을 발표하였다. 그러나 트루먼 대통령은 개의치 않고 휴전 협상을 서둘렀다. 미국 내부적으로는 조지 F. 케넌과 소련의 야콥 A. 말리크가 회동한 결과 교전국 쌍방 간에 휴전의 분위기가 조성되었던 점과도 관련이 있다. 그러자 이전부터 휴전과 관련된 결정 문서인

27) 美 군부의 경우 38도 선에 심리적 거부감을 느끼고 있었고, 이는 매슈 B. 리지웨이 UN군 총사령관에게 "미국은 비기는 것에 만족할 수 없다. 따라서 38도선 자체를 언급하지 말아야 한다."라고 지시하였다. 그러나 실제 협상 내용과 결론은 달랐다는 점에 유념하여야 한다.

NSC-48/5를 토대로 하는 기본 구상 문서가 매슈 B. 리지웨이 UN군 총사령관에게 전달되었다. 아래의 <표 6-10>은 美 본토에서 매슈 B. 리지웨이 UN군 총사령관에게 전달한 휴전 협상에 관한 기본 구상안을 정리하였다.

〈표 6-10〉 美 본토에서 매슈 B. 리지웨이 UN군 총사령관에게 전달한
휴전협상에 관한 기본 구상안(요약)

① 휴전 논의는 엄격하게 군사적인 문제로 한정하고, 한반도 내에서 군대에 의한 모든 전투행위와 활동은 중단한다.

② UN군 총사령관과 공산군 사령관은 같은 수의 인원으로 구성하는 군사정전위원회(Military Armistice Commission)를 설치하며, 동(同) 위원회와 동(同) 위원회가 지명한 감시단은 휴전협정의 이행 여부를 감독하기 위해 남북한 전 지역을 자유로이 왕래할 수 있으며, 이를 위해 가능한 모든 협조가 이루어져야 한다.

③ 휴전 기간 중 어떠한 병력도 한국에 들어올 수 없으며, 전쟁물자의 증원(增援, reinforcement)도 금지한다.

④ 비무장지대(DMZ)는 UN군 총사령관과 공산군 사령관이 휴전협정에 동의할 당시의 위치에 기초하여 20마일의 지역으로 정해져야 한다.

⑤ 전쟁 포로는 가능한 1대1의 원칙에 따라 교환한다. 포로 교환이 완료될 때까지 적십자사의 국제위원회 대표는 포로 교환을 지원하기 위하여 모든 포로수용소를 방문할 수 있다.

UN군 휴전협상 대표[개성 내봉장]

리지웨이 UN군 총사령관은 이에 기초하여 6월 30일 라디오 방송을 통해 공산군 측에 UN군의 메시지를 보냈다. 그리고 시기와 장소를 결정하되, 장소는 원산항에 정박하고 있던 덴마크 병원선에서 진행하면 어떻겠냐? 라는 안을 제시하였다. 그러나 공산군 측은 7월 1일 북한군 최고사령관인 김일성과 중국 인민지원군 사령관인 펑더화이 명의의 전문을 통해 일부 수정한 내용을 답신(答信)으로 보냈다. 회담 장소는 개성으로 하되, 7월 10일과 15일 사이에 정식 회담을 진행하자는 내용이었다. 이에 따라

휴전을 위한 예비협상은 1951년 7월 8일 공산군 측의 통제지역인 개성에 있는 내봉장(來鳳莊, 일제 강점기의 고급요리점)에서 개최되었고, 이를 통해 본 협상의 개최 일시와 대표단의 안전조치 등을 결정하였다. 하지만 이승만 대통령은 격렬하게 반대하였다.

4.2. 휴전 협상의 진행

UN군-공산군 판문점 회담

1951년 7월 10일, 개성 내봉장에서 본 협상이 개막되었지만, 이 협상의 결과는 6·25전쟁의 또 다른 하나의 전선(戰線)이 형성된 것으로 보면 된다. 다시 말해 한쪽에서는 군사적 대치와 교전에 의한 희생자가 속출하고 있었고, 또 다른 한쪽에서는 휴전 협상을 자신들에게 유리한 방향으로 끌고 가려는 냉혹한 정치 게임을 진행하게 되었다. 처음 협상이 시작될 때는 쌍방이 모두 어느 정도 쉽게 풀리지 않을까 하는 기대감이 없지는 않았다. 그러나 결과적으로 보면, 쉽게 풀기가 어려웠음을 보여준다. 거의 2년여가 흐른 다음에야 겨우 성사되었기 때문이다.

휴전 협상은 시작할 당시부터 회담 장소와 의제(Agenda), 참석 인원 등의 다소 지엽적이고 사소한 절차상의 문제로 쌍방이 충돌하게 되면서 귀중한 시간을 쓸데없이 허비하였다. 특히 미국은 처음부터 UN군으로 참전하면서도 같이 참전한 15개국은 휴전 협상에 참여시키지도 않았으며, 협상단 편성도 대통령-합동참모본부-UN군 총사령관-협상 대표단으로 이어지는 배타적·중앙통제식으로 단순하게 구성하였다. 반면에 공산군 측은 협상 대표단을 이원적으로 구성하여 막후에서 전략을 수립 및 조정하는 '지휘반'과 협상에 임하는 '협상 대표단'으로 구성하였다. 이는 조율(調律, coordinated)과 융통성의 발휘가 쉽도록 편성하였다는 점에서 공산군 측의 메커니즘이 훨씬 실효적이었다.

더욱이 UN군 측과 공산군 측이 모두 국가이익(national interest)과 협상 당사자(parties involved in the negotiations)들 간에 동상이몽(同床異夢) 하려는 시각과 태도 등으로 인하여 불필요한 마찰과 공전(空轉, ineffective business activity) 상태를 반복하였다. 10월 26일의 제10차 협상에 가서야 비로소 협상 진행에 필요한 의제(Agenda)가 합의되었다. 아래의 <표 6-11>은 UN군과 공산군 측이 서로 합의한 의제 5개 항을 정리한 내용이다.

〈표 6-11〉 UN군과 공산군 측이 합의한 5개 의제(요약)

① 회의 의제(Agenda)의 채택
② 한국에서의 적대 행위 정지를 위한 기본 조건으로 양측이 비무장지대를 설치할 수 있도록 군사분계선 설정
③ 정전 및 휴전에 관한 조항의 수행을 감독하는 기관의 구성, 권한과 기능을 포함하여 한국에서의 휴전을 실현하기 위한 구체적인 협의를 위한 휴전 감시기구 설치
④ 포로 교환(exchange of prisoncrs)에 관한 협의
⑤ 관련 국가 정부들에 대한 정치 회의(politics conference)를 건의

당시의 국제 환경과 분위기로 볼 때는 이러한 협상 자체가 신생국가인 중국과 북한에 외교적 승리를 안겨줬다. 세계 강대국으로 급성장한 미국과 전 세계적인 공식 모임인 UN이 중국과 북한을 협상 대표로 인정했다는 시각에서 이전(以前)까지 UN과 국제 사회 차원에서 인정하지 않았던 '국가 불인정 정책'을 사실상 철회한다는 의미를 포함하고 있기 때문이다.

② 군사분계선(MDL) 설정 안건은 처음부터 현재의 전선(the fighting line)과 38도선을 놓고 대립하였다. 당시의 미국은 우세한 전투력으로 38도선 이북의 중요한 거점을 확보한 단계였고, 공중과 해상에서도 공산군 측보다 우세를 점하고 있었기에 현 전선이 군사분계선으로 설정되어야 한다고 주장하였다. 반면에 공산군 측은 "38도선이 분단된 것은 역사적 사실로서 전쟁이 38도선에서 시작되었고, UN군이 38도선을 넘어왔기에 진격하였다. 따라서 현재의 전선은 불완전한 선에 불과하므로 원래의 38도선을 군사분계선으로 정해야 한다."라고 고집을 굽히지 않았다.[28)]

그러나 미군의 군사작전은 확전(擴戰) 가능성 소지를 배제하기 위해 북한 내 지역으로만 국한하여 폭격을 진행하는 우(愚)를 범한 것으로 보인다. 현시점에서 판단할 때도 아쉬운 점이 있다면, '제한 폭격'을 하더라도 공산군 측에 협상이 진전되지 않는다면, 대규모 공세를 취하겠다는 확고한 의사를 전달하지 않았다. 만약에 UN군이 조금이라도 확실한 제스츄어를 공산군 측에 보였더라면, 휴전협상은 조기에 만족할만한 타결을 보았으리라고 분석한 결과도 많이 있다.[29)]

군사분계선 설정에 대한 대립이 충돌하면서 공산 측 대표들은 수많은 허위 사실을 조작하여 협상을 일방적으로 중단시키곤 하였다. 여기에 더하여 중국은 서방의 참전국들이 빨리 종전(終戰, the end of the war)하기를 원하고 있음을 감지하고 자신들의 주장을 거듭 밀어붙였다.[30)]

---

28) 김달중, "휴전 당사국 회담의 협상 전략,"『통일정책』(서울: 통일원, 1976).

29) Fred Ikle, ***How Nation Negotiate***, New York: Harper & Row, 1964.

미국도 뒤늦게나마 가만있지 않고, 8월 2일 폭격기 35대로 나진항을 공격하였고, '허드슨 항(Hudson Harbor)'이라는 암호명으로 적 지상 목표에 대한 모의 원자탄 투하훈련을 시행하는 등을 통해 공산군 측을 몰아붙이고 핵 사용에 대비한 모의훈련을 진행하였다. 공산군 측은 다시 협상 테이블로 나올 수밖에 없었다. 또한, 중국 역시 내부적으로는 한반도에서 동계전투를 계속할만한 준비가 부족하였다. 따라서 협상을 재가동시킬 명분을 찾고 있었기에 UN군의 협상 재개 요구를 마지못해 받아들이는 형식으로 재협상에 임하였다. 아래의 <그림 6-5>는 비무장지대와 군사분계선 설정 이전 단계에 촬영했던 모습이다.

〈그림 6-5〉 비무장지대와 군사분계선을 설정하기 이전의 대치(對峙) 장면

결국, 1951년 10월에 현 전선을 군사분계선으로 설정하자는데 쌍방의 합의가 이루어졌고, 협상 장소도 중립지대 내부에 있는 판문점에서 하기로 합의하였다.[31] 그러나 대립은 끊이지 않고 반복되었다. 공산군 측이 개성지구를 서부지역에서 포기할 경우 천연적인 방어지대가 없다 보니 자신들에게 유리한 공간을 확보하기는 어려웠다. 공산군 측은 UN군보다 먼저 이러한 문제를 느끼고 있었다. 이런 찰나에 개성을 협상 장소로 제의받자 호기(好機)임을 느끼고 개성으로 동의하고 중립지대(中立地帶, neutral zone)로 고정함으로써 UN군의 공격을 피했다. 여러 우여곡절 끝에 한 달여가 지난 1951년 11월 27일이 되어서야 아래의 <표 6-12>와 같이 합의에 도달하였다.

---

30) 소련이 1949년 8월 29일 원자폭탄 실험을 성공한 데 이어 1951년 10월 제2・제3 원자폭탄 실험에 성공하자 한반도에 병력을 파견한 NATO 11개 회원국은 불안해하면서 조기 종전(終戰)을 강력하게 밀어붙였다. 스탈린도 김일성의 남침을 승인하지 않다가 원자폭탄 실험에 성공한 이후 자신감이 붙어 남침을 승인하였음은 각종 사료(史料)를 통해 알 수 있다.

31) 국방부 정훈국 전사편찬위원회 編, 『한국 전란 2년지』 (서울: 국방부, 1965).

〈표 6-12〉 UN군과 공산군 측이 합의한 군사분계선 합의안(요약)

첫째, 휴전협정이 조인(調印, affix a seal)될 때까지는 적대 행위(hostile act)를 계속한다.
둘째, 현 전선을 군사분계선으로 하되, 잠정적인 군사분계선에 남북 각 2km 지점을 연결하는 선을 비무장지대의 남북경계선으로 한다.
셋째, 군사분계선에 관한 협정이 정식으로 채택된 후 30일 이내에 정식 휴전선이 성립되면, 이 잠정적인 군사분계선을 최종선(final decision)으로 확정한다.

이후 30일간 '시험 휴전'을 시도하였다. 공산군 측은 이 기간 전(全) 전선에 걸쳐 견고한 방어진(defensive position)을 구축하기 위해 모든 노력을 기울였다. 반면에 미국은 현재 점령하고 있는 유리한 고지를 방어하는 이외에 다른 적극적인 공세를 감행하지 않았다는 점에서 아쉽다.

여기에서 키-워드는 1개월에 걸친 '시험 휴전'이 UN군 측에서는 많은 혼란과 큰 손실을 불러온 기간이었지만, 공산군 측에서는 병력을 강화하고 재편성을 하는 등 차기(次期) 공격을 위한 준비 시간으로 확보하게 되어 막대한 이득만 안겨준 셈이 되었다는 점이다. 이처럼 미국의 판단 착오는 시간이 지날수록 공산군 측에 협상의 주도권을 넘겨주는 형국으로 변하였다.

군사협상의 '삼십육계' 중에 적용된 분야는 "제8계: 적절한 시기(timing)를 잡고 협상을 진행하라!", "제9계: 상대의 패(牌)가 무엇인가에 따라 적절하게 카드를 제시하라!", "제13계: 상대가 이면(裏面)에 감춰놓은 언어를 읽어내라!", "제34계: 때로는 상대를 기만(欺瞞)하여 승기를 잡고 자신이 원하는 것을 얻어라!", "제36계: 자기가 원하는 기준을 내부적으로 고정해 놓은 상태에서 상대를 설득하라! 필요하면, '이것밖에 없어요!'라는 '벼랑 끝 전술'을 활용해라!"였다.

③ 군사분계선에 대한 합의가 이루어지면서 휴전 감시 문제는 쌍방이 점령하고 있는 주요 거점(據點, base)의 감시 의제(Agenda)와 중립국 구성 부분에서 또다시 첨예하게 대립하였다. UN군 측은 "현재의 군사력 수준으로 동결하고 군사력의 증강 여부를 감시 및 감독하는 기관이 한반도를 자유롭게 사찰하도록 하는 것이 전쟁의 재발을 막는 방법이다."라고 제안하였다. 아울러 기간 중 북한 공군의 증강이 현저하게 많았으므로 공군력의 재건을 막기 위한 비행장 시설의 건설과 복구를 금지하자는 게 UN군 측의 주장이자 주요한 관심 대상이었다.

반면에 공산군 측은 "남·북한 지역의 주요 거점에 대한 감시를 반대한다. 외국군대가 철수하면, 더는 전력 증강에 신경을 쓸 아무런 이유가 없으며, 사찰도 불필요하지 않겠는가. 따라서 비무장지대 내에서만 감시활동을 하면 된다."라고 주장하였다. 그리고 "휴전협정이 맺어진 뒤 군용 비행장의 복원을 금지해야 한다는 UN군 측의 주장은 국가 주권(state sovereignty)에 대한 명백한 침해다."라고 맞대응하였다. 가장 큰 논쟁의 초점은 '휴전 감시위원회의 구성원' 문제였다.[32] 미국의 안을 공산군 측에서는 반대하면서 소련을 위원으로 포함해야 한다고 밀어붙였다. 미국은 소련이 한반도와 국경을 접하고 있기에 중립국으로 볼 수 없다고 부정하였으나, 정작 미국이 추천한 노르웨이, 스웨덴도 UN 참전국이었기에 쌍방이 곤혹스럽기는 마찬가지였다.

이후 협상은 3개월을 끌었다. 공산군 측에서 계속 차일피일 시간을 끌면서 협상에 진척이 보이지 않자 이를 고민하던 미국은 한국 정부에 통보하지 않은 채 일방적으로 4월 28일 비밀회의를 개최하여 내부안(內部案)을 정리한 다음 휴전 성립을 위한 '일괄타결안(package proposal)'을 공산군 측에 제시하였다. 주요 골자는 "공산군 측이 소련의 중립국 지명을 철회하면, UN군 측은 비행장 건설 문제를 양보하겠다."라는 내용이었다. 이는 의외의 모습으로 UN군 측이 그동안 주장하던 논리와는 상반된 안이었으며, 공산군 측의 논리와 주장에 굴복한다는 내용이었다. 아래의 <그림 6-6>은 6·25전쟁 당시의 강릉비행장과 부산의 수영비행장 모습이다.

〈그림 6–6〉 6·25전쟁 당시 강릉비행장과 부산의 수영비행장

UN군 측 안(案)이 공산군 측의 주장에 동조함으로써 굴복(succumb)을 의미한다는 것은 미국이 휴전 성립의 사활적인 문제로까지 인식해왔던 비행장의 복구와 재건을 금지하는 즉, 적대 행위의 재발 방지를 위한 안전장치를 포기한다는 의미를 포함하기 때문이었다. 결국, 미국은 비행장 복원 문제는 거론하지 않고 노르웨이를 중립국 감시위원단에서 제외하였고, 공산군 측은 소련을 제외하는 데 동의하였다. 이로써 공산군 측이 제안한 대로 스위스, 스웨덴, 체코슬로바키아, 폴란

32) 쌍방이 유리한 고지를 점하기 위해 '휴전 감시위원회'에 자신들에 맞는 국가를 포함하기 위함으로 미국은 참전국인 노르웨이, 스웨덴, 스위스를 주장하였고, 공산 측은 소련, 체코슬로바키아, 폴란드를 요구하였다. 실제 쌍방 모두 추천한 국가가 중립국이 아니었다(Ridgway, "The Joint Chiefs of Staff to the Commander of Chief, Far East," FRUS 1952~1953, Vol ⅩⅤ, pp. 178~180.).

드의 4개 국가로 '휴전 감시위원회'를 구성하는 데 합의하였다.

여기에서 키-워드는 비행장 분야는 군사지도자들에게 매우 민감한 사안이었으나, 민간지도자들은 다소 이해하기 어려웠다는 점에 주목해야 한다. 결국, 군사지도자가 정치지도자의 지시를 받아들여 군부(軍部)의 의견을 조정했다는 사실은 협상 대표들의 재량권(discretionary power)이 많지 않았음을 보여주고 있다. 반면에 공산군 측은 처음에는 휴전 감시 자체를 적극적으로 반대하다가 갑자기 감시기구에 소련을 포함하겠다는 전략을 펼침으로써 UN군 측을 당황하게 했다. 이는 결국 '일괄타결(package settlement)'이라는 성과를 얻어냈다는 점에서 공산군 측의 '확실한 우세승'으로 볼 수 있다.

미·북 비핵화 실무협상 주요 의제

미국

- 북한 비핵화 위한 '영변+α'안 제시
- 비핵화 초기 대북 제재 기조 유지
- '동시적·병행적' 카드 제안

북한

- 미국의 상응조치 없는 비핵화 협상 불가
- 대북 제재 결의안 조항 완화 또는 해제
- 연내까지 '새로운 계산법' 제시 요구

최근 북핵의 비핵화 협상이나 다른 국가와의 협상 과정에서도 알 수 있는 사실이지만, 자유민주주의 국가는 180도로 완전히 바뀐 다른 안(Agenda)은 제기할 수 없다. 왜냐하면, 거의 모든 제안이 많은 전문가와 이해관계자(stake-holder)들 간의 토의와 협의를 거쳐 결정된 사안(事案)이기 때문이다. 공산군 측은 바로 이러한 UN군 측의 절차상 문제점과 약점을 충분히 활용하여 자신들에게 유리하게 유도하였다. 하지만 UN군 측은 이를 알면서도 어떻게 손을 쓸 도리가 없었다는 점은 자유민주주의 국가들의 근본적인 취약점이라고 할 수 있다

군사 협상의 '삼십육계' 중에 적용된 분야는 "제5계: 어부지리(漁父之利)를 노려라!", "제9계: 상대의 패(牌)가 무엇인가에 따라 적절하게 카드를 제시하라!", "제10계: 협상 의제(Agenda)를 선별하고 우선순위를 정해라!", "제15계: 작은 것은 양보하고 큰 것을 얻어라!", "제23계: 상대가 거절하기 어려운 카드를 제시하라!"였다.

④ 포로 교환은 전쟁을 지연시킨 최대의 난제(難題, difficult problem)였다. 이는 미국과 이승만 정부와의 교감이 없었다는 점도 문제를 키웠지만, 어떠한 의견도 무시(無視, ignore)함으로써 이승만 대통령의 자존심에 상처를 입힌 게 더 높게 작용하지 않았을까 싶다. "상처를 입은 호랑이가 더 크게 포효한다."라는 옛말을 상기하면 된다. 아래의 <그림 6-7>은 반공(反共)포로의 북송 거부하는 장면과 포로를 교환하는 장면이다.

〈그림 6-7〉 반공(反共)포로의 북송(北送) 거부와 포로 교환

UN군 측이 포로 송환은 인도주의적 차원에서 개인의 자유의사에 따라 이루어져야 한다는데 반해 공산군 측은 반공포로들의 강제 송환은 받아들일 수 없다는 두 가지의 측면에서 '자유송환'을, 공산군 측은 '강제 송환'을 각기 주장하였다. 현실적인 문제는 13만여 명의 공산 포로 중에서 약 35%에 해당하는 5만여 명이 돌아가지 않겠다는데 있었다. 포로 문제는 당시 국제적으로 격화되고 있던 동서 냉전기(Cold War)의 이념적 대결로까지 비화(飛火, flying sparks)할 소지가 있었기 때문에 신중한 접근이 필요하였다. 아래의 <표 6-13>은 1952년 1월 미국이 제시한 포로 교환에 대한 원칙이다.

〈표 6-13〉 미국이 제시한 포로 교환에 원칙(1952년 1월)

첫째, 귀환을 원하는 포로는 어느 한 편이 포로를 전부 석방할 때까지 1대 1의 비율로 교환한다.
둘째, 한 편에 포로가 남았을 경우 이들 포로는 상대의 점령지역에 있는 교환을 원하는 일반인 및 외국 민간인과 1대 1로 교환한다.
셋째, 휴전을 조인(調印, affix a seal)할 때까지 남은 일반인은 개인 의사에 따라 송환을 결정한다.
넷째, 국제적십자사는 송환 시 강요에 따르지 않고 선택할 수 있도록 포로 교환 지역에서 포로와 면담(interview)할 수 있다.

미국이 포로 교환을 개인의 자유의사에 따르게 한 것은 공산 포로의 상당수가 송환을 거부하고 있는 현실을 고려한 조치였다. 특히 일반인의 교환을 언급한 이유는 공산군 측이 남한 출신 다수를 강제로 억류하고 있었기 때문이다. 이에 공산군 측은 제네바 협약 제118조에 따라 전체 대

전체 송환, 즉, '강제 송환'을 주장하면서 포로와 민간인을 같이 취급할 수 없다면서 협상을 공전(空轉, ineffective business activity)시켜 버렸다.[33]

공산군 측의 처지에서 볼 때 지금 동·서 냉전에 따른 이념 분쟁이 격화되고 있는 마당에 수많은 공산 포로(communist prisoners)가 귀국을 거부한다는 사실이 국제적으로 알려지게 되면, 공산주의에 대한 체면 손실이 불가피하기 때문이다. 이런 찰나에 이승만 대통령이 국민을 동원하여 휴전 반대 운동을 범(凡)국민적으로 전개하였으나 국제 사회의 휴전 압력에 밀려 영향력을 발휘하기는 생각보다 어려웠다.

反共포로 석방(1953.6.18~20.)

미국이 한국을 계속 무시한 채 '휴전 협상'의 마무리 단계에 들어가자 6월 6일 이승만 대통령은 반공포로 석방을 결심하게 된다. 이 와중에 6월 8일 UN군 측과 공산군 측의 포로 송환 협정이 합의되었다. 결국, 이승만 대통령은 6월 18일부터 이틀간에 걸쳐 일방적으로 반공포로를 석방했다. 결국, 협상은 다시 기약할 수조차 없는 교착 국면에 빠져들었다.

여기에서 명심하여야 할 키-워드는 어떠한 여건이나 처지에 놓이더라도 "막다른 길로 몰지 말아야 한다."라는 점이다. 막다른 길에 몰린 쥐는 상대가 누구이든 죽기 살기로 물어뜯고 본다는 점을 인식하여야 한다. 자신이 죽는다고 판단한 쥐가 무엇을 하지 못하겠는가!

군사협상의 '삼십육계' 중에 적용된 분야는 "제5계: 어부지리(漁父之利)를 노려라!", "제9계: 상대의 패(牌)가 무엇인가에 따라 적절하게 카드를 제시하라!", "제10계: 협상 의제(Agenda)를 선별하고 우선순위를 정해라!", "제11계: 단순하면서도 쉬운 것부터 시작하라!", "제17계: 협상 목표는 명확하게 설정하라!", "제24계: 어설픈 논쟁(論爭)은 될 수 있는 대로 피하고 적극적으로 설득하라!"였지만, 성공하지 못했다.

⑤ 관련 국가에 대한 '정치 회의' 권고는 비교적 수월하게 진행되었다. 쌍방이 해결하지 못한 상태로 남겨져 있는 문제를 '정치적 협상(political negotiations)'을 통해 결정하도록 해당 정부에 건의하는 의제였기 때문이다. 아래의 <표 6-14>는 '정치 회의' 합의안이다.

---

33) 제네바 협약 제118조는 '포로는 적극적인 적대 행위가 종료된 후 지체 없이 석방하고 송환해야 한다.'라는 내용을 뜻하고 있다(국방부 전사편찬위원회, "포로에 관한 1949년 8월 12일 자 제네바 협약," 『國防條約集』 (서울: 국방부, 1982).

〈표 6-14〉 UN군 측과 공산군 측의 '정치 회의' 합의안(요약)

"쌍방의 군사령관은 한국 문제의 평화적인 해결(peaceful settlement)을 보장하기 위하여 휴전이 서명, 발효된 다음 3개월 이내에 한국에서 외국군대를 철수하고, 한국의 평화에 관한 기타 의제 해결을 위한 협상 대표들을 각기 임명하여 고위급 정치 회담을 개최할 것을 쌍방 관계국 정부들에 건의한다."

이 합의는 휴전 이후 개최된 정치 회담과 제네바 회담의 근거가 되었으나, 내용이 너무 추상적이어서 어떠한 적극적인 조치를 마련하기는 제한되었다고 봄이 정확하다.

군사협상의 '삼십육계' 중에 적용된 분야는 "제8계: 적절한 시기(timing)를 잡고 협상을 진행하라!", "제10계: 협상 의제(Agenda)를 선별하고 우선순위를 정해라!", "제23계: 상대가 거절하기 어려운 카드를 제시하라!", "제28계: 기선(機先)을 제압하고, 일부라도 합의가 된 내용은 기정(旣定)사실로 하여 밀어붙여라!", "제33계: 때로는 적절하게 상대의 체면을 살려주어라!"였지만, 성공하지 못했다.

4.3. 휴전 협상의 교착(膠着, agglutination)

4.3.1. 미국 내부의 정치적 요인

아이젠하워 당선자의 수도사단 방문(1952년 12월)

6·25전쟁의 흐름과 분위기는 美 본토의 정치 환경에 많은 영향을 끼쳤다. 이러한 미국 내의 분위기는 또다시 부메랑이 되어 한반도의 휴전 협상에 적지 않은 영향을 끼쳤다. 1951년이 지나면서 전쟁은 소강상태로 접어들고 전선(戰線)은 교착 상태가 지속하면서 해리 S. 트루먼 대통령의 지지율도 점점 더 하락하였다. 해리 S. 트루먼은 1952년 11월에 예정된 대통령 선거에서 재선(再選)될 가능성은 점점 더 낮아졌다. 결국, 해리 S. 트루먼 대통령이 1952년 3월 29일 '재선 포기'를 선언하는 등의 급격한 정치적 환경의 변동 폭은 한반도의 휴전을 지체시키는

또 하나의 요인으로 작용했을 개연성이 컸다. 다시 말해 해리 S. 트루먼 대통령은 새로운 미국 대통령이 취임할 때까지 레임덕(Lame Duck) 상태였다. 공산군 측에서도 그렇게 평가하고 있었기에 '기다려 보자'라는 분위기가 계속되었다.

이와 더불어 공화당 대통령 후보인 드와이트 D. 아이젠하워(Dwight D. Eisenhower, 1890~1969)는 선거 연설에서 "'떳떳한 휴전'을 모색하면서 제한전을 계속해야 하고, 해리 S. 트루먼 행정부의 겁 많고 머뭇거리면서 흔들리는 유화정책이 아닌 공산군 측을 강경하게 몰아붙임으로써 한반도에서의 전쟁을 종결짓는 정책을 추진하겠다."라고 강조하는 등 한반도 이슈(Issue)를 대통령 선거에 이용하였다. 노련한 군사 전문가인 드와이트 D. 아이젠하워는 '공산주의자들을 굴복시키는 유일한 방법은 군사적 압력뿐'이라는 지론(持論, cherished opinion)을 갖고 있었다. 이는 더글러스 맥아더와 매슈 B. 리지웨이 장군의 지론과도 같았다.34) 그러나 아이젠하워가 대통령으로 당선된 이후엔 후보 때의 주장과 다르게 전임자인 해리 S. 트루먼 대통령이 취했던 정책과 같이 공산군 측에 양보를 서슴지 않았다. 결국, 그도 한반도의 전쟁을 선거에 이용한 것일 뿐이었으며, 주된 관심사는 한반도에서 빨리 손을 떼는 일이었다. 이는 교착 상태에 빠져있는 휴전 협상을 더욱 악화시킨 요인의 하나였다. 특히 아이젠하워 정부에서 이승만 대통령을 제거하기 위해 진행한 '플랜 에버 레디(Plan Ever Ready)'는 韓·美 갈등의 최고 정점이었다.35)

4.3.2. 韓-美 간의 정치적 대립

1951년 5월 이후 이승만 정부는 국토가 분단된 상황에서 어떠한 종류의 휴전 협상도 받아들일 수 없었다. 한국 정부의 시각에서 볼 때 이미 국토는 초토화되었고, 수백만의 인명이 피해를 보는 등의 엄청난 상처를 입은 상태로 휴전을 진행한다는 것을 생각할 수 없었기 때문이다. 국토는 전쟁이 발발하기 이전(以前)보다 못하게 양단(兩斷)되었는데 아무 소득 없이 전쟁을 끝내는 행위 자체를 용납하기 어려웠다. 이에 따라 휴전회담의 조건을 제시하였다. 여기에는 휴전 후

---

34) Robert J. Donovan, *The Inside Story*, London: Hamish Hamilton, 1956.

35) '플랜 에버 레디(Plan Ever Ready)'는 미국이 '항상 준비해두어야 하는 계획'이라는 뜻으로 美 CIA와 합동참모본부가 작성한 작전계획으로 조기 휴전 협상 추진에 사사건건 반대하면서 '북진통일론'을 주장하는 이승만 대통령을 제거하기 위해 수립한 계획이다. 1952년 부산의 정치파동을 계기로 1953년 7월 5일 작성되었다. 요약하자면, 한국군 장군들이 이승만 대통령을 다른 장소로 이동시키면, 정부 요인(要人) 5~10명을 체포하고 이승만 대통령이 계엄령을 해제하여 국회를 정상화할 수 있게 강제하되, 불복할 때는 감금 조치한다. 이후 UN군의 주도하에 군사정부를 세우겠다는 시나리오였다. 그러나 이는 미국 워킹-그룹(working-group)의 반대에 부딪혀 실현되지 못했다(Barton J. Bernstein, "Syngman Rhee: The Pawn as Rock," Bulletin of Concerned Asian Scholars Vol. Ⅹ No. 1, 1978.

한국 자체의 안보 능력(security capability)에 대한 불안감과 자신감이 없었기에 중국군의 철수와 韓·美 상호방위조약을 강조할 수밖에 없는 처지였다. 그러나 미국은 이승만 정부의 요구에 개의치 않고 공산군 측과의 휴전 협상을 개최할 준비에 집중하였다. 이는 휴전 협상을 하면서 주요 의제(Agenda)를 결정하거나, 협상 과정에서도 이승만 대통령의 요구를 전혀 반영하지 않았던 사실에서 확인할 수 있다.[36)]

이승만 정부는 4월 18일 임병직 당시 외무장관과 한표욱 대리 대사를 통해 오마 N. 브래들리(Omar N. Bradley, 1893~1981) 합참의장에게 한국군의 실질적인 군사력 증강을 제의하였다. 이어서 4월 24일 트루먼 대통령에게도 서한(書翰)을 보냈으나, 현시점에서는 무의미하다는 답변을 들어야 했다.[37)]

이승만 대통령은 처음부터 한반도의 완전한 통일을 이룩하지 못한 채 휴전을 성립시키는 것은 상상할 수 없었기에 미국과의 충돌이 불가피했다. 이로 인해 미국이 공산군 측과 협상하는 과정을 극복하기 전에 또 하나의 장애물로 인식한 게 이승만 대통령이었다. 그러다 보니 미국이 공산군 측과 협상하는 과정에서 이승만 정부와도 협상하지 않을 수 없었다. 그 이유는 이승만 대통령이 비록 작전지휘권을 UN군 총사령관에게 넘겼으나, 자체 의지(意志, will)로 지휘권을 회복할 수 있었기 때문이다. 이를 통해 이 대통령의 성격상 단독으로라도 북진을 감행하는 무리수를 둘 수 있다는데 초점을 두고 있었다. 특히 이 대통령이 휴전 협상이나 협상의 내용을 좌우할 수 있는 권한은 없었고 미국 측에서 주지도 않겠지만, 전쟁 당사국의 대통령으로서 휴전 자체를 무시할 수 있는 절대 권한은 갖고 있다는 점에 주목하였다.

공산군 측과 휴전 협상을 계속 진행하는 동안 이승만 대통령의 위협 강도는 점점 더 높아져 가자 해리 S. 트루먼 대통령은 아래의 <표 6-15>와 같이 '당근과 채찍'을 동시에 발표하였다.

36) 초대 한국군 측 협상 대표였던 백선엽 장군도 미국이 일방적으로 지명한 것이었으며, 회담장에서 한국 정부와 연락이나 협의를 할 수 없도록 봉쇄되었던 내용은 백선엽의 『군과 나』(서울: 대륙연구소, 1989). 를 통해 알 수 있다.

37) J. F. Schnable, Policy and Direction: The First Year (United States Army in the Korean War), Washington D. C.: Office of the Chief History in Department of Army, 1972.

〈표 6-15〉 美 해리 S. 트루먼 대통령의 이승만 정부에 대한 '당근과 채찍'

"휴전협상에 한국 정부가 협조하지 않는다면, 매우 위험한 결과를 초래할 것은 물론이거니와 앞으로 어떠한 경제적 지원도 제공하기 어렵다."

해리 S. 트루먼 대통령은 당시 이승만 대통령이 반대당 의원들을 구금(拘禁, detention)하고 자신의 개혁안을 통과시켜 재집권하는 등 한국의 국내 정치가 몹시 불안해진 틈을 활용하기 위해 '위협(threat)'과 '경제원조(economic aid)'라는 정책을 동시에 발표하였다.[38] 당시의 한국 내부의 정치 상황이 휴전 협상을 진전시키는 데 도움이 되지 않을뿐더러 미군과 UN군의 안전까지도 위태롭게 할 위험성을 감지했기 때문으로 보인다.

4.4. 휴전 협상의 체결(締結, conclusion)

4.4.1. 미국 내부의 정치적 요인

1953년 1월 드와이트 D. 아이젠하워 행정부가 들어섰다. 그러나 3월에 소련의 이오시프 V. 스탈린이 사망하면서 한반도의 휴전 협상도 새로운 전환기(turning-point)가 찾아왔다. 소련 내부의 권력 투쟁은 심화하였고, 권력자들은 내부 의견을 조정하기 위하여 외부로부터의 긴장을 늦출 필요성을 인식하였다. 미국과 소련이 서로 상대를

38) 1951년 1월 30일~4월 30일에 종결된 국민방위군 사건, 2월 10일에 발생한 거창 양민 학살사건, 1952년 5월 25일 부산 정치파동 사태를 비롯하여 계엄령을 선포하는 등을 통해 이승만 대통령이 재집권하는 등의 정치 상황을 위기로 인식하고 있었다는 의미이다.

탐색하는 와중에 이오시프 V. 스탈린의 후계자인 게오르기 M. 말렌코프(Georgy M. Malenkov, 1901~1988) 연방 공산당 지도자가 "협상을 수행하는데 논란(論難)은 있으나, 남아 있는 문제 중 평화적으로 해결할 수 없는 것은 없다."라고 강조하였다. 그러자 김일성과 펑더화이는 자신들이 공전(空轉)시키던 협상 분위기를 갑작스럽게 바꾸면서 마크 W. 클라크(Mark W. Clark, 1896~1984) UN군 총사령관이 제시한 '부상 포로는 즉각 교환하자'라는 제안을 "전적으로 동의한다."라면서 "이러한 부상자 교환이 모든 포로 문제의 순조로운 실마리가 되기를 희망한다."라고 발표하고 협상 재개를 알렸다. 이러한 신속한 변화의 조짐은 협상의 최종 결정권자인 소련의 권력자 게오르기 M. 말렌코프가 지시한 때문으로 보인다.

4.4.2. 포로 교환 협정의 체결

부상 포로 교환
(1953.4.20.~5.3.)

미국의 새로운 행정부와 소련 내부의 권력 투쟁에 따른 고민이 복합적으로 작용하면서 서서히 포로교환 협상에 대한 분위기가 마련되었다. 중국의 저우언라이(周恩來, 1898~1976)가 미국과 소련의 의견에 동의한다는 성명과 함께 공산군 측에서 먼저 18개월여를 지체하던 상처를 입은 포로 교환에 대한 협상 재개를 요청하였고, 4월 11일 판문점에서 쌍방 합의로 타결하였다. 이 협정의 결과에 따라 4월 20일부터 5월 3일까지 다친 포로들을 교환하였다. 이를 통해 미국은 684명을 받아들였고, 공산군 측으로는 6,670명을 송환(送還, repatriate)하였다.[39)]

하지만 일반 포로 교환 협상은 양측의 견해가 엇갈리면서 지체되었고, 이승만 대통령은 "韓·美 상호방위조약을 체결하기 전에는 휴전할 수 없고, 반공 애국 동포를 북한으로 보낼 수도 없다."라고 하면서 격렬하게 반대하면서 강력한 조치를 언급하는 등 어수선한 분위기는 계속되었다. 이때 공산군 측에서 아래의 <표 6-16>과 같이 새로운 제안을 발표하였다.

39) 국방부 전사편찬위원회, 『한국전쟁 휴전 사』 (서울: 국방부, 1989), pp. 171~184.

〈표 6-16〉 공산군 측의 일반 포로 교환 제시안(종합)

① 휴전협정 후 2개월 이내에 양측이 송환을 희망하는 포로는 전원(全員)을 송환한다.
② 송환을 원하지 않는 포로의 송환을 돕기 위해 폴란드, 체코, 인도, 스위스, 스웨덴으로 구성되는 중립국 송환위원회를 설치하고 포로들을 이 위원회로 이관한다. 중립국 송환위원회는 이들 전쟁포로에 대한 합당한 역할과 책임을 행사할 권한을 가진다.
③ 중립국에서 파견한 대표와 송환을 원하지 않는 포로에 대한 본국 파견 설득만은 양측의 포로 보호국 내에서 자유롭게 행동할 수 있다.
④ 4개월의 설득 기간이 종료된 이후에도 송환을 원하지 않는 포로는 고위급 정치 회담으로 이관(移管, transfer of control)하여 해결한다.
⑤ 설득하는 기간 중 포로에 대한 모든 소요 비용(cost)은 원 소속국가에서 부담한다.

마크 W. 클라크 UN군 총사령관은 이를 수정하여 공산군 측에 제시하려 했지만, 이승만 정부의 거센 반발로 중지하였다. 결국, 1953년 5월 25일 북한과 중국 출신 포로 중 송환을 원하지 않는 포로는 중립국의 보호로 이관함에 동의함으로써 전쟁 포로의 교환 문제는 '타협(compromise)'으로 해결하였다. 이후 포로를 설득하는 기간은 90일로, 정치 회담에서 포로 문제를 토의하는 시간은 30일로 조정하면서 6월 8일이 되어서야 '포로 교환 협정'이 최종적으로 타결되었다.[40)]

일반 포로 교환 (1953.8.5.~9.7.)

여기에서 주목해야 할 키-워드는 그간 전쟁 포로의 자유로운 의사에 근거한 송환에 공을 들여 온 미국의 노력을 포기했다는 데 있다. UN군 측은 공산군 측 포로들이 송환을 원치 않는다는 것을 국제 사회에 보이고 싶었다. 자유민주주의가 공산주의보다 훨씬 우월하다는 것을 과시하여 한반도 사태를 명예롭게 마무리하고 싶었기 때문이다. 그러나 결과적으로 타협(妥協, compromise)은 공산군 측에 굴복했다는 의미이다. 또한, 이승만 정부와는 일절 협의를 진행하지 않았고, 송환을 원하지 않는 포로를 즉각 석방하지 않았다는 사실은 최근에 두드러지고 있는 주권과 인권을 침해한 사례로도 볼 수 있다.

40) 관련 내용은 2004년도 상영된 영화 『태극기 휘날리며』를 보면, 이해하기가 쉬울 듯싶다.

4.4.3. 韓·美 상호방위조약의 체결

이승만 정부의 휴전 협상에 관한 입장은 5월 28일 변영태 외무장관이 발표한 성명서에 잘 나타나 있다. UN이 한반도의 유일한 대표자가 대한민국이므로 한반도에 주권을 행사할 권리는 대한민국 정부에 있으므로 전쟁 포로의 처리를 위한 중립국 군대의 상륙을 방해하겠다는 내용이다. 이승만 대통령은 휴전하려면, 韓·美 간 상호방위조약을 체결하자고 드와이트 D. 아이젠하워 대통령에게 정식 요청하였다. 하지만 이승만 대통령에 부정적인 아이젠하워는 이를 무시하고 말았다. 미국의 거절과 무시하는 행동이 계속되자 이승만 대통령은 6월 18일 일방적으로 반공포로를 석방하여 UN군 측과 공산군 측을 경악하게 만들었다. 그러나 이를 통해 미국이 한국을 계속 무시할 경우 휴전 협상 자체가 문제로 비화(飛火)할 수 있음을 인식하는 계기로도 작용하였다. 미국은 한국군의 강화와 경제원조를 제공하겠다면서 韓·美 회담을 개최하여 한국이 더는 휴전 협상을 방해하지 않겠다는 약속을 받아냈다. 아래의 <표 6-17>은 美 로버트슨 특사가 방한(訪韓)하여 한국 정부에 제시한 안(案)이다.

〈표 6-17〉 美 로버트슨 특사가 한국 정부에 제시안(案)

① 휴전협정을 완료한 후 韓·美 상호방위조약을 체결한다.
② 미국은 장기적으로 군사적·경제적 원조를 제공하고, 한국군을 증강시킨다.
③ 휴전협정의 규정에 따라 열리는 '관계국 고위 정상회담'을 준비하는 예비회담이 실질적인 성과를 보이지 못하면, 한국과 미국은 '관계국 고위 정상회담'을 거부한다.
④ '관계국 고위 정상회담'에 대비하여 韓·美 고위 회담을 갖는다.

이후 8월 8일에 방한한 美 국무장관 덜레스는 韓 변영태 외무장관과 韓·美 상호방위조약에 가(假) 조인하고 10월 1일 정식으로 조약을 체결하였다.[41] 최근 들어서면서 충돌이 가시화되고 있는 중국의 군사 굴기(軍事崛起)[42]에 대응하기 위해서는 한국에 대한 전략적 균형을 유지해야

41) 미국은 태평양 전쟁에서 일본의 항복을 쉽게 받으려는 방편으로 한반도의 절반을 임시 점령하였으나, 한국의 안보에 대한 단독책임은 지고 싶어 하지 않았다. 반면에 안보에 자신이 없었던 이승만 정부는 어떠한 형태이든지 미국의 단독 개입을 원했다. 그래서 이승만 대통령은 '벼랑 끝 전술'을 사용하였다(Chae-Jin Lee & Hideo Sato, US Policy Toward Japan and Korea: A Changing Influence Relationship (N. Y.: Praeger Pub), 1982.).

42) 중국의 시진핑이 추진하고 있는 '군사 굴기(軍事崛起)'는 1970년대 중반에 덩샤오핑의 추진한 '개혁개방 정책'을 기반으로 하고 있다. 시진핑이 집권한 이후 추진하고 있는 '일대일로(一帶一路, One belt, One road)'도 덩샤오핑으로부터 시작되고 있는 '군사 굴기'의 또 다른 의미로 해석하면 될 듯싶다.

하고 인도-태평양 전략의 성과를 위해서라도 당분간 한반도에 대한 방위 노력을 병행할 수밖에 없다.

韓・美 상호방위조약 서명식
(1953.10.1.)

여기에서 주목해야 할 키-워드는 한국 정부의 강한 반발과 일방적인 반공포로 석방 등을 거치면서 미국이 대한(對韓)정책을 수정・보완하였으나, 포로 교환 분야에서 공산군 측에 너무 많은 양보를 함으로써 최초 미국이 의도했던 종전(終戰, the end of the war) 구도가 완전히 변질하였다.

4.4.4. 휴전협정 조인(調印, signing)

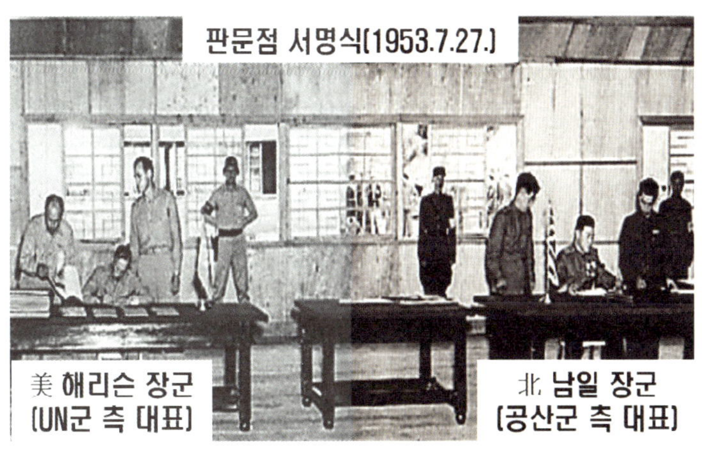
판문점 서명식(1953.7.27.)

韓・美 간 합의가 성립되면서 휴전협정 체결을 위한 장애물을 완전히 제거하였다. 1953년 7월 27일 10:00 정각에 판문점 제159차 본 협상에서 UN군 측 대표 윌리엄 K. 해리슨(William K. Harrison Jr, 1895~1987) 중장과 공산군 측의 남일 대표가 협정문서에 서명함으로써 6・25전쟁은 명분 없는 휴전이 결정되었다. 쌍방에서 송환을 거부하는 포로들은 중립국 송환위원회로 인도되었다. 1954년 1월 20일 반공포로들이 UN군 측에 인도되었고, 1월 23일에는 한국과 대만(당시 자유중국), UN군 관계관이 참석하는 반공포로 인수・인도식을 이행하면서 포로 교환은 종결되었다. 협상을 시작한 이래 만 2년 17일이라는 기간이 소요되었는데 이는 전쟁 전체 기간의 ⅔에 해당하는 시간이었다.

여기에서 주목해야 할 키-워드는 휴전 협상의 진행이 대다수 미국과 소련, 중국 등 강대국의 의사에 따라 좌우되었다는 점을 인식하여야 한다. 제네바에서 '정치 회담'을 7주에 걸쳐 진행하였으나, 결렬되었고 16개국 공동선언에 따라 다시 UN으로 이송(移送, sent to)되었다. 북한과 한국이 영향을 미쳤다고 하나, 분명한 한계가 있었으며 대체로 전쟁 이전의 상황으로 회복하는 수준에서 휴전을 성립시키려는 UN군 측의 결정을 이의(異議) 없이 받아들일 수밖에 없었다.

제 3 절

협상의 종결과 교훈

1. 개요

휴전 협상에서 식별한 韓·美 관계의 성격은 크게 세 가지로 정리할 수 있다. 아래의 <표 6-18>은 휴전 협상을 진행하는 과정에서 나타난 韓·美 관계를 종합적으로 정리하였다.

〈표 6-18〉 휴전협상을 통해 나타난 韓·美 관계(종합)

① 미국이 6·25전쟁과 휴전 협상에 임하는 태도는 비군사적 목적, 다시 말해 정치적 목적에 따라 진행하였다. ② 이승만 대통령의 독단적인 외교 논리에 의해 결정되었다. ③ 휴전협상을 진행하는 과정에서 韓·美 관계는 간접적인 관계였다.

① 해리 S. 트루먼 대통령이 한반도에 개입을 결정한 이유부터 전쟁의 변곡점(inflection point)마다 정치적·외교적 입장을 앞세운 이해관계자(politician, stake-holder)와 군사정책 전문가(working-group) 사이에 끊임없는 논쟁이 그 실례(實例)다. 대표적인 사례가 해리 S. 트루먼 대통령과 더글러스 맥아더 장군의 충돌이다. 트루먼이 군사적인 부분으로만 협상을 시행하라고 지시해 놓고 실제 협상 내용은 대다수 정치적인 성과나 목적에 따라 변화하였다.[43] 해리 S. 트루먼 대통령은 군사적인 승리보다 세계대전으로 확전을 방지하려는 의도였기 때문에 더글러스 맥아더 장군의 해임은 당연한 수순(手順)이었다. 다시 말해 6·25전쟁은 제한전쟁이 될 수밖에 없었고, 이는 남북 분단의 고착화(fixed)를 가져왔다. 미국의 정치적 목적에 의한 군사전략의 제한적 수행은 아이젠하워 대통령도 크게 다르지 않았다. 한국군의 '작전지휘권'도 계속 UN군 총사령관이

43) 해리 S. 트루먼 대통령이 쓴 회고록에 의하면, 한국을 공산군의 침략에서 구해내는 것보다 소련의 세계 공산화 침략을 위한 '양동작전(陽動作戰)'으로 인식하였기에 유럽과 일본의 안전을 위해 한반도 전쟁에 개입했다고 밝히고 있다.

장악하였고 이는 한국군의 단독 행동을 통제하는 수단으로 사용되었다. 한국군을 증강하는 계획과 군사 지원도 이러한 요소를 고려하여 지원하였음은 일반적인 사실이다.

② 한국 정부가 수립된 이후 이승만 대통령의 지속적인 무력(武力)통일 정책과 한반도가 지정학적으로 자유진영의 중요한 보루였기 때문에 미국에 무기를 요구할 정당한 권리가 있다는 주장으로 韓·美 간의 갈등(conflict)을 일으켰다. 이러한 사례가 자주 발생하니 이승만 대통령이 말끝마다 주장하는'북진통일'을 내세워 북한을 먼저 공격하지 않을까 하는 우려를 할 수밖에 없었다. 이로 인하여 주한(駐韓) 美 군사자문단도 "만약에 한국이 북한을 공격하면, 미국은 한국을 도울 수 없다."라는 점을 수차례에 걸쳐 공개적으로 밝혔다.44) 미국이 한국에 무기를 공급하면, 한반도의 진쟁에 직접 개입할 수밖에 없고, 이는 소련이 유럽지역에서 벌이고 있는 공산화 확산을 억제 및 저지하는 동력(動力)을 떨어뜨리기 때문이다.

그러나 이승만 대통령이 휴전 협상에 동의함을 전제로 韓·美 상호방위조약을 요구하였으나, 번번이 거절당하자 반공포로 석방을 단행한 것은 협상 수단으로서는 성공적인 카드였다. 약소국이 강대국을 상대로 시도할 수 있는 협상 전략에서 '위협 전술' 또는 '벼랑 끝 전술'을 통해 성공한 사례로 평가할 수 있다.

③ 휴전 협상 과정에서 韓·美 관계는 간접적인 관계였다. 미국이 한국을 바라보는 시각이 본래부터 미국의 국가이익에 별 도움이 되지 않는 존재로 인식했기 때문이다. 따라서 초기에 미국이 UN을 통하는 간접적인 방법으로 한반도에 개입했기에 한국도 미국에 직접적이고 강력하게 요구하기는 불가능하였다.

협상의 과정을 보면, 미국은 UN 참전국의 자격으로 개입하였고, 휴전 협상 간 서명도 UN군 총사령관으로 서명한 사실을 직시하여야 한다. 6·25전쟁에 참전한 16개국도 자발적인 동참도 있었겠지만, 미국의 권고(勸告)에서 시작되었다는 점에서 미국이 공동으로 대처하려는 의도(intention 또는 the background)가 있었음이 증명되고 있다. 다시 말해 공산주의자들의 침략성을

44) 이러한 이유는 미국이 한국에 무기를 공급할 경우 한반도에서 전쟁이 발생하면, 개입해야 하는데, 당시 미국의 정책은 '대(對)중국 유화정책'을 진행하던 와중이었다. 따라서 잘못하면, 미국이 시도하고 있는 '대(對)동북아 세력 균형 정책'이 실패할 수 있기 때문이었다.

폭로하고 자유 국가들의 결속을 강화하려는 의도도 있지만, 한국의 문제에 적극적이 아니었다는 점은 분명하며 이에 따라 한반도의 현상 유지를 원했을 수도 있음을 보여주고 있다.[45)]

2. 협상력(political leverage, bargaining power)의 장·단점

2.1. 개요

제2차 세계대전이 끝난 이후 소련의 세계 공산화에 대한 야심이 드러나면서 美·蘇 간의 협조체제는 붕괴하였고, 냉전(Cold War)의 확산 흐름은 6·25전쟁으로 표출되었다. 그러나 당시 미국은 유럽 방위를 우선시하는 세계화 전략을 진행하고 있었으며, 트루먼 독트린과 경제 부흥을 위한 '마샬 플랜(Marshall Plan)'의 시행, 애치슨 국무장관 등에 의한 대(對)소련 봉쇄 전략을 구사하고 있었다. 이러한 국제적 환경은 한반도의 전략적 가치를 낮게 평가하였고, '극동방위선(Atchison Line)'은 소련 이오시프 V. 스탈린의 사주를 받은 북한의 '침공(invasion)'하는 결정적 요인 중의 하나였다.

미국은 참전 목표에 만족하는 전쟁 이전의 수준에서 종결하려고 노력하였다. 그러나 예상치 못했던 중국의 참전과 전선의 교착, 병력의 부족, 미국의 차기 대통령 선거에 대한 부담, 유럽 참전국들의 조기 휴전 압력 등은 한반도의 전쟁을 '제한전쟁(limited war)'으로 결정하면서 공산군 측과 적극적인 휴전 협상을 모색하였다. 이마저도 정치적·이데올로기적으로 접근한 국무성과 전략적 시각을 가진 국방성의 대립이 결과적으로 더글러스 맥아더 UN군 총사령관의 해임을 촉진하였다. 영국을 비롯한 UN군 측은 소련과의 전면전을 우려하여 조기 휴전을 촉구하였고, 공산군 측도 전략적 차원에서 휴전을 원했다. 다시 말해 한국을 제외한 국제 사회와 UN군, 공산군 측 모두 동기(motivation)는 다를지언정 휴전하기를 원했다. 중립국인 인도 역시 평화를 위한다는 내용보다는 중국과 인도가 주도하는 아시아 동맹 세력의 구축을 위해 휴전을 중재(仲裁, arbitration)하였음을 인식하고 있어야 한다.

---

45) 중국의 저우언라이가 "당사국 간의 교섭을 통해 회의를 재개하자."라고 제의했을 때, 미국 측 대표인 스미스 국무차관은 중국의 견해에 대하여 "제네바 회담은 한국 문제만 해결하는 책임을 지고 있는 것이 아니라 UN의 통제 밖에서 특수한 사명을 띠고 열리는 정치 회담이다."라고 강조한 사실을 통해서도 미국의 속내를 짐작할 수 있다(김석영, "판문점 20년: 분단 한국의 협상 과정," 『국토 통일』 (서울: 국토 통일원, 1971).

2.2. 미국(UN군 측) 협상력의 한계

협상에서 가장 중요한 핵심은 최종 의사결정권자가 누구인가? 가 중요함을 이해하였을 것이다. 해리 S. 트루먼 대통령은 중요한 시점마다 대부분 결단(決斷, determination)이 지체되었고, 그의 고집스러운 일방적 인식과 우유부단함은 차기 대통령 선거에 대한 욕심과 자존심까지 더해져 국가이익을 위한 정책과 전략의 수립을 혼란하게 했다.

미국의 6·25전쟁 개입은 그들의 국가이익을 위한 세계화 전략의 일부에서 접근하고 있음을 전제하고 진행하고 있다는 점에 있다. 아래의 <표 6-19>와 같이 미국 협상력의 한계는 크게 네 가지로 정리할 수 있다.

〈표 6-19〉 6·25전쟁에서 나타난 미국 협상력의 한계(종합)

① 상대의 '대항적 요구(Counter-demands)'에 대하여 신중한 접근 노력이 미흡하였다.
② 협상 전략상 어떠한 양보 사항도 기대하지 않는다는 인상을 공산군 측에서 미리 알도록 나타났다는 점이다(poker-face에 소홀).
③ 협상에 대한 준비와 대응 노력이 미흡하였다.
④ 군사 분야와 정치 분야를 분리하여 대응하는 과정에서 융통성이 없었으며, 이는 공산군 측에 유리한 국면으로 전환되었다.

① 로널드 W. 레이건(Ronald W. Reagan, 1911~2004) 행정부의 국방차관을 역임하였던 프레드 C. 이클레 (Fred C. Ikle)는 "협상에서 상대가 수락할 수 없는 제안을 해오거나, 차라리 합의하지 않는 게 나을 정도로 나쁜 '강탈적 요구(强奪的, extortionary requirement)'를 고집한다면, 자신도 상대에게 이러한 '강탈적 요구'에 상응하는 '대항적 요구(counter requirement)'를 해야만 손실을 면할 수 있다."라고 강조하고 있음을 되새겨 보아야 한다.[46] 알다시피 미국은 공산군 측에서 고집을 부리면, 양보하는 경향이 많았다. 반대로 협상보다는 회담을 중단시켜 버린다거나, 아예 무력으로 문제를 해결하려는 경우가 보이는 경우도 여러 차례에 걸쳐 발생하였다. 두 차례나 검토한 '이승만 정부의 전복 작전(Plan Ever Ready)'도 마찬가지로 여론이 불리해지니 접은 것임

46) 특히 원론적인 합의를 하면 안 된다. 최근의 남·북 또는 북·미 협상도 마찬가지였지만, 공산군 측은 원론(原論)의 이행 단계에서부터 다른 해석을 하기 때문이다. 공산주의자들과의 협상에서는 다른 해석이 나올 수 없게끔 단어와 문맥 하나하나에 유의하여야 한다(프레드 찰스 이클레(Fred C. Ikle), 『국가는 어떻게 협상하는가(How Nations Negotiate)』(Kraus Int'l, 1900)).

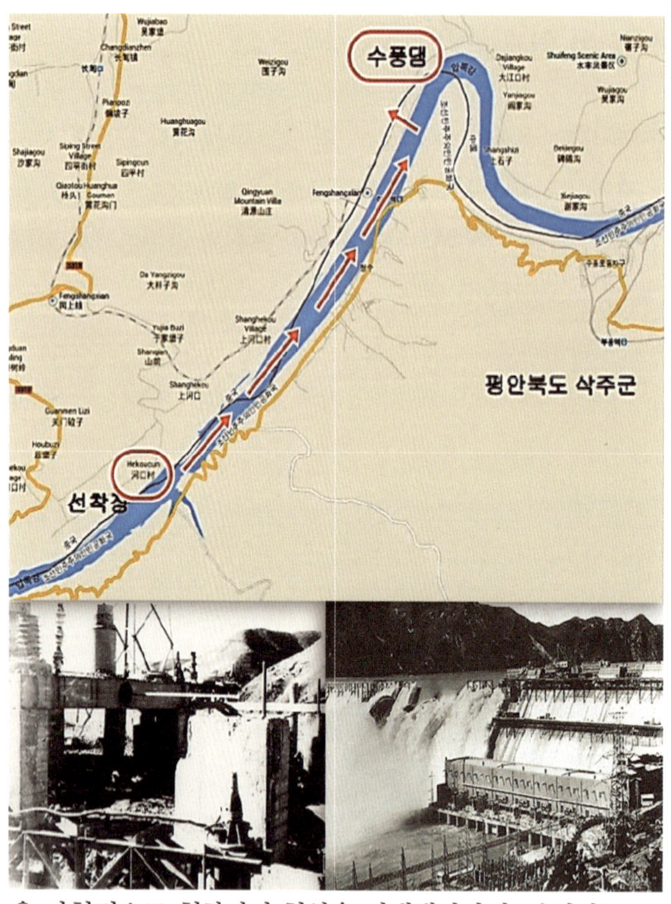

은 주지의 사실이다. 더욱이 중립국 휴전 구성위원회의 구성 문제도 어려우니 '일괄 타결(package settlement)'로 해결하고자 시도하였다. 그래도 성과가 없게 되자 아예 압록강 지역의 수풍댐(수력발전소)을 세 차례나 폭격하여 휴전 협상을 6개월이나 중단시키는 결과를 가져왔다.47)

② 어떠한 양보 사항도 기대하지 않는다는 인상을 공산군 측이 알게 함으로써 상대의 협상 지위를 강화하고 UN군 측은 손해를 보는 결과가 수시로 식별되었다. 1951년 말 30일간 실시하였던 '시험 휴전'이라는 공백 기간에라도 공산군 측을 강하게 몰아붙였거나, 군사적 압력을 간헐적으로 취하면서 협상을 진행했더라면, 분위기는 조금 더 UN군 측에 유리해졌을 것이다. 그것도 아닐 경우, 더글러스 맥아더 UN군 총사령관이 주장한 대로 중국이 한반도에 개입하기 이전에 아예 공포를 느끼거나, 두려워할 정도의 군사적 위협을 가했다면, 인천상륙작전 이후에 북한 지역을 점령(한국의 시각으로는 수복)하기 위해 최선의 노력을 다하는 모습을 분명하게 보여주었더라면, 공산군 측에서도 함부로 협상을 지체시키거나, 또 다른 방법으로 개입할 엄두도 내지 못했을 것이다. 그러나 해리 S. 트루먼 대통령은 UN군 측에 유리한 환경 조성과는 정반대로 맥아더 장군을 해임하는 우(愚)를 범하였다.

③ 협상 준비 정도가 상당히 부실(不實)하였다. 당시 미국의 전쟁 목표와 전략을 살펴보면, 초기는 '현상 유지정책(status quo)'이었으나, 인천상륙작전이 성공한 이후에는 '현상 파괴정책(phenomenon destruction policy)'으로, 중국군이 개입한 이후에는 다시 초기의 '현상 유지정책'으

47) UN군 측은 공산군 측에서 협상을 차일피일 미루자 1952년 6월 23일에서 24일까지 공습하여 파괴한 다음 이를 복구하자 다시 동년 9월 12일, 1953년 2월 15일에 공습하여 파괴했다(Stewart, edited by James T. (1980). Airpower. New York: Arno Press. p. 129.)..

로 바뀌는 등 일관성이 다소 부족하였다. 국가정책과 전략을 위기 상황이 발생할 때마다 너무 쉽게 입장과 태도를 변화시켰음을 보여준다. 아울러 1953년 5월 포로 송환 문제가 거론되었을 때도 인도주의적 입장에서 1년 이상 주장해왔던 '자유 송환원칙'을 포기하고 남한 출신의 반공포로들까지 중립국 송환위원회에 넘겨주려 하였던 태도, 이에 반발하는 이승만 대통령을 제거하려고 시도했다는 점은 이해하기 어렵다. 상황이 불리해질 때 최선의 대안(代案)이나 배트나(BATNA)를 사전에 준비하지 않았다는 모습은 여실하게 보인다. 현상이 불리해지면, 상대 대통령을 제거한다는 이외에 별다른 대비를 하지 않았던 미국의 단순한 전략적 사고와 행동 방식은 다양한 사료(史料)와 학술논문 등을 통해 확인할 수 있다.

Charles T. Joy
(1895~1956)

④ 군사와 정치 분야를 분리하여 대응한 점이다. 국가의 협상 전략에서 군사력이 정치적 목적을 위한 흥정과 거래의 수단임은 익히 알려진 사실이다. 그러나 당시 미국 측은 이러한 방법과 수단의 활용 측면에서 다소 시행착오를 범하였던 듯하다. 아래의 <표 6-20>과 같이 당시 UN군 측 수석대표(the Korean Armistice Conference)인 찰스 T. 조이(Charles T. Joy, 1895~1956) 제독의 발언을 통해서도 알 수 있다.

〈표 6-20〉 UN군 측 수석대표인 찰스 T. 조이 제독의 발언(요약)

"휴전 협상이란 전쟁을 중지시키기 위한 쌍방 사령관의 합의에 지나지 않는다. 휴전협상이 정치와 연관될 수는 없다."

여기에서 명심하여야 할 키-워드는 미국이 제2차 세계대전 말기에 아시아에서의 정치적 목적을 외면하고 군사적 목표에 연연하여 소련군을 태평양 전쟁에 끌어들임으로써 소련군의 만주와 한반도 진주를 허용했다는 사실은 최근까지도 미국의 커다란 실책으로 평가되고 있음을 인식하여야 한다.[48] 다시 말해 미국은 협상 기술이 부족하였고, 휴전 협상을 서두르는 조급함을 보이는

48) 그러나 찰스 T. 조이 제독을 과소평가하기는 어렵다. 그는 1949년 8월부터 1952년 6월까지 3년간 극동 해군 사령관을 지내면서 6·25전쟁 기간 중 북한 해군력을 무력화(disablement)시킨 지휘관이었으며, 인천상륙작전에 앞서 상륙 지역에 전(全) 함대의 함포사격을 집중시켜 북한군의 전의(戰意)를 완전히 상실하게 만든 주인공이기 때문이다(견학필, 『한국 현대정치사(Ⅰ)』 (서울: 대왕사, 1985).).

아마추어적 사고방식, 휴전 협상을 뒷받침할 수 있는 충분한 군사력을 보유하고 있음에도 마음만 급하여 압력으로 행사하지 못하다 보니 상당 부분을 공산군 측에 양보하기에 바빴다.

공산주의자들과의 협상에서는 어떠한 종류나 유형이더라도 무력 사용 가능성을 포기할 것이라고 믿게 만드는 빌미를 제공하는 것은 절대 금물임을 인식해야 한다. 오히려 무력 사용이 임박했다는 위협을 실감하도록 만들어야 다른 국가와의 핵심적 쟁점을 해소하기 위해서라도 진지한 태도가 된다는 점을 휴전 협상 사례를 통해 느낄 수 있다. '전쟁을 피하려면 전쟁의 위험을 감수하겠다는 각오가 필요하다.'라는 점을 이해하여야 한다.

2.3. 한국 협상력의 한계

당시 한국의 대미(對美) 외교는 없었다고 함이 타당하지 않을까 싶다. 미국의 외교 목표가 무엇인지, 미국이 무엇을 어떤 국가이익을 추구하고 있는지 등에 대하여 분석한 자료가 거의 없다. 이승만 대통령의 이념적 접근법과 독선적·독단적인 외교 성향에만 의지하여 맹목적으로 통일만 외친 한국 외교는 단순하고 융통성이 없었던 반면에 미국은 철저하게 자국의 이익 측면에서 한국을 바라보았고, 한반도 문제를 처리하였다. 아래의 <표 6-21>과 같이 한국 협상력의 한계는 크게 네 가지로 정리할 수 있다.

〈표 6-21〉 6·25전쟁에 나타난 한국 협상력의 한계(종합)

① 이승만 대통령에 의한 독선적·단독적인 정치 성향으로 인해 여론(public opinion)을 통합할 수 없다 보니 협상력 자체가 없었다.
② 한국군의 '작전지휘권'을 일찌감치 넘겨주었기 때문에 물리적 힘을 행사할 수 있는 기반(基盤) 자체가 불가능하였다.
③ 한국 스스로가 주권 행사를 할 수 있는 환경을 마련하지 않았다.
④ 미국의 한반도 개입이 한국을 위한다는 착각에 빠져 그냥 의지하려고만 했을 뿐 정작 중요한 자체 협상 능력 배양에는 노력하지 않았다.

건국 초기다 보니 종합적인 외교정책의 수립이 어려운 상황이었음은 자명한 사실이다. 그러다 보니 단순하게 최고 의사결정권자(국가 지도자)의 개인 외교에만 의존하는 우(愚)를 범하였다. 강대국인 미국에 의미 없는 기대와 의존을 하였고, 작전지휘권을 스스로 양도했음은 불가피한 선택으로 볼 수도 있지만, 주권을 포기했다는 측면도 간과해서는 안 된다. 미국의 개입 동기도 한국의 통일보다는 소련과의 경쟁과 동·서 냉전에서 유럽지역을 포기할 수 없는 현실적인 세계화 전략의 일환이었다는 점에 주목할 필요가 있다. 그러나 미국이 어떠한 이유로 개입하였든, 한국의 국가이익과도 일정 부분 일치했다는 점은 부정할 수 없다.

한국의 휴전 협상 과정은 미국과 소련, 중국이라는 3대 강국의 의사에 따라 좌우되었으며, 전쟁 이전 상태라는 원상회복 수준에서 정권을 수립한다는 강대국들의 결정을 그대로 받아들일 수밖에 없었다. 최근 정부가 들어서면서 추진하고 있는 南·北 정상회담과 北·美 정상회담도 진행과 교착을 무한대로 반복하고 있다. 평화협정을 진행하더라도 국가이익을 무시한 대안(對案) 제시는 신중해야 하며, 특히 기존의 휴전 체제를 보완하는 차원에서의 교류 방안과 일방적인 조치에만 국한되지 말고 상호 분쟁을 해결하는 장치와 의무조항을 반드시 포함하여야 한다. 휴전 협상이 끝난 게 아니라 현재 진행형임을 명심해야 하며, 한반도가 국제 정세와 밀접한 연관을 맺고 있기에 더 포괄적인 의미에서의 외교 노력과 구체적인 대처 방안에 관한 연구를 계속해야 할 사명과 의무가 학습자에게 있음을 잊지 말았으면 한다.

3. 군사협상의 '36계(計)' 적용 측면

6·25전쟁의 휴전 협상은 자유 진영과 공산 진영이 뚜렷하게 양분되어 진행하였다. 미국을 비롯한 자유 진영은 미국과 UN, 한국을 비롯한 다수의 참전 국가가 자국의 이해관계로 인해 의견 일치를 보지 못하는 경우가 다반사로 발생하였다. 이로 인해 협상 과정에서 공산 진영에 주도권을 빼앗기는 사례도 거듭하여 반복되었다. 반면에 소련을 주축으로 하는 공산 진영의 중국, 그리고 북한은 이오시프 V. 스탈린의 주도하에 의견을 일치시켜 협상에 임함으로써 일관된 안건과 요구가 순조로웠고, 이러한 독립변수는 결과적으로 공산군 측이 협상에서 '한판승'을 거둘 수 있게 하였다.

공산군 측은 뚜렷한 목표를 정해 놓고 복합적 기법을 혼용하면서 협상에 접근하는 반면에 UN군 측은 '원자폭탄' 또는 '군사력'이라는 용어를 협박식으로만 이해하여 단순하게 접근함으로써 공산군 측의 협상 전술에 매번 말려들었다. 또한, 같은 우군인 미국과 영국, UN군, 이승만 정부와의 불협화음은 협상 진전(進展)에 전혀 도움이 되지 않았다. 당시의 국제 정세와 여론을 비롯하여 한국의 국내 정치 여건도 여러 가지의 방해요인으로 작동하였음은 분명하다.

군사협상 '삼십육계' 중에 적용한 분야는 "제1계: 최대한 인내하고 또 인내하라! 그러나 감정이 이입(移入)되면, 다시 판을 짜라!", "제2계: 상대의 협박에 의연하게 대응하고 역(逆)으로 이용하라!", "제3계: 항시 갑작스러운 충격에 대응하라!", "제5계: 어부지리(漁父之利)를 노려라!", "제8계: 적절한 시기(timing)를 잡고 협상을 진행하라!", "제9계: 상대의 패(牌)가 무엇인가에 따라 적절하게 카드를 제시하라!", "제10계: 협상 의제(Agenda)를 선별하고 우선순위를 정해라!", "제11계: 단순하면서도 쉬운 것부터 시작하라!", "제12계: 악역(Bad-guy)을 등장시켜 상대의 기대수준을 낮춰라!" "제13계: 상대가 이면(裏面)에 감춰놓은 언어를 읽어내라!", "제14계: 양보에도 법칙이 있음을 명심하라!", "제15계: 작은 것은 양보하고 큰 것을 얻어라!", "제17계: 협상 목표는 명확하게 설정하라!", "제27계: 단계별 재협상으로 기회를 포착하여 실패를 만회하라!", "제34계: 때로는 상대를 기만(欺瞞)하여 승기를 잡고 자신이 원하는 것을 얻어라!", "제36계: 자기가 원하는 기준을 내부적으로 고정해 놓은 상태에서 상대를 설득하라! 필요하면, '이것밖에 없어요!'라는 '벼랑 끝 전술'을 활용해라!"였다.

결과적으로 되돌아볼 때 6·25전쟁 시 휴전협상은 승리자가 없는 협상이었다. 이승만 정부는 미국의 경제원조 이외에 아무것도 얻지 못했고, 미국의 세계화 전략에 따라 움직였던 미국의 목적은 국내정치적 여건과 국제관계로 인해 포기해야 했기에 어쩌면, 6·25전쟁의 협상은 한국과 미국을 패배자 이상도 이하도 아니게 만들었음은 분명하다. 오랜 세월이 흘렀지만, 한반도는 지금도 '휴전'과 '종전' 사이에서, '전쟁'과 '평화'란 단어 사이에서 방황하고 있다. 아무도 승리하지 못했으면서도 아무도 패배하지 않으려 했던 '비기기 위한 협상'의 상처가 지금도 한반도를 배회하고 있다.

"협상은 합의에 도달하기 위한 방편(方便)이자 수단으로 그 누구와도, 어떤 것이라도 의제로 포함할 수 있어야 한다."

에필로그

저자가 합참에서 대테러·특수작전 직무를 담당할 때 00원과 협업(collaboration)하여 '○○○ 운영협의회'를 설치하였고, '급조폭발물(IED)'과 '합동조사반(현재는 '합동조사팀'으로 변경)' 등을 합동 군사교리(敎理)로 만들었다. 이후 美 FBI와 韓 경찰청에서 운영하는 협상팀을 軍 대테러 분야에도 접목하려는 과정에서 아쉬운 부분이 많았으나, 이번에 군사학 총서(叢書) 제1호『군사 협상론(Theory of Military Negotiation)』'을 출간하게 되었다.

軍 조직은 배타적·폐쇄적 집단임과 동시에 피라미드형 수직 구조이다. 그러다 보니 명령하면, 두말없이 따르는 부하(하급자)를 우수하게 평가하는 경향이 존재한다. 최근 들면서 다수가 느끼고 있지만, 무조건 순응하고 복종하는 조직은 발전하기 어려우며, 소명(calling)조직이 나아가야 할 방향성(directivity)도 아니라고 생각한다. 군사 전문가라면, 강제적·보상적·전문적·합리적·준거적(準據的) 능력을 갖추어야 한다. '협상'에서 가장 기본적으로 갖추어야 할 기본 원리이자 표준 덕목이기도 하다. 그간의 업무와 강의 경험, 탐구 노력을 통하여 어떠한 인식과 자세, 태도를 갖춰야 하는지에 관한 대응 논리를 분명하게 제시하고자 노력하였다. 저자는 오랜 軍 생활과 정치학을 연구하면서 깨달은 사실이 있다. 장차 국가와 軍에 기여하는 지도자가 되기 위해서는 위기와 위기관리에 관한 대응, 상황 조치 간에도 '협상'을 생각해야 한다는 점이다. 조치·대응하는 과정에서는 상황에 대한 배경과 내면(inner)의 직관력(直觀力)이 필요하다. 따라서 초기부터 이해-분석-판단하는 습관(habit)의 배양이 필요하기에 이 책을 출간하였다. 학도들에게 권고(勸告)하고 싶은 말은 '협상이 남의 일이 아니라 자기 일'이라는 문장이다. 이 책을 접하는 독자(讀者)는 軍의 초급 간부가 되고자 하는 희망자이거나, 다른 한편으로는 군사학도나 초급 연구자들을 지도하는 분들일 것이다. 가렵다고 해서 당장 가려운 부분을 긁어주는 데 그친다면, 軍의 장래가 밝지 않다는 점을 인식했으면 한다. 군사학이란 무엇인가?, 어떻게 사용해야 하는가? 를 습득하는 중요한 시기이므로 너무 쉽고 단순하게만 접근하도록 방기(放棄)하는 사례는 발생하지 않도록 다 같이 노력했으면 좋겠다. 마지막으로, 흥미 위주의 학습 진행보다 조금 더 적극적인 절차탁마(切磋琢磨)의 노력을 통해 장차 도움이 될 수 있는 기반으로 만들어 갔으면 하는 바람이다.

"오늘 스스로 걷지 않으면, 어차피 내일은 뛰어가야 한다."

약어정리

AAR (After Action Review)	사후검토
a handful of items	한 주먹에 쥘 정도의
ANT (Ace Negotiation Tool)	행동(Action), 인식(perception), 감정(Emotion)에 관한 협상목록표
ARPAnet (Advanced Research Projects Agency Network)	美 국방부 고등연구계획국의 약칭으로 현재의 인터넷을 의미
bargaining power	협상력 * '정치적 교섭력'을 뜻하는 'political leverage'와 같은 의미로도 쓰임.
BATNA (Best Alternative To a Negotiated Agreement)	협상을 진행하면서 합의가 불가능할 때 협상 당사자가 취하는 다른 창조적 대안
Bay of Pigs Invasion	피그스만 침공작전 * 1941년 4월 17일부터 19일까지 美 CIA 주도로 쿠바 망명자들을 쿠바 피그스만으로 침공시켜 반미(反美) 카스트로 정권을 전복시키는 작전이었으나, 오히려 집단사고(group-think)로 인해 국제적으로 망신만 당한 실패한 작전임.
Boulwarism	불워리즘. 상대가 받아들일 수밖에 없도록 선수(先手)를 치고 들어가는 협상 방식(일명 take it leave it approach)
Butterfly Effect	나비 효과
CAD (Computer Aid Design)	컴퓨터 보조 설계
Camp David Accords	캠프 데이비드 협정 * 1978년 美 카터 대통령이 중재하여 지체되고 있는 이스라엘과 이집트의 평화 정착을 위해 체결한 협정
cease-fire agreement	정전(停戰) 협정
CIA (Central Intelligence Agency)	美 중앙정보국
CMO (Civil-Miliary Operation)	민군작전 * 군사작전을 성공적으로 마무리하고 국가 정책을 실현하기 위해 자유화통합본부(통일부)의 총괄 책임하에 군부대와 정부, 비정부기구(NGO), 주민과의 관계를 구축-유지-확대하는 활동
conclusion of a peace treaty	평화 협정
DEFCON (Defense Readiness Condition)	전투준비태세
DHS (Department of Homeland Security)	美 국토안보부
DIA (Defense Intelligence Agency)	美 국방정보국(국방부 산하)
Distribute Negotiation	분배적 협상 * Zero-sum이나, win-lose 게임과 같은 의미로 1.0 협상으로도 불림.

DMZ (Demilitarized Zone) 비무장지대

DNCH (Democratic National Committee Headquaters) 美 민주당 선거운동 지휘본부(워터-게이트 사건이 발생한 건물)

DNI (Office of the Directer of National Intelligence) 美 국가정보국

* 2004년 12월 7일 9·11테러를 계기로 정보개혁법이 통과되면서 미국 내(內)에 있는 16개 정보기관 모두를 총괄하는 최상위 정보기관으로 정착하였음.

Domino Theory 도미노 이론

* 한 가지 사건을 내버려 두면, 같은 사건이 연속해서 일어난다는 이론

Eagle Claw Operation 독수리 발톱 작전

* 1979년 테헤란 주재 美 대사관에서 인질 사건이 발생했을 때 시행했던 인질 구출 작전으로 실패하였음.

Ebola 또는 Ebola virus 에볼라 바이러스 바이러스성 출혈열

* 1976년부터 시작되었으며, 현재까지 치료법은 없음.

EEZ (Exclusive Economic Zone) 배타적 경제수역

Ex Comm (the Executive Committee of the NSC) 美 국가안전보장회의 산하의 비상대책회의(또는 집행위원회)

FEMA (Federal Emergency Management Agency) 美 연방재난관리청

GIGN (GROUPE D'INTERVENTION DE LA GENDARMERIE) 프랑스의 테러 진압 특수부대

Good-guy, Bad-guy 전술 좋은 역과 나쁜 역을 맡아 문제를 해결하는 협상 기법으로도 수사 기법으로도 많이 활용함.

high-jaking 운행 중인 육상차량과 항공기, 그 밖의 운송수단에 대한 불법적 납치행위 전체를 총칭하는 의미로 쓰임.

IED (Improvised Explosive Device) 급조폭발물(일명 사제폭발물)

IMF (International Monetary Fund) 국제통화기금

interruptive communication 상대의 말을 중간에 끊고 들어가는 차단적인 의사소통 방식

Integrative Negotiation 통합적 협상은 positive-game이나 win-win 게임과 같은 의미로 2.0 협상으로도 불림.

IS (Islami State) 이슬람국가로 2003년 알카에다의 하부조직으로 출발한 단체

ISIL (Islamic State of Iraq and the Levant) 이라크와 레반트의 이슬람 국가로 구성된 수니파 이슬람 극단주의 무장단체

JSA (Joint Security Area) 판문점 내에 있는 공동경비구역

KADIZ (Korea Air Defense Identification Zone) 한국방공식별구역

KAL (Korean Air Lines) 대한항공 여객기

KGB (Committee for State Security) (舊)소련의 국가보안위원회

mànmàn-de tactics 만만디 전술

* 중국의 지연(遲延, 천천히) 전술을 의미

M & A (merger and acquisitions) 기업 인수 합병

MAC (Military Armistice Commission) 군사정전위원회

MAD (Mutually Assured Destruction) 상호확증파괴

MDL (Military Demarcation Line) 군사분계선

MERS (Middle East Respiratory Syndrome) 중동호흡기증후군

	* 2012년 사우디아라비아에서 처음 발견되었으며, 2015년 한국에서 최초 감염자가 나왔음.
Mirroring Effect	미러링 효과
	* 표현의 일부 또는 전부를 그대로 따라서 하는 행위를 의미하며, '동조 효과'와 같음.
MRBM (Medium-range ballistic missile)	중거리 핵 탄도미사일
NATO (North Atlantic Treaty Organization)	북대서양조약기구
NDS (National Defense Strategy)	美 국방전략보고서
Negative Negotiation	네가티브 협상은 lose-lose 게임과 같음.
NGO (nongovernmental organization)	비정부기구
NIS (National Intelligence Service)	국가정보원
NLL (Northern Limit Line)	북방한계선
NMCC (National Military Command Center)	국가 군사지휘본부
Non-Military Threats	비군사적 위협
NPT (Negotiation Preparation Table)	협상 준비 목록표
NRO (National Reconnaissance Office)	美 국가정찰처
	* 국가전략에 필요한 모든 정찰 임무를 섀도우(shadow) 개념으로 수행하고 있으며, 위성 첩보와 정략 정찰기에 의한 정보 수집을 포함하고 있음.
NSA (National Security Agency)	美 국가안보국
NSC (National Security Council)	국가안전보장회의
NSS (National Security Strategy)	美 국가안보전략보고서
Operation Chromite	인천상륙작전
Operation Paul Bunyan	폴 버니언 작전
	* 미국 전설에 나오는 나무꾼의 이름을 본따서 만든 작전의 명칭
OSS (Office of Strategic Services)	美軍 전략정보처
Pacific Doctrine	신태평양 독트린
	* 1969년 닉슨 대통령이 고립주의 정책을 표방한 태평양 독트린을 발표한 이후 포드 대통령이 다시 독트린을 발표하였으나, 크게 평가받지 못했음.
package proposal	일괄타결안
package settlement	일괄타결
paraphrasing techniques	다른 말로 바꾸어 말하기 또는 상대의 말을 되받아 말하는 대화의 기법
	* 일부에서 말하는 '흉내 내기'나 '모방'의 뜻이 아니며, Mirroring이라고 할 수 있다. 즉 거울에 그대로 비치듯 들은 말을 그대로 반복 재생함으로써 쌍방이 그 내용을 재차 확인하는 기법을 의미하며, 이는 군대에서 상관이 명령을 하달 시 하급자가 똑같은 말을 반복하면서 동작을 진행하는 것을 생각하면 쉽게 이해할 수 있음.
Pareto principle (또는 Pareto's law)	파레토의 법칙(80:20의 법칙)
	* 전체 원인의 20%에서 전체 결과의 80%가 발생한다는 현상

Plan Ever Ready	플랜 에브 레디 * 이승만 대통령이 북진통일과 어떠한 형태든지 휴전은 못한다고 반발하는 과정에서 너무 자신의 주장과 고집이 심하다 보니 미국에서 이승만 정부를 무너뜨리고 새 한국 정부를 세우기 위해 수립한 작전임. 내외부적 여론이 안좋게 돌아가면서 작전 진행은 취소되었음.
POL-MIL Game (Politico-Military Game)	정치-군사연습
political negotiations	정치적 협상
postmodernism	탈근대주의 * 영국 역사가인 아놀드 J. 토인비(Arnold J. Toynbee)가 『역사연구』에서 처음 사용한 용어로 1980년대 이후에 본격적으로 등장한 사상적 경향으로 '모더니즘'의 비대중적인 엘리트적 취향에 반대하는 성향을 뜻함. 예를 들면, '하늘 아래에 새로운 것은 없으므로 창조는 언제나 새로운 반복이다.'
QDR (Quadrennial Defense Review)	4년 주기 국방검토보고서
R&D (Rational & Data)	합리적인 (근거)자료
Rule of Mehrabian	메라비언의 법칙(55:38:7의 법칙)
Salami tactics	살라미 전술 * '살라미'는 소금에 절여 짠 이탈리아식 소시지를 뜻하는 말로 짜기 때문에 조금씩 나누어 썰어먹듯이 여러 의제를 세분화하여 단계적으로 접근함으로써 협상에서의 이득을 극대화하려는 전술임.
SARS (Severe Acute Respiratory Syndrome)	중증급성호흡기증후군 * 2002년에 발생한 변종 코로나 바이러스가 원인인 호흡기 전염병
silent communication	상대의 말이 끝난 다음 대화를 이어가는 침묵적인 의사소통 방식
SOU (Special Operations Unit)	경찰특공대 * 2018년에 SWAT에서 변경
state sovereignty	국가 주권
SWAT (Special Weapons and Tactics)	경찰특공대 * 원래 의미는 '특수화기전술조'를 나타내고 있으며, 경찰의 하위조직으로서 상당한 무기와 장비를 휴대하고 고위험 임무에 대한 전술적 대응에 특화된 조직을 의미하고 있음.
take it leave it	받아들일 것인가, 아니면, 끝낼 것인가
theory of prisoner's dilemma	죄수의 딜레마 이론
Transnational Threats	초국가적 위협
UDT/SEAL CT (Underwater Demolition Team/Sea Air and Land Counter Terror)	수중폭파와 전천후 대테러 특전팀
Value-centered Negotiation	가치 중심 협상은 3.0 협상으로 불림.
working-group	전문가 그룹 또는 실무 그룹
WSAG (Washington Special Action Group Meeting)	워싱턴 특별대책반 회의
Zero-sum 게임	일명 win-lose 게임
ZOPA (Zone of possible Agreement)	협상에서 쌍방이 동시에 수용할 수 있는 영역

참고문헌

강성권・김형빈, “쓰레기 매립장 조성사업의 갈등관리 방안,”『동아대대학원논문집』24, 부산: 동아대학교, 1999.

강영숙,『테러학(개정판』, 인천: 진영사, 2016.

국방부 전사편찬위원회,『한국전쟁 휴전사』, 서울: 국방부, 1989.

__________, “포로에 관한 1949년 8월 12일자 제네바 협약,”『國防條約集』, 서울: 국방부, 1982.

국방부 정훈국 전사편찬위원회 編,『한국 전란 1년지』, 서울: 국방부, 1951.

__________,『한국 전란 2년지』, 서울: 국방부, 1965.

김관종,『한-미 자동차 협상, 미국의 속셈은 무엇인가?』, 서울: 두레사상, 1995.

김기홍,『서희, 협상을 말하다』, 서울: 새로운 제안, 2004.

______,『한국인은 왜 항상 협상에서 지는가』, 서울: 굿인포메이션, 2002.

김달중, “휴전 당사국 회담의 협상 전략,”『통일정책』, 서울: 통일원, 1976.

김두열,『어떻게 협상할 것인가』, 서울: 페가수스, 2015.

김미정 외,『국제협상의 기법』, 서울: 보명BOOKS, 2013.

김민호・안미영,『협상의 힘』, 서울: 민음사, 2019.

김석영, “판문점 20년: 분단 한국의 협상 과정,”『국토 통일』, 서울: 국토통일원, 1971.

김성진,『전쟁과 무기체계론』인천: 진영사, 2020.

______, “IED 위협 분석과 대비방안: 전・평시 IED 위협 관련 대비과제를 중심으로,”『군사평론』제396호, 대전: 육군대학, 2008.

______, “급조폭발물(IED)과 한국군 대응체계의 효율성 제고 방안: 전・평시 軍의 예방・대응체계를 중심으로,”『군사논단』통권 제97호 2019년 봄호, 2019.

김성호,『국제무역, 계약에서 클레임까지』, 서울: 학문사, 1998.

김연철,『협상의 전략』, 서울: 휴머니스트, 2016.

김학준,『현대 소련의 해부』, 서울: 한길사, 1981.

김형진,『협상은 전쟁이다』, 서울: 살림Biz, 2009.

김행복,『반공포로 석방과 휴전협상』, 서울: 백년동안, 2015.

남찬순,『북미 핵협상과 동북아질서-1990년대의 교훈』, 서울: 나만출판, 2007.

닐 라컴 著, 심재우 譯,『세일즈 전략과 협상』, 서울: 김앤김북스, 2008.

다니엘 샤피로・로저 피셔 著, 이진원 譯,『원하는 것이 있다면 감정을 흔들어라』, 서울: 한국경제신문, 2013.

데이비드 올리버 著, 정정한 譯,『속지마 비즈니스 협상』, 서울: 비즈니스맵, 2007.

데일 카네기 著, 강성복 譯,『데일 카네기 인간관계론』, 서울: 리베르, 2011.

디팩 멜호트라 著, 오지연 譯, 『빈손으로 협상하라』, 서울: 와이즈베리, 2017.
로버트 치알디니 著, 이현우 譯, 『설득의 심리학』, 서울: 21세기북스 2004.
류재언, 『류재언 변호사의 협상바이블』, 서울: 한스미디어, 2018.
마크 A. 보이어・조나단 위켄펠트・브리지드 스타키 共著, 조한승 譯, 『국제외교협상의 이해』, 서울: 시그마프레스, 2018.
박노형, 『협상 교과서』, 서울: 랜덤하우스, 2007.
박희도, 『돌아오지 않는 다리에 서다』, 서울: 샘터, 1988.
백선엽, 『군과 나』, 서울: 대륙연구소, 1989.
백종섭, 『갈등관리와 협상전략』, 서울: 창민사, 2015.
송균석・신정수, 『전략적 협상가』, 서울: 도서출판 무한, 2006.
스티븐 바비츠키・제임스 맨그래비티 Jr. 共著, 유지연 譯, 『협상과 흥정의 기술』, 서울: 타임비즈, 2011.
스티븐 코비 著, 김경섭・정병창 譯, 『신뢰의 속도』, 서울: 김영사, 2004.
신동준, 『무경십서』, 서울: 역사의 아침, 2012.
안세영, 『글로벌 협상전략(개정4판)』, 서울: 박영사, 2009.
______, 『이기고 시작하라』, 서울: 쌤앤파커스, 2010.
______, 『글로벌 협상전략(개정7판)』, 서울: 박영사, 2019.
양대현, 『역사의 증언-휴전 회담 秘史』, 서울: 형설출판사, 1993.
오정환, 『아랍과 이스라엘: 그 분쟁의 뿌리를 파헤친다』, 서울: 시공사, 1991.
유필영, 『성공을 부르는 협상과 담판 테크닉』, 서울: 도서출판 청양, 1999.
육군군사연구소, 『중공군 공간사 번역서: 중공군이 경험한 6・25전쟁Ⅳ』, 계룡: 국군인쇄창, 2019.
육군본부, 『戰場에서 어떻게 리더십을 발휘해야 하는가』, 2016.
육군사관학교, 『세계전쟁사』, 서울: 일신사, 1987.
__________, 『한국전쟁사 부도』, 서울: 일신사, 1988.
__________, 『한국전쟁사』, 서울: 육군사관학교, 1989.
윤선희, 『국제 계약법 이론과 실무』, 서울: 법률출판사, 1997.
윤영호, 『전쟁론: 평화와 실제』, 서울: 도서출판 한원, 1994.
윌리엄 유리 著, 박미연 譯, 『하버드는 어떻게 최고의 협상을 하는가』, 서울: 트로이목마, 2016.
이덕일, "서희와 거란의 강동 6주 담판," 『월간중앙 282』, 2018.
이송, 『36계 36책 43혜』, 서울: 팬덤북스, 2015.
이세기, 『6・25전쟁과 중국』, 서울: 나남출판사, 2015.
이재석, "근대 외교사적 입장에서 본 서희," 『인천대 통일문제와 국제관계 10』, 1999.
이재윤, 『특수작전의 심리전 이해』, 서울: 집문당, 2000.
이태석, 『최고의 협상』, 서울: 한나래플러스, 2018.
이한춘, 『팔레스타인 자치와 중동 평화 문제』, 서울: 외교안보연구원, 1994.
제프리 D. 삭스 著, 이종인 譯, 『존 F. 케네디의 위대한 협상』, 서울: 21세기북스, 2014.
전성철・최철규, 『협상의 10계명』, 서울: IGMbooks, 2014.
정호수, 『세상을 바꾼 협상이야기』, 서울: 발해그후, 2008.

_____, 『싸우지 않고 이기는 협상 싸우고도 지는 협상』, 서울: 시대의창, 2001.
조영갑, 『세계전쟁과 테러』, 성남: 선학사, 2011.
존 키건 著, 유병진 譯, 『세계전쟁사』, 서울: 까치, 2018.
지속가능발전위원회, 『갈등관리시스템구축방안 연구보고서』, 2003.
천대윤, 『갈등 관리와 협상전략론』, 서울: 선학사, 2011.
최우석, 『삼국지 경영학』, 서울: 을유문화사, 2007.
최용성, 『젊은이를 위한 세계전쟁사』, 서울: 양서각, 2016.
최철규・김한솔, 『협상은 감정이다』, 서울: 쌤엔파커스, 2013.
트렌홈 그리핀 著, 신무철 譯, 『성공으로 이끄는 협상 테크닉 43』, 서울: 동도원, 1996.
프레드리크 스탠턴, 『위대한 협상』, 서울: 말글빛냄, 2011.
피터 B. 스타크・제인 플레어티 共著, 『이기는 협상의 기술 101가지』, 서울: 김앤김북스, 2007.
하버드 공개 강의 연구회 著, 송은진 譯, 『하버드 협상 강의』, 서울: 북아지트, 2018.
허브 코헨, 『무엇이든 협상할 수 있다』, 서울: ㈜삼성문화개발, 1993.
허재관, 『국제 비즈니스 계약 이것만은 알아두자』, 서울: 새로운 제안, 1997.
황세웅, 『위기협상론』, 인천: 진영사, 2018.
데일 카네기 著, 강성복 譯, 『데일 카네기 인간관계론』, 서울: 리베르, 2011.
Acheson, Dean, *Present at the Creation*: My years in the State Department, New York: W.W.Norton, 1969.
Barton J. Bernstein, "Syngman Rhee: The Pawn as Rock," Bulletin of Concerned Asian Scholars Vol. Ⅹ No. 1, 1978.
Cumings, Bruce, *The Origins of the Korean War*. Vol. 2. Princeton: University of Princeton, 1990.
Carstern, Holbraad, Super Power and International Conflict, New York: St. Martins, 1979.
Chae-Jin Lee & Hideo Sato, US Policy Toward Japan and Korea: A Changing Influence Relationship (N. Y.: Praeger Pub), 1982.
David C. Moore, *Government Control Negotiation: A Practical Guide for Small Business*, John Wiley & Sons, Inc, 1996.
Charlie A. Beckwith, 『DELTA FORCE』, 1983.
Fred Ikle, *How Nation Negotiate*, New York: Harper & Row, 1964.
Harvard Business School, *Harvard Business Essentials Guide to Negotiation,* Harvard Business School Press, 2003.
J. F. Schnable, Policy and Direction: The First Year (United States Army in the Korean War), Washington D. C.: Office of the Chief History in Department of Army, 1972.
Peter B. Evans and Harold K. Jacobson and Robert D. Putnam, eds, *Double-edged Diplomacy : International Bargaining and Domestic Politics,* Berkely, California : University of California Press, 1993.
Ridgway, "The Joint Chiefs of Staff to the Commander of Chief, Far East," FRUS 1952~1953, Vol ⅩⅤ.
Robert J. Donovan, *The Inside Story*, London: Hamish Hamilton, 1956.
Robert S. Norris and Hans M. Kristensen, "Global Nuclear Stockpiles, 1945~2006," *Bulletin of the Atomic Scientists 62*, no. 4, 2006.
Roger LeRoy Miller・Gaylord A. Jentz, Business Law Today: Text & Summarized cases-Legai, Ethical, Regulatory,

ann International Environment(4th Edition), West Publishing Company, 1988.
Rosemary Foot, The Wrong War: American Policy and Dimension of the Korean conflict, 1950~1953, Ithaca and London: Cornell University Press, 1985.
Sageman M, *Understanding Terror networks,* Philadephia: University of Pennsylvania Press, 2004.
Schbley. A. H, *Tom between God, family and money: The changing profile of Lebanon's religious terrorists, Studies in Conflict & Terrorism,* 2000.
Stewart, edited by James T. (1980). Airpower. New York: Arno Press.
US General Assembly, Official Records, Seventh Session, 1952, Annexes Vo;. 1 Agenda Item 16 Doc. A/C. 1/645.
White J. R, *Terrorism An Introduction Thomson Wadworth:* U.S.A, 2002.

기 타

http://www.jgimagazine.com/index.php
https://www.nis.go.kr:4016/AF/1_6_4/list.do
http://www.kbs.co.kr/histort/review-txt/991030.txt
http://m.slist.kr/news/ampArticleView.html?idxno=97690)
http://www.tgedu.net/student/tfokuk/html/text/go1016.html
http://www.kcg.go.kr/kcg/main.do
kukminilbo.co.kr/event/serial/millennium/history/k1001-1100.html
https://ko.wikipedia.org/wiki/%EC%9D%B4%EC%8A%B9%EB%A7%8C
http://www.mofa.go.kr/
https://www.nis.go.kr:4016/
https://news.v.daum.net/v/20070726213706286
https://news.v.daum.net/v/20070724031705999
https://www.police.go.kr/index.do
http://kookbang.dema.mil.kr/newsWeb/20130909/1/BBSMSTR_000000010260/view.do
http://jtbc.joins.com/
http://www.visitkorea.or.kr/
https://www.ytn.co.kr/_ln/0101_201711131637275261
http://www.smpa.go.kr/home/homeIndex.do?menuCode=knp868
https://www.swc.mil.kr:444/
외교부 모파랑(http://mofakr.blog.me/221496828781)
강의를 진행하면서 축적한 연구 자료
전문가들의 학위 논문 및 연구자료
언론 뉴스 및 각종 매체와 인터넷 자료
History Learning Site, "Poison Gas and World War One," http://www.historylearningsite.co.uk/poison_gas_and_world_war_one.htm

찾아보기

저자소개

김성진(金成珍)

"길이 아니면 가지 않고, 알지 못하면 말하지 않는다."는 통관(洞觀)적 인식을 추구해온 저자는 경북 김천에서 태어나 초・중・고등학교를 마쳤다. 이후 동국대학교 무역학과를 졸업하고 ROTC 21기로 임관하여 육군 대령으로 예편하였다. 국립 경상대학교 경영행정대학원에서 '정치학석사' 학위를, 국민대학교 일반대학원 정치외교학과에서 '정치학박사' 학위를 취득하였다.

〈주요 경력〉

–현) 극동대학교 군사학과 교수
–현) 한국융합안보연구원 위기관리연구센터장
–현) 글로벌전략협력연구원 전문연구위원
–현) 대전지방보훈청 교수・교육분야 멘토위원
–현) 칼럼니스트
–현) 한국군사학회 정회원 등
–충남대학교 국가안보융합학부 국토안보학전공 초빙교수
  * 3년 연속 군장학생 전국 최우수/최다 합격률 달성
–국민대학교 정치대학원 강사
–행정안전부 비상대비조사심의 외부평가위원
–육군교육사 경력채용군무원 외부면접위원
–대한민국ROTC중앙회 후보생제도발전위원회 위원장 등
※ 2014 국방부 최우수대학교/학군단 수상
※ 2008 합참지 최우수 원고상 수상

〈주요 저서〉

- 『한국 육군의 장교단 충원제도와 직업 안정성』, 서울: 백산서당, 2016.
- 『전쟁과 무기체계론』, 인천: 진영사, 2020.

〈주요 논문〉

- "한국군 군사위기관리체계의 효율성 제고방안 고찰: 통합방위체계를 주축(主軸)으로 하는 군사위기대응기구를 중심으로"
- "한국 국가위기관리체계의 효율성 제고방안 고찰: 국가위기관리체계와 통합방위체계와의 연계를 중심으로"
- "급변사태 시 자유화지역 민군작전의 실효성 증대방안 고찰: 보병사단급 이하 부대를 중심으로"
- "자유화지역 급변사태 시 안정화작전의 효율성 제고방안 고찰: 안정화사단의 민군작전 수행을 중심으로"
- "테러 발생 시 軍 테러 대응체계의 실효성 증대방안 고찰: 합동조사반(팀) 활동을 중심으로"
- "한국 육군의 장교단 충원제도와 직업 안정성에 관한 연구"
- "급조폭발물(IED) 테러와 한국군 대응 체계의 효율성 증대방안 고찰"
- "신세대 병사를 위한 교육훈련 개선방안 고찰" 등 20여 편.

〈보유 자격증〉

- 중등 정교사(2급), 한자 1급, 문서실무사 1급, 재난관리사, 인성지도사, 심리상담사, 리더십 강사, CS Leaders 등 16종(種).

군사학 총서 제1권

군사협상론

초판 제1쇄 펴낸날 : 2020. 9. 1.

지은이 : 김 성 진

펴낸이 : 김 철 미

후원처 : 사)한국융합안보연구원

표지디자인 : 권 은 경

펴낸곳 : 백산서당

등록 : 제10-42(1979.12.29.)
주소 : 서울 은평구 통일로 885(갈현동, 준빌딩 3층)
전화 : 02)2268-0012(代)
팩스 : 02)2268-0048
이메일 : bshj@chol.com

ⓒ 2020 김성진

값 37,000원

ISBN 978-89-7327-566-3 93390